江苏省第六期“333 工程”重点行业领域人才项目
2023 年江苏省高等教育教改研究立项课题
扬州大学“青蓝工程”优秀教学团队项目
扬州大学精品本科教材建设工程项目（B 层次）

高校“一懂两爱”乡村人才培养案例选集

# 发展篇：数字时代与乡村振兴

主　　编：刘　佳　刘斯文
本册主编：高功步　刘映朕

中国农业出版社
北京

**图书在版编目（CIP）数据**

高校“一懂两爱”乡村人才培养案例选集. 发展篇：数字时代与乡村振兴 / 高功步，刘映朕主编. —北京：中国农业出版社，2024.5
ISBN 978-7-109-31872-4

Ⅰ.①高… Ⅱ.①高… ②刘… Ⅲ.①高等学校－农学－人才培养－研究－中国 Ⅳ.①S3

中国国家版本馆 CIP 数据核字（2024）第 069820 号

---

中国农业出版社出版
地址：北京市朝阳区麦子店街 18 号楼
邮编：100125
责任编辑：王秀田
版式设计：小荷博睿　　责任校对：吴丽婷
印刷：北京中兴印刷有限公司
版次：2024 年 5 月第 1 版
印次：2024 年 5 月北京第 1 次印刷
发行：新华书店北京发行所
开本：700mm×1000mm　1/16
总印张：43
总字数：660 千字
总定价：258.00 元（共四册）

---

# 编委会

**主　　编：** 刘　佳　刘斯文

**副 主 编：** 高功步　戴　健　王聪颖

**编写人员：** 戴　健　苏鹏飞　王聪颖　姚程富　张　运　刘　娟　高功步　刘映朕

**本册主编：** 高功步　刘映朕

# 序

农为邦本，本固邦宁！中国自古便是一个农业大国，数千年的农耕文明史深刻地塑造了中华民族的精神内核。“耕读传家久，诗书继世长。”这是一幅从上古时期传承至今的生活图景，也寄托了中国人灵魂深处的对理想生活的追求和向往。

一直以来，农业都是中华民族得以延续发展的命脉和基础。党的二十大报告指出，全面建设社会主义现代化国家，最艰巨最繁重的任务仍然在农村。加快建设农业强国，是党中央立足全面建设社会主义现代化国家、着眼统筹“两个大局”作出的重大决策部署。

千秋基业，决胜于人。人才是第一资源，是推进乡村全面振兴、加快建设农业强国的基础性支撑。当前，乡村振兴事业往纵深推进，最关键的是人才，最紧缺的也是人才。“三农”工作人才范围广泛，包括乡村教师、乡村医生、乡镇管理干部、农业技术推广人员、高素质农民、乡村精英等。改革开放以来，随着我国城市化和工业化步伐的加快，城乡二元经济结构差异较大、城乡收入差距扩大、地区差异明显等现象加剧，农村富余劳动力不断流向城市。乡村中青年、优质人才持续外流，农林类院校毕业生不愿回到农村或无法胜任农业生产的现象普遍存在。人才总量不足、结构失衡、素质偏低、老龄化严重等问题是困扰当前农业发展的关键问题。

为此，党的十九大报告明确指出“培养造就一支懂农业、爱农村、

爱农民的‘三农’工作队伍”。2021年2月，中共中央办公厅、国务院办公厅印发了《关于加快推进乡村人才振兴的意见》，进一步强调了“一懂两爱”在乡村人才培养中的重要地位。

“懂农业、爱农村、爱农民”是党中央在实施乡村振兴战略形势下对“三农”工作队伍提出的新目标新要求，成为新时代“三农”人才队伍建设的标尺和准绳。地方高校尤其是涉农高校具有学科专业和人才等方面的资源优势，理应结合区域、行业、专业特点，积极发挥人才培养、科学研究、服务社会等主体功能，对接乡村人才振兴战略，肩负起培养“一懂两爱”高素质人才的重任，提高“三农”人才培养质量，为推进乡村振兴培育更多的专门人才。

当前，高校农业人才的培养主要集中在农业知识和技能传授两个维度。“一懂两爱”教育整体存在人文素养与理论学习分离，课程逻辑难以适应多样化的“三农”事业发展需求，涉农专业教学过程大部分时间和场景局限于课堂、校园之中，触摸不到真实的乡村，感受不到乡土文化的深层滋养，无法置身于乡土的“气氛”和“风气”中，师生对“三农”问题一知半解等现状。此外，教育模式过于“整齐划一”，学校现有的课程也很少能充分融合地域经济文化特色，缺乏从地方文化、资源特点和发展需求出发培养“留根”意识，“一懂两爱”课程未能充分承载地方性知识的传承与发展重任。

扬州大学是我国最早创立农科院系的大学之一，其源头最早可追溯到1902年由我国近代著名爱国实业家、教育家张謇创办的私立通海农学堂。120余年来，从通州兴学，到迁扬办学，再到六校合并，学校在长期的办学实践中形成了文科底蕴深厚、农科优势突出、科学人文交融、分类协调发展的办学特色。尤其是在农业相关领域，学校累计获国家科学技术奖二等奖17项，实现了从“农田到餐桌”的全覆盖，培养了一批批胸怀国家、情系“三农”，扎根基层的各类涉农人才，为我国经济社会发展，特别是农业现代化做出了突出贡献。

学校在农村发展、农业生产和农学教育的具体实践中积累了丰富的经验，并取得了一定的成效。扬州大学“一懂两爱”乡土实践育人教学团队是国内较早将“一懂两爱”的培养目标纳入涉农专业人才培养的特色教学团队。团队针对高校“一懂两爱”教育课程体系、教材体系供给严重不足等问题，开发了“高校‘一懂两爱’乡村人才培养案例选集”（以下简称“案例选集”）。这是一套学科视野跨度大、人文素质培养和实践养成相融合、课前课内课后三线衔接、课堂校园社会网络“四位一体”的综合性乡土人才教材体系。

“案例选集”第一辑包括以下四个分册：《文学篇：乡土书写与“三农”守望》《教育篇：百年村小与文化传承》《实践篇：青年公益与乡土实践》《发展篇：数字时代与乡村振兴》。分别基于乡村文化、乡村教育、乡土实践、乡村电商典型的高校服务乡村振兴典型案例群，系统开展情景体验式、实践探索式、理性反思式的高校涉农专业学生人才培养教材建构。

“案例选集”内容特色鲜明，择取了所在学校师生团队真实参与乡村振兴实践的全国不同地域200余个乡村真实的生活环境、历史地理、自然风貌、人文历史等作为主体内容，融乡土文化、乡土社会、乡村治理等生活生产要素于其中，实现了跨地域、跨学科、跨行业的课程共融，全域性、系统性、针对性厚植“亲农、重农、爱农、务农”的理想信念，陶冶学生认同乡土、热爱乡土的情感，激发其服务农村经济社会发展、助力乡村振兴的意愿。

“案例选集”的教育价值和社会价值在于将“一懂两爱”乡土情怀教育融入涉农专业课程思政实施之中，力图唤醒学生对农业、农村、农民的情感回归，培养出能够“回得到乡土的人才”。“案例选集”围绕乡村振兴对人才的现实需求，力图借助教材推动培养出来的大学生“能进

城、能下乡”，厚植乡村文化自信的根基。

深耕“一懂两爱”，培育乡村“土秀才”。这是全面推进乡村振兴、加快建设农业强国的关键环节。“高校‘一懂两爱’乡村人才培养案例选集”的编撰与出版是对新时代农业人才培养的一次创新探索，也是奋力扛起立德树人、强农兴农教育担当的生动注脚。

“高校‘一懂两爱’乡村人才培养案例选集”编写组

2023年6月

# 前　言

党的十九大报告提出实施乡村振兴战略，要求“培养造就一支懂农业、爱农村、爱农民的‘三农’工作队伍”。党的二十大进一步提出“加快建设农业强国，扎实推动乡村产业、人才、文化、生态、组织振兴”。乡村振兴离不开强有力的人才支撑。尤其是在科技革命和产业变革加速演进的新时代，乡村精英、“土专家”“田秀才”“乡创客”等新一批“三农”人才的规模、结构和质量，关系着全面推进乡村振兴战略的实施成效。“三农”工作人才范围广泛，但只有具备了懂农业的本领，有了爱农村、爱农民的情怀，切实做到了懂理论、讲情怀、善工作，才能扎扎实实把乡村振兴战略稳步向前推进。

在乡村振兴战略背景下，地方高校作为服务区域经济社会发展的重要力量，其发展战略、学科布局、人才培养、资源禀赋和人文联结等与乡村“一懂两爱”人才需求高度契合，理应结合区域、行业、专业特点，赋能地方“三农”人才培养。涉农专业大学生是未来乡村振兴的主力军，高校要将“一懂两爱”人才培养与农科大学生思想政治教育研究结合起来，将“一懂两爱”作为当前涉农专业大学生思想政治教育内容的发展目标，围绕国家重大战略需求，从问题和需求角度出发，改革创新发展“一懂两爱”教育，服务乡村人才振兴。

## 一、教材的形成背景

2020 年，扬州大学在全国率先成立了“一懂两爱”乡土实践育人教学

团队。团队聚焦地方高校涉农专业学生人才培养，分析在校学生与新时代地方“三农”工作队伍需求差距，致力于通过人文素质培养、场景体验、实践养成等方式，陶冶学生认同乡土、热爱乡土的情感，激发其服务和改善农村经济社会发展的意愿。

团队学科结构多元、年龄层次合理、教学经验丰富。团队成员中既有获得“卓越教学奖”的专业教师，也有实践经验丰富的一线辅导员。此外，还聘请了多名基层一线的工作人员作为兼职教师，指导实践教学。两年多来，团队围绕“一懂两爱”人才培养，取得了一系列成果和经验。先后指导国家级省级本科生创新创业训练计划项目 25 项，获得“挑战杯”“互联网+”“创青春”等省级以上创新创业奖励近 20 项，获评省优秀本科生毕业论文 2 篇。其中，团队负责人于 2017 年指导本科生获“挑战杯”国赛特等奖，2021 年指导本科生获江苏省优秀本科论文二等奖。团队成员在核心期刊发表教改论文 15 篇，先后获得河南省、江苏省、北京市教学成果奖特等、一等、二等奖。

基于多年教学实践，团队针对高校“一懂两爱”教育课程体系、教材体系等供给严重不足等问题，开发了“高校‘一懂两爱’乡村人才培养案例选集”（以下简称“案例选集”），探索并形成了一套整体性、系统性、融合性的“一懂两爱”“大思政课”实践育人教学体系。

## 二、教学的目标定位

“高校‘一懂两爱’乡村人才培养案例选集”不同于传统农业教育注重农业知识和技能传授。教材提出的“一懂两爱”培养目标，基于“以学生为中心”的课程理念，从培养高阶能力及情感价值入手，力图实现“课程扶志”和“实践扶智”相结合，尤其在专业理论课程体系中，加大对“一懂两爱”重大主题教育内容的课程设计和实施。教材坚持以文化人、以文培元，致力于培养具有“归农”情怀和时代精神的“和美乡村”建设者。

乡土情怀就是基于对农业、农村、农民的深入了解而产生的服务“三农”的强烈意识和动力。教材将“一懂两爱”乡土情怀教育融入涉农专业课

程思政实施中，将地方性和传统性的知识文化作为学校课程和教学的基本内容，让学生了解和认识其生长和居住之地的人、事、物、生活环境、历史地理、自然风貌、传统文化艺术等，陶冶学生认同乡土、热爱乡土的情感，激发其服务和改善农村经济社会发展的意愿。

教材在以学生为主体的实践活动中充分激活“一懂两爱”思政育人元素，引导学生对未来从事的“三农”工作加深情景理解、过程体验、理性反思，培养学生的问题意识、行动意志、价值观念和情感态度。以未来服务“三农”工作的能力建设问题为中心的教、学、做的过程性统一，将理论运用于解决实际问题导向的育人活动之中，在时间维度上要求贯彻到“课前—课内—课后”三课一线全过程，在空间维度上要覆盖“课堂—校园—社会—网络”四位一体全方位，在主体维度上扩展到“教、管、研、辅、社”专兼职全员，由此开拓“一懂两爱”实践育人“大视野”。通过引导学生主体性参与，厚植“亲农、重农、爱农、务农”的理想信念，通过跨学科、跨学院、跨专业的课程共融、平台共建、资源共享、考评共赢，实现理论与实践的协同联动。

## 三、教材的创新特色

本“案例选集”定位为综合实践类课程，面向高校本科生开设公共基础必修课或者通修课，是大学人文素质教育系统工程的实践性核心课程之一，是基于扬州大学“一懂两爱”乡土实践育人教学团队多年探索、开发的一套学科视野跨度大，人文素质培养和实践养成相融合，课前课内课后三线衔接，课堂校园社会网络“四位一体”的综合性乡土人才教材体系。

### （一）教材内容上的突破

1. 知识性、人文性与实践性相衔接。作为面向涉农专业大学生群体的通识类教材，本“案例选集”的主体内容基于所在高校师生团队真实参与的全国不同地域 200 余个乡村的具体实践。内容将地方性、传统性和实践性的知识文化融为一体，培养学生的问题意识、行动意志、价值观念和情感态度。“案例选集”超越传统教材课本的束缚，借助数字技术，深度开发与传统课程相配套的视听素材、实践素材等立体化的内容体系，实现了知识性、人文性与实践性相融通，能够进一步强化学生对“一懂两爱”的情景理解、过程体验、理性反思。

2. 跨学科、跨专业、跨领域相融通。本“案例选集”针对“三农”工作人才范围广泛的特点，既聚焦了学校人才培养的主责主业，又突出了乡村教师、乡村医生、农业技术推广人员、高素质农民、乡村精英等多元化的乡村人才成长需求。教学案例范围覆盖全国不同地域200余个乡村，研讨样本以文化、实践、创新和发展为主线，广涉乡村文化传承、产业发展、乡村治理、环境保护、医疗卫生等诸多方面。跨地域、跨学科、跨领域的教学内容，实现了乡村人、事、物的精准性优化组合，满足了“一懂两爱”乡土教育的多元化、差异化、特色化需求。

3. 科学化、全系统、多层次相统一。作为面向本科生乃至研究生等高知群体设计的专业性教材。本“案例选集”特别注重知识体系的科学系统建构。“案例选集”编写团队由涉农专业教龄5年以上的教师团队构成。编写团队具有学科视野跨度大、队伍整体实力强、教学成果基础好等优势，“案例选集”分类构建校内与校外、网上与网下、传承与创新等多层次的教学目标体系、内容体系和方法体系。此外，“案例选集”以“共同体”理念为引领，围绕专业教师、学工、团委、教辅以及校园社团指导教师等不同教学主体的需求，针对性设立差异化的教学环节，打造高校“一懂两爱”立体教学场景，形成了全局统摄、各方协调的教材内容体系。

### （二）教材形式上的突破

为更好地让学习者利用碎片化时间，突破学习时间、学习地点的局限，提升学习者自主学习的学习氛围、营造学习者构建知识体系的环境，本教材将数字化学习资源与学习内容深度融合，借助互联网、多媒体技术形成以纸质教材与移动终端互动的多维立体可视化的现代教学生态模式；通过教学环境、教学手段、教学评价的多样性实现教育信息化的教学应用。

教材探索信息技术与课程教学融合新路径，建设数字化学习情境案例库，以数字化情境再现的形式为学生提供丰富的学习资源，同学之间还可以

互相学习，共同探究，建立合作型的学习模式，培养合作交流能力和提升解决现实问题的策略，极大提高了教材的应用效果。

### （三）课程教学的特色

1. 乡土情怀教育融入通识课程与思想政治教育理论课中，是实现“一懂两爱”教学目标的最有效途径。教师可以根据教学内容、授课学生等多个方面的不同，将乡土情怀教育与专业知识相结合，引导学生在学习专业课基础的同时，潜移默化地接受“三农”教育，增强积极投身农业农村现代化建设的使命感和责任感，成为“一懂两爱”人才。

2. 加强“一懂两爱”通识教育课程体系建设，将“一懂两爱”目标内容与课堂教学改革相结合，把握乡土耕读教育基本内涵、构建乡土耕读教育课程教材体系、多渠道拓展实践教学场所、建设专兼结合的乡土耕读教育教师队伍、加强乡土耕读传家校园文化建设。打造第一和第二课堂、理论和实践、课堂与网络相结合的教学新模式。

3. 在教学方式上，创新能力培养以实践训练为主，课堂讲授为辅。通过组建实践训练团队，安排学生进行不同形式竞赛作品的具体实践训练，从而形成多种形式的竞赛作品。通过创新创业类课程的学习，指导学生完成国家级、省级和校级大学生创新创业训练计划项目申报与执行，并组织指导学生以个人或团队形式参加专业创新竞赛项目以及学科竞赛等实践训练。

4. 校内外实践基地建设、网络教学以各级各类实践教学基地、平台为抓手，形成以思政理论课为核心圈，专业实训实验课、思政实践课等协同发挥圈层效应的“同心圆”式“大思政”实践育人理念。

“一懂两爱”教育需创建一个跨学科、跨院校、跨地域的大载体，统筹多学科思政育人资源，跨越学科壁垒。教材起步于全校各涉农专业的实践育人模式的统整，内容体系涵盖通识课程、思政课程、实践课程及专业竞赛、创新创业竞赛。在前期的教学实践中，在培育农村实用人才、传统工艺型人才、经营管理型人才和创新创业人才等新时代“三农”人才方面，取得了较好的应用效果。

尚需说明的是，本“案例选集”选用的内容或案例基于所在学校师生团

队真实参与的全国不同地域200余个乡村真实的生活环境、历史地理、自然风貌、人文历史、现代治理等要素，教材选用内容获得了团队师生授权，但因所涉团队和人员众多，如有疏漏之处，请联系教材编写组，予以协商并感谢！在今后的建设中，团队将坚持立德树人的根本任务，进一步聚焦“一懂两爱”乡土人才培养，按照“准确定位、注重内涵、突出优势、强化特色”的原则，对教学团队建设的目标、任务、理念、机制与组织等问题开展系统深入研究，推进研究型、实践型、情景式的乡土人才培养模式创新，形成科研与教学相互促进的有效机制，加强教学内容、课程体系和教材建设。

“高校‘一懂两爱’乡村人才培养案例选集”编写组

2023年6月

# 目　录

## 第二部分 “三农”服务

## 第三部分 科技赋能

# 第一部分

# 非遗活化

# 第一章 妆灵毓秀——国妆老字号文化传承与振兴的领航者

**内容导学：**

中国化妆品市场景气度高，零售总额上涨快速，纯净美妆、生物有机等新概念、新技术、新产品层出不穷。相比之下，作为中华传统文化一部分的国妆，既体现了充满魅力的东方韵味，又彰显了中华美学的内涵，然而其传承与振兴却面临困境。

本案例以“挖掘文化、创新产品”为理念，以国妆传承计划为载体，以复兴国妆文化为使命，借助互联网技术和平台，完善“1＋2＋N”发展模式，通过联合各方资源，打造多元服务的国妆服务生态网络。

本案例按照“省内—全国—海外”的规划进行推广宣传，增强传统文化的“出圈”力度，助力更多国妆品牌重新焕发生机，让更多的人了解国妆的文化价值。

## 一、背景缘起

近年来，在美妆消费理念逐步普及、核心消费人群不断扩大及消费持续升级的背景下，我国化妆品行业市场不断扩大，资本纷纷涌入。虽然曾受到疫情的冲击，但随着线上销售渠道的开拓，化妆品市场正逐渐回暖。2021 年我国化妆品行业市场规模达 4 026 亿元，同比增长 7.1%（图 1-1）。截至 2022 年 3 月，我国共有在业存续的化妆品相关企业 1 247.1 万家，较 2021 年化妆品相关企业新增 437.5 万家，同比增长 56.4%，中国美妆市场规模在社会消费品零售总额中的占比也呈持续上升的态势。在良好口碑的影响下，2023 年中国本土美妆市场规模约 2 527 亿元，复合增速达 16.6%。

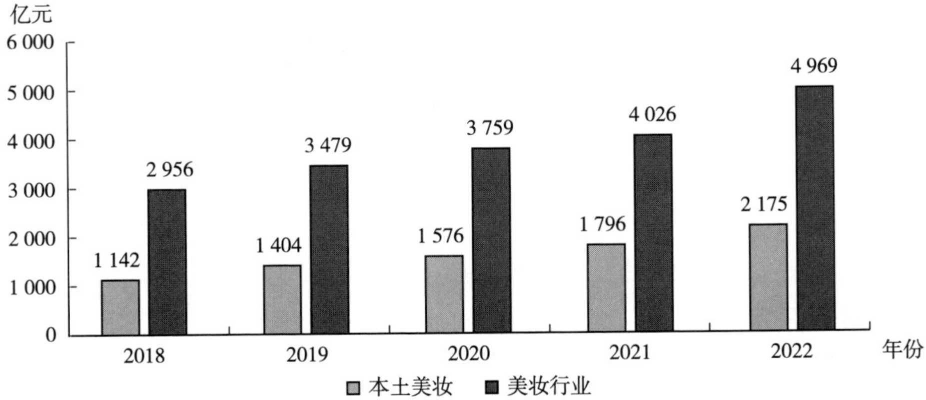


图 1-1　2018—2022 年中国化妆品行业规模及预测

与此同时，商务部等 16 个部门为促进老字号顺应消费需求新变化和“互联网+”新趋势，加快老字号改革创新发展，纷纷出台了相关政策。文件以促进老字号改革创新发展为核心，以保护传承老字号为根本，进一步优化老字号发展环境，充分发挥老字号的榜样示范和引领带动作用，大力弘扬精益求精的工匠精神，促进老字号创造更多社会、经济和文化价值。

虽有国家政策扶持，但国妆老字号品牌仍举步维艰。由于不注重线上运营，观念陈旧、机制僵化、创新不足、传承无力，导致品牌形象和定位不够年轻，未能成功打入年轻消费群体。国妆老字号长期亏损濒临破产，沦落到了“再不改就没落”的境地。

在此背景下，由扬州大学商学院电子商务专业同学组成的扬州大学“妆灵毓秀”团队，在老师的指导下，展开系列调研，以“国妆老字号文化传承与振兴”为己任，围绕戴春林、谢馥春等化妆品老字号，展开深度合作，取得了卓有成效的实践效果。

## 课堂讨论：

简要分析传承并创新国妆老字号对中国国产化妆品的意义。

## 二、项目简介

“妆灵毓秀——国妆老字号文化传承与振兴的领航者”致力于弘扬中华传统国妆文化，为国妆老字号品牌提供一套文化传承、产品创新、营销推广的集成方案，帮助国妆老字号在新时代焕发生机，助力品牌振兴。

项目针对现阶段国妆老字号产品创新不足、品牌个性中庸、传播渠道单一、经营策略固化等问题，整合多方资源，创新性地构建了“1＋2＋N”国妆发展模式——“1脉文化、2条线路、N方联合”，致力于国妆文化的保护与传播，打造集文化传播、非遗体验、产品创新、数字文创开发等多元服务为一体的国妆服务体系。团队希望在扩大国妆老字号品牌影响力的过程中，通过文化传承助力国妆品牌提升知名度，向世界展现中国的文化之美。

项目以与国妆传奇戴春林公司合作为起点，戴春林公司负责产品生产和资源供应，团队负责国妆产品创新、品牌营销推广、新媒体平台运营等。在产品方面，团队提供设计方案，协同戴春林创新产品设计，使用天然草本原料，打造美养兼顾的国妆产品。截至目前，团队联合戴春林公司共推出了30多款新品，其中《诗经》系列产品受到了消费者的一致好评，线上月销售额较改良前提升了近30倍。在品牌传播方面，团队首创了国妆文化体验游戏《点绛唇》，在虚拟游戏世界中提供沉浸式场景、个性化换妆等玩法；同时，团队积极开拓营销渠道，依托新媒体平台进行直播推广，相关直播观看达500万人次。此外，团队还在筹备拍摄国妆文化纪录片《百年粉黛》，由传承人亲述百年品牌故事，以此传承匠心精神。团队2021年6月成立公司，已与谢馥春、季德胜达成合作意向，正与孔凤春和双妹等国妆老字号品牌进行接触洽谈，将在品牌文化、产品等方面开展多种形式的合作。未来，团队还将服务更多国妆新品牌，助力美学传播。公司未来也会不断地招纳设计、电商及新媒体营销人才，加强团队的核心竞争力，按照“前期专注省内，中期放眼全国，后期拓展海外”的战略部署，不断朝着弘扬中华传统国妆文化的方向发展。

## 三、方案设计

### 1. 产品设计

**（1）化妆产品——古今结合焕发新魅力**

团队聚焦国妆老字号产品创新，在全面调研的基础上，结合消费需求，融合非遗文化，玩转跨界混搭，延续草本配方，优化传统工艺。团队秉持“匠心＋创新”的设计理念，依托中国化妆品智库资源，从选材、工艺、包装等多方面为不同国妆品牌定制设计方案，开发了多个系列产品。

**（2）传统文创——古典国妆注入新活力**

文创周边就是浓缩的文化精髓。团队深入挖掘中华国妆传统文化内涵，将其与现代元素巧妙结合，设计出一系列以美妆为主题的文创周边产品，诸如Q版美妆蛋、化妆包等。

### 2. 服务内容

**（1）科技赋能——国妆文化体验游戏**

1）游戏名称

《点绛唇》

2）游戏定位

团队通过技术赋能，打造了与现实交互映射的国妆文化体验游戏。团队基于UE4进行开发，提供蓝图创作，降低了国妆品牌打造数字孪生的技术门槛，实现了技术创新。游戏已在TapTap平台上架，上架首日浏览量破万，内测人数2 000＋，获900＋好评。目前，戴春林品牌已入驻，未来预计入驻30多家品牌。

3）游戏功能

①多维度文化盛宴

游戏通过沉浸式的交互场景，如文化展演、非遗体验制作等打破时空界限，使用户在虚拟世界身临其境体验国妆文化。

②沉浸式交互场景

游戏结合个性化试妆和社交玩法，穿越国妆盛世，用户足不出户便可携友同游，感受扬州市（广陵）繁华。

③个性化试妆体验

游戏给用户带来一站式试妆体验和一键式国妆美颜效果。在游戏中用户不仅能体验古法制作国妆产品，感受国妆“材有美、工有巧”的制作理念，还能一键试妆，体验“碎妆”“啼妆”等涵蕴各异的古典妆容，品味古典审美。

**（2）文化传播——感受“幕后”工艺**

文化的交互是双向的，要将受众从台前的接收者转至幕后的体验者乃至讲述者，才能真正做到文化与技艺的接合。而手工技艺作为国妆老字号一项传统的工艺，历史悠久，文化积淀深厚，讲究古方制作，与现代的流水线产品有着本质的区别。为此，团队将目标锁定所有国妆爱好者，将辐射范围延伸至全国，从当地的文化传播活动入手，再联合全国各地的文化节和古风宣传活动，不断扩大国妆老字号的影响范围。

1）中外香文化交流系列活动

团队秉持“弘匠心品德，承美妆精髓”的理念，组织国外留学生举办了中外文化交流系列活动，通过学香、识香、制香共同体验传统香的独特韵味。此次活动共有“学香文化”“识香技艺”“制香饰牌”三个环节。活动中，团队成员向留学生讲解了香文化历史、香在生活中的应用、如何制作香囊等内容，带领大家近距离感受国妆老字号带来的香文化魅力，传承绵延悠久的中华老字号国妆文化（图1-2）。

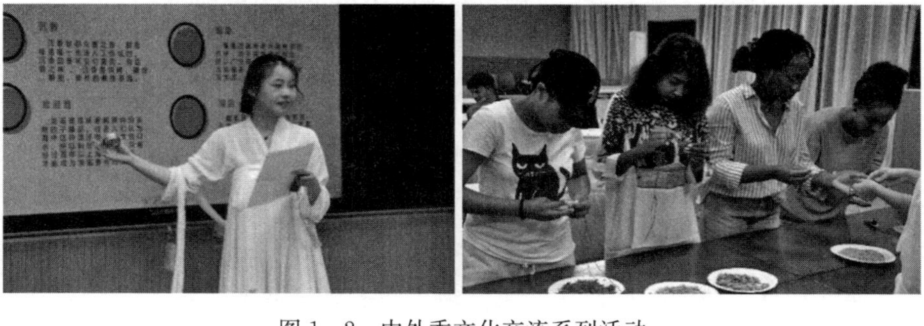

图1-2 中外香文化交流系列活动

2）校园夜市展销活动

夜间是年轻人更青睐的消费时段，团队借助学校举办的“夜市创想家”

活动，搭建脂粉小铺在学生群体中掀起了国妆热潮，为夜间经济增添了更多的内容。团队成员在销售产品的同时讲述国妆老字号的百年历史，带领同学们了解老字号国妆背后的故事，传播效果显著（图 1－3）。

图 1－3　校园夜市展销活动

3）国妆文化纪录片

为传播国妆文化，团队在相关部门支持下，与品牌方合作，联合拍摄八集纪录片《百年粉黛》。该纪录片主要讲述了国妆文化的历史背景和发展历程。

**（3）资源整合——助力国妆文化传播**

1）电商赋能

由于国家对非遗文化的保护工作非常重视，国妆文化的推广获得了各方强有力的支持。团队与省直播联盟、省电子商务协会等产业联盟达成合作，依托 150 余位网红大咖资源，为国妆品牌带来超 400 万的流量。

2）企业联动

团队联合日化、设计、科技公司开展国妆传承研讨会。与洛可可设计公司合作设计研发国妆产品，与盛趣游戏合作打造国妆文化体验游戏，多方联合共同助力国妆老字号的推广与宣传。

3）高校联盟

团队从身边的大学生群体入手，通过建立高校联盟，联合苏州大学等 36 所高校建立长期合作关系，组织开展千人直播、社会实践等一系列活动，携手提升国妆品牌在校园中的品牌知名度，助力国妆文化在大学校园的传承和发扬。

### 3. 项目特色

#### (1) 模式创新

为适应现代互联网和美妆市场新发展要求，带动消费需求升级，项目以服务为基础，文化为引领，通过产品创新和技术赋能，团队创新性地构建了“1+2+N”国妆发展模式——“1 脉文化、2 条线路、N 方联合”，以文化定圆心，以技术和产品扩半径，以 N 方资源拓圆面，着力国妆文化的保护与传播，切实解决国妆老字号发展的痛点难点（图 1-4）。

图 1-4　“1+2+N”国妆发展模式

#### (2) 文化传播

团队以文化传承为目标，依托抖音、哔哩哔哩、小红书等新媒体平台，通过云看展、自媒体软文、微课堂等方式传播国妆品牌文化。团队筹备国妆文化纪录片《百年粉黛》，由传承人亲述百年品牌故事，以此传承匠心精神，以期弘扬国妆老字号文化，促进国妆老字号发展（图 1-5）。

此外，团队还联合运河沿线的 7 家国妆品牌，通过文化纪录片拍摄、行业资源协同等手段串联起国妆文化大运河传播带，共同推进中国化妆品民族品牌提升工程，活动辐射 50 万人次。

#### (3) 技术赋能

团队狠抓技术和产品两条主线，通过文创开发、国妆产品创新及新媒体平台运营，创新性地传播国妆文化，助力国妆老字号品牌振兴。在文创开发方面，团队以科技赋能文化，推出《点绛唇》国妆文化体验游戏，实现沉浸

图 1－5 《百年粉黛》国妆文化纪录片

式交互场景的搭建，通过国妆试妆体验、非遗体验制作等环节，打造国妆文化盛宴。目前，《点绛唇》已在 TapTap 平台上架，游戏首日浏览量破万，内测人数超过 2 000 人，获 900＋使用者好评（图 1－6）。

图 1－6 《点绛唇》国妆文化体验游戏

### （4）产品创新

在国妆产品迭代方面，团队聚焦国妆产品创新，通过调研消费者实际需求，从玩转跨界混搭、融合非遗文化、延续草本配方、优化传统工艺四大方向着手，秉持“匠心＋创新”的设计理念，依托中国化妆品智库资源，针对不同国妆品牌定制全新的产品设计方案。目前，团队已与戴春林联合打造了漆器系列、《诗经》系列等 30 余件产品。自 2021 年团队介入后，戴春林公司化妆品的销量大幅度提升，团队帮助戴春林设计的《诗经》系列鸭蛋粉，较改良前月销售量提高了近 30 倍。在品牌推广方面，团队依托新媒体平台组建直播团队。借助 KOL 代言和千人直播活动，在双十一、女神节期间，帮助戴春林直播间累计成交金额达 34.8 万元。

**（5）资源整合**

团队通过联合地方政府、高校、企业等各方资源，为项目赋能。首先，团队与江苏电商直播产业联盟签订协议，依托 150 余位网红资源，获超 400 万流量。其次，团队联合 5 家日化企业开展国妆传承研讨会，协同设计、科技等公司开发国妆相关产品和游戏。最后，团队与苏州大学等 36 所院校组成高校联盟，举办千人直播、社会实践等活动，掀起传承和振兴国妆的热潮（图 1－7）。

图 1－7　资源整合

**4. 商业模式**

团队立足“互联网＋”的大背景，致力打破传统门店经营对品牌知名度扩张的地域限制，整合多方资源，打造集文化传播、产品创新、品牌推广、非遗体验等多元服务于一体的生态网络。项目通过资源赋能品牌，国妆品牌方负责产品生产，团队为其提供产品创新、运营推广、技术服务等个性化服务并获取收益。团队通过微信、抖音、小红书、哔哩哔哩等新媒体平台以及线下国妆文化活动进行品牌推广、文化传播和产品销售。同时，团队还根据消费者实时互动反馈来完善各平台服务，并将反馈收集整理给品牌方，帮助其挖掘潜在消费需求，提高产品和服务质量（图 1－8）。

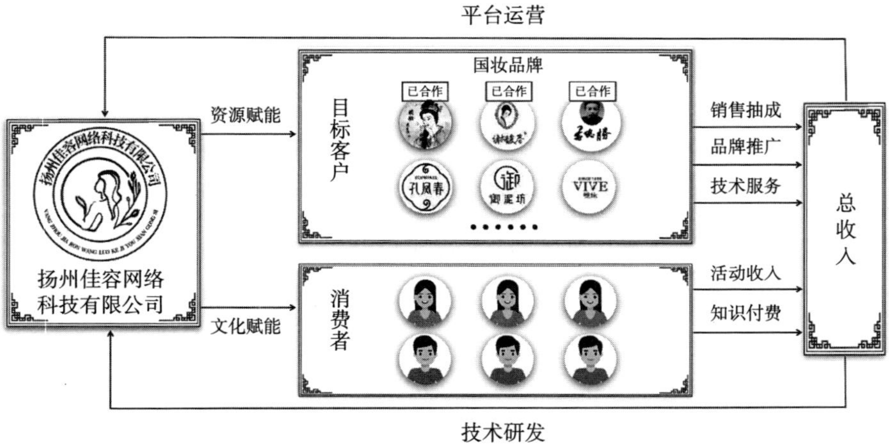


图 1－8　商业模式

## 课堂讨论：

1. 思考本案例服务内容中科技赋能等方式是否具备可行性并阐述理由。

2. 讨论项目“依托中国化妆品智库资源，针对不同国妆品牌定制全新的产品”做法的可行性。

## 四、市场分析

### 1. 行业背景分析

近年来我国化妆品市场不断扩大，资本纷纷涌入化妆品行业。截至 2022 年 3 月，我国共有在业存续的化妆品相关企业 1 247.1 万家。从注册量上看，近 10 年全国化妆品相关企业注册量总体呈波动上升趋势，2020 年注册量达 279.8 万家，2021 年新增 437.5 万家相关企业，同比增长 56.4%，是近十年注册量最多的一年。不同于美、日、韩的成熟市场格局，我国化妆品市场集中度较低，2019 年 CR3 仅为 22.5%，且市占率前三的公司分别为美国的宝洁、法国的欧莱雅与日本的资生堂。近年来，国产化妆品公司逐渐走出了自己的特色崛起之路。2012—2019 年，市场份额跻身前 20 的本土化妆品公司由 6 家增长至 8 家，合计市场份额由 7.6%增长至 14.1%，崛起趋势明显。

在信息基础设施的不断完善和互联网的快速普及下，线上销售渠道的开发程度越来越高，社交电商作为新兴行业，正处于高速发展期，市场增速始终保持在 50%以上。天猫、小红书、抖音等平台已经成为互联网发展时期中国化妆品销售的主要渠道。

随着中国美妆市场的不断扩大，年轻人对于国妆的接受程度越来越高。但传统国妆老字号包装陈旧、品牌老化等问题使其发展道阻且长。此外，在没有现代化新品补位的情况下，国妆老字号背后的生产工艺一旦被同行复制，老字号将失去竞争力。所以，国妆老字号需要在古典产品工艺和现代美妆技术的结合上做更多的创新和尝试，从国妆文化中汲取精华，坚持天然理念，研制出符合现代美妆需求的产品。企业也应该不断加速产品更新换代，适时推出新品种、新花色、新样式，以适应化妆品发展趋势。

**2. 宏观环境分析**

**(1) 政策环境分析**

近年来，我国相继出台了一系列支持本土化妆品产业发展的政策。针对化妆品安全问题，国家加强了化妆品行业监管，提高了行业准入门槛，鼓励原料创新研发，明确到责任主体，加大了处罚力度，推动了行业规范化发展。2020 年 6 月新版《化妆品监督管理条例》发布，该条例建立了统一、科学、高效的化妆品监督管理体系，为规范化妆品行业市场竞争、营造更健康良好的营商环境提供了政策沃土与管理支撑。从国家监管力度看，我国对化妆品行业的监管力度随着行业的发展不断加强并走向规范化，也不断提高化妆品生产企业的准入门槛。

与此同时，商务部等 16 部门为促进老字号顺应消费需求新变化和“互联网＋”新趋势、加快改革创新发展，提出全面贯彻党的二十大精神，坚持创新、协调、绿色、开放、共享的发展理念，深入推进供给侧结构性改革，以促进老字号改革创新发展为核心，以保护传承老字号为根本，进一步优化老字号发展环境，充分发挥老字号的榜样示范和引领带动作用，大力弘扬精益求精的工匠精神，促进老字号创造更多社会、经济和文化价值。

**（2）经济环境分析**

我国经济持续稳定发展是化妆品行业快速增长的有力保证。化妆品消费与居民收入水平直接相关，国民经济的持续健康发展将带来居民收入水平的显著提升，加之国家鼓励消费、拉动内需的经济政策，均为化妆品行业的快速发展提供了良好的环境和巨大的市场空间。

与此同时，随着国民素质的提高和消费理念的转变，社会消费结构逐渐向发展型、享受型升级，消费者对商品和品牌附加价值的认知程度逐渐提高，消费心理和需求逐渐呈现出多样化和个性化的特征，为化妆品向细分领域发展和差异化定位提供了进一步的发展空间。

**（3）社会环境分析**

商务部等 8 部门印发的《关于促进老字号创新发展的意见》指出，老字号拥有世代传承的独特产品、精湛技艺和服务理念，承载着中华民族工匠精神和优秀传统文化，具有广泛的群众基础和巨大的品牌价值、经济价值和文化价值。老字号应坚持创造性转化和创新性发展，使中华民族的文化基因与当代文化相适应、与现代社会相协调。地区各部门应结合实际认真贯彻落实文件精神，坚持传承与创新相结合，既要深入挖掘老字号传统技艺和品牌内涵，弘扬工匠精神，又要积极运用现代管理和生产技术持续提高质量标准水平，不断开发特色产品和服务，提高老字号核心竞争力。

如今，随着大量知名外国化妆品品牌涌入中国，中国美妆市场得以不断发展，进入了“百花齐放，百家争鸣”的状态，虽然有国际品牌抢占大部分国内市场的现象，但不少创新型国妆品牌凭后发之势崛起，国妆老字号品牌也重回大众视野。同时，国家支持举办老字号博览会等各种展览展销活动，鼓励具备条件的展会设立老字号专区。在出入境口岸设置老字号展销厅。将老字号作为“一带一路”宣传推广工作的重要组成部分，借助“欢乐春节”等活动，不断提升老字号的国际知名度和影响力。加之现在人们在消费上更加注重安全、享受、娱乐、求知，文化消费增加已成为消费升级的重要表现。上有文化政策，下有文化需求，一批批承载着丰厚历史文化底蕴的国妆老字号品牌重整旗鼓，使其辉煌的历史得以延续，传承之路重见光芒。

**（4）技术环境分析**

2020年第一季度，新冠疫情的暴发冲击了中国各个产业的发展，处于高速发展阶段的中国化妆品行业受挫尤为明显。不过通过相关数据我们可以看到，很多化妆品牌从3月初开始逐步贴近市场，调整运营策略，通过KOL、线上直播等方式获客引流，销售量逐步提升，完成了从被动反应向主动出击的转变。同时，为落实国务院办公厅关于“互联网＋流通”行动计划的部署，国家积极提倡实施“老字号＋互联网”工程，引导老字号适应电子商务发展需要，开发网络适销商品和款式，发展网络销售。引导老字号与电商平台对接，支持电商平台设立老字号专区，集中宣传，联合推广。鼓励老字号发展在线预订、网订店取（送）和上门服务等业务，通过线上渠道与消费者实时互动，为消费者提供个性化、定制化产品和服务。在后疫情经济恢复时期，电子商务给化妆品行业带来了新的机遇，兴起的社交电商进一步带动化妆品消费的增长，包括小红书、抖音、哔哩哔哩、淘宝直播等平台，均有化妆品品牌与美妆博主合作的视频。未来拥有大量线上流量的社交电商平台，将会是化妆品行业主要的销售渠道。

**3. 竞争环境分析**

**（1）供应商议价能力**

如今，全球范围内对于环境保护的重视程度越来越高，消费者也开始关注包装产品的环保性与可降解性。调查中团队发现，由于化妆品成本控制和技术的限制，许多化妆品的包装多为一次性塑料制品，使用后其包装会对环境造成一定的污染。因为环保外包装供应商的议价能力较强，普通外包装供应商的议价能力较弱，所以目前能够生产设计出可再循环、可再填充、可回收利用或可恢复包装的外包装供应商少之又少。

(2) 购买者议价能力

化妆品行业的消费者分为直接消费者（个人、家庭等）和间接消费者（批发商、零售商、分销商等）。由于间接消费者采用批量、周期性订货方式且忠诚度高，具有较强的影响力。经销商、零售商的经营规模越大，客流量以及销售量越高，其议价能力越强。对于一些有自主产品权或研发、生产较强的企业，产品差异化较大，品牌知名度较高，可替代产品较少，买方议价能力相对较弱，而那些没有自主生产能力的买家依赖性较强，议价能力较弱。

(3) 潜在竞争者进入能力

由于化妆品行业存在着市场细分明显、产品多样化等特点，且进入化妆品市场设备投资少，人员培训要求不高，从而潜在竞争者进入行业的壁垒相对于其他行业来讲较低。

目前市面上近几年也新出现了许多国产化妆品的宣传服务平台，它们大多数采取流量营销等方式，短时间内闯入大众视线，但是大多数品牌品种单一、产品质量良莠不齐、包装档次低，只在乎短期利益，而本项目团队长期服务于国妆老字号，注重品牌的长期发展和文化传承。在后期发展中，团队会依托专业技术人员进行平台建设、产品研发、外包装设计、双线品牌宣传等，进一步宣传国妆老字号的 IP，扩大国妆老字号的品牌影响力，不断提升品牌竞争力。

(4) 替代品的替代能力

随着社会发展与技术进步，材料和服务也在更新，化妆品面临替代产品的威胁越来越多，例如美容保健品、家用美容仪、美容院、医疗美容医院等，其中对化妆品替代威胁最大的是美容保健品和医美手术。

传统的化工生产因缺乏安全性且副作用多，已受到消费者的质疑。生产商顺应顾客的需求，开始研究美容保健品，利用中医理论调节机体功能，注重人性化、健康化、天然化。化妆品是对人体外在进行修饰和保养。中医认为相由心生，皮肤的保养重在内调，因此食疗方法也是化妆品的重要替代品。食疗又称食治，是在中医理论指导下利用食物的特性来调节机体功能，使其获得健康或愈疾防病的一种方法。相比化妆品，此方法更加绿色无公害，对现在注重天然养生的消费群体更有吸引力。另外，近年来随着科技的发展，医美已经普遍被大众接受。相较于化妆品来说，它具有见效快、周期短、安全性高、针对性强等优势，缺点是医美的费用相对较高，普及还需要一定的时间。

**(5) 现有竞争者竞争能力**

市面上也存在着诸如美美哒、国妆集团芳香世家等公司，其拥有的好物分享、美妆测评、国潮推荐有一定的带货推荐作用，而且也能靠着自身的影响力争取到相对低廉的价格。但是目前这些公司运营的平台日活量极低，在消费人群中普及度不够，平台上的产品也存在着包装抄袭、种类不全、评价良莠不齐的现象。

团队专注国妆文化服务，帮助挖掘老字号深厚的文化底蕴，针对市场需求与自身痛点，进行特色产品研发、外包装设计、品牌宣传等活动。公司创新开发多渠道的宣传方式，利用线下体验式营销和线上营销相结合的方式，利用更有吸引力的游戏与直播，精准覆盖受众人群，从而让信息自行增殖丰富，所有热爱国潮、美妆、传统文化的消费者都可以通过各类传播渠道了解到老字号的最新消息，参与到体验老字号的活动中。

**课堂讨论：**

1. 谈一谈国妆品牌相对于其他国际品牌有哪些本土化优势？

2. 化妆品市场竞争愈发激烈，针对上文竞争环境分析，你是否能就国妆文化的发展提出几点建议。

## 五、营销推广

### 1. 目标市场

团队于 2021 年 6 月成立扬州佳容网络科技有限公司，公司以国妆品牌为目标客户，目前已与戴春林、谢馥春、季德胜等品牌建立合作，未来将持续拓展业务范围（图 1－9）。

### 2. 品牌推广策略

团队采用新媒体平台运营，以推广国妆品牌为主，宣扬传统文化为辅，

图 1－9　目标客户（部分）

将传统国妆工艺与现代时尚气息相结合，以适应当下新形势的消费需求，助力国妆老字号振兴。

项目的推广是线上和线下同时进行，线上主要是建立国妆品牌生态圈，整合多方资源，通过微信、抖音、小红书等社交媒体互动、抖音电商直播以及软文推广等新潮方式，宣传平台，扩大平台的知名度，并且以高质量且不断优化创新的产品和深厚的文化底蕴保证顾客的忠诚度，构建集文化传播、产品升级及文创产品销售、非遗体验等多元服务的国妆品牌生态圈。

线下主要是非遗体验活动，公司在商城、社区、学校、景区等地举办各类文化活动，目前已涉及南京、杭州、南通、常州等地，邀请游客试用产品和体验制作，达到吸引潜在用户及品牌推广的效果。此外，依托线下门店宣传、人员推广、社团合作、校园赞助等形式，进一步扩大国妆老字号的宣传范围（图 1－10）。

## 课堂讨论：

讨论交流，团队还可以在哪些方面为国妆文化的发展作出贡献？

图 1-10　活动剪影

## 六、社会影响

团队多年来的努力引起了社会对国妆老字号的广泛关注，目前已被《中国经济周刊》、学习强国等国家级、省级主流媒体二十余次关注报道。此外，团队赢得了中华全国工商联美容化妆品业商会专家、妆造大师云、中国香料香精化妆品工业协会专家等多位业内人士的认可，收到了江苏省日化协会副理事长穆鸿骏的推荐信，为国妆产业振兴注入强劲动力（图 1-11）。

## 七、拓展思考

目前，团队立足扬州，以与国妆传奇戴春林合作为起点，将服务更多国妆老字号和新锐国妆。未来团队将继续完善“1+2+N”发展模式，通过联合各方资源，打造多元服务的国妆服务生态网络，按照“省内—全国—海外”的规划扩大推广范围。

2022—2023 年，以扬州为立足点辐射周围城市，团队将项目服务范围拓宽至长三角地区的国妆老字号，包括双妹、孔凤春等品牌；2024—2025 年，将服务范围扩大至全国并吸引丁家宜、花西子等国妆新锐品牌加入，并

图 1－11　媒体报道（部分）

持续提高平台知名度；2026—2030 年，团队将积极与“一带一路”沿线国家进行区域合作，构建“一带一路”国妆文化传播带，联合国外 IP，助力中华美学传播。

团队围绕“国妆老字号文化传承与振兴”展开了一系列活动，一路走来，收获颇多。但“国妆老字号文化传承与振兴”之路，依然困难重重，既有老字号本身的问题，又有国内外其他品牌化妆品的冲击，还存在技术迭代的风险，如何进一步破局，值得我们继续深入思考。

## 课后讨论：

1. 结合本案例，谈谈你对国妆老字号文化的理解？

2. 传统国妆品牌应如何“旧貌变新颜”，与时代接轨？

3. 作为当代大学生，应如何保护传统国妆文化，如何传承与振兴传统国妆文化？

# 第二章 绒花绽放——扬州绒花非遗传承电商平台

**内容导学：**

随着消费升级以及全民文化意识的提升，文化创意产业总体营收规模不断扩大。其中扬州绒花文化传承与创新的成功，就依托于文化创意服务产业高质量、高速度的发展。只有牢牢抓住文化创意服务产业的发展良机，有效运用自身的优势与资源创造出优秀的文创产品，才能让扬州绒花真正获得大众认可。

本案例以扬州绒花为载体，以推广品牌文化为基线，以非遗传承为理念，紧抓“互联网+”和“一带一路”机遇，进一步放大电商平台支撑效应，打造“非遗+文化+电商”的扬州绒花文化服务闭环，逐步扩大扬州绒花影响力，传播非遗文化。

市场规划秉持“本地市场—周边市场—海外市场”的发展路线，以扬州为中心城市，向四周辐射发散，积极开拓海外市场，力争将扬州绒花做成闻名海外的民俗艺术品。

## 一、背景缘起

近年来随着中国经济的发展，非物质文化遗产（以下简称非遗）技艺开始重新受到大家的关注。国务院发布的《关于支持设立非遗扶贫就业工坊的通知》，指出以非遗为核心，带动文化扶贫。据统计，中国现有一千三百余项国家级非物质文化遗产，是全球拥有非遗文化最多的国家。非物质文化遗产包括传统口头文学、传统美术、书法、音乐、舞蹈、技艺、礼仪、节庆、医药等。非遗是世界文化多样性的体现，承载着一个民族的文化精神，传统手工艺是非物质文化遗产中的重要类别。扬州绒花历史悠久，是扬州独具特色的传统手工艺品。

中国制花分为北京京花和南方绒花两大流派，其中扬州绒花是南方绒花的代表，在千百年的传承与发展中始终保持着鲜明的民间文化和地域文化特征，它承载着中华文化的精髓，继承了古老的艺术形态。扬州绒花始于唐朝，兴于宋朝，盛于明清，清末民初流入民间，规模化于新中国成立初期，“文化大革命”后停产，20 世纪 70 年代初开始复兴，又衰落于改革开放后。扬州和北京、南京是中国三大绒花产地，无论是题材、品种还是外观等个性元素无不体现着我国劳动人民的智慧。扬州绒花是南方绒花的领军者，以蚕丝制成的绒花，穿越时光之河，具有鲜明的艺术特色和独特的审美价值，宋人王观《芍药谱》云：“扬人无贵贱，皆戴花。”

在此背景下，扬州大学“花之韵”大学生创业团队发起绒花非遗传承电商项目，目的是更好地传承、传播并且保护非物质文化遗产。团队以扬州绒花为切入点，打造扬州绒花非物质文化遗产的电子商务平台。目前团队既开展扬州绒花的线下非物质文化遗产的服务，同时搭建线上平台进行扬州绒花的产品交易，为此团队多次前往扬州市江都区，通过搜集资料、问卷调查、公司考察以及与手工艺人访谈等方式，对扬州绒花的历史文化与发展现状进行全方位的实践调查。调查发现，2006 年，绒花制作技艺被列为省级非物质文化遗产，重新回到了公众视野，并引起了学术界的广泛关注，确定了江苏省扬州市的“90 后”征珊珊为该文化遗产项目代表性传承人。只是目前扬州绒花技艺的传承者与爱好者更多的是老一辈的人，而现在的年轻人大多对于这些古老且不新奇的物件抱有漠视的态度，并且扬州绒花销售模式单一，产品花样不够现代新颖，传承发展效果并不理想。为了解决这些问题，扬州大学“花之韵”团队，力求在不断的探索与实践中推动扬州绒花的传承与发展。

## 课堂讨论：

试分析保护非遗文化的重要性体现在哪些方面。

## 二、项目简介

在坚守传统扬州绒花制作工艺的基础上，“绒花绽放——扬州绒花非遗传承电商平台”团队基于市场和消费者需求，深度挖掘绒花潜在文化价值，研发了适合市场的创新型绒花、独具创意的系列文创产品，将抽象的非遗文化具象化，并赋予新的意义和新的价值。通过衍生产品，辐射到原本的传统文化，提高了文化辐射广度，同时打破了本地的地域限制，坚持文化输出，提高了品牌知名度。

团队首先依托扬州非遗进万家、文化节等活动，让人们欣赏各种精心制作的绒花饰品的巧夺天工、绒花实物的惟妙惟肖，让更多的年轻人体验绒花技艺，感受由绒花制成的各种产品的独特韵味，从而引发大家对绒花历史的关注；其次举办绒花产品展览会、线上宣传绒花产品等活动，使扬州绒花在年轻人的生活圈内打出知名度。团队还利用扬州大学艺术学院优秀学子的资源优势，在传统扬州绒花的基础上，对绒花进行题材、品种、外观、骨架和材质的创新，同时在扬州绒花的用途上进行创新。团队的工艺品设计组将扬州绒花的传统技艺与时下消费者精神和物质需求相结合，设计了绒花扇、绒花帽、绒花摆件、绒花玩具、绒花挂件、绒花灯罩、绒花啪啪圈、绒花窗帘扣等文创产品。同时设计了拥有绒花图案的服饰、蒲团、明信片、挂历以及书签等各种创意产品，坚持多元化、年轻化，打造扬州绒花文化新生态。

团队未来将通过打造“非遗＋文化＋电商”的扬州绒花文化服务闭环，以非遗文化作为主要推手，逐步扩大扬州绒花影响力，同时以电商模式为发展路径，有效解决“现做现销、店堂销售”模式下的推广难题，突破时空限制进行文化宣传、产品销售等各项服务，推动扬州绒花非遗文化的传承和发展。

## 三、方案设计

### 1. 产品设计

#### （1）绒花产品

为了更好地传播扬州绒花文化，让更多人参与到扬州绒花的研究学习与制作中，项目基于市场现状、产品实际，采用“材料分销＋特色定制”的销售形式，同时推出创新型产品。目前平台销售的扬州绒花产品主要包括以下品类。

1）传统绒花

传统绒花多见鬓头花、胸花、帽花，用于婚寿喜庆之事，绒花的图案多是象征吉祥的凤凰、聚宝盆、双喜字、石榴以及各式花草鸟兽，符合中国民间艺术的主题，具有厚重的民族特色。如中国风格调绒花：春宜花，夏宜风，秋宜月，冬宜雪。四时佳兴，可与人同①（图 2－1）。

图 2－1 四季花开

2）定制绒花

扬州定制绒花是高度个性化的产品，消费者可以根据喜好选择绒花的题材、品种、外观等个性要素，由于产品整体为纯手工打造，成本较高、耗时较长，但是具有极大的收藏价值和艺术价值，是一种高档消费产品（图 2－2）。

① 汪曾祺《人间之味》。

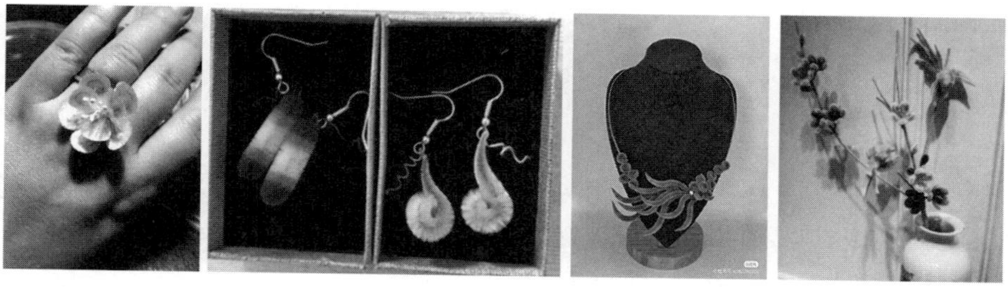

图 2 - 2 定制绒花

3）创新绒花

在传统扬州绒花制作工艺的基础上，打造出新型扬州绒花，增加趣味性和观赏性：流行色系——时尚前沿；崇尚自然——田园生活；儿童专属——清新可爱；限量收藏版——绒花界的“爱马仕”；私人定制款——个性需求；企业专属型——风格匹配；特殊主题类——营造氛围；特殊材质类——古典雅致；教学绒花——寓教于乐；“网红”绒花——自带“卖点”；发光绒花——行走的“萤火虫”；一花多用——传奇变换等（图 2 - 3）。

图 2 - 3 扬州绒花扇、绒花帽子

4）DTY 绒花

消费者可以根据需求，选择不同的颜色、规格，进行绒花制作。在制作中，要掌握绒花制作的基本工艺。绒花，蚕丝为肉，铜丝为骨。蚕丝线是扬州绒花的主要材料之一，是使绒花永不凋零的必须要素。铜丝是绒花的花骨，是整个绒花的支架，根据所制作绒花的不同，黄铜丝的规格大小不一。软化铜丝时一定要用文火，不然铜丝太硬，所制作的绒花就没有灵性（图 2 - 4）。

5）绒花联名与合作

绒花不仅适合古装剧的装扮，而且也很适合国风的化妆用品装饰，在保

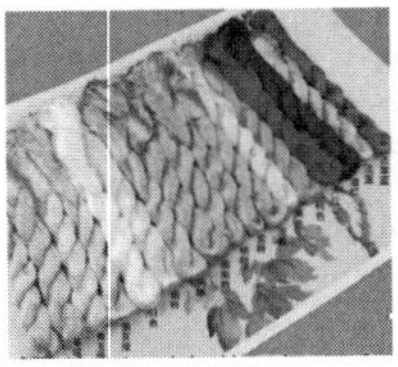
免劈丝 绒花蚕丝线

手工退火黄铜丝
高品质的黄铜丝，不会不停地掉渣，生锈，不如紫铜软，但是比紫铜韧性好，不容易断

手工退火紫铜丝
比黄铜软，更好搓丝，适合手嫩的姑娘
韧性不如黄铜丝，比黄铜丝容易断，会有掉渣和氧化物

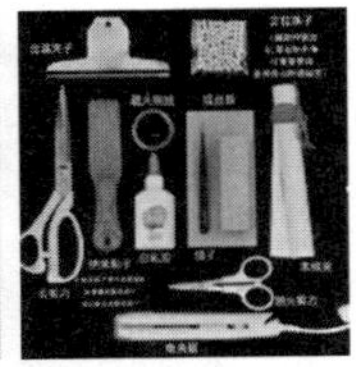
（搓丝版）绒花全套工具

图 2－4　扬州绒花蚕丝线、铜丝、DIY 制作工具

持原有的产品基础上，可以与美妆品牌进行合作联名，例如口红、眼影等。可采用精致礼盒包装，提升产品的档次，促进消费者的购买欲。绒花还可以与其他非遗手工技艺进行合作，例如苏绣，共同开发新的产品（图 2－5）。

图 2－5　绒花礼盒

**（2）文创产品**

为了更好地传承非遗文化，让更多的人了解到扬州绒花、关注并且喜爱这一中国传统制作技艺，团队的文创设计组充分挖掘扬州绒花的内涵，以创意赋予扬州绒花新的生命力，以扬州绒花为主题设计出具有历史性、艺术性、知识性、实用性、趣味性的文创系列产品。团队研发的文创产品一部分用于线下实体门店的展示销售，一部分通过线上电商平台销售。团队希望通过将现代创意文创产品与非遗文化相结合的方式，推动扬州绒花非遗文化的传播，提升品牌知名度，将其推广给更多人。线上微店现有绒花扇、绒花帽、绒花明信片、绒花摆件、绒花玩具、绒花图案服饰、蒲团等多种类文创产品售卖（图 2－6）。

图 2-6（1） 扬州绒花明信片

图 2-6（2） 扬州绒花文创产品

**2. 服务内容**

**（1）文化建设**

非遗传承需要文化作为载体，只有将非遗文化学习好、传播好，才能将其传承好。团队深知文化建设对于非遗传承的重要性，这不仅仅是历史留给我们的宝贵财富，也是如今可持续发展的基石，团队希望通过更加多元化的方式，让大家熟悉、了解绚丽多彩的扬州绒花文化。

公司线下建立绒花博物馆、绒花工坊、绒花文化馆，通过文字、实物的展示，挖掘扬州绒花非遗技艺的文化内涵；线上通过新媒体平台、社交平台互动等新方式，面向消费者展示手工制作扬州绒花的流程，进一步扩大扬州绒花的知名度、影响力。

1）绒花博物馆

公司依托原有的绒花工厂进行改造，以扬州绒花为主题，融入扬州本地特色，打造成一座能看、能听、能动的新一代科技交互式博物馆。馆内主要通过数字化、多媒体形式，展示扬州绒花的历史图文资料；同时，大量的绒花藏品配备可交互屏幕，在能见到绒花实物的同时，通过数字交互平台实现绒花的动态呈现效果，利用现代科技，采集绒花多种形式的信息，存储音频、视频、图像、资料等，建立数字化的绒花档案，此外，还设有绒花 VR 体验馆，通过 VR 设备真实模拟佩戴绒花时的场景，做到在室内即可体验花开四季。整个博物馆把传统文化与现代科技巧妙结合，参观、体验相互交融（图 2-7）。

图 2-7　扬州绒花博物馆藏品

公司打造了一个大型扬州绒花制作工坊，有集成展示、制作、培训、体验等模块，形成一站式多元化非遗体验中心。聘请当地扬州绒花技艺优秀传承人，提供一对一示范、指导、教学服务，希望更多的年轻人能够身临其境感受绒花制作的每一步流程，达到传播文化与传承技艺的目的（图 2-8）。

2）绒花文化馆

绒花文化馆将重点围绕扬州绒花文化，打造一个精致的绒花文创品牌店。将扬州绒花融入设计元素，以绒花文化为载体，呈现、展示多种文创产品，提供创意产品定制服务，借此传播扬州绒花文化、提高其知名度，同时助力品牌打造。

**（2）非遗体验**

传承是非遗技艺在当代的一个最重要的命题。如何做好非遗文化的传承

图 2-8　绒花工坊

工作，是公司考虑的一大重点。传承的中心在“人”，只有抓住“人”，才能做好传承。以人为本的实践活动，以人为本的文化传播才是非遗传承的重心。为此，公司设计多种文化体验活动，助力非遗传承（图 2-9）。

**（3）文创开发**

扬州绒花艺人很多都是祖传的手艺，很少有人受过专门的技术培训，绒花制作工艺缺乏创新，很容易将扬州绒花的发展限制在地域之间，不利于文化的进一步传承与发展，让老一辈扬州绒花制作者难寻传承之道，也让绒花背后的历史、工艺技法得不到有效传播。

为此，公司在保护绒花非遗原貌的基础上，深入挖掘、开发绒花创新价

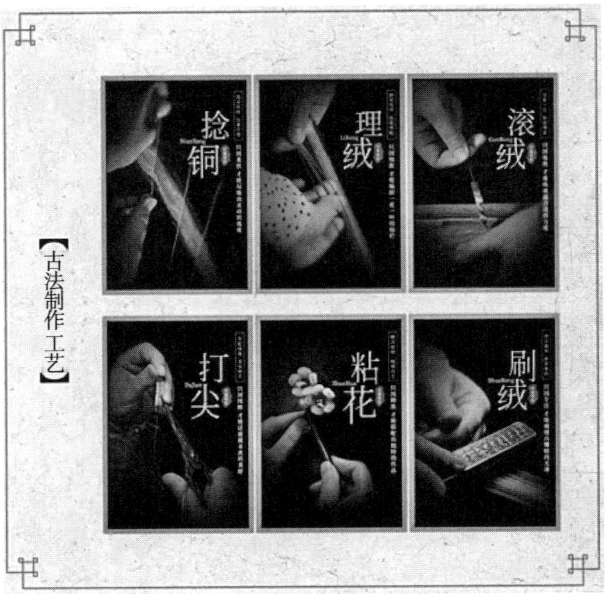


图 2-9　古法制作工艺

值，并与现代设计巧妙结合，设计出以扬州绒花为主题的文创产品，借以激发扬州绒花的新活力。

同时，公司积极对接当地旅游产业，希望在当地元素中更多接入扬州绒花非遗文化，力图打造产游结合的新型模式，扩大扬州绒花的文化影响力和知名度。

**（4）产品升级**

为了紧跟时代发展步伐，满足消费者的不同需求，更好地传播扬州绒花技艺，公司进行了绒花产品的创新性研发升级。对绒花的题材、品种、外观（图案、形状、材质）以及衍生的文创产品等进行创新研发设计。为此，公司在最大限度保护扬州绒花原始技艺的基础上，着力实现扬州绒花的时尚化。在保留原汁原味传统扬州绒花定制服务的基础上，推出创新型扬州绒花。

公司力图突破原有的思维模式，对于一些精度要求不高的产品，将加工的流程程序化、零件化，这样不仅可以大量生产绒花产品，而且适合团队将其进行产业化改造，以满足市场需求。

**（5）渠道整合**

1）聚力合作

公司整合社会绒花爱好者、地方政府资源，打破合作壁垒，实现双向沟通。一方面，通过平台聚合社会绒花爱好者，创建社区，为扬州绒花持续发展注入活力。另一方面，积极对接地方政府资源，将扬州绒花文化以更多形式输出传播，同时构建沟通渠道，让扬州绒花活动更加正规化、标准化。

2）辐射高校

公司整合高校资源，实现良好的校企沟通机制。通过高校大学生团队，深入市场调研，利用学生资源进行市场调查与新产品测评，对潜在消费群体研判分析，掌握目标群体的喜好、习惯；同时整合高校艺术学院的专家资源，对扬州绒花外观设计、题材、品种等进行不断创新研发，以迎合市场需求，给扬州绒花增添活力。此外，企业建立校企合作机制，也有利于给更多大学生群体提供实习实践机会，培养创新型大学生人才，更好地培养扬州绒花非遗文化传承人。

3）辐射企业

与各地材料、设计、文化等企业达成广泛合作，多渠道引流，拉动销售链。形成企业推广到企业，企业推广到客户的模式，广泛进行文化输出宣传，并进行全范围的创新升级，既有扬州绒花非遗文化保护，又有产品不断研发推广，助力扬州绒花进入世界视野。

4）辐射社会

借助社会各界力量，特别是互联网资源，传播扬州绒花非遗文化。与影视、时尚资源、明星大腕、抖音博主、微博大V博主、媒体、电台、本地旅游资源广泛对接合作，打造“扬州绒花”微博号、微信公众号、抖音等社交媒体平台，构建全方位多角度、覆盖面广的互联网生态圈。公司在主流社交平台积极宣传扬州绒花文化和公司衍生产品，积极与本地旅游部门合作，将其融入扬州元素，打造汉服文化节等线下活动，吸引更多游客，丰富产游合作成果。

**3. 项目特色**

**（1）平台搭建**

公司致力在线上构建一个网络化、系统化、服务化的生态网络，打造以数字化资源平台、微信公众号、电商平台三位一体的多元化互联网平台，三方功能互补、紧密相连，能够形成一套运营高效、功能全面的线上网络。平台为消费者提供包括数字化信息访问、售前咨询、售后服务及消费者的意见反馈等全流程服务，并一对一精确服务有定制需求的客户，在文化宣传中寻求产业发展。

1）数字化资源平台

建立数字化资源平台是保护扬州绒花非物质文化遗产的核心举措之一，团队当前所做的数字化工作都将为后续产品和服务的开发与应用带来无限潜力。

扬州绒花是扬州当地传统民间文化，在当地广受欢迎，但目前传统的扬州绒花文化发展空间有限，不足主要体现在：没有完成由传统手工制品向现代创新设计产品的转变；缺乏能够兼顾原始文化与创新设计的产业化公共服务平台；企业创新研发能力、市场拓展能力有限，且尚未形成统一的有影响力的品牌与生产工厂。

扬州绒花数字化平台的建立以扬州绒花行业需求为向导，为其提供数字化、信息化的信息支持，建立并完善扬州绒花产业链，支持扬州绒花相关企业与品牌的创建与发展，为非物质文化遗产培育一批具有创新精神的传承人。立足扬州，以支持文化可持续发展和相关企业、产业的进步。

①平台名称

扬州绒花非遗文化数字资源平台。

②平台定位

公司将平台用户定位分为两大导向：普通大众、专业人员。

③以普通大众为用户导向的数字博物馆平台

公司将数字博物馆平台作为单独的模块打造，受众为大众群体，对接线下博物馆资源，主要承担扬州绒花非遗文化的宣传工作，更好地与线下实体资源相结合，优势互补。平台主要收录扬州绒花的历史图文数据资料，包括历史溯源记录、实体藏品扫描数据、图书图片资源数据等，充分与线下博物馆布局相融合，利用多元化多媒体技术实现展示功能，平台将作为强大数据库资料支撑展示。

此外，同步开放线上访问资源通道，实现数字化平台云上浏览。通过便利的互联网平台，能够更快速地覆盖更多受众。开放数字博物馆，更加有利于加强线上线下对扬州绒花非遗文化的传播。

④以专业人员为用户导向的素材资源平台

公司在打造数字博物馆模块的基础上，引入素材资源模块。素材资源平台面向从事扬州绒花相关的专业人员，包括技艺传承人、民间绒花爱好者等。素材资源主要收录专业的扬州绒花制作工艺流程，每一道工序都有详细专业的纪录资料。此外还有大量绒花作品的设计图，为从事相关图案创新研发的人员提供极大便利，并为设计应用环节节约大量精力和时间。同时，该平台还提供相关教学资源支持，助力扬州绒花技艺传承。

2）微信公众号

①微信公众号名称

扬州绒花电子商务平台。

②微信公众号定位

微信公众号旨在为广大顾客提供优质化、便捷化的服务，以扬州绒花为主体，打造“线上—客户—线下”的服务模式。提供数字绒花、在线商城、预约入馆、评价反馈、私人订制等服务，定期进行软文推送、文化推广、产品宣传等，增强软文化建设。

③微信公众号功能

微信公众号功能分布如表 2－1 所示。

**表 2－1　扬州绒花电子商务平台**

| 板块分布 | 板块名称 | 板块功能 |
|---|---|---|
| 绒花向阳 | 数字绒花<br>绒花文化 | 文化宣传 |
| | 产品系列 | 产品介绍 |
| | 预约入馆 | 门票预约 |
| 绒花商城 | 在线微店<br>淘宝店铺<br>私人定制 | 产品销售 |
| 关于我们 | 公司简介 | 团队介绍 |
| | 合作洽谈 | 商业合作 |
| | 联系我们 | 评价反馈 |

④平台功能

微信公众号对接扬州绒花数字化平台，提供线上访问入口，为受众展示所需的扬州绒花数字化资源。微信公众号将加强社会合作，整合线上线下资源，提供相关活动宣传，建立线上线下交互纽带。通过微信公众号里的在线预约功能，可以实现线下数字馆的预约。这不仅保障了无接触形式的入馆，还保证了动态研判人员数量，保障安全，此外更提升了服务质量，增进了服务的高效与便捷。

3）淘宝旗舰店

①淘宝旗舰店名称

扬州绒花旗舰店。

②淘宝旗舰店定位

以扬州绒花旗舰店主导绒花产品在淘宝上的销售，结合微信公众号平台建设运行，以质量高、种类多的产品赢得消费者的好评，同时，借助淘宝旗舰店的产品销售，带动消费者了解团队在扬州绒花非遗文化传承上所作的贡献，引导消费者前往线下门店、线下博物馆等实体店，现场参观体验扬州绒花的魅力。

③淘宝旗舰店功能

利用淘宝旗舰店进行新产品的宣传推广，并配合淘宝官方进行活动促销，带动消费。通过淘宝店铺的评论功能，可以获得真实的反馈评价。同时，收集并整合评价，分析产品的优缺点，结合优点进一步扩大优势、宣传自身特点，根据缺点思考对策，进行研究，积极改进。店铺利用高品质的产品和优秀的售前、售后服务积攒口碑，提高旗舰店的好评率，更好地提高店铺知名度，获得口碑效应，吸引更多消费者，扩大线上市场，形成一个良性循环。同时借此机会，更好地宣传扬州绒花文化，扩大其知名度。

4）微店

①微店名称

绒花文创。

②微店定位

微店主要销售团队设计研发的扬州绒花文创产品。公司希望通过非遗文化与现代文创产品结合的方式，推动扬州绒花非遗文化的传播，提升品牌知名度，促进非遗文化传承与保护。

③微店功能

通过有趣精美的文创产品，展现扬州绒花的风貌，构建非遗与消费者之间的沟通渠道，感受非遗文化魅力。利用微店平台，开展相关文创产品的销售。商品交易中包括我的订单、个人信息、我的优惠券、积分排行等功能，方便会员查看个人账号的相关信息。通过产品的评价功能，可以收集消费者的反馈，借此为后续产品研发升级提供宝贵意见。

**（2）核心优势**

1）绒花研发团队实力雄厚

公司以“创新决定命运”为宗旨，糅合扬州优秀非遗文化传承人、扬州大学美术与设计学院的技术人才资源，形成了一支力量雄厚、结构合理、素质优良的绒花研发团队。

2）文创设计团队水平高超

公司拥有一支实力强劲、专业功力扎实的设计师团队，由扬州大学美术与设计学院专家合力组成。设计团队充分发挥其设计专长，深入挖掘非遗文化资源，将现代创新的设计思维融入传统扬州绒花文化，在保护非遗原貌的基础上，用创意赋予非遗文化产品新生命。

截至目前，团队已先后设计了绒花痛包、圃垫、绒花玩具、品牌LOGO、绒花图案器具、壁纸、纪念邮册、钥匙扣、挂屏等文创产品，未来还将结合消费者需求，以实用性为主，不断设计出更多日常生活用品，让文创真正走进人们的生活，进而宣传扬州绒花。

3）电商运营团队经验丰富

公司拥有一支优秀的电商运营团队，由商务部电子商务中心特聘专家等带领组建，包括商务部权威电商专家和5名商学院的学生。运营团队成员专业技能结构合理、优势互补，电商专业知识广博，掌握现代电子商务专业的基础理论、基本知识和综合应用的基本技能，接受过管理学和现代商务运作管理等方面的培训，具有分析和解决电子商务运作与管理问题的基本能力；且平台实操经验丰富，具有布局产品的能力、人群定位的能力、卖点挖掘的能力、分析数据的能力、店铺诊断的能力，能够倚靠大数据等新型技术剖析用户消费心理，为品牌制定出翔实而系统的新媒体营销推广方案。

4）公司地理位置得天独厚

公司坐落于江苏省扬州市，作为“中国运河第一城”，具有良好的人文资源和交通条件，为产品创新和运输提供坚实的保障。扬州具有丰富的历史文化底蕴，扬州绒花正是在这片土地孕育而生，当地民众喜好绒花，扬州绒花知名度较高，拥有一批优秀非遗传承人和众多绒花爱好者。

**4. 商业模式**

项目基于“互联网＋”的整体战略布局，着眼于消除传统门店经营与文化传播受制于时间和空间的发展瓶颈，致力于打造“线下门店支持线上平台，线上流量反哺线下推广”的新型扬州绒花服务网络（图 2－10）。

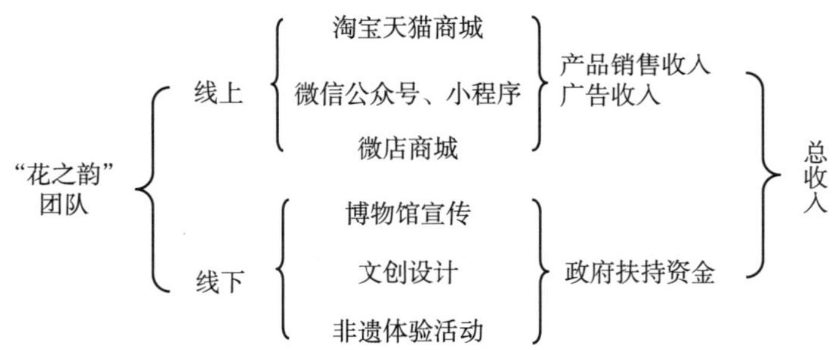


图 2－10　商业模式

**课堂讨论：**

1. 通过阅读本节案例，谈谈你对扬州绒花这一产品的认识，以及对绒花文化乃至非遗文化的理解。

2. 试分析扬州绒花非遗文化和电商平台结合的利与弊。

## 四、市场分析

随着经济的不断发展、人们生活水平的不断提高，人们的消费观念和消费水平也有了很大的转变与提升。在这个背景下，绒花行业得以快速发展，市场庞大。扬州绒花造型美妙、玲珑秀丽，无论是其造型艺术还是制作技艺都在全国同行业中名列前茅。花样众多、色彩鲜艳、做工精巧、构思独特的扬州绒花充满了生命的活力。

随着影视剧《延禧攻略》的热播，国内绒花产业进入了快速发展阶段。中国是世界上生产绒花品种最多的国家，而扬州绒花作为其中独特的一员，也受到了广泛关注，还被故宫博物院收藏。扬州绒花艺人王以仁的“绒花挂屏”代表作《孔雀》被陈列于扬州工艺美术馆。绒花艺人在绒花的技艺手法上也有了创新，研制出了创新绒花，集装饰、观赏功能于一体，题材也与时俱进，内容越来越丰富（图 2-11）。

图 2-11　故宫博物院收藏的扬州绒花

**1. 宏观环境分析**

**（1）政策环境分析**

由于文化创意产业的高附加值和可持续发展性，受到了越来越多的重视，并成为越来越多国家和地区发展战略的重要内容。

扬州非物质文化遗产保护工作稳步推进，在项目普查、名录建设、阵地展示、社会宣传、技艺普及等方面开展了大量卓有成效的工作，名录体系不断完善，传承人梯队建设日趋合理。

作为中国南派绒花代表之一，扬州绒花制作技艺极具地域文化特色，被列入省级非物质文化遗产名录。近年来，扬州政府通过开设公益传习班、推进绒花进校园、举办绒花非遗传承活动等，不断扩大保护成果。

2006 年，绒花被评为省级非物质文化遗产，传统的绒花技艺再一次回到了人们的视线中。为了鼓励传承人主动承担起保护和传承的责任，扬州政府鼓励扬州绒花制作技艺代表性传承人拜师收徒。另外扬州政府还举办了“扬州绒花新人新作展”，重点展示了徒弟们在师父指导下制作的扬州绒花代表性作品，是传承人带徒成果的集中展示，是建设传承人合理梯队的成果展示，也是扬州绒花制作技艺艺术性和生命力的交融展示。

如今的传统手工艺已经越来越不能满足当今社会的需求，国家非常重视这些濒危的传统手工艺，出台相关政策对边缘化的手工艺实施补助与保障。2006 年发布《国家级非物质文化遗产保护与管理暂行办法》，2011 年出台《中华人民共和国非物质文化遗产法》等。江苏省同样积极响应国家号召，2006 年通过颁布实施《江苏省非物质文化遗产保护条例》提高了人们对于保护非遗文化的积极性和认同感。2017 年，中共中央办公厅、国务院办公厅印发了《关于实施中华优秀传统文化传承发展工程的意见》，并发出通知，要求各地区各部门结合实际认真贯彻落实。文化和旅游部正式印发《国家级非物质文化遗产代表性传承人认定与管理办法》，于 2020 年 3 月 1 日起施行。

**（2）经济环境分析**

我国经济形势正处在相对稳定、持续增长、经济效益明显改善、生态环境效益开始改善的良好时期。

非物质文化遗产本身就是劳动的成果，能带来直接的经济价值，更是我国经济战略的重要组成部分。预计“十四五”末文化产业的总量有望达到 7.8 万亿元。文化产业固定资产投资规模持续扩大，有望达到 10 万亿元以上，占全社会固定资产投资额比重约为 8.2%。全国文化消费总量预计突破 2 万亿元，年均增速可达 6.2%。这说明，我国的文化环境还有巨大的增长潜力。

个人可支配收入也越来越高，就江苏而言，2020 年 GDP 为 10.27 万亿元，比上年增长 3.7%，比全国平均高出 1.4 个百分点；人均 GDP 达 12.5 万元；从居民人均可支配收入来看，2020 年居民人均可支配收入 43 390 元；2020 年扬州 GDP 跃上 6 000 亿元。

**(3) 社会环境分析**

中华优秀传统文化是中华民族的文化根脉，其蕴含的思想观念、人文精神、道德规范，不仅是我们中国人思想和精神的内核，对解决人类问题也有重要价值，非遗作为我国优秀传统文化的一部分，具有重要的历史价值、文化价值和现实价值。保护传承非遗文化，是坚定文化自信、推动社会主义文化繁荣兴盛的重要基础。

我国社会主要矛盾已经转化为人民日益增长的美好生活需要和不平衡不充分的发展之间的矛盾。随着国人经济消费能力的不断提升和艺术审美的改变，越来越多的人愿意去了解、欣赏我国的非遗文化产品，也有越来越多的人愿意为非遗文化产品买单。非物质文化遗产在当代俨然成为了新的消费热点。随着居民可支配收入的日渐增多，居民精神层面的追求也越来越高，尤其体现在文化方面，他们更乐于为文化产品消费买单，随着旅游业的快速发展，越来越多的人看到了扬州绒花包含的巨大商机，纷纷以扬州绒花为旗号吸引投资者、发展旅游，带动当地经济快速发展，打响扬州绒花“传奇之花”的品牌。

**(4) 技术环境分析**

如今，人们的生活方式和传统的审美观念被打破并且逐渐转变，传统文化也因此受到了极大的冲击。

工艺品是手工作坊制的生产模式生产出来的，这种生产方式的特点是：产量小，手工操作性强，生产过程较慢，对工匠的经验和技术熟练程度要求很高。这个时期的工艺传承也主要在作坊里完成，通常是手把手的传授模式，但是中国古代工匠常有技术保守的习惯，徒弟要学到技术的精华通常需要在作坊里做多年的基础性劳作和长期的磨炼，加之自己要有钻研精神，所以人才培养数量很少，但是精度极高。我们今天看到的文物艺术精品大部分是由这些高手制作出来的。

扬州绒花现今仍采用最古老的手工方式，它无法流水线生产的特点，决定了它与大批量销售模式无缘，传统制花厂的经营难以为继。这也无疑限制了绒花流向更广大的受众，无法被更多的人熟知。正是由于投入与回报的落差较大，加上老手艺人越来越少，使得这项技艺几近失传。在扬州，仅有几位老师具有全套绒花工艺操作和设计的能力，绒花后继乏人的问题随着老师们的年岁渐长日益突出。

当今社会处在一个产业融合、技术创新、业务升级的新时代，O2O 的数据商业架构也越发显得清晰："线上运营＋线下体验"，以用户数据为连接，贯通整个产品销售流程。数据同时驱动着线上与线下的发展，线上为线下带来订单，线下为线上提供体验，数据流通在线上与线下之间流通形成一个闭环。公司创新绒花图案、形状、材质，以满足不同消费者的需求，让更多人感受到绒花与时俱进的艺术魅力。在维护好传统绒花消费群体的基础上，对线上业务进行拓展经营，采用创新的思维理念和营销方式让扬州绒花突破时空限制，进而形成线上销售带动线下体验传承，线下体验促进线上平台销售的闭环。向世界展示我们的非遗文化。

**2. 竞争环境分析**

**（1）供应商议价能力**

绒花的原材料主要是优质蚕丝，辅助材料为经过软化及表面处理的铜丝，近几年，市场供求出现较大波动，季节性波动因素影响较大，价格也变得难以把握，因此供应商的议价能力较强。

创新绒花加入的珍珠、水晶、黄金、白银等价格稳定。供应商议价能力较低。

将蚕丝染成五颜六色需要的染料、固定骨架的白乳胶、辅助拧铜丝的定位珠子或者滑石粉、制作工具等价格稳定，供应商的议价能力较弱。

我国物流行业正处于快速发展阶段，快递公司众多，不仅有联邦快递等外资快递企业、中国邮政等国有快递企业，还有顺丰等大型民营快递企业和小型民营企业，物流行业竞争者众多。因此物流供应商的议价能力较弱。

**（2）购买者议价能力**

首先，基于该产业的产品特性，其成本大多具有显性成本性质，消费者对此有大致的了解，产品价格透明度高，不存在讨价还价余地。其次，目前消费者群体大部分是团体，购买者的总数较少，而每个购买者的购买量较大，占了卖方销售量的很大比例，具有较强议价能力。最后，出于竞争原因，利用价格吸引消费者，一般报价都不是特高，再加上产品特性，消费者讨价还价的动机也不强。

**（3）潜在竞争者进入能力**

目前市面上有了一些绒花产品，但其创新程度不足。为了防止其他公司在未来研发出更新技术，团队依托扬州大学相关学院专业资源，加大研发力度，不断创新技术与产品，并对核心技术申请了专利保护。

**（4）替代品替代能力**

目前市面上有一些价格低廉的绒花产品，如网上有很多用“扭扭棒”制作绒花的教程。扭扭棒种类繁多，样式精巧，扭扭棒制成的绒花，多为化纤材质，视觉和触感都远远比不上真正的蚕丝，看上去也廉价了很多，其多属于低端产品，相较于扬州绒花其核心技术还不具备竞争力。

但为了防止其他公司在未来研发出类似产品，因此公司会依托专家团队不断创新研发扬州绒花图案、规格和款式、外包装和用途。同时通过线下公司的非遗体验等活动，进一步宣传扬州绒花，建立起扬州绒花的品牌影响力。

**（5）现有竞争者竞争能力**

从地域上，绒花可以划分为南、北两个制作流派。南派以扬州和南京为地域代表，北派主要以北京地区为代表，在表现主题上北方擅绒鸟，南方擅绒花。各自有着自己的独特制作工艺与艺术魅力，产生了众多艺术大师和艺术佳作，是中国非物质文化遗产宝库中的组成部分，并日益受到专家学者和社会大众越来越多的关注。在表现风格上，南派绒花细腻、造型生动，北派绒花造型夸张、粗犷（表2-2）。

**表2-2　现有竞争者**

| 产地 | 品牌 | 特色 | 艺术造型 |
|---|---|---|---|
| 北京 | 北方绒鸟 | 造型优美、扎工精细、色彩艳丽 | 花、鸟、虫、草、走兽、风景等 |
| 南京 | 南京绒花 | 骨架精巧、彩绘严谨、雍容华贵，观赏价值较高的艺术特点和风格 | 胸花类、头饰类（包括发髻、饰品、戏剧头饰等）、动物类（如熊猫、丹顶鹤、猴子、小鸡等）、发冠类、装饰类等。可以定制绒花 |

## 课堂讨论：

1. 你认为绒花产业背景和宏观背景真如上述那么乐观吗，有哪些潜在的阻碍？

2. 绒花文化经过千百年的传承与发展，如今面临许多竞争风险，对于这些风险的防范，你有哪些思考？

## 五、营销推广

### 1. 目标市场分析

#### (1) 受众目标

扬州绒花秀雅精细，活色生香，以简胜繁，以少胜多，以小胜大，是一门“迷人的艺术”。扬州绒花特点明显：体积小，质量轻，不易碎，方便携带且耐存放等，这些决定了扬州绒花可以有广阔的市场。

受众目标：以扬州为中心向外辐射的快生活享受者，他们更愿意让自己回归自然，成为绒花爱好者；可作为扬州地方特色产品出售；可作为旅游纪念品在扬州甚至江苏省内的一些旅游景点内进行大面积的铺货，让游客在愉快的旅游途中逐渐加深对绒花的认识和了解；对绒花感兴趣的人群及手工爱好者们；遍布全国各地的绒花收藏者，这些人更看重的是扬州绒花的艺术价值与收藏价值（表 2-3）。

表 2-3 目标市场选择

| 市场分类 | 扬州绒花 |
| --- | --- |
| 主要市场 | 高端人士（影视明星、白领、机关事业单位等） |
| 次要市场 | 中端人士（大学生、普通上班族、个体户等） |

#### (2) 市场规划

团队市场规划秉持“本地市场—周边市场—海外市场”的发展路线，将以扬州为中心城市，向四周辐射发散。

在团队结构优化、形成稳定的团队运作模式的基础上，团队初期将扬州绒花文化发展推广与销售的中心放在扬州；中期的区域发展规模会扩大至周边市场，如苏州、无锡、常州、南京等省内城市，之后慢慢发展到上海、浙江乃至全国；后期团队力争通过国外有机认证，积极开拓海外市场，将扬州绒花做成闻名海外的民俗艺术品。

**2. 品牌推广策略**

团队将扬州绒花定位为中高档艺术品，打造国际品牌。将扬州绒花文化融入现代社会生活，为消费者提供高质量、有创意的扬州绒花的同时，向消费者传递保护传承非遗文化的理念以及传播中国综合性的家庭装饰文化，力求拓展和丰富扬州绒花寓意"荣华富贵"的品牌内涵，使之更有亲和力，更具人性化。同时，传统元素须附着在时尚载体上才有价值，因为时尚性才是中国传统文化能够与其他民族共享的主要元素。

团队旨在以扬州绒花为载体，以推广品牌文化为基线，以非遗传承为理念，通过组合营销满足客户需求，促其产生购买意愿或行为。渠道策略方面，采用O2O模式，线上通过新闻媒体、微博、抖音等社交平台进行品牌推广、文化传播，结合直播带货模式，增强与消费者的互动；线下以非遗体验等特色活动精准营销，线上线下无缝对接，形成双线互通的扬州绒花非遗文化推广网络。消费者服务方面，以完善的价格机制结合成熟的售后服务，及时收集消费者反馈，了解消费者需求和市场发展趋势，不断创新研发产品。

在推广策略上，以抖音直播作为宣传推广的切入点，同时利用微信公众号、小红书、VLOG等各种分享App，将更多的文化要素加入到直播内容当中，加大非遗文化宣传力度与广度，最终实现团队由服务局域市场向深耕广域市场的转变，让更多的消费者了解扬州绒花。

## 课堂讨论：

1. 思考团队对扬州绒花市场规划和受众分析的合理性。

2. 结合前文的产品设计和服务内容，你认为扬州绒花打造国际品牌的推广策略是否具备可行性，应有哪些注意事项。

## 六、社会影响

### 1. 社会价值

#### (1) 经济价值

本项目通过“非遗＋文创＋电商”的新型商业模式，巧妙地将非遗文化与产品融合，推动产品消费，带来了较高的经济收益，为后续文化持续输出发展、公司进一步研发创新提供支持。同时，新模式也为传统扬州绒花行业带来一个新的发展机遇，为行业的新发展注入新活力，能够有效破除停滞不前的产业现状。

#### (2) 文化价值

《中华人民共和国非物质文化遗产法》的出台，体现了国家对非物质文化遗产的保护决心。扬州绒花作为国家认可的首批非物质文化遗产，具有极高的文化价值与文化魅力。通过本项目，能够较好地推广和宣传扬州绒花，将其带出本土的地域限制，走向全国，走向世界。让更多的人能够了解中国扬州绒花文化的艺术价值与文化魅力。尤其是依靠互联网平台，扬州绒花能够以更加多元化的方式呈现在人们面前，对于文化宣传十分重要。

#### (3) 产业价值

本项目附加值高，凭借创意衍生品价值链助力经济提升。与本地旅游资源地合作，也进一步能够扩充扬州旅游文化元素，带动更多产业同步发展。

#### (4) 创新价值

在秉持坚守传统扬州绒花制作工艺的基础上，团队基于市场和消费者需求，深度挖掘潜在文化价值，研发了适合市场的创新型绒花、独具创意的系列文创产品，将抽象的非遗文化具象化，赋予其新的意义和新的价值。通过衍生产品，辐射到原本的传统文化，提高文化辐射广度。同时打破了本地的地域限制，帮助了文化输出，提高了品牌知名度。

## 七、拓展思考

非遗文化的保护和传承，是交给我们的时代课题和历史责任。在科技飞速发展、日新月异的现代社会，非遗文化面临着现代文化产业的强烈冲击，但也获得了重塑活力的重大机遇。在此背景下，“花之韵”创业团队于 2021 年 12 月成立公司，秉持“挖掘文化、创新产品”的经营理念，致力于跳出传统思维和固有模式，用丰富的创造力把传统与现代结合起来，借助现代科技手段对非遗文化的展现形式和产品形态进行优化升级，既保留非遗文化的传统精髓，也积极拓展非遗文化的商业价值。

团队紧抓“互联网+”和“一带一路”机遇，进一步放大电商平台支撑效应。以共建扬州绒花文化服务平台为愿景，公司将采用线上线下相结合的模式。运用“非遗+文创+电商”的新型商业模式，克服原产品难以销售推广、难以走出去的困难，打通了非遗传播的渠道。同时，在发展产业营利的同时，保护与传播了非遗文化，赋予了非遗新的生命，促进了其可持续发展。

本团队围绕“建设扬州绒花非遗传承电商平台”，积极挖掘扬州绒花的文化价值，文化传播与销售相辅相成，助力非遗传承与保护。但扬州绒花能否引起消费者的文化认同尚未可知，且面临南京绒花等同类产品的强势竞争、低劣廉价塑料花的冲击等风险，如何进一步发展，仍需继续探索。

## 课后讨论：

1. 作为当代大学生，应如何保护传统非遗文化、如何传承与振兴传统非遗文化？

2. 如果你是非遗文化传承人，你觉得传播非遗文化道路上的最大难点是什么。

3. 本项目对扬州绒花推广采取的平台搭建方式和新型商业模式，对你有怎样的启发？

# 第三章 汤包活化——非遗汤包创新服务平台

内容导学：

靖江蟹黄汤包是江苏省非物质文化遗产，其背后蕴藏着深厚的历史文化和饮食文化价值，也体现了靖江人敢闯敢拼的创新精神。国家重视非遗传承与保护，出台了《中华人民共和国非物质文化遗产法》《国家级非物质文化遗产保护与管理暂行办法》等。但是靖江蟹黄汤包作为靖江特色非遗品牌，虽在靖江本地知名度高，发展势头良好，然而在靖江以外却鲜为人知，对外的传承效果并不理想。

尚小香汤包运营团队凭借独创性的速冻汤包技术，将消费者体验放在核心地位，整合多方优势资源，依托线下众多门店布局，开创出"线下体验，线上销售"的新零售模式。在销售汤包的同时，也致力于推广汤包文化，培养了一批对尚香品牌具有忠诚度的消费群体，兼顾实现靖江蟹黄汤包的文化价值和商业价值。

市场规划通过线上生态网络及线下网点覆盖的双运作模式，立足靖江市场，以"靖江—江苏—全国—海外"的路线展开，逐步渗透，梯次推进，助力汤包品牌文化的传播。

## 一、背景缘起

国家高度重视非遗文化的保护与传承，江苏省也积极响应国家号召，颁布实施了《江苏省非物质文化遗产保护条例》。蟹黄汤包作为靖江特色非物质文化遗产的特色品牌，有着深厚的人文底蕴，其制作技艺 2009 年被列入江苏省第二批“非遗”名录。

然而受保鲜技术的限制，传统汤包只能现做、现蒸、现吃，甚至形成了“人等汤包、汤包不等人”这一独特的汤包饮食文化，汤包的生产、制作、销售半径非常短，加上汤包制作工艺复杂、原材料用料苛刻、汤包师傅奇缺，导致传统的靖江蟹黄汤包市场渗透力弱，只能局限在靖江以及周边小区域销售，无法进入全国消费市场，与“天津狗不理”“南翔小笼包”“富春包子”这些名点一样参与面点品类的市场竞争。尤其尚香蟹黄汤包作为靖江特色非遗品牌，虽在靖江本地知名度高，发展势头良好，但在靖江以外却鲜为人知，对外的传承效果并不理想。作为相对小众的食品，蟹黄汤包若不能适应时代的潮流，跳出非遗文化圈内“自娱自乐”的传承现象，终将随着时间的流逝逐渐消亡。

因此，扬州大学商学院“尚小香”大学生创业团队与靖江尚香食品公司通力合作，利用扬州大学全国领先的烹饪专家和电商专家资源，帮助汤包非遗文化更好地发展。在老师指导下团队前往靖江实地考察，充分挖掘蟹黄汤包的非遗文化价值，与尚香食品有限公司共同设计了汤包文博馆。靖江尚香食品公司经过多年的科研探索，成功发明“酶法交联抗裂技术”和“生物抗氧化保质技术”，彻底突破了传统汤包“时间和空间”的限制，从技术方面助力汤包的发展。与此同时，“尚小香”创业团队借助互联网和科学技术，搭建线上平台销售速冻汤包及非遗文创，打通线上销售渠道，构建“线上+线下”的新零售模式，将汤包非遗文化传向四海。

**课堂讨论：**

为什么靖江特色非遗蟹黄汤包在全国消费市场中产品知名度不高？

## 二、项目简介

“汤包活化——非遗汤包创新服务平台”聚焦非物质文化遗产之一的靖江蟹黄汤包，通过打造“系统化、网络化、生活化”的服务平台，形成线上生态网络与线下网点互联互通的双运作模式，开启传统汤包的电商之路，以汤包的创新与电商销售为抓手，实现非遗保护传承与健康饮食文化传播。

该项目属于校企合作的轻资产项目，由“尚小香”大学生创业团队全面执行，尚香公司负责产品的实际生产，并提供团队资金及线下店铺的资源。团队依托尚香连锁店、汤包文博馆，建设餐厅文化角、尚香游礼主题店，举办各色非遗体验活动，让大众感受传统文化独特的魅力；在产品方面，以靖江蟹黄汤包作为核心产品，延续祖传工艺与配方，最大程度保留正宗味道，密切关注消费者需求变化，依托扬州大学全国领先的烹饪专家资源创新汤包研发，打造传统中华美食品牌。同时整合扬州大学烹饪与设计资源，充分挖掘蟹黄汤包的非遗文化价值，3D 打印设计汤包模型、汤包、螃蟹系列玩偶、螃蟹造型笔架、文化邮册等文创产品，以及蕴含非遗文化和汤包故事的产品外包装。此外，基于“互联网＋”的整体战略布局，着眼于消除传统门店经营与文化传播受制于时空的发展瓶颈，搭建线上平台，借助淘宝、微店实现线上产品交易，微信公众号注重文化传播，构建“非遗＋文创＋电商”的汤包文化服务闭环。

为了项目持续稳定发展，团队于 2019 年 12 月在世界美食之都——扬州注册成立了扬州市烫水包食品有限公司，并与尚香公司签订战略合作协议。目前，公司秉持“挖掘文化、创新产品”的经营理念，参与汤包文博馆建设、文创产品设计、汤包品类创新、包装设计以及搭建线上汤包销售平台。借助汤包文化服务平台，公司已启动“汤包万人传承计划”。未来公司将依托“基于线下体验，整合文化资源，促进线上消费，助力非遗传承”的闭环服务网络，以“靖江及扬州周边城市—江浙沪—全国及海外”为开拓路线进行推广，继续用实际行动为实现非遗的保护与传承、传播健康饮食文化贡献一分力量（图 3－1）。

## 三、方案设计

### 1. 产品设计

#### （1）汤包产品

项目创新非遗文化靖江蟹黄汤包产品，拓宽汤包的受众人群，让更多的人品尝非遗汤包。在尚香基本单品传统蟹黄汤包的基础上，密切关注消费者

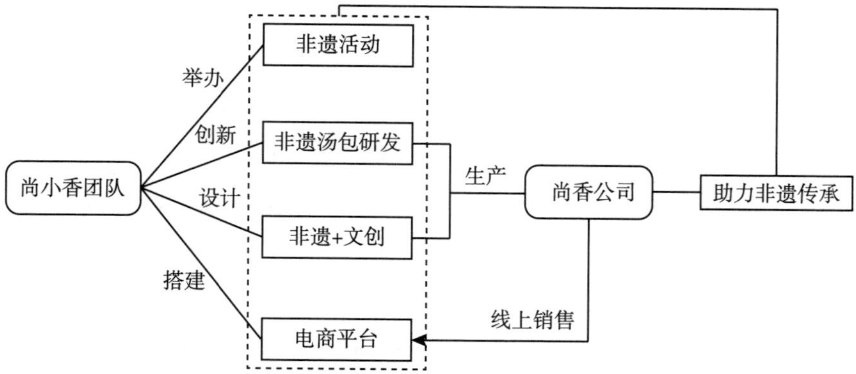


图 3－1　项目概述

多样需求，依托扬州大学旅游烹饪学院专家资源对汤包的规格尺寸、馅料以及外观进行创新性研发，目前已成功研制蔬菜汤包、抹茶汤包、水果汤包、冰淇淋汤包、养生汤包等新型汤包系列产品，并畅销线上销售平台。

**（2）文创产品**

团队致力于创意赋予非遗汤包新的生命力，以蟹黄汤包为主题设计出具有历史性、艺术性、知识性、实用性、趣味性的文创系列产品，诸如螃蟹摆件、螃蟹用具、纪念邮册、螃蟹服饰等多种类文创产品。尚香公司负责实际生产，部分置于尚香汤包文博馆、尚香游礼主题店陈列，部分在团队创办的微店线上销售。通过汤包文化与现代创意的结合，将非遗作品鲜活地展示给大众。

**2. 服务内容**

**（1）文化建设——重塑汤包多元文化**

文化艺术不是孤芳自赏，非遗传承不是闭门造车。传统饮食文化要走出历史的束缚，才能为更多人所熟知，走向更加广阔的市场。团队深知非物质文化遗产不仅是前人的馈赠，更是帮助今人实现可持续发展的密钥，致力于通过更加多元的方式让人们接触并喜爱上这一流传千年的经典美食。

团队线下参与设计汤包文博馆、餐厅文化角、游礼主题店，借助静态展示传达尚香蟹黄汤包的历史与文化；线上通过社交媒体互动、网红直播等新潮方式向消费者展示蟹黄汤包的工艺流程以及“蒸”品的健康价值，进一步扩大尚香汤包的知名度和影响力，完成健康饮食文化的动态传播。

1）汤包文博馆

以汤包为主题设计构建尚香汤包文博馆，打造“餐厅里的博物馆、博物馆里的餐厅”，以精致的模型展示制作汤包的过程以及靖江地名掌故的壁画，陈列名人抓汤包吃汤包的经典图片。以尚香汤包文博馆为载体，展现蟹黄汤包的历史渊源与靖江汤包的发展历程，将中华美食文化与餐饮深度融合，传承非遗汤包文化，从人文时空多维角度扩展汤包文化的亲和力，体现汤包“包容天下”的文化精髓和靖江人“敢闯敢创”的时代精神（图 3－2）。

图 3－2　汤包文博馆

2）餐厅文化角

通过雕塑、泥人、绘画、影雕、老物件陈列等多样化布置餐厅文化角，渗透汤包渊源历史、内涵文化、制作技艺及食用方法等知识，建立汤包文化零距离体验区，与参观区有机结合、相互交融，从而扩大潜在汤包顾客群体，扩大汤包品牌文化影响力（图 3－3）。

图 3－3　餐厅文化角

3）尚香游礼主题店

布置尚香游礼主题店，“尚香游礼”是尚香公司与当地的旅游业相结合开设的主题礼品店，以靖江蟹黄汤包为主题，针对不同年龄段的游客推出各式各样的礼品，供游客自由选择，传播蟹文化、汤包文化。作为尚香公司文化传播的一种方式，团队提供产品设计以及周边设计。以“因为尚香，爱上靖江”将尚香游礼主题店打造成靖江的一大旅游特色。将蟹和汤包文化等元素运用到店铺设计构思中，进而更好地提升尚香汤包的口碑和品牌（图 3－4）。

图 3－4　尚香游礼主题店

**（2）非遗体验——汤包万人传承计划**

传承，有人才有“戏”。非遗的传承和保护，“人”是核心要素，有了人，一项古老的技艺和它所承载的文化才能传下去。非遗这种独特的文化现象需要世代绵延传承，活态流变性是其传承的一个重要规律。即使这种非物质文化遗产的最终表现形式可以是物态的，但其核心内容却始终与人密不可分，是以人为本的活态文化，更注重技能技艺等的实践传承。因此，团队制定了尚香蟹黄汤包万人传承计划，截至 2019 年年底，已实现传承体验 4 500 余人次。

1）青春“台”美，亲“靖”一家

团队借助中国台湾大学生靖江实习特训营活动，邀请访靖中国台湾大学生参观尚香汤包文博馆，亲临探索“香”味宜人的汤包世界，开启汤包文化体验之旅。在解说员的讲解指引下，两岸青年带着对靖江汤包文化的探究与好奇，感悟汤包的渊源历史，亲手体验制作汤包的流程，弘扬汤包美食文化（图 3 - 5）。

图 3 - 5　中国台湾大学生来访

2）中外饮食文化交流活动

团队以尚香汤包文博馆为交流平台，组织中外文化合作交流活动，接待来自孟加拉国、墨西哥、印度、俄罗斯等多国二十余名外籍友人到访，通过丰富精彩的体验活动和品味尚香早茶文化，带领海外友人感受靖江这座美丽而精致的滨江城市的独特魅力（图 3 - 6）。

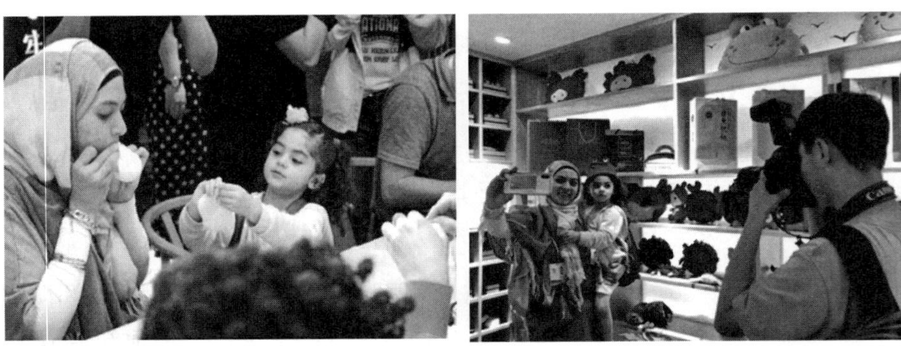

图 3 - 6　接待外籍友人

3）“小小汤包传承人”亲子活动

团队与靖江市图书馆携手举办了“小小汤包传承人”亲子活动。通过该次活动，孩子们学会了擀面皮、吹汤包皮、包汤包等汤包制作工艺，在学习中体验，在感受中成长，有效传承了汤包饮食文化（图 3 - 7）。

图 3－7　亲子活动

4）汤包文化宣讲

团队依托“汤包万人传承计划”，举办丰富多样的汤包文化宣讲活动。邀请孩子们身着古代学子服，在汤包文博馆讲解员的讲述中，深入理解制作标准 135 克汤包的流程与工艺，感悟汤包中蕴涵的匠心精神（图 3－8）。

图 3－8　文化宣讲

**（3）渠道整合——多方力量助推非遗**

1）高校资源整合

在市场调研方面，借助大学生创业团队的力量，团队充分调研消费群体需求，掌握目标群体的口味、饮食特点，进行新产品的市场调查和口味测评，以大学生的视角评估产品；在技术方面，整合扬州大学旅游烹饪学院和美术与设计学院的专家资源，研发创新速冻汤包的尺寸、口味、包装，迎合消费者的喜好。在校企合作方面，团队联合尚香食品公司与扬州大学建立长期合作关系，为高校大学生提供创业机会和实践基地，培养实用型、创新型人才，力争为蟹黄汤包制作与传承群体注入年轻血液，进而助推传承非遗技艺。

2）销售资源整合

团队与各地饭店、超市、餐点门面等达成合作，多渠道引流，拉动销售链。采用“企业—企业—顾客”的引流模式，逐步渗透目标市场，率先拓宽汤包产品的市场销售，帮助尚香汤包文化在全国范围内传播，形成多点开花的局面。目前，尚香汤包已经进入北京、天津、上海、江苏、浙江、广东等三百余家星级酒店、餐饮会所，并已成功进驻上海第一食品、华润苏果、世纪联华、乐天玛特等大型连锁超市在江、浙、沪的一百余家门店，同时在美国时代广场纳斯达克完成跨国宣传和合作。

3）媒体力量助推

团队借助社会媒体力量，致力于通过各种新媒体线上平台，传播蟹黄汤包非遗文化，扩大蟹黄汤包的影响力。与美食博主、媒体、电视台、美食平台等达成合作，同时入驻电商平台以及抖音、微博等新媒体社交平台，构建覆盖面广、影响力大、内涵丰富的网络生态圈。同时与当地旅游部门合作，举办多彩“汤包美食文化节”，吸引游客前来体验。以节造势，宣传汤包非遗文化，将尚香汤包打造成为靖江面对外界的一张特色名片。目前尚香汤包受到了《DISCOVER》探索频道、央视3套《欢乐中国行》、央视9套《走遍中国》以及《舌尖上的中国》等多家主流媒体的重点宣传以及追踪报道。

**（4）电商赋能——传统渠道焕发新生**

尚小香团队致力于在线上构建一个网络化、系统化、服务化的生态网络，以微信公众号、电商平台、官方网站三方联合实现品牌推广、产品交易、文化传播。三方平台功能互补、紧密相连，形成运营高效、功能全面、资源整合的线上网络。平台为消费者提供包括前期的商品信息咨询、售中服务、售后服务及消费者的意见反馈等全流程服务，并精准对接有个性化需求的顾客，一对一服务。同时辅以微博、抖音等时下流行的新媒体社交平台进行文化传播，细化推广与服务渠道。

1）微信公众号——传播健康饮食理念

①微信公众号名称

尚小香汤包。

②微信公众号定位

微信公众号旨在为广大顾客提供优质、便捷的服务，以尚香汤包为主体、“线上商城—客户—线下服务”为主线，搭建顾客与汤包之间的桥梁。提供在线商城、预约订座、评价反馈、私人订制、合作加盟等服务，定期进行软文推送、文化推广、新品宣传等，增强软文化建设，使得健康饮食观念深入人心。

③微信公众号功能分布

微信公众号功能分布如表 3－1 所示。

**表 3－1　平台功能分布表**

| 尚小香汤包微信公众平台 | | |
|---|---|---|
| 板块分布 | 板块名称 | 板块功能 |
| 包容天下 | 汤包文化 | 文化传承 |
| | 汤包文博馆 | 特色活动 |
| | 产品系列 | 产品介绍 |
| | 在线预约 | 预约订座 |
| 汤包商城 | 在线商城 | 产品交易 |
| 关于尚香 | 尚香简介 | 团队介绍 |
| | 会员中心 | 会员管理 |
| | 合作加盟 | 资源加盟 |
| | 私人订制 | 定制汤包 |
| | 联系我们 | 后台留言<br>质量反馈 |

2）电商平台——销售非遗产品

第一，淘宝旗舰店（图 3－9）。

①淘宝旗舰店名称

孙尚香食品旗舰。

②淘宝旗舰店定位

以孙尚香食品旗舰主导产品在淘宝上的销售，在公司网站与微信等平台建设运行的同时，进行尚香企业产品的销售，以高质量、种类多、有内涵的产品赢得消费者的好评，借助淘宝旗舰店的产品销售带动消费者了解尚香食品公司在汤包文化传承上所作的贡献，引导消费者前往线下主题店、尚香汤包文博馆等实体店，现场体验蟹黄汤包的魅力。

图 3－9　淘宝旗舰店首页

③淘宝旗舰店功能

产品推广与活动促销：利用旗舰店推广新品，宣传尚香汤包的新口味、新特色等。在节假日或者特殊日子里举办促销活动，借助打折、赠送小礼物等吸引消费者，激发消费者的购买欲望，从而促进销售。

收集评价：评价区是消费者提出表扬、意见、批评等最真实的地方，团队可以收集并整合评价，将产品的优点和缺点分开，利用优点进一步扩大优势、宣传自身特点，根据缺点思考对策，进行研究，积极改正。

优化服务：团队为顾客提供一个答疑解惑的平台，消费者可以提出对速冻汤包品质、味道等的疑惑，对物流冷链系统的担忧，以及食用速冻汤包过程中存在的问题等，团队会派专人进行及时解答，让消费者没有后顾之忧，拥有愉快的购物体验。

提升口碑：通过高品质的产品和令人舒适的售前、售后服务让消费者真心实意地给出好评，提高旗舰店的好评率，更好地提高店铺知名度，获得口碑效应，吸引更多消费者，扩大线上市场，形成一个良性循环。

第二，微店。

①微店名称

尚小香文创。

②微店定位

尚小香文创微店主导文创产品的销售，将以蟹黄汤包为核心的非遗文化生动地展现给消费者，让越来越多的年轻人了解非遗文化，爱上非遗文化，并以此助力非遗文化的保护与传承。

③微店功能

文创产品展示："尚小香"搭建了非遗文化与消费者之间的桥梁，通过平台展示以蟹黄汤包为核心的非遗文创产品信息，消费者也可一目了然地感受到非遗文化的魅力。

文创产品交易：消费者在展示的文创产品中自行挑选购买。商品交易中包括我的订单、个人信息、我的优惠券、积分排行等功能，方便会员查看个人账号的相关信息。

收集评价：消费者可以针对现有文创产品提出自己的意见反馈给团队，团队依据顾客的要求进行整改，或是设计出更多满足消费者需求的文创产品（图 3－10）。

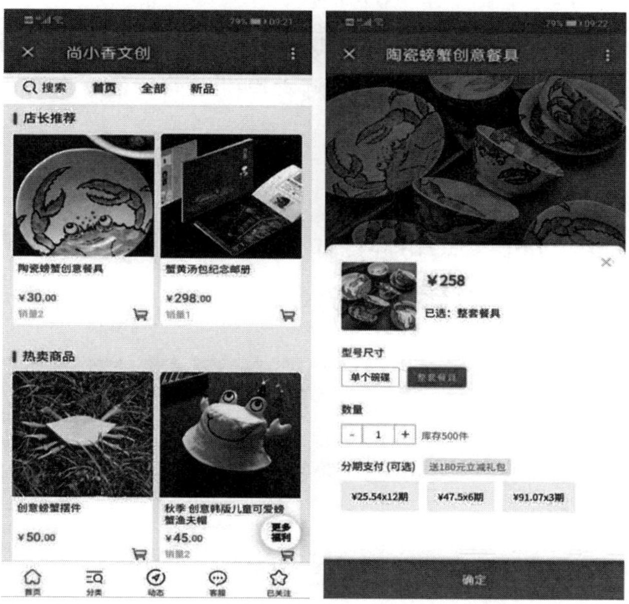


图 3－10　微店商城

3）官网建设——展现品牌实力

①网站名称

尚香集团（图 3－11）。

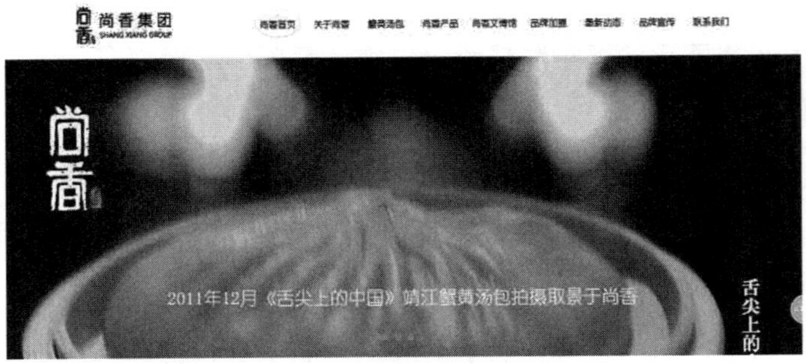


图 3-11　网站首页

②网站定位

公司网站旨在通过借助互联网信息流通迅速、覆盖面广的特点，向消费者和社会各界展示企业的经济水平、技术创新能力、员工技能特点、多方资源整合等，网站提供该公司总裁孙华靖致辞、企业发展历程、企业文化、核心优势、生产基地、科技研发、合作伙伴、客户评价等具体内容，并提供服务热线、服务宗旨、服务项目等，为顾客提供全面的信息服务。

③网站功能

A. 尚香实力

通过展示文章和纪实照片，向消费者和社会各界展现了尚香公司一个清晰明了的发展历程和企业形象，宣传公司品牌文化（图 3-12）。

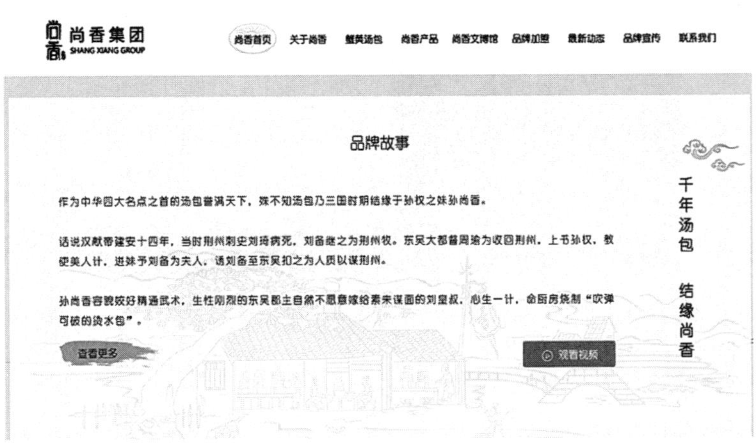


图 3-12　品牌文化

B. 产品展示

通过具体分类将尚香产品分为早点面茶和地区美食，利用美食图片和微博、抖音等社交平台上的评价截图，展示美味的尚香产品，吸引消费者的目光，激发消费者的购买欲望（图 3－13）。

图 3－13　产品分类

C. 传承文化

通过图片和简洁的文字介绍蟹黄汤包的历史、制作工艺、技艺传承等，突出汤包“包容天下”的文化内涵，尚香公司通过建立叶建乡土人才“三带”工作室，传承制作蟹黄汤包技术，并希望通过大师工作室取得更好的汤包文化宣传效果（图 3－14、图 3－15）。

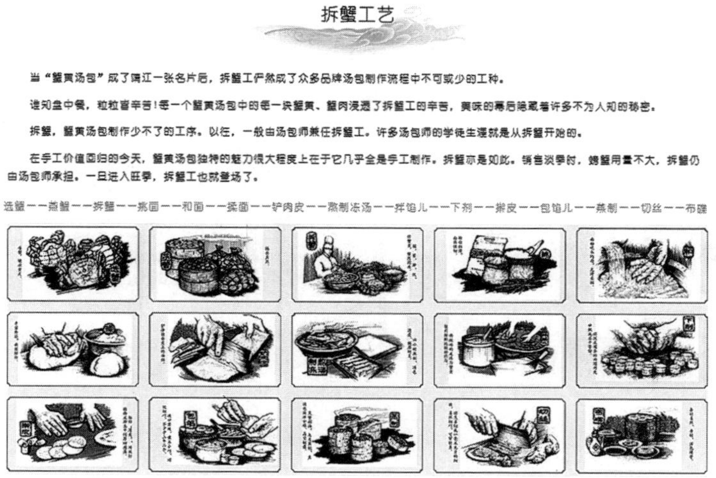


图 3－14　拆蟹工艺

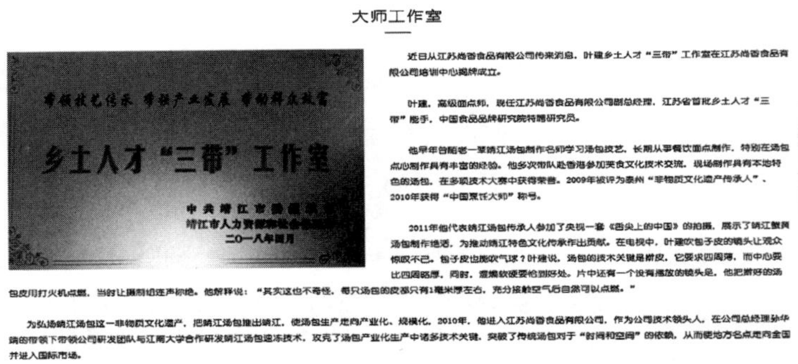


图 3－15　大师工作室

D. 投资加盟

世界各国大型采购商主要利用互联网来寻找新的产品和新的供应商，因此网站简明扼要地介绍了尚香公司的优势和光明前景，很好地建立了与潜在客户的商业联系渠道，让潜在投资者们充分认识了解尚香集团的实力与企业前景，以促成合作（图 3－16、图 3－17）。

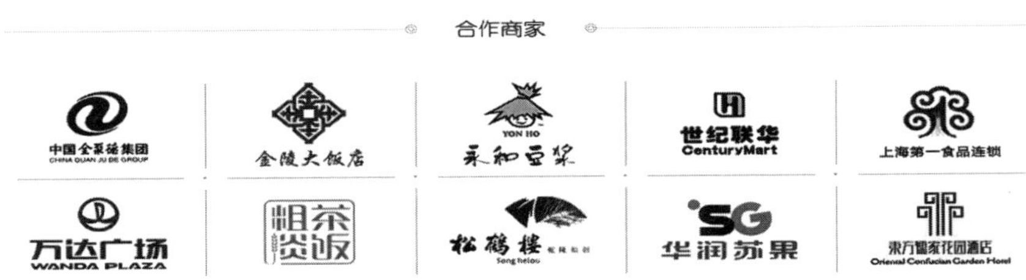


图 3－16　合作商家

图 3－17　荣誉资质

E. 人才招聘

通过网站发布招聘信息，信奉“得良才者得天下”“用人不疑，疑人不用”“术有专攻，各得其所”的人才观，招收包括市场营销专员、设备维修工、面点包制学徒工等人才（图 3－18）。

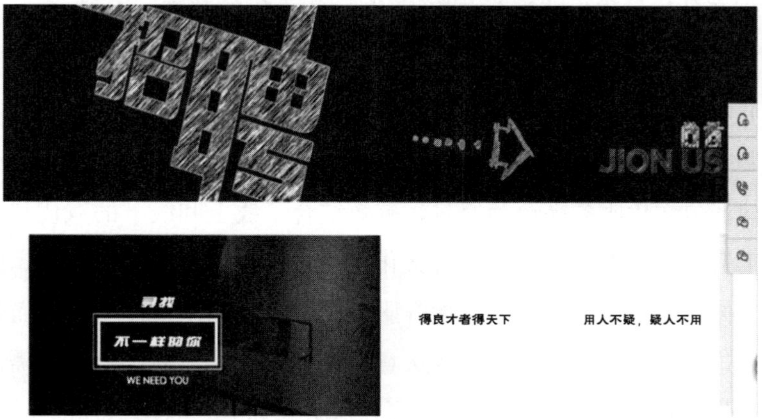


图 3－18　招聘信息

## 课堂讨论：

1. 结合项目服务内容，分析文化建设对靖江蟹黄汤包发展的作用。

2. 未来，团队该如何进一步探索靖江蟹黄汤包非遗文化宣传与建设？

**3. 项目特色**

**（1）以非遗为基点，弘扬中华美食**

靖江蟹黄汤包具有悠久的历史文化，名列中国四大名点之首，入选江苏省非物质文化遗产，汤包制作工艺有着深厚的人文底蕴，且其“蒸”的烹饪方式符合中国传统的健康饮食观念。项目以非遗传承为基线，创新研发多品类汤包，满足不同消费人群需求；举办非遗体验活动——“汤包万人传承计划”，共同探索靖江汤包精湛的烹调工艺，在充分领略原汁原味的汤包艺术中让古老的非遗文化焕发生机和活力，将中华传统美食文化发扬光大。

**（2）以文创为引线，打造汤包生态**

为了营造汤包多元且年轻的传承氛围，项目对非遗文化的展现形式和产品形态进行优化升级，既保留非遗的传统精髓，也积极拓展其商业价值。秉着格调高雅、创意鲜明的主旨，从文化创意的角度深层次地挖掘其中的内涵价值。团队将汤包背后的文化与时下贴合消费者精神和物质需求的产品相结合，设计出印有汤包口诀的印章、食器，以及颇受消费者欢迎的随身物件等各种文创产品，呈现出非遗发展年轻化、多元化的趋势，打造汤包文化新生态。

**(3) 以电商为路径，构建创业闭环**

项目以电商模式为发展路径，利用淘宝和微店销售汤包及文创产品。项目以共建汤包文化服务平台为愿景，有效结合了线上和线下的双优势，充分利用线上资源，突破时空限制进行文化宣传、产品销售等各项服务。同时利用线下实体店弥补线上的不足，提升服务质量，增强用户体验，从而带动线上销售。这样全链条解决了消费者从意向咨询到购买体验全流程的需求，逐步构建汤包电商闭环，推动汤包这类餐饮服务在新兴互联网时代的持续发展。

**4. 商业模式**

项目基于“互联网+”的整体战略布局，着眼于消除传统门店经营与文化传播受制于时间和空间的发展瓶颈，致力于打造“线下门店支持线上平台，线上流量反哺线下推广”的新型汤包服务平台。截至 2020 年 5 月 15 日，淘宝成交额达 284 983.14 元，微店成交额 13 057.00 元，共计 298 040.14 元（图 3-19）。

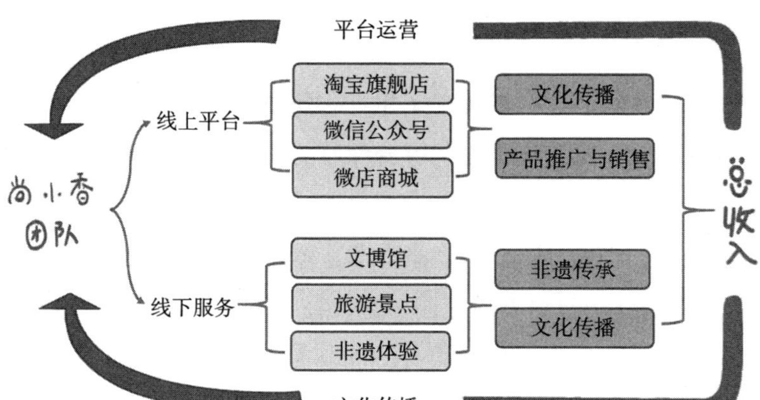


图 3-19　商业模式

## 课堂讨论：

1. 如何管理线上电商平台进而提高蟹黄汤包的品牌知名度？

2. 请思考如何进一步完善商业模式，以期实现蟹黄汤包销售不再局限于实体店。

## 四、市场分析

### 1. 行业背景分析

文化创意产业具有其他经济产业所不具备的重要特征：高附加值、高知识性、资源消耗低、环境污染小、市场前景广，凭借创意衍生品价值链、价值提升模式来促进经济发展方式的转变，是投资回报最好的行业之一。

近年来，随着我国愈发重视发展文创产业，不断丰富文化产品和服务，进一步做大做强文化企业，我国文化产业占 GDP 比重持续上升。相关数据显示，2012 年我国文化产业增加值为 18 071 亿元，占 GDP 比重 3.5%，2018 年文化产业增加值为 38 737 亿元，占 GDP 比重 4.3%。随着消费升级以及全民文化意识的提升，文化创意产业总体营收规模不断扩大，2018 年我国规模以上企业文化产业规模为 89 257 亿元。

尚香汤包非遗饮食文化传承与创新的成功，依托于文化创意服务产业高质量、高速度的发展。牢牢抓住文化创意服务产业的发展良机，有效运用自身的优势与资源创造出优秀的文创产品，才能创造出自身的品牌效应，让汤包中蕴含的非遗文化真正获得大众的认可。

针对汤包产业而言，我国面点制作技术，历史悠久，面点制作工艺是我国烹饪文化的重要组成部分。由于近年来烹饪技术的迅速发展，面点制作技术也发生了重大的变化。汤包行业呈现出显著的区域化特征。长三角地区，人们形成了比较深厚的饮食文化和忠诚的消费习惯。以消费者体验为核心的销售理念正在兴起，因此团队密切关注新时代消费者需求，及时调整发展战略以及新产品的研发方向，科技电商赋能传统非遗文化，让蟹黄汤包更多地“飞入寻常百姓家”，在非遗文化的传承中不断增强文化自信。

## 课堂讨论：

蟹黄汤包产业发展会面临哪些外部和内部的机遇和挑战呢?

**2. 宏观环境分析**

**（1）政策环境分析**

国家非常重视非遗文化的传承与保护，出台《中华人民共和国非物质文化遗产法》《国家级非物质文化遗产保护与管理暂行办法》等。江苏省积极响应国家号召，通过并颁布实施《江苏省非物质文化遗产保护条例》。蟹黄汤包作为靖江非物质文化遗产的特色品牌，具有深厚的人文底蕴，其制作技艺2009年被列入江苏省第二批“非遗”名录。以汤包产业为核心发展文化创意产业，发挥其高附加值、可持续发展的作用，提高人们对于保护非遗文化的积极性。

**（2）经济环境分析**

“十三五”期间，我国国民经济发展进入“新常态”，改善了经济消费环境，文化消费和饮食消费都得到了发展。非物质文化遗产本身就是劳动的成果，能带来直接的经济价值，更是我国经济战略的重要组成部分。而在城市化和现代化生活方式的影响下，人们的思想观念也发生了很大的变化，对健康品质生活的追求逐渐提升，对食物的消费需求和消费能力逐步升级，从饱腹性过渡到营养性、美味性甚至是精致性，并且向满足精神享受转变，在吃中玩，在吃中品味文化。

**（3）社会环境分析**

我国社会主要矛盾已经转化为人民日益增长的美好生活需要和不平衡不充分的发展之间的矛盾。中华优秀传统文化是中华民族的文化根脉，其蕴含的思想观念、人文精神、道德规范，不仅是我们中国人思想和精神的内核，对解决人类问题也有重要价值，非遗作为我国优秀传统文化的一部分，具有重要的历史价值、文化价值和现实价值。保护传承非遗文化，是坚定文化自信、推动社会主义文化繁荣兴盛的重要基础。

**（4）技术环境分析**

当今社会处在一个产业融合、技术创新、业务升级的新时代，O2O的数据商业架构也越发显得清晰："线上运营＋线下体验"，以用户数据为连接，贯通整个产品销售流程。数据同时驱动着线上与线下的发展，线上为线下带来订单，线下为线上提供体验，数据流通在线上与线下之间流通形成一个闭环。团队依托尚香公司的核心技术，"酶法交联抗裂技术"和"生物抗氧化保质技术"，在扬州大学旅烹专家的指导下创新汤包尺寸、口味及外观，以满足不同消费者的需求，让更多人感受到汤包的健康饮食文化。在维护好传统汤包消费群体的基础上，对线上业务进行拓展经营，采用创新的思维理念和营销方式让尚香汤包突破时空限制，走向世界，向世界展示我们的非遗文化，形成线上销售带动线下体验传承，线下体验促进线上平台销售的闭环。

**3. 竞争环境分析**

**（1）现有竞争者**

尚香汤包所面对的现有竞争者存在于线下实体酒店及线上电子商铺两种商业环境中，它们各自凭借产品特色、品牌口碑以及价格优势等在汤包面食产业占据一席之地，并对尚香汤包的未来发展形成钳制。

线下实体酒店竞争者方面，靖江本土汤包品牌以南园宾馆、鸿运酒楼等二十余家为代表，主要集中于靖江本地，在当地拥有较为广泛的群众基础，固守传统生产制作工艺，以实体门店为依托，满足附近消费者的堂食与外卖需要。传统餐饮与现代营销相脱节，难以跳出靖江固有市场的束缚；靖江以外地区的蟹黄汤包品牌，与靖江蟹黄汤包在尺寸、馅料、口味上有一定的差别。尚香汤包在进入此类区域市场时，会受到当地已形成的汤包饮食习惯基础的影响，所以尚香汤包在与这类汤包品牌进行竞争时，要充分利用新型营销渠道，如抖音、快手、头条等，与意向消费者形成直接接触，并将重点放在年轻群体上。

线上汤包竞争品牌方面，相较线下，发展时间相对较短、品牌数量相对较少、平均质量相对较差。如风马牛、豚之杰等虽然暂时填补了线上蟹黄汤包销售的缺口，但从消费者评价来看，它们并没有达到消费者的心理预期，多数顾客表示"难吃""一点味道没有""腥味重""上当受骗"等。而尚香汤包依靠行业领先的生产技术，在科学规划的管理策略下，有足够的能力为消费者提供高质量的汤包产品和售后服务，充分保障消费者的购物体验。

**（2）潜在竞争者**

目前市面上已有一些速冻汤包产品，但其速冻技术尚不成熟，相较于尚香汤包核心技术还不具备竞争力。但为了防止其他公司在未来研发出类似技术，因此团队会依托扬州大学旅烹专家资源不断创新研发汤包规格、口味和款式，并对核心技术申请专利保护。同时通过线下文博馆的非遗体验等活动，进一步宣传靖江蟹黄汤包，建立起尚香汤包的品牌影响力，不断提升竞争优势。

**（3）供应商议价能力**

当前河蟹养殖规模较大，主要集中在江苏、安徽、湖北等地，其他地方也在加紧扩大养殖规模。随着产量的快速增加，河蟹的养殖风险也在不断加大。近年河蟹的市场供求出现较大波动，季节性波动因素影响较大，价格也变得难以把握，因此河蟹供应商的议价能力较强。

鸡肉作为国内主要的肉类消费品之一，其消费量将随着国家经济增长、居民收入及消费提高、肉类消费需求的提升保持长期、稳定的增长态势。随着居民健康饮食理念的提升，鸡肉作为主流健康型肉类消费品之一，市场份额仍将进一步提升，所以鸡肉供应商的议价能力较强。

我国物流处于快速发展阶段，快递公司众多，不仅有联邦快递等外资快递企业、中国邮政等国有快递企业，还有顺丰等大型民营快递企业和小型民营企业，物流行业竞争者众多，且冷链物流运输能力的物流企业相对较多，因此物流供应商的议价能力较弱（表 3－2）。

**表 3－2　供应商议价能力**

| 供应商 | 合作方式 | 议价能力 |
|---|---|---|
| 河蟹供应商 | 产品蟹供应 | 较强 |
| 鸡肉供应商 | 母鸡肉供应 | 较强 |
| 物流公司 | 签约物流配送 | 较弱 |

**（4）购买者议价能力**

目前，靖江蟹黄汤包的售卖渠道虽然呈现多元化趋势，但能让消费者安心购买的主要场所还是线下实体店，高品质的汤包供给有限，导致市场上汤包供不应求。蟹黄汤包的原材料成本和手工艺人的人工成本，实体店的地租成本和店铺内服务人员薪资都较高，企业所获利润不大。所以消费者的议价能力较弱。

**（5）替代品威胁**

蟹黄汤包作为一种精致且营养价值极高的面点食品，广义上其替代品较多，诸如发酵包子类产品、饺子、面条、粥类产品等。由于蟹黄汤包生产成本以及制作工艺等因素的影响，蟹黄汤包价格较高，所以部分消费者更偏好价格较低的产品，例如馄饨、面条、普通包子等；从速冻汤包的角度来说其替代品威胁则较小，现存的主要替代品是速冻水饺、速冻包子等速冻类产品，但是相较高营养的蟹黄汤包，其他品类的产品将会大打折扣。

与同为非物质文化遗产的天津狗不理包子、稷山传统面点等面食类产品相比，团队对靖江蟹黄汤包不仅以其非物质文化遗产的独特标识进行推广，同时坚持与尚香公司硬核专利技术结合发展，辅之扬州大学专业团队进行设计和推广。相比之下，狗不理包子等显得技术含量较为不足，存在着被其他产品替代的可能。团队会持续提升产品创新能力，深度挖掘文化内涵，不惧竞争，勇于开拓。

## 五、营销推广

### 1. 目标市场

通过对面食消费群体的市场分析，立足尚香品牌，线上目标市场定位为沿海发达城市的工薪人群。此群体具备精致的生活理念、良好的经济基础。尚香汤包因其工艺复杂，用料讲究，价格不菲，令寻常百姓鲜有问津，因此传统的蟹黄汤包被作为特色菜肴和礼品，成了商务宴请或老百姓招待贵宾的“奢侈品”，所以汤包的主要目标市场定位是中高端人士（白领、机关/事业单位人员、个体户等）。

### 2. 品牌推广策略

团队旨在以蟹黄汤包为载体，将传统汤包文化融入现代都市生活，以推广品牌文化为基线，助力非遗传承。在营销渠道方面，采用 O2O 模式，线上通过新闻媒体、微博、抖音等社交平台进行品牌推广、文化传播，结合当下流行的直播带货模式，增强与消费者的互动；线下以非遗体验等特色活动精准营销，线上线下无缝对接，形成双线互通的汤包文化推广网络。在消费者服务方面，以完善的价格机制结合成熟的售后服务，及时收集消费者反馈，了解消费者需求和市场发展趋势，不断创新研发新品。

## 六、社会影响

团队目前已获得《人民日报》、“学习强国”、搜狐网等国家级、省级主流媒体的宣传报道。此外蟹黄汤包还受到 DISCOVER 探索频道、央视 3 套《欢乐中国行》、央视 9 套《走遍中国》以及《舌尖上的中国》等多家主流媒体的重点宣传、追踪报道。目前，公司产品已进入北京、天津、上海、江苏、浙江、广东等三百余家星级酒店、餐饮会所，并与全聚德集团、金陵大酒店、华润苏果、世纪华联、乐天玛特、万达等知名企业在产品经销、品牌推广与文化联动等方面进行了深入而高效的合作。

## 七、拓展思考

立足尚香品牌，通过调查分析面食消费群体职业、年龄、区域分布以及支付金额分布情况，团队将目标市场定位为沿海发达城市的快节奏工薪人群。在市场开拓方面采用“三步走”战略。以蟹黄汤包的原产地靖江与本公司所在的世界美食之都扬州为双起点同时发力，未来辐射周围城市。依托“基于线下体验，整合文化资源，促进线上消费，助力非遗传承”的闭环服务网络，以“靖江及扬州周边城市—江浙沪—全国及海外”的开拓路线进行推广。

项目未来发展思路将以打造“亲民非遗文创产品”为目标，在继承蟹黄汤包匠心文化的同时，也将注重开发文创产品的实用性和创新性，根据不同类型消费者的消费意愿提供更加丰富的产品选择，如提供针对女性顾客的“小汤包”、针对高饮食健康需求顾客的“健康汤包”等，让汤包文化能够实现动态式的迭代发展，从而实现非遗传统文化的现代化传播。

项目开展至今，尚小香汤包运营团队多次走访靖江调研，对文化建设在推广靖江蟹黄汤包中的作用进行深入探索，通过举办中外饮食文化交流活动、创新产品包装、建立文博馆主题店等文化建设，扩大汤包文化的影响力。但靖江蟹黄汤包产业在文化建设中仍困难重重，存在诸如文化渗透力弱、品牌意识淡薄、线上平台建设不成熟等问题，蟹黄汤包产业未来文化建设之路值得继续深思。

## 课后讨论：

1. 作为一名消费者，你希望靖江非遗蟹黄汤包进行哪些方面的改善更能满足消费者的需求，助力非遗蝶变？

2. 结合上述案例分析非遗汤包创新服务平台创新体现在哪些方面？

3. 请结合专业知识，分析“非遗＋文创＋电商”的汤包文化服务闭环链在未来发展中会遇到什么样的阻碍？

# 第二部分

# “三农”服务

# 第四章 海扬农牧——健康养鸡无忧吃鸡电商平台

内容导学：

中国农业发展正处于推进现代化农业建设的关键时期。建设社会主义新农村，实现全面小康要求大力发展畜牧业。随着我国全面建设小康社会进程的不断深入，传统的饲养方式与当前的经济发展和技术进步产生了较大的差距，难以满足市场的需求。

本案例团队致力于打造产品研发、养殖指导、饲料输送、疾病防控、技术培训、咨询服务、成品检测等一整套完整的海扬黄鸡服务体系，通过轻资产运营的模式，计划五年内实现对江苏省、安徽省、山东省的覆盖，提高企业知名度，树立企业形象。

## 一、背景缘起

我国农业发展正处于推进现代化农业建设的关键时期。建设社会主义新农村，实现全面小康要求大力发展畜牧业。规模养殖的发展带动了“标准圈”的建设，带动了标准化、规模化的提升，对确保食物安全起到了巨大的保障作用。我国畜牧业当前正处于从传统畜牧业向现代畜牧业转变的重要时期，要大力加强现代畜牧业建设。

科学技术方面，生态“益生菌”饲料技术和中药配方疾病控制技术相结合的方式已经实现了对海扬黄鸡的无抗养殖，利用新型技术生产真正的绿色生态有机鸡肉。

在此背景下，由扬州大学动物科学与技术学院同学组成的“海扬农牧”

团队，在老师的指导下，展开系列培育，以生产“一只矜贵的鸡、一只环保的鸡、一只光荣的鸡”为目标，取得了卓有成效的实践效果。

**课堂讨论：**

试分析研发新品种海扬黄鸡在实施乡村振兴战略背景下的必要性。

## 二、项目简介

“海扬农牧：健康养鸡无忧吃鸡电商平台”项目，致力于打造产品研发、养殖指导、饲料输送、疾病防控、技术培训、咨询服务、成品检测等一整套完整的海扬黄鸡服务体系。通过采取轻资产运营的模式——以专业技术为核心能力，向海扬黄鸡产业链的各个环节提供专业的技术服务；由扬州大学饲料厂对生态环保饲料进行代加工；将服务订单倾向大客户，从而实现海扬黄鸡的产业化。让养殖户可以了解如何健康养鸡，让人们吃上放心的鸡肉。

团队聘请江苏省畜牧兽医学会副理事长、省畜禽品种委员会副主任、全国动物遗传育种研究会理事等专家为技术顾问，经过2年的饲养实践，做了1 400多次临床实验，加上10组的对照试验，最终打造了“一个核心，两个配套，一个保障”的产品体系，即以国内高繁生态环保肉用鸡新品种海扬黄鸡为核心，以益生菌生态海扬黄鸡专用饲料和中草药肉鸡疾病解决配方为配套产品，保障海扬黄鸡在饲养过程中排泄物无污染，同时畜产品无任何抗生素残留。

目前团队培育的新品种海扬黄鸡已经通过了国家畜禽资源委员会审定，获得国家级畜禽品种证书。30余家禽业领军企业已经与团队达成战略合作协议，纷纷表示了强烈的采购意向和对专业技术服务的诉求。团队计划在半年内注册公司，预计未来3年内，海扬农牧团队通过推广新品种，将实现销售收入2 909.15万元，利润可达1 480.49万元。随着公司规模和市场的逐渐扩大、公司组织结构的逐步完善，在追求海扬黄鸡产业化的同时，加强科学技术创新推广，力争成为行业领跑者。

## 三、方案设计

### 1. 产品介绍

#### (1) 明星产品：海扬黄鸡

市场上的黄羽肉鸡，主要是通过引进国外的快速、高产品系与地方品种进行杂交等方式来实现的“仿土鸡”。如今世界动物育种目标，是提高畜（禽）产品品质和抗病性，而不再是提高畜（禽）产品的产量。因此，培育出一种不含外血、抗病力强、生产性能好、肉质鲜美并且适合产业化的国家级优质肉鸡配套系，是市场的迫切需要。

图 4－1　海扬黄鸡

海扬黄鸡已通过了国家畜（禽）资源委员会审定，获得了国家级畜禽品种证书，成为国家审定的鸡新品种。配套系结合现代分子标记辅助选择等精细化育种技术，利用自主培育的京海黄鸡新品种作为三系配套的亲本之一，成功将京海黄鸡新品种具有的肉质优、繁殖性能高、抗逆性强的特点导入海扬黄鸡配套系，经过八个世代选育，历时 8 年，经历 16 个组合配合力测定，实现了配合力测定精细化（该技术在国内处于领先水平），研发出了具有市场竞争力的优质肉鸡三系配套系，成为江苏省内第一个三系配套黄羽肉鸡新品种（图 4－1）。经国家家禽遗传性能测定站测定，海扬黄鸡配套系父母代 66 周龄，产蛋数高达 206.2 个，繁殖性能高，降低了种蛋的生产成本，打破了黄羽肉鸡繁殖率的瓶颈，提升了我国配套系的核心技术水平，其商品代 70 日龄即可上市，公鸡体重可达 2.1 千克，母鸡 1.6 千克，肉质优、适应性强，均匀度好，饲料报酬高，经济效益好，市场推广前景好，深受消费者的喜爱，适合不同地区推广应用，与国内同类产品比较，海扬黄鸡配套系具有先进性和独特性，在同类品种（配套系）中优势明显。

海扬黄鸡的成功培育及产业化，将有利于打破国外品种配套系造成的垄断和贸易逆差，填补江苏省目前还没有经国家审定的黄羽肉鸡配套系的空白，有利于开发下游分割鸡肉产品，满足活禽交易正在被逐步取消后人们对生鲜鸡肉产品的需求。而且对养殖场主要废弃物鸡粪进行无害化处置并将其开发为有机肥用于种植业生产，有利于化解养殖废弃物对环境的污染，促进畜牧业的可持续发展。

**（2）配套产品与服务**

1）营养保障产品——生态“益生菌”饲料

团队依据海扬黄鸡的生理特性，为其量身研发了生态“益生菌”饲料，通过饲喂该饲料，海扬黄鸡的饲料转化率可达 44.9%。生态“益生菌”饲料受拥有 20 多项专利组成的专利群保护，该饲料添加益生菌、植酸酶等添加剂，以替代抗生素。该饲料经过海扬黄鸡的消化系统，有机物转化为非蛋白氮，从鸡的泄殖腔出来形成无臭无味，无磷污染的粪便。饲料制作成本与普通饲料成本相当，绿色无添加、无污染且能提高鸡的抗病能力。

更好更专业的微生物制剂＋复合酶制剂相结合的生态禽类复合益生菌，由 12 种益生菌（综合每克≥120 亿 cfu/g）、复合酶制剂（植酸酶替代有机磷、无机磷的使用）、复合氨基酸、多维等组成，无违禁物质。这种饲料能够快速降低农场内臭味、氨气、苍蝇密度；降低料耗、促进鸡生长、使鸡提前出栏；提升鸡群肠道、呼吸系统、皮肤的健康水平；提高种禽繁殖性能，减少用药和死亡淘汰率（图 4－2）。

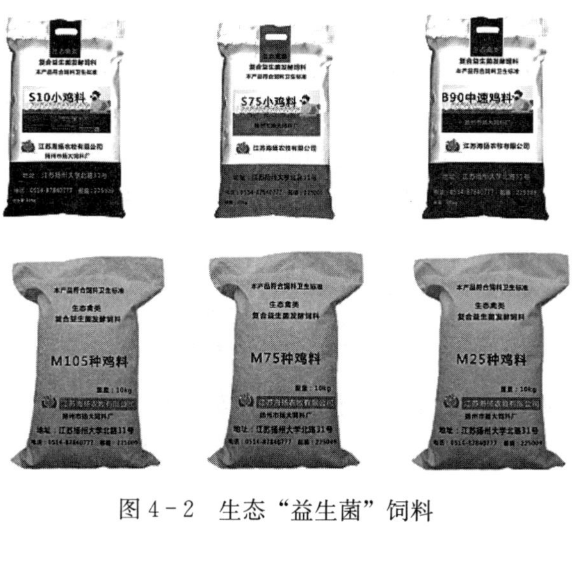


图 4－2　生态“益生菌”饲料

饲料采用多层包被技术，可以高温制粒，成本低廉，小鸡、种鸡、商品鸡均可使用。连续使用能够形成益生菌生态健康养殖环境，提高鸡群整体健康水平与鸡肉品质，建立生态健康养殖模式。

2）疾病保障产品——中药疾病防控方案服务

我国古代兽医积累了丰富的中草药防治畜禽疫病的经验，现代科学证明，中草药具有抗病原体、调节机体免疫功能、诱生干扰素、对抗细菌毒素等作用，对其他药物的增效作用明显，包括协同作用、毒性互制作用互补等。因此，中草药在抗病毒感染、中西兽医结合、作为添加剂、针对耐药菌株等方面具有广阔的应用前景。在顾问专家多年来使用中药防治畜禽疾病的实践基础上，吸取国内知名专家的宝贵经验，结合当前使用中药的新经验、新技术，科学合理、有效使用中药，利用中药成方、单方防治畜禽疾病，经历了 2 年零 40 天的饲养实验，1 400 多次临床实验，10 组的对照试验，公司最终成功研发出一整套中药疾病防控方案，解决各种鸡疾病，最终实现了鸡疾病的纯中药治疗（图 4－3）。

图 4－3　海扬农牧有限公司中药疾病防控方案

公司对所有的客户都将进行鸡苗输送后的医疗保障等售后服务，中药疾病防控方案是公司的核心机密之一，该方案可教授一些长期合作且信用评级高的大型合作企业，并达成保密协议，保证方案内容不外泄，其余客户在养殖过程中如遇鸡生病的情况公司将提供全套的医疗保障服务，开具中药配方与用药指导或由服务人员亲临现场治疗。

3）鸡粪有机肥堆积技术服务

鸡粪的再次利用方法很多，传统的鸡粪发酵方法是将鸡粪堆积 5～6 个月，自然散发臭味，分解有害菌体，这样既对环境造成污染又流失了鸡粪中大量的营养成分，像有益微生物中的蛋白酶、脂肪酶和淀粉酶等。而鸡粪有机肥堆积生物发酵方法是利用鸡粪肥料发酵剂加快发酵时间，一般是 7 天左右即可发酵完成，在发酵开始后有益微生物更是呈几何级大量快速繁殖，消化吸收恶臭化合物，转变成可供畜禽食用的蛋白质和微量元素，大大提高了鸡粪的营养成分，肥效好，使用安全方便。

4）疫苗疾病预防服务

疫苗市场鱼龙混杂，进口、国产疫苗种类众多，一些散养殖户或小型养殖企业不知该如何选择，而且疫苗保存、疫苗注射流程复杂精细，每批鸡养殖过程中的两次疫苗注射，有些客户技术掌握得不好，可能导致疫苗达不到预期效果，甚至产生某些负作用。公司会为这部分客户派送专业服务人员，提供疾病预防服务，教授疫苗注射流程与提醒其中注意事项。

**2. 产品优势**

**（1）海扬黄鸡获国家级畜禽新品种证书**

海扬黄鸡获国家级畜禽新品种证书，具体见图 4－4。

畜禽新品种（配套系）

证 书

新品种（配套系）名称 海扬黄鸡

培 育 单 位 江苏京海禽业集团有限公司、扬州大学、江苏省畜牧总站

该品种业经审定，根据《中华人民共和国畜牧法》和《畜禽新品种配套系审定和畜禽遗传资源鉴定办法》，特发此证。

图 4－4 新品种证书

**（2）生态“益生菌”饲料**

1）改善养殖生态环境：本品依照海扬黄鸡消化系统特点，饲喂后经过鸡的食道、嗉囊、肌胃、肠道等消化器官，最终聚集在泄殖腔中被排出去。连续使用这种饲料能促进鸡肠道有益菌群增殖，抑制有害菌的生长，粪臭味明显减少，减少鸡呼吸系统问题的发生；利用植酸酶等复合酶替代有机磷、无机磷的使用还能够减少养殖环境及粪便中有机磷等有害物质的含量，减少污染。一段时间后养殖场遍布有益菌，形成益生菌生态养殖环境。

2）替代抗生素的使用，节约药品开支：本品中高含量的乳酸菌等对饲料中的霉菌有明显的抑制作用。增强动物非特异性免疫力，可替代免疫多糖、维生素 C 等免疫增强剂，有效提高鸡群健康程度。可以减少或不使用抗生素，明显减少药品开支，减少肉品中的抗生素残留，适合生产生态绿色有机鸡肉。

3）节约饲料成本：酶＋菌融合预消化技术有利于营养素的消化吸收，降低料耗，无抗生素等药物添加，节约饲料成本。

4）保健效果明显：促进鸡肠道中有益的双歧杆菌、乳酸杆菌的增殖和有效抑制引起疾病的葡萄球菌、大肠杆菌，沙门氏菌等的繁殖，修复肠黏膜，防止肠道菌群失衡，因此对鸡群肠道保健效果比预想得更好。

5）补充饲料营养：本品在动物体内能产生多种有益代谢产物如有机酸、维生素、氨基酸等，直接提供动物生长所需营养，增强动物的营养代谢，连续使用促长效果明显，节约饲料，促鸡提前出栏。

6）改善鸡肉品质：本品能加强饲料的适口性，降低血清胆固醇，控制鸡体内毒素；抑制肠道内腐败菌生长，使鸡肉肉质紧致，品质显著提升。

与常规饲料相比，优势明显（表 4－1）。

**表 4－1　竞品分析**

| | 常规饲料企业饲料 | 海扬农牧饲料 |
|---|---|---|
| 粪便污染方面 | 粪便中含有有机磷等污染物污染土壤 | 改善养殖生态环境 |
| 药物成分含量方面 | 含有抗生素，造价高 | 替代抗生素的使用，节约药品开支 |
| 成本方面 | 营养不全面，料肉比高，饲料耗费多 | 节约饲料成本 |
| 保健效果 | 无保健效果 | 保健效果明显 |
| 营养方面 | 营养不全面 | 饲料营养全面 |
| 肉质方面 | 快速、中速鸡肉质差 | 改善鸡肉品质 |

### （3）技术服务

公司以扬州大学 ESI 排名前 1％的畜牧兽医专业为依托，与在动物遗传育种方向的多位教授与优秀博士、硕士研究生组建了团队，给公司提供了高校和科研机构强大的技术支撑。

## 3. 商业模式

### （1）与江苏省京海禽业集团合作

作为一个科研技术团队，公司掌握海扬黄鸡的核心育种技术。公司将采取提供技术服务、销售分成的模式与江苏京海禽业集团合作。公司为江苏京海禽业集团有偿提供饲料输送、养殖指导、疾病防控、成品检测、咨询服务、技术培训等技术支持。江苏京海禽业集团使用公司的技术生产海扬黄鸡，公司将制定严格的产品质量标准与生产标准，京海集团必须严格按照标准生产鸡苗。对于卖出的鸡苗，公司将会抽成10%的利润。

江苏京海禽业集团有限公司，是江苏省规模最大的肉种鸡生产基地，是经国家8部委联合认定的农业产业化国家重点龙头企业，是国务院扶贫领导小组认定的国家扶贫龙头企业。公司现拥有AA祖代种鸡20万套、AA父母代种鸡100万套、海扬黄鸡10万只的生产规模，形成了年产海扬黄鸡苗鸡1 000万只的生产能力。所产种雏、商品雏远销全国26个省、自治区、直辖市，联结带动了8.3万户农户共同走上养鸡致富道路，年产生经济效益10多亿元。京海集团将继续放大优势，改造提升传统产业，大力开发转型产业，着力发展新兴产业，以更强的后劲，在新的层次、新的起点上实现新的跨越发展。

**（2）外包扬大饲料厂**

对于鸡饲料的生产，公司与扬州大学饲料厂（以下简称扬大饲料厂）合作，由公司提供配方，扬大饲料厂作为公司的代加工厂生产复合益生菌发酵饲料。益生菌发酵饲料价格低廉，无抗生素添加，既为公司的海扬黄鸡量身打造，同时也适用于饲喂市场上其他品种的鸡。吃了含有益生菌的饲料，食物将在鸡的泄殖腔停留1天。饲料中含有丰富的益生菌，可以将有机物转化为非蛋白氮。食用了这种鸡饲料之后，鸡的粪便没有味道，对于土壤来说也有很好的改良作用。

扬大饲料厂位于古称广陵、江都的历史文化名城扬州，主要从事饲料及饲料添加剂、畜牧设备及饲料机械的批发、零售业务，生产添加剂预混合饲料。拥有年产生态饲料8万吨的生产能力。工厂与多家扬州饲料厂黄页零售商和代理商建立了长期稳定的合作关系，产品品种齐全、价格合理，企业实力雄厚，重信用、保证产品质量，以多品种经营特色和薄利多销的原则，赢得了广大客户的信任。

## 课堂讨论：

1. 分析对明星产品配以其他产品及服务这一模式的优势所在。

2. 分析该案例商业模式的可行性。作为一个科研技术团队，在与厂家合作的过程中是否会造成核心技术泄露的风险？有无规避的方法？

## 四、市场分析

### 1. 外部环境分析

#### （1）政策环境分析

党的十八大以来，各级畜牧部门以五大发展理念为指导，坚决贯彻党中央、国务院关于“三农”工作的决策部署，深入推进畜牧业供给侧结构性改革，取得了突破性、历史性成就。畜牧业在稳量保质的基础上，加快转型升级，向现代化快步迈进。党的十九大报告又提出实施乡村振兴战略，推动畜牧业在农业中率先实现现代化，带动亿万农户养殖增收，同时开展养殖环境治理和草原生态保护建设。这一战略决策对畜牧业发展既是重要任务，也是重大机遇。

为进一步加强畜禽遗传资源保护利用开发工作，维护生物多样性，促进现代畜牧业可持续发展，农业农村部制定了《全国畜禽遗传资源保护利用“十三五”规划》，完善保护利用机制，提高科技创新水平，挖掘资源开发潜力，健全政策法规体系，加强国际交流合作。

肉鸡产业是畜牧业的重要组成部分。农业农村部对肉鸡产业发展高度重视，出台了一系列政策措施，推进肉鸡产业持续健康发展，“菜篮子”生产扶持项目和畜禽粪污资源化利用等项目均将肉鸡列入支持范围，主要支持肉鸡规模养殖场开展标准化改造、粪污资源化利用等。目前，全国肉鸡规模化率已达到79%，远高于其他畜种的规模化率。农业农村部加强肉鸡产业研究，将肉鸡产业发展列入相关畜牧业规划，强化产业指导，积极协调财政部等相关部门加大财政金融支持力度，适应“大专项＋任务清单”管理方式，因地制宜加大肉鸡产业发展支持力度。

#### （2）社会环境分析

自20世纪末期以来，我国农业步入主要农产品供需总量基本平衡的新阶段，但农业结构不合理、效益不高，农民收入水平难以提高等仍是农业和农村经济可持续发展的难题。寻找农业和农村经济新的增长点，大力推进现代农业建设成为农业与农村工作的主要任务。目前，我国的农业发展正处于推进现代化农业建设的关键时期。建设社会主义新农村，实现全面小康都要求大力发展畜牧业。随着我国全面建设小康社会进程的不断深入推进，传统的饲养方式与当前的经济发展水平产生了较大的差距，难以满足市场的需求。同时，规模化养殖的发展带动了“标准圈”的建设，对确保食物安全起到了巨大的保障作用。

我国畜牧业当前正处于从传统畜牧业向现代畜牧业转变的重要时期。大力加强现代畜牧业建设，加快推进畜牧业发展从分散饲养、粗放经营向规模饲养、集约经营的加速转变，推行家禽业“规模养殖、集中屠宰、冷链运输、冰鲜上市”新模式，加快推进畜禽养殖废弃物资源化利用，提高畜禽粪污综合利用率，将成为农业现代化建设的主要突破口。

**(3) 科学技术环境分析**

在现代畜牧技术研究方面，畜牧技术的实用性不够，现阶段仍专注于对畜牧品种的改良，专注于单一品种的经济效益，部分缺陷明显。畜牧养殖需要规范化生产，从而提高生产效益，而养殖规范必须从品种选择、卫生环境和管理技术等方面予以优化。

在禽业养殖的科学技术方面，国家正在大力研发无抗养殖，全面实现无抗养殖还需一些时间。

**2. 竞争分析**

**(1) 企业竞争评估**

与其他企业竞争评估分析见表 4－2。

**表 4－2　竞争评估分析表**

| | 其他竞争公司 | 江苏海扬农牧有限责任公司 |
|---|---|---|
| 产品 | 普通鸡：无法做到肉蛋兼顾，营养程度不高，缺乏抗逆性 | 海扬黄鸡：该品种父母代繁殖性能高，商品代均匀度好，适应性强，肉质优、开产早、产蛋多、抗逆性强，并获国家级畜禽新品种证书 |

（续）

| | 其他竞争公司 | 江苏海扬农牧有限责任公司 |
|---|---|---|
| 饲料技术 | 普通饲料：喂食人工饲料，饲料中含有较多的人工添加剂、激素和色素沉淀，并含有一定的化学合成类抗球虫药，严重影响鸡的肉质和营养成分 | 生态“益生菌”饲料技术：饲料成本低廉、有利于改善生态环境、提升鸡群肠道健康水平、提供充分的营养、改善鸡肉品质、替代抗生素的使用，打造生态绿色有机鸡肉 |
| 医疗保障 | 西药抗生素治疗：鸡的体内残留一定的毒素，普通养殖场经常性地使用消毒剂 | 中药配方疾病控制技术：利用中药成方、单方用于防治畜禽疾病，科学、合理、有效使用中药。海扬黄鸡体内无抗生素等物质，鸡肉更加绿色健康 |
| 销售渠道 | 寻找采购商：农贸家禽销售商铺进行代销。采购商会在中间赚取差价，企业利润被削薄 | 企业与普通农户相结合：与一些大中型企业签订合作协议，同时，向农户提供小型订单。全面开拓市场，增强市场占比。与“乡信我”企业进行合作 |
| 产品标准 | 无统一标准：不够严格规范。产品安全得不到保障 | 标准统一、严格：饲养过程符合 NY/T33－2004 标准，严格规范饲养过程，保证产品绿色安全 |
| 技术指导 | 专业指导人员：指导人员的涵盖面不够丰富，科技发展不够充足 | 社群化技术服务体系：寻求高校及科研机构、养护管理员、行业专家的指导帮助，形成完整的技术服务体系支持，确保技术支持落实到位 |

总结：据表 4－2 分析可知，与其他竞争公司相比，本公司在所有项目上都具有较强的优越性。

本公司的海扬黄鸡繁殖性能高，适应性强，能完美做到肉蛋兼顾，符合市场需求，是一只在生产性能上异常强大的“战斗鸡”；在饲料生产方面，本公司专门采取生态“益生菌”饲料技术，研发出无人工添加剂、激素和色素沉淀的新型饲料，力求生产出肉质不受饲料影响的“健康鸡”；另外本公司为健全医疗保障体系，利用中药配方疾病控制技术，有效使用中药，使得海扬黄鸡体内无抗生素等物质，更加绿色健康，倾力打造一只有“医保”的特色鸡。

除此以外，本公司严格规范产品标准，争取做到标准统一，生产出一只只符合规范的“标准鸡”；健全社群化技术体系，确保技术支持落实到位，使所生产的鸡成为不需担心售后服务工作的“无忧鸡”；力求与多数大中型企业签订合作协议，使得每一只鸡都不缺销路，成为人人争抢的“必需鸡”，从而在市场竞争中占据主导地位。

**(2) 与黄羽肉鸡鸡肉品质竞争评估**

与黄羽肉鸡鸡肉品质竞争评估见表 4－3。

**表 4－3　与 TOP5 黄羽肉鸡鸡肉品质对比**

| 项目 | 海扬黄鸡 | 广西黄鸡阉鸡 | 清远鸡 | 杏花鸡 | 胡须鸡 | 广西黄鸡 | 是否优于对手 |
|---|---|---|---|---|---|---|---|
| 肉色比较（亮度值、红度值、黄度值 min） | 47/49min<br>12/11min<br>7/9min | 46/50min<br>12/10min<br>7/12min | 48/52min<br>12/9min<br>10/11min | 47/50min<br>13/11min<br>7/9min | 49/53min<br>12/9min<br>8/9min | 54/59min<br>6/9min<br>9/13min | √<br><br>√ |
| 肌肉剪切力比较（嫩度） | 29N | 40N | 42N | 31N | 45N | 35N | √ |
| 肌肉滴水损失比较 | 2.6% | 2.5% | 4.4% | 2.5% | 2.8% | 2.5% | |
| 肌肉 pH 比较 | 6.3 | 6 | 5.8 | 6.3 | 6.1 | 6.1 | √ |
| 肌肉肌苷酸含量 | 3.8% | 3.5% | 3.9% | 3.6% | 3.6% | 3.2% | |
| 肌肉肌内脂肪含量比较 | 1.6% | 1.2% | 1.2% | 1% | 1% | 1.2% | √ |
| 肌肉品尝感官评定的比较（十分制） | 9.0 | 8.3 | 7.7 | 9 | 8 | 8.9 | √ |

总结：表 4－3 分析可知，与广西黄鸡阉鸡、清远鸡、杏花鸡、胡须鸡、广西黄鸡等肉鸡相比，海扬黄鸡鸡肉具有低亮度、高红度的外观特点，具有高肌苷酸含量、低肌内脂肪含量的风味特点，并且肌肉剪切力较低，滴水损失少，肉质鲜嫩。

**（3）蛋鸡核心生产性能竞争评估**

蛋鸡核心生产性能竞争评估见表 4-4。

**表 4-4　与 TOP5 蛋鸡核心生产性能对比**

| 项目 | 海扬黄鸡 | 仙居鸡 | 白耳黄鸡 | 狼山鸡 | 大骨鸡 | 寿光鸡 | 是否优于对手 |
|---|---|---|---|---|---|---|---|
| 开产龄 | 140 天 | 150～180 天 | 151.75 天 | 150 天 | 180～210 天 | 240～270 天 | √ |
| 年产蛋量 | 206.2 个 | 160～180 个 | 180 个 | 134.88～175.37 个 | 160～180 个 | 117.6～213 个 | √ |
| 蛋重 | 60.7 克 | 42 克 | 54.23 克 | 50 克 | 62～64 克 | 60～75 克 | |
| 蛋形指数 | 1.35 | 1.36 | 1.35～1.38 | 1.3 | 1.35 | 1.32 | |
| 蛋壳厚 | 0.36 毫米 | 0.32 毫米 | 0.34～0.38 毫米 | 0.34 毫米 | 0.36 毫米 | 0.36 毫米 | √ |
| 受精蛋孵化率 | 87.3% | 83.5% | 80.34% | 88% | 80% | 80.85% | |
| 育雏成活率 | 97.1% | 96.5% | 96.4% | 95.12% | 93.1% | 96.8% | √ |

总结：表 4-4 分析可知，与仙居鸡、白耳黄鸡、狼山鸡、大骨鸡、寿光鸡等蛋鸡相比，本公司产品海扬黄鸡开产龄较短，年产蛋量多，蛋重高，蛋形指数合理，并且蛋壳较厚，不易在运输过程中损坏，受精蛋的孵化率和育雏成活率也较高。

**（4）饲料产品竞争评估**

饲料产品竞争评估见前文表 4-1。

总结：表 4-1 分析可知，与常规饲料企业饲料相比，本公司生产的饲料具有无粪便污染、造价低、营养全面且养殖耗费少等特点，并且此种饲料产品能够改善鸡肉品质，对喂养的鸡有明显的保健效果。

## 课堂讨论：

1. 谈一谈海扬农牧在市场上具备哪些优势？

2. 畜牧业市场竞争愈发激烈，技术迭代更新快，针对上文竞争环境分析，你是否能为海扬农牧的发展提出几点建议。

## 五、营销推广

### 1. 目标市场

肉鸡、蛋鸡主要大型企业名称及销售量见表 4－5、表 4－6。

**表 4－5　肉鸡主要大型企业名称及销售量**

| 企业名称 | 肉鸡出栏量 |
| --- | --- |
| 温氏集团 | 2017 年销售商品肉鸡 7.6 亿只，肉鸡宰杀产能提升到 1.3 亿只 |
| 圣农发展 | 2017 年预计养殖/屠宰肉鸡 4.7 亿只 |
| 大用食品 | 2017 年，肉鸡出栏 4 亿只 |
| 正大集团 | 2017 年已实现肉鸡生产、屠宰 3.5 亿只 |
| 新希望 | 2017 年销售商品肉鸡 8 000 万只，年肉禽屠宰量近 8 亿只 |
| 和威农业 | 存栏父母代种鸡 200 万套，年孵化能力 4 亿羽，肉鸡饲养 1.3 亿羽，肉鸡宰杀加工 3 亿羽 |
| 禾丰牧业 | 2017 年，肉鸡养殖 2.75 亿羽，肉鸡屠宰 3.92 亿羽；其控股子公司肉鸡出栏 5 399 万羽 |
| 立华牧业 | 2017 年，上市肉鸡约 2.30 亿只 |
| 大成食品 | 年肉鸡加工约 2 亿只 |
| 青岛九联 | 存栏肉种鸡 150 万套，年肉雏鸡孵化能力 1.6 亿只，年出栏商品肉鸡 1.5 亿只 |

数据来源：相关企业年报、官网、证券机构研报等。

**表 4－6　蛋鸡主要大型企业名称及销售量**

| 企业名称 | 蛋鸡存栏量 |
| --- | --- |
| 正大集团 | 蛋鸡养殖整体产能为 2 000 万只左右 |
| 晋龙集团 | 蛋鸡年存栏总量达到 800 万只 |
| 圣迪乐村 | 蛋鸡养殖规模逾 700 万只 |
| 神丹蛋品 | 500 多万只蛋鸡养殖基地，提供禽苗 800 万羽 |
| 金翼蛋品 | 年存栏蛋鸡 500 万只；已与东辽县政府合作成立联众公司建设年存栏 720 万只蛋鸡扶贫项目 |

（续）

| 企业名称 | 蛋鸡存栏量 |
| --- | --- |
| 伊势农业 | 蛋鸡年存栏 500 万只 |
| 北粮农业 | 商品蛋鸡年存栏量达到 450 万羽，年青年鸡饲养 160 万羽 |
| 环山集团 | 拥有 1 000 万只蛋鸡养殖体系；一期规划蛋鸡存栏 200 万只 |
| 绿杨农业 | 存栏商品蛋鸡 180 万只；首期 200 万只蛋鸡项目已经建成投产 |
| 金沟农业 | 2017 年启动 1 000 万只蛋鸡养殖基地项目 |

数据来源：《国际家禽》。

总结：根据线上数据查询及实地调研后，统计得出出售肉鸡、蛋鸡的主要大型企业名单以及销售量。以上企业年销售量总计约有 40.36 亿元，是海扬农牧有限责任公司未来发展的主要目标市场。

**2. 品牌推广策略**

**（1）线上渠道**

1）视频营销

将寻找专门的广告策划公司针对海扬黄鸡的特点、技术与优点以及“益生菌”饲料的独特之处制作精美的视频进行线上发布分享，从而提高产品的知名度和曝光度，增加大众对产品的品牌认可度。

2）微博、微信营销

建立自己的官方微博，并且与具有较高关注量的致力于扶持农村发展的相关的微博博主合作（图 4－5）。

**（2）线下渠道**

1）直接渠道建立

针对目标市场直接建立销售团队进行渠道开发，不增设二级销售商。直接将产品向各目标地区的农户和消费者进行销售，以扬州为中心建立目标市场，将向长三角地区扩展，最终走向全国，与运用海扬黄鸡培育技术的农户、食用海扬黄鸡的消费者保持联系，能够及时了解需求，有利于及时发现问题并进一步完善。

2）自建产品示范点

通过在扬州地区的示范推广，将产品优势直接呈现在客户面前。进入

图 4-5　平台公众号

社区，辐射广泛，公司通过定期赞助社区活动和帮助养殖农户，提高本产品在社区居民及农户中的知名度。客户可以在现场真切感受到本产品与市面上其他鸡种的不同与优势，提升目标客户对本产品优势的认可。并邀请新闻媒体进行跟踪报道，扩大海扬黄鸡的知名度和影响力，树立良好的品牌形象。

**课堂讨论：**

试分析团队还可以在哪些方面为海扬农牧的发展作出贡献？

## 六、社会影响

扬州大学研发出新品种“海扬黄鸡”的事迹被《光明日报》《中国科学报》宣传报道。在2018年度国家科学技术奖励大会上，王金玉教授领衔完成的项目“优质肉鸡新品种京海黄鸡培育及其产业化”荣获国家科学技术进步奖二等奖（图4-6、图4-7）。

08 教科新闻　　光明日报

扬州大学：

做好农业科技成果转化的大文章

图 4-6 《光明日报》报道

6 中国科学报　2019年7月2日 星期二　农业科技

写好乡村振兴“扬大答卷”

图 4-7 《中国科学报》报道

## 七、拓展思考

“海扬农牧”致力于打造产品研发、养殖指导、饲料输送、疾病防控、技术培训、咨询服务、成品检测等一整套完整的海扬黄鸡服务体系。“海扬农牧”在发展初期通过向企业和养殖农户提供专业的技术服务，促进技术推广和实现海扬黄鸡的产业化。通过轻资产运营的模式，降低成本、提高效率、充分发挥自身核心竞争力和增强企业对环境的应变能力，让海扬农牧的专业技术服务的覆盖面不断扩大，五年内实现对江苏省、安徽省、山东省的全覆盖，提高了企业知名度，树立了良好的企业形象。

2022—2023 年，海扬农牧利用海扬黄鸡、生态“益生菌”饲料及中药疾病防控方案等自主研发技术，与京海集团及扬大饲料厂合作，以专业技术为核心能力，向海扬黄鸡产业链的各个环节提供专业的技术服务。达成对接服务海扬黄鸡 10 万只、推广养殖企业 4 家、使用育种场地 100 亩的目标，初步占领市场。

2024—2025 年，海扬农牧在利用“乡信我”农牧项目众创空间的农户推广资源的同时，加强与大型养殖场的对接，拓宽海扬黄鸡对接渠道。达成对接服务海扬黄鸡 40 万只、推广养殖企业 10 家、使用育种场地 500 亩的目标，进一步扩大服务体系和服务范围，为更多养殖户和企业提供专业的技术服务。

2026—2027年，海扬农牧不断寻求战略融资，以出让股权方式为载体，不断吸收投资、融资，进行资源流动整合。达成培育海扬黄鸡超过100万只、对接养殖企业超过20家、使用育种场地超过1 000亩的目标。同时不断深化服务体系，提升企业影响力和竞争力。

本团队围绕海扬农牧展开了一系列探索，但现实背景下农产品价格波动的幅度和频率都在增强，农业市场风险日趋上升，如何进一步提升自身产品的核心竞争力，值得我们继续深入思考。

## 课后讨论：

1. 结合本案例，谈谈你对未来农产品行业发展趋势的想法？
2. 思考传统养殖畜牧业如何推陈出新，立于时代潮头？
3. 结合本案例，对团队未来发展提出几点建议。

# 第五章 藏上民猪——西部地区猪病诊疗的公益服务平台

内容导学：

近年来，我国畜牧业综合生产能力虽然不断提高，但存在产业发展质量良莠不齐、经济效益不高、支持保障体系不健全、抵御各种风险能力偏弱等突出问题。尤其西部藏区存在养殖户对家畜疾病的相关知识了解程度不足、兽医资源匮乏、畜禽求医困难等问题。这些问题很大程度上制约着藏区畜牧业的发展，影响着地区的经济发展。

本案例根据西部藏区动物医疗的市场需求，以“智慧诊疗＋产品”形式，建立以藏猪为代表的辅助诊疗、疾病防控为一体的汉藏双语西部地区猪病智能诊疗公益服务平台，帮助西藏地区人民增加经济收入，助力西藏地区经济发展。

本案例按照“林芝市—西藏—全国”的规划进行推广，推动养殖体系从个体散户向集约化养殖发展，应用RFID等技术，打造自动化和智能化的物联网养猪管理模式，形成智慧养猪体系，节约资源，优化配置，进一步提升养殖收益，助力藏区和全国畜牧业经济的发展。

## 一、背景缘起

藏猪作为我国一种古老的原始猪种，在西藏地区独特的地理环境作用下，成为一种肉质鲜嫩、高钙低脂、营养丰富，不可多得的高原珍品。虽然独特的地理环境使藏猪具有高度的适应能力，并不需要太多的人为管理，但在一些关键环节（如新生仔猪护理、疫苗注射等）仍需要饲养管理人员人工控制。猪瘟是对藏猪养殖业危害严重的一类疾病，可能造成藏猪的大面积死亡和动物性产品的产量下降，影响从业人员的经济收入，尤其是某些人兽共患传染病还会给人类的健康带来严重威胁。

以散户养殖藏猪为主的畜牧业是西藏地区的基础产业，传统的畜牧业在西藏的经济生活中仍扮演着非常重要的角色，发挥着不可替代的作用。藏猪养殖是在传统游牧畜牧业的基础上发展起来的，现仍存留着一些传统的游牧观念。落后的养殖观念与医疗技术未能完全转变过来，给藏猪疾病的防控工作带来了一定的难度，也给藏猪类养殖带来极大的威胁。同时在散户养殖环境不一的情况下，更加容易造成藏猪交叉感染，并在疫病防控等方面造成漏洞。

到目前为止，当地藏猪类养殖仍以高原散养为主且农户基本无疾病防控意识，缺乏专业知识的支撑，难以有效控制家畜疾病的传播，导致部分养殖户因家畜高死亡率造成的高成本而丧失了养殖的积极性。因此，在当地构建藏猪智慧养殖及疾病防控体系具有重大意义。扬州大学兽医学院组建团队，开发了基于 Android 系统的“猪病智能诊疗助手”平台，在藏区林芝市推广使用。该平台基于 SQLite 的移动端猪病信息数据库，程序界面清晰、操作便捷，可根据常见病猪临床症状，做出初步的诊断，同时还具有普及入门藏猪养殖知识的功能，在林芝市推广使用以来，受到了农户的一致好评。

### 课堂讨论：

试分析建立“猪病智能诊疗助手”平台对我国西藏地区发展畜牧业的意义。

## 二、项目简介

“藏上民猪——西部地区猪病诊疗的公益服务”根据藏区动物医疗的市场需求，充分发挥互联网在生产要素配置中的优化和集成作用，使用创新的“智慧诊疗＋产品”形式，建立以藏猪为代表的辅助诊疗、疾病防控为一体的汉藏双语西部地区猪病智能诊疗公益服务平台，为藏区养殖户提供一个可信度高的诊疗平台，帮助西藏地区人民增加经济收入，助力西藏地区经济发展。

项目针对藏区求医困难，兽医资源匮乏等问题，以专业猪病知识库为基础，从西藏地区藏猪疾病防控切入，以开发“猪病智能诊疗”软件为中心，以线上线下同步回血造血的商业模式打造西部地区猪病诊疗的双语（汉藏双语）公益服务平台。平台加强了小型养殖户、中小型养殖场对猪病诊疗的重视度，为西部地区养殖户提供科学方便的疾病诊疗辅助指导，提高藏猪的生产性能，保护地方品种猪资源，提供销售途径，增加养殖收益，带动藏区畜牧业发展，助力乡村振兴。

“猪病智能诊疗”平台于2021年投入市场以来，率先在西藏林芝市开展服务，后续在全国范围开展大范围推广使用，初步获得成效。同时，团队与西藏农牧学院的藏猪研究团队、西藏林芝市农业农村局、西藏林芝鸿宇养殖开发有限公司、扬州市众诚生态农业有限公司进行了对接，初步达成了合作意向。之后，团队将计划进一步扩招人才、扩大公司规模，形成比较规范和高效的经营管理体系。不断优化升级“猪病智能诊疗”程序，增加在线诊疗、兽药推荐、农产品销售等功能，提供更多服务。进一步打造更专业、更权威的在线猪病诊疗服务平台并帮助藏民打造智慧养猪体系，不断扩大公益服务范围，惠及更多的养殖户，让公益与爱与藏区经济发展、和美乡村建设同行。

## 三、方案设计

### 1. 平台设计

#### （1）软件主页和使用流程

“猪病智能诊疗”是一款为养殖户精心打造的服务平台，依托扬州大学兽医学院的学科力量并引用大量科研成果，参考《默克兽医手册》等国内外有关猪疾病方面的最新知识，建立科学、严谨、全面的平台病例库，软件主页和使用流程见图5-1。

#### （2）平台宗旨

“猪病智能诊疗”平台旨在帮助西部地区中小型养殖户识别饲养过程中所遇到的猪病并提供智能诊疗服务。同时，为个体养猪户提供方便快捷的科学养猪指导，普及专业猪病知识，提高养殖效率，增加养殖收益，从而助力藏区经济发展与乡村振兴。

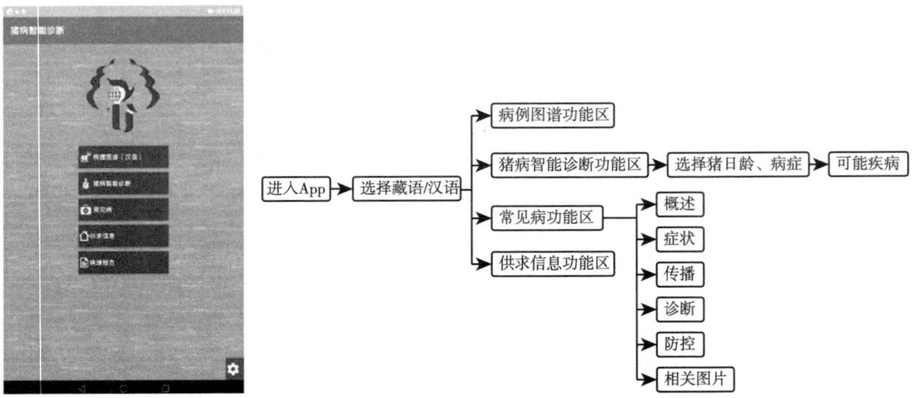


图 5－1　软件主页和使用流程示意

**(3) 平台特色**

1）智能科学

平台基于案例推理模型，能够模拟诊断过程，根据猪的日龄、发热情况、体表情况、呼吸情况、分泌物等，通过遗传算法优化过的神经网络模型，从数据库的病案库中获得最有可能的疾病及其对应的治疗与防控方法，为养殖户提供准确的疾病信息和治疗手段。

2）离线功能＋在线诊疗

离线诊疗的数据将保存在用户端手机上，考虑到藏区和西部偏远地区信号不太理想的问题，本平台在没有网络的情况下也可以使用。同时，团队将进一步开展和完善在线诊疗功能的开发与优化，为藏区和偏远地区提供更先进、专业的治疗建议。

3）操作简便

用户通过选择猪的临床症状，从日龄、精神状态、呼吸症状等方面分级筛选，只需三步就可以诊断出猪可能患的疾病，用时极短且结果精确，不遗漏任何一种可能的病症。点击疾病名称即可得到疾病详情、处理方法、治疗药物等，实现了从问诊到确诊再到治疗的一条龙服务。

**2. 软件设计**

**(1)“用户协议”与“隐私政策”界面**

软件的“用户协议”与“隐私政策”界面如图 5－2 所示。

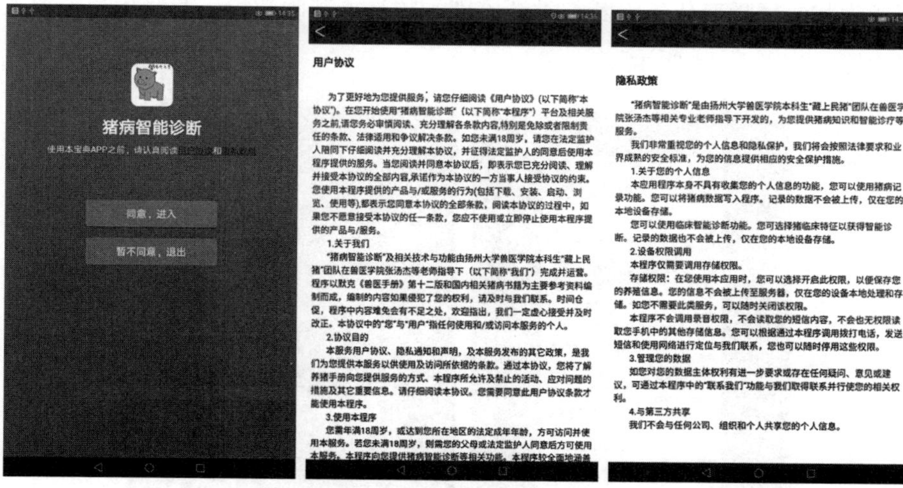


图 5－2　“用户协议”与“隐私政策”界面

**（2）语言切换界面**

主界面右下方是设置按钮，点击设置按钮，进入语言选择区，可供选择的语言为汉语和藏语，点击藏语，主界面变为图 5－3（右）。

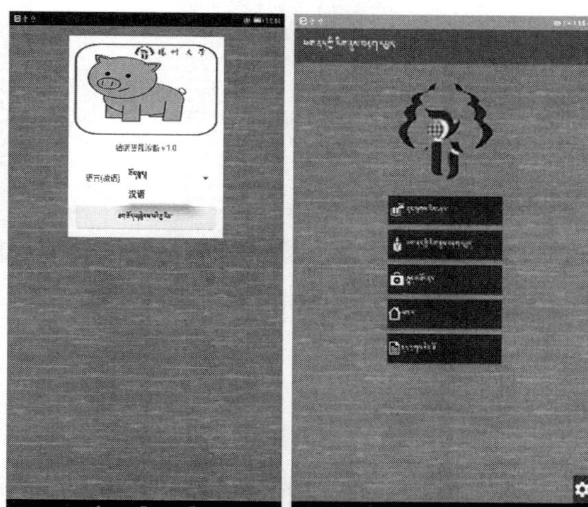


图 5－3　语言切换界面

**（3）病例图谱功能区**

病例图谱区：按照猪病分类体系介绍不同猪病，包括病原、流行特点、临床症状、病理变化、诊断、类证鉴别、防治等基础知识，及猪病相关图片展示等，如图 5－4 所示。

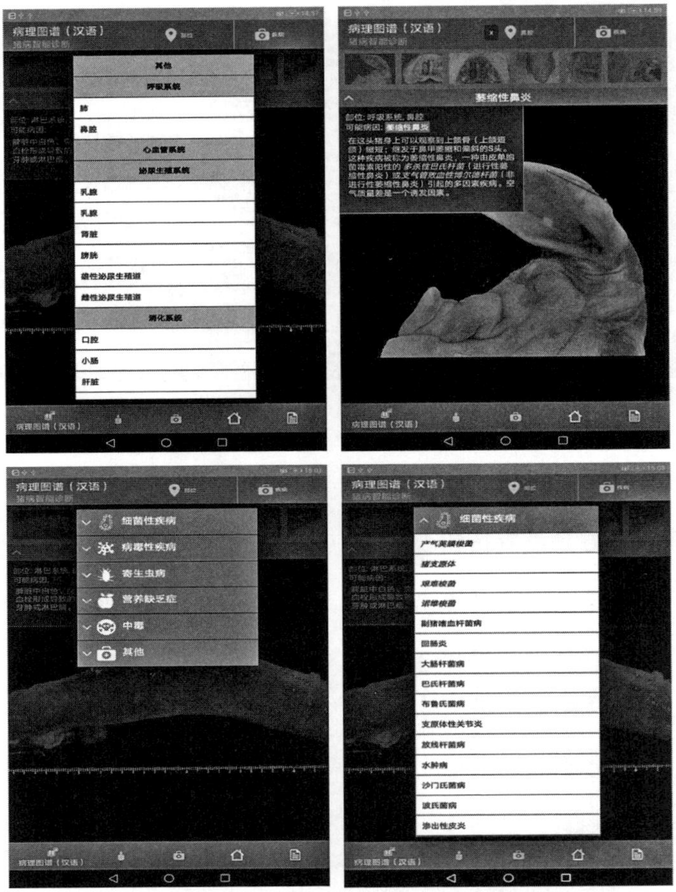


图 5－4　病例图谱功能区

**（4）猪病智能诊断功能区**

猪病智能诊断区：依据国家标准和行业权威图书采集数据，可实现“200＋”猪病（含分型）的自助诊断，辅助养殖户临床快速决策（图 5－5）。

**（5）常见病功能区**

常见病功能区：对基本的猪的常见病进行介绍，收录“1 200＋”篇不同权威病例资料，对猪的发病情况、诊治、防控及效果评价等进行详细记录，便于养殖户参考学习（图 5－6）。

图 5-5　猪病智能诊断功能区

图 5-6　常见病功能区

**（6）搜索功能区**

搜索区：可查阅与猪病症状相关的资料（图 5-7）。

**（7）在线诊疗区**

在线诊疗区：在线诊疗功能区如图 5-8 所示。

**（8）病理报告记录区**

病理报告记录区分为 6 个部分："发病猪场""日期""症状名称""症状

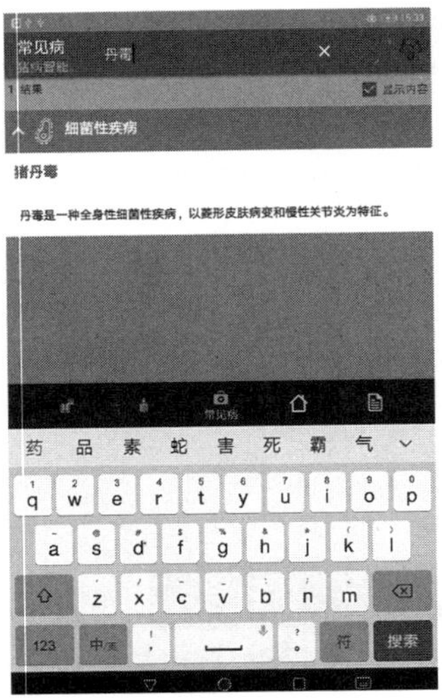


图 5－7　搜索功能区

图 5－8　在线诊疗功能区

描述”“相关照片”和“诊断”（图 5－9）。

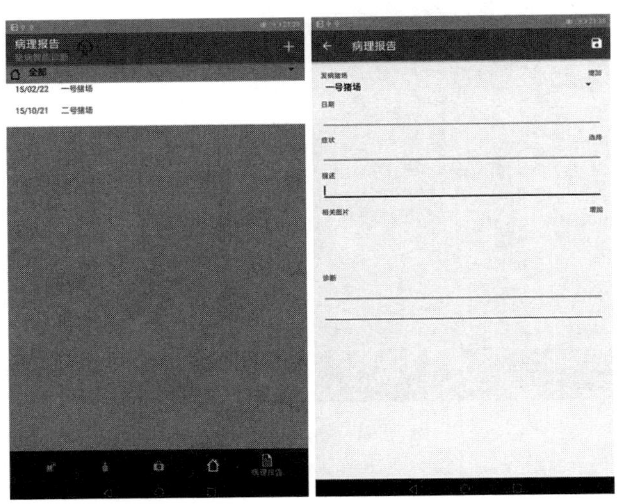


图 5－9　病理报告记录区

**3. 记录猪场发生疾病的情况**

平台考虑到移动端设备存在续航、性能等多方面的要求以及猪病信息数据库的构建需要满足轻量、高效、高兼容性的要求。

猪病信息数据库内数据的最小单元是猪病诊断数据模型，而猪病诊断数据模型的构建基于猪病名称文本、猪病临床症状模型数组、猪病相关内容文本以及猪病症状图片名称文本数组共四个内容属性。

其中，猪病临床症状模型由猪病临床症状部位文本以及猪病临床症状文本构成。软件第一次启动后，系统将在后台自动打开猪病信息数据库，并将内部数据按照数据库内数据模型结构进行模型化并以归档的方式存储于指定路径中的手机存储空间内。

猪病信息数据库的开发基于 SQLite，使用 SQLiteExpert 构建后的 SQLite 数据库文件与猪病症状图片文件一同随猪病诊断助手软件安装包安装至移动端。

本团队在扬州大学兽医学院张汤杰教授、韩宗晨老师与其他教授、院士的技术指导以及学院的大力支持下，自平台开发以来，已取得一些成果，获得了中国工程院院士刘秀梵的推荐以及养殖户一致好评，计算机软件著作权也处于申请阶段（图 5－10、图 5－11）。

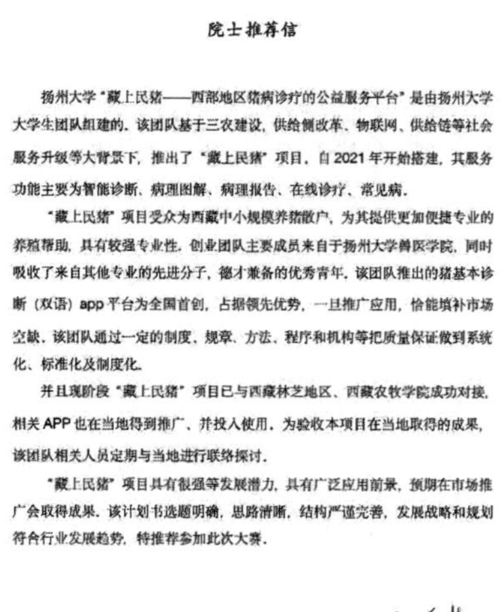

院士推荐信

扬州大学"藏上民猪——西部地区猪病诊疗的公益服务平台"是由扬州大学大学生团队组建的。该团队基于三农建设，供给侧改革、物联网、供给链等社会服务升级等大背景下，推出了"藏上民猪"项目，自 2021 年开始搭建，其服务功能主要为智能诊断、病理图解、病理报告、在线诊疗、常见病。

"藏上民猪"项目受众为西藏中小规模养猪散户，为其提供更加便捷专业的养殖帮助，具有较强专业性，创业团队主要成员来自于扬州大学兽医学院，同时吸收了来自其他专业的先进分子，德才兼备的优秀青年。该团队推出的猪基本诊断（双语）app 平台为全国首创，占据领先优势，一旦推广应用，恰能填补市场空缺。该团队通过一定的制度、规章、方法、程序和机构等把质量保证做到系统化、标准化及制度化。

并且现阶段"藏上民猪"项目已与西藏林芝地区、西藏农牧学院成功对接，相关 APP 也在当地得到推广、并投入使用。为验收本项目在当地取得的成果，该团队相关人员定期与当地进行联络探讨。

"藏上民猪"项目具有很强等发展潜力，具有广泛应用前景，预期在市场推广会取得成果。该计划书选题明确，思路清晰，结构严谨完善，发展战略和规划符合行业发展趋势，特推荐参加此次大赛。

推荐人：刘秀梵

2021 年 12 月 30 日

图 5－10 院士推荐信

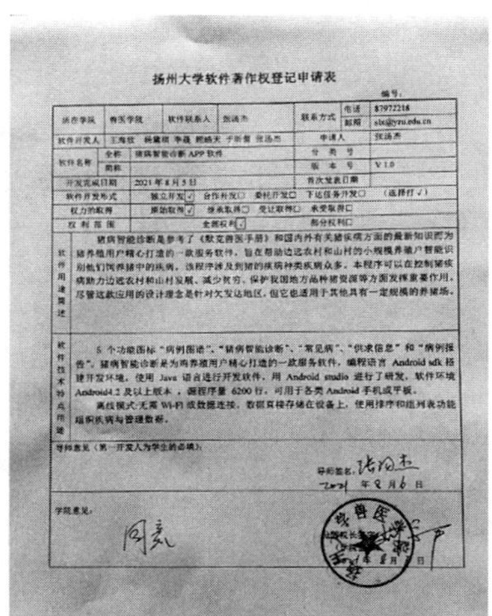

扬州大学软件著作权登记申请表

图 5－11 软件著作权登记申请表

#### 4. 商业模式

本项目的商业模式是"需求导向、效果显著、效率优先"三项原则下的组织模式，通过企业信息系统构建了先进的数字化组织管理模式和面向客户的组织结构（图 5－12）。

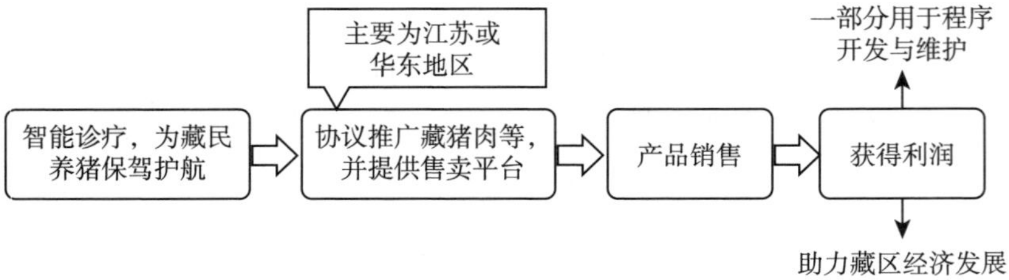


图 5-12　组织模式

在该模式的指导下，项目服务对象明确，即面向西藏地区需要诊疗猪病的中小型养殖场及个体养殖散户；项目目的明确，即致力于打造以藏猪为代表的辅助诊疗、疾病防控为一体的汉藏双语西部地区猪病智能诊疗公益服务平台。

项目手段明确，即通过面向大众的抖音软件，团队创建了猪病智能诊疗平台抖音宣传号，坚持丰富宣传号的视频种类和数量并运用视频剪辑软件优化视频内容。通过视频内容让更多的人了解平台功能，在线提供免费可靠的猪病咨询服务，不仅能让更多消费者能深入了解藏香猪，而且能购买到货真价实的藏猪肉等产品。通过抖音平台的日常推送视频及其他渠道的推广，实现藏猪智能诊疗平台的推广以及宣传号的粉丝积累。

项目效果显著，即随着视频播放量的增长，品牌影响力得到了显著提升。

项目效率优先，即通过自建社区、第三方垂直社区或综合性社区，直接面向用户展开营销活动。直接面对公益服务对象，目标人群集中、宣传直接、可信度高，更有利于口碑宣传；营造互动销售氛围，投入少，见效快，利于资金迅速回笼。

本项目以公益服务为主要目标，将传统的线下干预模式设计改变为“线下干预+线上内容输出”；线下部分由学校及某机关单位支付一定比例的资金扶持预算，线上通过招商获得第三方机构的资源及资金赞助支持。

在综合考虑了公益性项目无论采用自行管理模式、委托代理模式还是BT模式，实践证明效果都不甚理想的基础上，团队致力于研究复合型项目运作模式，主要从复合型项目运作模式的机理、运作流程、成功要素等方面进行了分析，并运用了对比分析的方法与公益性项目和智能诊疗项目运作模式进行了对比，认为这种模式在目前形势下是可行的，而且具有一定的优越性，但存在风险。由于复合型项目运作模式在我国刚刚起步，因此这种模式仍需要通过不断实践继续探索完善。

**课堂讨论：**

1. 团队主要成员均非计算机专业，在老师的指导下合作设计开发这款产品，存在潜在的技术风险。讨论关于平台以及软件开发中的技术风险有哪些？

2. 讨论“需求导向、效果显著、效率优先”三项原则的组织模式是否合理？

## 四、市场分析

### 1. 背景分析

#### （1）政策背景分析

当今世界正经历百年未有之大变局，“十四五”时期畜牧业发展的内外部环境更加复杂，依靠国内资源增产扩能的难度日益增加，依靠进口调节国内余缺的不确定性加大，构建国内国际双循环的新发展格局面临诸多挑战。

其中，我国畜牧业劳动生产率、科技进步贡献率、资源利用率与发达国家相比仍有较大差距。国内生产成本整体偏高，行业竞争力较弱，畜产品进口量连年增加，不断挤压国内生产空间。

为提高我国西藏地区生猪养殖水平，加强畜牧业生产的疫病防控，助力西藏地区农业经济发展，推进“三农”电子商务发展，团队开发了猪病诊疗平台，并率先在西藏林芝市推广使用。

#### （2）社会背景分析

2021 年 10 月，国务院办公厅印发了《国务院办公厅关于深化高等学校创新创业教育改革的实施意见》〔国办发（2015）36 号〕和《国务院办公厅关于进一步支持大学生创新创业的指导意见》〔国办发（2021）35 号〕。为积极响应国家“大众创业，万众创新”的号召，团队通过数据分析、实地考察、线上问卷、线下调研等方式，在西藏林芝市进行了项目前期的落地考察。考察了当地藏猪养殖散户规模，以及现阶段藏猪养殖生产过程中遇到的困扰和难题，并在此基础上精选了200个样本，进行市场环境分析、需求分析、痛点分析和行业分析，以期更好地了解市场，保证项目的高效运转。

**（3）市场背景分析**

西藏自治区人民政府统计显示，西藏的畜牧业一直占比当地农业经济的一半左右，高时达69%，且贡献的GDP近年来稳定上升，截至2021年已达到19.4%，潜力巨大。而猪在西藏畜牧业中为第三大牲畜，因此猪的健康养殖有着重要的意义。

在进一步的调研过程中团队发现，西藏地区的猪养殖几乎全是分散饲养模式，即使藏区存在个别例如西藏天源瑞彩农牧产业有限公司、西藏春凯生态农牧资源开发有限公司等龙头企业，但是这些公司主要还是从散户处收购猪。因此散户的市场容量巨大，市场广阔。

在走访调查过程中，团队还发现这些散户寻医困难、疾病防控意识和能力薄弱，遇到猪生病只能根据自己以往的经验进行治疗，缺乏专业的医学建议，很容易误诊，不仅大大增加了养殖成本，也很难对畜病传染做到有效防控。最终导致当地猪养殖相关产业发展缓慢，实际经济效益并不理想。

据统计，近70%的养殖户之前从未养殖过藏猪，24%的养殖户曾经养过，但对于猪病并不知道如何治疗，只能焦急地等待兽医上门救助，只有6%的养殖户对于猪的主要疾病具有分辨和自主诊断能力。因此，不难看出藏区绝大部分的养殖散户缺乏关于猪疾病的专业知识，在预防上也很难做到防患于未然，从而造成不必要的经济损失和资源浪费。

因此，对于猪疾病知识匮乏、缺少专业兽医指导的西藏地区养猪散户，一款成本低廉、收录广泛、诊断权威、公益性强的智能诊断App就表现出极大的助力，能切实满足他们对于成本低、效果好、方便快捷的需求，从而创造出更大的经济效益和行业影响力。

**（4）牲畜求医背景**

西藏高原畜牧兽医网显示，现在全西藏地、市一级均设有畜牧兽医总站，全区71个县除1个县正在筹建外，其余都建有畜牧兽医站，县以下建立了 145 个兽医疫病防治所，乡都有“赤脚兽医”。全区仅有 3 000 多名藏、汉兽医工作者，远不能满足藏区藏猪养殖行业的需求。

此外，藏区养殖户普遍相关知识水平不高，求医意识薄弱，另外，藏区地广人稀，某些烈性疾病例如非洲猪瘟，从发病到死亡周期短，传染性高，猪一旦感染会对养殖户造成极大的损失，影响当地经济发展。基于此，团队所开发的平台只需根据症状一步步进行疾病筛查，最终将疑似病症范围缩小至一两项，若不确定，仍可利用线上寻诊功能，在线咨询专业兽医，及时确诊、及时治疗，将损失降到最低。

**2. 痛点分析**

**（1）藏猪养殖量连年增加，但兽医资源匮乏**

截至 2020 年年底，林芝市藏猪养殖规模达 64.8 万头，完成了林芝市目标任务 70 万头的 92.6%；能繁母猪和后备母猪达 11.53 万头，完成林芝市 8 万头目标任务的 144%；年底存栏达 32.6 万头，完成自治区 31.89 万头目标任务的 102%；能繁母猪 6.93 万头，完成自治区 6 万头能繁母猪目标任务的 116%；出栏 18 万头，超额完成自治区 15.18 万头目标任务。

然而，目前西藏全区仅有共 3 000 多名汉、藏兽医活跃，且藏区兽医专业技术水平也存在一定程度的欠缺，并且当地交通不便，养殖户等待兽医上门需要很长时间，往往耽误最佳治疗时机，增加不必要的损失。同时，网上疾病相关信息大多描述冗杂不全，甚至出现图文不符或有文无图的情况，不利于养殖户对猪病的自我判断诊疗。

**（2）疾病防控体系脆弱**

部分乡镇兽医被解散回家，乡村的动物防疫体系受到影响。畜牧兽医站的防疫基础设施流失严重，兽用生物制品的冷冻、冷藏设备简陋，配置不齐，虽然中央及西藏自治区、市（地区）、县各级政府对口蹄疫、高致病性禽流感等重大动物疫病的防疫高度重视，但到了乡村一级，农牧民的畜禽防疫、消毒等防控工作却难以达到上级规定的防疫密度和消毒灭源工作指标，为重大动物疫病的发生埋下了隐患。

目前，动物防疫工作中存在的困难与问题主要体现在农牧区动物防疫体系脆弱，动物防疫资金投入不够，一些乡村在防控行动中连起码的防疫注射人员的生活补助发放都存在困难。防控人员的工作积极性难以调动，防疫质量难以保障，导致实际畜禽免疫项次少、疫苗用量少、免疫密度低、防疫质量差。

**(3) 语言不通，疾病相关知识不足**

尽管近年来西藏地区推广普通话取得一定成效，但对于当地大多少数民族群众而言，普通话仍然算“第二语言”，除中小学课堂之外，普通话普及率相对较低。相关调查显示，在教育事业群体中，藏区被调查教师普通话作为母语的比例低于5%，且约有13%的被调查教师不具备运用普通话交流的能力；具备普通话交流能力的教师又多数处于二级以上普通话水平。在教学和校园语境中，藏区教师使用普通话的意识较为薄弱，普通话在学校的教学中存在很多困难；在生活语境中，西藏地区藏语是教师主要使用语言，青少年成长过程中无法受到良好的普通话教育。藏区老师普通话使用意识薄弱，而广大少数民族群众中普通话使用率更为低下。

实地调查发现，藏区普通话普及不广，藏语仍是当地人的主要用语，导致养殖户与驻藏兽医沟通、上网查询相关资料存在障碍，且当地养猪户疾病相关知识水平不高，对猪病了解不够充分。

**3. 行业分析**

近年来，由于互联网产业的飞速发展，有些软件开发商也开发了猪病诊疗平台。我们选取了目前市面上下载量较大的此类平台进行对比分析，以进一步优化完善本项目平台的功能和技术（表5-1）。

**表5-1 竞品分析**

| | 藏上民猪 | 猪安全 | 猪易通 | 养猪宝 |
|---|---|---|---|---|
| 疾病推导 | √ | √ | × | × |
| 养猪咨询 | √ | √ | √ | √ |
| 离线诊断 | √ | √ | × | × |
| 多种语言 | √ | × | × | × |
| 诊疗免费 | √ | × | √ | √ |
| 商品直销 | √ | × | × | × |
| 综合评分 | ★★★★★★ | ★★★ | ★★ | ★★ |

综上，相较于其他市场上的猪病智能诊断平台，本项目优势主要表现在：

**（1）科学性**

以《默克兽医手册》为主要参考文献；集中了扬州大学兽医学院的学科力量和多年在猪病防控方面的研究成果及其大量来自一线老师的临床病例图谱，形象地揭示了每种疾病和各种病变的发生、发展过程，对提高使用者识别病变能力和正确建立疾病诊断均有十分重要的作用。

**（2）创新性**

通过通俗易懂的症状描述作为选项，比如是否呕吐等，让藏民对照病猪进行选择，缩小可能的疾病范围至一到两个。点开这些疾病，里面会有详细的症状描述和图片，帮助藏民进一步确认，并且程序也会给出建议的治疗方法，比如列出应当购买什么药等。程序里面也附有对应疾病的所有临床病理图谱，临床上，一种疾病往往会导致机体多个系统产生病变，项目程序已可以做到针对某个疾病将机体各个系统的临床症状都清晰地展示出来，进一步提高诊断精确程度。

**（3）智能性**

基于SQLite的移动端猪病信息数据库的构建，仅需进行简单的操作即可得到较为权威的病因解释和诊断结果，便于广大藏民使用。

此外，平台基于案例推理模型，能够模拟诊断过程。根据猪的日龄、发热情况、体表情况、呼吸情况、分泌物等，通过遗传算法优化过的神经网络模型，从数据库的病案库中获得最有可能的疾病并为养殖户提供对应的治疗与防控方法，及时诊治，减少不必要的损失。

**（4）便利性**

既可离线智能诊断，也可与兽医在线交流。诊断过程中，仅需根据猪的日龄，异常现象、行为进行勾选，系统便能自动筛选出最有可能的疾病。此外，团队开发的平台是国内首个藏汉双语猪病诊疗平台，克服了语言障碍，解决了语言不通的问题。

**（5）公益性**

根据前期调研，目前市场上仅有的几款功能大致类似的疾病诊疗App所推出的功能均为收费功能，且所覆盖的疾病不够全面，诊断结果误差较大。而该App各项功能全部免费，且基本覆盖了已知的猪病，能精准捕捉潜在用户，精准疾病诊疗。

**4. 竞争分析**

近年来，由于互联网产业的飞速发展，许多软件开发商也开始将目光投向相关动物医疗行业，将互联网和动物医疗结合在一起，开发针对养殖行业的辅助类平台。对目前市面上的猪病诊疗平台，从直接竞争对手、间接竞争对手、替代性竞争对手和潜在竞争对手四方面进行竞争分析，对比分析优势和不足之处。

**（1）直接竞争对手分析**

目前国内没有不通过在线问询就能诊断猪病的平台，全国只有同方知网（北京）技术有限公司旗下的猪安全App可以进行猪病的筛查诊断，功能和本公司App的相似，但也有所不同，下面将从优势和劣势两个方面进行分析。

1）优势分析

首先，本公司的平台是国内首个藏汉双语猪病诊疗平台；其次，离线模式让本平台无需互联网的连接也可以在偏远地区使用，为藏民的使用提供了很大的便利；同时，本公司的平台在诊断猪病时提供了相应的病理图，可以更加直观地反映病症，可以帮助使用者更快地查出猪可能患的病症；最后，相比猪安全App的猪病查询功能每个月需付费30元，本平台目前所有功能全部免费，更有利于推广。

2）劣势分析

猪安全App是中国知网旗下的一个App，该公司实力背景强大，而且该App依托中国知网，涉猎范围更广，还包括了猪养殖产业的行情分析以及养殖场内的饲养技巧等，这些方面本平台都将在以后的发展中逐步完善。

**（2）间接竞争对手分析**

国内目前可以诊断猪病的平台主要有养猪圈和养猪宝，都是通过该平台在线问询兽医师才能诊断猪病，耗时长且要收费，本公司平台掌握了基于SQLite的移动端猪病信息数据库的构建，仅需进行简单的操作即可得到较为权威的病因解释和诊断结果，其中也包含了在线诊疗，且目前还是免费，相比前者有着巨大的优势。

**(3) 替代性竞争对手分析**

在藏区，兽医本就稀缺，再加上交通不便、地域广、高寒缺氧的环境特征，兽医很少亲临现场诊疗猪病，而猪病智能诊疗 App 恰好弥补了这些不便，为藏民提供了便捷、有效、免费的猪病诊疗服务。所以，替代性竞争对手的威胁基本可以忽略不计。

**(4) 潜在竞争对手分析**

随着猪病智能诊疗平台逐渐进入大众视野，类似于养猪圈和养猪宝的 App 以及其他未涉及猪病诊疗领域的企业均有可能转型成为本公司的竞争对手。目前团队的技术仍处于全国领先水平，并且每年投入一定的资金进行技术革新、产品升级和新领域的开拓，以保持本公司在行业内的一流水平。

**课堂讨论：**

1. 谈一谈本项目平台的功能和技术相比其他市场上的猪病智能诊断平台有何优势?

2. 讨论本项目 App 与猪安全 App 相比有哪些劣势，这些劣势应如何进行改进完善。

## 五、营销推广

团队主要以专业猪病知识库为基础，将互联网与猪病诊疗相结合，以帮助藏区养殖户智能辅助诊断藏猪疾病为主，以打通农产品销路为辅，从而适应当下的消费新形态。推广营销方式是线下和线上两条路径同时展开。

线上形式主要是建立平台生态圈，将开发的软件上架至网络平台，并通过其他平台如抖音、微博、哔哩哔哩、微信公众号等进行平台推广和宣传，以免费下载、免费诊疗、免费学习兽医知识等优势引导用户积极下载，形成养殖户和兽医在线交流分享的生态模式。其次，依托百度这一国内最大的搜索引擎，在相关“猪疾病”等有关词条下做宣传，对软件进行推广宣传。

线下形式主要是与政府部门合作，在西藏地区进行地域性推广，将产品投放到各省、市、县畜牧局人员以及乡村兽医的手机中，通过言传身教以及政府人员的推广、宣传吸引更多的养殖户，使潜在用户愿意使用并自愿推广，让养殖户仅利用手机上的简单操作就能快速了解猪疾病及其预防措施，在线学习养殖知识，增加现有客户的黏性。

采取线上、线下同时联动的方式，打破地域间隔，提高了平台在全国范围畜牧业内的知名度，再利用平台的网络便捷性和持续性，将猪病智能诊疗平台功能性与公益性放大，打造品牌效应。

**课堂讨论：**

讨论借助抖音、微博、哔哩哔哩、微信公众号等进行平台推广宣传存在的问题和不足。

## 六、社会影响

团队通过设计包含藏语和汉语的双语系统的猪病智能诊疗平台，为藏猪养殖保驾护航。后期通过推广，给养殖户提供销售渠道和客户，改善商品流通渠道，助力西藏地区经济发展。

目前，基于 Android 系统的“猪病智能诊疗助手”平台，率先在藏区林芝市推广使用。平台基于 SQLite 的移动端猪病信息数据库，程序界面清晰、操作便捷，可根据常见临床症状，做出初步的诊断，同时还具有普及入门藏猪养殖知识的功能，项目在林芝市推广使用以来，受到了当地农户的一致好评，还收到了当地农户的感谢信（图 5 - 13）。

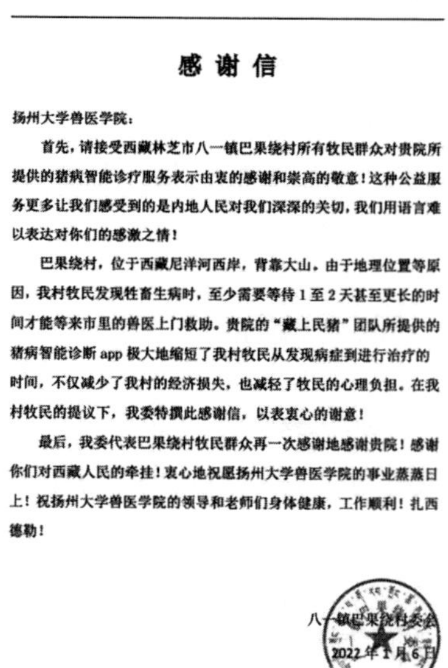

感谢信

扬州大学兽医学院：

首先，请接受西藏林芝市八一镇巴果绕村所有牧民群众对贵院所提供的猪病智能诊疗服务表示由衷的感谢和崇高的敬意！这种公益服务更多让我们感受到的是内地人民对我们深深的关切，我们用语言难以表达对你们的感激之情！

巴果绕村，位于西藏尼洋河西岸，背靠大山。由于地理位置等原因，我村牧民发现牲畜生病时，至少需要等待 1 至 2 天甚至更长的时间才能等来市里的兽医上门救助。贵院的“藏上民猪”团队所提供的猪病智能诊断 app 极大地缩短了我村牧民从发现病症到进行治疗的时间，不仅减少了我村的经济损失，也减轻了牧民的心理负担。在我村牧民的提议下，我委特撰此感谢信，以表衷心的谢意！

最后，我委代表巴果绕村牧民群众再一次感谢地感谢贵院！感谢你们对西藏人民的牵挂！衷心地祝愿扬州大学兽医学院的事业蒸蒸日上！祝扬州大学兽医学院的领导和老师们身体健康，工作顺利！扎西德勒！

八一镇巴果绕村委会

2022 年 1 月 6 日

图 5 - 13　感谢信

## 七、拓展思考

团队在走访调查后发现，藏区目前普遍存在养殖户对家畜疾病的相关知识了解程度低、兽医资源匮乏、求医困难等问题。这些问题很大程度上影响到了养殖户及时寻医诊断和兽医对疾病的有效治疗，从而导致防控不能及时到位，加大了藏区畜牧业疾病的防控难度。以这些问题为导向，团队建立了以藏猪为代表的辅助诊疗、疾病防控为一体的汉藏双语西部地区猪病智能诊疗公益服务平台，并按照“林芝市—西藏—全国”的规划进行推广，最终发展为养殖业中的顶尖智慧家畜医疗综合型服务平台。

2022—2023年，本团队以林芝市为起点，与养殖户签订协议，提供平台内售卖渠道成为藏猪肉的广告代理商，并打造专业品牌，以“高校师生共创项目助力西藏发展”“高原之珍——藏猪肉肉质鲜嫩”等标题提高曝光度，增加流量，根据调查问卷以及市场调研的结果多渠道宣传推广，提高销量，在保障养殖户利益的同时保障消费者的权益，确保猪肉品质。

在未来3～5年内，按照“林芝市—西藏—全国”的规划进行推广完善，扩招人才，壮大公司团队，并积极争取与相关企业取得联系，签订合作协议，以获得资金支持和进一步拓宽平台业务，完善和升级在线诊疗功能。

本团队围绕“汉藏双语猪病智能诊疗”平台及软件，提高小型养殖户、中小型养殖场对猪病诊疗的重视程度，提高藏猪的生产性能，保护地方品种猪资源，带动西藏畜牧业发展。但是“汉藏双语猪病智能诊疗”平台的推广和发展还存在许多困难，不仅有国内外其他软件的冲击，还存在技术迭代的风险，如何进一步破局，值得我们深入思考。

## 课后讨论：

1. 结合本节案例，谈谈“猪病智能诊疗”平台建立的社会价值。

2. “猪病智能诊疗”平台如何在其他软件中脱颖而出，它有什么优势？

3. “猪病智能诊疗”平台是响应国家号召，作为当代大学生，如何用自己的专业知识为助力“三农”发展贡献自己的一分力量？

# 第三部分 科技赋能

# 第六章 诺丰智造——智慧植保领航者

**内容导学：**

我国是农业大国，耕地面积高达19亿亩。水稻和小麦的种植面积超过8亿亩，其农业病虫草害发生日益严重，植保防治必不可少。近年来，植保无人机飞防以其独特的优势，受到了广大农户的青睐，市场前景广阔。但是，目前我国植保无人机飞防技术仍不成熟，大多的服务商将飞防当成“表演赛”，而不是“歼灭战”；忽视“飞”只是手段，“防”才是目的。以致带来“防效不稳、治虫不死、除草不全、作物药害”等诸多问题。“飞防专用药剂缺乏”“防治技术不专业”“防治体系不完善”成为我国无人机飞防行业发展的主要障碍。

2022年两会期间，习近平总书记指出粮食安全是“国之大者”，提出农业发展要“藏粮于地、藏粮于技”；此外，2022年的中央1号文件《中共中央 国务院关于做好2022年全面推进乡村振兴重点工作的意见》也重点指出“推进智慧农业发展，促进信息技术与农机农艺融合应用”。

扬州诺丰农业科技有限公司推出的“一体化”智慧植保技术服务体系，在自主研发出高效环保型专用飞防纳米制剂的基础上，结合诺丰智慧农业云系统，进行田间病虫草害的精准预测预报，植保专家线上制定科学的防控方案，辅以智能植保无人机的高效飞防作业，实现了“农药、技术、飞防”的“三位一体”。产品“简化”防治流程，“拓宽”服务维度，降低施药成本，增加作物产量，提高种植收益，在真正意义上实现了“藏粮于地、藏粮于技”。

## 一、背景缘起

我国自古是农业大国，耕种面积19亿亩。2020年，我国农药产量达到214.8万吨以上，而农药利用率却只有35％左右。这一巨大的数据落差，主要是因为我国目前大多数农户仍用“背负式喷雾器”进行施药，不仅药剂用量大，而且漏、滴现象非常严重，浪费率很高。加之，长期人工打药对人身体的潜在危害大，而植保无人机的出现，实现了人机分离，从根本上解决了植保难题。日本60％的水稻田采用无人机飞防完成植保，而我国只有不到2％的市场规模。在美国，一个农户可以养活125个人，在中国一个农户只能养活16个人。随着城镇化进程加快，19亿亩耕地面临劳动力紧缺的问题，规模化、自动化种植成为发展的必然趋势。如此一来，植保无人化、机械化拥有巨大的市场空间，植保无人机的高效率和大规模作业为大农户提供了耕种盈利的可能性。在播种机、拖拉机、收割机等农机普及的背景下，植保无人机将完成农业全面机械化的最后一块拼图（图6－1）。

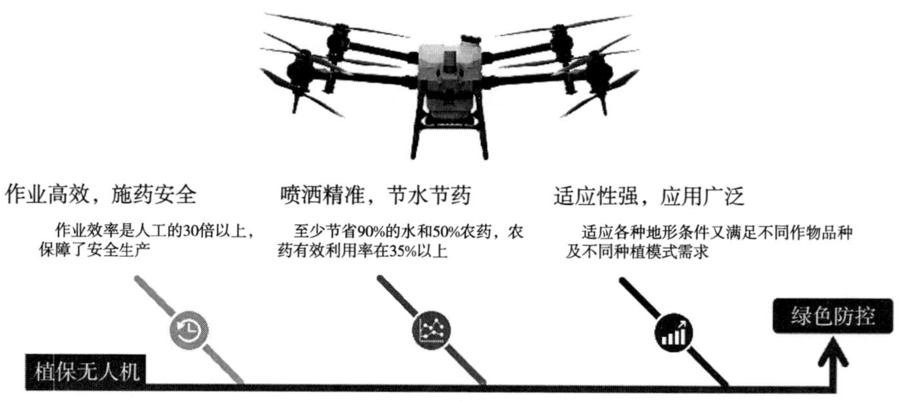


图6－1　无人机飞防的优势

目前，我国的植保无人机飞防技术仍不成熟，诸多问题亟待解决。植保无人机采用的是超低容量喷雾，首选的农药剂型应以油剂最好，其次为乳油剂、水乳剂。当前我国登记的油剂仅有11个，超低容量仅7个。市场上销售的农药剂型多数为可湿性粉剂、悬浮剂、分散粒剂等，适合传统人工喷雾设备采用；而植保无人机由于喷雾时雾滴小、飞行时存在气流，易发生漂移、蒸发等原因，需采用专用制剂。另外，植保无人机的专用剂型及助剂的要求与地面机械有很大不同，现有飞防作业大多凭经验，或参考地面器械喷雾确定施药剂量和配置方法，往往采用水悬浮直接喷施。配制不科学，很容易影响作业质量。另外，当前我国从事植物无人机飞防服务的公司大多数以无人机制造企业为主，缺乏专业植物保护背景，难以对有害生物进行预测预报，导致施药滥用和乱用，易造成环境污染。目前，服务商，以单次施药、单次收费为主，缺乏对有害生物防控的统防统治理念，单次服务成本高，农民生产成本相应也高（图 6－2）。

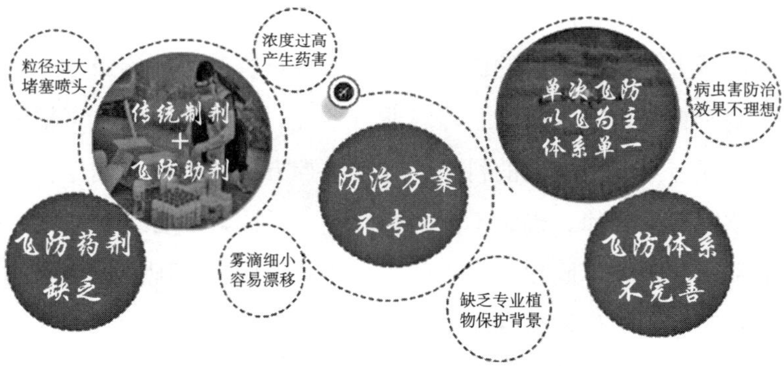


图 6－2　无人机飞防面临的主要障碍

目前，互联网＋农业正在改造农业领域的上中下游的产业，已经深入到从生产、加工到销售的农业产业链的各个环节，无论是农资电商、农村互联网金融、农业信息化领域，都有“互联网＋”的身影。“互联网＋”通过便利化、实时化、感知化、物联化、智能化等手段，为农地确权、农技推广、农村金融、农村管理等提供精确、动态、科学的全方位信息服务，正成为现代农业跨越式发展的新引擎。“互联网＋”具有打破信息不对称、优化资源配置、降低公共服务成本等优势，“互联网＋”农业能够低成本把城市公共服务辐射到广大农村地区，能够提供跨城乡区域的创新服务，为实现文化、教育、卫生等公共稀缺资源的城乡均等化构筑新平台。“互联网＋”农业是一种革命性的产业模式创新，必将开启我国小农经济千年未有之大变局。因此，植保无人机飞防与“互联网＋”结合是与时俱进的选择，更是企业发展的机遇和挑战。

## 课堂讨论：

1. 试分析“互联网＋”对于农业发展的意义。

2. 试分析当前无人机飞防技术的利与弊。

## 二、项目简介

基于以上痛点，本公司从植保无人机的专用药剂着手，在自主研发出高效环保型专用飞防药剂的基础上，结合田间病虫草害的精准预测预报，建立科学防治方案，辅以智能飞防作业，构建了一体化智慧植保技术服务体系。公司服务团队上门提供专业的农田测绘和病虫草害遥感预测服务。在此基础上，团队基于自主研发的诺丰智能农业云系统，实现田间病虫害精准预测预报，结合植保专家线上制定的科学的综合防控方案，针对不同作物的生长特性与病虫草害发生规律，确定不同防治时期、不同病虫害飞防方案，确定作业参数范围，制定与不同作物、不同病虫害、不同机型配套的喷施作业技术方案。公司服务团队依据科学防治方案，定时定点进行飞防作业，提供作物全生育期智慧植保技术服务（图 6－3）。

图 6－3　植保无人机作业现场

团队创建于2013年，主要从事智能化农业病虫害绿色防控技术的研发工作；2015年注册成立公司，着力推进智慧化植保防控新技术的应用。目前公司技术成熟，服务链完善，形成了一体化智慧植保服务体系（图6-4）。

图6-4　公司发展历程

## 三、方案设计

### 1. 产品设计

#### （1）适用于植保无人机的专用纳米制剂的制备技术

公司的研发团队从农药载体的结构设计入手，以高效低毒农药作为活性成分，创新性地研制出油基型适合植保无人机施用的专用纳米制剂，具备“抗漂移、抗蒸发、易沉降、易附着、易吸收”等优点，产品突破技术壁垒，填补国内空白，并且实现了“治虫、除草、杀菌”的全覆盖（图6-5）。

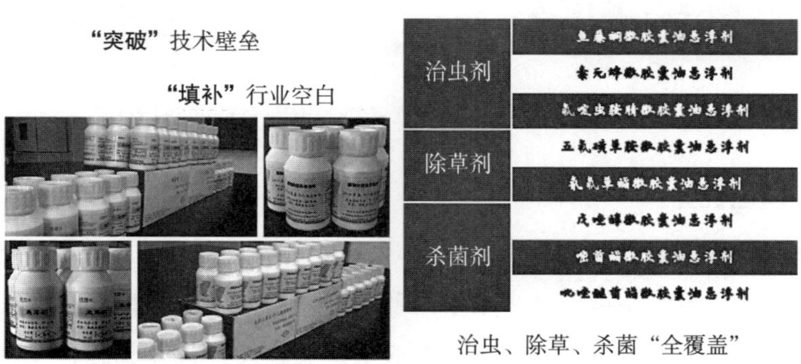


图6-5　本公司专用飞防药剂

### (2) 智慧化农田病虫草害智能识别与精准防控体系

公司开发的诺丰科技智能农业云系统，利用智能遥感技术，实现了田间病虫害智能识别与科学预报，结合植保专家线上制定的科学综合防控方案，辅以植保无人机的高效安全作业，构建了“智慧化农作物病虫害飞防体系”，实现了农田病虫草害精准诊断与对症施药，具有“效率高、用药少、防效好”等优势（图 6－6、图 6－7）。

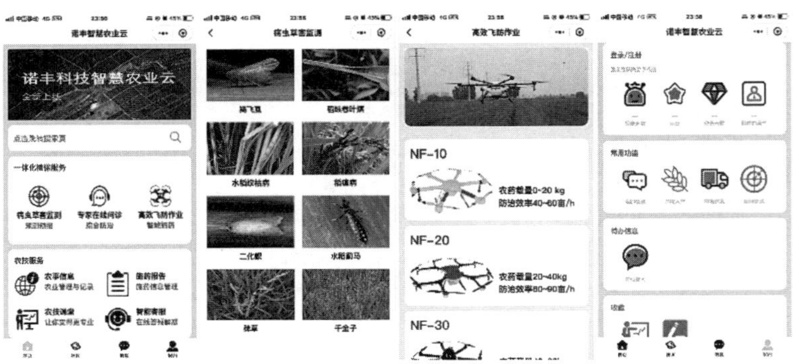


图 6－6　诺丰科技智慧农业云系统

图 6－7　智慧化农田病虫草害智能识别与精准防控体系

## 2. 项目优势

### (1) 产品优势

首先，公司产品销售减少了中间商环节，直接面对种植户，实现“面对面”服务；其次公司秉承“一体化”服务理念，关注农作物生长全过程的病虫草害，“简化”防治流程，“拓宽”服务维度，可以提供农作物全生育期智慧植保技术服务（图 6－8）。

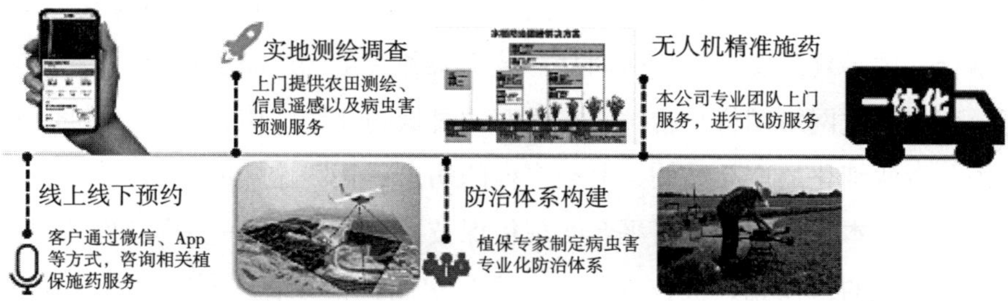


图 6－8　农作物全生育期“一体化”智慧植保技术服务

公司技术契合产业发展需求，从植保无人机的专用制剂入手，创新性地研发出适用植保无人机专用的纳米制剂，推进了无人机飞防高效的植保技术水平，可以有效防控水稻、小麦等作物的病虫草害，降低施药成本 30%，增加作物产量 10%、提高种植收益 20%（表 6－1）。

**表 6－1　不同无人机飞防服务效果对比**

| 水稻 | 农药成本（元/亩） | 人力成本（元/亩） | 飞防成本（元/亩） | 产量（千克/亩） | 种植净收益（元/亩） |
|---|---|---|---|---|---|
| 常规飞防服务 | 150～190 | 15 | 21 | 572 | 545 |
| 一体化植保技术服务 | 159 | | 626 | 656 | |

众所周知，病虫害防治的根本在于药剂，其次才是机械化。而目前市场上植保无人机施药所使用的药剂，其沉降性和附着性都难以达到要求，因此阻碍了植保无人机的发展。本公司面对这一形势，研制出适配植保无人机的飞防专用药剂，适用于无人机静电喷雾系统，并为客户提供从药剂选择到农田施药全过程的一站式服务，为客户提供便捷服务。同时，公司研发团队研发的绿色环保型农药纳米制剂，相比其他同类产品，具有如下优势。

1）绿色、环保。公司研发团队，以高分子聚合材料作为囊膜，生物农药作为活性成分，生产原材料安全环保，对人畜和非靶标生物安全，相较其他产品，本公司产品更加符合绿色农药的要求。

2）健康、安全。相比目前市场上的其他药剂，公司研发团队研发出的装载、释放过程双重可控的农药纳米微胶囊剂，具有缓释功能，可延长持效期，减少施药次数，进而降低蔬菜上的农药残留。

3）科技、服务。“互联网＋农药”并不等于网上卖农药。因为农药是物技结合、关乎食品安全的特殊商品，技术服务甚至比产品更重要。传统的农药厂商仅通过网络销售平台，直接面对“过低的经销门槛、高度分散的种植市场、专业细化的产品结构、复杂多样的病虫草害”这样的农药市场很可能力不从心。本公司通过网络平台实现植保技术推广，一对一为客户提供专业化、私人化的植保无人机技术服务、产品定制，指导客户科学施药，更快、更好地为农户提供服务。

**（2）技术优势**

科技查新报告表明公司产品“国内首创、国际领先”，团队成员先后发表科技论文 40 余篇，其中 SCI 论文 20 余篇，先后获得国家发明专利授权 20 余项（图 6－9）。

图 6－9　产品技术优势

1）适用于植保无人机的农药纳米药剂

植保无人机的兴起大大提高了施药效率，但是现在市场上农药制剂的研发和生产不匹配，严重制约了植保无人机的广泛应用与推广。基于此，本公司研制出一系列适用于静电喷雾系统的环保高效型纳米微胶囊油悬浮剂，与植保无人机高浓度、细喷雾、低容量的喷洒技术完美结合，促进了团队植保无人机的推广与应用（图 6 - 10），专用药剂适用对象见表 6 - 2。

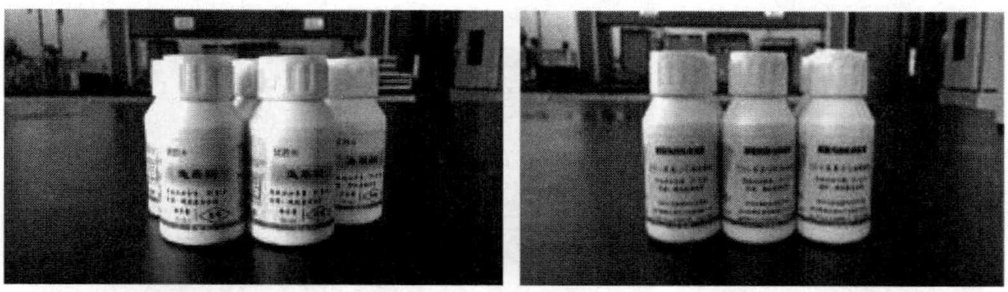

50克/升鱼藤酮纳米微胶囊悬浮剂　　20克/升，5–二苯基–2–乙炔基噻吩纳米微胶囊悬浮剂

图 6 - 10　植保无人机飞防专用药剂

**表 6 - 2　系列飞防专用药剂适用对象及防治图谱**

| 类别 | 飞防药剂 | 防治对象 |
|---|---|---|
| 杀虫剂 | 20%鱼藤酮纳米微胶囊油悬浮剂 | 菜青虫、甜菜夜蛾 |
| | 30%毒死蜱纳米微胶囊油悬浮剂 | 稻纵卷叶螟 |
| | 30%氟啶虫胺腈纳米微胶囊油悬浮剂 | 蚜虫 |
| 杀菌剂 | 50%戊唑醇纳米微胶囊油悬浮剂 | 稻瘟病 |
| | 50%嘧菌酯纳米微胶囊油悬浮剂 | 赤霉病、白粉病 |
| | 60%吡唑醚菌酯纳米微胶囊油悬浮剂 | 白粉病、霜霉病 |
| 除草剂 | 60%五氟磺草胺纳米微胶囊油悬浮剂 | 一年生杂草 |
| | 50%氰氟草酯纳米微胶囊油悬浮剂 | 一年生杂草 |

公司研制的超低容量喷雾剂是一种直接喷施到靶标且无需稀释的特制油剂，具有低黏度和高稳定性，能均匀分布于作物茎叶表面。其主要优点是喷液量低，每亩喷药量 500 毫升（大田的水稻或小麦），雾滴细，粒径 60～100 微米；工效高，不用水稀释；渗透黏附性好，抗挥发、耐雨水冲刷，药效高；储藏运输使用方便。该植保无人机专用药剂具有装载—释放双重可控

的特点，延长了持效期，减少了施药次数，从而降低农药残留，符合人们对绿色环保、健康安全的需求（图 6－11）。

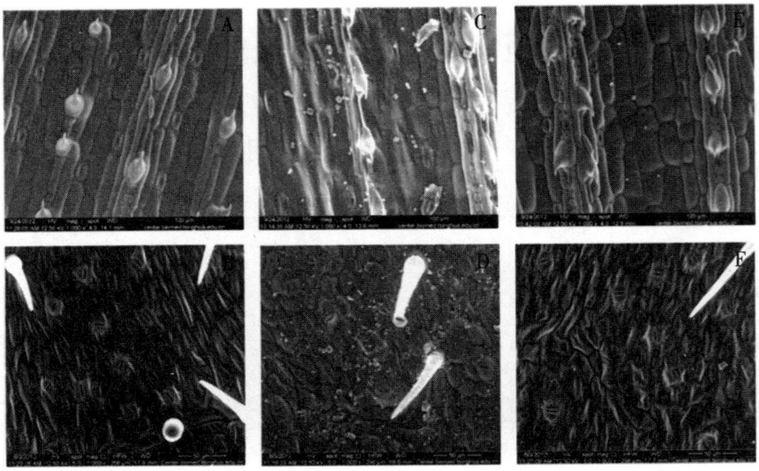


图 6－11　植物无人机专用药剂在杂草上的沉积及持留效果

（A 狗尾草；B 苘麻；C 和 D 为常规制剂处理；E 和 F 为超低容量喷雾剂处理）

2）智慧化农田病虫草害智能识别与精准防控体系

团队开发出诺丰科技智能农业云系统，利用智能遥感技术，实现了田间病虫害预测预报，结合植保专家线上制定精准化综合防治方案，辅以植保无人机高效安全作业，构建了“智慧化农作物病虫害无人机飞防体系”，实现了农田病虫草害精准诊断与对症施药，具有“效率高、用药少、防效好”等优势（图 6－12）。

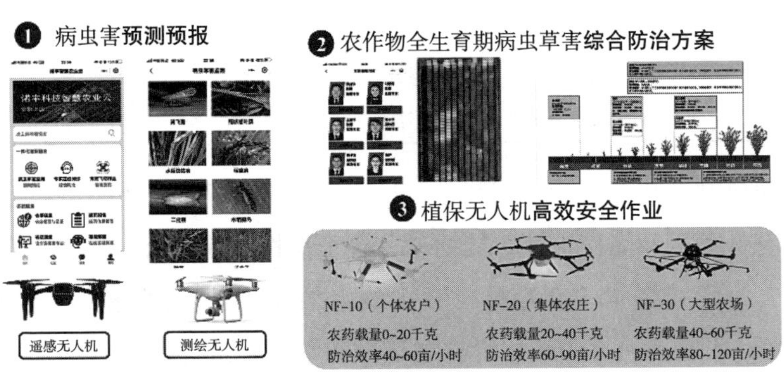


图 6－12　智慧化农作物病虫害无人机飞防体系

病虫草害预测预报：当前农业生产中缺乏一种有效的病害远程诊断与测报手段和一种能够实现数据存储与网络交互相结合，方便农场、植保站、种田大户之间信息交流的平台。基于此，团队搭建了诺丰科技智慧农业云平台，将遥感无人机检测终端与智慧农业云相关联，构建了病虫草害遥感数据库，从而实现了对农田病虫草害的预测预报（图 6－13）。

图 6－13　基于智慧农业云平台的病虫草害预测预报

农作物全生育期病虫草害综合防治方案：诺丰科技智慧农业云平台将基于农田病虫草害发生情况，结合系统植保专家信息，准确构建植保专家团队，对田间病虫草害发生情况进行综合诊断，制定农作物全生育期病虫害综合防治方案（图 6－14）。

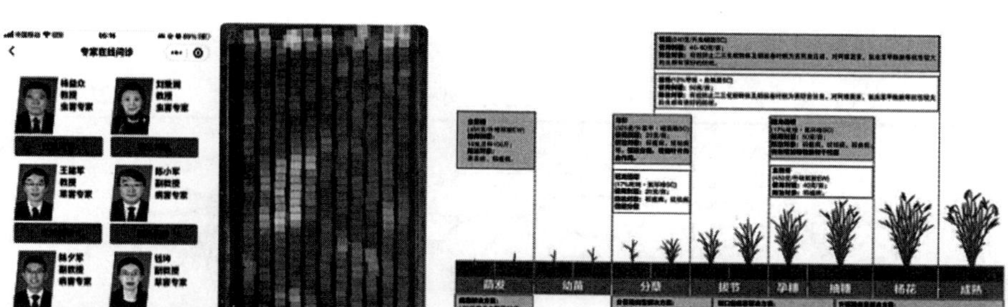


图 6－14　精准综合防治方案的制定

植保无人机高效安全作业：本团队先后完成了 NF－10、NF－15 及 NF－20等 3 代智能植保无人机的研发和应用技术推广，其性能交叉互补，适用于不同目标客户，3 代智能植保无人机的性能如下：

①NF－10 植保无人机：起飞重量为 28 千克，有效载药量为 20 千克，喷洒流量为 500～1 200 毫升/分钟（可调）、用药量为 400～600 毫升/亩、飞行速度大于 10 米/秒、喷幅宽度为 4～6 米、喷洒速度 3～7 米/秒（可调）、续航频率 8～12 分钟，单次作业量为 10～18 亩/次、每天作业量为 300～600 亩/天。

②NF－15 植保无人机：起飞重量为 40 千克，有效载药量为 40 千克，喷洒流量为 500～1 200 毫升/分钟（可调）、用药量为 400～600 毫升/亩、飞行速度大于 10 米/秒、喷幅宽度为 4～6 米、喷洒速度 3～7 米/秒（可调）、续航频率 8～15 分钟，单次作业量为 18～20 亩/次、每天作业量为 500～800 亩/天。

③NF－20 植保无人机：起飞重量为 40 千克，有效载药量为 60 千克，喷洒流量为 500～1 200 毫升/分钟（可调）、用药量为 400～600 毫升/亩、飞行速度大于 10 米/秒、喷幅宽度为 4～6 米、喷洒速度 3～7 米/秒（可调）、续航频率 10～15 分钟，单次作业量为 36～40 亩/次、每天作业量为 600～900 亩/天（表 6－3）（图 6－15）。

**表 6－3 三代智能植保无人机的基本性能及其定位**

| 型号 | 飞行速度 | 农药载量 | 飞行时间 | 防治效率 | 产品定位 |
|---|---|---|---|---|---|
| NF－10 | 1～10 米/秒 | 0～20 千克 | 30 分钟/架次 | 40～60 亩/小时 | 种植大户 |
| NF－15 | 1～10 米/秒 | 0～45 千克 | 30 分钟/架次 | 60～90 亩/小时 | 农业种植公司 |
| NF－20 | 1～10 米/秒 | 0～60 千克 | 30 分钟/架次 | 80～120 亩/小时 | 大型农场 |

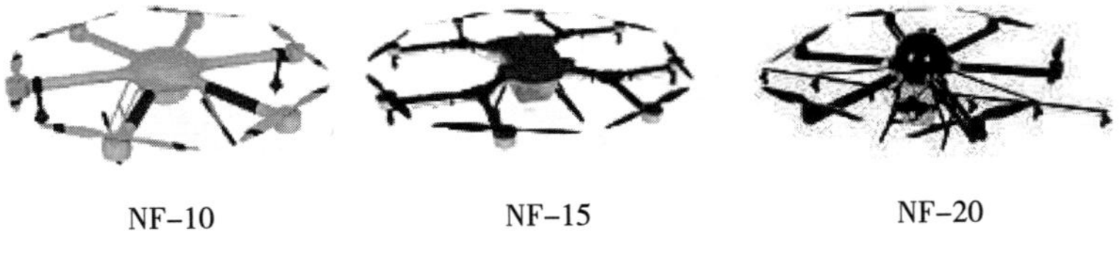


图 6－15 本团队研发的智能植保无人机

### 3. 产品实施

公司采用直接面向种植大户、合作社以及各地方农技推广中心提供“一体化”智慧植保技术服务，先后与江苏省农垦农业发展股份有限公司、南京盈植康农业科技有限公司、徐州厚天农业发展有限公司、泗阳县华泽生态农业有限公司等多家单位达成合作协议，现拥有 30 多万亩的稳定服务面积。此外，与扬州市农业农村局的农业推广部门合作，在江都区、邗江区示范推广 5 万余亩，助力智慧农业发展、促进农户增产增收，助力产业发展，社会效益显著提升（图 6－16）。

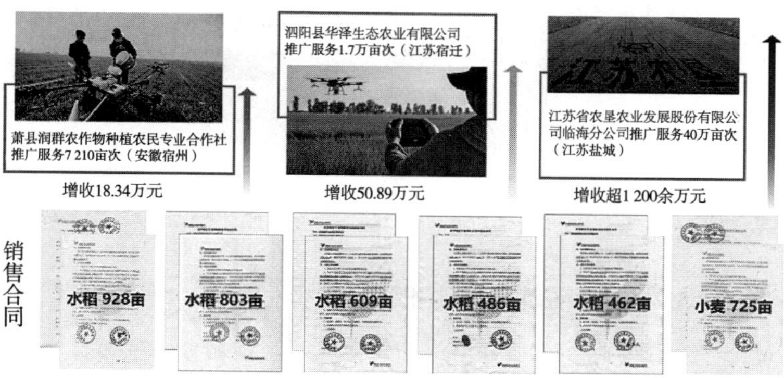


图 6－16 产品实施情况

### 4. 商业模式

公司选择的目标消费群体是大型农场、集体农庄和种植大户，据统计，2019 年国内家庭农场、农民专业合作社、农业企业等新型农业经营已占农业经营主体的 35%以上，这些新型农业经营者主要依靠农业机械进行大规模作业，如何进行高效植保防治需求迫切。从我们多次技术推广会的反映来看，与会农业经营者大多对植保无人机表现出极大的兴趣，并愿意尝试智慧植保技术。

多年来，公司始终坚持做优质植保技术服务商的定位，通过委托生产、科研委托以及合作研发等方式，与江苏东南植物有限公司、扬州大学园艺与植物保护学院以及江苏绿源航天科技有限公司等多家单位开展密切合作，构建了以水稻和小麦为主的“一体化”智慧植保服务体系，为广大客户提供低价格、高价值的产品服务。长期坚持技术研发与产品推广相结合、技术服务与品牌营销相结合的发展战略，实施一体化发展战略，与江苏各地种植大户以及徐州厚天、泗阳华泽等农业产业园达成合作协议，现有 30 万亩的稳定服务面积（图 6－17）。

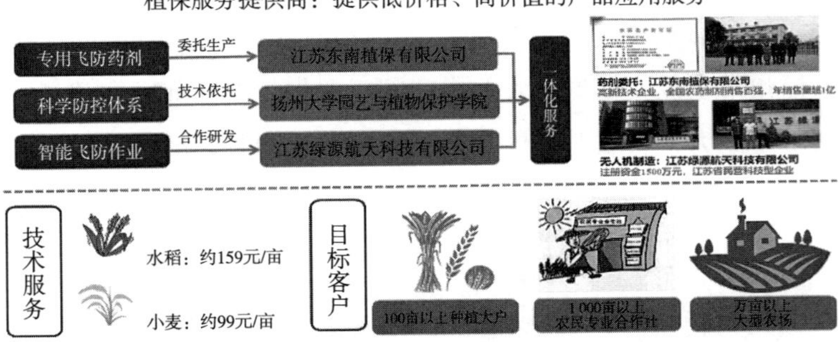


图 6－17　公司商业模式

## 课堂讨论：

1. 试分析该方案实施的可行性并阐述理由。
2. 讨论“互联网＋”在项目中是如何体现的，概括分析项目优势及创新点。

## 四、市场分析

### 1. 市场特征概述

我国共有耕地 19 亿亩，如果平均一年两季种植，一季 4～5 次农药喷洒，光这一需求就能创造一个千亿元级的市场。另外，我国 60％以上的粮食种植面积为水稻、玉米等高秆作物，由于其特殊的种植模式，地面机具无法下田，只能使用手动喷雾器和背负式喷雾机。随着人口老龄化问题日趋严重、城镇化进程加快、农村劳动力减少和人力成本不断上升，装备落后、作业效率低的传统农药喷洒成为我国粮食生产过程中劳动力消耗最大的环节。植保无人机飞防成为时下热点业务。从现实情况看，目前国内飞防技术仍不成熟。

本公司从飞防专用药剂着手，在自主研发出高效环保型专用飞防药剂的基础上，结合田间实际，建立科学防治方案，辅以智能飞防作业，构建了

"一体化"智慧植保技术服务体系，实现了"农药、技术、飞防"的"三位一体"，创造性打破了原来的瓶颈。水稻和小麦是我国重要的粮食作物，全国水稻种植面积约为 8 亿亩，应用本产品后，降低施药成本 30%，增加作物产量 10%，种植收益增收 20%。因项目团队掌握核心技术并申请了专利保护，5～10 年内不会出现竞争产品或替代产品，产品的市场占有率为 100%。

**2. 宏观市场分析**

**(1) 政策环境分析**

连续几年的中央 1 号文件重点指出：我国持续加大对农业的扶持力度，保障农产品有效供给和促进农民持续增收。我国的农业生产规模日益扩大，农业经营主体对扩大自己的经营规模的欲望日益强烈，因此会不断扩大农业机械化，从而扩大机械农业的生产规模。无人机飞防，就是科技赋能传统农业的重要变量。植保无人机飞防不仅可以实现人机分离、人药分离，规避农药对人体的毒害，并且通过全自主作业的形式，可以大大提升作业效率。目前，植保无人机已深入农作物的播种、施肥、打药等各个环节，作业范围也从大田低矮作物向高秆作物、经济作物深度延伸。

团队创新性地研制出适用于植保无人机的农药纳米药剂，具备"抗漂移、抗蒸发、易沉降、易附着、易吸收"等 5 大特性，在此基础上，团队研发出诺丰智能农业云系统，利用智能遥感技术，实现了田间病虫草害预测预报，结合植保专家线上制定精准化综合防治方案，辅以无人机高效安全作业，构建了智慧化农作物病虫害无人机飞防体系，实现了农田病虫草害精准诊断与对症施药。因此，公司研发的一体化智慧植保服务体系具有良好的市场前景。

**(2) 行业环境分析**

目前，我国粮食生产存在恶劣气候增多、农业病虫草害高发、农业劳动力紧张、生产成本居高不下等问题，"无人化"栽培技术可大幅度减少农机投入与作业次数、简化生产工序、节省人工成本，可实现粮食生产的优质、绿色、丰产、增效。无人机飞防高效植保技术是粮食生产"无人化"作业技术体系重要的环节之一。无人机飞防发展迅速，也是紧跟农业发展趋势。本项目研究基于植保无人机飞防主要问题，从适配植保无人机使用的专用制剂入手，创新性地研发出适用植保无人机专用的农药纳米制剂，并结合精准防控方案，辅以无人机高效安全作业，构建了一体化智慧植保服务体系，为广大农户提供农作物全生育期的植保防治服务，具有广阔的市场前景。另外，飞防体系还可以进一步开发、不断升级，覆盖众多的农业领域，具有很强的普世性。项目所研发的工艺、技术均为自主创新，具有自主知识产权，产业化过程中不会引起纠纷，能保障产业的稳定发展。

**3. 内部市场分析**

**（1）技术资源**

本公司研发团队经过多年的努力，构建了一体化智慧植保服务体系，由两大核心技术组成：①适用于植保无人机的纳米制剂的制备技术；②智慧化农作物病虫草害无人机飞防体系。真正意义上突破了无人机飞防发展的主要障碍，实现了“农药、技术、飞防”的“三位一体”，提高了施药效率，降低了农药用量，减少了人力成本，优化了防治效果，降低了农药残留，保障了环境安全。相关研究成果先后发表学术论文 40 余篇，其中 SCI 论文 20 余篇；申请并授权国家发明专利 20 项。

**（2）企业社会资源**

在技术开发方面，团队建立了专业的产品研发基地，用于智慧化植保服务体系的开发与升级，以不断提高公司产品品质和科技研发能力。在飞防专用药剂生产方面，公司通过与江苏东南植保有限公司达成合作协议并签署保密协议，采用委托代加工的生产模式，进行专用飞防药剂的生产（图 6－18）。

图 6－18　公司与江苏东南植保有限公司合作

在科学防治方案制定方面，公司通过与扬州大学园艺与植物保护学院达成合作关系，基于诺丰科技智慧农业云系统组建线上专业的植保专家团队，以实现病虫害草害精准诊断与对症施药，从而提高农药利用率和田间防治效果（图 6-19）。

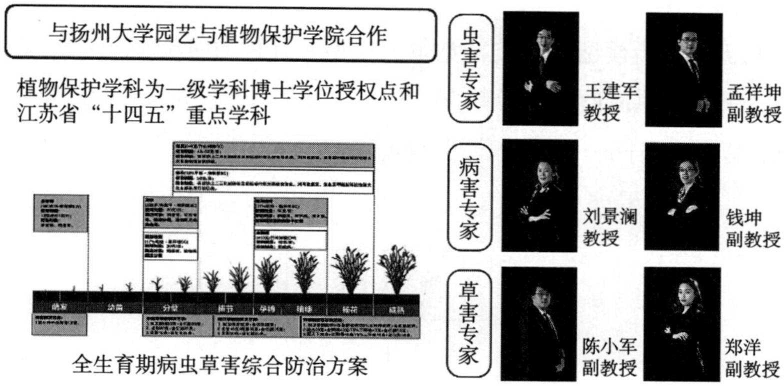


图 6-19　公司与扬州大学园艺与植物保护学院合作

在无人机高效安全施药作用方面，公司与江苏绿源航天科技有限公司合作，突破植保无人机高效安全作业的关键技术，实现了高质量的技术服务。公司力求与更多农业企业、农业科研单位和农业研究高校等建立合作关系，延长销售链。在吸纳外来资源的同时，不断提高公司技术研发水平，以形成良好的规模效益（图 6-20）。

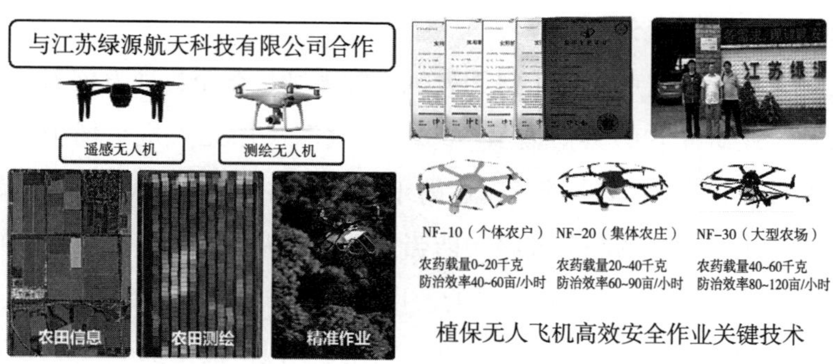


图 6-20　公司与江苏绿源航天科技有限公司合作

**(3) 人力资源**

目前公司先后直接带动就业人员 31 人，其中核心团队人员有 8 人，博士 3 人，硕士 4 人以及学士 2 人，拥有植物保护、机械制造、财务管理、人力资源管理等不同专业背景，具有科研创新、商务开发、创业实践等不同经历。团队成员富有激情、吃苦耐劳、勇于创新、敢于挑战，为公司发展注入强有力的新生力量。

**4. 竞争市场分析**

波特五力分析模型又称波特竞争力模型，五种力量模型确定了竞争的五种主要来源，即供应商和购买者的讨价还价能力、潜在进入者的威胁，替代品的威胁，以及来自同一行业的公司之间的竞争。公司五力分析模型如图 6－21 所示：

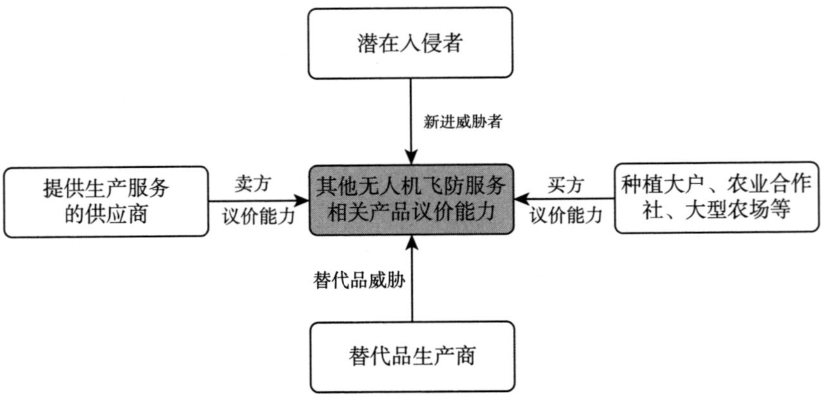


图 6－21　波特五力分析模型

**(1) 现有竞争者分析**

在无人机行业应用中，植保无人机飞防无疑是截至目前发展得最好的领域。前瞻产业研究院的数据显示，2020 年我国民用无人机市场中，农林植保类无人机占比最多，达 42%，远高于无人机在电力巡检、物流运输、安防方面的占比。大多的服务商将飞防当成“表演赛”，而不是“歼灭战”；忽视“飞”只是手段，“防”才是目的。以致带来“防效不稳、治虫不死、除草不全、作物药害”等诸多问题。本公司基于以上问题创新性地研制出适用于植保无人机的农药纳米药剂，其具备“抗漂移、抗蒸发、易沉降、易附着、易吸收”等优点，产品突破技术壁垒，填补国内空白，并且实现了“治虫、除草、抑菌”的全覆盖。在此基础上，团队研发出诺丰智能农业云系统，进行田间病虫草害预测预报，结合植保专家线上制定精准化综合防治方案，辅以无人机高效安全作业，构建了智慧化农作物病虫草害无人机飞防体系，实现了农田病虫草害精准诊断与对症施药，具有“效率高、用药少、防效好”等优势。项目团队掌握核心技术并申请了专利保护，5～10 年内不会出现竞争产品或替代产品。

**（2）潜在进入者分析**

为让公司健康稳定成长，公司经营的产品保留了较大的利润空间，以吸引潜在进入者。本公司经过多年发展，公司服务遍布江苏省多个地级市，现与江苏各地种植大户以及徐州厚天、泗阳华泽等农业产业园达成合作协议，现有 30 万亩的稳定服务面积，助力智慧农业发展，促进农民增产增收。作为率先进入者，公司的销售渠道也会相对完善。项目团队掌握核心技术并有专利保护，形成了合理有效的市场竞争壁垒：

1）技术壁垒：农产品行业缺乏系统化的标准，专利容易被复制。因此本公司除了对核心技术申请了专利保护，还会对公司产品进行不断的升级改进。

2）进入壁垒：公司将通过以下措施提高潜在竞争者进入该行业的难度：①以明显的成本优势阻止潜在竞争者的进入；②培育顾客忠诚度。公司在提供优质产品的同时，免费提供配套的服务，吸引客户群体，建立紧密合作关系；③加强核心能力以阻止潜在竞争者的进入。我们的核心竞争力是高质量的产品以及免费对农民进行植保技术指导、培训。因此，5 年内基本不会出现强有力的竞争者。5 年后公司具备了竞争优势，可以保证公司在行业内的领先地位。

**（3）供应商议价能力分析**

本公司严格选择代加工商。由于为本公司提供生产服务的供应商对本公司所销售的产品的质量具有重要影响。生产本产品过程中所形成的技术经验，会使得本公司更换供应商要进行技术培训等，具有较高的转换成本。由于缺少现有竞争者，本公司是供应商的唯一买主。

**（4）购买者议价能力分析**

本公司提供的是农作物全生育期一体化智慧植保技术服务，与其他常规飞防服务相比，本公司产品可以有效降低施药成本 30%，增加作物产量 10%，提高种植收益 20%，为广大客户提供低价格、高价值的产品服务。

对于广大目标客户而言，这种投入是值得的。即公司提供的产品不会额外增加购买者负担，而是可以从产品所带来的节本增效中抵消。此外，由于公司提供免费的植保技术培训和服务，以及植保专家云课堂等优质讲座资源，实惠便民。

**(5) 替代品分析**

农产品存在易被复制的问题，公司核心产品虽然申请了专利保护，在短期内不会被复制，但是从长远来看仍然面临一定风险，因此公司对智慧植保技术服务体系不断优化升级，增加产品的竞争优势，以期减小替代品对公司的威胁。

**课堂讨论：**

1. 试分析应当如何利用内部竞争分析中的各项资源。
2. 基于以上竞争市场分析，试讨论促进项目方案实施的针对性建议。

## 五、营销推广

### 1. 目标市场

由于本公司销售的产品主要是一体化智慧植保技术服务，适合大规模的种植方式。因此，目标客户主要为种植大户（种植面积达 100 亩）、家庭农场、农民专业合作社或农业种植公司（种植面积达 1 000 亩）以及大型农场（种植面积 10 000 亩以上），目标客户特征见表 6 - 4。

**表 6 - 4　公司客户特征**

| 顾客 | 使用规模 | 地域 |
|---|---|---|
| 大型农场 | 大量使用者 | 华南、华东、华北等省份 |
| 农业种植公司 | 中量使用者 | 江苏、山东、河南、广州等省份 |
| 种植大户 | 小量使用者 | 华南、华东、华中、西南等省份 |

### 2. 运营策略

**(1) 产品策略**

公司目标客户是大型农场、农业种植公司和种植大户，对产品各方面的属性或功能要求基本一致，只是在购买行为上略有差异，因此，在智慧植保技术服务方面采用产品专业化的策略，有利于公司发挥技术和生产方面的优势，最大化扩大产能，同时还有利于公司在该行业内树立良好的公司形象，有利于公司产品的进一步推广。

公司在创立初期和产品推广期，产品线组合为：长为1，宽为1，在这一阶段，公司将集中所有资源，发挥公司的竞争优势，重点打造防治水稻、小麦主要病虫草害的一体化智慧植保技术服务体系，尽力提高所选目标市场的市场份额。在公司的市场成熟期，将延伸产品线的长度，将一体化智慧植保技术服务体系延伸到蔬菜、果树等的主要病虫草害防控方面。

**（2）定价策略**

现阶段价格竞争愈发激烈，很多企业为了获取利益而忽视产品的质量。因此，公司应该在这种背景下减少价格竞争，坚持以质取胜，这样才能在价格竞争中拥有自身的竞争优势。同时实时关注竞争对手的价格动态和政府提出的相关税收政策，保障一体化智慧植保技术服务体系的价格合理。通过建立更加完善的定价机制和流程体系，减少可能出现的定价混乱现象，通过层层审批对商品定价进行严格把关，一旦出现价格波动和异常时能够及时做好调整和处理。

**（3）运营管理策略**

1）基础运营管理策略

公司的营销方式是直接营销，前期与各地农技推广中心以及知名种植大户达成合作，进行产品示范推广，建立示范基地，组织开展植保技术推荐会，以及植保技术培训，再由已试用本产品的农户将产品推广给身边更多的农户，从而实现一传十、十传百的营销效果。通过对农民的技术培训，为产品销售打下良好基础，提升影响力和知名度。培训过程中，优化模式，将先进科学技术转化为农业生产力，增加农民知识技能，提高劳动生产率，提高农民收入水平，实现粮食生产再上新台阶。

2）强化运营管理策略

首先，产品质量是提升竞争能力的关键，公司会加大对市场行情的了解，做好调研和预测工作。时刻关注植保技术服务的需求动向，同时全面了解消费者的心理变化和需求，帮助企业对有需求的产品做好升级研发的准备，满足购买者的需求。其次，质量和服务是保障一体化智慧植保技术体系逐渐占领市场的关键点，因此应该提升公司的服务态度，解决好服务态度差、服务品质低等问题，保证在线上线下为消费者提供优质服务的同时还能够保障产品质量。最后，努力保证产品的差异性，并通过建立自身品牌来增强竞争优势。

**课堂讨论：**

试分析目标客户特征对于产品策略和定价策略的影响。

## 六、社会影响

### 1. 媒体报道

公司推出的技术及产品先后被《新华日报》《安徽日报》《河南日报》《江苏农业科技报》《扬子晚报》等50多家媒体争相报道，公司产品的社会影响力持续扩大（图6－22）。

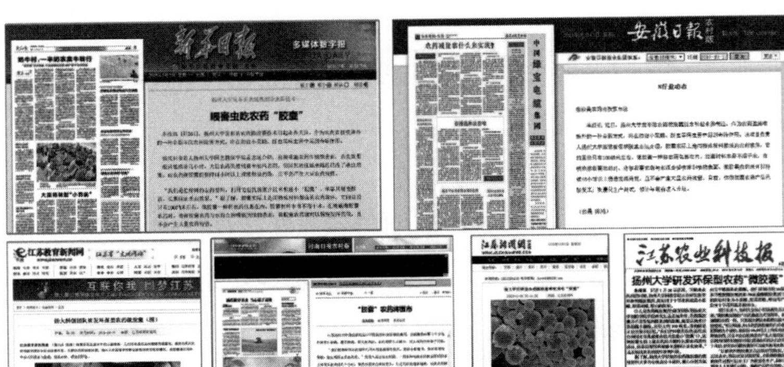


图6－22　产品新闻报道

### 2. 行业评价

多年来，公司始终以坚持做优质植保技术服务商为目标，通过多种方式，与多家单位开展密切合作，为广大客户提供低价格、高价值的产品服务，多次获得农业推广技术部门的推荐，被广大用户认可。我国著名作物栽培学与耕作学家、中国工程院院士张洪程教授高度评价公司产品：为粮食生产高新化、低成本化、高效化、绿色化提供技术支撑，并将促进人才培养质量的协同提升。江苏省植物保护植物检疫站评价公司产品：该项技术推动了植保技术由人力为主向机械化、无人化发展，降低了生产成本，促进了农户的增产增收，助力江苏省农业绿色低碳发展。此外，第三方单位江苏省优质粳稻工程技术研究中心也高度认可本产品：该项技术降低了劳动力成本，推动了粳稻生产中的植保技术由人力为主向机械化、无人化发展，为优质粳稻产业绿色高质量可持续发展提供了有力的技术支撑（图 6－23、图 6－24）。

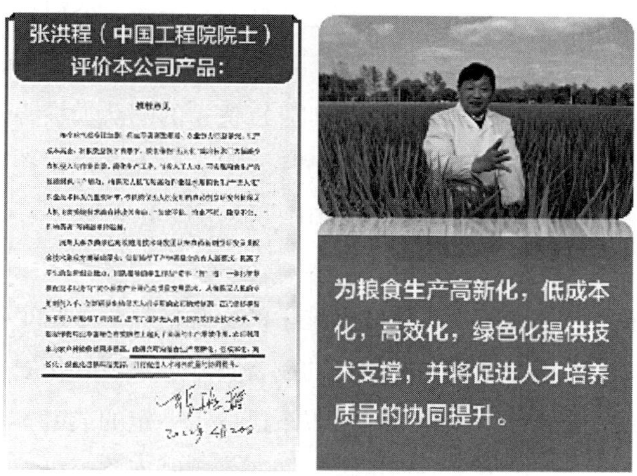


图 6－23　中国工程院院士张洪程教授对本公司产品评价

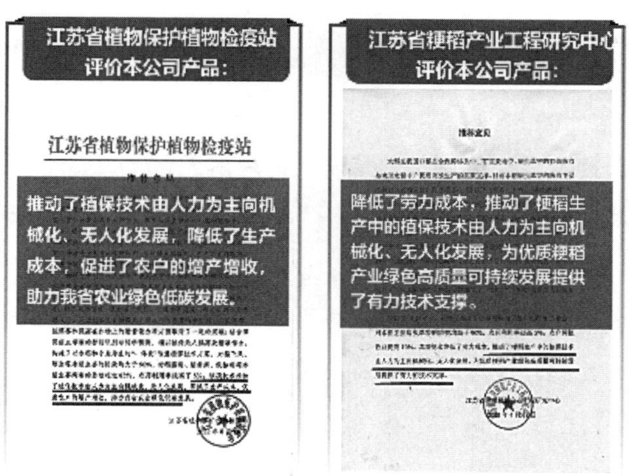


图 6－24　农业技术推广部门对本公司产品评价

## 七、拓展思考

目前，公司从创立初期的科技型中小企业已发展到一定的规模，公司现有200余万元的农药研发设备，拥有一支以高层次人才为主导的研发团队，有硕士以上学位科研人员7人，先后获得市级以上的青年创业创新奖励8次。公司现有国家授权发明专利20项，其中自主知识产权的授权发明专利7项，授权使用的发明专利13项。公司已与扬州大学等高校建立了紧密型的产学研究合作，建立了江苏省高校企业联盟。未来，公司将继续朝着“专业化、全国化、国际化”的目标发展，继续以“关注智慧植保，助推智慧农业”为企业宗旨，以良好的技术为基础，以优秀的团队为核心，秉承健康与科技的理念，创新农业病虫草害防治方法，服务广大客户，在真正意义上实现“藏粮于地、藏粮于技”，努力成为国内防治病虫草害“一体化”植保服务的领跑者。

本案例围绕“互联网＋”农业发展中的智慧植保，介绍了公司团队研发的适用于植保无人机的专用纳米制剂的制备技术以及智慧化农田病虫草害智能识别与精准防控体系，公司自成立以来已取得一定的成就，具备了一定的规模和实力。但今后的发展仍然需要不断探索，既面临着机遇，也面临着挑战，因此如何突破发展瓶颈，引领智慧化农业发展到新的阶段，值得我们进一步深思。

### 课后讨论：

1. 结合本案例，谈谈你对智慧农业的理解。

2. 结合本案例，思考“互联网＋”如何与农业深度结合才能发挥最大效益。

3. 结合本案例，思考农业企业应当如何突破所处环境的限制。

4. 结合本案例，谈谈你对今后我国农业发展的思考。

# 第七章 e农同行——电商助农公益团队

**内容导学：**

随着物质生活水平的不断提升，人们不再以是否“吃饱”为唯一标准，而是越来越注重食物的营养价值。本案例介绍了“e农同行公益团队”通过联系农民帮助售卖农产品的经历，了解到农村地区的纯天然优质的产品因销售渠道不畅而无法得到推广，农民因此收入微薄。但在城市里，随着消费者对绿色产品的偏好日益增加，绿色产品价格在城市内不断攀高。这两者之间的矛盾以及售卖蜂蜜的经历让团队意识到，以互联网为工具，用大学生作为两者之间的桥梁这种模式去推广“农村电商”，对于帮助农产品上行以及城市知识技能下行是可行的也是必要的。

## 一、背景缘起

近年来，“互联网＋”与现代农业结合之后，农村电商已不是陌生话题。随着电子商务的普及推广，电子商务已成为带动农村消费、引领农业生产、增加农民收入的策略。2016年，我国农村网络零售额达8 945.4亿元，占网络零售总额的17.4％。农村网店超过800万家，占全网的25.8％，带动就业超过2 000万人。国家统计局发布的数据显示，截至2017年6月，农村互联网普及率上升至34.0％，我国网民中农村网民占比26.7％，规模为2.01亿人，可见市场潜力巨大，亟须“互联网＋”去挖掘。未来10年内，会有大量的农民入网，同时互联网普及率也会不断提高，农村电商发展态势良好，社会资本积极介入，农村电商成为不少地方区域经济发展的重要引擎。

随着有关于农业的电子商务平台层出不穷。现在有许多平台已经做大做成熟，为人们所熟知，积累了许多的用户。但不免也存在着一些劣势。零散经营使网商易于满足现状，发展动力不足；“单打独斗”难以形成竞争优势；商品同质化问题突出。

尽管目前农民温饱问题得到了有效解决，但由于城乡信息不对称，农村在市场经济时代没有跟上城市发展的脚步，农产品市场屡次出现游资炒作或农产品卖不出去、烂在地里的极端情况。导致农民在农产品价高时赚不到钱、价低时还要蒙受损失。在信息不对称的情况下，要发展农村经济、促进农民致富十分困难。而互联网时代的到来和农村互联网的大规模普及，正在补齐农村经济发展的这一重大短板。

在此背景下，扬州大学“e农同行公益团队”在老师的指导下展开系列调研，通过组织全国高校学生共同参与，利用直接助销和义务电商培训，发现并帮助低收入群体利用互联网扩大销售渠道，增收致富。除此之外，团队也鼓励大学生将自主创业与反哺家乡相结合，将家乡优质的产品带到大众的视野，实现互利共赢。

**课堂讨论：**

试分析大学生公益创业的意义。

## 二、项目简介

“e农同行公益团队”是扬州大学在校学生于2017年成立的，旨在助力扬州市农村青年实现电商梦。团队创立电子商务精准扶贫公益平台，通过整合政府、企业、高校、专家、农民各方资源，集政产学研用为一体。一方面，以院士领衔的稻米生产专利技术为基础、以农业专家为支撑，解决农民增产问题；另一方面，以电商平台为工具，大批加盟的商务部电商专家、电商公司为依托，实现电商知识与技能下乡、农产品进城，解决农民增收问题。以公益同行、广泛加盟的模式，实现电子商务助农增收。

具体来说，e农同行公益项目服务分为线上平台和线下服务。线上以e农同行yzu微信公众号为载体，设立e农学堂、e农商城、我的e农三大板块，具体下设e农课堂、技术推广、商品展示、商品交易、e农之家、e农秀场、我的加盟等功能。线下成立e农高校部落，利用大学生力量收集农产品信息进行发布，邀请农商专家并组织高校志愿者开设落地农商知识技能培训班，广泛搜集农产品信息开展多渠道助销活动等，整合各界力量助力低收入地区农民致富增收、农业产业振兴、和美农村建设。

项目于2018年建立互联网平台，基于对平台收入、日常运营以及各项活动开展的成本费用的预算，2018—2020年收入总额达到171万元。已与27所高校社团学生组成e农高校部落，覆盖大学生近20 000人。团队现有218名电商专家、42家对接企业、电商协会及县团委等资源。项目已经赢得了社会各界的广泛支持，如商务部中国国际电子商务中心培训学院、《江苏农村经济》杂志社、江苏广播电台、中国电子商务中心、牛人部落等。除此以外，团队也在不断寻求和期待更多的社会力量加入，一起做好公益。

## 三、方案设计

### 1. 线上平台

线上平台以微信公众号的形式建立。为达到运营成本低、传播范围广，且能满足所有需求的目标，团队一致决定采用微信公众号平台来实现线上公益服务。

#### （1）平台定位

微信公众号平台主要服务对象是低收入地区的农民，旨在整合政府、企业、专家、大学生志愿者等资源，以微信公众号为载体，实现农商知识技能培训、农产品信息发布、农民素质文化教育、多渠道助销四大功能，以产销一体化方式，实现电子商务增收致富，助力低收入农村地区发展。

#### （2）平台功能

1）针对农民——e农学堂

①技术推广

发布农村电商资讯、农业生产简讯、团队实践信息等，让农民可以利用碎片化的时间学习先进农业生产技术、接触电商、掌握电商基本技能，指导生产与销售行为，增长见识。

②e 农学堂

平台建设后期，公众号将上传电商专家、农学专家培训课程的视频，可供农民反复观看。此外，邀请专家直播，在线教授电商知识，用户只要点击链接，就能直接跳转到专家的直播界面，“面对面”与专家交流。设置视频回放功能和评论提问功能，方便用户随时观看和进行互动交流（图 7－1）。

图 7－1　e 农学堂效果图

2）针对平台——e 农商城

①商品展示

e 农商城为农村滞销的农产品与消费者之间搭建桥梁，农民通过平台展示相关农产品信息，消费者也可一目了然地了解到原生态优质绿色农产品。

②商品交易

消费者在平台展示的农产品中进行挑选，进而进行交易。商品交易中包括我的订单、个人信息、我的优惠券、积分排行等，方便会员查看相关信息（图 7－2）。

图 7-2　e 农商城以及会员中心效果

3）针对大众——我的 e 农

①e 农之家

e 农之家展示已加盟的各界资源力量，具体包括企业、专家专利及 e 农高校部落的加盟情况，坚持集政产学研用为一体，积极联系各界资源，呼吁更多的人加入平台，助力低收入地区发展，并定期向社会大众公开团队所拥有的资源。

②e 农秀场

有任何疑问或意见，都可通过邮箱与团队联系，团队会在第一时间回复解答。既增强了平台与用户之间的联系，又提高了平台服务的透明度。

③我的加盟

志愿者包括个人、企业、专家等。鼓励有意向的志愿者加入团队，为公益项目出一分力，共同携手打造一个健康的公益环境。

④e 农荣耀

平台对会员实行积分制，即根据会员在平台上的签到次数、交易金额、交易笔数、志愿捐赠额、贡献值、使用推广数量等累计一定的积分，会员积累一定的积分后可兑换指定商品、优惠券，也可选择将积分兑换成资金捐赠给贫困地区的农民。平台对用户的积分以及消费情况进行记录、审核、汇总、公示、表彰，定时更新会员的积分情况，展示“e农荣耀积分排行”，以此提高用户的积极性和参与度，形成良好的公益服务氛围（图7-3、图7-4）。

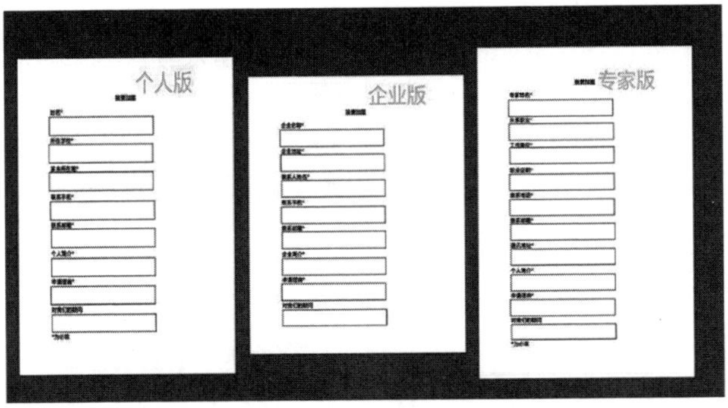


图7-3　我要加盟示意

图7-4　会员积分效果

**2. 线下服务**

**（1）高校部落**

为整合高校资源，发挥高校大学生的社会责任感强和文化素养高的优势，本团队向其他高校社团阐明项目的基本情况，真诚邀请高校社团与团队达成联盟。其一，团队先与本校同学以及各类公益社团取得联系并商讨相关合作事宜，聚集扬州大学学生的力量，鼓励他们加入。其二，团队成员通过自己的关系网，向同学介绍公益项目的情况以及与他们所在学校的合作意向，获得认可和支持，逐步与各高校达成合作协议。同时想办法取得其他高校相关社团组织负责人的联系方式，邀请学校的公益组织加入团队，壮大团队。

**(2) 农商培训**

在低收入地区开展培训活动，一方面，农商专家深入农村，为农民进行落地农产品技术指导和公益电商培训。另一方面，由农业和电子商务专业老师对大学生志愿者进行专题辅导，采用直面教学与现场操作相结合的方式。组织接受过培训的大学生进驻农村，面对面为农民举办农商知识讲座与培训活动，邀请专家落地指导。借此，让身处农村地区的人能进一步了解农业科技与电子商务，积极推动农村地区经济发展和人才培养（表 7－1）。

**表 7－1　培训课程安排表**

| 课程 | 内容 |
| --- | --- |
| “新零售”下农商发展趋势 | 1. 农村电子商务的发展现状<br>2. “新零售”下农村电商人才模式<br>3. 农村电商的发展必然趋势与机遇 |
| 农民工职业技能专项培训 | 1. 加强高技能人才队伍建设<br>2. 新农村新气象<br>3. 农村电商与精准扶贫 |
| 农业产业化与农业现代化 | 1. “三农”问题<br>2. 农村金融融合发展<br>3. 关于苏北地区农业现代化与产业化的理性思考<br>4. 县域经济发展与“农三化” |
| 打造互联网＋品牌的战略布局 | 1. 结合当地特色品牌打造互联网品牌战略布局<br>2. 互联网品牌打造的包装和内容设计<br>3. “互联网＋品牌”的电商化运营模式的剖析<br>4. 当地平台“特色馆”的打造 |
| 农村电商之运营网店的操盘思路 | 1. 农村电商的发展环境分析<br>2. 农产品店铺运营整体规划<br>3. 农产品电商运作案例分析 |

（续）

| 课程 | 内容 |
| --- | --- |
| 农村电商发展 | 1. 农村电子商务的发展前景与趋势<br>2. 农村电商引导下的农产品营销模式<br>3. 精准扶贫背景下农村电商关系网络 |
| 农业推广技术 | 1. 农业技术推广运行机制<br>2. 需求导向型农技推广<br>3. 多元化农业推广模式存在的问题 |

1）农业技术指导

①有机稻米技术

有机稻米是指按相关有机农业标准进行生产、加工，经有资质的独立认证机构认证并许可使用有机食品标志的产品。有机稻米在生产和加工过程中不使用农药、化肥、生长激素、化学添加剂、防腐剂等化学合成物质，不使用基因工程技术及其产物，提倡使用有机肥和病虫草生物防治等方法。它是具有现代科技含量的技术工艺之一。

②病虫害防治技术

病虫害防治是为了减轻或防止病原微生物和害虫危害作物或人畜，而人为地采取某些手段。一般可以分为采用杀虫剂等化学物质进行的化学防治和利用光或射线等物理能或建造障壁的物理防治。

③机械化耕作工艺

提供了农业技术领域内的一种机械化耕作工艺，包括以下步骤：①对农作物进行收割，收割结束后将秸秆铺匀；②秸秆铺匀后，采用可调节旋耕深度的旋耕机进行旋耕，可调节耕作深度的旋耕机由动力牵引机、旋耕装置和耕深控制装置组成，动力牵引机连接悬挂臂，悬挂臂与旋耕装置连接；本发明通过可调节旋耕深度的旋耕机将耕作深度控制在农作物需要的耕作范围，使同种农作物的耕作深度达到平衡，保证耕作质量，可应用于各种机械化耕作工艺中。

④水稻机插育秧基质

利用抗漂浮新型水稻机插育秧基质，该基质的制作方法有原料的加工处理、有机物料发酵处理、混合搅拌、调整理化指标及定量包装等步骤。以有机废弃物为原料制作的育秧基质，养分全面，质量稳定，可以促进秧苗健壮生长，遇水不漂浮，十分适合水稻机插秧（图 7－5）。

⑤人兽共患病原菌集成防控创新技术

依据禽肉弯曲菌污染对人群风险的定量评估，建立产品质量安全溯源系统，实现产品病原菌全程追溯。利用癸甲溴铵碘复合型消毒药，有效降低畜禽饲养环境中弯曲菌和沙门菌等的载量，研发出有机酸、低温减菌技术，有效降低肉品生产过程中的带菌量。

图 7－5　水稻机插育秧示范

2）电商培训

①农民电子商务基础知识培训班

培训类别：初级培训。

培训对象：各乡镇有意愿学习电子商务的农村群众。

培训内容：开展电子商务基础知识和电子商务运营理念培训，使他们了解电子商务与农村发展融合的大趋势，农村电商发展带来的影响，以及关于农村电商的基础知识。

培训模式：根据培训计划，制定各自新生网商培训方案，宣传、组织有意从事电子商务的群众参加培训，并做好培训场地准备工作。通过培训，在农村形成良好的电子商务产业基础。

②电子商务提升培训班

培训类别：中级培训。

培训对象：具备一定的文化素养，对电商有一定认知的返乡创业群体以及有继续学习意愿的农村群众。

培训内容：重点培训农村电子商务的趋势、应对方法、前沿知识、操盘技术等电子商务概念和运营知识。邀请电商专家及电商企业的管理人员介绍电子商务运营的实战经验、营销方法，帮助各县（区）、开发区有意向从事电商创业的农民建立电子商务运营体系和团队。

培训模式：开设电子商务进阶提升培训班，重点培训店铺经营专业技巧、平台政策变化的应对，熟悉“移动商务”及“微营销”等新型电子商务模式及应用。

③电商人员专题培训班

培训类别：专题培训。

培训对象：电商相关人员及具备了一定程度专业知识的相关人员。

培训内容：对现有电子商务相关企业及网商，重点培训店铺经营专业技巧、平台政策变化及应对、熟悉新型电子商务模式及应用。

培训模式：组织县域、乡镇以及商务部门电商相关人员参加培训；教授电子商务发展现状、阿里巴巴等常用 B2B 平台及产业带开店流程，熟练掌握物流、采购、支付等关键环节应用技术。

**(3) 红旅之行**

团队通过建立平台，联合农、商专家和高校部落，组织各高校志愿者在低收入地区开展“红旅之行”。深入农村进行农产品信息收集和农产品质量考察工作，从而帮助全国范围内农产品信息的上行与传播。信息经整合筛选上传至平台进而传播至消费者。对于未来，团队将秉承由小到大，由点到面，由行业到全局的发展战略，坚持“重点突破”与“多点开花”相结合，以“学习苏南、帮扶苏北”为原则，按照“盐城、徐州试点—江苏省低收入地区—全国低收入地区”的思路进行推广，助力低收入地区的农业发展。

第一站，团队来到湖南韶山，韶山既是重要的革命纪念地、全国青少年革命传统教育基地、国家重点革命文物保护单位，也是享誉中外的景色秀丽的旅游胜地，属于国家 AAAAA 级风景名胜区。此行团队对接了韶山商务局，共同助力韶山电商产业园的长足发展。

第二站，团队来到福建古田，古田是著名的红色圣地，这里是我们党确立思想建党、政治建军原则的地方，是新型人民军队定型的地方。1929 年

12月28日至29日，在这里召开了第九次党的代表大会，即红军第四军第九次党代表大会，史称“古田会议”。此行有幸作为扬州大学唯一一支代表团队参加“全国青年红色筑梦之旅”启动仪式，并与当地果农对接交流，成功对接百香果等农产品。

第三站，团队来到江苏盐城，盐城是一座英雄的城市，一片红色的热土，有着光荣的革命斗争历史，新四军的足迹遍布全市。此次团队有幸参加扬州大学青年红色筑梦之旅启动仪式，在盐城进行交流学习，对于盐城，团队拟联合农、商学院师生组建帮扶小组，提供农学院专利技术指导和农产品电商指导，而农学院对于团队的想法大力支持，将为团队提供水稻机插育秧基质、钵体毯状苗的育秧盘、插秧机行距调节机构等农业专利技术支持，可切实对盐城进行有机稻米技术、稻田复合种养技术、瓜蒌种植技术和西瓜病虫害防治等农业技术对接帮扶，从而在盐城形成长效“产销一体化”帮扶机制，建立长期、定期、稳固的致富增收基地。

第四站，团队来到江苏淮安，淮安人杰地灵，是周恩来总理的故乡。在此团队了解到淮阴区吴城镇头庄村主要生产四季五彩椒、番茄、西葫芦、西瓜、香瓜等绿色无公害蔬菜产品，现需求新品种引进、新药肥推广、新技术开发、新模式栽培，农超对接等环节的技术支持；淮阴区刘老庄乡双庄村的碧根果产业园项目，主要从事碧根果种植栽培，现需求新品种引进、创新种植模式、加大电商兴农、做好农超对接等环节技术支持，于是团队与其主要负责人进行联系，正在进行项目合作的初步洽谈工作。

**课堂讨论：**

1. 试分析农商培训课程安排是否合理且具有可行性并阐述理由。
2. 试分析红旅之行助力低收入地区农业发展的意义。

## 四、市场分析

### 1. 内部环境

#### （1）实体资源

团队通过政府支持、团队出资、校友资助等多渠道获得启动资金，创建

“e农同行 yzu”微信公众号并进行初期的运营维护，初步实现项目的战略规划，为项目的进一步发展打下了良好的基础。

**（2）人力资源**

团队成员均为在校大学生，来自商学院、农学院、设计学院，具有扎实的专业技术知识。本项目指导老师在电商和农业方面都有深入研究，可为本项目提供专业性指导。同时，团队内部管理人员通过相应的专业内培和素拓，在各方面都得到了提高。今后随着队伍的不断扩大，团队将逐步建立并扩大志愿者团队。

**（3）技术资源**

团队聘请了电商、农业等方面专家，具有权威性和专业性，一方面对本项目进行指导，另一方面加盟团队专家库，提供农业专利技术并对农民进行线上指导和线下培训，优化农村农业技术，促进农村电子商务发展。

**（4）财务资源**

团队从基础资源出发，通过团队成员出资，校方、校友赞助支持，举办各类营销大赛形式，积累资金，为初期的运营提供了保证。

**（5）公益优势**

团队怀揣着对公益事业的热爱，将自主创业与公益事业有机结合，推动创业与公益的相辅相成，互利互助。

**2. 市场前景**

我国社会主要矛盾已经转化为人民日益增长的美好生活需要和不平衡不充分之间的矛盾。随着农业技术的发展与进步和种植管理的逐步标准化，农产品质量得到保证，而电商的出现，更是让很多地方的优质农产品得以走出农村，带动和促进了农民增收，促进了农村经济发展。更为重要的是，农民也不断改变着传统的思维方式，客观上也带动了乡村种植管理模式的标准化和物流运输等硬件设施的完善。本项目集政产学研用为一体，在精准扶贫的过程中利用电子商务平台为大家“搭桥牵线”，实现农民、政府、社会及企业的联合对话，拓展销售渠道。而对于一些社会弱势群体，在社会各界爱心人士的帮助下，对他们进行有关电商的培训，将会开启这一群体的新时代。未来农业电商平台产业链将不断优化，实现产销一体化帮扶机制。

### 3. 市场细分

#### （1）社会市场

公益是社会公认的良心事业，是一种公德和品质，是一种信仰，也是一种回报和投资。越来越多的人投身公益事业。

#### （2）教育市场

公益教育是思想理论教育的重要组成部分。它以培育公益心为基础，着眼于大学生的公益意识、公益能力和公益信仰的提升，内容涵盖慈善公益教育、人际公益教育等，通过公益教育能够促进大学生的社会适应、道德发展和整体素质的养成。家庭、学校对公益教育的重视给团队提供了市场。

#### （3）企业市场

企业公益作为社会公益事业的重要组成部分，是一种“向善的力量”，企业公益是彰显企业社会责任形象的舞台，是塑造企业品牌的重要渠道。初具规模的企业，在企业形象塑造的过程中，有强烈地参加公益慈善活动的诉求。

### 4. 目标市场

#### （1）需要农产品质量优化，电商渠道助销农产品的农民

他们的农产品由于受质量、时空、交通、区域的限制，时常会出现滞销等情况，他们乐于学习电子商务来改善目前销路不佳的状况，不仅可以享受自己辛劳付出的成果，还能带动地区经济的发展与增加就业。

#### （2）寻求利用电子商务技术实现人生价值的弱势群体

由于电子商务技术的便捷，工作门槛并不高，身残志坚的人士也可以轻松地工作，既减轻了社会的负担又实现他们的人生价值。

#### （3）渴望自主创业并具有反哺家乡意识的大学生

许多大学生接受了较多的知识素质教育和相关专业技能素质教育等，愿意用自己所学的知识和智慧，在为家乡做出贡献的同时创造出属于自己的天空。

### 5. 市场定位

目前项目处于发展的初期阶段，团队将目标市场定位盐城和徐州的低收入地区，通过先行地区实践帮扶活动，初步构建产销一体化帮扶机制，总结经验，不断改进与完善，为构建其他地区帮扶机制提供学习参照。中后期将

会面向江苏省乃至全国市场，团队将通过高校联盟，扩大宣传，向更广大的地区辐射影响，通过形成可复制的产销一体化帮扶机制，将“e农同行公益团队”打造为有影响力的、以青年学生为主体的、重点面向革命红区的公益品牌。

**课堂讨论：**

1. 谈一谈农业电商相比传统农业有哪些优势？
2. 针对上述市场环境，你是否能对公益电商的发展提出几点建议？

## 五、营销推广

### 1. 线上推广

#### （1）社交平台推广

主要途径是在新浪微博、手机微信等社交平台上进行圈子推广和口碑传播，发布一些滞销的农产品情况，动员社会各界力量一起做公益，为农民吸引卖方，打开销路渠道。开辟一个电商精准助农论坛，选择邀请一些在农业专业技术和电子商务方面有经验的农民、专家，进行常驻交流，积攒网站人气，让更多的人了解平台。

#### （2）实施会员战略

平台运营前期，团队将发展会员业务，主要是吸引在校大学生加入团队的公益活动。团队可以在既为农学专业的同学提供社会实践的同时又为农户提供帮助。还有一些电子商务专业的同学也可以将自己的知识传输给农民。分布全国的大学生加入之后可以将全国存在的农产品滞销信息上传到平台，集聚社会力量共同解决。团队可以为他们发放证书进行鼓励，对于特别积极做贡献的同学，还可以与学校沟通，进行公益标兵表彰。同学们互相推荐此项公益活动，从而吸引更多的同学加入，成为会员，实际上也就是使志愿者更正规。根据会员的积分，团队也可以在后期采取奖励措施。

### 2. 线下推广

#### （1）赞助各种有关农产品的公益活动

农产品是我们生活中不可缺少的，赞助有关这方面的公益活动，一方面，能够宣传网站，让更多的人知道平台的存在；另一方面，也是树立团队关注农民，关心农产品的形象，更能迎合绿色健康之道。

**（2）张贴海报广告板**

团队将在各个展会，学校，村落张贴宣传海报和广告板，提供平台简介、二维码扫描、农产品简介在内的信息，从而达到宣传、吸引农户、企业、志愿者的效果。

**（3）布置展台，免费解答，提高知名度**

团队将定期在各村落进行展台布置，通过发放小礼品、专业人士现场解答、志愿者免费为农民操作演示等方式来提高平台的知名度，也会办专门的宣传会，通过答辩等形式鼓励企业加盟、志愿者参加。

**（4）赞助高校社团活动**

各高校的学生加入e农高校部落，团队与学生社团达成合作意向，赞助高校社团活动，让更多大学生了解平台，更多志愿者加入平台，加入e农团队。

**3. 特色推广**

**（1）农产品直播**

高校志愿者深入农村基层，协同农民开直播展示农产品及有关农业活动。通过这样的方式，有利于扩大受众的范围，增强双方的互动，远程消费者可以更直观更清晰地了解农产品的质量。

**（2）软文推广**

编辑相关文章，在其中穿插农产品现状或者紧急滞销情况，图文并茂，将宣传内容与文章内容巧妙地结合在一起，从而达到一定的推广效果。

**（3）视频推广**

与优酷、56视频、搜狐视频等建立合作，在首页定时播放相关宣传视频，让更多的人了解，接触到这个平台，增加平台的知名度和美誉度。

**课堂讨论：**

试分析团队还可以以哪些形式推广？

## 六、社会影响

团队通过在论坛上展示项目策划以及在指导老师的帮助下，吸引了外界众多的企业、高校社团学生以及相关专家的注意，并表现强烈的加盟意向，本项目已经赢得了社会各界的广泛支持，如商务部中国国际电子商务中心培训学院、《江苏农村经济》杂志社、江苏广播电台、中国电子商务中心、牛人部落等。除此以外，团队也在不断寻求和期待更多的社会力量的加入，一起做好公益。

项目平台讲师资源依托商务部中国电子商务中心 93 位电商专家以及参与 2016 年由指导老师高功步老师担任总策划和总评委的中国电商讲师大赛的 110 名讲师，他们是平台最有力的支持（图 7－6）。

图 7－6　商务部中国电子商务中心的电商专家

## 七、拓展思考

e 农同行公益团队通过联系农民帮助售卖土家蜂蜜的经历，了解到农村地区的纯天然优质的产品因销售渠道闭塞而无法得到推广，农民因此收入微薄。但在城市里，随着消费者对绿色产品偏好日益增加，绿色产品价格在城市不断攀高。这两者之间的矛盾以及售卖蜂蜜的经历让团队意识到，以互联网为工具，用大学生作为两者之间的桥梁这种模式去推广农村电商，对于帮助农产品上行以及城市知识技能下行是可能而且有必要的。

本团队围绕“农”展开了系列活动，教会农民电商知识、帮助农产品扩大销路、健全提升农业基础设施、改善农村社会面貌。但农业电商发展之路，依然困难重重，既有农业技术存在的局限问题，又有电商平台的建设难题，如何进一步全面推进乡村振兴，值得我们继续深入思考。

## 课后讨论：

1. 结合本节案例，谈谈你对农业电商的理解？
2. 农民如何利用互联网开展电商活动？
3. 作为当代大学生，参与公益项目，如何助力发展传统农业？

江苏省第六期“333 工程”重点行业领域人才项目
2023 年江苏省高等教育教改研究立项课题
扬州大学“青蓝工程”优秀教学团队项目
扬州大学精品本科教材建设工程项目（B 层次）

高校“一懂两爱”乡村人才培养案例选集

# 实践篇：青年公益与乡土实践

主　　编：刘　佳　刘斯文
本册主编：张　运　刘　娟

中国农业出版社
北京

# 编委会

# 序

农为邦本，本固邦宁！中国自古便是一个农业大国，数千年的农耕文明史深刻地塑造了中华民族的精神内核。“耕读传家久，诗书继世长。”这是一幅从上古时期传承至今的生活图景，也寄托了中国人灵魂深处的对理想生活的追求和向往。

一直以来，农业都是中华民族得以延续发展的命脉和基础。党的二十大报告指出，全面建设社会主义现代化国家，最艰巨最繁重的任务仍然在农村。加快建设农业强国，是党中央立足全面建设社会主义现代化国家、着眼统筹“两个大局”作出的重大决策部署。

千秋基业，决胜于人。人才是第一资源，是推进乡村全面振兴、加快建设农业强国的基础性支撑。当前，乡村振兴事业往纵深推进，最关键的是人才，最紧缺的也是人才。“三农”工作人才范围广泛，包括乡村教师、乡村医生、乡镇管理干部、农业技术推广人员、高素质农民、乡村精英等。改革开放以来，随着我国城市化和工业化步伐的加快，城乡二元经济结构差异较大、城乡收入差距扩大、地区差异明显等现象加剧，农村富余劳动力不断流向城市。乡村中青年、优质人才持续外流，农林类院校毕业生不愿回到农村或无法胜任农业生产的现象普遍存在。人才总量不足、结构失衡、素质偏低、老龄化严重等问题是困扰当前农业发展的关键问题。

为此，党的十九大报告明确指出“培养造就一支懂农业、爱农村、

爱农民的‘三农’工作队伍”。2021 年 2 月，中共中央办公厅、国务院办公厅印发了《关于加快推进乡村人才振兴的意见》，进一步强调了“一懂两爱”在乡村人才培养中的重要地位。

“懂农业、爱农村、爱农民”是党中央在实施乡村振兴战略形势下对“三农”工作队伍提出的新目标新要求，成为新时代“三农”人才队伍建设的标尺和准绳。地方高校尤其是涉农高校具有学科专业和人才等方面的资源优势，理应结合区域、行业、专业特点，积极发挥人才培养、科学研究、服务社会等主体功能，对接乡村人才振兴战略，肩负起培养“一懂两爱”高素质人才的重任，提高“三农”人才培养质量，为推进乡村振兴培育更多的专门人才。

当前，高校农业人才的培养主要集中在农业知识和技能传授两个维度。“一懂两爱”教育整体存在人文素养与理论学习分离，课程逻辑难以适应多样化的“三农”事业发展需求，涉农专业教学过程大部分时间和场景局限于课堂、校园之中，触摸不到真实的乡村，感受不到乡土文化的深层滋养，无法置身于乡土的“气氛”和“风气”中，师生对“三农”问题一知半解等现状。此外，教育模式过于“整齐划一”，学校现有的课程也很少能充分融合地域经济文化特色，缺乏从地方文化、资源特点和发展需求出发培养“留根”意识，“一懂两爱”课程未能充分承载地方性知识的传承与发展重任。

扬州大学是我国最早创立农科院系的大学之一，其源头最早可追溯到 1902 年由我国近代著名爱国实业家、教育家张謇创办的私立通海农学堂。120 余年来，从通州兴学，到迁扬办学，再到六校合并，学校在长期的办学实践中形成了文科底蕴深厚、农科优势突出、科学人文交融、分类协调发展的办学特色。尤其是在农业相关领域，学校累计获国家科学技术奖二等奖 17 项，实现了从“农田到餐桌”的全覆盖，培养了一批批胸怀国家、情系“三农”，扎根基层的各类涉农人才，为我国

经济社会发展，特别是农业现代化做出了突出贡献。

学校在农村发展、农业生产和农学教育的具体实践中积累了丰富的经验，并取得了一定的成效。扬州大学“一懂两爱”乡土实践育人教学团队是国内较早将“一懂两爱”的培养目标纳入涉农专业人才培养的特色教学团队。团队针对高校“一懂两爱”教育课程体系、教材体系供给严重不足等问题，开发了“高校‘一懂两爱’乡村人才培养案例选集”（以下简称“案例选集”）。这是一套学科视野跨度大、人文素质培养和实践养成相融合、课前课内课后三线衔接、课堂校园社会网络“四位一体”的综合性乡土人才教材体系。

“案例选集”第一辑包括以下四个分册：《文学篇：乡土书写与“三农”守望》《教育篇：百年村小与文化传承》《实践篇：青年公益与乡土实践》《发展篇：数字时代与乡村振兴》。分别基于乡村文化、乡村教育、乡土实践、乡村电商典型的高校服务乡村振兴典型案例群，系统开展情景体验式、实践探索式、理性反思式的高校涉农专业学生人才培养教材建构。

“案例选集”内容特色鲜明，择取了所在学校师生团队真实参与乡村振兴实践的全国不同地域200余个乡村真实的生活环境、历史地理、自然风貌、人文历史等作为主体内容，融乡土文化、乡土社会、乡村治理等生活生产要素于其中，实现了跨地域、跨学科、跨行业的课程共融，全域性、系统性、针对性厚植“亲农、重农、爱农、务农”的理想信念，陶冶学生认同乡土、热爱乡土的情感，激发其服务农村经济社会发展、助力乡村振兴的意愿。

“案例选集”的教育价值和社会价值在于将“一懂两爱”乡土情怀教育融入涉农专业课程思政实施之中，力图唤醒学生对农业、农村、农民的情感回归，培养出能够“回得到乡土的人才”。“案例选集”围绕乡村振兴对人才的现实需求，力图借助教材推动培养出来的大学生“能进

城、能下乡”，厚植乡村文化自信的根基。

深耕“一懂两爱”，培育乡村“土秀才”。这是全面推进乡村振兴、加快建设农业强国的关键环节。“高校‘一懂两爱’乡村人才培养案例选集”的编撰与出版是对新时代农业人才培养的一次创新探索，也是奋力扛起立德树人、强农兴农教育担当的生动注脚。

“高校‘一懂两爱’乡村人才培养案例选集”编写组

2023年6月

# 前 言

党的十九大报告提出实施乡村振兴战略，要求“培养造就一支懂农业、爱农村、爱农民的‘三农’工作队伍”。党的二十大进一步提出“加快建设农业强国，扎实推动乡村产业、人才、文化、生态、组织振兴”。乡村振兴离不开强有力的人才支撑。尤其是在科技革命和产业变革加速演进的新时代，乡村精英、“土专家”“田秀才”“乡创客”等新一批“三农”人才的规模、结构和质量，关系着全面推进乡村振兴战略的实施成效。“三农”工作人才范围广泛，但只有具备了懂农业的本领，有了爱农村、爱农民的情怀，切实做到了懂理论、讲情怀、善工作，才能扎扎实实把乡村振兴战略稳步向前推进。

在乡村振兴战略背景下，地方高校作为服务区域经济社会发展的重要力量，其发展战略、学科布局、人才培养、资源禀赋和人文联结等与乡村“一懂两爱”人才需求高度契合，理应结合区域、行业、专业特点，赋能地方“三农”人才培养。涉农专业大学生是未来乡村振兴的主力军，高校要将“一懂两爱”人才培养与农科大学生思想政治教育研究结合起来，将“一懂两爱”作为当前涉农专业大学生思想政治教育内容的发展目标，围绕国家重大战略需求，从问题和需求角度出发，改革创新发展“一懂两爱”教育，服务乡村人才振兴。

## 一、教材的形成背景

2020 年，扬州大学在全国率先成立了“一懂两爱”乡土实践育人教学

团队。团队聚焦地方高校涉农专业学生人才培养，分析在校学生与新时代地方“三农”工作队伍需求差距，致力于通过人文素质培养、场景体验、实践养成等方式，陶冶学生认同乡土、热爱乡土的情感，激发其服务和改善农村经济社会发展的意愿。

团队学科结构多元、年龄层次合理、教学经验丰富。团队成员中既有获得“卓越教学奖”的专业教师，也有实践经验丰富的一线辅导员。此外，还聘请了多名基层一线的工作人员作为兼职教师，指导实践教学。两年多来，团队围绕“一懂两爱”人才培养，取得了一系列成果和经验。先后指导国家级省级本科生创新创业训练计划项目 25 项，获得“挑战杯”“互联网+”“创青春”等省级以上创新创业奖励近 20 项，获评省优秀本科生毕业论文 2 篇。其中，团队负责人于 2017 年指导本科生获“挑战杯”国赛特等奖，2021 年指导本科生获江苏省优秀本科论文二等奖。团队成员在核心期刊发表教改论文 15 篇，先后获得河南省、江苏省、北京市教学成果奖特等、一等、二等奖。

基于多年教学实践，团队针对高校“一懂两爱”教育课程体系、教材体系等供给严重不足等问题，开发了“高校‘一懂两爱’乡村人才培养案例选集”（以下简称“案例选集”），探索并形成了一套整体性、系统性、融合性的“一懂两爱”“大思政课”实践育人教学体系。

## 二、教学的目标定位

“高校‘一懂两爱’乡村人才培养案例选集”不同于传统农业教育注重农业知识和技能传授。教材提出的“一懂两爱”培养目标，基于“以学生为中心”的课程理念，从培养高阶能力及情感价值入手，力图实现“课程扶志”和“实践扶智”相结合，尤其在专业理论课程体系中，加大对“一懂两爱”重大主题教育内容的课程设计和实施。教材坚持以文化人、以文培元，致力于培养具有“归农”情怀和时代精神的“和美乡村”建设者。

乡土情怀就是基于对农业、农村、农民的深入了解而产生的服务“三农”的强烈意识和动力。教材将“一懂两爱”乡土情怀教育融入涉农专业课

程思政实施中，将地方性和传统性的知识文化作为学校课程和教学的基本内容，让学生了解和认识其生长和居住之地的人、事、物、生活环境、历史地理、自然风貌、传统文化艺术等，陶冶学生认同乡土、热爱乡土的情感，激发其服务和改善农村经济社会发展的意愿。

教材在以学生为主体的实践活动中充分激活“一懂两爱”思政育人元素，引导学生对未来从事的“三农”工作加深情景理解、过程体验、理性反思，培养学生的问题意识、行动意志、价值观念和情感态度。以未来服务“三农”工作的能力建设问题为中心的教、学、做的过程性统一，将理论运用于解决实际问题导向的育人活动之中，在时间维度上要求贯彻到“课前—课内—课后”三课一线全过程，在空间维度上要覆盖“课堂—校园—社会—网络”四位一体全方位，在主体维度上扩展到“教、管、研、辅、社”专兼职全员，由此开拓“一懂两爱”实践育人“大视野”。通过引导学生主体性参与，厚植“亲农、重农、爱农、务农”的理想信念，通过跨学科、跨学院、跨专业的课程共融、平台共建、资源共享、考评共赢，实现理论与实践的协同联动。

## 三、教材的创新特色

本“案例选集”定位为综合实践类课程，面向高校本科生开设公共基础必修课或者通修课，是大学人文素质教育系统工程的实践性核心课程之一，是基于扬州大学“一懂两爱”乡土实践育人教学团队多年探索、开发的一套学科视野跨度大，人文素质培养和实践养成相融合，课前课内课后三线衔接，课堂校园社会网络“四位一体”的综合性乡土人才教材体系。

### （一）教材内容上的突破

1. 知识性、人文性与实践性相衔接。作为面向涉农专业大学生群体的通识类教材，本“案例选集”的主体内容基于所在高校师生团队真实参与的全国不同地域 200 余个乡村的具体实践。内容将地方性、传统性和实践性的知识文化融为一体，培养学生的问题意识、行动意志、价值观念和情感态度。“案例选集”超越传统教材课本的束缚，借助数字技术，深度开发与传统课程相配套的视听素材、实践素材等立体化的内容体系，实现了知识性、人文性与实践性相融通，能够进一步强化学生对“一懂两爱”的情景理解、过程体验、理性反思。

2. 跨学科、跨专业、跨领域相融通。本“案例选集”针对“三农”工作人才范围广泛的特点，既聚焦了学校人才培养的主责主业，又突出了乡村教师、乡村医生、农业技术推广人员、高素质农民、乡村精英等多元化的乡村人才成长需求。教学案例范围覆盖全国不同地域200余个乡村，研讨样本以文化、实践、创新和发展为主线，广涉乡村文化传承、产业发展、乡村治理、环境保护、医疗卫生等诸多方面。跨地域、跨学科、跨领域的教学内容，实现了乡村人、事、物的精准性优化组合，满足了“一懂两爱”乡土教育的多元化、差异化、特色化需求。

3. 科学化、全系统、多层次相统一。作为面向本科生乃至研究生等高知群体设计的专业性教材。本“案例选集”特别注重知识体系的科学系统建构。“案例选集”编写团队由涉农专业教龄5年以上的教师团队构成。编写团队具有学科视野跨度大、队伍整体实力强、教学成果基础好等优势，“案例选集”分类构建校内与校外、网上与网下、传承与创新等多层次的教学目标体系、内容体系和方法体系。此外，“案例选集”以“共同体”理念为引领，围绕专业教师、学工、团委、教辅以及校园社团指导教师等不同教学主体的需求，针对性设立差异化的教学环节，打造高校“一懂两爱”立体教学场景，形成了全局统摄、各方协调的教材内容体系。

### （二）教材形式上的突破

为更好地让学习者利用碎片化时间，突破学习时间、学习地点的局限，提升学习者自主学习的学习氛围、营造学习者构建知识体系的环境，本教材将数字化学习资源与学习内容深度融合，借助互联网、多媒体技术形成以纸质教材与移动终端互动的多维立体可视化的现代教学生态模式；通过教学环境、教学手段、教学评价的多样性实现教育信息化的教学应用。

教材探索信息技术与课程教学融合新路径，建设数字化学习情境案例库，以数字化情境再现的形式为学生提供丰富的学习资源，同学之间还可以

互相学习，共同探究，建立合作型的学习模式，培养合作交流能力和提升解决现实问题的策略，极大提高了教材的应用效果。

## （三）课程教学的特色

1. 乡土情怀教育融入通识课程与思想政治教育理论课中，是实现“一懂两爱”教学目标的最有效途径。教师可以根据教学内容、授课学生等多个方面的不同，将乡土情怀教育与专业知识相结合，引导学生在学习专业课基础的同时，潜移默化地接受“三农”教育，增强积极投身农业农村现代化建设的使命感和责任感，成为“一懂两爱”人才。

2. 加强“一懂两爱”通识教育课程体系建设，将“一懂两爱”目标内容与课堂教学改革相结合，把握乡土耕读教育基本内涵、构建乡土耕读教育课程教材体系、多渠道拓展实践教学场所、建设专兼结合的乡土耕读教育教师队伍、加强乡土耕读传家校园文化建设。打造第一和第二课堂、理论和实践、课堂与网络相结合的教学新模式。

3. 在教学方式上，创新能力培养以实践训练为主，课堂讲授为辅。通过组建实践训练团队，安排学生进行不同形式竞赛作品的具体实践训练，从而形成多种形式的竞赛作品。通过创新创业类课程的学习，指导学生完成国家级、省级和校级大学生创新创业训练计划项目申报与执行，并组织指导学生以个人或团队形式参加专业创新竞赛项目以及学科竞赛等实践训练。

4. 校内外实践基地建设、网络教学以各级各类实践教学基地、平台为抓手，形成以思政理论课为核心圈，专业实训实验课、思政实践课等协同发挥圈层效应的“同心圆”式“大思政”实践育人理念。

“一懂两爱”教育需创建一个跨学科、跨院校、跨地域的大载体，统筹多学科思政育人资源，跨越学科壁垒。教材起步于全校各涉农专业的实践育人模式的统整，内容体系涵盖通识课程、思政课程、实践课程及专业竞赛、创新创业竞赛。在前期的教学实践中，在培育农村实用人才、传统工艺型人才、经营管理型人才和创新创业人才等新时代“三农”人才方面，取得了较好的应用效果。

尚需说明的是，本“案例选集”选用的内容或案例基于所在学校师生团

队真实参与的全国不同地域200余个乡村真实的生活环境、历史地理、自然风貌、人文历史、现代治理等要素，教材选用内容获得了团队师生授权，但因所涉团队和人员众多，如有疏漏之处，请联系教材编写组，予以协商并感谢！在今后的建设中，团队将坚持立德树人的根本任务，进一步聚焦“一懂两爱”乡土人才培养，按照“准确定位、注重内涵、突出优势、强化特色”的原则，对教学团队建设的目标、任务、理念、机制与组织等问题开展系统深入研究，推进研究型、实践型、情景式的乡土人才培养模式创新，形成科研与教学相互促进的有效机制，加强教学内容、课程体系和教材建设。

“高校‘一懂两爱’乡村人才培养案例选集”编写组

2023年6月

# 目　录

# 第一章　青年公益助力乡村教育振兴

**实践案例：** 马背上的第二课堂——创新流动教育模式赋能“袖珍村小”

## 本章导学：

教育扶贫承载着阻断贫困代际传递的重大使命，是实现乡村全面振兴“最后一公里”的关键所在。高校是经济社会发展的人才库和智力库，在过去的脱贫攻坚中具有天然的扶志、扶智优势，可以为贫困地区提供丰富的智力支撑和人才支持。事实上，高校也是支援西部教育发展的重要力量。数据显示，2003 年以来，全国累计选派了 41 万余名高校毕业生深入西部开展为期 1～3 年的教育帮扶等西部计划，以暑期社会实践等形式参与短期教育帮扶的大学生总数超过 500 万人次。

青年公益助力乡村教育振兴不仅是补足乡村教育资源短板的重要力量，同时也是大学生了解乡村、锻炼本领、涵养情怀的重要途径和手段。但我们在点赞青年志愿者投身山区教育的同时也发现，近年来，有关大学生山区支教的社会争论时有发生。高校教育公益团队具体能提供哪些帮扶？短期支教对山区儿童的成长是否有负面影响？大学生志愿者的教育教学能力能否匹配地方教育的发展需求？

矛盾是发展的根本动力。近年来，不少高校志愿者结合地方需求和自身特点，开展了一系列创新性、实效性、特色化的教育帮扶活动。扬州大学

“马背上的第二课堂”公益项目是一场赓续了近十年的教育公益接力，团队长期驻守贵州山区，探索开展流动性教育帮扶。这次，我们走进该团队，了解并思考新时代青年公益如何有效推动乡村教育，助力乡村教育振兴。

**课前思考：**

1. 谈一谈你们印象中的乡村学校是什么样的？你了解“袖珍村小”吗？
2. 如果你是一名大学生志愿者，你会怎样开展教育帮扶工作？

# “马背上的第二课堂”

——创新流动教育模式赋能“袖珍村小”

## 一、背景介绍：处在教育末梢的“袖珍村小”

进入21世纪以来，随着学龄人口逐步下降和城市化进程加快推进，农村学生的数量大量减少，以“撤点并校”为主要手段的乡村教育结构调整一直在持续。2000—2018年年底，农村小学生数减少了37.08%，而农村小学的数量减少了52.1%。大量撤并农村小学和教学点极大地影响了农村学生就近入学的权益，农村学生出现了“上学远、上学难、上学贵”的严重问题，许多农村家长进城镇陪读，极大地影响了农民的生产方式和生活方式。此外，从大教育视角来看，大规模撤点并校、学校进城，加剧了乡村文明的凋敝。

乡村学校是维系乡村文明、承载乡村发展的重要力量。《中国农村教育发展报告2019》数据显示，截至2022年底全国共有乡村小学与教学点17.8万所，其中不足100人的乡村小规模学校9.9万所，占教学点总数的53.4%，其中小学2.4万所，教学点7.5万个，不足10人的乡村校点仍然达3万余个。

“袖珍村小”位于全国教育系统的末梢，又叫做乡村小规模学校，主要是指乡镇以下、学生数少于100人的乡村小学或教学点，是由于我国地域广袤、环境复杂、发展失衡等多层原因造成的。大部分“袖珍村小”地处偏远山区、交通不便，短期内难以改变。2019年年底，我国农村教学点在学人数达 402.5 万，占小学在校生总数的 5.8%。尽管学生数总量不大，却集中着收入较低，无力送子女进城上学的家庭子女。如果说乡村教育是义务教育的短板，那么乡村小规模学校则是乡村教育的短板，是义务教育短板中的短板。

**【资料链接：乡村学校撤与留的思考】**“撤点并校”指的是 2001 年以来，按照小学就近入学、初中相对集中、优化教育资源配置的原则，合理规划和调整学校布局。实施政策的目的是整合农村教育资源、优化教育资源配置。“撤点并校”实施 20 年，全国的小学校数从 491 273 所减少到 162 601 所，这 20 年间，一共消失了 328 672 所小学，平均一年消失 16 433.6 所，如果折算到每一天，这 20 年时间，平均一天消失 45 所小学。随着“撤点并校”工作的推进，也引发了一系列问题。例如偏远学生上学难、过早的寄宿生活影响了孩子的心理健康、家庭经济负担加重等问题。从 2012 年开始，国家明确提出“坚决制止盲目撤并农村义务教育学校，暂停农村义务教育学校撤并”，对“撤点并校”采取谨慎的态度。如今，即便一些农村小学没有被撤并，现状也是规模小、学生少、教育质量提升难，属于“袖珍学校”。

从儿童发展的角度来看，乡村小规模学校是保障乡村儿童就近入学的权利，促进其成长发展的重要途径；从乡村发展的角度来看，乡村学校是连接现代文明与乡土文化的桥梁，是推进农村文化繁荣和乡土文明的重要阵地；从社会发展的角度来看，办好乡村小规模学校是培育农村人力资本、阻断贫困代际传递的基础保障。为此，办好“袖珍村小”是实施科教兴国战略、加快教育现代化的重要任务，是实施乡村振兴战略、推进城乡基本公共服务均等化的基本要求，也是全面建成小康社会，建设社会主义现代化国家的有力举措。

近年来，无论是政策引领，还是公益帮助，国家和社会等不同层面对乡村教育的帮扶从未停滞，尤其是乡村小规模学校的重要意义越发得到社会和国家层面的认可和推进。2018 年 1 月，全国教育工作会议强调：“要全面加强乡村小规模学校和乡镇寄宿制学校建设，大力推进两类学校建设底部攻坚，让乡村小规模学校小而优、小而美。”2018 年，教育部印发《关于统筹加强乡村小规模学校和乡镇寄宿制学校建设的意见》，全面实施两类学校建设底部攻坚战。2020 年政府工作报告明确提出加快推进乡村小规模学校建设。经过多轮调整布局，全国已基本形成“乡村小规模学校、乡镇寄宿制学校、县城大规模学校”的教育格局。

事实上，“袖珍村小”自然形成的小班额、地域性特点，恰恰为小班化办学、个性化教学、特色化教育等提供了可能。通过内涵式发展的教育转型，给予生存和发展的空间，充分利用好乡土教育资源，理顺办学治理机制，因地制宜探索小而优、小而美、小而精、小而特的教育定位，并建立相应的教育教学模式，“袖珍痛点”有可能转化为乡村学校亮点。

**【现场传真：贫困不能折断梦想的翅膀】**当马匹第一次驮着大包小包的行李进寨时，说实话，我对他们并没有信心。我们这里离最近的乡镇也有十几公里的山路，仅有一条极其难走的崎岖的山路通向学校。目前从学前班到六年级共有 60 余名学生，全部是苗族孩子，学校办学条件艰苦，一个简陋的操场，三间教室，构成了学校全貌。这里前前后后来了不少支教老师，但大多浅尝辄止。还有一些教育帮扶带有一定的“粗暴性”。曾经，我们的图书馆里，堆满了各地捐献过来的图书，各类图书混杂，如工业机械类或者街头杂志类的，根本不适合学生阅读。一些爱心企业或个人，每次来到学校都是拉横幅或者合影，无形中给孩子们造成了一定的伤害。另外，帮扶方式单一，简单地上几节课，或者捐赠书包文具等学习用品。事实上，学校仓库里堆满了这样的文具。相当部分公益性质的教育帮扶活动，缺乏前期调研和过程指导，导致项目并不是学校和学生需要的。

从第一次相遇“马背上的第二课堂”到如今，已经过去近 10 年时间。这种流动的方式，既尊重了我们当地教育的原有基础，也能够有效弥补学校的不足。很多时候，这群小教师身上的韧劲比我们更强。在我们看来，大山阻隔了孩子们的视野，但不能阻断他们的梦想。如今，政府、学校和外来的志愿者团队，像七巧板一样拼凑组合，为我们这里带来了新的希望。外来和内生的教育力量同频共振，供给和需求实现精准匹配，这样的教育扶贫接地气，更有生机。

——贵州省镇宁县木厂中心小学校长张俞

## 课堂讨论：

1. 讨论分析乡村学校对乡村社会的重要性体现在哪些方面。

2. 讨论分析乡村“撤点并校”的利与弊。

3. 讨论分析“袖珍村小”存在的利与弊。

## 二、项目简介：乡村学校“走”起来

扬州大学“马背上的第二课堂”公益项目启动于2013年4月（因项目启动初期，教育团队只能通过马匹进出山区，因此得名）。项目由扬州大学研究生支教团牵头，联合牛津团、贵州反哺支教团、校幼教中心等公益团队，针对贵州、四川等西部贫困地区的“袖珍村小”开展教育帮扶活动。

团队走访调研了30余所西部村小，发现：随着义务教育均衡发展深入推进，乡村教育整体向好的发展趋势明显，尤其是大部分地区能够保障语文、数学等主课教学的质量底线。如图1-1所示，调研数据显示，从人均师资角度来讲，大部分“袖珍村小”的教师数量并不比城市学校的教师数量少。但是受制于学校规模和学生数量，“袖珍村小”的教师总量明显偏少，且集中于主课教学。超过87%的“袖珍村小”没有专业副科教师，或由主科教师兼任。

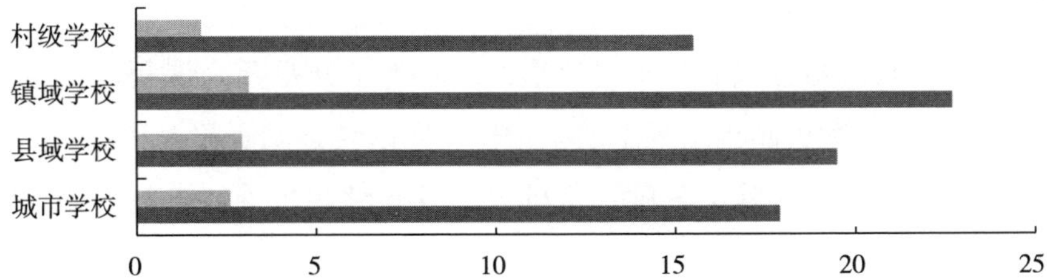


| | 城市学校 | 县域学校 | 镇域学校 | 村级学校 |
|---|---|---|---|---|
| ■师班比 | 2.59 | 2.95 | 3.13 | 1.79 |
| ■生师比 | 17.9 | 19.5 | 22.7 | 15.5 |

图1-1　团队调研不同类型学校生师比、师班比

图1-2为各层次学校开展素质教育的硬件基础分析。由图1-2可知，城市学校和县域学校基本建成了完备的素质教育教学体系的支撑基础，且教

学渠道和教学资源丰富。乡村小规模学校在教育基建上短板严重，尤其是心理健康需求等方面严重不足。

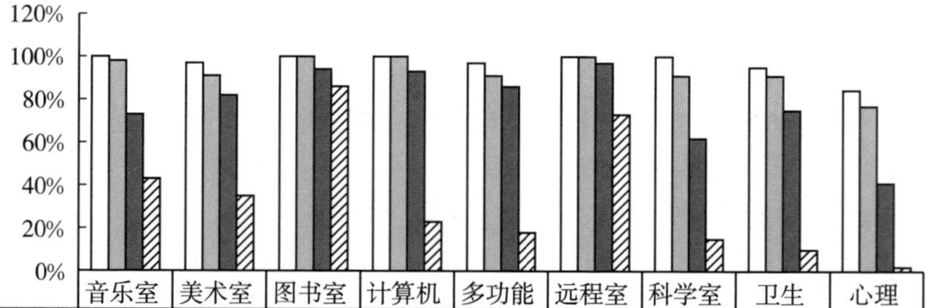


| | 音乐室 | 美术室 | 图书室 | 计算机 | 多功能 | 远程室 | 科学室 | 卫生 | 心理 |
|---|---|---|---|---|---|---|---|---|---|
| □ 城市学校 | 100% | 97% | 100% | 100% | 97% | 100% | 100% | 95% | 84% |
| ▨ 县域学校 | 98% | 91% | 100% | 100% | 91% | 100% | 91% | 91% | 77% |
| ■ 镇域学校 | 73% | 82% | 94% | 93% | 86% | 97% | 62% | 75% | 41% |
| ▧ 乡村学校 | 43% | 35% | 86% | 23% | 18% | 73% | 15% | 10% | 2% |

图 1-2　不同类型学校开展素质教育的硬件基础分析

与主课教育能够得到充分保障相对的是，“袖珍村小”的体育、美育、德育等素质类的缺位现象较为突出，尤其是特色化、优质化、乡土化的办学实践严重不足。乡村小规模学校正逐渐成为城市教育的“低配”和“翻版”，失去了与乡土文化的联结，自身发展多依赖“外部输血”，缺乏内生成长的方向与动力。事实上，乡村学校，不仅是地理空间意义上“在”乡村的学校，更是社会和文化意义上“是”乡村和“为”乡村的学校。乡村振兴要抓住乡村的“根”、留住民族的“魂”，必须依托乡村教育的培育和滋养。

“袖珍学校”虽然只有几十名学生，但是为了开足开全课程，往往配备了更多的老师，远远超出了规定的生师比。团队结合调研数据和访谈结果研究认为，“袖珍村小”除了教师、基础设施等硬件短板外，自身的规模结构是限制其发展的重要原因。由于规模小、生源少、区位偏等原因，很难配齐足够的师资。以贵州省镇宁县木厂小学为例，该校 1-4 年级合计 61 名学生，很难全科配齐各类教师，更难全要素建立完善的教育教学体系。

此外，对少于 100 名学生的农村学校，国家拨付公用经费的时候，是按 100 名学生拨付的，哪怕“袖珍学校”仅有一名学生，国家拨付经费的时候，也是按 100 名学生全额拨付的。大量“麻雀学校”的存在，是对国家资金的浪费。虽然每一年都在招聘老师，但是每一年老师都不够用，很大程度上是因为这些“乡村学校”占用了大量的编制。于是就出现了“城市学校学生多，缺老师；农村学校学生少，也缺老师”的局面。

**【资料链接：大山深处的木厂小学】**木厂小学位于贵州省安顺市镇宁布依族苗族自治县马场乡八河村，这里位于黔中腹地。长期以来，这里几乎与世隔绝。村小既是当地苗族文化活动中心，也是大山深处唯一的教学点。由于当地区位条件和生活条件极度艰苦，长期以来，这里只有 1 名教师，带着 2 名代课教师授课，长期只能开设语文、数学两门课。木厂小学虽然教学条件极度艰苦，但却是当地苗族群众维系民族文化的重要阵地（当地居民为苗族一支系，具有独特的历史和人文生态）。2018 年起，随着脱贫攻坚工作深入推进，当地投入大量资金，支持木厂小学发展。目前，学校共有 3 名教师（特岗教师），2 名后勤工作人员（图 1-3）。

图 1-3 贵州省镇宁县木厂小学是一所典型的“袖珍村小”

为此，团队通过系统考察和研究认为，对于乡村小规模学校来说，盲目构建全体系、标准化的现代教育教学模式，涉及大量师资投入，不仅拉高了教育成本，且生均资源利用率普遍不高。资源短缺和利用率低的矛盾是制约乡村小规模学校发展的主要障碍。此外，调研发现，作为输入型的教育帮扶力量，大学生志愿者甚至外来的教育团队，带来的教育理念和方法，多为城市教育的翻版，与乡村社会自身的需求，存在一定偏差。当地教师长期驻守在教学一线，教学经验丰富，对地方和学生的了解与适应程度，明显高于大学生志愿者。团队总结认为，乡村小规模学校的发展面临着教育资源存在短板、教育理念需契合乡村社会发展、输入型教育力量与本土型教育力量需协调互补等三大问题。

**【资料链接：大学生短期支教的得与失】**“支教”一词对很多大学生来说，是个非常熟悉且有意愿和能力实施的公益活动。如今，很多大学生在大学阶段选择的社会实践活动就是去乡村或社区支教。而大学生所参加的支教基本都是短期的支教，那么应该如何看待“短期支教”呢？一方面从现实角度来看，很多短期支教团队，是发自内心地想给支教地的孩子们带去一些体验甚至改变。他们会通过自身所学所长，给支教地的孩子们带去一些不曾接触过的东西，比如通过一些手工课、趣味课、实践课，带给孩子们不一样的思维方式和学习方法，切实帮助开拓他们的视野，扩充他们的知识库，给他们今后的学习带去实实在在的帮助。同时，支教地基本都是处于边远山区或者贫困地区，所以这里的孩子在寒暑假期间活动匮乏，甚至没什么人陪伴。大学生支教不仅给孩子们带去学习帮助，更实现了成长陪伴，让他们能够度过一个有意义的快乐寒暑假。

另一方面，短期支教也会给被支教的学校和学生带来一些不良的影响。如参加的大学生们匆匆而来，匆匆而去，短时间给当地孩子们带来的生活与学习上的冲击，往往会给他们带来一种心理上的落差。此外，现阶段大部分的支教老师的教学经验、教学技能存在一定不足，不能够准确把握学生对知识的掌握程度，尤其是面对基础较差的学生，难以合理地引导其进行系统的查缺补漏，教学质量得不到有效保证。

总体而言，短期支教是既有利又有弊的，我们要辩证地去看待公益项目，趋利避害。支教前支教团队要与支教地学校做好前期的沟通与准备，必须了解支教地的实际情况，做好充分的思想准备和物资准备，并且做好合理的安排，保证能给孩子们带去欢乐和一些改变的同时，不会对孩子们原来的生活造成太大的冲击。

结合当地实际情况，团队结合公益实践及调研情况，逐步建立了“流动教育”帮扶体系，作为破解乡村小规模学校资源矛盾和发展困局的创新。2013年以来，团队结合帮扶对象实际及公益实践经验，系统性探索以走教为主要模式的流动教育帮扶体系，建立了以流动性教育体系为主线，涵盖流动教学管理、流动资源整合、流动品牌创建等“四位一体”的公益帮扶体系（图1-4）。

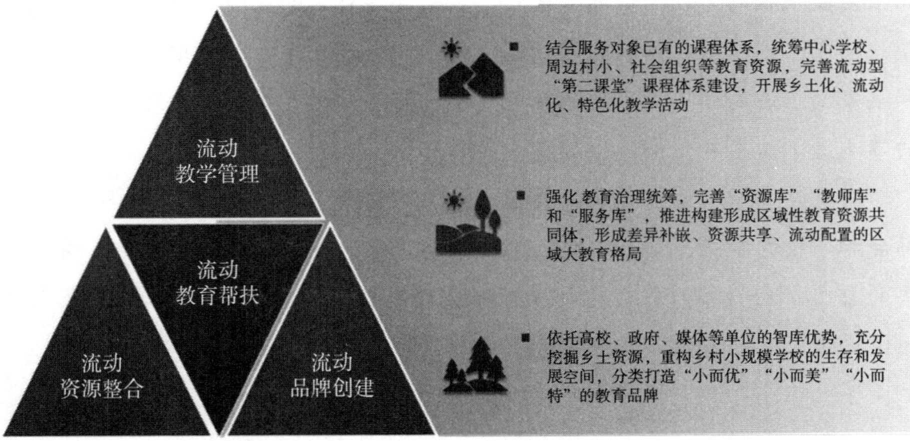


图 1-4　团队建立的流动教育帮扶体系示意

所谓“流动教育”即支教教师流动于不同学校之间，开展教育帮扶活动。相较于传统的坐班制，流动教育能够有效弥补山区等欠发达地区教育资源不足问题，实现教育资源的高效利用。团队在配合地方小规模学校原有教育师资的基础上，以大学生支教团队为主体，整合地方城镇、中心学校、乡村小学等教师成立“地方小规模学校走教联盟”，共同“走教”，实现了公益资源的互补。项目以流动性、互补性和联合性为主要特征，依托流动走教，推动输入型公益力量与内生性教育力量的融合，突出城市教育资源与乡村教育需求的互补，主导支教团、社会公益力量与地方村小原有教育资源的整合。

**【现场传真：有一份热，就要发一份光】**我来自贵州山区，是我们寨子里考出去的第一个大学生。2015 年 4 月，我正式加入了“马背上的第二课堂”志愿服务项目，回到家乡，成为驻守山区的支教志愿者。“冰淇淋为什么是凉的？长城是建在云朵上的吗？城市的高楼比眼前的大山高……”每当孩子们问起这样的问题，就会让我想起过去的自己。

还清楚地记得有一天上午，班上的一个女孩上午上完课之后，没有回家吃饭，一个人在教室门口，静静等了我一个多小时。我下课了，她害羞地拿出一个袋子，里面装满了野生菌子。菌子是当地的特产，市场价高达 180 多元一斤，因为前一天刚下了雨，她送给我的这些就是她和父母凌晨四五点去山上为我采摘的。在他们内心深处，我们这些外来的教师给他们带来的是希望。从学生到家长，满满的爱让我十分感动。我在走教过程中这样地被期待和被宠溺，遇到过很多次。山区虽然物资贫瘠，但是对知识的渴望和对教育的尊重更加诚恳和热切。

感恩是一个人最宝贵的品质。在我求学的道路上，一直受到各级政府、社会和学校的帮扶。如今，回到山区帮助这里的孩子，我觉得也是在帮助过去的自己。我们每一个志愿者的支教笔记上都记录着这么一句话："做人应该像蜡烛，有一份热，发一份光。"

——扬州大学第十九届研究生支教团杨晨

## 三、实践现场：马背上建起第二课堂

贵州省安顺市镇宁布依族苗族自治县，位于黔中腹地。2018 年以前，当地是典型的国家级贫困县。山区不少村寨位于西南崇山叠岭的最深处，世代居住着为数不多的布依、苗、黎等少数民族村民。山区交通闭塞，信息滞后，部分偏远山寨几乎与世隔绝，很长一段时间，马匹是进出山寨的主要运载工具，最快的出山道路往返需要 4 个小时（图 1－5）。

图 1－5　2013 年 4 月团队进山时当地的交通状况

长期以来，大山深处的部分村落小学受制于特殊的地理条件和社会经济水平，难以撤销并校，并以"袖珍村小"的形式散落于大山腹地。当地的教育生态异常薄弱、教学资源极度匮乏、留守衍生问题十分突出。因贫瘠的教育条件限制，山区不少"袖珍村小"教育体系严重失衡，教师、物资极度匮乏，部分村小只有1～2名教师，只能开设语文和数学两门课程。2018年以前，这里不少学校只有代课教师。以当地的木厂小学为例，3名教师都是“非编制”的当地代课教师。

2013年4月，扬州大学研究生支教团走进山区，开展为期1年的教育帮扶活动。因当地“袖珍村小”散布在大山深处的不同村寨，团队放弃传统的定点支教形式，创新通过“走教”的方式开展教育帮扶。所谓走教，即不同于传统的定点教学，是教育者前往学生集中处提供教育服务，是一种送教上门的流动型教育形式。因团队最初只能通过马匹在山区间走教，因此项目被命名为“马背上的第二课堂”（图1-6）。

图1-6　团队在马背上建立流动教学点，开展“第二课堂”走教服务

在帮扶方式上，项目注重在发挥乡村原有教育体系优势的基础上，开展精准性、补嵌式的教育帮扶。项目调研显示，不少“袖珍村小”原有的主课教学质量并不比乡镇小学或县域小学差，即乡村小规模学校原有的教育体系具有一定的内生性和合理性。为此，“马背上的第二课堂”在实施过程中，充分利用本土化教学团队、深入开展在地化课程开发、积极嵌入地方教育生态。通过外源力量补嵌激活乡村教育的内生力量。如协助当地开发少数民族舞蹈、历史文化、乡土实践等校本课程，强化乡村教育的乡土联结。

**【现场传真：苔花如米小，也学牡丹开】**一直以来，我都有一个想法，希望有一天能够到偏远的地方支教，为当地的教育事业贡献自己的一份力量。在大学里受那些青年志愿者们的熏陶，看着他们做出来的那些振奋人心的事情，也想幸运地成为志愿者来到山区，开展支教活动。

在这里，我们每周都会牵着马，前往不同的山寨开展教学活动。走在云雾缭绕的山谷间，走在那熟悉的乡间小路上，每一天都是新鲜的开始。相较于当地的教师，我们的课堂更轻松活泼，这也让我们每次上课的时候，门外都会挤满蹭课的孩子。或许是因为这里很多人从未走出过大山，这里的孩子们对外部世界的渴望比城市里的更迫切。从陌生到熟识，我与这群善良、朴实、懂事的孩子们一起开始了一段奇妙的旅程。没事的时候我会给他们讲讲大学里的故事，看着他们眼里闪烁的光，我分明读出了一种向往，我应该架起他们与未来的那座桥梁，帮助他们实现自己的理想。

如果让我说支教的感受，我会说："简单并快乐着，平淡并享受着，付出并收获着！"如果问我来支教后悔吗？我会说："用一年不长的时间，去做一件终生难忘的事，值！"如果问我支教这么久最想说什么？我会说："我爱这群淳朴可爱的孩子，我爱这个虽偏僻简陋但安宁静谧的校园，更无悔对这次公益行动的选择。"

路漫漫其修远兮，吾将上下而求索。此时我最想说：为了孩子们渴望的眼神，为了无悔的青春，我将用心完成一年的支教工作，也许我的到来不能马上改变什么。但我觉得，未来有一天他们回想起来，我曾经给他们启蒙过如何欣赏国画、油画和抽象图，我曾经告诉他们怎样辨别音符。未来有一天，当他们和自己的孩子讨论起学习时，记得我曾经教过他们的那些知识。我们这一点微小的努力就都是值得的。

熟悉的小路，开满陌生的花朵，苔花如米小，但却顽强地绽放着自己的光彩。

——扬州大学牛津团江晶晶

项目构建起了由地方政府主导，走教志愿者为骨干，当地教师协同参与，企业、社会组织、媒体等广泛参与的多元化帮扶团队。2019 年，由团队发起的走教项目被纳入到贵州省镇宁县基础教育改革示范项目。由此，县域中小学和村小教师大批量参与走教团队。目前，在当地走教过程中，60%左右为当地县域中学教师和志愿者，10%左右为当地村小教师。团队以周为单位在县域 13 所"袖珍村小"开展流动性走教。每所学校在学期内，保障每周累计开设科技文艺、审美教育等“第二课堂”6～8课时（图1-7）。

图1-7 团队重点开展审美教育、科技文体、乡土教育等素质拓展类教学

**【资料链接：短期支教和长期走教相协同】**团队管理的连续性是高校公益项目的重大难题。“马背上的第二课堂”公益项目组建了“核心管理团队—长期支教志愿者—短期专业志愿者—其他志愿者”等构成的科学化的管理机制。其中，研究生支教团等公益团队与当地公益团队作为一线走教志愿者，长期驻守山区流动走教。牛津团、创艺家等公益团队作为短期志愿者，除了利用寒暑假等时间，开展专项帮扶外，还常态化提供资源募集、远程帮扶等公益项目。此外，团队还充分利用高校学科齐全等优势，招募各类专业特长志愿者，开展课程研发、心理援助等专业化志愿服务。

在教学内容上，团队采用差异化方式补嵌当地教育生态，即语数外等主课教学留给当地教师，团队重点开展审美教育、科技文体、乡土教育等素质拓展类教学，从而形成了优势互补的教学体系。为此，针对性开发各类教学课程20余门，实现更贴合乡土文化、更适合流动教育模式、更符合乡村教育需求的精准教学帮扶。如针对少数民族文化传承问题，团队联合当地教师开发了“芦笙拜月”民族舞课程；如针对红色文化传承，团队帮助10余所村小建立了“国旗护卫队”，通过社团文化开展爱国主义教育。

**【资料链接：创新课程链教学体系】**课程链是团队根据乡村走教实际开发的新型课程组织形式。受地域和团队条件限制，流动教育无法像传统定点教育一样常态化、全要素开展。团队将课程浓缩，并以一条主线，将不同内容串联，构成课程链，如图1-8所示。这是一种课程体量小、授课方式活、教学内容“土”、受众学生少、价值导向精的微型乡土素质教育课程。如团队在纳敦小学，针对学校留守儿童较多的现状，开发出美育—心育课程链，即将手工制作、民族画绘本、心理健康、蜡染体验等课程压缩并融合成一个课程系列。课程链2017年荣获全国优秀校本课程设计大赛一等奖。

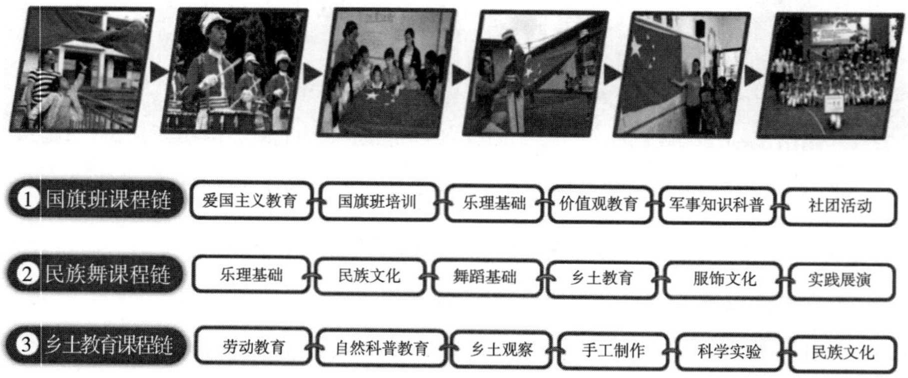


图1-8　项目以一条课程主线将不同教学内容串联，构成课程链

在教育资源上，项目充分发挥高校、政府、企业、社会志愿服务组织、媒体的各自优势和特点，以志愿服务参与带动公益参与，跨界整合志愿服务资源，保证资源的持续性支撑。在资源整合方面，如图1-9所示，团队建立了由上往下、由外向内、内部联动等三种类型的立体化教育资源流动方式，实现了教师走动、资源流动和区域联动协同互补，从而破解资源短板的问题。如团队联合当地政府，以特色项目撬动资源投入，针对不同村小的特质和需求，差异化开展“小而美”的村小品牌建设，吸引地方县域或中心学校教育资源从上往下流动。

此外，项目差异化打造品牌村小，推动区域内部不同村小之间相互流动。如针对当地木厂小学的民族特色，引入资源，打造“芦笙舞”特色村小；针对当地旗山小学打造“书香校园”村小，通过这种微型的、特色的、差异化的布局，实现了区域内村小的内生流动，优势互补。

这种流动式的教育帮扶模式，不仅提升了教育师资的利用效率，而且有效弥补了当地教育短板。在前期走教实践的基础上，团队正式启动“马背上的第二课堂”公益项目，项目探索建立以流动性教育教学为主线，涵盖教育

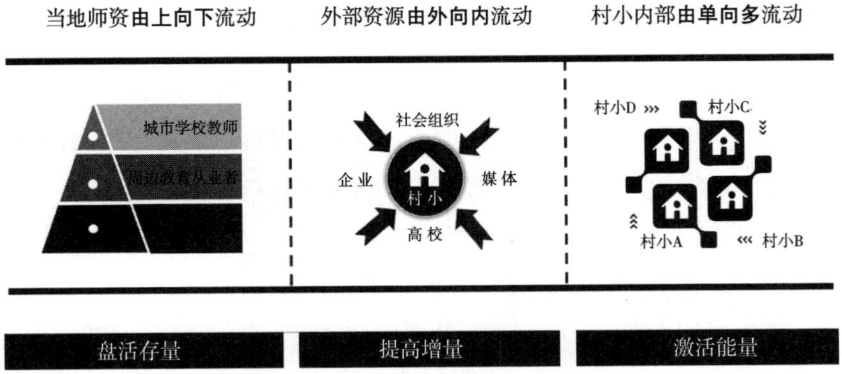


图 1－9　构建立体化的流动教育模式

资源引流、流动课程规划、教育品牌创建“三位一体”的公益帮扶体系。

项目实施以来，累计撬动 210 余万元公益资金，组织 110 余名一线教学志愿者，5 000 余名资源统筹、项目策划等后勤志愿者，通过协同化运作、差异化发展、流动性互补，为当地近 10 所“袖珍村小”开展“第二课堂”素质拓展辅助教学 40 000 余课时，累计 3 000 余人次受益（图 1－10）。推动区域内村小实现“小而优”“小而美”“小而特”的新时代乡村小规模学校建设转型，起到了良好的社会示范效应，先后在四川、甘肃等多地推广。

图 1－10　项目撬动资源援建“袖珍村小”教学楼（贵州省镇宁县木厂小学）对比

## 课堂讨论：

1. 谈一谈，乡村学校在教育方面，有哪些优势是城市学校不具备的？
2. 谈一谈，组织一次流动走教，有哪些注意事项需要特别关注的？

## 四、公益成效：流动教育激活乡村教育

自2014年4月“马背上的第二课堂”流动走教项目启动以来，针对贵州省镇宁县乡村小规模学校发展问题，团队创新开展以流动走教为切口，精准实施师资补充、资源对接、课程研发、留守关怀等公益帮扶活动，累计帮助10余所小学建立了完善的教育帮扶体系。

### （一）实施成效：精耕细作打造教育帮扶新模式

#### 1. 公益实效

项目开发和引进了萌蒙绘、主动人生、“创艺家”等科技文艺类、心理诊疗类、成长规划类公益课程近10项，契合当地民族特色。面向牛田、木厂、纳敦等11所山寨村小近3 000名学生，开展“第二课堂”近40 000课时。项目累计吸引超过1 400余名志愿者参与，建立了310余名走教教师组成的一线实施团队；累计撬动310余万元资金，在近10所偏远村小援建了教学楼、运动场、厕所等教育基础设施。

#### 2. 示范效应

项目经验和模式在全国引起重大反响。公益模式受到中央电视台、《光明日报》等全国数百家媒体关注报道。2015年12月，中央电视台以《马背上建起“第二课堂”》为题进行报道。2018年7月，团队“留守儿童手机使用状况调研”受到中央电视台、《中国青年报》等全国近百家媒体关注报道。团队不断创新公益模式，开发引进标准化公益课程体系，先后荣获“全国青年社会组织‘伙伴计划’示范项目”、第四届中国青年志愿服务项目大赛金奖、贵州省首届志愿服务项目大赛金奖等10余项省级以上奖项（图1-11）。

#### 3. 政策关注

2018年5月，贵州省委书记等主要领导亲自回信勉励志愿者，在全省掀起“建功新时代，共圆中国梦”的热潮。团中央书记处书记为项目题词，并鼓励示范推广。贵州团省委书记多次指导团队工作。2018年12月，“马背上的第二课堂”公益扶助项目在第四届中国青年志愿服务项目大赛中荣获金奖，受到团中央志工部部长的点赞和指导。此外，团队的流动教育模式，受到当地政府的高度重视，并上升为当地针对乡村学校的教育政策。

图 1－11　项目受到包括中央电视台等全国近百家媒体关注，其中多篇为头版头条

## （二）项目创新：精准施策提升公益帮扶长效性

### 1. 流动走教，补足乡村教育短板

“走教”是整合区域师资资源，进行流动式教学服务的有益尝试，是补短板、提效益的有力举措。“走教”在改变教师传统任课观念的同时，通过取长补短，整合共享的方式解决了薄弱学校、薄弱学科教师资源缺乏问题，让更多的学生享有优质教育资源，尤其是针对深度贫困地区的“袖珍村小”，“走教”可以有效补齐教育资源短缺、师资力量不足、特色教育难以挖掘等短板，使理念、教师、资源、信息等教育元素充分共享、优劣互补，从而推进义务教育均衡发展。

### 2. 主次协调，注重内外公益力量分工

乡村小规模学校原有的教育体系具有一定的内生性和合理性。外来和内生的教育力量只有同频共振，供给和需求实现精准匹配，才能实现帮扶效果的最大化。“马背上的第二课堂”项目强调扮好教育“配角”，即尊重当地的教育体系和教育成效。在课程设置、资源供给、项目规划等环节中突出补嵌和辅助，明确功能定位。如充分利用当地的乡土资源，开发乡土类课程，加大内涵挖掘，协助当地构建“小而优”“小而美”“小而特”“小而精”的乡村教育品牌。再比如，在课程设置上，志愿者负责的课程重点是素质拓展类，而将语文数学等主要科目，留给更加专业系统的学校原有教育力量，实现了主次互补。

### 3. 多元参与，开放公益扩大支教朋友圈

完整的、持续的教育扶贫体系，不是简单的物资捐赠，不是某一方大包

大揽或各自为政，营造良好的志愿服务环境需要多方参与、优势互补、精准规划。项目充分发挥高校、政府、企业、社会志愿服务组织、媒体的各自优势和特点，以志愿服务参与带动志愿服务认同，跨界整合志愿服务资源，保证资源的持续性支撑，形成志愿服务合力，实现人力、资源、渠道、监督、反馈等环节的同频共振。

**【资料链接：大学生支教的利与弊】**一方面，支教是促进改善地区的教育资源贫乏问题，实现对教育贫乏关爱的手段，提高全社会对教育贫困地区的关注度，让更好的教育、更深厚的知识传递到每一个角落。从被支教学生角度来看，大学生短期下乡支教可以通过介绍外面的世界，拓宽受教学生的眼界，能够丰富学生的课余活动，促使学生多样发展，增强受教学生的自信。此外，支教能让大学生得到个人能力的提升以及品格的完善，通过准备教案，大学生提高了自己的思维能力；通过与孩子们沟通，他们可以提升自己的思维能力，深入了解社会，并提升自己的综合素养。

另一方面，大部分大学生支教活动是短期的公益行为，不少项目持续时间只有一周甚至更短。师生之间也无法建立紧密的连接，对于学生的优点和缺点，都不可能有全面深入的认识。此外，从教育学角度来看，短期支教队员缺乏必要的教学技巧和教学经验。知识结构不系统，缺乏完整的教学计划，使教学内容没有连贯性，还会影响到当地老师的教学完整性。这样的情况下，大学生短期支教，很难促进农村教育事业的发展。

## 课堂讨论：

1. 谈论分析，大学生支教的利与弊。
2. 你觉得乡村教育发展，有哪些地方可以进一步提高和完善？
3. 如果你是一名志愿者，你觉得还有哪些资源可以整合进项目？

### （三）项目评述：以“生态思维”让教育帮扶接地气

贫困地区的教育体系位于全国教育系统末端。封闭的地域特征、滞后的社会经济、特殊的人文教化等因素在当地形成了独特的教育生态环境。外来志愿服务力量在介入当地教育治理的过程中，应充分考虑山区原有的社会和教育生态，而非刚性的植入。

“马背上的第二课堂”志愿服务项目最大的特色在于注重互动互补，强调以“生态思维”融入当地教育体系。我们认为，外来志愿服务力量一直都是当地教育生态的重要补充。真正推动山区教育革新的生力军本就应是当地的教育工作者和普通民众。外来和内生的教育力量只有同频共振，供给和需求实现精准匹配，才能实现帮扶效果的最大化。

项目采用流动送教而非传统的定点帮扶，正是基于乡村小规模学校的规模体量，难以建立起全要素的教育体系。以流动的方式，能够最大限度地保证优质的教学资源辐射到乡村末梢。事实上，当前，以走教为代表的流动教育正成为乡村教育的重要呈现形式。

我们的项目之所以强调“第二课堂”，是因为当地的素质拓展教学环节几乎空白，我们针对性精准补嵌，实现与当地第一课堂的同频共振。再如针对留守儿童心理抑郁、精神焦虑等留守衍生问题，团队与当地政府合作，联合开发了“创艺家”心理诊疗课程。

此外，项目创新志愿服务资源的动员方式，项目充分发挥高校、政府、企业、社会志愿服务组织、媒体的各自优势和特点，以志愿服务参与带动志愿服务认同，跨界整合志愿服务资源，保证资源的持续性支撑，形成志愿服务合力，实现人力、资源、渠道、监督、反馈等环节的良性循环，扩大了公益朋友圈。截至2021年年底，镇宁走教项目共获得政府支持资金30余万元，社会捐赠资金90余万元，并与20余家企业、社会组织等单位建立合作关系，有效支撑了项目常态化开展走教服务。

——“马背上的第二课堂”项目指导教师刘斯文

### 课堂研讨：

1. 讨论交流，高校公益团队还可以在哪些方面为乡村教育发展作出贡献？

2. 如果你是志愿者，你觉得项目实施的最大难点在哪里？

## 五、延伸阅读：李丽：“凤”去“凤”又回

盛夏的八月，骄阳似火。闷热的天气，人即使坐着不动，仍会汗流

不止。

贵州省镇宁布依族苗族自治县八河村位于黔南大山最深处，这里交通闭塞，通公路的时间不长，至今很多人家还是通过马匹进出山寨。毕业于扬州大学外国语学院的李丽是分配到这里的新教师，入职第二天，便开始走访这里最偏远的几个苗寨，为实现百分之百的“控辍保学”，她赶在开学前，一户户家访，了解情况，宣讲政策。

很难想象，这个瘦弱的“95后”小姑娘，比很多男教师更有耐力，愣是沿着陡峭的山路走了两个多小时。很少有人知道，倔强的李丽本人就是一名贵州的山里娃，本可以留在大城市的她，执意回到家乡执教，她经历了两次艰难的抉择。是什么让飞出大山去的“凤凰”又飞回来？又是什么让她矢志教育脱贫的初心如此坚定执着？

### “三次支教”帮助“过去的自己”

其实，对于现在任职的马厂小学，李丽并不陌生。这已经是她第三次来到这里。前两次是以短期支教者的身份。而这一次，她正式成为了这里的教师。

沿着陡峭崎岖的山路，李丽说有一种回家的感觉。她趁着周末，拷贝了几部电影来到苗寨，准备和孩子们分享。这里群山耸立、峰峦叠嶂，乡里最偏远的一个苗寨通上公路的时间不长，至今很多地方还没有接通网络。

说是看电影，其实是把电影下载到电脑上，带着几名学生看。孩子们的眼睛紧紧盯着屏幕，不时张大嘴巴，发出各种惊叹。对这里的很多孩子来说，这是他们生平第一次看电影。“除了教英语，我也想让他们看到更多的东西、更大的世界。”

李丽大学期间的三个暑假都安排得与众不同，她一心扑在了支教上。大一暑假，她牵头成立“伯藜学社支教团”，帮助入城农民工子女开展“小候鸟夏令营”，大二、大三暑假，参加支教团队来到山区，开展短期的教育帮扶活动。

她对山区并不陌生，不过，第一次来到支教的学校时，“心情还是蛮难受的”。她说：“尤其到过江苏的学校后，对比之下冲击更大。小孩子们的笑容都是一样的，但学校的硬件设施、师资力量差别很大。为什么这些孩子没有条件接受更优质的教育呢?”

支教结束，李丽与孩子们和家长保持着联系，家长们经常跟她讲孩子的近况。“当初离开的时候，孩子们都说希望老师能再回来。现在回来这边，就像是兑现一种承诺。”

“帮助他们，就是帮助过去的自己。”李丽说，“一路流转的求学路让我明白，‘能上学，上好学’对农村的孩子来说是多么的可贵!”

## “孟母三迁”成就“五子登科”

李丽出生在贵州省毕节市赫章县的一个小山村，那里位于云贵高原崇山峻岭的最深处。

“说是故乡，但却只存在我的记忆里。”李丽说，从记事起，他们一家就在不停地搬迁。父母虽然小学都没毕业，但对教育却异常重视。山区教育条件匮乏，为了让自己的孩子能够接受更好的教育，一家人从贵州赫章搬迁到云南玉溪，又搬到贵州六盘水……一路打工，一路上学，哪里有好学校，哪里能上好学，全家就往哪里搬。

“印象中至少搬了六七次家。”回忆起自己的读书经历，李丽鼻子一酸。她说，在父母看来，教育是走出大山的唯一希望。最困难的时候，父母每天甚至打三份工，但从没有在孩子们的教育上打过折扣。

父母对教育的执着追求，激励了孩子们的奋发图强。就在 7 月下旬，家里最小的妹妹高考成绩也公布了，顺利达到本科线，目前已被江苏某高校录取。自此，家里的“五朵金花”全部考上大学。这在当地留下了一段现代版“孟母三迁”成就“五子登科”的佳话。

教育改变了一家人的命运，从小一家人对教育孜孜不倦的渴求深深烙入李丽的记忆深处，也让她对山区教育的落后，以及山里娃求学的艰辛多了一份理解。

2016 年，她的高考成绩比当地一本线高出 20 多分。这样优异的成绩本可以报考更好的热门专业，但她毅然选择了相对最难啃，且自身基础相对薄弱的英语师范教育专业。

面对人生的第一次重大抉择，李丽的决定让身边很多人不理解。但是她却淡淡地说，自己想通过教育改变更多人的命运。

“考出去，就是为了明天再回来!”李丽对自己的职业规划明确且坚定。山区教育的整体水平较低，尤其是英语教学的基础异常薄弱，这成为很多西部孩子的短板。改变这里的现状成了李丽孜孜不倦的追求。

## “两次抉择”矢志“乡村教育”

城里的学生可能很难想象，“95后”英语老师李丽，直到初中才开始学二十六个英文字母。“我小学没有上过英语课。我到现在都记得，初中第一堂课，老师问谁没上过英语课，我们班只有我一个人举手。这件事情对我的触动很深。”

李丽不服输，老师们也不放弃。“老师总夸我，是金子总会发光，要相信自己。在老师的鼓励下，我特别喜欢学英语。”

“李丽刚进校的时候，英语基础相对较弱。但为了学好专业知识，她一直是宿舍里最早离开，也是最后一个返回的同学。”班主任孔阳介绍说，四年来，她一步一个脚印，慢慢从班里的“吊车尾”变成了“领头羊”。四年里取得的奖学金、助学金等各种荣誉证书足够铺满一张床。

从不认识ABC到当上英语课代表、大学选择英语师范专业，到如今成为英语老师，李丽说：“我真的觉得教育的力量太伟大了!”

毕业前夕，找工作成了她人生的第二次重大抉择。成绩优异的她本可以去上海、南京等地学校任教。甚至曾经实习过的一家跨国公司也有意录用她。但她在认真权衡后，毅然收拾行囊，返回家乡。

有人说，人生的路很长，但关键处只有几步。教育梦早已在李丽内心深处生根，让她步履铿锵，坚定不移。

为了能够返回家乡从事教育工作，她同时申报了贵州教师招聘、研究生支教团、“美丽中国”计划，三个都是面向最偏远的乡村开展教育帮扶的项目。

上半年，李丽最终被本校研究生支教团录取。8月初，李丽正式入职，圆了自己做一名教师的梦想。入职当天，听说当地偏远山寨的几个孩子有退学打工的倾向，老师们想去家访做工作。李丽行李尚未收拾好，便第一个报名。她说，自己的经历就是最好的教材，希望能够亲自和家长及孩子们聊聊理想和未来（图 1－12）。

绵绵群山挡不住青春的脚步，迢迢远途阻不断对献身乡村教育的执着。正是这样一群情牵故里、放弃繁华，一心扎根山区的新时代“园丁”，让乡村教育迸发出异常顽强的生命力。

图 1－12　支教一线的志愿者李丽

## 实践指导：

1. 邀请“马背上的第二课堂”志愿者与班级同学现场交流。
2. 组织参与“马背上的第二课堂”部分志愿服务项目。

# 第二章 青年公益护航乡村绿色发展

## 实践案例：土壤医院——新型农业土壤问题调理专家

### 本章导学：

“绿树村边合，青山郭外斜。”绿色，一直是乡村的主打色。如今，乡村振兴战略为广阔田野铺上浓浓绿意，描绘出一幅可望可及的现代农村绿色画卷。乡村振兴，根在生态绿色。党的十八大以来，党中央提出的五大发展理念，对包括农业高校在内的我国各行业、各领域改革发展提供了行动指南。在推进乡村振兴过程中，高校怎样将学科优势和人才优势转化为发展优势、生态优势？如何让绿水青山变成“金山银山”，变成乡村振兴的助推器？尽管每所高校，每个地区方式方法不尽相同，但都指向了“百姓富、生态美”的有机统一。

在生态文明建设进程中，青年群体一直是践行生态文明理念、引领绿色发展的重要推动力量。主动落实从蚂蚁森林到垃圾分类等日常生活中的“微环保”行为，主动参与从文明宣讲到绿色公益等环保事业，青年群体逐步成了绿色生态的主力军和生力军。“2021 中国青年绿色行为报告”统计显示，目前全国高校环保类社团达到 3 000 余个。“90 后”青年群体的绿色消费意识在所有群体中得分最高。

乡村生态振兴是普惠的民生福祉，不论是筑牢生态屏障，还是补齐生态短板，高校有着天然的科技、生态和人力资源优势。近年来，在乡村绿色发展过程中，青年大学生更是发挥着调研员和宣讲员、示范者和引领者等关键作用。本期，我们将走进扬州大学“土壤医院”公益团队，认识一群新型农业土壤问题调理专家，并探究青年群体如何引领乡村绿色发展，怎样助力乡村生态振兴。

**课前思考：**

1. 谈一谈你印象中的和美乡村是什么样子的？
2. 结合身边的案例，你觉得青年大学生能够参与哪些环保行动？

# 扬州大学土壤医院

## ——依托专业知识创新农业土壤调理新模式

### 一、背景介绍：触目惊心的土壤污染问题

2007 年 6 月，江苏太湖发生了严重的蓝藻污染事件。被称为“中国五湖”之一，水产丰富、水质良好的太湖在两个月间变得恶臭难闻、蓝藻遍布。这一事件造成了无锡全城自来水被污染，生活用水和饮用水严重短缺，超市、商店里的桶装水被抢购一空。“蓝藻的暴发问题主要出在农业和生活废水的排放方面，其中更主要的是农业废水。”我校环境工程学院钱晓晴教授介绍说，农业生产所用的肥料与农药富含大量的有机物，这些废水要么通过土壤渗透进地下水要么直接排入河道，流进太湖，为蓝藻提供了优质的养料。同时，太湖沿岸农民错误的施肥方式导致水体富营养化现象愈演愈烈，最终导致了蓝藻的暴发。

随着我国经济飞速发展，各种环境污染问题层出不穷，土壤污染问题成为乡村环境保护与发展中最突出的问题之一（图 2 - 1）。我国是一个拥有六千余年耕种历史的农业大国，如果说农耕是华夏的衣食之源，那么土地则是民族的文明之根。近年来，随着现代化农业的高速发展，肥料催产、农药使用、大棚种植等耕作方式和习惯正严重破坏着土地的生态平衡。

数据显示，按播种面积计算我国氮素化肥平均施用量分别是法国、德国、美国的 1.51、1.59 和 3.29 倍，氮肥施用量位居世界第一，磷肥消耗量为世界第二，然而耕地粮食产量与这些国家相比仍然低 10%～30%；我国农药使用量已经达到 130 万吨，是世界平均水平的 2.5 倍，我国受农药污染的耕地土壤面积达 1.36 亿亩。

图 2-1　触目惊心的农业土壤污染问题

**【资料链接：农产品重金属超标】**2017 年 10 月中旬，江西省九江市柴桑区港口街镇晚稻收割期，志愿者在两个村的村民家中、农田取了土壤以及稻谷样品，送检第三方检测机构。检测结果显示，两个村两户村民的稻谷重金属镉存在不同程度超标。此外，村民正在种植的农田土壤内重金属镉也超标，村里废弃农田的土壤重金属镉、砷更是严重超标。该事件发生后，“镉大米”与“食品安全”又成了人们十分关注的话题。其实早在 2007 年，南京农业大学农业资源与环境研究所的潘根兴教授就针对中国六个地区县级以上市场的 170 多个大米样品进行了随机调查，结果发现，有 10%的市售大米存在着镉超标的问题。

我国土壤污染日趋严重，特别是农田土壤受污染率从 20 世纪 80 年代末期的不足 5%上升至 19.4%（图 2-2）。

过度的农业开发，如农药化肥的过量使用导致土壤次生盐渍化、河流湖泊富营养化等例子不胜枚举，除此之外，土壤受损后会带来地表水、地下水污染，对环境的破坏和人类健康的影响是无法估计的。农业环境的优劣程度

图 2-2　被污染的土壤

直接对国家整体环境的质量造成影响。化肥、农药等带来严重土壤问题的同时，也极大地加重了环境负荷。

**【资料链接："北大荒"为何要退耕还"荒"?】** 北大荒位于我国东北地区，由于当地土壤基质富含各种有机物，土地非常肥沃，以至于人们形容说"捏把黑土冒油花，插根筷子也发芽"。由于这里的土壤肥沃，再加上 1949 年之后，人口不断增多，为了满足不断增长的人口对粮食的需求，我国开始开发北大荒。但是，在开发北大荒的时候由于缺少长期规划，也遭到了大自然的疯狂报复。

首先，北大荒里有许多湿地，这些湿地不仅满足着鸟类的生长，还调节着当地的洪涝灾害。当地降雨较多时，水流会汇入到湿地之中；当地面临干旱时，湿地也会向周围地区供给水源。所以在过去北大荒地区很少会发生洪涝或者干旱灾害。湿地消失，失去了调节作用，以至于这里发生洪涝灾害的频率有所增高。此外，由于过度开发，不仅导致了北大荒的林地面积和湿地面积少了一半，就连黑土层都遭到了严重损坏。黑土层的深度由原来的将近 1 米深，变成了只有 20～30 厘米深。

研究资源和环境的专家介绍说，形成 1 厘米的黑土地表层，至少需要 400 年。而开发北大荒之后，黑土层每年流失达到了 0.5～1 厘米。如果再不对黑土层加以保护的话，再过 50 年，黑土层将会消失殆尽。绿水青山就是金山银山，我们不能只想着自己多种些庄稼，出产粮食，也得为动物和自然生态环境考虑。在这个背景下，退耕还林就成了势在必行（图 2-3）。

图 2-3 “北大荒”的黑土地为何要退耕还“荒”

### 课堂讨论：

1. 讨论分析我国农业土壤污染的主要成因有哪些？
2. 怎样看待现代农业技术是一把“双刃剑”的说法？

## 二、项目简介：新型农业土壤问题调理专家

扬州大学“土壤医院”成立于 2017 年 12 月。该项目是建立以为农业土壤问题提供解决方案为核心的新型土壤诊疗机构，面向农户、企业、政府提供土壤问诊、化验、修复、培训等服务。“土壤医院”首次采用土壤人性化管理，畅通土壤诊疗通道，实现产品研发与技术推广，公益诊疗与商业治理，智库保障与技能培训三大融合创新。

2017 年，团队前往宿迁、连云港、南通等地调查。近年来，化肥催产、大棚种植等现代农业技术广泛应用于农业生产。但随着大棚种植年限的增加，蔬菜种植普遍从“高产高效”变成“低产低效”，不少农民为了促进生产，加大肥料的使用量，却陷入“越不长越施肥，越施肥越不长”的生态怪圈。

团队调研发现，由于大棚土壤缺少雨水淋洗，养分经常随蒸发水移到表层，施用过多的肥料，如果不能及时被植物吸收利用，就会在土壤中很快积累起来。为获得高收益，农民在种植大棚蔬菜时肥料的投入量通常是露天栽培的数倍，导致盐分在土壤表层积累，进而产生土地“营养过剩”问题。大棚生产“营养过剩”会直接引发土壤次生盐渍化、酸化、养分供应严重失

衡、有害生物增加等土壤微生态环境的破坏。

目前，我国耕地问题复杂多样，针对农户的土壤质量检测与分析以及土壤修复市场需求量大，而市面上的其他土壤修复企业多注重于土壤工业污染的修复，农业土壤修复方面并没有受到足够的重视，数以万计的农户正翘首以盼自己的耕地早日接受土壤改良修复。

事实上，土壤“营养过剩”问题并非无解，当前部分企业有解决这类问题的技术储备，但高额的土壤修复费用使低收入农户望而却步。以修复西瓜田的土壤次生盐渍化为例，农民每亩瓜田每季收入约为 6 000 元，但每亩的修复价格一般在 7 000 元左右，修复土壤的费用过于昂贵，农户们往往承担不起。

对于提供土壤修复业务的企业来说，由于危害原因多样、农户土地分散、修复工序繁杂、商业利润微薄等原因，单独对低收入农户提供土壤修复服务并不符合企业的盈利导向。因此，大部分土壤修复企业对低收入农户土壤修复业务没有很强的承接动力和意愿。

**【实践传真：寸草不生的农业大棚】**2017 年的夏天，“土壤医院”创始人陈旺带领一个实践团队前往江苏省宿迁市南蔡乡开始他们历时一个月的社会实践活动，在那里他遇到了一位蔬菜种植户——徐桂玲奶奶。农户徐奶奶在 2016 年承包了两个新的蔬菜大棚，徐奶奶一直以大棚种植为家里最主要的经济来源，然而第一季种下的茄子难以生长，第二季她改种韭菜却还是长势不佳，第三季她又改种辣椒，依旧是收获甚少。在种植期间，徐奶奶为了解决问题，不断地增大施肥量与更换肥料，以期改善农作物的生长状况，却毫无成效。最后，徐奶奶一气之下种了一茬草，没想到连草都没长出来。2017 年徐奶奶的大棚只剩下萎蔫的菜叶和皲裂的土壤，她的大棚就这样成了“不毛之地”。一整年的辛苦耕耘换来的却是一地枯黄，这让家中本就不富裕的徐奶奶十分焦急，面对自己大棚的近乎“绝产”，徐奶奶痛心疾首却又束手无策（图 2-4）。

瓜田“营养过剩”是农业生产经营与现代种植技术脱节的一个生动缩影。我国有着上千年的农业耕种历史，一代代的农民们为了地里的庄稼能够增产，

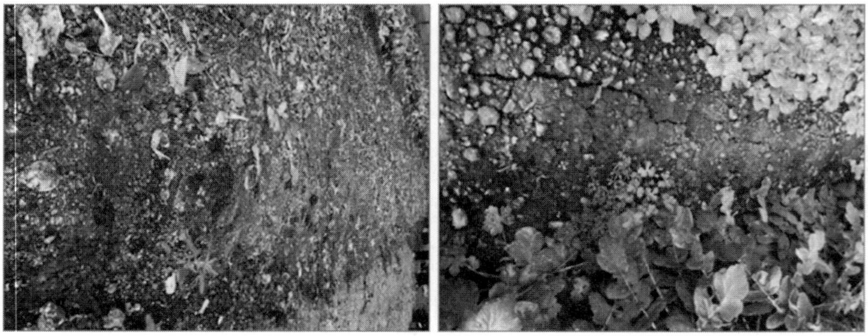

图 2-4　宿迁农户徐桂玲改良前的大棚

积累了许多像“庄稼一枝花，全靠肥当家”这样耳熟能详的农谚，并以此来指导自己的农业劳作。这些传统耕作方法深入人心，但是随着时代的发展，它们已经不再适用于现代农业，不但无法为农户们带来丰收，而且还会造成作物的减产（图 2-5）。

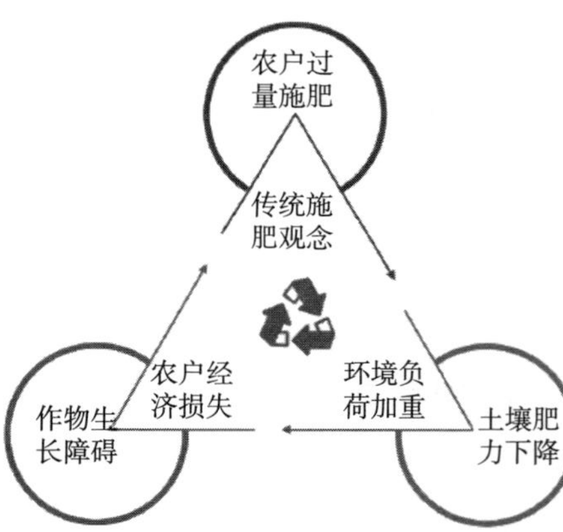


图 2-5　减产与施肥的恶性循环

当前正是农业转型升级的关键时期，农业现代化不仅要资源和技术“硬保障”跟得上，更要在科学理念和技术认知等“软实力”上不掉队。团队分析认为，农业现代化是一项涉及科研攻关、技术推广、跟踪服务的体系化工程。高校拥有先进的技术、创新和人力资源优势，能够帮助乡村建立现代农业产业服务“全链条”。

为此，2017 年 12 月，全国首家基于高校科研和公益团队的“土壤医院”正式成立。团队面向中小农户、适度规模农场、规模农业企业、地方农技部门等不同客户提供问诊、化验、修复、培训等公益服务。团队采用“医院化模式”实现农田大棚的立体化诊疗，建成了一个以为农业土壤问题提供解决方案为核心、以农业土壤质量检测与分析、农业土壤知识科普与培训、农业土壤改良技术研发与咨询为配套服务的新型专业土壤诊疗机构。并在此基础上，实现了土壤改良的精准化、普及化、集约化。

**课堂讨论：**

1. 讨论下你身边有哪些环保类社团？
2. 你觉得大学生可以参加哪些环保公益行动？

## 三、实践现场：医院运作体系全套服务

“土壤医院”面向中小农户、规模农场、涉农企业和农技部门，向其拥有的患病土壤提供以医院为运作体系的全套服务——问诊、化验、检测、治疗和培训。该项目已为江苏省内大量农业耕地提供了修复服务，改良效果显著。“土壤医院”认真的态度、高涨的热情、严谨的作风，受到了农户和企业的一致好评，赢得了良好的口碑。

**服务体系：**

**1. 门诊服务是“土壤医院”医疗部核心服务**

团队设立门诊部，共设土壤次生盐渍化、农林病虫害、重金属污染、农药残留、栽培轮作五大科室。团队特聘农技专家长期坐诊，部门主要职责为：处理门诊值班、诊断、会诊、转诊以及拟定治疗方案等问题，为广大涉农客户提供权威诊断，贯彻执行门诊工作的指示。门诊的设置旨在方便为所有客户提供诊疗服务，并不断提高工作质量、医疗质量。门诊主任总管，下设所有科室认真组织实施门诊工作，积极配合医院各部门的健康宣传教育等，与门诊各科、化验部、工作部共同研究改进服务体系，提高诊疗效果。

**2. 化验服务是验证初诊结果以及提供精确诊断的关键环节**

化验部作为“土壤医院”医疗部连接门诊各科、工作部的桥梁部门，负责将所收到的样品利用仪器分析、滴定分析、光学分析等方法进行分类、检测、分析，以获得样品分析数据报告。下设化验分析室、数据分析室以及传达室。化验部职能分工为：化验分析室按照各科门诊医生以及客户要求测定样品相关指标，并严格依据国家标准与行业检测标准规范操作，确保实验数据的真实度精准度；获得原始数据后交由数据分析室进一步整理分析，将原始数据文字化、结果化，以获得最终检测报告；最终的检测报告生成后由传

达室交接至原门诊科室，图 2－6 为化验部的大致工作流程。团队自成立以来奔赴苏、皖、黔各地，累计问诊农田 23 621 亩，检测分析样品超 1 000 份，累计出具数据 4 332 个，共形成并反馈给农户 189 份诊断报告。

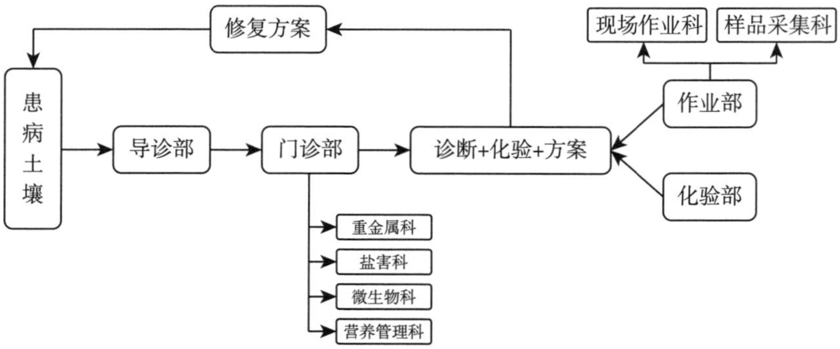


图 2－6 “土壤医院”科室部门及问诊流程

**3. 土壤修复改良是“土壤医院”的核心服务**

团队在前期数据和结论的基础上综合考量农户条件，因地制宜，通过小规模定点实践，制定最合适的土壤修复方案。同时针对不同的土壤问题用稻壳、秸秆、菌剂、肥料等材料配制成“改良剂”对问题土壤进行改良。诊治医师通过检测报告或出诊结果为客户“量身定制”修复改良方案，客户可自行选择采纳方案自主进行后期改良工作，也可以全权交由“土壤医院”作业部，现场作业部会在两天内安排专业人员前往，并将改良剂配制好，完成实地改良的工作，操作周期为 3～7 天。成立以来，“土壤医院”已经累计帮助大中小农业种植单位修复农业土地 23 621 亩（图 2－7）。

图 2－7 “土壤医院”工作人员在修复土壤

**4. 栽培技术培训是打通技术应用壁垒的重要手段**

对于提供土壤修复业务的企业来说，单独对农户们提供土壤修复服务并不符合企业的营利导向。另外，即使部分土壤修复公司愿意为农户提供针对性服务，这种修复能维持的时间也并不长。土壤修复公司为保证自己的技术垄断，不会教授客户自行修复土壤的方法。所以“管治并管教”才能切实有效地解决当下的问题。为此，团队应地方政府邀请或合作企业要求等为当地农户、农场、社区以及各个领域的涉农学生群体等进行针对性培训，其中包括：现代农业栽培技术宣讲、田间水肥管理技术培训、土壤知识科普等。对于提供土壤修复业务的企业来说，团队积累多年修复经验，总结各类设施土壤治理方法，根据不同土壤的特点，为农户们面对面答疑解惑，并与当地农技部门合作，召集农户开展水肥管理、轮作经验等技术培训，理论课结束后再走进田间地头，将理论学习与实地教学相结合，大大提高了农户们对教学知识的吸收程度。在每次培训会前期，培训部门人员与培训地负责人对接时间、授课内容以及赞助经费等，调度组织好人员分工，并上交培训会策划案给行政主管部门，行政部门签字通过后即可进行。团队通过技术培训不断扩大品牌影响，赢得农户的信任，一方面与农场和社区进行技术对接和土壤相关知识培训，为社区农户答疑；另一方面将目光放在土壤利用和保护相关知识的科普方面，也在各个领域的涉农人员和学生群体心中种下农业环保的种子（图 2-8）。

图 2-8　“土壤医院”面向中小农户开展公益性技术培训

运行推广是高校公益项目的难点之一，也是实现高校与社会有效衔接的关键方法。尤其是 2020 年以来，新冠疫情严重影响了项目的实施开展。团队结合项目运行特点和现实需求，实施了专业研讨会、专业培训会、网络推介会等多元化的项目推介方式，有效提升了人才集聚、项目推广和品牌打造等推广功能。

**1. 通过专业研讨会集聚专业人才**

定期邀请或参加各高校、科研院所开展的关于土壤修复的研讨会，报告“土壤医院”当年的运营成果、分享经典案例、提出疑难问题、分析未来趋势，进一步加强“土壤医院”项目的认可度。研讨会可以向同行业的专家提供科研资料，同时吸引其他高校与“土壤医院”合作共同致力于该公益项目，为土壤治理技术的提高打下坚实的地基。

**2. 通过专业培训会提升服务效能**

将专业培训会作为“土壤医院”的常规公益活动，培训对象为：各地对土壤修复知识、环保知识有需求的学校，农业技术教育薄弱的农村地区，政府主办的助农活动等。通过专业研讨会可以帮助“土壤医院”与其他同样致力于农业土壤修复技术科研的高校达成合作，而专业培训能够帮助项目在潜在的服务对象心中留下良好的印象。目前“土壤医院”的治理模式、经验及效果已被百余家新闻媒体报道，产生了广泛的社会影响与良好的口碑，在公众心中积累下了充分的公益好感。

**3. 通过互联网推广打造服务品牌**

建立官方微信公众号——土壤修复者，定期发布土壤养护知识及自诊培训文案，提高品牌知名度。前期主要吸粉增加流量，中期分析粉丝行为适度调整，后期重点放在使粉丝转化为服务项目参与者。“土壤医院”在2019年成功入驻江苏省农业科技服务推广云平台——农技耘，所有平台用户可以直接联系到“土壤医院”，实现为广大农民提供“全天候、即时性、远距离”的在线技术服务。

**【资料链接：千里之外的求助信】**2019年4月，“土壤医院”收到了一封特别的留言，留言写道：你好，我来自贵州省安顺市镇宁县马厂镇，我们村里去年来了个山东下派的技术员，教村里人种大棚西红柿，听说能挣钱我奶奶也跟着种了，去年大丰收，可是今年才出了一茬西红柿就蔫得差不多了，你们能看看这是怎么回事吗？

这封留言是团队收到的第一个外省求助，意外之余，团队立即和留言的布依族男孩艾辉取得了联系，志愿者们通过QQ聊天，并根据他提供的实时照片以及水肥管理情况逐渐了解大棚的状况。原来他们跟着村里技术员种的西红柿是来自山东的品种，该品种在山东产量大且品质佳，然而贵州群山连绵，多雨潮湿导致很多村落日照时间短光照不充足，该品种出现生长发育不良、坐果障碍、畸形果等问题。农户们看着蔫萎的茎叶大多都在第一时间加大了施肥量，然而这一行为却加速了作物的烧苗死亡。团队在确定是土壤次生盐渍化问题后，以邮寄的方式将土壤改良剂送到了贵州，之后的一个月里艾辉定期将大棚状况向团队反馈，6月份艾辉给“土壤医院”寄来了他家的西红柿表示感谢。7月份我们应邀前往贵州安顺为当地大棚进行问诊，这也让我们深刻地理解了只有将线上线下指导充分结合才能帮助更多的农户。

**志愿者说：**

## 【让每一寸耕地都成为丰收的沃土】

2017年秋天，我在苏北专业实习时，认识了大棚种植户徐桂玲奶奶。头发花白的她是一名资深大棚种植户，可那一段时间，连种三季蔬菜都颗粒无收，眼睁睁看着所有的付出付之东流，她一气之下种了一茬草，结果大棚里连草都不长。

徐奶奶的农田“绝产”了。是什么让原本肥沃的土地寸草不生？其实，近年来，随着大棚等现代种植技术的普及，越来越多的土地陷入了“越不长越施肥，越施肥越不长”的怪圈。从专业角度讲是因为现代技术过度使用引发的土壤次生盐渍化、酸化，俗称土地“营养过剩”。

办法不是没有，但当前主流的土地治理的成本对于小农户来说太高。怎样用最简单的办法帮助土地“瘦身”，正是我们专业的研究方向。当年，我萌生了创办“土壤医院”的想法，就是想利用专业知识降低农田修复门槛，探索一条技术跟得上、农民用得起、效果看得见的农业土壤修复新模式。

也是从那时候起，我们一群志同道合的小伙伴开启了疯狂“吃土”模式。从田埂到图书馆，再到实验室，我们一番番探讨、一轮轮实验、一次次失败，一点点积累，一步步改进，最终，在2018年6月成功总结出了设施蔬菜受土壤次生盐渍化危害的评定方法，可以快速诊断设施蔬菜受土壤次生盐渍化危害的程度并申请专利5项。

然而想要创办“土壤医院”，只有专业知识是远远不够的，所以大二时我申报了国家级大学生创业项目，正式开始了我的创业之路。

在过去的三年里，江苏的13个地级市，我走过了11个。我们的诊疗足迹遍布贵州、安徽、湖南等省份。我们常常凌晨4点出发，走3个多小时的山路，才能到一个村镇，再去问诊、调研、采集土样，我们经常在40多摄氏度的大棚里采样，也可能半夜还在实验室里分析化验，讨论改良方案。

如今，我们朝着梦想稳步前进。2018年7月，国内高校首家“土壤医院”正式挂牌成立，2019年12月，我注册成立了扬州沃地农业科技有限公司……目前，我们已先后在南京、宿迁、盐城等地开设了8家土壤分诊所。

从无到有，从有到优，我们搭建起门诊、化验、药房等部门，为农户们提供更加专业、更加便捷化的土壤诊疗服务。

当然，我们的付出也得到了越来越多的认可。累计帮扶农户5 905户，累计问诊土壤20 000余亩。团队先后荣获“互联网＋”省一等奖、“挑战杯”省赛金奖，2019年，更是荣获共青团中央、生态环境部等8部委联合颁发的全国“母亲河”奖。团队的创业故事被中央电视台、《农民日报》等百余家媒体报道。我本人亦代表江苏省青年大学生参加了全国学联二十七大会议并做主题发言，还被保送研究生，继续攻研土壤诊治相关专业。

为什么我的眼里常含泪水？因为我对这土地爱得深沉……多年来，我们用青春根植厚土，用汗水浇灌大地，而大地也用她的广博滋养着我们成长。

——扬州大学“土壤医院”创始人蒋金杏

## 四、公益成效：实现收益闭环的公益项目

### 1. 公益成效

“土壤医院”面向中小农户、适度规模农场、规模农业企业、地方农技

部门等不同客户提供土壤问诊、化验、修复、培训等医疗服务。项目已为江苏省内大量农业耕地提供了修复服务，改良效果显著。“土壤医院”认真的态度、高涨的热情、严谨的作风，受到了农户和企业的一致好评，赢得了良好的口碑。团队致力于为中小农户提供免费精准的改良服务，为受土壤次生盐渍化困扰已久的中小农户带去增产增收的“福音”，免费帮他们检测并修复土壤；团队对农民开展栽培技术培训，为科学农业生产添砖加瓦。累计培训农民 2 956 人次，累计修复土壤 23 621 亩，帮服农户 5 905 户，帮扶农户实际增收 7 230 万元，降低环境负荷约 50%。

**2. 经济成效**

公益性服务为商业性治理提供了丰富的案例积累和技术储备，商业性治理为公益性服务提供了长效支撑和服务延伸。“土壤医院”项目是一个公益性服务项目。但是为了维持项目的可持续发展，团队面向不同客户，建立了多元的收益途径。其中主体收益来源是面向农场、地方政府和大型企业等提供精准化的商业咨询、诊疗、培训等一揽子服务。与面向中小农户开展的公益性土壤调理手段不同，该部分的技术攻关、产品研发和诊疗服务更加高阶性、商业化和精准化。目前，依托 20 余项发明专利，构建形成了水肥一体化、生态控盐及时、土壤改良培肥、重金属修复技术等一系列技术壁垒，累计获得收益 1 000 余万元（图 2－9）。

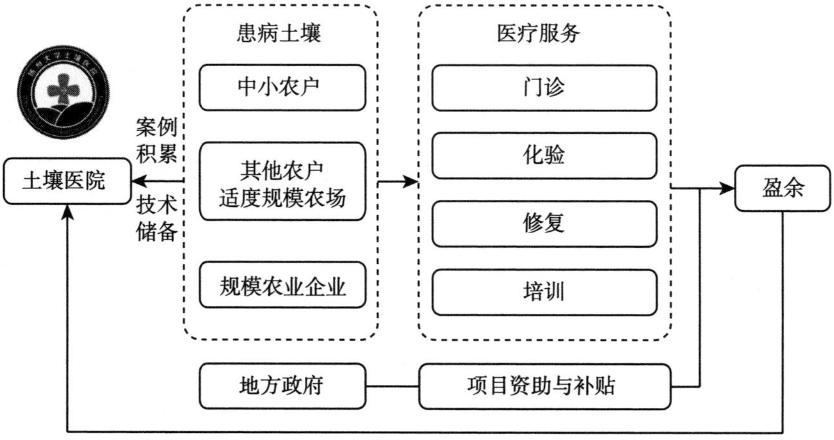


图 2－9　针对农场企业等大型单位提供商业性的精准诊疗

**【资料链接：大学生公益项目如何延续?】**随着越来越多社会组织的兴起，大学生逐渐成为公益慈善事业中一股新生力量。资金是公益可持续的核心因素，也是不少大学公益社团需要面对的难题。目前，高校公益活动的经费来源主要是以下几种。一是社会捐赠。高校或高校公益组织在宣传公益精神，强调公益责任的过程中，得到来自政府、企业、其他社会组织和个人的捐款捐物。在这些捐赠中，政府和捐赠机构的捐赠比例较大。二是爱心义卖活动。通过普通物品的出售来获取远高于其实际价值的公益收益，是通过形式上的交换行为唤起人们彰显爱心和支持公益的方式。三是高校拨款。高校会将一部分资金用于大学生的公益活动。四是会员的会费。总体来说，目前大学生公益活动的经费来源渠道较少，经费数量有限，在一定程度上限制了公益活动的规模和质量，制约着高校公益组织的发展。

**3. 社会影响**

“土壤医院”自成立以来，积极为地方农技部门、企业和农户提供以医院为运作体系的全套土壤导诊、问诊、化验、检测、治疗等服务。项目已成为江苏省现代农业发展体系、江苏省现代农业产业技术体系以及江苏省设施蔬菜“轮、控、改、替”绿色高效生产技术体系的重要组成部分。团队已前往江苏宿迁宿豫、连云港赣榆、南通海门、苏州昆山、扬州邗江、南京六合等地，完成了走访调查、土壤诊断修复以及农民培训等工作，并已在六合、沭阳、宿城、泗洪、宿豫、东台等地建立分诊所。2019年12月，团队因在生态环境保护领域作出的突出贡献而荣获第九届“母亲河奖”；2019年12月，团队荣获由江苏省委宣传部、省文明办、省教育厅等五部门联合颁发的“三下乡”社会实践活动“优秀团队”；公益实践项目受到了包括《农民日报》《中国教育报》《中国科学报》等数十家国家级、省级主流媒体重点关注报道。

## 项目特点：

**1. 创新了“医疗化”的土壤保护新模式**

“土壤医院”是全国首家面向政府、涉农企业以及广大农户提供精准全套改良服务的土壤诊疗机构，下设医疗服务部提供门诊、化验、修复以及特色导诊服务与培训服务。通过“医疗化”的土壤保护新模式，实现了分层分类的公益服务体系，一方面，依托先进的技术积累和丰富的经验储备，团队针对农场、企业等商业性的精准诊疗服务，实现收益闭环，保障团队科研、实践和技术推广的延续性；另一方面，面向中小农户等小规模农业生产者，提供现代农业栽培技术宣讲、田间水肥管理技术培训、土壤知识科普等公益性服务。“医疗化”的土壤保护新模式有效解决了技术人员储备不足、填补了商业治理的空白、推进了田间技术普及等问题。

**【资料链接：农技人才短板凸显】**由于化肥的滥用、农药管理不当等问题，使待修复的农业土壤与日俱增，我国目前约有营养过剩耕地3.5亿亩，大部分土壤的生产力已经大不如前，然而能够指导农户进行土壤科学管理、传授栽培方法的技术人员很少，即使技术员们全天在农田里奔波仍鞭长莫及。现代农业专业人才就更是屈指可数，对于无助的农户们来说，农田长不出庄稼，他们就没有生计，也直接导致大量农田被抛荒。土壤问题数量庞大而技术人员又少，大量的问题尚未解决，而数量更为庞大的农民没有类似的问询渠道，无处咨询，这一切很大程度上都影响了作物的质量与产量。

**2. 建立了“全链条”式的公益服务体系**

“土壤医院”通过“全链条”式的服务体系，为客户提供便捷度高、针对性强的问诊服务。一般情况下，土壤修复公司的修复工作和服务仅仅停留在修复方面，即“管治不管教”，不愿为农民提供技术指导服务，而“土壤医院”在进行修复土壤工作的同时，会为农民提供耕作指导，帮助农民转变传统的水肥管理观念，培养农民解决土壤作物基础问题的能力。团队率先实现产品研发与技术推广、诊疗检测与改良修复并行、智库保障与技能培训的三大融合创新，先后形成了水肥一体化技术、土壤改良培肥技术、生态控盐技术、重金属修复技术等40余项专利融合创新，力求真正从源头上解决农田问题（图2－10）。

**3. 实现“产学研”一体的公益实践闭环**

产学研一体化是科研、教育、生产不同社会分工在功能与资源优势上的

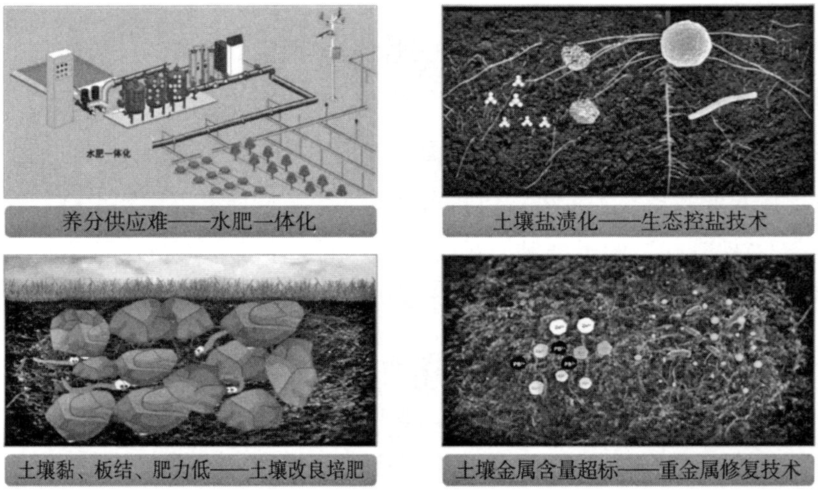


图 2-10　依托专业实践建立了专业化的技术服务体系

协同与集成化，是技术创新上、中、下游的对接与耦合。团队围绕农业土壤生态修复这一实践主题，紧密对接地方政府、企业和农户资源，实现了专业学习、社会实践、科研创新、社会服务等高校职能的“产学研”一体化。依托“土壤医院”平台，学院建立了实践志愿者库、技术储备库、案例分析库、行业专家库等立体的创新和实践支撑矩阵，实现了专业学习、创新创业、社会实践、行业协同的产学研一体化服务链条。

**课堂讨论：**

1. 结合案例讨论，如何看待通过公益事业实现经济收益的这一现象。
2. 如何理解职业公益人这一职业？

## 五、延伸阅读：蓝天协会打造生态宣讲“同心环”

长期以来，青少年是生态文明建设的参与者、受益者，也是生态文明新风尚最积极、最活跃的倡导者、引领者。创新理论宣讲形式、丰富生态实践载体、拓宽环保行动路径是引领广大青少年接力绿色征程的关键。高校具有广泛的青年公益团体、多元的教育知识储备、扎实的人文宣讲优势，充分发挥高校青年团体优势，开展环保专题实践，能够实现高校人才培养和社会公益参与的双向联动。

2017 年，扬州大学成立蓝天协会。团队以青年公益团体为主体、以高校教育资源为依托，开展了一系列生态环保特色科普活动，开展“河小青”“保护运河从娃娃抓起”等运河科普系列课堂等品牌项目孵化，吸引累计 10 余万人次参与，取得了扎实的生态成效，并形成了广泛的社会影响。

**1. 依托高校教育优势，创新“手拉手”环保科普宣讲**

团队结合环境、水文、土壤等学科优势，与地方环保局、科技馆等单位合作，面向中小学开展“手拉手”环保科普宣讲活动。2017 年以来，团队开发了互动式、沉浸式、实践式环保科普课程体系。目前，已开发“生态大运河”“美丽长江大走廊”等教材和配套教育设备 10 余份，在 3 市 12 所学校建立“科普工作站”。2019 年，团队借力协会品牌“科普课堂”，与地方政府合作，举办“河长制促河长治，河小青促河长青”活动（图 2－11）。

图 2－11 蓝天志愿者们开展环保科技宣讲

2020 年 6 月以来，团队与扬州市科技馆合作举办“循迹古运河，踏步新征程”活动。指导扬州市 50 余所小学常态化开展运河生态教育活动。团队成员积极发挥专业知识素养与能力，通过三维软件建立古运河模拟航道，把运河实景“袖珍化”，让学生通过立体模型，了解大运河的水系构成、航道分布。该项成果受到扬州市、泰州市科技馆高度评价，并建立了常态化合作关系，共建科普实践创新基地 2 个、生态文明教育基地 2 个。截至 2022 年 10 月，团队累计面向学校、社区开展生态环境保护宣讲、讲座、研讨等活动 320 余次。

**2. 围绕环保主题实践，搭建“肩并肩”生态实践平台**

理论宣讲最终要落实到公益实践才能形成真正的生态实效，2018 年，团队广泛凝聚公益团队，组建“蓝天”生态实践联盟，协同大中小学，广泛开展公益实践活动。团队常态化组织“文明先行者”“环保大作战”“春行运河沿岸”“大运河畔 VR 科普日”等活动，累计组织 3.3 万名大学生、63 支团队分别在江苏省 6 个运河流经段以及 21 个遗产点保卫母亲河，团队响应“共建运河文化带”的号召，联合地方政府举办“春行运河沿岸，洁净运河垃圾”等志愿活动，千余人次参与巡河护河。2022 年，团队积极参与扬州“三江两岸”生态景观保护与建设，牵头组织发起了在大运河旁的植树活动，20 支小队 150 名志愿者踊跃投身到建设“青少年林”“保护母亲河林”的活动中去，共植树 2 000 余棵。2022 年 7 月，蓝天协会作为“大学生运河保护行动计划”发起团队，号召组建了 50 支社会实践重点团队和 1 200 余支社会调查小分队，共计 10 000 余名师生奔赴运河流域各地开展社会实践活动（图 2 - 12）。2018 年以来，团队常态化举办扬州大运河影像大赛以及大运河畔科普日，以艺术、纪实摄影、短视频为表现形式，征集反映大运河聚汇融通的文化元素，将大运河文化通过数字化技术转换为 VR 实景片，再现了古城的盛景。拍摄的作品在蓝天协会名下的“扬大机院蓝天志愿者”微信公众号等 5 个自媒体平台的浏览点击量已经破百万。

图 2 - 12　蓝天志愿者们开展生态环保实践

**3. 发挥专业技术优势，开展“心连心”环保科创行动**

高校的专业技术优势，能够为公益环保提供强有力的人才和智力支撑。长期以来，团队聚焦生态环境保护中的痛点难点问题，积极组织创新创业活动。团队成员以“河流方程式”理念为依据，投身水质净化问题，通力做出净水先锋——光催化超滤降解膜层开创者这一项目，其中《生态文明建设中的村民动员机制探索——基于江苏省建华村创建国家级生态村的实证研究》荣获第十四届“挑战杯”全国特等奖。团队成员致力于改善运河两岸农业生态环境的《秸秆深埋水旱两用双轴旋耕全程监控施肥播种复式作业机》和《双轴深耕匀混智能化贴地播种复式作业机》，分别斩获第十四届“挑战杯”全国大学生课外学术科技作品竞赛一等奖和第十六届“挑战杯”全国大学生课外学术作品竞赛特等奖，不仅提升了学生的专业知识素养和技能，更为生态环保提供了实实在在的智力和技术支撑。团队成立了水质污染治理研究会，开展了以“水污染治理科普宣讲、群测群防培训、现场考察实训”为主要内容的运河大保护实践活动。组织实践考察小队“运河三下乡”“邗沟小分队”前往扬州城北，实地调研了古运河的治理措施与成效，深刻了解了近几年来古邗沟的显著变化，并为地方政府等提供调研报告 10 余份。

## 实践指导：

1. 邀请“土壤医院”志愿者与班级同学现场交流。
2. 组织参与“土壤医院”公益实践基地。

# 第三章 青年公益引领乡村关爱行动

实践案例：牛津团——乡村大学生的公益反哺行动

三色花——守望学堂助力健康成长

## 本章导学：

农村留守儿童是指父母双方外出务工或一方外出务工另一方无监护能力、不满十六周岁的未成年人。农村留守儿童的产生具有复杂的社会背景。随着改革开放不断深入，市场经济的不断发展，农村产业结构加速调整，带动了农村劳动力的不断转移。广大农村地区产生了大量进城务工的农民工，其子女却留在了农村家里，与父母相伴的时间微乎其微，这成为一个突出的社会问题。

农村留守儿童是一个沉重的话题。这些儿童正处于成长发育的关键时期，却缺少了父母情感上的关心和呵护，很难得到父母在思想认识及价值观念上的引导和帮助。由于亲情、家庭教育、心理健康方面存在缺失，很大一部分儿童表现出内心封闭、情感冷漠、自卑懦弱、行为孤僻、性格内向，缺乏爱心和交流的主动性，还有一部分脾气暴躁、冲动易怒，常常将无端小事升级为打架斗殴等。

2016 年，国务院发布的农村留守儿童摸底排查工作统计显示，全国不满 16 周岁、父母均外出务工的农村留守儿童数量为 902 万人。事实上，如以父母一方外出即算留守儿童，我国的留守儿童规模将达到 5 000 万人以上。近年来，随着城乡一体化的发展，我国儿童留守现象有所缓解。但是从总量上来说，依然十分庞大，截至2020年年底，义务教育阶段留守儿童约1 289.67万人，农村学生留守率基本在60%左右。

破解乡村留守儿童问题需要家庭、学校和社会共同发力。青年大学生具备丰富的专业知识、积极向上的青春活力，其中不乏自身从留守阶段成长起来的农村大学生们。他们的成长经历、学习感悟和情感体验，对帮扶留守儿童成长具有重要的亲缘价值和参考意义。事实上，青年公益团队一直是乡村关爱行动的主体力量，如牛津团、三色花、守望学堂……在扬州大学，一批批青年公益组织，举行了形式多样的公益行动，呵护着留守儿童的成长。

**课前思考：**

1. 结合自身经历和感受，思考下留守儿童需要哪些方面的关爱和帮扶？
2. 如果你是一名大学生志愿者，你会怎样开展关爱行动工作？

## 牛津团："手拉手"助推"心连心"

### ——一群乡村大学生的公益反哺行动

### 一、背景介绍：留守儿童不忍触碰的成长之痛

改革开放以来，我国社会经济迅速发展，人口迁移流动日益频繁，越来越多的青壮年农民离开农村，走入城市。在农村也随之产生了一个特殊的未成年人群体——留守儿童。由于这些远离父母的农村留守儿童缺乏直接的家庭教育和亲情关怀，在学习、生活、心理及人格的发展上都或多或少地出现了一些问题。2016年2月，国务院印发《关于加强农村留守儿童关爱保护工作的意见》，作为农村留守儿童关爱保护工作的顶层设计文件，从国家治理层面对农村留守儿童问题进行了系统考虑和制度安排（图3-1）。

2016年3月底至7月底，民政部、教育部、公安部在全国范围内联合开展了农村留守儿童摸底排查工作，建立农村留守儿童信息库。从全国性的农村留守儿童摸底排查工作和农村留守儿童信息库的建立来看，政府对于留

守儿童的关爱和保护工作转向了以基础数据为支持的精准化方向。从数据来看，近年来，随着城乡一体化的发展，我国儿童留守现象有所缓解。但是从总量上来说，依然十分庞大，截至2020年底，义务教育阶段留守儿童约为1 289.67万人，农村学生留守率基本在60%左右。

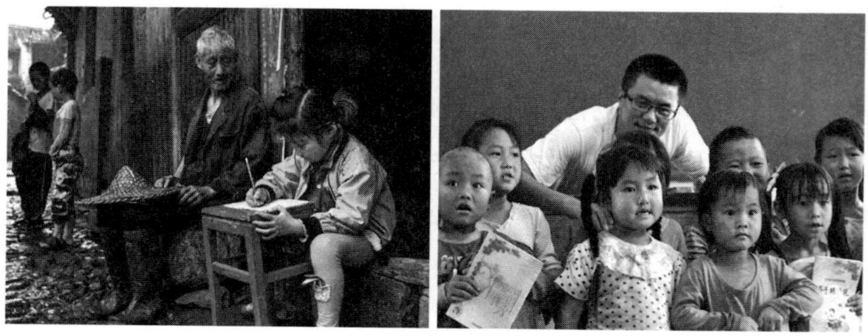

图3－1　关爱留守儿童成长成为乡村振兴的重要内容

多年来，在全社会的共同努力下，我们从体制和机制上初步建立起了农村留守儿童关爱保护体系，尤其是在物质满足方面，留守儿童基本上可以与普通孩子持平，但就在人们普遍把关注点放到满足孩子物质需求方面时，有一个最根本的问题被忽视了，那就是留守儿童在普遍缺失父母关爱的背景之下，日渐呈现出的心理行为失范。农村留守儿童生活和教育方面存在的主要问题有以下几个方面。

**1. 学习观念、兴趣、能力存在偏差**

由于家庭监管的缺失和学校教育的疏忽，部分留守儿童存在厌学情绪，认为“读书无用”。在学习上缺乏主动性、自觉性，心不在焉，应付了事，对学习没有兴趣。一方面，打工父母对子女总体期待不高，调查中发现，部分农民工潜意识里认为，农村孩子学业有成的不多，将子女的学业定位在完成义务教育，将孩子的将来定位在外出打工上。另一方面，监护人对留守儿童学习过问甚少，与留守儿童思想观念差异较大，存在明显的沟通障碍，教育上也存在较多弊端。加之他们还承担家务劳动和田间农活，没有太多时间和精力去关注孩子的学习情况。

**2. 情感陪伴缺失，隔代教育短板多**

在孩子的成长过程中，家庭教育对人格的发展起着重要作用。父母在外打工对留守儿童造成亲情缺乏，是最严重，也是最现实的问题。由于父母不在身边无法与儿童经常沟通，就由祖父母担任监护人。但是作为监护人的祖父母因生活年代的不同，与孩子的代沟较大，更加无法沟通。因为不知道孩子的思维习惯和生活习性，他们往往以自己的经历和经验来要求和教育孙辈们。这种做法不仅不能解决问题，还使得双方冲突不断，孩子的抑郁情绪愈加难以排解。结果使这些留守儿童要么愈加沉默寡言，要么愈加叛逆。

**【资料链接：别让“手机带娃”成为留守家庭新痛点】**2016—2018 年，扬州大学牛津团志愿者团队奔赴贵州、安徽、苏北等地开展相关调研。结果显示，长时间玩手机成为乡村少年的“流行病”，“手机带娃”在山区，尤其是留守家庭越发成为普遍现象。

调研显示，在 12～16 周岁的留守儿童中，有接近 42.7%的孩子拥有自己的手机，其中，超过 77.3%的孩子经常手机上网。此外，不少地区，乡村儿童的上网时间竟然高于城市儿童，尤其留守家庭的上网数据更是触目惊心。部分地区有超过 31%的留守儿童暑假期间每天耗在手机上的时间超过两个小时，更有接近 15%的孩子，每天上网时间超过 4 个小时。其中，14～16 周岁的青少年是手机成瘾症状的“重灾区”，该年龄段正是孩子成长的“叛逆期”，以“暑假期间每天上网次数超过 3 次或时间在两个小时以上”为判断依据，48.3%的留守儿童高度依赖手机。

为什么留守儿童会成为手机成瘾的最集中群体？牛津团调研发现，留守儿童的手机一般都是在外务工的父母买给孩子的，为的是方便通话交流和远程监管。因此，“手机带娃”成为留守家庭的无奈选择。但对当下很多中小学生说，手机更多的却是他们的电子玩具。绝大部分的留守家庭，属于隔代养育。由于本身文化水平较低、身体状况较差或缺少教育方法等原因，老人们普遍不懂智能手机，也没办法管好孙辈。但给孩子一部手机，不吵不闹，可以省很多事。农村孩子的教育基础本就薄弱，手机成瘾会让留守问题更加复杂。留守家庭缺少家庭关怀，留守儿童很容易陷入迷茫。手机娱乐恰给他们提供了逃避眼前焦虑和痛苦的选择。在虚拟世界中寻找价值认同，可能导致他们与家长，甚至同龄人缺少正常和有效的交流，养成孤僻、寡言少语，甚至自闭的性格（图 3-2）。

图 3－2　牛津团志愿者开展留守儿童手机使用状况调研

**3. 心理障碍突出，人格教育存在短板**

由于父母外出务工以及与监护人之间的代沟，留守儿童缺少情感和心理关怀，缺少和父母相处交流的机会，很少有倾诉和寻求帮助的对象，因此与外界接触较少或不愿意接触。家庭教育的断裂或缺位，让许多孩子出现了内向、孤僻、自卑、不合群、焦虑紧张、缺乏安全感、人际交往能力较差、顽皮任性、冲动易怒、神经过敏、逆反心理强等心理障碍问题。长此以往，留守儿童很难树立正确的自我价值观，甚至影响到确立正常的人格。此外，处于义务教育阶段的儿童，日常行为还处于他律阶段，自律能力很差。由于父母不在身边，儿童和监护人之间关系特殊，只要不犯大错，监护人对孩子的行为一般都采取认可态度。由于缺乏及时有效的约束管教，部分留守儿童纪律散漫，存在行为偏差，如不遵守规章制度，经常出现迟到、早退、逃学等极端现象。

**课堂讨论：**

1. 谈一谈我们身边的留守儿童现象。
2. 你觉得留守儿童成长过程中会遇到哪些难题？

## 二、项目简介：乡村大学生的公益反哺行动

扬州大学牛津团最初是由一群“90 后”高校贫困生组成的公益组织，成立于 2013 年 3 月。最初，6 名贫困生在为西部某孤儿学校筹集公益物资

时，因没钱雇用车辆，就用学校发的“牛津包”搬运物资。这种艰辛但真诚的方式感动了很多人，因此被称为“牛津团”。成立至今，团队以“自助助人，助人自助”为宗旨，面向社会弱势群体开展帮扶活动。由于团队骨干成员是在成长过程中接受过社会或他人帮扶的特殊群体，因此，他们将自己的公益行动称为感恩公益。团队成立以来，积极开展山区支教、社区志愿服务、助残扶弱、关爱行动等公益项目。截至 2021 年底，团队先后发展成员 2 100 余人，开展公益项目 600 余次，筹集公益资金 40 余万元。

**【资料链接：苔花如米小，也学牡丹开】**2013 年 3 月份，一次偶然的机会，扬州大学牛津团团长王昊一从媒体上得知甘肃省甘南州某孤儿学校的学习环境非常艰苦，很多孩子整个冬季只有一件御寒的衣服。也曾是贫困生的王昊一，也是在社会和学校的帮助下才考进了大学，孩子们艰难的生活现状深深刺痛了他。于是，他和周围一些多年来同样受过社会帮扶的贫困生们决定尽自己的力量帮助孤儿学校的孩子们。为了帮助孤儿学校的孩子们募集衣物、课本等物资，他们利用课余时间，通过义演等方式到扬州各社区开展爱心募捐。因为没钱雇用车辆，每人拎着一只学校发的牛津包装运物资。他们这种简单但真诚的方式感动了许多人，因此被人们亲切地称为“牛津团”。

2013 年 4 月 20 日，牛津团成立后不久，四川雅安发生了 7.0 级地震。灾区的现状让很多成员坐不住了，他们有的拿出自己的奖学金、有的到车站街头义演募捐，短短一个星期，为雅安募集到了衣物、帐篷等近万元的赈灾物资，并在第一时间内运往了灾区。

在援助过程中，团员们发现山区孩子求学之路十分坎坷，很多人甚至会面临中途辍学的困境，这让从贫困中走出来的大学生们心里很不是滋味。于是，他们决定以结对的形式帮助山区孩子完成“读书梦”，并向孩子们承诺，暑假到大山里去看他们。

刷盘子、发传单、下车间……为了兑现这个承诺，那年暑假，53 名团员放弃休息，冒着炎炎烈日为山区孩子的“读书梦”打工赚钱，有的利用课余勤工俭学，有的拿出自己的奖学金，甚至有的通过义演、捡垃圾等方式想尽一切办法筹集经费。53 个团员，53 份爱心，终于在半个月内凑齐了 2 万余元支教经费。

截至2021年年底，“牛津团”由最初的6人，先后发展成员2 100余人，团员们利用自己的公益影响力，联合媒体、爱心人士，帮助低收入山区、留守儿童、空巢老人……累计为低收入地区募集到40余万元爱心资金，这是一群贫困生的爱心接力。在所有团员的登记表上都记录着这样一句话：做人就应该像蜡烛，有一份热，发一份光（图3－3）。

图3－3　牛津团志愿者为山区儿童开展公益物资募集

从2015年起，团队充分发挥组织成员大部分来自乡村的特殊身份优势，开展“手拉手”关爱留守儿童专项行动。志愿者从自身成长经历、学习感悟和情感体验出发，聚焦留守儿童学习观念、兴趣、能力存在偏差，情感陪伴缺失，隔代教育短板多，心理障碍突出等个性和共性问题，开展精准帮扶。

2015年以来，团队在公益实践的过程中，同步开展留守儿童教育生活现状调研，前期调研发现，当地教育生态呈现以下三大特点：一是教育资源极度匮乏，教育供需矛盾尖锐。留守儿童集聚地区，一般都存在教育基础设施薄弱，大部分村校只开设语文、数学两门课程，科技文艺、审美教育、心理健康等“第二课堂”素质拓展教学几近空白。1～6年级共用教室，师资不足，部分班级2～3天才能排上一次课。二是家庭留守状况严重，情感陪护近乎空白。父母亲情陪护常年缺位，留守儿童“亲情饥渴”症状突出，由于亲情陪伴、家庭教育、心理健康知识缺乏，很大一部分儿童表现出内心封闭、情感冷漠、自卑懦弱、行为孤僻、性格内向的特点。三是身心健康诊疗机制断层，留守衍生问题多发。留守儿童由于贫困、亲情缺失等造成的心理问题较多，但是长期缺乏关注、呵护和诊疗机制。目前，乡村地区普遍没有建立起有效的针对留守儿童心理干预等问题的针对性帮扶体系。

长期以来，团队与江苏省（以苏北为主）、贵州省镇宁县、安徽省金寨县等部分地区建立了长期的留守关爱行动合作计划。针对性探索帮扶方案，先后开展了“蓝信封”成长陪伴、“益起来”接力帮扶、“聚能量”物质募集等品牌公益项目，创建了“社会＋家庭＋学校关爱”“短期支教＋长期支教＋远程关爱”“教育帮扶＋成长关心＋接力反哺”三位一体多方联动的乡村留守儿童关爱帮扶体系。相关工作受到《光明日报》《中国教育报》等全国百余家媒体的关注报道，相关经验获得全国大学生社会实践优秀团队评选一等奖等省级以上荣誉奖项近 10 项。

**1. 为了解决留守儿童家庭教育缺失问题，团队开展了“蓝信封”成长陪伴计划**

利用暑期社会实践，团队开展了“向爱成行”走访调研活动，深度了解帮扶地点留守儿童生存环境，并建立一对一的精准帮扶体系。志愿者以“多对一”的方式，帮助山区留守儿童开展了兴趣提升、学业辅导、安全教育、心理疏导、团体活动等多个项目，用青春热情与公益情怀温暖留守儿童的心灵，陪伴留守儿童共同成长。志愿者利用节假日奔赴山区支教，建立情感联系，还利用网络、电话和书信等方式，开展“蓝信封”情感帮扶，强化留守儿童与家庭、社会的亲情纽带。大学生志愿者也把这些“家书”和留守儿童们成长的点点滴滴整理成册，形成留守儿童们的“成长笔记”。

**2. 为了解决留守儿童心理困境问题，团队开展了“三棱镜”心理诊疗计划**

团队充分发挥高校心理学专业师资和学生骨干力量优势为山区留守儿童“舒心络”。针对教师、家长和学生不同受众群体，团队构建了“三棱镜”留守儿童心理帮扶和成长关怀体系，包括“心理健康教育师资素质提升训练营”“科学家教及亲子活动训练营”和“学生积极心理训练营”三个版块，系统性帮助学生成长（图 3－4）。

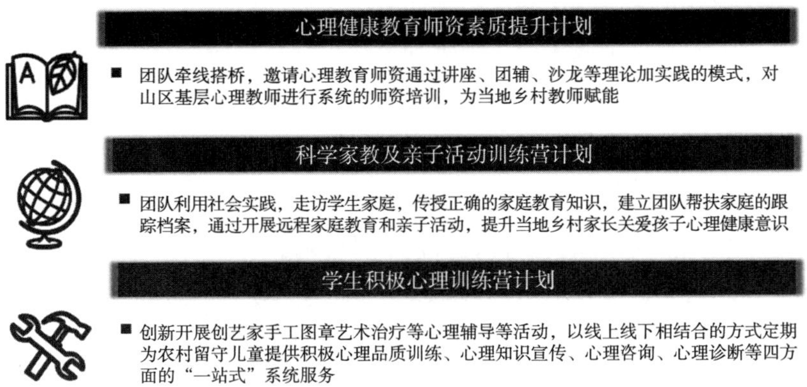


图 3-4　团队针对留守儿童建立“三棱镜”心理诊疗计划

**【资料链接：“创艺家”——留守儿童的艺术之家】**“创艺家”公益创业项目源于 2012 年 10 月，是在扬州大学数学学院大学生青年志愿者赴安徽金寨叶畈小学义务支教活动基础上，以关注山区留守儿童心理健康为主要内容的公益项目。支教团队发现不少留守儿童，因为长年累月与父母分离，缺乏与父母的有效沟通和情感倾诉的途径，所以内向胆怯。于是，团队结合心理专业知识想到可以通过手工制作等方法，帮助孩子们借助艺术的创作表达隐藏的内心情感。团队在村校设立艺术手工教室，开展了教授孩子们橡皮章等手工艺术品的课程。同时，将留守儿童和志愿者的橡皮章作品挂在网上售卖，利用聚拢资金继续建设“创艺家”手工教室，以这种方式将关爱回馈给留守儿童，帮助留守儿童缓解心理压力，提供健康的情感宣泄渠道，提高艺术修养（图 3-5）。

图 3-5　志愿者通过“橡皮章”为留守儿童开展艺术治疗

**3. 为了解决针对留守儿童的资源保障问题，团队开展了“益起来”接力帮扶行动**

团队一方面通过公益活动广泛筹集公益资金，如在扬州、南京等地通过募捐闲置物品，开展爱心义捐、义卖、拍卖等活动筹集资金。另一方面，以公益参与带动公益认同，广泛吸引社会公益组织参与，保证资源的持续性支撑。此外，针对教育资源匮乏，团队开展了精准捐资帮扶项目，盘活当地公益资源，如依托乡村原有图书室建立实体图书漂流室，解决社会、政府捐赠的图书、捐建的图书室成为“摆设”、流于形式的资源浪费问题。定期携带图书开展图书漂流活动，盘活现有图书资源，提高图书利用率（图 3－6）。

图 3－6　志愿者通过街头义演筹集物资

## 三、实践现场：成长陪伴是最长情的守候

志愿者聚焦留守儿童学习观念、兴趣、能力存在偏差；情感陪伴缺失，隔代教育短板多；心理障碍突出，人格教育存在短板等个性和共性问题，开展精准帮扶。先后开展了“蓝信封”成长陪伴、“益起来”接力帮扶、“聚能量”资源整合等品牌公益项目。在三大品牌内又分别建立了针对性的公益帮扶模块，最终形成“三大维度，九大模块”的立体式公益帮扶体系（图 3－7）。

“七彩假期”夏令营是牛津团留守儿童帮扶活动的品牌项目。在夏令营中，志愿者以手工制作、心理辅导等方式，帮助留守儿童更全面地认识社会。团队开展志趣大讲堂——星河超级演说家活动。活动安排固定时间由志

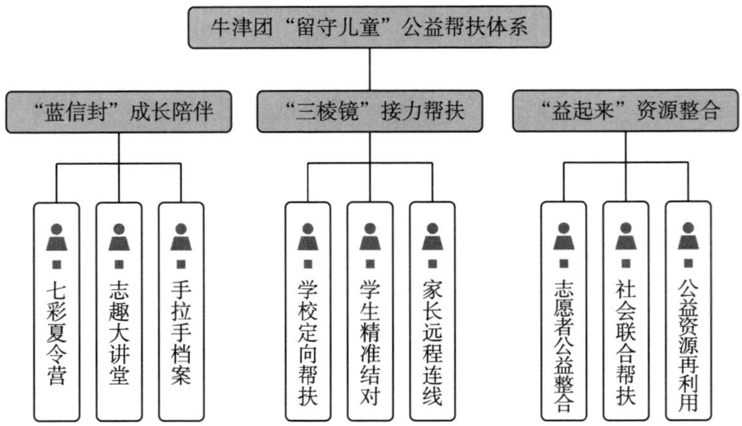


图 3－7　牛津团建立的“三大维度，九大模块”公益帮扶体系

愿者进入学校课堂，进行“梦想＋”艺术内容的授课，帮助孩子们克服自卑，提升自信心。活动倡导随家公益、精准服务、广泛关注，陪伴成长，不仅为留守儿童愉快度过寒暑假提供了有效帮助，还致力于满足他们的学业、情感、安全、礼仪、交往、心理健康等实际需求，同时也提升了大学生反哺家乡的社会责任感与实践能力，磨炼了他们吃苦耐劳的意志品格，培养了他们感恩奉献的高尚情操，进而提高了他们人生规划的能力。

三棱镜是针对乡村留守儿童心理困境开展的精准帮扶项目。项目针对学校、学生和家长这三个不同受众群体，由三个模块构成。一是“心理健康教育师资素质提升训练营”，由团队牵线搭桥，邀请心理教育师资通过讲座、团辅、沙龙等理论加实践的模式，对山区基层心理教师进行系统的师资培训，为当地乡村教师赋能。二是“科学家教及亲子活动训练营”，利用社会实践，走访学生家庭，传授正确的家庭教育知识，建立团队帮扶家庭的跟踪档案，通过开展远程家庭教育和亲子活动，提升当地乡村家长关爱孩子心理健康意识。三是“学生积极心理训练营”，充分发挥组织成员大部分来自乡村的特殊身份，创新开展“创艺家”手工图章艺术治疗等心理辅导活动，以线上线下相结合的方式定期为农村留守儿童提供积极心理品质训练、心理知识宣传、心理咨询、心理诊断等多方面的“一站式”系统服务，潜移默化地影响农村留守儿童心理活动，提升其心理素质水平。

**【实践现场：陪伴是最长情的守候】**2016 年 7 月，牛津团志愿服务队暑期实践队来到贵州省安顺市苍坪村完全小学开展“七彩夏令营”活动。这群孩子中，有一位不一样的孩子——小松（化名），来自单亲家庭的他调皮到甚至可以被称为顽劣，在需要安静时大声说话，在志愿者提出问题时给出奇葩答案，总之他一直在“抵抗”。志愿者认识到由于从小缺乏关爱和没有安全感，小松的这些过分表现只是为了引起大家的关注。在了解到问题的症结后，志愿者们连夜修改“感恩课堂”策划书，将活动重点放在“亲情感恩”上。课堂上，志愿者在“亲情电话”环节鼓励小松与妈妈通电话，说出对妈妈的爱。挂掉电话，小松忍不住流下了眼泪，他告诉志愿者，那是他第一次对妈妈说“我爱你”。除此之外，志愿者们在平时课堂上鼓励小松上台表演，私下以朋友身份和他谈心，在没有冷落其他孩子的情况下适当给予他更多关注。小松慢慢改变了，之后的课堂上，他遵守课堂纪律，积极举手回答问题，慢慢地他居然成为得到奖励徽章最多的几个孩子之一（图 3－8）。

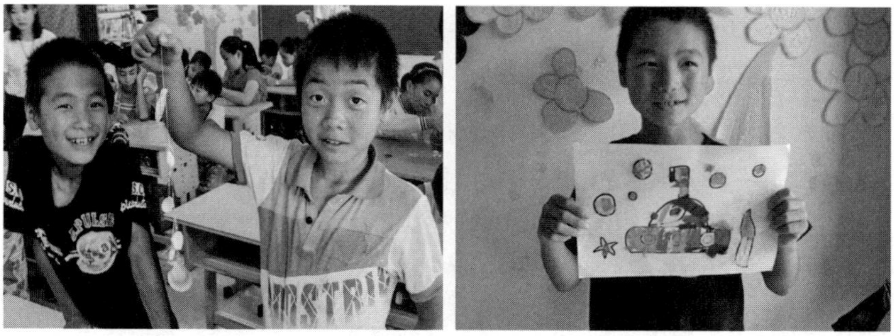

图 3－8　牛津团“七彩假期”夏令营活动改变了小松

“安全卫士”留守儿童自我保护生命教育志愿服务项目，是牛津团开发的一项公益帮扶项目。该项目重点打造“安全卫士”留守儿童自我保护生命教育金字塔体系，分为绿色守护、红日暖心、蓝色梦想三个层面。第一层面，从个体、家庭、学校三方面入手，打造“绿色守护”安全教育计划。面向留守儿童，表演“喜羊羊与灰太狼”系列自护教育儿童情景剧、推广武汉理工大学自主研发的自护教育游戏软件；面向家庭，开展自护障碍跑等教育亲子游戏；面向学校，开展自护课堂等活动。第二层面，从家庭和学校两方面入手，打造“红日暖心”心灵陪护计划。面向家庭，发放《童心月刊》，开展短信传亲情，亲情电话活动；面向学校，邀请心理咨询师做心理讲座、设立心情交流站。第三层面，从学校入手，打造“蓝色梦想”素质拓展计划。播放共拍微电影、“你话·我画”静电影，开展梦想走读计划、素质拓展游戏。“安全卫士”项目，不仅提高了留守儿童的安全意识，还提升了他们的素质和能力。

**【实践现场：把公益当成一种责任】**马海宁是扬州大学电能学院的一名研究生。2015 年年末，“安全卫士”试点项目在安徽省金寨县启动，这是一个由本村大学生服务本村留守儿童的公益项目。一次偶然的机会，马海宁得以去活动点观摩，当时就被这种“大学生陪伴留守儿童”模式深深吸引了，公益的种子就此在心中悄悄播下。2016 年，马海宁考入扬州大学电气工程专业，朝着她心中的公益梦一步步迈进。大二这年寒假，她听闻家乡金寨县在开展“七彩夏令营”活动，就联系在家乡的高中同学一起组了个小团队报名参加。她将团队命名为“电能马达”，结合专业知识，帮助孩子们开展用电知识安全宣讲，并编制了面向儿童的安全用电读本，通过小实验、小故事和小游戏的形式，普及电气安全知识。项目获得了当年贵州省青年志愿服务项目金奖，团队开发的教材被当地选为“第二课堂”选读课本。在马海宁看来，公益这件事是一种责任，做细做精才能真正发挥公益的作用（图 3－9）。

图 3－9　牛津团志愿者们把公益当成一种责任

“情暖童心·乡伴童行”公益项目，是由牛津团与多家企业联合实施的针对留守儿童的公益项目。项目由爱心企业提供资金支持，组织在校大学生志愿者利用寒暑假期返乡时间，陪伴自己家乡的留守儿童，有培训、有计划、有内容地为家乡留守儿童提供课外关爱服务。“乡伴童行”项目倡导随家公益、精准服务、广泛关注、陪伴成长，不仅为留守儿童愉快度过寒暑假提供了有效帮助，还致力于满足他们的学业、情感、安全、礼仪、交往、心理健康等实际需求，同时也提升了大学生反哺家乡的社会责任感与实践能力，磨炼了他们吃苦耐劳的意志品格，培养了他们感恩奉献的高尚情操，进而提高了他们人生规划的能力。项目于2015年启动，通过近7年的不断摸索，覆盖面不断扩大，参与的大学生志愿者得到了实践锻炼，受益的留守儿童也越来越多。志愿者通过江苏省青基会制定的《希望工程“乡伴童行”公益项目——志愿者服务指南》指导手册，了解留守儿童面临的主要问题及需求、留守儿童志愿服务内容、服务流程和形式。通过开展假期日间陪伴照料、课后辅导、心理疏导等形式的活动，让留守儿童提高学习成绩、丰富生活、转变思想、开阔视野。截至目前，共有来自校内外10余所高校的300名志愿者参与其中，公益服务地覆盖全国35个乡镇，受益留守儿童3 569名。

**课堂讨论：**

1. 谈一谈，结合我们的专业知识，可以为留守儿童做点什么？
2. 谈一谈，我们在设计公益项目时，怎样才能做到精准帮扶？

## 四、公益成效：十年“心连心”呵护健康成长

**取得了良好的公益帮扶成效。**项目以高校志愿服务团队为主体，针对江苏、贵州、安徽等省份偏远乡村，长期对接帮扶了23所小学，面向学校、儿童和家长等不同群体开展各类帮扶活动1 200余次，创建“社会+家庭+学校关爱”“短期支教+长期支教+远程关爱”“教育帮扶+成长关心+接力反哺”三位一体多方联动的乡村留守儿童关爱帮扶体系，开发或引进了“创艺家”等心理诊疗类、成长规划类公益课程8项，建立手工制作、科技小站等留守儿童关爱工作坊13处，募集专项基金37万余元。组织各类志愿者2 000余人次直接或间接参与留守儿童帮扶活动，覆盖对象23 500余人，其中团队“一对一”长期精准帮扶173名山区留守儿童。项

目得到受益对象的认可及参与志愿者的高度评价：留守儿童心理状态得到大幅改善，部分进入大学的留守儿童全部加入志愿组织。参与的大学生志愿者在价值认知、道德体验、社会责任等方面有较大提升，积极参与其他志愿服务，反哺社会（图 3－10）。

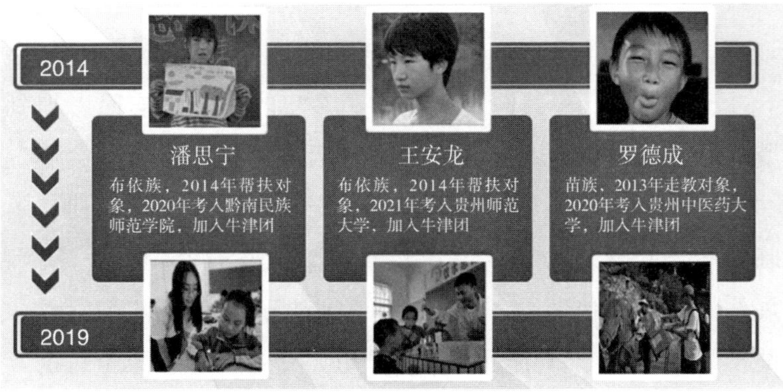


图 3－10　曾经接受过帮扶的留守儿童成为牛津团志愿者

**【志愿者说：帮助他人就是帮助过去的自己】**王安龙是 2019 年加入扬州大学牛津团的志愿者。与其他志愿者不同的是，来自四川的他，曾经是一名接受帮扶的留守儿童，父母常年在外打工，从小由爷爷奶奶带大，成长过程充满孤单与无助。2012 年，他第一次接触到扬州大学的志愿者，在以后的成长过程中，志愿者陪伴他走过了六年时光。2019 年 9 月，王安龙以优异的成绩考入扬州大学，来到学校之后，他第一时间，加入了这个曾经帮助过他的公益组织，并参与到教育帮扶活动中。在牛津团，他积极参与物资筹集和远程教学等工作。寒暑假，经常骑自行车十几公里去乡村小学给孩子们拓展课外知识，让他们感受大千世界的精彩，让他们感受到有人陪伴的温暖，激励他们提升学习的兴趣和对大学生活的向往。他说："帮助他人，就是帮扶过去的自己，我愿意用我的陪伴去守护更多孩子们，让他们的成长之路不再孤单。"爱像一团火，给人温暖，传递力量；爱更需要传承，在你和我的接力中，托起更多人的希望。

**形成了广泛的社会影响。**项目开展以来，得到了社会各方面的支持与鼓励，入选首批全国高校实践育人体验创新创业基地，获得全国社会实践、志愿服务最高荣誉等国家级奖7项、省级奖8项。已成为江苏省社会组织“十佳”公益服务品牌，江苏省“十佳”社会实践项目等，在全校范围内已成为品牌示范项目，志愿服务活动的标杆。项目创建了“牛津团”品牌与基地，建立了“相伴成长”留守儿童关爱帮扶模式和大学生志愿服务体系。该项目还被纳入高校思政课程实践教学体系和党员培育机制，探索并构建以项目“课程化”为基础的“知行合一”高校思政教育与实践育人模式。建立了全国留守儿童数据库，为项目推广提供数据支撑。公益事迹和模式受到《光明日报》《中国教育报》等各级新闻媒体宣传报道，引起巨大反响，第二期已吸引更多人的参与和更广泛的社会关注。

## 项目特点：

**1. 创新帮扶理念，提升帮扶成效**

项目关注的对象是留守儿童。项目第二期的计划是不仅资助留守儿童完成学业，还致力于改变少数民族留守儿童及其家庭对儿童培养教育的理念，传承中华文化，示范意义强大。创新实践模式，创建“社会＋家庭＋学校关爱”“短期支教＋长期支教＋远程关爱”“教育帮扶＋成长关心＋接力反哺”三位一体多方联动的乡村留守儿童关爱帮扶体系，项目初期，以团队义演等方式筹集资金，后期通过积极发挥高校、地方政府、企业、媒体在公益帮扶中的不同作用，实现多方资源的对接和有效利用，为项目的成功运行提供良好的保障。并进行持续的爱心接力和长期的跟踪评估，可推广性强（图3－11)。

**2. 依托公益反哺，实现公益循环**

着眼于“反哺”和“担当”意识培育，依托高校农村大学生这一特殊群体，充分发挥志愿者在自身成长经历、学习感悟和情感体验方面的相关优势，聚焦留守儿童学习观念、兴趣、能力存在偏差；情感陪伴缺失，隔代教育短板多；心理障碍突出，人格教育存在短板等个性和共性问题，开展精准帮扶。同时，在帮扶儿童的同时，不忘引导他们知恩反哺，投身公益，学会担当，回报社会。最终实现了受助儿童加入项目接力反哺，形成“薪火相传”的良性循环。

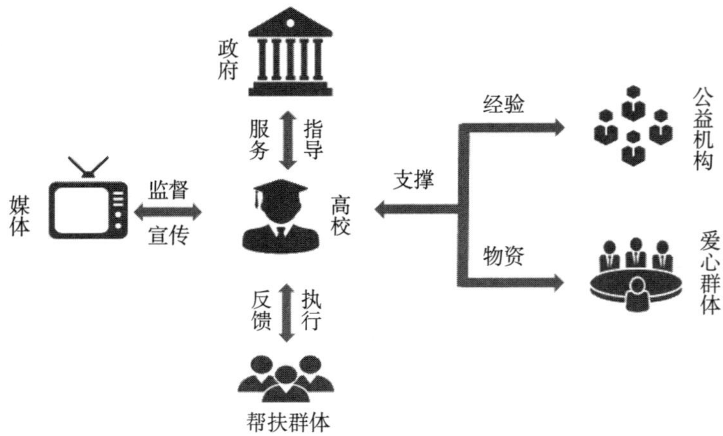


图 3-11　牛津团建立了多元化的留守儿童帮扶资源支撑体系

**3. 建立跟踪机制，实现长效帮扶**

项目通过社团接力的形式，针对低收入家庭儿童，有针对性地建立留守儿童成长档案，记录成长数据，跟踪成长变化，并与企业等社会力量联合，搭建一对一、多对一帮扶平台。此外，针对专项帮扶，项目创建了“规划—执行—查核—行动”生态化实践管理体系，实现多层次管控，全程化管理。通过行为考评、素质测量、效果评估等方式多渠道反馈，实现了项目专业化管理和持续化发展。

### 课堂讨论：

1. 谈一谈，作为农村大学生在关爱留守儿童的过程中，有哪些优势？
2. 谈一谈，作为涉农专业学生，我们能为乡村留守儿童做点什么？

## 五、延伸阅读：“夕阳再晨”老年关爱行动

北京市“夕阳再晨”社会工作服务中心，是由北京邮电大学张佳鑫 2011 年创立的“夕阳再晨”项目演变的大学生公益组织，2015 年正式在北京市民政局注册成为民办非企业单位，是唯一一个在注册时由大学生作为法人的社会组织。

“夕阳再晨”是一个组织大学生青年志愿者走进社区通过科技大讲堂和

一对一的“青春伴夕阳”模式教授老年人学习电脑、智能手机、网上购物、挂号、拍照、VR视频等新技能，倡导积极老龄、快乐享老理念的公益组织，是帮助老年人跟上信息化时代、弥合数字鸿沟，以系统课程与专业服务促进社区营造、社区街道自组织孵化，并培育青年助老志愿服务团队的枢纽型机构。

“夕阳再晨”致力于打造一个老年人健康、休闲、养生、娱乐、家政、怀旧、购物、出游、教育、亲子、科技体验等服务于一体的老年社区俱乐部；共建一个智慧社群服务定制平台，开展“上门、定制、一键式”服务，对接优质资源，服务社区居民。具体类别有：科普讲座服务：“科技＋文化＋感情”，科技更温暖，专业讲师集中授课、个性化教学，积极适应老龄的新生活。精神文化服务：集体生日、金婚庆典、书法绘画、布艺围棋、编织、国学、亲子教育、隔代教育，共建社区家园。品牌互助服务：社区领袖培育、社区自组织孵化、社区营造、社区党建与思想政治教育、老少互助、人生价值传承。怀旧人生类服务：老年口述史、老年故事集、老照片收集、老年剧场、孝老文化、岁月老歌、党史交流、银发达人评选、家风家书征集等。特色项目培育：一平米小菜园、文明小屋、织梦编织吧、光影拾忆、手指按摩操、丝网花编织、益脑拼图、中医按摩推拿等（图3－12）。

图3－12 “夕阳再晨”开展关爱老年行动

“夕阳再晨”旨在解决老年人融入信息化社会困难的问题，帮助老年人享受到科技带来的生活便捷，体验网络与沟通带来的温暖。项目联动政府、企业、高校等多方资源，运用“夕阳再晨”现有的完善的教学体系、科学的项目管理手册，在高校中建立“夕阳再晨”志愿服务团队，为老年人开展专业的科技助老服务。

项目服务以行善立德，感恩奉献，以“守望桑榆、推动公益”为使命，致力于弥合数字鸿沟、帮助长者过上高品质生活，搭建社会创新服务平台，提升社会治理的精细化水平，通过可持续发展解决社会问题。

为实现“让长者过上高品质生活”的养老理念，该项目成为中国养老专业化、集成化服务的领导品牌，将不断提升社会治理的专业化、精细化水平，推动公益事业发展，接纳爱、传播爱、成为爱，让社会更加温暖，生活更加幸福。

六年以来，该项目已在全国16个城市，60所高校中成立了80支志愿服务队，拥有近3 800名活跃志愿者，共服务过200个社区。六年来，直接服务社区老年人15万余人，间接服务老年人超过25万人，对青年志愿服务事业的发展起到了重要的促进作用。在此期间，项目也在不断提升社工实务、健康管理、文化助老、隔代助老、智慧助老等整合服务的质量，开发标准化教学讲义，配套ppt，结合“夕阳再晨”线上云课堂，打造完整的学习体验，旨在为社区老年人提供精准化助老服务的目标上不断努力、不断突破。

“夕阳再晨”已获得全国助老文明号、中国青年志愿服务项目大赛金奖等多个奖项，同时被新闻联播、《人民日报》、中央电视台新闻频道、中国教育电视台、《北京晚报》等多家媒体报道，在公益领域树立了良好的公益品牌，成为“互联网+智慧养老”的实践先锋。

同时，“夕阳再晨”建立了官网，规范化管理全国服务队，积极完善科技助老讲师体系，包括百余讲课堂讲义，十余套“夕阳再晨”科技助老教学套餐，开发了总字数59.8万字，总页数926页的“夕阳再晨”系列图书《爸妈的微信e时代》《手机里的大世界》《助老志愿服务工作方法》，得到了十大志愿服务领域顶级专家推荐，全部被纳入北京市志愿服务联合会志愿服务系列丛书。

## 实践指导：

1. 邀请“牛津团”志愿者与班级同学现场交流。

2. 组织参观“牛津团”公益实践基地。

# 第四章 青年公益激活乡土文化传承

## 实践案例：塘鲤"智"绘——打造美丽乡村墙绘文化的中国范式

### 本章导学：

中国的乡土文化源远流长，而广大农村则是滋养培育乡土文化的根源和基因。改革开放以来，我国城市经济飞速发展，农村经济发展相对滞后，许多乡土文化没有得到应有的发展。乡土文化是中华民族得以繁衍发展的精神寄托和智慧结晶，是区别于任何其他文明的重要特征，是民族凝聚力和进取心的重要来源。

一笔一画显真意，一墙一壁皆文化。近年来，随着乡村振兴的深入推进，墙绘艺术越来越多地在乡村遍地开花。越来越多的建筑规划师、墙绘艺术家、院校师生团队和乡村建设者们来到乡村为乡村振兴做出贡献。一方面，墙绘是一种可以将居民生活文化展示出来的文化载体，艺术创作者们通过墙绘创作解译现代文明，将国家政策、现代科技、新的生产生活方式等带进偏远地区，在改善乡村村容村貌的同时，为乡村社会发展注入了新的文化活力。另一方面，墙绘在弘扬文化的同时，留住民众内心的乡愁元素，创作者们发挥墙绘艺术的"本土化"特点，实现对中华民族文化精神的传承与延续，为墙绘艺术注入精神文化内涵，将乡村居民的情感通过画面表现出来，以艺术为引领，留住了乡土文化的根与魂。

乡村振兴是实现中华民族伟大复兴的一项重大任务。在推进美丽乡村建设、村容村貌改造过程中，作为公共艺术的墙绘能为推进乡村振兴做些什么？这是一项重要的时代课题。本章我们走进扬州大学塘鲤“智”绘社会实践团队，了解青年公益力量如何打造美丽乡村墙绘文化的中国范式。

**课前思考：**

1. 谈一谈我们印象中的乡土文化是什么样子的？
2. 如果你是一名大学生志愿者，你想怎样开展乡土文化传承工作？

# 塘鲤墙绘

——打造美丽乡村墙绘文化的中国范式

## 一、背景介绍：乡土文化的发展之路

文化是一个国家、一个民族的灵魂。农村是我国传统文明的发源地，乡土文化的根不能断，农村不能成为荒芜的农村、留守的农村、记忆中的故园。乡村振兴的内涵既包括物质的富裕，也包括精神的富足。中国特色社会主义的乡村应该既是充满生机、优美和谐的自然村庄，同时也是充满活力的“文化殿堂”（图 4－1）。

图 4－1　乡土文化是中华文明的“根”和“魂”

虽然我国乡土文化遗产的保护受到国家政府部门和社会各界的重视，但在经济快速发展的冲击下，在地方政府对乡土文化遗产治理思维中重经济轻文化、重物质轻精神的现实环境下，我国乡土文化遗产的保护面临着前所未有的压力，一些少数民族的传统技艺和歌曲艺术等面临着后继无人的尴尬局面。

现代化进程对乡土文化的冲击和消解是时代的缩影。根植于农耕文明的乡村文化未能及时应对现代性主导的经济、政治、科技等多元解构力量的冲击，城乡二元结构下城乡“经济失衡”。在与现代城市文化的竞争中，很多地区的乡村文化不同程度地显现出失意之态，尤其是，“离开农村”成为工业文明虹吸效应下的社会流动主流意识。如此心态下，乡村文化难以让农村生活人群产生兴趣，农民群体对乡村文化缺乏自信。

乡村文化的传承与发展离不开农村公共文化事业的持续推进。虽然经过40余年的改革开放，农村的文化设施渐趋完善，但在广大中西部地区，由于经济发展水平不高，对农村文化建设的投入不够，农村缺乏文化活动场所、图书报刊、文化宣传专门人才的情况还是比较普遍。相较县城，农村公共文化事业的发展仍然滞后，现代化的文化活动设施配备不足，导致难以吸引年轻人。

此外，市场经济和现代科技文明进入乡村，彻底改变了农民的生活方式和行为方式。科技化的产品替代了传统乡村的生活用品，电视、电脑、手机、网络的普及更是改变了农民的生活方式和文化传播方式，以前当面口口相传的文化传播方式逐渐消失。

现代化进程的最终目的不是简单地实现城市包围农村、工业代替农业，而是让乡村在保有自身“乡土民情、田园风光”特色的同时，延续农民原本的守土情结。“文化价值是乡村文化产业发展的内在灵魂”，乡村振兴之“形”在于融合文化理念的产业，之“魂”却在于文化的传承。

乡村文化产业和渗透于一二三产业之中的文化元素，往往可以唤醒人们精神世界深处的“乡愁”和“乡情”，不仅可以留住乡村本土人才，还能够吸引外来人才。乡村文化振兴不是刻意保留人们内心存持、供人瞻仰的“化石”文化，而是要激发乡村优秀文化的生命力和创造力，通过乡村文化与外来文化之间的交流和竞争革故鼎新，破旧规，立新俗，推进乡村文化变迁。只有加强农民主体的文化自信，使之实现文化自觉，才能真正坚定乡土文化自信，将乡村文化发展成受人关注、吸引人才的“磁石”文化，进而带动农村、农业、农民走向适应现代文明的繁荣复兴之路（图 4－2）。

图 4－2　乡村文化产业唤醒人们的“乡愁”和“乡情”

然而，在社会文化的结构和功能发生深刻蜕变的今天，如何保存和传承乡土文化的原生形态？又如何不断从“人民的资料库”——民间文化遗产中汲取资源来更好地传承、保护乡土文化，并在与时俱进的活态传播中使之“新生”？乡村文化振兴的路径和形式多种多样。与主要以文献典籍的“言说”方式而传授的文人文化不同，乡土文化主要表现为“活态”生活方式的代代相传，因此在乡土文化传承保护中，“人”是最重要的核心因素。尤其是青年群体，作为社会发展的中坚力量，把握青年认知、接受和参与的内在规律，激发青年群体参与乡土文化传承、创新和传播的内生潜力，是传统文化能够接续传承的关键所在。

**【资料链接：扬大学生助力国妆文化旧貌换新颜】**国妆文化历史悠久，源远流长，作为中华传统文化的一部分，表现出了独特的东方韵味。扬州是我国传统香粉制作基地。2018 年，扬州大学“承久载香”团队利用寒暑假走访调研多家扬州国妆老字号企业。他们发现近年来，国内美妆市场规模持续扩大，但国妆老字号却举步维艰。“是否可以依托网络平台，让更多人了解国妆蕴含的文化价值呢?”2018 年，团队创建了“悦己”线上国妆服务平台，构建了“非遗＋文创＋电商”的国妆文化服务闭环，创作了形式多样的短视频，开展了千人直播活动，并通过自媒体软文等方式为国妆代言，掀起吸引了 5 000 万人次参与的国妆热潮（图 4－3）。

图 4-3 扬州大学志愿者依托网络助力传统国妆文化传播

**课堂讨论：**

1. 谈一谈，哪些乡村文化元素给你留下深刻印象？

2. 谈一谈，你觉得近年来乡村文化环境发生了哪些变化？

## 二、项目简介：公益创业打造美丽乡村彩绘产业

扬州大学塘鲤艺术团队成立于 2014 年。团队是一家基于特色墙绘的乡村整体艺术设计的公益创业团队。团队秉承“美丽乡村、智‘绘’未来”的公益使命，承包美丽乡村墙绘业务，致力于打造美丽乡村彩绘产业的中国范式。

目前，团队项目包括乡村彩绘设计施工、乡村环境规划设计两大板块业务。板块一：乡村彩绘设计施工致力于打造美丽乡村的营商环境、服务环境以及居住环境，改善村容村貌，提升人民生活质量；板块二：乡村环境规划设计面向乡村，辐射政府、企业等群体，提供咨询策划、项目规划、主题创意、方案设计等服务，通过因地制宜的方式，制定符合当地的文化传播载体。

“一花一世界，一墙一风景”当艺术墙绘遇上了美丽乡村，会出现什么样的景象？

近年来，团队以公益创业带动乡村文化振兴。团队开发了数据化版权素材、科技化纳米涂料、智能化彩绘装备、标准化施工流程等核心技术体系，

累计申请涂料、装备知识产权保护 37 项，授权发明专利 8 项、软件著作权 2 项、作品著作权 17 项。同时，团队创新出“百千万”工程、乡村合伙人机制等合作手段，为美丽乡村建设中村容村貌的提升提供了新的解决方案。截至 2021 年底，团队服务项目已覆盖全国 7 个省份，1 200 多个村庄，带动就业 1 267 人，带动乡村旅游累计增收 8.2 亿元（图 4－4）。

图 4－4　扬州大学塘鲤艺术团队利用墙绘助力乡村振兴

**【资料链接：什么是公益创业?】**随着近年来公益事业愈发受到重视以及各种公益组织不断涌现，“公益创业”逐渐进入大众的视野。所谓的公益创业，就是社会组织、企业、非营利组织等在经营过程中，将社会价值与经济价值创造性地融合，在保证组织不偏离公益性的同时，借助一些商业手段来实现公益组织的“造血”功能，让组织拥有更多资源和能力来从事公益服务。2006 年湖南大学率先创建中国第一个以“公益创业”命名的社团——滴水恩公益创业协会，2009 年前后，伴随着首届中国大学生公益创业论坛、团中央“青年恒好”公益创业行动、“清华大学公益创业实践赛”等系列比赛在国内的开展，公益创业在中国开始逐步发展。如今在公益圈、创业圈，人们逐渐意识到公益创业对促进社会和谐发展与提升社会治理能力的重要性，与之相关的“社会创新”“影响力投资”“公益创投”等领域的理论研究与实践也得到快速的发展。作为一种成长中的公益形态，公益创业发展并不如商业创业发展得成熟。但某些特定类别的公益创业项目已经找到实现营利的合适方式。一个以“公益创业”为核心，以实践孵化、教育培训、传播推广、投资等为配套的生态系统初步形成。

在技术和产品开发层面，团队通过高校联盟战略，打造青年艺术家社群，以中国美术馆馆长吴为山为首席专家，积累版权素材近 100 000 份；同时，通过高校产学研合作，与扬州大学化学化工学院联合研发了科技化纳米涂料，是全国首创乡村彩绘工业级纳米涂料，并借此招募了以姜云龙硕士为首的科研人才；团队与立邦等多家知名企业共同开发，经过一系列改装实验，创新出了适合墙绘的彩绘定制喷枪、立体彩绘透视投影成像仪、小型定制施工车、智能彩绘模板打印机等智能化彩绘装备，相比传统手工彩绘，效率提升了 5 倍；通过总结梳理经验，团队开发了一整套标准化施工流程。

截至目前，全国有 8 000 个全国美丽乡村建设示范村建设项目，其中 2 000 个项目由塘鲤承接，市场占有率高达 25%。团队目前为中国壁画行业协会会长单位、国家风景园林工程设计乙级单位，具有国家建筑业企业施工资质。作为美丽乡村彩绘产业的公益创业团队，项目先后被人民网、搜狐新闻、《扬州晚报》、《中国日报》等多家媒体报道共计 60 余次。中国范式被国际媒体 *Chinadaily* 头版报道。

**【资料链接：美丽墙绘激活瓜洲古镇】**2012 年，从小就喜欢画画的王成兵考入扬州大学美术与设计学院，学习室内设计专业。在大学里，王成兵如饥似渴地学习专业知识，除了课堂上认真听讲，课后还经常去图书馆看专业图书，认真做读书笔记，充实知识储备。2015 年，一个机缘巧合的机会，王成兵来到了扬州邗江区瓜洲镇瓜洲村。当时，村里正在开展一个葵园美丽乡村建设项目。但是，如何建设美丽乡村，老村主任没有一点思路。虽然政府的拨款已经到位，方案却迟迟没有落地。具有扎实美术背景的王成兵经过深入思考后认为，可以利用专业知识，助力美丽乡村建设。

通过调研，他发现，大部分关于美丽乡村建设的方案只停留在乡村基建等一系列“形”的层次上。瓜洲是一个充满诗情画意的地方，“京口瓜洲一水间”的动人诗句流传至今，然而，如何才能让曾经那个瓜洲重现眼前呢？

王成兵认为，美丽乡村建设的“魂”，应该是乡村的文化。为此，他带领团队围绕瓜洲当地历史文化特色，以极具标志性的葵园、明月、杜十娘为元素，打造了多彩瓜洲村文化墙，使瓜洲成了江苏省第一个彩绘村。王成兵改变了瓜洲的面貌，也给乡村发展带来了新的生机。古老的瓜洲古村因美丽墙绘获得了新生，如今，村子年接纳游客达 50 万人次（图 4－5）。

图 4－5　志愿者们创作的首个瓜洲网红村

## 课堂讨论：

1. 你觉得公益活动可以获利吗？
2. 公益活动可以通过哪些方式实现可持续发展？
3. 谈一谈，我们身边有哪些公益创业的案例？

## 三、实践现场："望闻问切"助力乡村文化觉醒

**乡村彩绘是近年来兴起的全新行业。**随着乡村振兴战略的深入推进，依托彩绘改善乡村环境面貌，传承创新乡土文化，培育乡土文明愈发成为乡村振兴战略中的重要一环。尤其是，乡村彩绘以文化载体展现风土人情、定制程度高、建设成本低、施工周期短的优势在乡村建设中愈发凸显，全国有近 47 万个村子有彩绘需求。2015 年，扬州大学塘鲤艺术团队正式成立。团队结合专业知识，走访了全国东中西部 70 余个乡村开展业务调研。团队对当前主流的美丽乡村建设做了系统研究，他们发现彩绘确实是美丽乡村建设的优选方案，但在具体实施过程中，仍然存在一定的改善空间。

**从文化生产的角度来看，墙绘行业的内涵挖掘不足。**当前美丽乡村建设规划普遍存在同质化倾向，创作内容较为千篇一律且文化渗透度不高，文化建设很少结合各村独特的地理区位、资源禀赋、产业发展等现实需求。美丽乡村建设中存在各部门沟通少、整体规划弱的问题，目前规划总体停留在较

低水平，对文化建设的规划缺乏规范化、系统化的指导引领，美丽乡村建设的文化资源相对分散，没有形成资源融合。

**从运营管理的角度来看，墙绘行业的服务机制存在缺陷。**近年来，随着乡村振兴战略的深入推进，乡村墙绘的社会需求迅速扩大，却没有形成有效的服务发展机制。因运行管理机制缺失，产品涂料易脱落褪色、客户需求复杂多样、施工流程无标准化等现实问题，尚需要政府和市场统筹协调。如大多数乡村希望能定制属于自己的产品，这就使个性化定制和批量生产之间产生了冲突，导致产品无法批量生产。

**1. 创新运行模式，搭建全链条**

在调研的基础上，团队重新梳理了基于乡土文化发展的彩绘行业发展新模式。团队借助传统中医诊断病人时的“四诊”，即“望闻问切”介入乡村建设，以协同城乡上下游资源、改善乡村人居环境来驱动乡村文化产业发展。所谓“望闻问切”指的是，通过初步判断文化陨落“病症”，发现不同“病结”，了解实地“病症”，开出相应“处方”，专村专案，切实解决各地乡村文化陨落现象，帮助当地唤醒沉睡的乡村文化。

**“望诊”：**由于主客观条件的制约，农村的文化建设总体还比较薄弱，滞后于经济和社会发展，很难满足广大农民群众的精神文化需求，在农村文化建设取得积极成效的同时仍存在一些突出问题。从乡村的整体性和宏观性审视艺术设计介入乡村的可行性，初步研判乡村文化陨落的综合“病症”。塘鲤从以下几个乡村发展特点入手，判断当地文化建设的发展方向。首先，要了解当地村民的文化素质，长期生活的艰难可能容易使人们形成强烈的宿命感、无助感、自卑感，造成视野狭窄，缺乏远见卓识，不愿相信也不敢尝试通过个人的努力改变生活状态。若意志消沉、不思进取、满足于日常吃饱肚子、靠政府救济、拿补贴度日的依赖心理和好吃懒做、不劳而获等思想突出，而劳动光荣、劳动创造财富的思想匮乏，则需大力弘扬奋斗精神。其次，要研究当地人口结构，农村老年人虽然熟悉当地的人文历史，但不可能成为文化产业发展的主力军，而儿童自身还处于学习阶段，也不可能具有传承文化的意识与能力，能够承上启下的青壮年大量外出务工，导致农村优秀文化难以传承而流失，严重影响农村文化建设和文化产业发展。因此，吸引年轻人返乡就业至关重要。最后，是根据当地基础文化设施建设选择设计方案，打造和谐美丽的乡村环境（图 4－6）。

图 4－6　项目启动前，志愿者们深入乡村开展当地乡土文化调研

**“闻诊”**：即深入乡村，倾听来自基层干部和村民的声音和诉求，真正掌握第一手信息，再通过梳理乡村多方面、多层次的信息源，发现不同的“症结”。塘鲤在与当地乡村达成合作意向后，派遣专门的人员对村干部进行访问，了解当地文化困境和干部们的心头患，同时还会参与当地村委会，在村委会上发言提问，广听群众的呼声、善听群众的诉求、真听群众的意见，使各项工作符合群众意愿，体现群众需求。

**“问诊”**：通过刨根问底式的田野调查和文献史料研究，了解村民的困难和愿望，呼吁村民和各级管理人员参与乡村文化建设。塘鲤主动与村民及决策机构密切沟通，调研和查阅当地文献史料，挨家挨户上门走访，与群众拉家常，缩距离，为乡村量身定制方案。团队还在农村建立微信群、公开联系方式，充分利用便捷通信手段，敞开心扉听民声、汇民智，掌握乡村的基础信息、历史脉络、乡风民俗、经济状况，了解村民的疑惑、困难和愿望，积极引导村民和各级管理者全程参与乡村文化建设。

**“切诊”**：塘鲤根据特定乡村的具体问题，开出相应“处方”，坚持“不规划不设计、不设计不实施”的原则，科学制定乡村文化建设策略，并精心组织实施。团队累计创作 10 多万个版权素材，50 多个类别，满足不同风格的乡村文化建设需求，因地制宜。其次，团队充分发挥高校专业和人才优势，建立了由历史学专家、教授组成的专家库，帮助团队进行历史文化挖掘。同时，团队联合中央美术学院、扬州大学等 12 所艺术相关院校建立高校联盟，借此培育青年画师，积累版权素材近 10 万份，并且通过塘鲤团队的社群还在不断增加，团队也将应用频率高、定制化程度较低的文化墙产品进行分类，素材按照类型分：党建类、传统文化类、美丽乡村类等 50 个类别，节省了 80%的方案成本。

**2. 构建技术壁垒**

与城市墙绘不同，乡村墙绘的环境多元、绘画条件复杂，传统的绘画技术、原材料和设计方案很难满足高质量的乡村墙绘技术要求。塘鲤团队在乡土实践过程中，探索形成了以数据化版权素材、科技化纳米涂料、智能化彩绘装备、标准化施工流程为核心的技术服务体系，打造了一块行业领先的乡村墙绘制作示范招牌（图 4－7）。

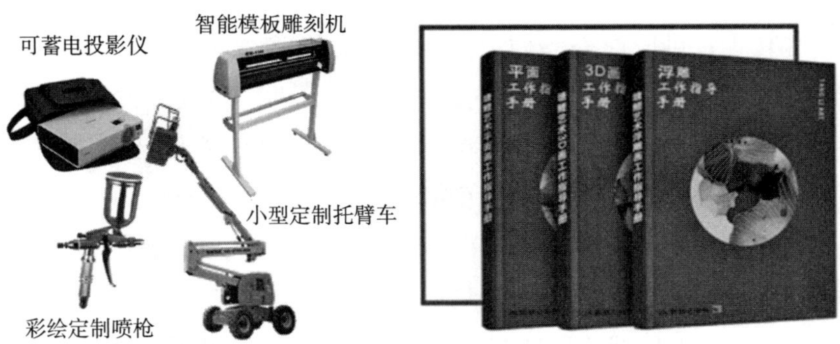


图 4－7　塘鲤墙绘建立了严格的技术服务体系

**塘鲤智慧化涂料技术。**在智慧化涂料技术方面，塘鲤为了克服涂料高温氧化的弊病，满足色彩高保真性的需求，解决涂料附着力低的问题，通过产学结合，与扬州大学联合研发了更加适合彩绘行业使用的颜料，有效保障涂料的抗氧化性、高保真性及高附着性，涉及含碳抗氧化、高阳离子电荷的聚合、环氧改性丙烯酸树脂等技术。围绕技术，团队还申请了十余项发明专利，建设了强悍的技术壁垒，保护了塘鲤的核心技术，所有知识产权均已通过科研成果转化的方式得到独家授权。

**塘鲤智能化施工技术。**为消除手工墙绘的弊端，满足当下大规模绘制的需求，塘鲤经过一系列的实验，发挥学校机械、智能控制等专业优势，先后针对性地开发了喷枪、立体彩绘透视投影成像仪、刻字机、小型定制施工车、智能彩绘模板打印机等设备，节省了40%的人工成本，相比传统彩绘，效率提升了5倍。团队还开发了一整套的标准化施工指导手册，包括定型起稿—远景铺色—近景铺色—细节刻画—完成观察五大步骤，实现了墙绘的流程化作业，大大提高了工作效率，平均节省了30%的人工成本。

**3. 创新推广策略**

**以公益主题项目打造乡村墙绘品牌。**塘鲤团队与公益组织合作，充分利用其权威性、公益性资源，树立一个能让消费者认同的营销品牌，改善了市场销售的营销模式。由此，塘鲤启动"百千万工程"——乡村党建主题公益彩绘项目，进行公益营销。具体路径：第一，目标鲜明化，即在为乡村做公益的同时，建设好塘鲤品牌。第二，墙绘主题化，即塘鲤集中力量做旗帜鲜明的、乡村党建主题的墙体彩绘。第三，公益系统化，即塘鲤带动合作伙伴、供应商一起做公益，形成公益产业链。迄今为止，塘鲤"百千万工程"项目进度已达到8 281/10 000，完成了701个村庄的墙体彩绘，总面积达到7.2万平方米，共有268个村庄被评选为美丽村庄，164个景区的墙体彩绘被评为示范参观景区，包括井冈山红色革命老区、延安革命根据地、遵义会议旧址等红军长征沿途地区、泰州中国人民解放军海军诞生地纪念馆等。

**以乡村合伙人机制开展连锁营销。**塘鲤通过网络招聘、实地招聘等方法，对外发布合作信息，在获取有效数据、二次分析数据后确定最终合伙人，合伙人交纳一定的加盟费后，与塘鲤签署协议，正式加盟成为乡村合伙人，可以在塘鲤打造的开放式平台上通过加盟机制与塘鲤共享版权素材，共遵施工标准，共惠业务渠道，共用智慧化涂料材料，共享团队客户。乡村合伙人可以依据大数据网络，通过对客户群体定位，再把订单分送全国各地，由此运行塘鲤的乡村合伙人机制，进行连锁营销。自塘鲤以乡村合伙人机制开展连锁营销以来，共与212位合伙人达成协议，有212人入驻合伙人联盟，汇集了358位专业画师，其中聋哑人士有23人，直接带动就业1 276人，为300个村庄提供了彩绘服务，每日可交付8个村庄的彩绘业务，并与全国最大的乡村广告企业达成战略合作。

**课堂讨论：**

1. 尝试总结塘鲤墙绘道德核心竞争力是什么？

2. 讨论高校公益项目如何变为创业项目？

## 四、公益成效：打造了乡村墙绘的中国范式

团队业务覆盖江苏、安徽、浙江、贵州、河南等多个省份，其中长江中下游地区、云贵地区是重点改造建设地区，墙绘面积高达上千万平方米。全国美丽乡村建设示范村建设项目共有 8 000 个，目前塘鲤团队已完成了 1 738 个村镇乡村彩绘项目（图 4－8）。

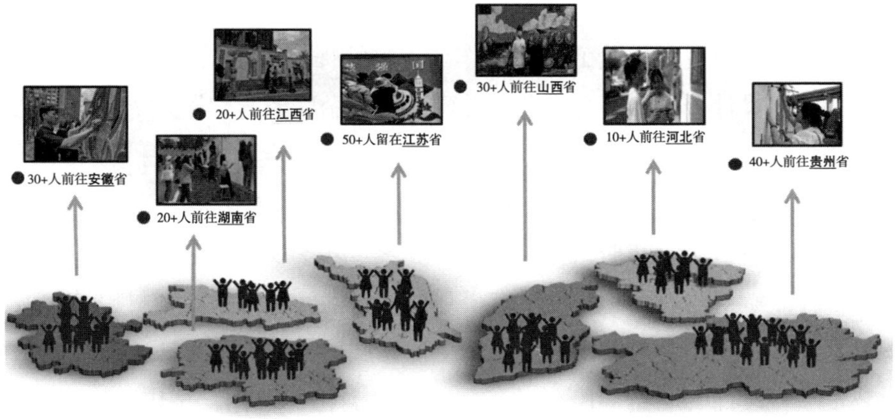


图 4－8　2022 年塘鲤墙绘志愿者暑期公益服务范围

**【资料链接：从汉陵苑到八卦城太极坛中央展馆】**汉陵苑是瘦西湖蜀冈风景名胜区内的重要旅游景点之一，更是名胜区内的一颗流光溢彩的明珠。苑中展出的西汉第一代广陵王刘胥及王后的墓葬，是全国罕见的大型墓葬之一，距今已有两千多年的历史。“汉陵十景”是该苑的特色文化品牌，已建成“广陵潮涌”等景点。塘鲤与周新国教授、常再盛教授、吴锋教授合作，挖掘其中的文化内涵，在景区墙上描绘了当年的历史景象，汉帝授节—张骞出使—抵达乌孙—偕使归汉—细君出塞—和亲大典……一幅幅生动逼真的墙绘均出自塘鲤的手笔。2020 年，援疆干部王明宇在旅扬途中，无意中见到

了塘鲤的汉陵苑的墙绘效果，新疆又是汉陵苑系列故事的发源地，因此与塘鲤联系，将援疆文化建设项目交与塘鲤团队。塘鲤团队第一时间便定制了项目方案，主动参与新疆维吾尔自治区伊犁哈萨克自治州特克斯县八卦城太极坛中央展馆的绘制，最终顺利完成了张骞出使西域的历史画面再现。

**1. 公益创业集聚新型农人**

团队直接带动就业 410 人，其中内部带动就业 52 人，流动性画师 358 人，其中聋哑人士有 23 人；通过“乡村合伙人机制”间接带动 857 人创业，流动性画师 24 000 人，当地乡村旅游工作人员 14 000 人。

**2. 自主研发带动技术创新**

团队已申请涂料、装备等知识产权保护 37 项，授权发明专利 8 项、软件著作权 2 项、作品著作权 17 项，共累计 64 项专利。基于这些核心技术，塘鲤艺术与上游企业达成了战略合作，为墙绘提供高效的建筑支撑。此外，团队将艺术设计分包给下游企业，并建立了校企联盟，利用技术优势，把企业和学校教育紧密结合起来，开设了塘鲤手绘艺术培训班，将科技成果进行转化，为学校进行人才输送，从而实现了人才资源最优化。

团队从乡村旅游和振兴乡村地方产业两个艺术设计方向助力和美乡村发展。乡村旅游对农村生态环境具有极强的依赖性，塘鲤助力乡村旅游发展时坚持绿水青山就是金山银山的理念，把生态文明建设的理念、方法运用到乡村艺术项目设计、墙绘等服务过程中，通过美化、绿化、亮化、净化工程，优化乡村生活环境，全面提升农村居民的生活品质和游客的旅游体验。团队的优秀服务案例先后被《人民日报》、*China Daily* 等多个中外新闻媒体报道 60 余次。

## 现场传真：

### 【乡村“彩绘墙”留住浓浓乡愁】

一面面灰白的墙体变成了绚丽多彩的图画，原本老旧的农村民居改头换面，变成了五彩斑斓的现代彩绘艺术建筑群。墙绘是现代农村的一个缩影。与墙绘一起出现在乡村中的是宽阔整洁的水泥硬化路、设施齐全的活动广场、独具特色的民居、鲜花簇拥的绿化带、各族人民载歌载舞一家亲的温馨生活，农民群众沐浴党的光辉，从贫穷走向小康……很多游客来我们墙绘的乡村打卡，乡村人气更浓了。当艺术彩绘遇上美丽乡村，一幅幅展示新农村新生活新风貌的创意彩绘，吸引住了农村人的眼睛，也留住了浓浓乡愁。

——塘鲤彩绘工作室创始人王成兵

## 【村民的肯定是我们最大的动力】

墙绘是一项非常艰苦的工作。尤其在广大农村地区，很多工作场地都是室外的，哪怕骄阳似火，但为了保质保量地完成任务，大家都会不惧酷暑。有一次，我们顶着烈日在摄氏 35 度的高温下，搭铁架，挥画笔，聚精会神地描绘，汗水湿透了衣裳都来不及擦，豆大的汗珠滴落在缤纷的调色盘上，画笔将含有汗水的颜料在白墙上勾勒出美丽的画卷。每当我们完成一幅作品，看到村民围着墙绘点赞的时候，就觉得所有的努力都是值得的。

——塘鲤彩绘工作室公益部负责人何雪霁

## 【美丽乡村有颜值、有气质更有底气】

广大农村是中国文化的摇篮，也是优秀传统文化的宝库，各地拥有独特的民间艺术、服饰文化、饮食文化、建筑文化、节日文化、非遗文化等，随着时代变迁，一些文化逐渐淡出了人们的生活，但是仍然活跃在不同代际人们的记忆中。这些看似过时的文化记忆恰是一个村庄最宝贵的财富，也是最具特色的墙绘素材。如今的乡村，墙绘在创新中取得了不错的发展。国画、漫画、3D 立体画的广泛运用，写实、写意等不同风格的争鸣，使乡村墙绘不再是单调宣教，而是多彩传播，人们在潜移默化中了解国家政策，又在审美享受中进行自我提升。通过美学观念和文化内涵的有机结合，墙绘艺术在提高审美、引领乡村文化进步、宣传优秀民间文化，尤其是宣传普及党和国家惠农、兴农等相关政策方面发挥着重要作用。

——塘鲤彩绘工作室指导教师杨千里

现在每天上下班路上都能看到这么美的风景了。原先我们抬眼一看，不是白墙就是水泥墙，现在抬头就能看到美丽的画，让人心情舒畅，现在我们每天都自觉打扫卫生、收拾垃圾，生怕破坏了这美景。人居环境整治让村内的氛围增添了活力，住在这里觉得开心多了。美丽墙绘既能改善人居环境、助推乡村振兴，又能打通乡村人民群众欣赏高质量展览的“最后一公里”，耳濡目染地引导他们认识美、欣赏美、创造美、增加获得感、幸福感。

——扬州市邗江区瓜洲镇村民吴友尊

## 项目评述：

### 1. 以公益创业实现自我造血

作为近些年新兴的一种创业方式，越来越多心怀梦想的年轻人选择了公益创业，项目所服务的对象大多是特殊群体：留守儿童、农村空巢老人、聋哑人等。公益创业因其双重属性，比一般创业要艰难得多，如何生存和发展是一个值得探讨的话题。塘鲤墙绘具有鲜明的公益创业属性，团队以美丽乡村建设为使命，通过为客户提供墙体绘画产品，获得一定的商业收益。同时，在保持自我造血的同时，又注重乡土文化传承、创新与传播的社会责任。通过高校联盟战略，打造青年艺术家社群，积累版权素材近 10 万份，打造出“一墙一文化，一村一风景”的乡村文化发展新面貌。

### 2. 以技术创新构建技术壁垒

大学生社会实践或创新创业项目，通常起源于青年人身边的专业学习和生活，生活上的亲近性增强了实施运转上的便捷性，但又常因为专业壁垒，很难在激烈的市场竞争和复杂的社会环境中建立起可持续的发展模式。塘鲤墙绘的服务本质上是一种艺术创作，门槛较低，但是团队通过自主研发带动技术创新。团队已申请涂料、装备等知识产权保护 37 项，授权发明专利 8 项、软件著作权 2 项、作品著作权 17 项，共累计 64 项专利。基于这些核心技术，塘鲤艺术与下游企业达成了战略合作，为墙绘提供高效的技术支撑和实施壁垒。这是项目能够从最初的公益项目转变为创业项目的重要原因。

### 3. 以美丽乡村带动产业振兴

文化的产业振兴是乡村文化振兴的主要内容之一，文化的发展振兴要运用市场化、产业化的手段，才能保持生命活力与创新力。历史悠久的农耕文明，优秀的民俗和乡土文化，通过产业化的发展，改变了传统村庄的风貌，改变了村民的生活。塘鲤团队起于公益，落在文化，成在产业。团队在推动乡土文化发展的过程中，并未局限在乡土文化的狭隘空间内，而是通过技术创新、内容创新、模式创新，实现了文化的产业化生产。国画、漫画、3D立体画的广泛运用，写实、写意等不同风格的争鸣，使乡村墙绘不再是单调宣教，而是多彩传播，乡村文化振兴只有立足当下，做好传承，着眼未来，不断创新，才能提升文化底蕴，传承优秀的乡土文化，真正实现乡村文化振兴。

## 五、延伸阅读：扬大志愿者做好运河文化国际表达

运河之滨，山水田林竞风采。国庆期间，扬州运河水上观光巴士复航，受到市民的欢迎和热捧，更赢得了不少中外游客前来打卡。扬州大学外国语学院志愿者杨皓月主动承担了运河水上观光巴士的外语讲解员的工作。

从申报世界非物质文化遗产名录，到服务世界运河文化城市论坛，再到举办世界园艺博览会……近年来，中国大运河在国际舞台上的“涛声”越来越响。这与一群人致力于用世界语言传播运河文化密不可分。长期以来，坐落于古运河原点城市的扬州大学，紧紧依托学校区位和学科优势，勇于承担责任，做好大运河文化传承与传播，尤其是推动大运河文化的“国际表达”（图 4－9）。

图 4－9　扬大志愿者积极推动运河文化国际传播

**调研大运河文化国际影响力　扬大学生撰写 6 万余字调研材料**

“您听说过中国大运河吗？”“您是通过哪些渠道了解中国大运河的？”世界园艺博览会现场，扬州大学外国语学院的 60 余名师生志愿者是这场国际

盛会的翻译工作人员，同时他们还承担着另一项任务——调研了解中国大运河文化的国际影响力。在这之前，扬州大学“中国大运河国际影响力调查团队”已针对数千名海外友人发出有效问卷数千份，深度访谈了 100 余名从事运河研究的相关专家学者，撰写了 6 万余字的调研材料。

“大运河是中华民族精神的重要标识。但调查发现，我国大运河文化的国际影响依然不够广泛。”在“运河新语”团队负责人杨皓月看来，大运河文化传播过程中面临运河文化超级 IP 亟待打造、大运河国际化人才短板、全媒体传播矩阵不足等问题。因此，提升中国大运河文化国际影响力，应注重文旅融合，擦亮文化符号，实现情感共鸣。

为实地了解大运河文化现状，他们走访调查了中国大运河博物馆、扬州市大运河展示馆、苏州大运河遗产展示馆等 13 个单位，遍访了扬州具有代表性的大运河遗产点，为提升运河文化内核增添现实依据（图 4－10）。

杨皓月回忆道：“当时是疫情期间，我们东奔西跑了好几个地方，甚至还扑空过，一天下来能走几万步。”而在访谈方面，他们则采访了世界运河城市论坛成员、志愿者、外籍留学生、普通市民和文化人士等群体。

图 4－10　扬州大学志愿者在运河论坛国际舞台上开展志愿服务

**向世界讲好中国运河故事**

**整合学科优势，促进运河文化“走出去”**

“运河文化的国际传播是非遗‘活态’传承的重要内容。”从小就生长在古运河畔的团队成员王嘉汶介绍，历史上的大运河一直以包容性和开放性沟通南北、互通有无。当前，研究并推动运河文化的国际传播对于落实“一带一路”倡议，构建“双循环”发展格局具有重要的借鉴意义。

2017年至今，团队通过设计特色运河文化旅游精品路线、提供多语种景点标识和指南、研制大运河旅游纪念品等方式，擦亮运河文化的国际符号。2020年，团队完成了《世界遗产运河的保护与传承——大运河文化带视角》一书的撰写工作，该书在世界运河城市论坛上被作为礼物，由江苏省委、省政府领导赠送给参加论坛的国内外嘉宾。

团队还组建外事服务团，编写英文、法文版《中国京杭大运河之老店》、英文版《大运河文化进校园》教材，积极宣传中国大运河文化，促进运河文化“走出去”。

“大运河是一条滋养中华文明的母亲河，推动运河文化的国际传播也是提升国家文化软实力的重要组成部分。”扬州大学大运河文化院副院长黄杰说，近年来扬州大学整合学科优势，构建智库高地，融入文化、语言、环境、生态等学科资源，形成了包括运河产业文化、运河非遗文化、运河美食文化、运河生态与园林景观等多个研究方向“百花齐放”的研究格局，为规范化和国际化推动运河文化研究与创新书写了新篇章。

## 实践指导:

1. 组织参观瓜洲古村，感受墙绘文化。
2. 邀请塘鲤墙绘志愿者带领大家开展墙绘体验活动。

# 第五章 青年公益拓宽农业发展路径

## 实践案例：“乡信我”——农牧项目推广服务平台

### 本章导学：

农业是最古老的产业，中国自古以农立国。作为农业大国，中国始终把农业发展放在首位。在漫长的历史长河中，我国的农业发展一直以小农经济为依托，并以此为根基，形成了传统中华文明的物质生产和社会发展主脉络。所谓小农经济是以家庭为单位、生产资料个体所有制为基础，完全或主要依靠自己劳动，满足自身消费为主的小规模农业经济。

但是随着工业文明的到来，传统的农业生产结构越发无法适应现代社会的发展需求。小农经济具有分散性、封闭性和自足性等特征，农业生产以家庭为生产、生活的基本单位精耕细作，农业和家庭手工业相结合，相对封闭。其生产出来的产品用来自己消费或缴纳赋税，是一种自给自足的自然经济，显然无法适应市场化、规模化、技术化为主要特征的工业文明发展需求。20 世纪 90 年代以来，农业产业化成为我国农业发展的最显著特征之一。

所谓农业产业化是指在市场经济条件下，以市场为导向，以经济效益为中心，以龙头企业和主导产业为基础，以提高农民收入为目的的集约化经营方式，它的突出特点是种养加联合、产供销一条龙、贸工农一体化。实践表明，农业产业化经营已成为现阶段我国农业和农村经济中最具活力的增长点，是解决小生产与大市场、分散经营与集约化经营等农业和农村深层次矛盾的有效途径。即农业产业化是传统农业走上自我发展、自我积累、自我约束、自我调节的现代化经营和产业组织的重要路径。

巩固拓展脱贫攻坚成果和实现乡村振兴，产业支撑是关键。农业产业化发展是推进美丽城镇建设的重要组成部分，它承载着社会主义新农村建设和农村经济的繁荣和发展的重任。而农业产业化作为一种新型集约经营方式，必须依靠科技与人才的支撑。高校作为创新的集聚高地承担着为农业产业化提供智力和人力支撑的重要使命。本章，让我们共同走进“乡信我”——农牧项目推广服务平台，探究青年公益拓宽农业发展新路径。

**课前思考：**

1. 谈一谈你印象中的农业生产是什么样子的？

2. 结合身边的案例，你觉得青年大学生能够参与哪些农业生产、创新或经营活动？

# “乡信我”

## ——涉农创业项目一体化服务平台

## 一、背景介绍：农业产业化发展必由之路

党的二十大报告指出：“加快建设农业强国，扎实推动乡村产业、人才、文化、生态、组织振兴。”近年来，从发展种植养殖业、开办农家乐，到成为非遗传承人、发展农村电商，再到开发乡村旅游、创办小微企业……越来越多的大学生，用坚持和热爱在农村挥洒汗水，通过入乡、返乡创业，在实现自身梦想的同时，为乡村振兴注入强劲动能。广袤的田野蕴藏着无限的机遇与希望，也为大学生实现人生价值搭建了广阔舞台。

在推进乡村振兴过程中，返乡大学生已经成为一支生力军。从 2015 年国务院办公厅印发的《关于支持农民工等人员返乡创业的意见》到 2017 年

中共中央办公厅、国务院办公厅印发的《关于进一步引导和鼓励高校毕业生到基层工作的意见》，在国家政策的激励下，大学生返回乡镇和农村就业创业已成潮流。近几年，众多高校毕业生返乡创业，为家乡建设添砖加瓦，让自身价值得以充分实现。

随着《乡村振兴战略规划（2018—2022年）》等一系列政策的实施，乡村创业空间更加广阔。乡村期待更多高校毕业生返乡就业创业，带来更多新的理念、模式和产业形态。而高校毕业生规模持续保持高位、大城市就业岗位日趋饱和，也让越来越多的大学生将创业目光聚焦在乡村。

**【资料链接："新农人"在田野里筑梦新农村】**2009年毕业于扬州大学信息管理与信息系统专业的卓成涛是一名名副其实的"新农人"。大学毕业后，他就职于南京一家软件开发公司，工作稳定且薪资优厚，成为很多人羡慕的城市白领。但是，从小在农村生活的他，一直有一个田园梦，随着年龄的增长，这种回归乡村的愿望越发强烈。2014年，他从南京回到泗洪县界集镇，以每年每亩850元的价格，转租了近200亩梨园，注册成立"泗洪县麦乐贝果蔬种植专业合作社"，当起了"麦乐贝农庄主"。"大学生来家种地，有什么出息，也不怕人笑话?"父母为此担心，劝说他放弃。但他却觉得，现在农村年轻人越来越少，回去正好能大展拳脚，创业致富的舞台就在农村。

虽然梦想很美好，但现实很残酷。刚开始，卓成涛实施高标准栽培管理，追施有机肥，高薪请人整枝修剪，但结果是残酷的：虽然果实明显变大了，一个斤把重，品相也漂亮了，金黄透亮，但是中看不中吃，口感不甜还像木头屑，而且都是"晚秋黄"，熟得迟，不耐存储，也没有深加工条件，所以怎么都卖不出好价钱。卓成涛连续5年累计赔本近200万元。

"几百万也不是小数字，可是中途放弃，心有不甘。"卓成涛说，当时反复在心里盘算"进退"与"取舍"两本账，最终他坚信，亏本买来了经验，风雨后必现彩虹，爬过坎坷定有坦途，于是决定坚持下去。2017—2018年，他多次外出学习考察，购买"早酥红""翠冠""玉露香""苏翠一号"等早、中、晚熟多种优质梨木枝条，请扬州大学老师前来指导，计划用4年时间，分期分批把一万多棵梨树重新剪枝嫁接（图5-1）。

图 5-1　大学生卓成涛当起“新农人”梨园里奏响“致富曲

功夫没有白费，汗水没有白流。从 2019 年开始实施梨树改造计划后，梨园里一年一个样，三年大变样。如今是枝繁叶茂，硕果满园；林下散养的草鸡，成群结队，啄草觅食。日复一日，年复一年，他向书本学、向老师学、向实践学、向市场学。总之，对他来说，随处是课堂，时刻做学生。通过不断学习、不懈奋斗，让他系统掌握了梨园的现代管理措施。此外，他有效利用了电商平台，积极参与直播带货，通过微信朋友圈、抖音等平台，销售自家的草公鸡、草鸡蛋、黄桃、特色梨等，效益良好。

人才资源是乡村振兴的第一资源。助力乡村振兴，青年大有可为。大学生返乡创业带来的不仅是创业项目，更难得的是人才回流。事实上，聚“才”方能聚“财”，蓄“才”之水方能养发展之“乡”。为此，构建合理的创新创业平台，助力大学生“下得去、留得住、干得好”是实现乡村振兴的必由之路。

当前，随着城乡一体化等政策深入推进，我国乡村的政策环境、基础设施、经济发展和社会生态等正加速改善，客观上为大学生返乡创业提供了良好的环境。同时，由于城乡差距短期内难以抹平，城市在资源和人才方面还是存在一定的虹吸效应，再加上从创业角度出发，乡村自身产业结构和配套政策、平台和资源等存在一定短板，这都对大学生返乡创新创业造成了一定的挑战。主要体现在以下三个方面。

### （一）自身因素：能力和期望都与创业实际存在差距

大部分大学生缺乏真实的乡村生活经历，难以把控和预见乡村创业所面临的风险和问题，乡村的创业机会识别难度大，创业融资风险高，心理的落差和创业的压力都是在乡村创业中，大学生创业者自身需要克服的难关。

### 1. 创业把握能力短板

大学生接受的创业教育普遍以理论讲授为主，缺少创业实践环节的体验，不足以应对真实的创业市场，特别是缺乏对农业农村领域创业机会的发现和识别的能力，缺乏创新思路、风险意识不强、发展方向不明、欠缺长远规划，对创业政策的理解与把握能力弱，让农业创业项目得到市场认可还需更多的探索和调研。

### 2. 经营管理水平欠缺

回到家乡的大学毕业生，既会感受到乡亲的情谊，也会体会到传统人情社会与现代市场经济在某些方面的不适应、不匹配。这就需要大学毕业生正确认识人情，发挥人情对沟通、理解、共情的正面作用，积极恢复和拓展社会关系，为创业营造良好人际环境。大学生具有相应的专业知识，但与创业相关的经营管理知识和能力则是其创业发展的短板。经营管理能力、商业资源及农村各类资源有效整合的能力不足，致使创业成功率较低。另外，大部分大学毕业生创业融资意识和能力薄弱，创业启动资金大部分靠家长资助。

### 3. 资源拓展能力不足

大学生返乡创业首先面对的难题就是资金——创业初期资金少，筹资难度大。社会对大学生毕业后回乡村工作创业还存在一些偏见，这给回乡创业大学生的心理承受能力和社交能力都提出了更高的要求。大学生要能够适应从天之骄子到乡村创业者的情境落差，主动提高自身的环境适应力，提升人际关系处理能力，经受住新环境带来的压力和考验。

## （二）环境制约：乡村基层缺乏可供创业的环境

针对乡村创业环境资源稀缺的实际情况，国家虽然从精准扶贫的角度予以了重点扶持，使得乡村基础设施条件得到跨越式提升，大幅改善了乡村的创业环境。但与城市的条件对比，基础设施还存在差距，西部地区的差距更为突出，加之观念落后、技术创新不足、产品出路局限性大等因素的影响，乡村创业资源配置不足，创业环境有待提升。

**1. 乡村缺乏创新创业环境**

乡村的经济生态相对滞后，经济活动和市场较单一，创新技术、创业资金、创业资助项目等创新创业元素缺乏。加之基础设施落后，信息环境发展不对称，农民的竞争意识和创业理念缺乏，知识型劳动力不足，乡村创业与城市创业相比留给大学生的机会少，创业市场难以开拓。

**2. 农业创业项目融资难**

大学生创业者融资意识和能力薄弱，风险投资运作方式了解缺失，政府创业基金对于农业项目的资助比例低，银行政策性创业资金贷款存在隐性障碍，乡村创业项目自身还受地域分散偏远、前期基础薄弱、缺乏成功案例等不利因素影响，导致农业创业项目融资成功率低、融资额度小、追加融资难。

**3. 农村人才技术支持匮乏**

人才是创业实施的重要载体，创业人才和创新技术是乡村创业所必需的要素。由于历史和区位的原因，城乡发展差异巨大，乡村人才缺乏的现状严重阻碍了乡村创新创业的进展。国家虽然在乡村创新创业人才培养及引进方面，制定出台了相关的扶植措施和政策，但城乡发展、区域发展不均衡不充分的情况依然存在。

### （三）教育现状：创业教育课程对创业的推动作用不大

**1. 创业教育内容空转**

针对创业的研究理论与实践脱节，缺乏教材支撑。对创业课程教师队伍建设的重视程度不够，创业教师普遍缺少实践创业经历，教师发展梯队层次没有形成。创业教育理念落后，往往停留在理论讲述层面，注重课堂讲述、轻实践探索的情况还很普遍。

**2. 创业教育观念偏失**

存在“创业”和“创业教育”的理解误区，需要明确两者的区别，创业教育的本质是教育，创业的核心内容则是商业活动。认为“创业教育”只适合少部分有创业想法学生的认识是错误的，创业教育更关注的是对学生的创业意识与素质的培养，对创业潜能的发掘，而不是要求学生在接受创业教育后都立即去开展创业行动。

### 3. 创业教育实践形式单一

高校的创业教育实践多要依托企业来完成，但现行的教育实践多以讲座、参观等内容为主，创业教育实践内容单一、不深入。企业为高校提供创业教育实践的积极性低，受企业人事和生产等因素的影响，这种非正式的实践教育还存在偶然性和不确定性。

**课堂讨论：**

1. 你觉得如今乡村振兴中可以挖掘哪些特色产业？
2. 你觉得引导青年群体投入乡村创业的意义在哪里？

## 二、项目简介："乡信我"涉农创客的一体化服务平台

"乡信我"农牧项目创客服务平台以构建区别于传统项目孵化理念的新型创客孵化体系为目标，以"农牧创业项目孵化为特色、农牧创客精准培育为特色"，通过搭建农牧项目认领的服务体系，精准育成农牧类创新创业人才。团队前期对涉农项目进行了深入调研。

### （一）针对乡村青年创客的困境调研分析

调研显示，目前我国大学生创客群体基数大，增长速度快，且调研结果显示，大学生群体的创业意愿极强，有 89.9%的在校大学生考虑过创业，其中 18.2%的学生有着强烈的创业意向，这部分群体的数量在未来必将持续高速增长。在乡村振兴战略及鼓励大学毕业生返乡创业、服务基层政策的引领下，越来越多的大学生选择利用专业知识深入农村，实现人生价值。在大学生创客群体中，近 10 万创业者集中在住宿餐饮和农林牧渔行业。20 多所涉农高校近 16 000 名农科学子在知道"乡信我"孵化项目后，82%的学生表示愿意加入。

返乡大学生作为乡村建设的新生力量，在全国范围内逐渐形成一个团体，他们立志在农村这片土地上最大程度地发挥作用，有着带领农民致富的迫切需求。截至 2021 年底，我国在岗大学生村官超 8 万人，这部分群体是公司的主要客户群体，同时也为公司提供了大量稳定的客户需求，是"农牧孵化体系"的重要宣传推广媒介。虽然涉农创业大学生和在岗大学生村官有

着高涨的创业热情，但中国教育部涉农大学生创业数据显示，在这些创业者中12%缺乏合适项目，20%缺乏指导经验，54%缺乏资金和空间，6%缺乏技术支持。因而无技术、无项目、无帮扶的创业者往往承担很高的创业风险，创业成功率不高。“乡信我”农牧项目创客心坎上的顶级服务商就致力于解决上述问题。

### （二）搭建涉农项目产业孵化与创业教育平台

“乡信我”农牧项目创客服务平台在积累一定创业服务经验基础上，结合平台农牧知识背景、农牧资源情况进一步聚焦农牧服务领域，针对涉农专业大学生涉农创业群体、非涉农专业大学生返乡涉农创业群体，推出了全新的创业孵化模式，打造了一个创业机会商品化路径下以农牧领域创业人才培育为核心、将企业资源常态化整合与创客项目公开认领相结合的“互联网+”大学生创客空间。

一方面，“乡信我”以项目认领为机制，与国内知名的农牧企业进行对接合作，将企业的资源进行外包，由“乡信我”进行重新整合，作为“乡信我”项目的在线项目资源库，供优秀创业团队认领项目。目前公司已有肉鸡养殖、肉猪养殖、小龙虾养殖和火鸡养殖4个项目单品。在这4个项目单品中，农牧类大学生创客可以凭意愿自主选择创业实践项目。其中，肉鸡养殖已经拥有江苏立华牧业股份有限公司等160余家独家资源发包权；肉猪养殖拥有正大集团等260家企业肉猪饲养独家资源发包权；小龙虾养殖拥有江苏中洋集团等30家企业资源独家发包权；火鸡养殖拥有江苏军曼农牧科技有限公司等4家企业独家资源发包权。

另一方面，“乡信我”改变传统项目孵化格局，该项目不仅孵化农牧项目，而且同时精准育成农牧创客。有意愿返乡从事涉农创业的大学生群体，通过线下创业载体、线上服务平台咨询该公司项目资源库，根据自身情况（地理位置、土地使用情况、经济基础、饲养畜种等）选择项目进行认领；平台对大学生创客实际情况进行考核，符合条件的为其开户，创客缴纳养畜合作金，签订养殖合同，以记账方式领取畜禽幼苗、饲料、药品、疫苗等养殖资源。合作过程中平台提供全程农牧项目技术指导、物料领取的监督、养殖管理过程中的指导以及能力提升、投融资对接等一体化的项目孵化服务（图 5－2）。

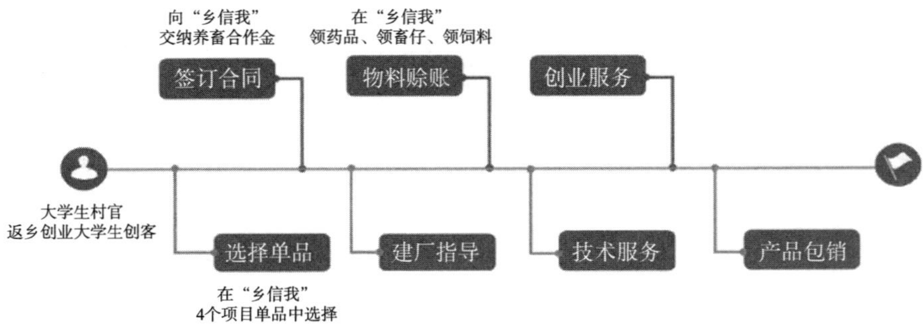


图 5－2 “乡信我”农牧项目认领模式

团队以样板基地为载体，构建农牧项目虚拟孵化器，将农牧创业人员精准育成与农牧项目定向孵化有机结合起来，构建农牧创客的创业苗圃。“乡信我”以创业载体运营模式为基础，构建了独特的认领模式。大学生村官、返乡创业大学生创客选择“乡信我”的项目单品中的一个与公司签订合同，向“乡信我”交纳养畜合作金。随后，公司对创客进行建厂指导，创客通过物料赊账的方式从公司获得药品、畜仔、饲料等，开展养殖。在养殖过程中，公司为创客提供创业服务、技术指导、技术咨询等。待农产品成熟，公司对于达到标准的农产品按照事先约定好的价格收购。

### （三）建立多元化的涉农项目创业服务体系

**服务对象：**服务对象为在校及毕业三年的农牧大学生创客，着重关注涉农创客。精准的定位便于为创客提供个性化的创业服务。

**服务领域：**聚焦农牧项目孵化，具体服务农牧领域，拥有大量相关资源，专业素养足够支撑育成每一个农牧项目。

**项目特色：**一方面，注重项目孵化，帮助项目迅速成长；另一方面，注重人才育成，通过养成创业人才引导创业项目的长远发展，帮助创客提升创业能力。

**运营模式：**推进项目认领，引导创业者合理创业。着眼农牧推进项目认领，根据创客具体情况进行创业项目的个性化定制，因地制宜，且平台全程参与创业，为创业者事先预设项目走向，引导创业者解决问题，科学实现自身造血。

**运营团队：**高校、企业、创客、政府等多元化的立体式孵化团队，人员涵盖企业发展、农牧专业等多个领域，为创客提供更专业的创客空间。核心运营团队同为大学生创客，更了解创客的创业需求，可以快捷准确地获得大学生创业信息。

**服务形式：**提供特色创业服务，包括资源对接、技术指导等。在传统产业帮扶的基础上，"乡信我"提供全程饲养技术指导以及线上线下"信息化、智慧化"创业能力提升课程和培训，创业者主动学习养殖知识与技能。

**【资料链接：张志鹏做乡村创客的"梦想摆渡人"】**从自己追梦、逐梦，到为大学生创客"孵化"梦想，这是扬州大学动物科学与技术学院2019级博士生张志鹏，在创业创新路上书写的一段追梦传奇。这位年轻的大学生创业以来，成立了扬州市第一家创客空间，设立"天使梦想基金"，创业5年间先后服务大学生创客1.3万余人次；创办国内农牧项目孵化第一品牌——"乡信我"，精准服务农牧领域创业大学生群体，助力乡村振兴战略；先后荣获全国"创青春"大学生创业大赛金奖、江苏省"互联网+"大学生创新创业大赛一等奖、最佳带动就业奖等。

本科就读期间，张志鹏就萌发了创客梦。作为试水，他曾在街头发传单、贴吧里"摆地摊"，大学四年未向家里要过一分钱。担任学生干部时，他联系并达成合作商家累计100余家，创办了学校首届营销大赛，现在该活动已升级为"正大杯"全国大学生创业营销大赛江苏分赛。他还涉猎过二手交易、旅游、技能培训等，后来成了扬州独立咖啡馆联盟、江苏大学生旅游咨询公司联合创始人。

"我的梦想是成为一个'新型农民'，建成我的'生态鸡舍'""我的梦想是打造一家综合性的生态景观公司""我想研发玫瑰花产品，向大众宣传健康的养生方式"……这些是涉农专业大学生新型创客群体、返乡创业的非涉农专业大学生群体的创业心声，让张志鹏敏锐地察觉到，这是一个"市场痛点"。

2018年1月，中央1号文件对实施乡村振兴战略进行了全面部署，张志鹏看到了实现梦想的重大契机。经过详细论证、精心准备，他正式推出农牧创客项目——"乡信我"。

“乡信我”的服务对象是大学生创客，重点关注涉农大学生、涉农创业群体，服务内容包括创业载体、创业孵化、创业教育、创业实践四个版块。对张志鹏来说，“乡信我”的精准定位，就是把农牧创业项目孵化成功，把农牧创客精准育成。公司探索用“多元化”的载体引导农牧创客，用“定制化”的服务满足农牧创客，用“信息化”的平台武装农牧创客，用“智慧化”的形式成就农牧创客，这是他探索出来的农牧项目创客空间运营模式（图 5－3）。

图 5－3　张志鹏：助力乡村振兴的“梦想摆渡人”

随着合作业务的陆续拓展，“乡信我”品牌的影响力不断扩大。一个涉农创业项目，能带动一个村、一个镇，甚至一个地区的农民致富。

一路走来，张志鹏不断提升“乡信我”服务涉农项目的服务水平。平台先后与中粮集团、三仪集团、正大集团等 30 余家知名农牧企业达成战略合作，目前已建成 2 个占地面积 2 800 亩的养殖样板基地，吸引周边 7 200 多户农户加入，每户年均收入可增长 8 000 元。他还先后与华东地区肉鸡产业龙头企业——江苏立华牧业股份有限公司、正大集团江苏区达成合作协议。全国人大代表、江苏军曼农业科技有限公司总经理鲁曼，已与“梦想吧”达成了 100 万元的意向投资。

## 课堂讨论：

1. 你觉得家乡有哪些涉农项目可以实现产业化发展的？

2. 如果你主持一个涉农创业项目，最希望得到哪些方面的支持？

## 三、实践现场：“乡信我”涉农创客的一体化服务平台

高校毕业生数量逐年增加，社会对高等人才的要求正转向多元化发展，就业形势日益严峻，这就迫切需要越来越多具备创新创业能力的人才。而众创时代的创客空间已经不再局限于传统的办公场所，在创新创业大背景的驱动下，创客空间是吸引创客、参与创客产品创新过程的资源平台。“乡信我”农牧项目创客服务平台立足高校，拥有创业载体、创业实践、创业孵化、创业教育四大完善体系，以提高大学生创业能力、提供创业资源、优化创业项目为目标，以培养大学生的创新创业意识与创新创业能力为重点，解决了高校、大学生创新创业时代背景下的大量需求（图 5－4）。

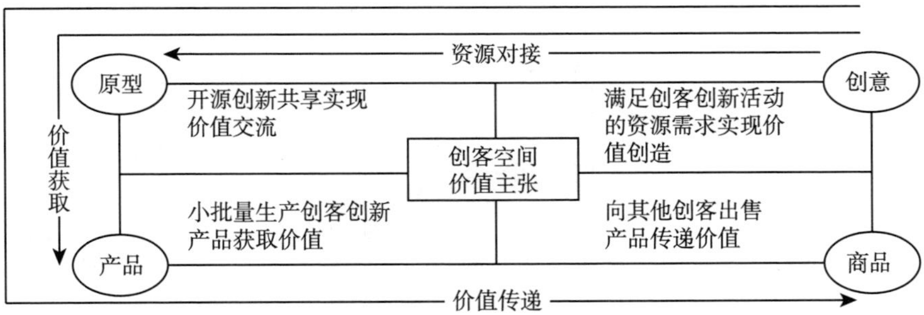


图 5－4　“乡信我”农牧项目创客服务平台的价值主张

### （一）“乡信我”涉农创客服务平台工作理念

“乡信我”涉农创客服务平台整体运营理念是提升创客的创业能力，丰富创客的社会资源，优化创客的创业项目。目标客户群是大学生村官、农牧类大学生创客、返乡创业大学生。平台本着“从乡村创客中来，到乡村创客中去”的原则，以原有样板基地为载体，构建农牧项目虚拟孵化器，将农牧创业人员精准育成与农牧项目定向孵化有机结合起来，构建农牧创客的创业苗圃。

平台以创业载体为核心，利用线下创业苗圃、咖啡孵化器等创业基地，联合线上专属平台直接对有需要的高校大学生进行服务，创业苗圃满足了大学生创客创新活动的资源需求进而实现价值创造，创客咖啡孵化器为创客提供了一个交流碰撞的平台；项目库中拥有大量创业资源，为大学生创业实践

打下基础，其中一大特色为农牧类项目孵化体系，为大学生创客提供低风险、少投资、有保障的创业项目，同时点燃了大学生返乡创业的激情，响应国家政策，推动中国乡村社会向现代化转型；从项目培育到项目指导、项目优化、投融资对接与咨询等，一整套完善的创业孵化体系改变了产品需求链，为创客提供了技术、业务模式与产品设计等方面的便利，这也是平台发展的基本保障；创客训练营、创客沙龙、在线导师一对一问答、在线创业课程学习等一系列的创业教育活动都基于创业生态圈加强创客的培育，注重创客空间价值主张与创客价值需求相匹配，通过开展大学生创新创业教育，培养学生的创新素质和创业能力，既能有效地缓解我国目前严峻的就业压力，又能助推大学生在社会充分实现个人价值（图 5－5）。

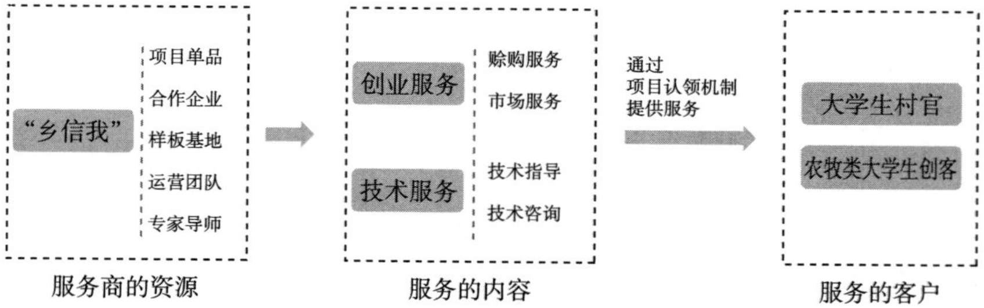


图 5－5 "乡信我"涉农项目创客服务平台运行模式

平台与创客协同演化，经历资源链接、价值获取、价值传递 3 个阶段，与扩大知名度和用户群、产品化应用案例、扩展配套硬件 3 个方面的核心价值相匹配，整个创客产业链生态系统以金字塔形式存在，与大学生创客形成互联网分布式协同创新，让创客向创业者的方向蜕变。

### （二）"乡信我"农牧创客平台服务内容

平台的主要服务对象为农牧类大学生创业者，其中核心服务对象为大学生村官、涉农专业大学生涉农创业群体、非涉农专业大学生返乡涉农创业群体。根据大学生创客创业情况，提供创新创业教育、大学校园创业载体运营、项目优化、项目推广、资源对接、农牧技术咨询、创投基金等全方位、立体化的一站式创业服务。

#### 1. 涉农项目技术支撑服务

技术支撑体系是"乡信我"平台的核心服务之一。基于涉农创业项目的共性和特性问题，编制专业度极高的《“乡信我”农牧项目生产管理手册》，该手册的制定不仅有着农科专业实践的浓厚积淀，更是严格按照《GMP+畜禽饲养管理标准》进行规范。在“乡信我”提供的技术指导下，认领者的饲养产品可以达到出口欧盟的标准，具有强有力的技术保障。为保证认领者阅读手册获得准确、有效的技术指导，“乡信我”对手册的表述进行了多次调整与修改，最终形成了一本简单易行的手册。在该手册的指导下，96.8％的农户产品达到回收标准，为大学生创客创业的成功提供了极大的技术保障。

在提供技术指导的同时，为了防止农牧类大学生创客或农户遇到项目指导手册中未包含的技术问题，“乡信我”还另外提供了技术咨询服务。团队通过养护管理员、行业专家、高校科研机构分别构建一线农户饲养指导社群、各品系岗位科学家会诊社群、行业论坛组织社群，针对不同难度等级的技术难题提供包括遗传育种、动物繁殖、动物营养、动物医学、生产管理在内的五大咨询科目。目前公司以高校为依托，成功建立签约专家库。在养护管理员的社群中，公司直属的养护管理员会组织同一项目单品下的创客形成社群，实时解答农户问题、分享农牧咨询（图 5－6）。

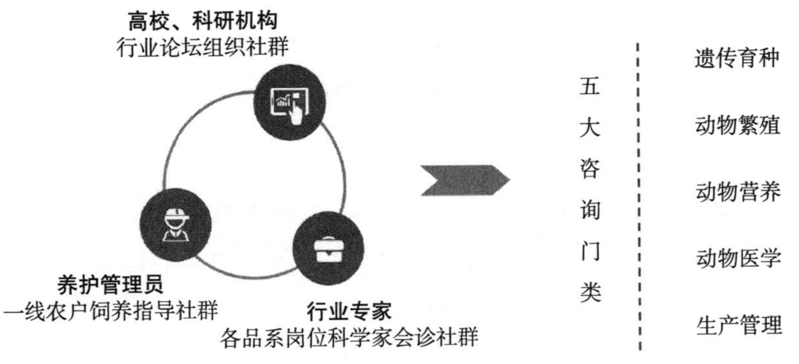


图 5－6　“乡信我”社群化技术服务体系

**2. 涉农项目创业指导服务**

在服务大学生创客的过程中，“乡信我”通过提供创业服务的方式，完整帮助农牧创客建立项目。具体的服务内容可分为以下三方面：

**精准定位，开展涉农项目创建。**针对大学生创客创业过程中遇到的成本问题，“乡信我”创新性地提出了100%赊账服务。该公司自身已经具备的企业资源，能够为所有项目认领者提供赊账服务。具体表现为，认领者可以以记账的方式认领饲料、畜仔、药品等养殖资源。赊账的方式大大减轻了大学生创客的创业压力，为其提供了创业起步的基础，使其在初期还未获得创业收入的阶段可以把运作重心优先放在饲养过程中。

**拓宽市场，开展创业客户对接。**对于在“乡信我”进行项目认领的大学生创客，“乡信我”将为其提供长期的产品收购服务。大学生创客认领对应项目后，可以与“乡信我”事先商定产品的收购标准与价格。为使饲养过程能够规范、产品达到标准，“乡信我”会针对大学生创客认领的不同项目提供专业性的技术指导以及一系列的资源扶持。当该认领者提供的产品达到了规范的标准，“乡信我”就会以事先约定好的价格对其产品进行收购，为大学生创客100%解决市场问题，提供创业保障。

**搭建载体，提供项目实践平台。**目前公司已经有4家加盟店和4家自主运营的创客咖啡馆，创客们在咖啡馆进行业务洽谈、会议交流。创客咖啡为其提供优雅的环境和精致的咖啡、饮品、简餐等服务。创业孵化器：扬州大学大学创业苗圃为“梦想吧”创客空间有限公司运营孵化器载体，也是江苏省省级创业示范基地、江苏省大学生创业示范园。平台为广大大学生创客提供了联合办公地点，同时公司搭建了线上“基础服务平台”，在这里可以享受到智能办公、工商、财务、法律等一系列的创业基础服务，为大学生创业者提供帮助。

**【资料链接：创客咖啡——让创业者和机遇不期而遇】**每个创业者内心都应该有这么一个可以安静思考、可以寻找灵感、可以相遇知音、可以给予帮助、让创业者和机遇不期而遇的风水宝地。2015年以来，随着大众创新万众创业的迅速崛起，创客咖啡迅速火遍全国。据不完全统计，截至2020年底，全国创业主题咖啡馆等各类微型创客载体，达到25 000余家。所谓创客咖啡，就是以创业和投资为主题的咖啡厅，是创业者低成本的办公场所、投资者的项目库，拥有舒适的办公环境，更多的是可以接触投资人、媒体、其他创业者。在创客咖啡这个创业圈里，开放的环境可以让创客更好地整理思路、整合资源。它形成了覆盖全国95%的县级以上地区科技型创新创业载体网络，为带动就业、促进经济发展和区域产业转型升级做出了重要贡献（图 5－7）。

图 5－7 创客咖啡让创业者和机遇不期而遇

**校企协同，开展创业教育帮扶。**结合各分项目特色，定期举办“农牧项目大学生创客园区入驻项目路演”“农牧类项目投融资路演”“农牧类大学生创业大赛项目优化路演”等项目路演优化系列活动，帮助大学生创客完善项目路演答辩，使其在各类项目入驻答辩、投融资、创业大赛中取得更好成绩。平台整合多家知名品牌创客空间资源打造了线下创业导师“创客慧”交流论坛。平台常态化陆续邀请创业导师、企业家在公司全国各个分空间举办多场论坛，提供企业大咖与当地大学生创客交流探讨的平台，解答广大大学生创客在创业路上遇到的各类问题（图 5－8）。

图 5－8 平台开展多种形式的创业帮扶活动

**打造品牌，开展优势项目孵化。**平台利用自身优势，广泛与社会各个众创空间合作互动，提供农牧类大学生创客参与其他众创空间创业活动的机会，建立了广泛的“众创空间活动社群”（媒体社群、融资社群、区块链社群、创赛社群、政企结对社群、创业咨询社群等)，为农牧类大学生创客提供了一个与外界沟通学习的全方位平台。通过这一平台，农牧类大学生创客可以获得多方面的社会资源，与地方政府、各个高校组织创新创业比赛，并且为各个大赛推介参赛选手、导师到各个高校进行指导。平台打造创客训练营，线下创业训练营提供企业大咖与当地大学生创客交流探讨的平台，解答众多大学生创客在创业路上遇到的各类问题。同时举办了多场线上创业能力提升训练营，提升大学生创业能力。

**【实践案例：油菜毯状苗机械移栽技术快速推广项目】**油菜是我国重要的油料作物，常年种植面积1亿亩以上，居世界第一，提供了约55%的国产食用植物油。长江流域冬油菜区油菜种植面积约占全国油菜面积的85%，前茬以水稻为主。由于水稻收获迟于油菜适宜播种期，而油菜直播产量往往较低，约有50%的油菜需要育苗移栽来解决茬口矛盾。传统方式种植一公顷油菜育苗移栽需要45～60个工人，人工成本占了生产总成本的50%以上。劳动力投入多，效益低，农户种植积极性不高，近年来全国油菜种植面积不断萎缩，其中江苏省更是由70多万公顷减少到30万公顷以下。我国食用油供给安全令人担忧，实现油菜育苗移栽机械化势在必行。

扬州大学油菜栽培专家团队历经多年探索，成功研发出油菜毯苗机栽技术，创造性地解决了困扰我国油菜种植的技术难题。油菜高效精量定位播种器、油菜毯状育苗专用基质、种子处理剂、旱活棵处理剂等核心技术已获得7项发明专利授权，含1项加拿大国际专利（图5-9)。

图5-9　传统油菜种植方式与毯状苗机械移栽技术对比

2016 年，在“乡信我”项目的推动下，公司借助油菜毯苗机栽技术的快速推广，与“乡信我”农牧项目创客服务商深度合作。“乡信我”团队结合涉农创业项目孵化经验，通过系统调研，为该科技创新项目制定了市场分析、推广策略、营销模式、发展规划等一系列解决方案，打造了服务先行、产品跟进的商业模式，迅速把 4 个育苗配套产品推向市场，5 年内实现盈利 2 564.60 万元。

### （三）“乡信我”农牧创客平台收益模式

“乡信我”平台以“项目认领机制”为轴心，搭建创业实践体系，实现农牧项目孵化。通过大学生村官、农牧专业大学生创客的带动效应，汇集成千上万群众参与到“乡信我”模式中来，使“乡信我”具备了强大的营销议价能力，在合作的农牧巨头企业方获得农牧产品利润 10%的收益。公司基于强大的技术优势，为农牧项目创客提供技术咨询、技术指导，在创客方获得农牧产品利润 5%的服务收益。公司结合多年创客孵化基础，逐步展开创新创业教育、农牧项目申报、农牧项目认领与优化、农牧技术咨询、农牧创投基金等商业服务。

**一方面，基于农牧项目孵化的收益。**平台对创客实际情况进行考核，符合条件的为其开户，创客缴纳养畜合作金；公司以记账的方式为创客提供畜仔、各个生命周期所需要的饲料、疫苗、药品等物料，提供全程饲养技术指导（正常一名管理员可以指导 50 户）、物料领取的监督、养殖管理过程中的指导；饲养出栏后公司按照合同回收。回收后的农产品供给农牧公司用以抵消之前购买物料畜仔赊欠的账款。“乡信我”在创客创业过程中提供资源对接、能力提升、投融资对接等一体化的项目孵化服务。大学生创客与“乡信我”共同分担项目风险，共享经营利益分成（根据一段时间的经营摸索，以饲养肉鸡为例，在保证创客利润的前提下，每只肉鸡“乡信我”可以获得共计 15%利益分成）。

**另一方面，基于创业实践体系的收益。**该部分收益主要来自于项目认领，优秀创业团队可申请认领公司项目库中的项目，通过为创业团队提供相关服务或产品获得收益，通过将承接的校外项目进行校内地推获得收益，项目库内包含校内项目和农牧类项目，其中，农牧类项目为公司特色项目，公司拥有一套完整的农牧类项目孵化体系，通过农牧类项目的孵化项目分成获得收益。

## 四、项目成效：打造农牧创业项目顶级服务商

“乡信我”农牧项目推广服务平台，以“农牧创业项目孵化、农牧创客精准育成”为特色，通过搭建农牧项目认领的服务体系，精准育成农牧类创新创业人才，服务乡村振兴战略。从2015年起，项目实施近8年来，取得了较好的经济效益和社会效益。

### （一）项目成果

项目实施以来，先后承办各类交流活动200余场，项目路演60余场，累计合作企业30余家，服务大学生创客13 000余人，指导、帮扶大学生创业项目136项，与“创客邦”等知名创客空间建立战略合作关系。针对特色农牧项目的孵化，与正大集团等30余家知名农牧集团企业达成战略合作，建成2个占地面积2 800亩的创业孵化样板基地，吸引周边100余户农户加入。

由于创业团队的特殊性和创业内容的创新性，公司及团队成员在成长的过程中受到《光明日报》《中国青年报》《扬子晚报》等全国百余家媒体关注报道。团队先后获得“创青春”江苏省大学生创业大赛金奖、江苏省大学生“互联网＋”创新创业大赛一等奖、“江苏省大学生创新创业实践项目”重点项目、“江苏省优秀大学生创业项目”等省部级以上荣誉奖励。

### （二）项目评论

#### 1. 面向乡村青年创客，打造涉农专项服务平台

“乡信我”农牧项目推广服务平台在多年的创业实践中，探索出一套针对农牧类大学生创客的完整服务体系。公司的主要服务对象为农牧类大学生创业者和大学生村官，重点是农科专业以及从事农牧专业方向的大学生创业群体，为其提供全方位、立体化、一站式的创业服务。其中，创客空间为大学生这一特殊群体建立了一个专门的服务体系——大学生创客＋“乡信我”＋农牧巨头＋高校联盟＋政府＋众创。平台专注农牧类大学生创业，重点关注涉农领域，在农牧方面，该项目具有更全面、更专业的服务。在“互联

网十”的经济浪潮下，传统的农牧业也需要建立创新型的发展战略，以顺应“万众创新”的时代发展要求。通过打造农牧创客心坎上的顶级服务商，加快了传统农牧行业的转变，使其更易于驱动创新，打造农牧精品，形成农牧生态圈，实现绿色梦想。

**2. 聚焦创业项目孵化，搭建多元立体服务体系**

“乡信我”农牧项目推广服务平台，较一般农牧项目有着明显的技术优势。团队自2014年开始筹划，由来自扬州大学各个学院、各个专业的学生组成，一年后开始正式运营，在三年的经营探索中不断累积运营经验，提升经营能力。项目运营团队以农科及相关学科背景成员为主体，对行业发展具有较强的服务和优化能力。团队在北京、扬州、无锡、常州、镇江、泰州六地高校开办了共8家创业咖啡馆。团队建立了网上服务平台“凹凸易答宝”作为公司的线上创业平台，吸纳了500多名优秀导师，为广大创客提供专业的创业指导。另外，公司特有的项目认领制孵化模式，能够为大学生指引创业方向，真正做到从发现到实现梦想的全过程帮扶。平台聚焦农牧类项目孵化领域，在农牧类领域有极强的专业技术能力。创客空间与国际农业与农产品安全研究院、苏中发展研究院（新农村发展研究院）等社会研究院正在进行合作。综合而言，平台在农牧专业，较之普通创客空间，“乡信我”有着强大的技术支持与专业能力。

**3. 围绕创投服务主体，下沉一线精准对接资源**

秉承“从大学生中来，到大学生中去”的人才理念，团队身处学生群体之中，更易于获取大学生创业相关信息，在信息获取渠道方面存在天然优势。另外，项目主创团队包括扬州独立咖啡馆联盟创始人、江苏大学生旅游信息咨询公司联合创始人、扬州市十佳创客、扬州市天使梦想基金形象大使、大学生职业生涯规划导师、大学生创业导师，先后指导、帮扶大学生创业项目百余项。通过扬州市团委、人社局定期举办的行业峰会，公司掌握了一手的创业信息，同时“乡信我”与多家农牧公司存在合作关系，拥有更早、更快获得更准确、更具体、更官方的业内信息的能力。“乡信我”平台对于农牧企业与大学生来说是一架稳定牢固的桥梁，能够为双方提供及时有效的信息。

## 课堂讨论：

1. 讨论一下，要想成为一名成功创客，需要哪些方面的素养？

2. 讨论一下，作为学生创客，如何赢得企业和客户信任？

## 五、延伸阅读："乡信我"走进火鸡乡旮旯赋能助振兴

扬州大学毕业生鲁曼是全国闻名的"火鸡专家"。2009 年，鲁曼毕业于扬州大学涉外文秘专业。2009 年，顺利入职徐工集团从事外贸主管工作。别人羡慕她有进入大型国企的机会和能力，她却有一颗创业心。2011 年，偶然间她和爱人发现火鸡市场有空白，于是，不顾父母反对毅然辞职回到盐城建湖农村创业，养殖火鸡。

2011 年，作为返乡创业大学生，鲁曼与爱人廖正军一起从事火鸡养殖。当年的火鸡养殖场如今已成为年销售额过亿元的现代智慧农业企业，成为当地的龙头涉农企业，被评为国家级"众创空间""星创天地""全国农村创业园区"。江苏军曼农业科技有限公司先后成功注册"军曼""乡旮旯"等品牌，"羽毛工艺画"等延伸产品获得多项国家级专利。

经过多年不懈努力，实现了"线下生态循环养殖，线上乡旮旯电子商务，并线农业文化产业"的经营模式。推进乡村智库、乡村创业培训中心等建设，发展农村电商，尤其关注最近发展势头强劲的"直播业"，将其作为农民增收致富的新途径。

### "线上+线下"打造现代智慧农业

江苏省盐城市建湖县高作镇陈甲村远离县城，位置偏僻，被当地人称为"乡旮旯"。然而，就在这个"乡旮旯"，全村 476 户村民中有 300 多户利用网络销售农产品，陈甲村也获得了江苏省首批"农村电子商务示范村"称号。村民们都说，陈甲村的改变，要从村里的小两口鲁曼和廖正军创办的军曼农业科技有限公司说起。

2011 年，26 岁的鲁曼辞去大城市的白领工作，和丈夫廖正军来到陈甲村走上火鸡养殖创业之路。"那时，我们希望通过努力，让青春不一样，开

创一片属于自己的天地。”鲁曼回忆道。

“放着一个月八九千元的工资不拿，回来养鸡，大学白读了！”创业之初，鲁曼和丈夫每天在鸡舍里起早贪黑观察养殖情况，同时也面对着父母和乡邻的不解……但两人从来没有动摇。鲁曼认为，火鸡营养价值高，当时在国内从事火鸡养殖的人较少，有着巨大的市场空间。凭着肯钻研的精神和韧劲，小两口的火鸡养殖技术日益精进，并借助蓬勃兴起的电商浪潮，以“互联网＋新品种火鸡”模式，在网上打开了销售局面。全国各地的客户来到陈甲村这个“乡旮旯”考察看货，一份份订单接踵而至。

在创业过程中，鲁曼和廖正军不断探索创新，小两口的事业蒸蒸日上。他们贷款 100 万元流转 1 000 亩地，将养殖场升级为生态农庄，并向深加工延伸。与传统农场“脏乱差”的景象不同，这里的每一样东西都能循环利用，甚至变废为宝：火鸡粪成了鱼塘饲料和牧草肥料，还能将火鸡粪转化为沼气，利用沼气发电为火鸡苗加温；火鸡羽毛原本价值不高，廖正军发挥专长研制出羽毛画、羽毛绣，并获国家专利，这也逐渐发展成带动周边群众致富的新项目。

鲁曼认为，个人富不算富，带着村民们一起富才是真的富。在当地政府的协助下，鲁曼和廖正军成立畜禽养殖合作社，向社员提供种蛋和种苗，邀请专家为村民们培训养殖技能，通过远程视频的方式在线讲解农业知识，创新“线下生态循环种养，线上电子商务销售”的经营模式，促进农民增收 2 000 多万元（图 5－10）。

图 5－10 “乡信我”走进火鸡乡旮旯赋能助振兴

## 搭建平台，鼓励青年人才返乡创业

“要用好深化改革这个法宝，推动人才、土地、资本等要素在城乡间双向流动和平等交换，激活乡村振兴内生活力。”

在鲁曼看来，发展现代化农业面临的最大问题是缺少年轻劳动力，特别是有知识、有文化的年轻人。“对年轻人来说，吃苦不怕，但是别让他们伤心流泪。”作为全国人大代表，她建议成立乡土人才专业合作社，并和高校院所进行合作，与相关部门为高校毕业生、退伍转业军人和城乡灵活就业人员提供创业、电商运营能力培训，为想要返乡和已经返乡的青年人提供智力支持，“让他们了解农村的定义是什么，帮助他们正确认识贫困，克服畏难情绪，主动学习新技术。”

除了提出建议，鲁曼还身体力行，努力为青年人返乡创业搭建平台。她创立“乡旮旯众创空间”，把有志于在乡村创业的年轻人聚集在一起，免费提供创业辅导，吸引不少高校毕业生加入到农村创业的队伍中。她还积极联系扬州大学、江苏大学等高校进行产学研合作，希望用科技的力量引领返乡创业的年轻人进行产品创新，培养更多的“新乡土人才”。“让家乡变成我们愿意待，能养活我们、能养老的地方，也希望更多年轻人愿意回到乡村，汇聚成乡村振兴的蓬勃力量!”对未来的发展，鲁曼充满期待。

## 实践指导：

1. 组织参观“乡信我”创客实践基地。
2. 邀请“乡信我”创业团队成员讲述创业故事。

# 第六章 青年调研探查乡土文化

## 实践案例：用乡村精英引领最美乡村建设

### 本章导学：

乡村建设是国家现代化建设的重要内容，必须按照党中央、国务院部署，落实《乡村建设行动实施方案》，坚持不懈推进乡村建设，努力让广大农村居民也能过上现代文明生活。

当前我国发展最大的不平衡是城乡发展不平衡，最大的不充分是农村发展不充分，这已经成为新时代我国社会主要矛盾的突出表现。党的十九大报告提出实施乡村振兴战略，明确“产业兴旺、生态宜居、乡风文明、治理有效、生活富裕”的发展目标，实现农业农村现代化，这将是深刻改变中国社会面貌和发展进程的重大决策。

2022 年 6 月 20 日，全国乡村建设工作会议在福建省三明市召开。时任中共中央政治局委员、国务院副总理胡春华出席会议并讲话。他强调，要深入贯彻习近平总书记关于扎实稳妥推进乡村建设的重要指示精神，采取有力措施组织实施好乡村建设行动，逐步使农村基本具备现代生活条件，从而全面推进乡村振兴、实现农村现代化。

在历史性进程中，青年应当发挥更大作用。青年是乡村振兴建设中的主力军，对宣传最新政策以及创新型农业改造等起到至关重要的作用。乡村也是青年将所学到知识付诸实践的关键领域，要鼓励青年力量加入乡村振兴的大部队中，赋予乡村振兴新时代的能量。

《中华人民共和国国民经济和社会发展第十三个五年规划纲要》指出："培育文明乡风、优良家风。"本章将以江苏省"最美乡村"——扬州市沿湖村为例，通过参与观察、深入访谈和文本分析等方法，对乡村精英在乡村治理中的功能和价值进行分析研究，从经济、政治、社会、生态、文化等五个方面总结乡村精英发挥作用的条件和具体场域。从乡村治理的角度分析并总结其成功的经验模式，同时发现其不足之处并尝试提出完善的建议，为当代乡村社会全面可持续发展提供一定的借鉴。

**课前思考：**

1. 谈一谈你认为乡土文化在乡村建设中的作用？
2. 结合身边的案例，你觉得青年大学生能够参与哪些乡土文化建设？

# 用乡村精英引领最美乡村建设

——基于江苏省扬州市沿湖村的调查

## 一、背景介绍：乡村精英文化建设

2016年《中华人民共和国国民经济和社会发展第十三个五年规划纲要》正式提出，将"加快建设美丽宜居乡村"作为中国乡村建设的未来愿景，而"培育文明乡风、优良家风"被确定为乡村建设的重要内容。

所谓乡村精英，在传统意义上往往指具有知识视野、家族地位、经济能力等条件，同时具备贤能的品德，从而在乡村社会具备极大影响力的人。当代新农村建设中的乡村精英则是指以经济能人、知识分子、优秀基层干部等为代表，在具备传统道德的基础上，具有民主、自由、法治等现代文明道德的乡村治理人才。在中国传统社会中，乡村精英在维系地方社会的文化、风俗、教化方面发挥了一定作用，也为乡村的治理贡献了智慧。那么在新时代如何让乡村精英助力美好乡村建设？

为了解决这个困惑，扬州大学法学院情溢基层路——当代新农村建设“寻找精英”调研团正式成立，该团队由来自于扬州大学法学院的 7 名同学组成，团队成员多数来自乡村，对于乡村建设有着切实体验，同时在校期间多次担任校、院两级主要学生干部，成绩优异，表现良好，多次积极参与寒暑假社会实践，有着丰富的实践调研经验。

**课堂讨论：**

1. 结合实际谈谈如何将乡村精英文化内化为乡村建设的驱动力？
2. 讨论分析如何运用乡村精英文化引领乡村建设？
3. 讨论分析在乡村青年数量锐减的今天，如何更好地促进乡村建设？

## 二、项目简介：沿湖村的发展

2016 年 7 月 11 日，扬州大学法学院情溢基层路——当代新农村建设“寻找乡村精英”调研团来到了位于扬州北部的沿湖村。此次研究长达 10 个月，调研团队先后多次开展实地调查，在调研过程中，团队成员主要采用深入访谈和参与观察的研究方法，走进村民家院、田间地头、河边路旁、渔民船舱和村委会办公室，广泛接触沿湖村广大村民，与村委会成员、村民代表、党员代表、致富带头人、文化能人、退休老教师等进行面对面的交流，深入挖掘乡村精英文化引领中国乡村建设的价值。同时团队成员还参观了沿湖村的“渔家乐”，目睹了难得一见的冬捕“杀围”现场，了解了沿湖村“渔家乐”的经营模式以及村里初步启动的“合作社”制度，深刻感受到了渔民传统技艺文化的魅力（图 6 - 1）。

调研团队最终共收集到了二十余万字的访谈资料和百万字的文献资料，这些宝贵的资料为分析扬州市沿湖村乡村精英引领乡村建设的经验模式提供了充足的支持，调研团队在成功总结经验的同时发现其不足之处并尝试提出完善的建议，希望该模式可以为当代乡村社会全面可持续发展提供一定的借鉴。

团队成员采访沿湖村两名大学生村官

沿湖村党支部书记刘德宝接受央视采访

队员采访沿湖村经济带头人

沿湖村“渔家学堂”教授渔家面点

图 6-1　团队研究历程实践调研图片

## 三、实践现场：下沉乡村，深入调研

扬州大学法学院情溢基层路——当代新农村建设“寻找精英”调研团的 7 名同学从 2016 年 7 月 11 日起正式开展了在沿湖村的社会调研，围绕乡村精英文化在乡村治理中的功能和价值进行研究，从经济、政治、社会、生态、文化等五个方面总结出乡村精英发挥作用的条件和具体场域。

历史上沿湖村的渔民一直比较贫穷，被外界称为“渔花子”。“鱼死了不闭眼，渔民挣钱用不到晚”“呆男不娶渔家女，傻女不嫁渔家汉”，此类顺口溜曾经是沿湖村落后面貌的真实写照。为帮助渔民谋求新发展，从 2007 年开始，沿湖村进行了新一轮的渔民上岸定居工作，到 2013 年年底，沿湖村初步建成了规模 140 户的渔民上岸集中居住区，渔民集中居住区水、电、路、绿化、公厕、污水管网等配套公共设施齐全。渔民上岸工程的实施，在很大程度上改善了渔民群众的生存条件，解决了渔民的就医、就学等基本生活保障问题。该村也先后获得了“中国乡村旅游金牌农家乐”、江苏省“最美乡村”、江苏省“特色景观旅游示范村”、江苏省“卫生村”、江苏省“生态村”、江苏省“三星级康居村”等多项荣誉称号。沿湖村的成功不仅让人们对沿湖人的敬佩油然而生，也帮助团队成员增强了调研成功的信心。

**【资料链接：江苏省“最美乡村”——沿湖村】**沿湖村地处扬州市邗江区的东北角，隶属邗江区方巷镇管辖，沿湖村东邻邵伯湖，南与合玉村毗邻，西与庙头村以板桥为界，北与兴湾村接壤。村内陆地面积 0.8 平方千米，绿化覆盖率达 45%。沿湖村拥有外湖水面 12 万多亩，内湖水面 2 600 多亩，大小船只 1 000 多条，特色水产精品养殖 1.3 万亩。沿湖村现有村民 442 户，人口 1 568 人，村域面积 800 亩，村民主要以捕捞和水产养殖的收入为生活来源。2014 年从传统捕捞养殖向乡村旅游产业转型后，实现村集体经营性收入 58 万元。经过两年的稳步发展，2016 年村集体收入达 100 万元，人均年收入 2.64 万元。村集体收入在原有的基础上增加乡村旅游的收入，且收入比重占到 40%左右，村民人均增加三产旅游经营和服务性收入 0.37 万元。目前，沿湖村普通渔民的年收入一般在 5 万～6 万元之间，村里的“渔家乐”和养殖大户一年的收入在 10 万元以上，2016 年沿湖村首家“渔家乐”的年均收入达到了 44 万元。同时沿湖村在政府政策支持和村集体收入投入下共建成渔家小楼 130 幢，每户建筑面积 205 平方米，即新渔小区。渔民集中居住区是镇、村统一规划下的村庄，村庄布局匀称、环境优美，公共设施配套齐全（图 6－2）。

图 6－2　沿湖村村庄示意

在中国传统社会，“乡村精英”在维系地方社会的文化、风俗、教化方面发挥了一定作用，为乡村的治理贡献了智慧。传统意义上的“乡村精英”具有知识视野、家族地位、经济能力等，在“实力”要素下具备贤能的品德，从而在乡村社会具有影响力。在当代新农村建设中的新乡村精英的“新”特指“新主体”和“新道德”，以经济能人、知识分子、优秀基层干部等为主体，在传统道德的基础上，具有民主、自由、法治等现代文明道德。

如何赋予传统的“乡村精英”新的时代内涵，实现以乡情为纽带，通过优秀基层干部、道德模范、身边好人的嘉言懿行为示范引领，携手推进乡村精英文化建设，进而推动沿湖村的经济、政治、文化建设？

针对这个疑问，团队成员们希望能从乡村治理的角度分析并总结其成功的经验模式，同时发现其不足之处并尝试提出完善的建议，为当代乡村社会全面可持续发展提供一定的借鉴。

**【资料链接：沿湖村“最美乡村”发展历程】**起步阶段（1985—1998年）。沿湖村在人民公社时期曾被称为公道大队、黄珏大队，大队内有红光养殖场。渔民生活在渔船上，一家几代人居住在同一条船上，并载有网、叉等捕鱼用具，装有柴米油盐等生活用品，在船上养着鹅、鸭等家禽。在沿湖村，虽然一部分渔民由于上岸早，在陆地上有居所，但大部分渔民还都住在渔船上，其教育、医疗、卫生等各方面的条件都十分落后。所以以前村里经常发生群体性恶劣事件，“既贫又恶”成为外界对这个渔业村的评价。1985年改为板河村、桥口村，保留红光养殖场，增设渔业乡养殖场。1998年5月乡镇体制改革，合并为沿湖村。

提升阶段（1998—2014年）。从2007年开始，针对渔民的需求，沿湖村在政府政策支持和村集体收入投入下进行了第一轮渔民上岸定居工作，建成新渔小区。

腾飞阶段（2014年至今）2014年以来，该村利用邵伯湖自然资源优势，坚持发展渔业特色产业，不断壮大村集体经济。2016年沿湖村首家“渔家乐”的年均收入达到了44万元。沿湖村实现了向生态旅游乡村的转变，以“渔”“隐”为主题，将生态与渔产业、渔文化结合起来进行产业结构的调整。在利用邵伯湖渔文化旅游品牌综合开发的先发优势下，打造都市生活之外的“世外桃源”，成为“最美乡村”。

在对沿湖村的调查中，团队发现乡村精英主要有两种类型：优秀的基层干部和从群众中认可的“意见领袖”，而后者主要包括乡村知识分子、经济能人、道德模范等。

沿湖村所推行的乡村精英文化，更加突出其对于传统精英文化的扬弃，强调以基层党组织领导为核心，以优秀的基层干部、知识分子、积极分子和经济能人等为主体，充分运用本土资源，在经济、政治、社会、生态、文化等方面充分发挥重要的引领作用，在村民的价值观念、思维方式和行为规范上产生积极影响，具体途径为：整合“社会资本”、助力“两委组织”、调解“乡村纠纷”、强化“软性约束”、构建“社区记忆”。

**【资料链接：整合“社会资本”，发展渔业经济】**沿湖村顺应时代发展潮流，积极把握党和国家提供的惠农政策，经济发展取得了巨大成效，在集体经济之外，2015年沿湖村成立了扬州“湖上人家”生态渔业观光专业合作社，目前已有十三户人家加入，涉及餐饮、渔舍和船只租赁等多个方面的内容。在乡村精英文化引领下，沿湖村形成了一种由经济能人个人带动到合作平台群体引领的经济发展格局。

个人带动：沿湖村的“渔家乐”效应，沿湖村在经济转型的过程中，一批批渔家乐、民宿、船只租赁服务等如雨后春笋般涌现。刘德文开办的村里首家“渔家乐”从一开始只能坐四桌人的小渔船发展到现在已是三层大船。随着其渔家乐规模的扩大，村里人也学着他搞起了自家的“渔家乐”。作为第一个“渔家乐”老板，面对他人的“讨教经验”，刘德文乐于将其积累的经验与同村人交流，有时候还主动对渔民进行生产指导，沿湖村的渔家乐规模也因此得到进一步发展。

群体引领：“经济合作社”带动，在经济能人的带动下，沿湖村发展了渔家乐、民宿、船只租赁等新产业。而怎样更好地去规划并发挥这些产物的效用，成为了沿湖村需要考虑的一大问题。基于此，沿湖村“两委”班子提出成立经济合作社，以期在整合资源和服务管理两个方面发挥作用，整合分散的渔家乐、民宿、船只租赁服务等。合作社设计制作出了“渔家三宝”

“沿湖清水龙虾”“邵伯湖大闸蟹”“湖鸭蛋”等包装盒，渔民可以将自己捕捞的鱼虾、农作物等通过合作社统一出售。由此，合作社实现了自我服务与自我管理。合作社作为聚合村里经济能人的保障平台，不仅借经济能人获得了村民的信任，还在打造诸如湖上游玩、渔家美食、文化体验等渔家自主品牌的过程中为渔民带来经济收益。

在沿湖村由传统的渔业村向生态旅游乡村发展的过程中，村庄内部原有的公共品供给无法满足转型中渔民的需求。而在乡村精英文化引领下的经济建设过程中，经济能人充分发挥作用，利用其个人能力和社会资本，为村内带来一定的资源输入，增加了村内的公共品供给，起到了经济上的引领和带动作用。

然后是形成以“两委”班子领导为核心，以村民代表制度、党员审议制度以及村务监督三大制度为支撑的村务管理体制。在这一系列制度的运行中，村民代表、党员代表等作为村民的“发言人”，充分实现了村民的民主权利，村民的自主意识被激发，村庄也因此形成了良好的内生秩序。

**【资料链接：助力“两委”组织，激活村民自治】**沿湖村在基层自治中形成了支部是核心，书记是带头人，村干部是服务员，村民是主人翁的自我管理模式，乡村精英文化的政治引领作用十分显著。

“党支部书记是村里的风向标。”沿湖村的党支部书记刘德宝是村里的风向标性质的人物。在村子的发展过程中，刘书记准确地把握了村子的转型方向，并及时作出各方面的益民调整。过去的沿湖村，村里的基础设施难以保障，公共产品供给的缺失造成渔民与村里的关系十分紧张，甚至出现过村民袭击村支部的事件。但在刘书记担任村支书以后，他率领党支部成员，挨家挨户进行走访，了解村民的真实想法并采取行动让群众看到实效。刘书记在日常事务中，公平公正，是老百姓心中的“一杆秤”。在涉及村里渔民补贴时，刘书记也总是主动放弃自家的渔业补贴。在沿湖村党支部领导下，村干部切实以群众利益为首位，与群众之间形成良好的关系。

“村民也曾不买村主任的账。”在调研中，我们了解到村里几年前发生的“水泥砖事件”。村民告诉我们，由于鱼塘回收时利益分配出现了问题，个别村民心中不平衡。其中有户宅基地靠近村口的人家故意将旧房子拆下的水泥砖等杂物都码在村头附近，影响村子的美观。因此，村里的村民主任（现已退休）曾说过他们几次。据村民介绍，村子里对村民主任的评价并不是很高。“把自己当个官了！”该村民主任有“官架子”，性格较为急躁，用村子里人的话说就是遇事“总是把人劈头盖脸数落一顿！”当时水泥砖事件发生后，因“劝说”无果，村民主任就带着村委会的两个人将该废旧材料全部搬走，但第二天却发现，所有的废弃材料又都堆积在了村口边上。他们明摆着就是要和村主任对着干。

由此可见，在乡村社会中权力、威势虽然有时候能够解决问题，但是效果却不尽如人意。税费改革后，村委的强制力对于村民的影响远不及以前，因此，村委解决问题的方法就要改变。由村民自主推选出的村民代表，因其自身具备的学识、能力、品格成为了村民的“发言人”，加上村民代表与村民的接触更多，对于村民代表，村民是非常认可的。

其次是调解“乡村纠纷”，费孝通指出，中国乡村属于“熟人社会”，村民之间具有密切的联系。在中国传统社会中，“乡绅”会扮演着乡村调解纠纷的角色。当代的乡村社会则设立了调解委员会，有专门的调解人员负责村子里的调解工作。在乡村精英文化的引领下，邻里遇到纠纷时，家族精英、村中能人或者其他具备一定社会资本且在村里获得良好评价的人一般会出面调解，并通常能够获得良好的效果。

**【资料链接：调解“乡村纠纷”，促进文明乡风】**“要不是沈阿姨帮忙，这事儿还真是难办哪！”新上任的沿湖村村民主任颜国庆感慨，事情还得从一条红色羊毛裤说起。村民李奶奶患有腿疾，天气阴冷时最为难熬，由于丈夫在外打工，儿媳趁着放假，独自带着儿子回乡看望婆婆，并带来一条价值249元的红色羊毛裤。老人家一听到羊毛裤的价格，脸一下子就拉下来了，“又用我儿子的钱乱买东西，这种裤子最多几十块钱，哪里要那么贵！”好心好意带来礼物，还未进家门就被数落了一通，儿媳立即回嘴为自己辩驳几句。一来二去，两人争执不下。推搡间，不知是儿媳不慎将婆婆推倒在地，还是李奶奶自己不小心被地上凸起的砖块绊倒。总之，当颜主任赶到时，看到的便是这样一幅场景：李奶奶坐在地上，不顾周围邻居劝说，不顾小孙子在一旁止不住地大哭，嚷嚷道："我不起来，我要留下证据，好让大家伙都看看，这个女人是怎么对我这个老太婆的！"

深谙基层工作的颜主任碰上婆媳间的事儿却也犯了难，一时竟有些手足无措。这时，沈阿姨拨开看热闹的人群，俯身同李奶奶说道一阵后将其搀进里屋，又折回安抚儿媳的情绪，大致了解事情的经过。最终沈阿姨得出这样的结论：儿媳送来羊毛裤，本是好意，却在发生口角后一再回嘴，使矛盾加深，还险些危害老人身体健康，应当道歉。同时，作为晚辈若能常回家看看，与老人多沟通多交流也有助于误会的纾解。李奶奶牢记勤俭节约的美德，是值得我们学习的，但不应该当着小孙子以及邻里乡亲的面给儿媳难堪，毕竟还是一家人，应当互相包容。最终在沈阿姨的耐心劝导下，两人和解。

在当今转型的社会背景下，乡村社会各方以新的力量重新建构着中国农村的秩序格局，乡村社会的治理与纠纷解决也被拉进宏观社会结构之中。在沿湖村，除去经济、生态发展过程中产生的矛盾、纠纷，回归家庭，婆媳纠纷便成了最为突出的一种纠纷体现。而婆媳关系作为家庭关系中的重要组成部分，影响着婚姻幸福及家庭和睦，乃至文明乡风的塑造和社会的和谐。然而，在村民惯有的思维中，此类纠纷实属家事，不必通过司法渠道厘定权利，正如费孝通先生在对乡村社会的研究中指出的，"现行的司法制度在乡间发生了很特殊的副作用，它破坏了原有的礼治秩序，但并不能有效地建立起法治秩序。"

再次是强化"软性约束"。在乡村精英文化的引领下，沿湖村基于"保护生态是第一要务"的理念提出了生态保护宣传、水陆垃圾收集保护、建立污水管网系统、筹划渔家乐专属净化池、填塘造地等一系列的措施在内的"六位一体管护机制"，配合着生态补偿机制达到了一定的环境治理和保护成效。同时通过"渔家学堂"进行生态知识文化传播，帮助村民形成了集体荣誉感影响下的群体监督意识与自我监督意识，克服了生态补偿机制下制度的有限性，填补了制度之外的"沟通空白"。

**【资料链接：强化"软性约束"，建设生态乡村】**为推进生态文明建设，沿湖村设立了生态保护宣传、水陆垃圾收集保护、建立污水管网系统、筹划渔家乐专属净化池、填塘造地等一系列措施在内的“六位一体管护机制”，配合着生态补偿机制达到了一定的环境治理和保护成效。生态补偿机制，即以防止生态环境破坏、增强和促进生态系统良性发展为目的，以生态环境整治及恢复为主要内容，以经济调节为手段，以法律为保障的新型管理制度。

该制度运作的重要的一环就是与从事对生产环境产生或者可能产生影响的生产、经营、开发和利用者进行沟通，但是在实践中，涉及利益的沟通十分困难。而乡村精英文化的软性约束对村民行为的规范恰好能填补制度的硬性的不足。在沿湖村的生态建设过程中，以党员、积极分子、道德模范等在村内具有良好口碑和一定影响力的人为主导，通过他们的自身引领和价值导向使得村民对他们的心理行为和精神环境有所觉察和认识，从而改变自己的思想，调整自己的行为。

沿湖村通过“渔家学堂”，定期组织大家学习，教育渔民怎么从水产养殖和捕捞向乡村旅游转型，讲解村里旅游发展的大方向和生态保护常识。使得村民形成了在集体荣誉感影响下的群体监督意识与自我监督意识，克服了生态补偿机制下制度的有限性，填补了制度之外的“沟通空白”。村民与村民的心理、认知、价值取向是相互影响的，其行为也是相互关联的。村庄的文化氛围、精神环境对村民也具有明显的心理影响和行为规范作用。在乡村精英文化引领下的生态建设中，其作为一种软性约束机制使村民能够认识到什么是正确的、什么是错误的，从而有利于村民从被动管理到自我管理的演进。

在生态农村建设过程中，2015 年村里将发展集体经济的 2 500 亩的特色养殖区拆除，致使村里每年减少 30 多万元的收入。由于围网养殖消耗水里的生物资源，长时间养殖不利于生态的可持续发展，所以沿湖村在逐渐减小养殖的水域面积。2016 年，沿湖村抓住国家规划建设“江淮生态大走廊”的契机，筹划多项生态治理措施，以期进一步推进村庄生态建设。

最后是构建“社区记忆”，所谓“社区记忆”是指由村庄内部全体或部分成员共享的村庄文化经验，这种文化经验通过一定方式在社区现实的社会生活中产生影响。通过对于“社区记忆”的建构，提升村民对本村的认同感从而增强村庄的内聚力和村庄的社会关联。在新农村建设过程中，乡村精英文化以其独有的文化内涵，引领“社区记忆”的打造，同时丰富农民文化生活，提升农民知识视野和精神面貌。

**【资料链接：构建“社区记忆”，加强社会关联】**沿湖村有“黄”“刘”“马”“张”四大姓氏。这四个姓氏的渔民祖辈大多是当年从山东、山西等地漂泊至此。在调研的过程中，我们有幸见证了沿湖村马氏家族宗亲会。宗亲会每十年举办一次，多年未见的族人欢聚一堂。马氏家族宗亲会共有族众300多人，接待外来族亲近千人。宗亲会要进行三天三夜，主要内容是“敬香”和“续家谱”，其引起的轰动效应成为家族扩大自身影响的重要契机。“续家谱”作为宗族活动的最重要部分，具有严格的宗族秩序。续家谱的仪式中公布排行字的做法可以使子孙依照字辈来取名，通过名字区别前后辈的关系。只有三代以内的排行字与家谱中完全相同的才能以家族成员的身份参加宗亲会。家谱承载着渔村对于个人、家族及族群的记忆，并通过宗亲会的仪式使得这一集体记忆得以维系，进而提供家族认同的基础。

“杀围”。沿湖村有着独特的渔家特色文化，随着渔民上岸后生活条件的改善，渔家的传统文化非但没有被淡化，反而在村内的集体文化活动中被生动地体现出来，在沿湖村的调研过程中，12月适逢再现渔家古老冬季捕鱼技艺的“杀围”活动。在“杀围”活动开始前，由村内的长者进行主持祭祀，摆上“大礼三牲”。主持者持香进行四方敬拜，以求得来年的平安与丰收。祭祀过后，沿湖村内德高望重的长者、渔家传承人黄兰玉宣布“杀围”活动开始。该活动是渔民生存技能和集体智慧的体现，其捕捞方法特殊，场面宏大，流传至今已有几百年的历史。

宗族文化、渔家特色传统文化唤起了村民的“乡愁”。而这些传统文化的挖掘与传承离不开宗族内有威望的长者、传统文化能人们的引领与带动。村民们通过参与这些以传统文化为载体的村内活动，加强了各自之间的联系。村民从中获得了村庄社会认同感，进而使得村庄的社会关联更加紧密。

在文化建设中，一方面，沿湖村内本土的宗族精英、文化传承人等引领带动了传统文化的复兴；另一方面，新农村建设过程中涌现出的知识分子、经济能人、村庄精英等带来了全新文化的输入。二者相辅相成，构建出沿湖村独特的“社区记忆”。

在调研中，团队发现沿湖村的乡村建设成效显著，但由于近些年来返乡的知识分子、积极分子和经济能人数量锐减，同时随着渔民生活的转变，大多数年轻人外出务工，已经不从事渔业，“渔文化”的传承由于市场化的发展出现了断层。为了妥善解决这些问题，团队提出了一些新的建议：

**完善民主制度，用乡村精英文化优化村民自治。**在沿湖村的发展过程中，乡村精英引领乡村治理的角色意识仍然需要进一步强化，这需要通过进一步完善民主制度来充分激活村民自我管理的主动性与积极性。在沿湖村目前的民主制度中，由村民推选出来掌握话语权的村民代表的数量有限，因此，村民代表与村民之间联系容易出现断裂，当村民代表不能很好地表达村民意见时，村民的“主人翁”意识也容易缺失。因此，作为“代言人”的村民代表、党员代表等乡村精英要进一步优化村民自治，善于利用现代民主资源改进工作方式，实现与村民之间充分的沟通与联系。只有真正做到村民深度动员、村民需求有效表达，调动起村民的积极性，才能实现村民有组织、村治有主体的自我管理与自我服务。

**打造合作平台，用乡村精英文化积聚治理资源。**沿湖村乡村精英文化的引领作用应当在经济基础之上，进一步加以拓宽，丰富渔民在精神、文化等方面的发展，如村里的文化能人可以成立村文化艺术团组织、村老年人活动协会等。通过组织平台的搭建，充分调动起村民的积极性，实现村庄的全面发展。与此同时，要充分吸收新时代的思想潮流，利用新的科技发展成果，推动乡村社会的进步。在沿湖村，作为乡村精英的村民代表、党员代表和片长等，平均年龄 45 岁。由于渔民知识文化水平的局限，他们的后代大多数不再从事捕鱼工作，这就使得文化传承上出现了断层的现象。因此，沿湖村在搭建平台积聚治理资源的过程中，还应当创造条件吸纳年轻一代加入村庄治理，从而为乡村建设注入新的活力。

**强化社会关联，用乡村精英文化复兴传统文化。**乡村内部的凝聚力与“社区记忆”成正向关联，“社区记忆”的强度影响非体制经营的生活方向和行为方式。因此，在唤醒“社区记忆”时，沿湖村应进一步从多方面丰富渔民的生活娱乐内容，增强渔民的村庄认同感。弘扬渔文化之外，村里还可通过举办“晒家风家训”、评选“五好家庭”等全民参与的文化活动来凝聚人心，这也是培育与凝聚乡村精英文化的重要途径。随着城市化进程的加快，乡村社会的传统价值观念受到较大的冲击，人与人之间的社会联络趋于理性化和利益化，而经济发展与传统文化的割裂状态也愈加严重。在沿湖村调查中，团队深感乡村精英文化所蕴含的文化道德力量，正延续着传统乡村文脉；乡村精英的示范引领润物无声地孕育着文明乡风，引导村民树立正确的价值观念并遵循行为规范。乡村精英文化在乡村治理过程中属于“软约束”，不但有利于重塑村庄共同体，而且增强了村民的一致行动力，共同为和美乡村的建设贡献着力量。

## 四、项目成效：乡村精英文化对乡村建设的当代价值和作用

乡村精英是传统中国社会治理的重要基础和力量，本章研究乡村精英文化对乡村建设的当代价值和作用，有着重要的现实意义，对乡村精英文化引领村庄建设的作用进行了全方位发掘，总结出乡村精英发挥作用的条件和具体场域，提炼出用乡村精英文化建设乡村的模式，对推动其他村庄的全面可持续发展具有现实参考意义（图 6－3 至图 6－5）。

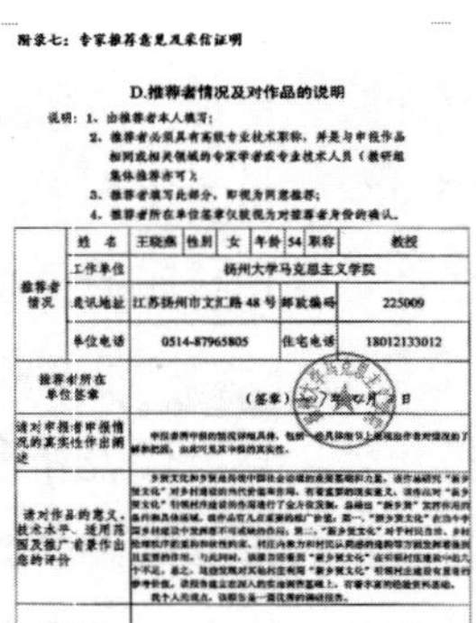

附录七：专家推荐意见及采信证明

D.推荐者情况及对作品的说明

说明：1、由推荐者本人填写；
2、推荐者必须具有高级专业技术职称，并是与申报作品相同或相关领域的专家学者或专业技术人员（教研组集体推荐亦可）；
3、推荐者填写此部分，即视为同意推荐；
4、推荐者所在单位签章仅被视为对推荐者身份的确认。

| 推荐者情况 | 姓名 | 王晓燕 | 性别 | 女 | 年龄 | 54 | 职称 | 教授 |
|---|---|---|---|---|---|---|---|---|
| | 工作单位 | 杨州大学马克思主义学院 | | | | | | |
| | 通讯地址 | 江苏扬州市文汇路 48 号 | | | 邮政编码 | | | 225009 |
| | 单位电话 | 0514-87965805 | | | 住宅电话 | | | 18012133012 |
| 推荐者所在单位签章 | （签章） 年 月 日 | | | | | | | |
| 请对申报者申报情况的真实性作出阐述 | [illegible] | | | | | | | |
| 请对作品的意义、技术水平、适用范围及推广前景作出您的评价 | [illegible] | | | | | | | |
| 其它说明 | | | | | | | | |

图 6－3　杨州大学王晓燕教授推荐意见

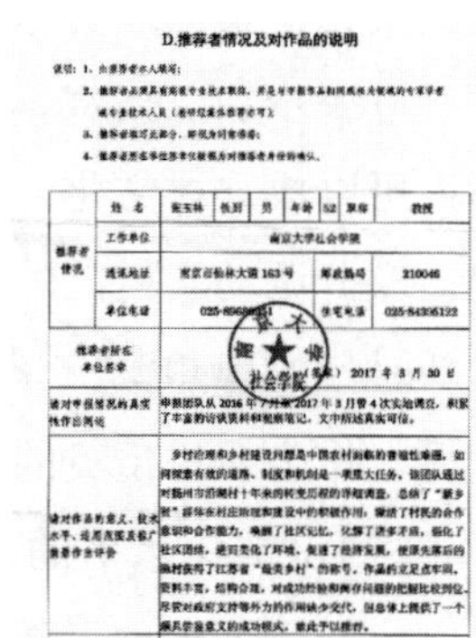

D.推荐者情况及对作品的说明

| 推荐者情况 | 姓名 | 张玉林 | 性别 | 男 | 年龄 | 52 | 职称 | 教授 |
|---|---|---|---|---|---|---|---|---|
| | 工作单位 | 南京大学社会学院 | | | | | | |
| | 通讯地址 | 南京市仙林大道 163 号 | | | 邮政编码 | | | 210046 |
| | 单位电话 | [illegible] | | | 住宅电话 | | | 025-84306122 |
| 推荐者所在单位签章 | （签章） 2017 年 3 月 30 日 | | | | | | | |
| 请对申报情况的真实性作出阐述 | 申报团队从 2016 年 7 月至 2017 年 3 月曾 4 次实地调查，积累了丰富的访谈资料和观察笔记，文中所述真实可信。 | | | | | | | |
| 请对作品的意义、技术水平、适用范围及推广前景作出评价 | [illegible] | | | | | | | |
| 其它说明 | 无 | | | | | | | |

图 6－4　南京大学张玉林教授推荐意见

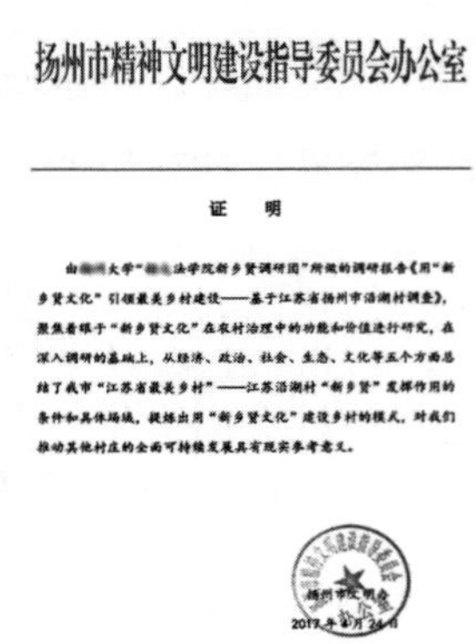

扬州市精神文明建设指导委员会办公室

证　明

由　　大学“　　法学院新乡贤调研团”所做的调研报告《用“新乡贤文化”引领最美乡村建设——基于江苏省扬州市沿湖村调查》，聚焦着眼于“新乡贤文化”在农村治理中的功能和价值进行研究，在深入调研的基础上，从经济、政治、社会、生态、文化等五个方面总结了我市“江苏省最美乡村”——江苏沿湖村“新乡贤”发挥作用的条件和具体场域，提炼出用“新乡贤文化”建设乡村的模式，对我们推动其他村庄的全面可持续发展具有现实参考意义。

2017 年 月 24 日

图 6－5　江苏省扬州市精神文明建设指导委员会采信证明

## 创新启示：

**1. 研究方法**

本次实践调研以问题为导向，采用深入访谈与参与调查相结合的方式。

本次调研以扬州市沿湖村为考察对象，深入田间地头，多次进行一对一的访谈交流，共获取二十余万字的谈话记录，同时团队成员深入体验渔民生活，丰富自身实践经历。

**2. 研究思想**

本案例致力于深入发掘乡村精英文化引领中国乡村建设的价值，从乡村治理的角度分析并总结其成功的经验模式，同时发现其不足之处并尝试提出完善的建议，为当代乡村社会全面可持续发展提供一定的借鉴。

**3. 研究观点**

团队成员深入研究沿湖村运用乡村精英文化引领最美乡村建设的案例，发现其以基层党组织领导为核心，以优秀的基层干部、知识分子、积极分子和经济能人等为主体，充分运用本土资源，在经济、政治、社会、生态、文化等方面充分发挥重要的引领作用，在村民的价值观念、思维方式和行为规范上产生积极影响，具体途径则为：整合“社会资本”、助力“‘两委’组织”、调解“乡村纠纷”、强化“软性约束”、构建“社区记忆”。

## 志愿者说：

我们在沿湖村的这些日子一直是住在村里的。沿湖村是一个渔村，作为一个在农村土生土长的孩子，我从来未见过渔村。在我的想象中，渔民们以船为家、四处漂泊，唱着渔歌、打着鱼，是多么潇洒自在、随性自然，但这次来沿湖村调研，我发现现实和想象的差距不是一星半点。他们自在的背后是居无定所的辛酸，潇洒的背后是解决一家温饱的烦恼，随性的背后是双手双脚的溃烂。同时我也发现沿湖村是个凝聚力很强的渔村，就从一条朋友圈来看，为了感谢沿湖村村民对我们的照顾，调研队员就为他们写了一个“沿湖村的二十四小时”配上沿湖村的一些照片编辑了一下发上了公众号，到了傍晚出去走访的时候，沈阿姨告诉我们，村里有微信的村民都把它转发到了朋友圈。这个村给我的感觉就是每个人都想着向更好的方向发展。走访时听到的一句话真的是直戳心窝，“穷怕了”。渔民在早些时候很穷，社会地位也不高，经常受到别人的歧视，渔民们为了自己生活得更好一点，也为了争口气，把他们的精力都投入到乡村建设中来。当全体渔民有一个共同的目的，就会自然而然拧成一股绳。这大概是沿湖村能从一个破落的小渔村成为江苏省最美乡村的原因之一吧。

——队员吴楚映

## 五、延伸阅读：推动新农村精神文明建设，助力全面建成小康社会

2021年7月1日，习近平总书记在庆祝中国共产党成立100周年大会上庄严宣告："经过全党全国各族人民持续奋斗，我们实现了第一个百年奋斗目标，在中华大地上全面建成了小康社会。"全面建成小康社会是党和国家的重大战略目标，是实现社会主义现代化发展的必然途径。随着中国特色社会主义进入新时代，全面小康社会的内涵逐渐丰富起来，建设任务亦不断扩展，在此过程中，解决农村发展短板问题，是党和国家工作的重点和难点。

### 推动精神文明建设，全力奔向小康社会

从现阶段中国农村的发展状况来看，发展新农村，推动新农村精神文明建设是解决好"三农"问题、推进乡村振兴战略的有效途径，是解决人民日益增长的美好生活需要和不平衡不充分的发展之间矛盾的必然要求，是实现"两个一百年"奋斗目标的必然要求，是实现全面建成小康社会、全体人民共同富裕的必然要求。

之所以加强新农村精神文明建设，主要有以下几个方面的要求：

首先，加强精神文明建设是全面建成小康社会"经济持续健康"的必然要求。农业是国民经济发展的基础，农业发展决定全面小康社会建设的质量，加强新农村精神文明建设，在一定程度上能加强农村生产方式的转型升级。村内党员干部带领村民共同挖掘并发扬本村的文化特色，发展本村特色农业，或是文化旅游业，促进村内经济由第一产业向第二、第三产业的转化，有效化解了自改革开放以来城市化进程加快的问题，如农村劳动力开始大量向城市转移带来的农村经济发展滞后，城乡经济发展差距拉大，城乡居民贫富差距拉大等问题，极大地促进了城乡经济协调发展，有利于我国经济

持续健康发展。

其次，加强精神文明建设是全面建成小康社会“文化软实力显著增强”的必然要求。村内文化设施、场所的设立和完善，文艺演出的定期举行，区域特色节日的重新宣扬让当地村民的文化素养在潜移默化中得到了提升；家规村规的规范化制定，营造了良好的乡风文明。农村居民提升了文化意识，提高了文化素质，丰富了自身的精神世界，同时有助于激发农村居民的民族自信心和民族自豪感。

再次，加强精神文明建设是全面建成小康社会“人民生活水平全面提高”的必然要求。农村基础设施的完善，让农村交通更加便利、通信更加快捷，增加了当地村民与外界沟通的渠道，为当地农产品对外输出提供了保障，促进了农村产业的转型升级。

最后，加强精神文明建设是全面建成小康社会“资源节约型、环境友好型社会建设取得重大发展”的必然要求。“厕所革命”的开展、禁止焚烧秸秆政策的执行、生活垃圾处理的规范化……让农村居民身体力行，在行动中提高环保意识。加强新农村精神文明建设，农村居民的素质得到普遍提升，节约资源、环境保护的意识也在不断增强，是我国发展资源节约型、环境友好型社会的重要途径。

**探索现状，点明问题**

在基础设施逐渐完善以及生活条件改善的情况下，面对文化多元化的时代大背景，对于信息获取途径的变化是乡村精神文明的一个侧面反映。为此实践团队针对乡村精神文明建设的相关内容，在江苏盱眙、江苏常州、广东潮汕、四川资阳、云南曲靖、浙江温州等地区进行了线上和线下两方面的匿名问卷调查。在接受调查的约 400 名人民群众、乡村村民（主要针对中老年人）中，得到了 391 份有效数据，根据这一次的问卷调查，调研团队得到了以下的数据分析以及结论：

通过调查了解到，疫情期间，调查地区的 72％的村民选择了通过电视和手机获取信息作为主要的途径，通过旧有的报纸获取消息的人数反而较少，仅有 6％，而通过村务公布栏获取消息的只占了 4％。可以看出，越来越多的村民接受了新的信息传播方式。尤其是在疫情期间，乡政府、村党支部积极落实国家政策，防控防疫更是离不开准确及时的讯息传递。显而易见，随着互联网的发展和延伸，即使是偏远落后地区，电视与手机也能以极快的速度优势传递讯息。

通过问卷团队成员还了解到，绝大多数的乡村精神文明建设落实到位，63%的乡村基本每年都会举办一定数量的文艺演出活动，并且积极组织讲座或者宣讲会来对国家政策、实时信息进行宣传，帮助群众理解并且积极监督落实，乡村建设工作并没有流于表面形式，而是确确实实地落实到位。

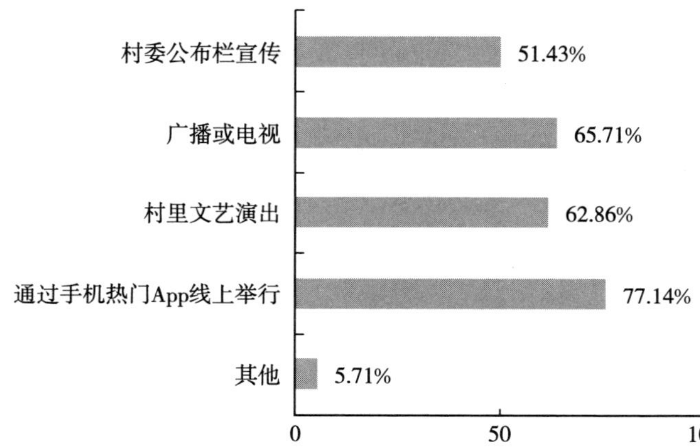


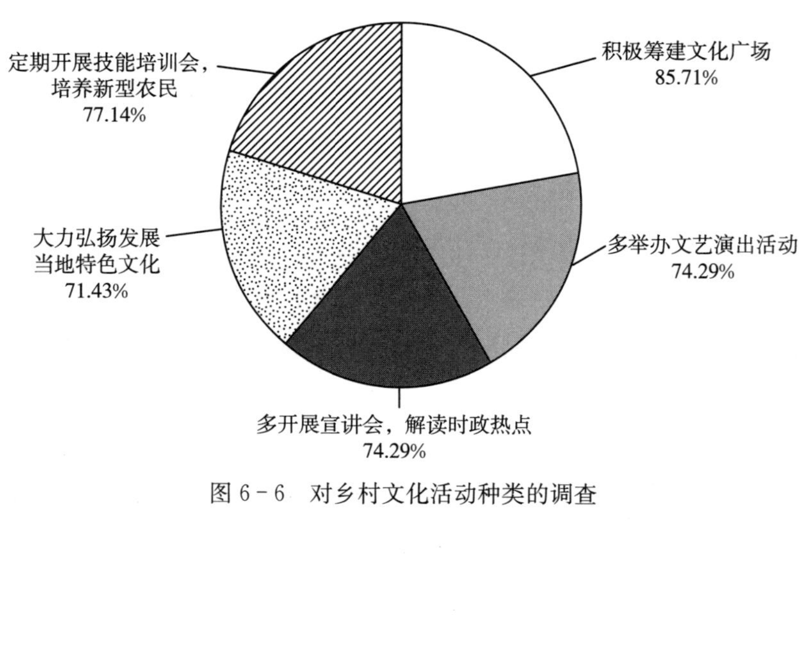


图 6-6　对乡村文化活动种类的调查

除此以外，乡村精神建设不能只看“做没做”，还要根据实际反馈和建议进行修改。调查问卷数据显示：仅有23%的村民能够完全地理解内容并且革新思想，69%的村民表示自己还是仅了解到了皮毛，不能充分理解会议讲座等内容。而在乡村精神文明建设核心的问题上——乡村的特色文化建设方面，大部分的中老年人对于自己乡村的特色文化还是相当了解的，并且引以为傲。数据显示，有27%的村民表示特色文化的开发利用较为满意，不过也有52%的村民认为，自己乡村的特色文化虽然被保护或者挖掘利用，但是效果不佳。

在问卷最后部分，团队对乡村地区精神文明建设效果做了一个总结性的调查。调查显示，65%的村民认为时代的进步速度较快而自己的知识水平有限，12%认为文化宣传形式多变太过新颖，一时难以接受；而有16%的受访者在接受采访时表示村委会对于村民的精神文化重视程度不够；其中54%在采访中表示需要因地制宜开展精神文明建设。显然，多开宣讲会并且详细解读热点时事、因地制宜发展当地传统文化是必要的丰富居民精神世界的举措，但同时也要避免一味追求网红经济，因地制宜发展，提高居民文化素质。

在结束对江苏盱眙、江苏常州、广东潮汕、四川资阳、云南曲靖、浙江温州等地区的调查，团队发现国家大部分地区存在以下问题：

首先，文化阵地建设缺乏领导主体且宣传乏力。近年来随着全面小康的推进，物质条件的改善和基础设施的配备确实使得乡村文化阵地建设得到了一定程度的改善，但是仅仅也停留在物质层面的建设，甚至有一部分农村居民并不知道乡村的文化活动场所，乡村的文化阵地建设缺乏主导和宣传，文化建设区域内的活动也毫无新意与心意，缺乏吸引力。提升精神文明创建工作的实效，更需要强化创新理念，扎实推进在活动载体、创建内容、示范带动等方面的创新。因此，做好文化阵地建设的宣传和更实在的建设，是非常有必要的，为了传播喜闻乐见的大众文化、优秀文化，务必把创新工作落到实处，使其便于接受和理解，也能最大程度地获得良好的反馈结果。

其次，文化建设覆盖面以及深度不够。乡村精神文明建设虽然有落实到位，但是也仅仅是对于政策或者方针的简单解读和实践，并不能够有广度、有深度地去加强精神文化的建设，停留在表面上的文化建设难以深入人心。调查结果可见，仅流于表面的文化建设并不能真正地落实精神文化建设的要求，更难以全面推进小康社会建设。方式单一、覆盖面不广、深度不够，都是目前精神文明建设存在的缺陷与不足。

再次，村民文化水平有待提高。村委会的举措有待提高，但是作为文化建设的对象和主体，村民自身也存在一定的问题。在我国大部分的乡村，村民的受教育程度仅达到扫盲水平，受制于当地的经济条件和教育水平。总体来讲，农村居民的教育水平是明显低于城市的，教学资源的匮乏也使得整体的知识水平有限，部分农村居民的知识水平并不能够使他们掌握和了解所接触的陌生新政策或是新规定，哪怕生活条件和教育条件已经在不断改善提升，但是知识水平不足以及较低的学习能力仍是很大的掣肘。面对这样的问题，还需要基层工作者进行再引导。

最后，乡村特色文化建设缺乏规划以及创新。乡村特色文化作为乡村的地方特色，需要的是因地制宜地去发展，但是有的地方出现了一味追求网红经济，反而使得乡村失去特色文化，丧失文化竞争力，而另一个负面极限则是对于乡村特色文化的保护和发展建设过少甚至于没有，导致特色文化的一步步遗失和被人为或自然地破坏。

### 提出建议，奔向小康

在全面小康的决胜时期，可以看到在乡村物质文明建设高歌猛进的同时，乡村精神文明建设也逐渐被重视，而乡村精神文明建设对于推动农村的整体发展所起到的作用也越来越大——“只有人民精神富起来了，才算真正的富有”。

第一，加强村委会在基层文化建设过程中的创新力。随着手机等通信工具的扩大应用，乡村精神文明建设更要与时俱进，在村务的公布手段上做出一定的合理调整，让村务公布也能跟上时代的步伐，村委会可以通过线上的公众号、视频号或者电子信息等进行工作宣传和政策宣传，也可以通过走访或者电话形式等，促进线上和线下、创新与传统相结合，进一步做好更全面的信息传播，尽最大可能保证村民能够准确快速了解到村内村务、国家政策等重要信息，更利于文化建设以及政策的落实，减轻村委会工作压力的同时，也进一步为打造新美丽乡村奠定信息传播的基础。

第二，做好文化阵地建设人员建设以及宣传工作。一方面继续做好改善村民生活物质条件和加强基础设施建设的工作，在巩固和完善已建乡镇文化站的基础上，加大已规划乡镇文化站的建设力度，形成以乡镇文化站、村文化活动室为基础的农村文化网络，配套科普图书、健身器材和文化设施，做好乡村文化阵地建设的物质层面的落实工作，同时对文化阵地建设做出更好的宣传和规划，设置专业的负责管理人员以及策划人员等，加强对文化阵地建设的领导，同时面向群众挖掘人才，积极扶植农村专业和业余文化队伍甚至可以是民间文艺团体，努力提高农村文化工作者素质。另一方面村委会与负责文化活动的工作人员也要积极创新丰富村民文化生活的活动，例如乡村内原有的文艺活动也可以加以改造创新、组织乡村活动、室内运动会等，为乡村居民的业余生活可以拥有更多姿多彩的精神享受做出合理的规划安排，让群众感受新意与心意。

第三，提升精神文明建设效果，有广度有深度。乡村精神文明建设虽然有落实到位，但是也仅仅是对于政策或者方针的简单解读和实践，并不能够有广度、有深度地去加强精神文化的建设，停留在表面上的文化建设难以深入人心。提升精神文明建设效果，一定要因地制宜，将国家政策与地区实际情况相结合，一定不能脱离实际情况，一定要时时跟进，一定要及时反馈，一定要总结经验。

第四，加强教育普及建设工作，提高村民综合素质。在加强对乡村青少年教育普及工作的同时，也要做好对于乡村居民的整体的教育水平提升工作，对村民进行一定程度的知识文化以及思想道德教育。要提高村民的综合素质，就需要紧紧地围绕科学文化素质和思想道德素质的核心，全面提高农民群众的综合素质，村委会可以通过多种媒体和形式，加大对农民在科技知识、法律知识、市场经济知识及党的方针政策等方面的培训力度，增强他们抵御自然和市场风险的能力，抵制封建迷信及邪教的能力；广泛开展未成年人思想道德建设和公民思想道德建设宣传教育活动，教育农民讲社会公德、讲职业道德、讲家庭美德。

第五，合理规划、创新乡村特色文化。乡村需要合理地、充分地挖掘自然资源的文化价值，培育有利于乡村文化的生产力要素，推动文化科技、文化企业、文化金融进入乡村文化产业，积极构建乡村文化市场的现代体系。乡村干部不仅要多挖掘村内特色并且在保护好特色文化的基础上，因地制宜地去发展当地的特色文化，同时也要有意识地有规划地与互联网时代结合，通过信息渠道扩大优秀文化的社会影响力。

通过本次的问卷调查不难发现一个事实，那就是乡村精神明建设正不断深入发展：乡村居民思想观念也在不断革新进步、乡村居民主人翁意识、社会责任感不断增强、乡村的精神文化阵地建设臻于完善……但与此同时，乡村精神文明建设也存在一定的缺陷：村委会在文化建设过程中的后劲乏力，文化阵地建设缺乏领导主体且宣传乏力，文化建设覆盖面以及深度不够，村民文化水平有待提高等问题仍亟待解决。乡村精神文明建设过程中存在一定的阻碍和难题，面对目前存在的种种不容乐观的状况，只有去调查去实践、去发觉去挖掘，才能够找到问题、正视问题，才能做进一步的深入研究，才能提出有效改革的方案。

## 实践指导：

1. 组织实地考察江苏省扬州市沿湖村。
2. 邀请实践团队成员讲述沿湖村的调研故事。

**图书在版编目（CIP）数据**

高校“一懂两爱”乡村人才培养案例选集．实践篇：青年公益与乡土实践／张运，刘娟主编．—北京：中国农业出版社，2024.5

ISBN 978-7-109-31872-4

Ⅰ.①高… Ⅱ.①张… ②刘… Ⅲ.①高等学校－农学－人才培养－研究－中国 Ⅳ.①S3

中国国家版本馆CIP数据核字（2024）第069821号

---

中国农业出版社出版

地址：北京市朝阳区麦子店街18号楼

邮编：100125

责任编辑：王秀田

版式设计：小荷博睿　　责任校对：吴丽婷

印刷：北京中兴印刷有限公司

版次：2024年5月第1版

印次：2024年5月北京第1次印刷

发行：新华书店北京发行所

开本：700mm×1000mm　1/16

总印张：43

总字数：660千字

**总定价：258.00元（共四册）**

---

江苏省第六期“333 工程”重点行业领域人才项目
2023 年江苏省高等教育教改研究立项课题
扬州大学“青蓝工程”优秀教学团队项目
扬州大学精品本科教材建设工程项目（B 层次）

高校“一懂两爱”乡村人才培养案例选集

# 教育篇：百年村小与文化传承

主　　编：刘　佳　刘斯文
本册主编：王聪颖　姚程富

中国农业出版社
北京

**图书在版编目（CIP）数据**

高校“一懂两爱”乡村人才培养案例选集．教育篇：百年村小与文化传承／王聪颖，姚程富主编．—北京：中国农业出版社，2024.5

ISBN 978-7-109-31872-4

Ⅰ.①高… Ⅱ.①王… ②姚… Ⅲ.①高等学校—农学—人才培养—研究—中国 Ⅳ.①S3

中国国家版本馆 CIP 数据核字（2024）第 070041 号

---

中国农业出版社出版

地址：北京市朝阳区麦子店街 18 号楼

邮编：100125

责任编辑：王秀田

版式设计：小荷博睿　　责任校对：吴丽婷

印刷：北京中兴印刷有限公司

版次：2024 年 5 月第 1 版

印次：2024 年 5 月北京第 1 次印刷

发行：新华书店北京发行所

开本：700mm×1000mm　1/16

总印张：43

总字数：660 千字

总定价：258.00 元（共四册）

---

# 编委会

# 序

农为邦本，本固邦宁！中国自古便是一个农业大国，数千年的农耕文明史深刻地塑造了中华民族的精神内核。“耕读传家久，诗书继世长。”这是一幅从上古时期传承至今的生活图景，也寄托了中国人灵魂深处的对理想生活的追求和向往。

一直以来，农业都是中华民族得以延续发展的命脉和基础。党的二十大报告指出，全面建设社会主义现代化国家，最艰巨最繁重的任务仍然在农村。加快建设农业强国，是党中央立足全面建设社会主义现代化国家、着眼统筹“两个大局”作出的重大决策部署。

千秋基业，决胜于人。人才是第一资源，是推进乡村全面振兴、加快建设农业强国的基础性支撑。当前，乡村振兴事业往纵深推进，最关键的是人才，最紧缺的也是人才。“三农”工作人才范围广泛，包括乡村教师、乡村医生、乡镇管理干部、农业技术推广人员、高素质农民、乡村精英等。改革开放以来，随着我国城市化和工业化步伐的加快，城乡二元经济结构差异较大、城乡收入差距扩大、地区差异明显等现象加剧，农村富余劳动力不断流向城市。乡村中青年、优质人才持续外流，农林类院校毕业生不愿回到农村或无法胜任农业生产的现象普遍存在。人才总量不足、结构失衡、素质偏低、老龄化严重等问题是困扰当前农业发展的关键问题。

为此，党的十九大报告明确指出“培养造就一支懂农业、爱农村、

爱农民的‘三农’工作队伍”。2021 年 2 月，中共中央办公厅、国务院办公厅印发了《关于加快推进乡村人才振兴的意见》，进一步强调了“一懂两爱”在乡村人才培养中的重要地位。

“懂农业、爱农村、爱农民”是党中央在实施乡村振兴战略形势下对“三农”工作队伍提出的新目标新要求，成为新时代“三农”人才队伍建设的标尺和准绳。地方高校尤其是涉农高校具有学科专业和人才等方面的资源优势，理应结合区域、行业、专业特点，积极发挥人才培养、科学研究、服务社会等主体功能，对接乡村人才振兴战略，肩负起培养“一懂两爱”高素质人才的重任，提高“三农”人才培养质量，为推进乡村振兴培育更多的专门人才。

当前，高校农业人才的培养主要集中在农业知识和技能传授两个维度。“一懂两爱”教育整体存在人文素养与理论学习分离，课程逻辑难以适应多样化的“三农”事业发展需求，涉农专业教学过程大部分时间和场景局限于课堂、校园之中，触摸不到真实的乡村，感受不到乡土文化的深层滋养，无法置身于乡土的“气氛”和“风气”中，师生对“三农”问题一知半解等现状。此外，教育模式过于“整齐划一”，学校现有的课程也很少能充分融合地域经济文化特色，缺乏从地方文化、资源特点和发展需求出发培养“留根”意识，“一懂两爱”课程未能充分承载地方性知识的传承与发展重任。

扬州大学是我国最早创立农科院系的大学之一，其源头最早可追溯到 1902 年由我国近代著名爱国实业家、教育家张謇创办的私立通海农学堂。120 余年来，从通州兴学，到迁扬办学，再到六校合并，学校在长期的办学实践中形成了文科底蕴深厚、农科优势突出、科学人文交融、分类协调发展的办学特色。尤其是在农业相关领域，学校累计获国家科学技术奖二等奖 17 项，实现了从“农田到餐桌”的全覆盖，培养了一批批胸怀国家、情系“三农”，扎根基层的各类涉农人才，为我国

经济社会发展，特别是农业现代化做出了突出贡献。

学校在农村发展、农业生产和农学教育的具体实践中积累了丰富的经验，并取得了一定的成效。扬州大学“一懂两爱”乡土实践育人教学团队是国内较早将“一懂两爱”的培养目标纳入涉农专业人才培养的特色教学团队。团队针对高校“一懂两爱”教育课程体系、教材体系供给严重不足等问题，开发了“高校‘一懂两爱’乡村人才培养案例选集”（以下简称“案例选集”）。这是一套学科视野跨度大、人文素质培养和实践养成相融合、课前课内课后三线衔接、课堂校园社会网络“四位一体”的综合性乡土人才教材体系。

“案例选集”第一辑包括以下四个分册：《文学篇：乡土书写与“三农”守望》《教育篇：百年村小与文化传承》《实践篇：青年公益与乡土实践》《发展篇：数字时代与乡村振兴》。分别基于乡村文化、乡村教育、乡土实践、乡村电商典型的高校服务乡村振兴典型案例群，系统开展情景体验式、实践探索式、理性反思式的高校涉农专业学生人才培养教材建构。

“案例选集”内容特色鲜明，择取了所在学校师生团队真实参与乡村振兴实践的全国不同地域200余个乡村真实的生活环境、历史地理、自然风貌、人文历史等作为主体内容，融乡土文化、乡土社会、乡村治理等生活生产要素于其中，实现了跨地域、跨学科、跨行业的课程共融，全域性、系统性、针对性厚植“亲农、重农、爱农、务农”的理想信念，陶冶学生认同乡土、热爱乡土的情感，激发其服务农村经济社会发展、助力乡村振兴的意愿。

“案例选集”的教育价值和社会价值在于将“一懂两爱”乡土情怀教育融入涉农专业课程思政实施之中，力图唤醒学生对农业、农村、农民的情感回归，培养出能够“回得到乡土的人才”。“案例选集”围绕乡村振兴对人才的现实需求，力图借助教材推动培养出来的大学生“能进

城、能下乡”，厚植乡村文化自信的根基。

深耕“一懂两爱”，培育乡村“土秀才”。这是全面推进乡村振兴、加快建设农业强国的关键环节。“高校‘一懂两爱’乡村人才培养案例选集”的编撰与出版是对新时代农业人才培养的一次创新探索，也是奋力扛起立德树人、强农兴农教育担当的生动注脚。

“高校‘一懂两爱’乡村人才培养案例选集”编写组

2023年6月

# 前言

党的十九大报告提出实施乡村振兴战略，要求“培养造就一支懂农业、爱农村、爱农民的‘三农’工作队伍”。党的二十大进一步提出“加快建设农业强国，扎实推动乡村产业、人才、文化、生态、组织振兴”。乡村振兴离不开强有力的人才支撑。尤其是在科技革命和产业变革加速演进的新时代，乡村精英、“土专家”“田秀才”“乡创客”等新一批“三农”人才的规模、结构和质量，关系着全面推进乡村振兴战略的实施成效。“三农”工作人才范围广泛，但只有具备了懂农业的本领，有了爱农村、爱农民的情怀，切实做到了懂理论、讲情怀、善工作，才能扎扎实实把乡村振兴战略稳步向前推进。

在乡村振兴战略背景下，地方高校作为服务区域经济社会发展的重要力量，其发展战略、学科布局、人才培养、资源禀赋和人文联结等与乡村“一懂两爱”人才需求高度契合，理应结合区域、行业、专业特点，赋能地方“三农”人才培养。涉农专业大学生是未来乡村振兴的主力军，高校要将“一懂两爱”人才培养与农科大学生思想政治教育研究结合起来，将“一懂两爱”作为当前涉农专业大学生思想政治教育内容的发展目标，围绕国家重大战略需求，从问题和需求角度出发，改革创新发展“一懂两爱”教育，服务乡村人才振兴。

## 一、教材的形成背景

2020 年，扬州大学在全国率先成立了“一懂两爱”乡土实践育人教学

团队。团队聚焦地方高校涉农专业学生人才培养，分析在校学生与新时代地方“三农”工作队伍需求差距，致力于通过人文素质培养、场景体验、实践养成等方式，陶冶学生认同乡土、热爱乡土的情感，激发其服务和改善农村经济社会发展的意愿。

团队学科结构多元、年龄层次合理、教学经验丰富。团队成员中既有获得“卓越教学奖”的专业教师，也有实践经验丰富的一线辅导员。此外，还聘请了多名基层一线的工作人员作为兼职教师，指导实践教学。两年多来，团队围绕“一懂两爱”人才培养，取得了一系列成果和经验。先后指导国家级省级本科生创新创业训练计划项目 25 项，获得“挑战杯”“互联网＋”“创青春”等省级以上创新创业奖励近 20 项，获评省优秀本科生毕业论文 2 篇。其中，团队负责人于 2017 年指导本科生获“挑战杯”国赛特等奖，2021 年指导本科生获江苏省优秀本科论文二等奖。团队成员在核心期刊发表教改论文 15 篇，先后获得河南省、江苏省、北京市教学成果奖特等、一等、二等奖。

基于多年教学实践，团队针对高校“一懂两爱”教育课程体系、教材体系等供给严重不足等问题，开发了“高校‘一懂两爱’乡村人才培养案例选集”（以下简称“案例选集”），探索并形成了一套整体性、系统性、融合性的“一懂两爱”“大思政课”实践育人教学体系。

## 二、教学的目标定位

“高校‘一懂两爱’乡村人才培养案例选集”不同于传统农业教育注重农业知识和技能传授。教材提出的“一懂两爱”培养目标，基于“以学生为中心”的课程理念，从培养高阶能力及情感价值入手，力图实现“课程扶志”和“实践扶智”相结合，尤其在专业理论课程体系中，加大对“一懂两爱”重大主题教育内容的课程设计和实施。教材坚持以文化人、以文培元，致力于培养具有“归农”情怀和时代精神的“和美乡村”建设者。

乡土情怀就是基于对农业、农村、农民的深入了解而产生的服务“三农”的强烈意识和动力。教材将“一懂两爱”乡土情怀教育融入涉农专业课

程思政实施中，将地方性和传统性的知识文化作为学校课程和教学的基本内容，让学生了解和认识其生长和居住之地的人、事、物、生活环境、历史地理、自然风貌、传统文化艺术等，陶冶学生认同乡土、热爱乡土的情感，激发其服务和改善农村经济社会发展的意愿。

教材在以学生为主体的实践活动中充分激活“一懂两爱”思政育人元素，引导学生对未来从事的“三农”工作加深情景理解、过程体验、理性反思，培养学生的问题意识、行动意志、价值观念和情感态度。以未来服务“三农”工作的能力建设问题为中心的教、学、做的过程性统一，将理论运用于解决实际问题导向的育人活动之中，在时间维度上要求贯彻到“课前—课内—课后”三课一线全过程，在空间维度上要覆盖“课堂—校园—社会—网络”四位一体全方位，在主体维度上扩展到“教、管、研、辅、社”专兼职全员，由此开拓“一懂两爱”实践育人“大视野”。通过引导学生主体性参与，厚植“亲农、重农、爱农、务农”的理想信念，通过跨学科、跨学院、跨专业的课程共融、平台共建、资源共享、考评共赢，实现理论与实践的协同联动。

## 三、教材的创新特色

本“案例选集”定位为综合实践类课程，面向高校本科生开设公共基础必修课或者通修课，是大学人文素质教育系统工程的实践性核心课程之一，是基于扬州大学“一懂两爱”乡土实践育人教学团队多年探索、开发的一套学科视野跨度大，人文素质培养和实践养成相融合，课前课内课后三线衔接，课堂校园社会网络“四位一体”的综合性乡土人才教材体系。

### （一）教材内容上的突破

1. 知识性、人文性与实践性相衔接。作为面向涉农专业大学生群体的通识类教材，本“案例选集”的主体内容基于所在高校师生团队真实参与的全国不同地域200余个乡村的具体实践。内容将地方性、传统性和实践性的知识文化融为一体，培养学生的问题意识、行动意志、价值观念和情感态度。“案例选集”超越传统教材课本的束缚，借助数字技术，深度开发与传统课程相配套的视听素材、实践素材等立体化的内容体系，实现了知识性、人文性与实践性相融通，能够进一步强化学生对“一懂两爱”的情景理解、过程体验、理性反思。

2. 跨学科、跨专业、跨领域相融通。本“案例选集”针对“三农”工作人才范围广泛的特点，既聚焦了学校人才培养的主责主业，又突出了乡村教师、乡村医生、农业技术推广人员、高素质农民、乡村精英等多元化的乡村人才成长需求。教学案例范围覆盖全国不同地域200余个乡村，研讨样本以文化、实践、创新和发展为主线，广涉乡村文化传承、产业发展、乡村治理、环境保护、医疗卫生等诸多方面。跨地域、跨学科、跨领域的教学内容，实现了乡村人、事、物的精准性优化组合，满足了“一懂两爱”乡土教育的多元化、差异化、特色化需求。

3. 科学化、全系统、多层次相统一。作为面向本科生乃至研究生等高知群体设计的专业性教材。本“案例选集”特别注重知识体系的科学系统建构。“案例选集”编写团队由涉农专业教龄5年以上的教师团队构成。编写团队具有学科视野跨度大、队伍整体实力强、教学成果基础好等优势，“案例选集”分类构建校内与校外、网上与网下、传承与创新等多层次的教学目标体系、内容体系和方法体系。此外，“案例选集”以“共同体”理念为引领，围绕专业教师、学工、团委、教辅以及校园社团指导教师等不同教学主体的需求，针对性设立差异化的教学环节，打造高校“一懂两爱”立体教学场景，形成了全局统摄、各方协调的教材内容体系。

### （二）教材形式上的突破

为更好地让学习者利用碎片化时间，突破学习时间、学习地点的局限，提升学习者自主学习的学习氛围、营造学习者构建知识体系的环境，本教材将数字化学习资源与学习内容深度融合，借助互联网、多媒体技术形成以纸质教材与移动终端互动的多维立体可视化的现代教学生态模式；通过教学环境、教学手段、教学评价的多样性实现教育信息化的教学应用。

教材探索信息技术与课程教学融合新路径，建设数字化学习情境案例库，以数字化情境再现的形式为学生提供丰富的学习资源，同学之间还可以

互相学习，共同探究，建立合作型的学习模式，培养合作交流能力和提升解决现实问题的策略，极大提高了教材的应用效果。

## （三）课程教学的特色

1. 乡土情怀教育融入通识课程与思想政治教育理论课中，是实现“一懂两爱”教学目标的最有效途径。教师可以根据教学内容、授课学生等多个方面的不同，将乡土情怀教育与专业知识相结合，引导学生在学习专业课基础的同时，潜移默化地接受“三农”教育，增强积极投身农业农村现代化建设的使命感和责任感，成为“一懂两爱”人才。

2. 加强“一懂两爱”通识教育课程体系建设，将“一懂两爱”目标内容与课堂教学改革相结合，把握乡土耕读教育基本内涵、构建乡土耕读教育课程教材体系、多渠道拓展实践教学场所、建设专兼结合的乡土耕读教育教师队伍、加强乡土耕读传家校园文化建设。打造第一和第二课堂、理论和实践、课堂与网络相结合的教学新模式。

3. 在教学方式上，创新能力培养以实践训练为主，课堂讲授为辅。通过组建实践训练团队，安排学生进行不同形式竞赛作品的具体实践训练，从而形成多种形式的竞赛作品。通过创新创业类课程的学习，指导学生完成国家级、省级和校级大学生创新创业训练计划项目申报与执行，并组织指导学生以个人或团队形式参加专业创新竞赛项目以及学科竞赛等实践训练。

4. 校内外实践基地建设、网络教学以各级各类实践教学基地、平台为抓手，形成以思政理论课为核心圈，专业实训实验课、思政实践课等协同发挥圈层效应的“同心圆”式“大思政”实践育人理念。

“一懂两爱”教育需创建一个跨学科、跨院校、跨地域的大载体，统筹多学科思政育人资源，跨越学科壁垒。教材起步于全校各涉农专业的实践育人模式的统整，内容体系涵盖通识课程、思政课程、实践课程及专业竞赛、创新创业竞赛。在前期的教学实践中，在培育农村实用人才、传统工艺型人才、经营管理型人才和创新创业人才等新时代“三农”人才方面，取得了较好的应用效果。

尚需说明的是，本“案例选集”选用的内容或案例基于所在学校师生团

队真实参与的全国不同地域200余个乡村真实的生活环境、历史地理、自然风貌、人文历史、现代治理等要素，教材选用内容获得了团队师生授权，但因所涉团队和人员众多，如有疏漏之处，请联系教材编写组，予以协商并感谢！在今后的建设中，团队将坚持立德树人的根本任务，进一步聚焦“一懂两爱”乡土人才培养，按照“准确定位、注重内涵、突出优势、强化特色”的原则，对教学团队建设的目标、任务、理念、机制与组织等问题开展系统深入研究，推进研究型、实践型、情景式的乡土人才培养模式创新，形成科研与教学相互促进的有效机制，加强教学内容、课程体系和教材建设。

“高校‘一懂两爱’乡村人才培养案例选集”编写组

2023年6月

# 目录

第一章

# 烽火中的文脉延续

# 战火中的涅槃重生

——徐州市新沂市龙泉小学

龙泉小学旧时名，历经沧桑总未更。扫尽萧条陈气象，夭夭桃李满园荣！

——《张晓峰诗稿》

## 一、导言

第一次走进战火中幸存的小学——龙泉小学（简称龙小），肃然起敬的感觉油然而生。龙泉小学坐落于徐州市新沂市唐店镇，是徐州市现存的一所具有百年历史的规模化小学。不敢想象曾经的战火让学校几度濒临绝境，但在百余年后的今天仍然充满活力。在与敌斗争中、与时间对抗中，它是如何做到“野火烧不尽，春风吹又生”的呢？它又是怎样帮助一代代学子延续红色血脉的呢？在寻访团队与学校师生数日的朝夕相处中我们找到了答案。

龙泉小学校牌

## 二、寻龙小百年风华

寻访团队初次抵达唐店镇后发现周围的小学不少，而且这些小学的命名大都与唐店、新沂这样的地名有关，唯独龙泉小学这所学校的校名是自百年前创校时便一直延续下来的。还没有走到学校门口，我们就远远地看见了一个“龙”形石雕塑，目光一下子就被吸引过去了。再走近些，我们发现石雕塑是矗立在校牌上的，正好与龙泉小学的“龙”字相呼应。学校周围是一些农村的屋舍，被围在其中的校园显得非常安静。校园内没有现代化的多层教学楼，没有塑胶跑道的操场，教室前面一大片开阔的泥土平地就是学生们体育活动的唯一场地了，整个校园十分简单朴素。从外面看，教室是简陋的。门窗都是有了些年头的，比较旧。但教室里装配了数字化的多媒体教学设施，可见学校在教学设施方面是紧跟时代步伐的，丝毫不落后！教室里地面干干净净，学生桌椅排列得整整齐齐，一眼望过去窗明几净，是个读书学习的好地方。

龙小教室

龙小篮球场

在班级的课程表上，我们发现有一门《龙泉小学百年志》的校本课程，于是向小朋友们借了几本。这本书里面介绍了 1898—2008 年龙泉小学的办学历史，由此我们对学校 110 年的办学历史有了初步了解。龙小没有档案室，这本百年志可谓是这所学校“活动的档案室”了。《龙泉小学百年志》中有关龙小校史资料的收集整理工作是张书樵校长主持完成的，历时几年才得以成书出版。

通读了全书，我们了解到唐店龙泉小学始创于 1898 年（清光绪二十四年），当时国家正处于内忧外患的境地。在救亡图存思想的影响下，中国教育家纷纷主张教育救国，认为只有通过学习借鉴西方的教育模式、教育方法、教育内容来培养学生，才能让这个国家焕发新的生机。在此思潮影响下，地方知名人士落实学校“改造”计划，将原有的私塾改称义堂（学堂）。最初，龙泉小学借用了观音堂西大殿为教室，早期校董由李遐封先生（地方绅士）担任，聘请教师若干名、招收了学生三十多人，分四个年级，进行合班复式教学。当时的学校资金来源靠社会募捐和收取适当学费，在此般情状下龙泉小学诞生！

1911年，辛亥革命爆发。清政府的统治被推翻后，龙小的发展由此进入了一个新的历史阶段。龙小更名为“龙泉国民学校”，不再实行封建专制体制下“忠君、尊孔”的读经教育。1915年新文化运动兴起，在科学和民主思想的影响下，该校开始采用白话文教学。1922年北洋政府教育部召开学制会议，制定了“壬戌学制”，将小学、初中、高中的修业年限限定为6年、3年和3年。学校不久后又提升规格，更名为“宿迁县立龙泉高等小学校”，占地面积约5.74亩，校舍25间，多系草泥结构。校内有北、中、南课堂各一座，东课堂两座，办公室一间。办公室正面悬挂孙中山先生肖像，下面放一面条几，几上有一架自鸣钟；后墙上挂着一排大小不一的戒尺，前墙上挂有师生轮值木牌。校内各室门旁均挂有标牌。校园四壁有标语牌若干块。操场北面有一土台，另有篮球场、沙坑、单杠等设施。1937年卢沟桥事变后，抗日战争全面爆发，龙泉小学只能暂时停办，除几间屋外，其他房舍和北课堂均荡然无存。1944年秋，中共地下党组织派马新原同志创办和恢复龙泉学校，借用观音堂西大殿和南屋共六间。西大殿北头一间是办公室，中间放一张八仙桌，先生们办公分四面坐，另有一张长课桌，供先生们写毛笔字时使用。南头间是几位大学长学习的课堂。南屋三间是启蒙学生教室，与私塾无异。除此之外，别无其他设施。后有地方校董会和乡公所募集钱物相助，修建受损的校舍。为避敌人耳目，故不称“学校”而称“私塾”。“村头常闻黄犬吠，庭中秧歌舞未停”就是当时这所“私塾”的处境和学校活动的生动写照，虽然办学条件清苦，但是当时的师生们并不觉得艰苦，学校默默招生教学，培养了不少忠诚于党和国家的后备力量。1945年，日本投降后，乡公所被撤销，被占的校舍重归学校，恢复“宿迁县立龙泉高等小学校”校名，由马新原任校长，张晓峰任教导主任。

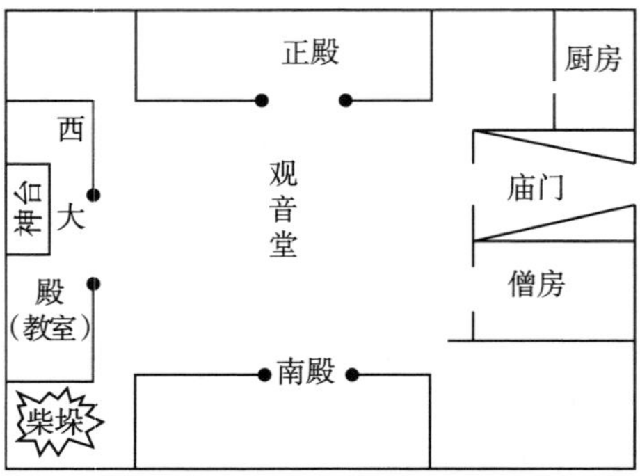


早期的龙泉学堂

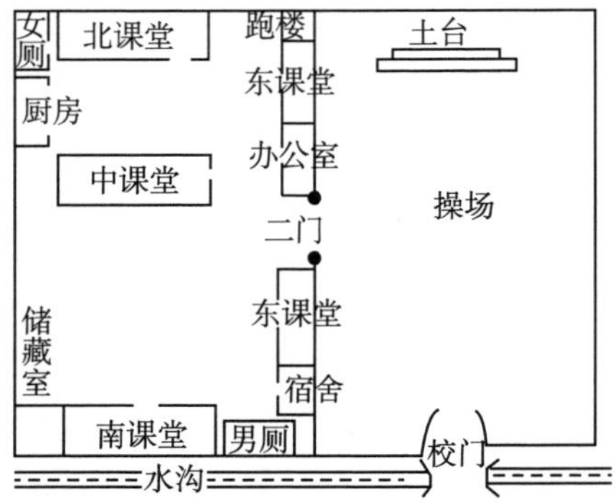


“五四”运动之后的宿迁县立龙泉高等小学校

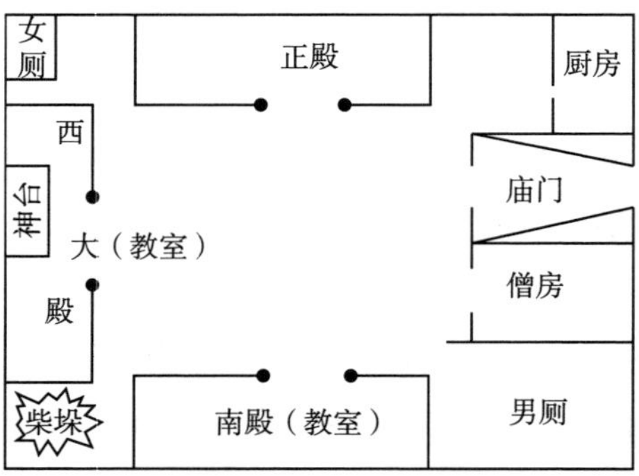


1944 年的龙泉学塾

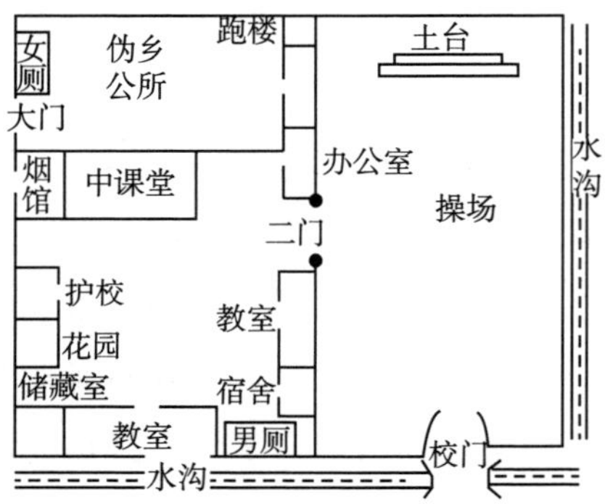


抗战胜利后学校复名

学校恢复正名后，很快呈现出一派欣欣向荣的景象，成了解放区名副其实的民主学校。学校办公室正面墙悬挂毛泽东主席、朱德总司令像，北山墙挂孙中山先生像，南山墙挂马克思、恩格斯、列宁、斯大林像。校园墙上大书“团结、紧张、严肃、活泼”八个大字，还有谢俊瑞的题词等。此时的龙小沉浸在抗战胜利的氛围当中，课堂上书声琅琅，课余时歌声嘹亮。1946 年下半年，国民党军队大规模围攻解放区，龙泉小学停办。1949 年之后，学校师生迁回到原址，恢复龙泉小学。1949 年秋，张晓峰任龙小校长后，启用北撤时由校董张兴善、徐敏治等保存的学粮、资金，又募集了一些秫秸、麦草、木料等物资，动员当地村民重建校舍，改校门朝西，建门楼，重建北课堂，重建南屋 5 间、东屋 5 间。单杠、球架、跳高架也都是自制的，占地仍是原来面积。1984 年迁校前，学校校舍几经修葺，到韩振华、张书樵任校长时，有校舍 23 间、草房两间。

我们实地寻访时，村党支部书记也到校与我们畅谈了一番。据他回忆，1984 年春节前，村党支部筹集资金在村北划地建校舍 20 间、教室和办公室、活动室 8 间。另外建了护校室 1 间、厨房 1 间、厕所 4 间、院内花园 4 处，操场上也安装上了篮球架、单双杠、沙坑等体育设施。2000 年，在村党支部书记的倡导下龙小举行百年校庆，筹集资金进行校园改建，兴建教室 28 间。2004 年附近的山庄、中河两所小学并入，生源骤增，学校再次扩建，新建教学楼辅助用房、硬化路面、改建操场、绿化校园、添置图书设备，学校有了现在的规模。

如今的龙泉小学占地面积达 4 200 平方米，有 10 个教学班，教职工 23 人，其中专职教师 19 人，学生 400 余人。学校秉承“让每一个孩子都有所发展”的办学理念，遵循“以人为本，以德治校”的办学思路，铭记“传承闻名，启智求真”的校训，在“朝气蓬勃，激情祥和”的校风引领下，以“爱岗敬业，无私奉献”的教风教育和引导一代又一代的龙小人，逐步形成了“开发自我，追求卓越”的校风。在全体师生的共同努力下，学校先后被评为“新沂市精细化管理合格学校”“新沂市优秀平安校园”“新沂市依法治校示范学校”。学校的英语特色教学成果显著，连续多年名列镇小学第一名。现在龙泉小学这艘教育航船正沐浴着东风，承载着全体龙小人的希望，在素质教育的海洋中劈波斩浪，奋勇前进。

**【资料链接】**

张书樵，《龙泉小学百年志》中校史资料的收集和整理人，龙小老校友，担任过几年龙小校长。其父亲张晓峰是抗战胜利前后新型龙泉小学创办人之一，1949 年后曾两任龙小校长。在收集校史资料的过程中，年逾七旬的张书樵同许多老校友联系、征求意见并寻求支持。被征求意见的有远在西安的某军区原政治部主任张爱民，某地质大队原党委书记李德轩，某县党校原校长张鲁道等，他们都是年龄在八旬上

下、热心母校事业的老校友。大家就“编成一部较完整的校史典籍”达成一致意见。方案定下后，张书樵和许多同志（尤其是张鲁道老校友）紧锣密鼓地展开了工作。这次寻访中张书樵老先生告诉我们《龙泉小学百年志》的定名是颇费心思的，开始想叫《百年龙小 百年沧桑》，后觉得太啰嗦，便采用了现名。关于题中“百年”的提法，不过是想取“整数”而已，并非就是“一百年整”，正如《唐诗三百首》并非“三百”首一样。

## 三、探龙小特色

龙泉小学是一所有着浓厚红色背景的乡村小学。在过去的岁月里，龙小涌现出了一批又一批为国家和民族抛头颅、洒热血的勇士。是什么样的思想传承让龙小学子们前仆后继？又是什么样的教育方式书写了龙小的百年传奇？纵观龙泉小学的办学历史，我们发现学校历来都非常重视“德与才”两方面教育。多年来，学校始终将德育工作放在首位，形成了德育工作目标层次化、内容程序化、活动经常化、评价科学化的格局。在教育内容方面，实施了五大方案，组织开展了六大系列活动。

### （一）实施五大方案

**1. 贯穿一条主线。**龙小德育教育的五大方案始终贯穿一条主线——爱国主义教育。学校坚持把爱国主义教育作为一条主线贯穿于各项系列活动之中，以“祖国在我心中”作为主题思想，组织了一系列活动。1993 年学校开展了“纪念毛泽东诞辰一百周年”系列活动，1997 年学校举办了“喜迎香港回归”文化艺术节，1999 年学校举行了“喜迎澳门回归，期盼完全统一”游行活动。在五大方案的实施过程中，学校致力于将抽象的教育理念与实际的活动联系起来，让师生在潜移默化中提高爱国热情。

**2. 狠抓“两化”工程。**“两化”工程指绿化和净化工程。这些可是学校的门面担当，是外树形象的关键。2000 年以后，学校投资 20 多万元，开展硬环境建设工作，实现了校园里春有花、夏有荫、秋有果、冬有绿的目标。软环境方面，学校少先队大队部发挥少先队干部的作用，实行三级值日制，天天量化评分，周周进行小结，并设有“卫生督察岗”，配有“卫生监督员”，狠抓净化工程。

**3. 坚守三块阵地。**龙泉小学坚持利用课堂教学、第二课堂活动和广播宣传阵地开展德育教育。课堂教学作为学校德育工作的最基本形式，希望教师们以人人都是德育工作者的思想自我激励，从言行、道德等方面言传身教，潜移默化影响学生思想。第二课堂活动是学校的优势板块。多年来，龙泉小学通过开展各种课外活动发现人才、培养人才、选送人才。

**4. 实行四岗监督。**学校设立了“仪表、闻名、卫生、安全”四个监督岗。按照《小学生日常行为规范》《小学生守则》《小学生一日常规》的要求，强化学生文明行为习惯的养成，让学生立志“在校要做好学生，在家要做好孩子，在社会要做好公民”。十余年来学校未有重大安全事故发生。

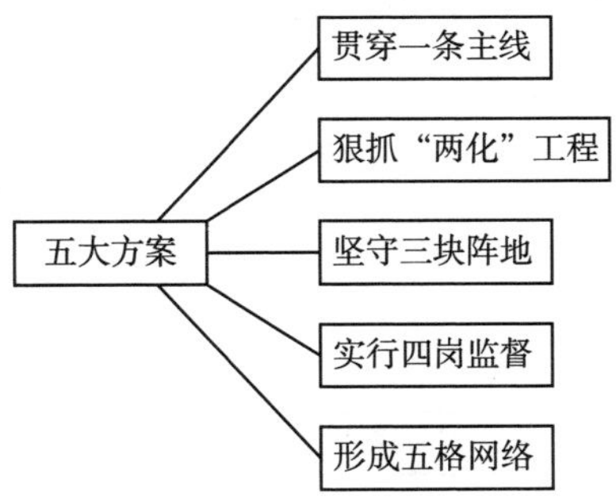


**5. 形成五格网络。**学校调动班级、年级、学校、家庭、社会各个方面的积极性，形成德育教育的新网络。此外，学校还会组织班级评选“文明班级”“升旗班”；年级评选“红旗年级”，激发学生们的积极性。设立家长学校，开办家长培训班，提升家庭完成德育教育的能力。学校还设有“德育基地”“实践活动基地”“假期活动中心”等德育阵地十余个，聘请校外辅导员全方位开展德育工作。如此全面立体的安排凸显了学校的教育目标，也表达了学校对每一位学生尽心尽力负责的坚定信念。

### （二）六大系列活动

龙泉小学的六大系列活动包括“祖国在我心中”的爱国主义系列教育活动，“国旗下讲话”的系列教育活动，“党在我心中”的系列阅读活动，学“守则”“规范”“争创升旗班，争当升旗手”活动，“主题班队会”系列教育活动，“校园文化艺术节”系列活动。其中，能找到可考证具体时间的活动要从 1990 年说起。1990 年龙小开展了“鸦片战争 150 周年”知识竞赛活动，1991 年又开展了“纪念长征胜利 60 周年”活动，组织学生参观祭扫烈士墓，访问老党员，进行革命传统教育。1997 年开展庆祝香港回归文化艺术节活动，1999 年开展庆祝中华人民共和国成立 50 周年和迎澳门回归活动。2001 年开展庆祝北京申奥成功活动，组织师生观看了《我赢了，中国喜圆奥运梦》大型图片展览。每学期举行一次文艺汇演，培养学生的艺术情趣和审美能力。2003 年，学校又推出了学生日常行为习惯养成教育系列活动，将文明礼貌、卫生习惯、学习习惯、安全行为、孝敬父母等教育活动纳入其中，实行量化评分，一周一小结，一学期一次总结表彰，每学期评选一次“明星学生”“十佳少年”“示范班级”，另外开展以学生守则为中心内容，加强学生遵守校规校纪的纪律教育。2005 年，以教育部颁发的《小学生守则》和《小学生日常行为规范》为载体，学校修改制定了新的《学生一日常规》和《学生活动一周常规》，利用标语横幅、班级黑板报、红领巾广播站等多途径宣传，在校内掀起了学《守则》，学《规范》的新高潮。

六大系列活动
- “祖国在我心中”
- “国旗下讲话”
- “党在我心中”
- 学“守则”“规范”“争创升旗班，争当升旗手”
- “主题班队会”
- “校园文化艺术节”

法治报告会

少工委专题会议

## 四、访谈留声

寻访团队在与张书樵先生交谈中提到了他费尽千辛万苦找到当年的老校友帮助完成百年校志编纂工作的原因。他说：20 世纪 90 年代的很多事儿因为各种原因没有被记录下来，但不代表它们消失了，而是以另外一种鲜活的方式保存在人们的记忆中。历史可以在人们的口述中复活，可以通过口口相传延续。老校友张爱民、李德轩、张守仁讲述的那一段段他们珍藏多年的记忆，仿佛带我们回到了过去那些悠悠岁月里。以下是我们整理的三位校友的口述稿。

### （一）张爱民：龙泉小学是我政治生命的起点

**【资料链接】**

张爱民，1930 年 9 月出生于新沂龙泉沟，1944 年 9 月参加革命工作，历任文工队队员、连队文化教员、连指导员、宣传科长、团政委、分区政委、某军区政治部主任等职，1990 年 6 月离休。

龙泉小学是我的启蒙母校，也是我学习革命思想的源头之一。1936 年，我 7 岁时进入龙泉小学，接受文化启蒙教育。两年后，家乡沦陷，龙泉小学停办以后，我又在私塾读了几年书。1943 年春到抗日根据地宿北县马林小学（在筛子村）就读。1944 年 9 月，宿北县成立了抗日文艺工作队，马陵小学校长郭黎平任队长，他把我也带到了文工队。之后因形势发生变化，文工队解散。我又回到龙泉小学读书。日本投降后，龙泉小学复校，校长马新原、教导主任张晓峰和另外 5 位老师都是共产党员。不用说，这是一所共产党办的学校。在这所学校里老师们不断给我们高年级学生传授爱国主义思想，讲革命道理。日本投降，家乡解放，龙泉小学举行了热烈的庆祝活动。解放战争开始后，老师们经常给学生分析形势，增强我们必胜的信心。

1947 年 1 月某日上午，国民党军队从沭阳向西进犯，有一路前锋已进入沭河东岸的玄庙。我们听到了枪声，群众纷纷从东向西逃难。敌人离龙泉沟只有三里多路程了。那时，龙泉小学的一所大教室里正在召开师生紧急大会，会场气氛肃穆，学生们其实都很紧张，大家鸦雀无声地听张晓峰校长讲话。他先传达了县委对当时形势的分析和指示。他讲话的语调沉重而激昂。他说："宿北县很快会被敌人占领，形势是严峻的，但困难是暂时的，同学们不要悲观，最后胜利是属于人民的。"他还说："解放军打运动战，不在乎一城一地的得失，目的是消灭敌人的有生力量，只要把敌人的有生力量消灭了，不仅失地可以复得，最后还要解放全中国。"这次讲话给我留下了深刻的印象。散会后，学生们各自回家，老师们和部分学生一起掩藏了部分校产，全体老师离开学校。共产党员张晓峰、高春萼、李德轩、戎若言和区文教股长马新原，在县委安排下，向山东撤退。我也和他们一起北撤。1947年秋，我与老师们分开，返回宿北农村打游击。县委把我安排在组织部。1948年1月，我被调到宿北县大队一连任文化教员。自此，我便到了战斗第一线。

现在回忆起来，是龙泉小学的老师们给我传授的革命思想，提高了我的政治觉悟，鼓励我走上了革命道路。龙小是我政治生命的起点。我至今仍记得1945—1947年在龙小学习期间一件印象深刻的事——向马新原老师请教什么是中国共产党。我们当时虽然年纪还小，但是由于老师们的经常教导，潜移默化，多数同学都热爱共产党。

大约是1945年的夏天，有一次在教室里，我们向马老师提出了这个问题。马老师略加思考后，目光中流露出一种严肃而喜悦的光芒，他慈祥地看着我们说："中国共产党是中国人民的忠实代表，现在是为民族解放而奋斗，最终目的是实现共产主义社会……"有的同学又问：什么是共产主义？马老师说："共产主义社会主张人们共同生产，共同享受劳动果实，社会上没有寄生虫，也没有贫苦人。大家都能过上好日子。"大家对马老师简要而又清楚的回答很满意。我当时的感受是好像眼前被拨亮了一盏灯，心想将来有一天真的能实现"大家都能过上好日子"的共产主义社会就好了。

### （二）李德轩：我从龙小走上革命道路

**【资料链接】**

李德轩，1926年11月5日出生于江苏省新沂市唐店镇龙河村，1933年开始在龙泉小学读书，1938 年家乡沦陷，龙小停办。随后在本村臧乐壁、臧涛年办的私塾学习了几年。1944 年初到解放区宿北中学读书半年。龙泉小学复校后，便转到龙小做小学教员。

后来，因工作需要，党组织调他去东北工作半年。1948 年“五一”前夕他接到上级通知要求所有在东北工作的华东干部，一律回华东。回到山东后，他与张晓峰共同参加了兖州、济南的军事接管工作。接着他又参加了新海连（现连云港市）的接管工作。1949 年春节后，他被调到华东南进总队，准备南下参加上海的接管工作。在上海只工作了 3 个月，8 月份又被调到二野西南服务团，准备进军大西南。1949 年 10 月 1 日至 12 月底从南京出发到达四川宜宾，他被分配到宜宾地区贸易公司担任股长。1950 年秋，又被调任南溪县粮食公司经理。1952 年粮食公司与粮食局合并，他任粮食局局长。几个月后，又调任县财政经济委员会办公室主任。1954 年调任县委宣传部部长。1955 年 8 月县第一届人民代表大会第二次会议被选为南溪县长。1956 年 5 月调入中央核工业部搞核地质工作，担任大队长、党委书记，直到 1984 年他主动要求提前离休。李德轩说从他的经历看，很明显，他是从龙泉小学走上革命道路的。

龙小是马新原等中共地下党员办的。龙泉小学是一座有历史传统的学校，因沦陷停办后，房屋倒塌，教具失散，只剩下 3 间房屋，要恢复起来需要一笔经费。党支部不想增加群众负担，经研究决定首先动员几家粮行捐款，之后，张则忠、马金和，还有马新原、李向鹏等又捐了一些钱，基本上解决了建房经费问题。学校的筹建工作由马新原负责。经过几个月的努力，12 间新校舍就建起来了。在建校的同时，马新原还积极组建教师队伍，著名的老教师张晓峰先生给予了热情支持，戎若言、李向本、李向育、高春萼，还有我本人都愉快地应邀到校执教，当时都是义务教学，不领报酬。就在这年秋天，停办 5 年多的龙泉小学又重新恢复开课了。马新原任校长，张晓峰任主任。龙小是一所地下党支部领导下的以爱国主义为指导思想的新型敌占区农村小学。当时学生最多时约有 200 人。马新原经常向师生宣传抗日救国思想，传播马克思列宁主义。师生思想进步很快。后来，张晓峰、戎若言、李向本、高春萼先后都加入了中国共产党。

1945 年日本投降后，龙泉小学直接归宿北县文教科领导。马新原任区文教股长，张晓峰接任校长，高春萼任教导主任。这时学校办得更加红红火火，周围离一二十里路的学生都来龙小学习。为安排好师生生活，学校还请葛凤祥做专职炊事员。教师队伍不断壮大，马场的张心如老师也来任教，县教育部门对龙小也很关心重视，经常有人来校视察、指导工作。之后因为国民党挑起内战，大举进攻解放区，1946 年年底，苏北解放区被敌人占领。龙泉小学的老师多数都在校长张晓峰带领下北撤山东。后来，高春萼调部队工作，我们几位被组织派到华中干校学习（山东荣城县境内）。这年七八月，敌人大举进犯胶东，龙泉小学解散。马新原、戎若言回苏北，我和张晓峰转移到东北辽南。

### （三）张守仁：龙小是我的启蒙学校

**【资料链接】**

张守仁，曾用名张蕴卿。1944 年进入龙泉小学就读。1951 年在东海师范学习 3 年，并加入了共青团。1954 年夏毕业后回本县工作。在唐店小学任教 1 年，并担任少先队大队辅导员。1955 年至 1956 年夏在北沟小学任教，并负责学校共青团的工作。1956 年后，先后在田吴、城南两所小学任负责人，其间加入了中国共产党。1960 年，回北沟小学任校长。1970 年春，任北沟中学校长。直到 1984 年才回到家乡，在唐店中学任校长兼党支部书记。1993 年退休。

我在 12 岁那年（1944 年），按照父母的安排，抱着积极求学的进取目的，走进了这所苏北名校——龙泉小学，开始了我的新生活。这是一所新型学校，在张晓峰等老一辈教师的教导下，我的人生观从这里开始逐步形成。我记得一开始我就上三年级，除学习书本上应有的知识外，思想观念上也开始发生变化了。我过去读的是私塾，私塾讲的是孔孟之道、礼义廉耻，把人的思想都禁锢住了。当时的龙小是新型学校，师生的思想开放了、活跃了。每天课余时间，尤其是课外活动时间，不但学跳秧歌舞，还学纺线。我们当时大多数人都有一辆纺车。在课余时间，大家的纺车或摆成“一”字形，或围成圆圈，真是“纺线车儿吱吱转，棉絮吐线细又长”。记得我纺车用得也很得心应手，纺出的线也很令人满意。大家你追我赶，干劲儿十足。那种热情劲真使人心里都乐开了花！不仅如此，大家还一面纺纱，一面唱歌："解放区的天是明朗的天，解放区的人民好喜欢，解放区的太阳，永远不会落，解放区的歌，永远唱不完。"真是纺车不停，歌声不息。嘹亮的歌声，天天响彻整个校园。当时的学习是紧张的，生活是愉快的，更是有节奏的。一天的学习生活结束时还要自我小结呢！全校学生在张晓峰校长等老一辈的指导下，每个班级分成若干小组，每组发一本小册子，由各组长负责统计，当天做一件好事，得一个"○（圆圈）"。做一件坏事画一个"×（叉号）"。以此培养学生争做好事，不做坏事的良好习惯。每周、每学期都要进行总结，大力表扬品学兼优的学生。这一措施是行之有效的。对我个人来讲，是受益匪浅的，初步养成了我的是非观，教我懂得了做人的基本准则。

在龙小母校近3年的读书生活，我记忆犹新。那时虽然还是个少年，现在回忆起来，听什么人的话，跟谁走，做什么样的人，当时老一辈的谆谆教导和各方面的影响，对我是起到了很大作用的。龙小为我奠定了一生事业的基础，我永远也不会忘记母校。

## 五、寻访者说

我就读的小学也是一所有着90多年历史的乡村小学，在我的印象里，拥有百年历史的小学是一种特殊的存在。这样的学校会在时光的积淀中形成一种经得住考验的教育方法、管理制度和教师培养方案。龙小是一所历史悠久的老学校，建校百年来，为国家和社会培养了近万名小学毕业生。其中不少人进入高等学校深造。早期学子们大都经历了辛亥革命，为推翻清政府作出了贡献。毕业于抗日战争时期、解放战争时期的学子们，许多人后来投身革命，在共产党的领导下为民族民主革命作出了应有的贡献，有的甚至为革命事业献出了自己宝贵的生命。1949年以后毕业的学子们也大都成了建设国家的有用人才，其中不乏马燮楼、李先刚、马嗣先这样的知名校友。

像龙泉小学这样一所经历过抗战炮火的小学我是第一次听闻，随着了解的深入，我更是对学校的师生心生敬意。当老师们放下手中的粉笔拿起武器抵抗敌人时，当学生们合起书本保护自己学校时，他们的勇气或许源于一个信念：国家安危胜于个人生命。我想应该也是这个信念促使龙小的多名学生加入了中国共产党，守家卫国，捍卫民族尊严。在战火中、在纷乱中、在困境中，龙小一次次变迁校址、重建学校，我觉得除了学校师生的不懈坚持，也离不开仁人志士与社会民众的支持。在整理材料的过程中，我被学校教师、校友的事迹深深感动，尤其是像马新原这样尽职尽责的校长让我对教师这个职业有了更多的思考。作为一名乡村定向师范生，不久的将来我也将走向讲台，我将牢记乡村教师的责任与使命，也感谢无数像马新原校长这样的乡村教育工作者给予我对未来职业生涯的无限信心。最后我衷心祝愿所有的像龙泉小学这样的乡村小学蓬勃发展，再创辉煌！

——吴怡婷

## 六、思考与拓展

### （一）案例思考

1. 结合本节案例，讨论红色教育在德育教育中应如何体现？

2. 作为师范生，你认为可以从哪些方面帮助百年乡村小学“转型”延续？

### （二）实践指导

1. 借阅龙泉小学寻访团队的调查实践日记。

2. 组织同学们前往龙泉小学参观交流。

### （三）延伸链接

百年村小空中档案馆之龙泉小学

# 与“苏公”精神一起走过

——扬州市宝应县曹甸镇中心小学

## 一、导言

薪火相传，亘古不变。有着近百年办学历史的宝应县曹甸镇中心小学（简称曹小）植根于古老而又洒满烈士鲜血和红色种子的土地上。学校创建于1906年，是一所具有百年办学历史的农村中心小学。曹小始终坚持教学成果与文化培养齐头并进，实现了乡村小学“小而优”的美好愿景，在历史的洪流中弦歌不辍。它是如何凭依丰厚的文化底蕴来发展自身特色化教学的？学校又是如何在不忘初心的基础上与时俱进，实现新的跨越的？学校目前取得了哪些可供乡村小学借鉴的经验？针对这些问题，寻访团队通过一周的实地考察与口述访谈，寻找树立在红色土地上的教育丰碑，并感受其中蕴藏的厚积薄发的力量。

曹甸镇中心小学校门

## 二、寻曹小百年风华

### （一）赓续历史深厚的学校底蕴

2021年11月寻访团队到访曹甸镇中心小学，从扬州市区到曹小，大约

130 公里，两个多小时的车程。宝应县曹甸镇中心小学如今坐落于曹甸镇楚甸路 101 号，这里既是享誉全国的千年名镇，又是闻名遐迩的苏中革命老区。1944 年至 1946 年，中国共产党领导下的新四军苏中军区在这里创办的彪炳史册的苏中公学，正是曹甸镇中心小学的前身。

曹小的历史最早可追溯至 1906 年，由郝嵩寿在曹甸中桥北面当铺巷四合院内创立的学校。

1921 年，由于大洪水，学校遭水灾停办。

1923 年，学校当时的负责人郝幼岑于玉带沟重新创办学校。

1943 年，由梁光景担任文教辅导员，学校正式更名为成达小学。

1944 年，日军撤退，曹甸镇变为瓦砾堆，学校再次停办。

1949 年春，校长曹仕才在当铺巷内又一次重办学校。

1950 年至 2002 年，学校一直定址于镇中路 99 号。

2003 年，学校扩建，除了之前的镇中路 99 号，又在晨化路南侧修建了一所学校，正式一校两址。

2005 年至今，学校定址于晨化路南侧楚甸路的 101 号。如今，学校有 34 个教学班，1 950 名学生，97 名教职工。学校百年的办学历程，铸就了“爱国、勤奋、求活、创新”的优良校风，形成了“严谨、务实、探索、奋进”的扎实教风，培养了“乐学、善思、好问、巧练”的良好学风。

近年来，学校紧紧围绕“办规范加特色的学校，塑合格加专长的教师，育全面加特长的学生”的办学思路，以“重科研、抓管理、保质量、炼特色”的办学策略，努力让每一位教师都得到提高，让每一位学生都得到发展，让学校每一年都有新的跨越。近几年来，学校先后被评为江苏省名小学、江苏省青少年科技教育先进学校、扬州市合格小学、扬州市素质教育先进学校、扬州市青少年法制宣传教育先进单位等，还被评定为全国首批中国少年儿童信息研究基地、江苏省和谐教育实验学校、县“绿色学校”、县“文明学校”、县“文明单位”、县“群众满意站所”。

### （二）创设现代化的育人环境

曹小于 2003 年开始按高起点、高标准分期实施校园易地新建工程，总投入约 1 000 万元。教学区两幢教学楼融为一体；运动区 300 米环形跑道和

100 米直道的田径场，两片篮球场、一片乒乓球场已新建完工；校园广场也已投入使用。学校占地总面积 42 599 平方米，生均占地 26.93 平方米；建筑面积 7 482 平方米，生均建筑面积 4.73 平方米，活动面积 12 200 平方米，生均达 7.71 平方米，绿化面积 18 000 平方米，生均 11.4 平方米。

校园建有清莲园。“清莲园”取自周敦颐《爱莲说》中的“出淤泥而不染，濯清涟而不妖”，谐音“清廉”，莲花“清廉”的高洁品性浸润着曹小师生的心田，潜移默化影响着他们为打造“三品教育”、推进教育高质量发展而默默奋进。

清莲园

清莲廊

学校现共有 34 个普通教室，还有多功能大教室、多媒体网络教室、计算机教室、美术创作室、音乐舞蹈室、象棋室、自然实验室、图书资料室、师生阅览室、电子备课室等 14 个专用教室，另外还设有少先队队室、卫生保健室、档案资料室等。专用教室总面积达 1 248 平方米。

象棋室

美术创作室

为了适应教育现代化的要求，满足课堂教学对现代化教学设备的需求，学校添置了液晶投影仪和视频展示台以及扫描仪、数码相机等系统设备。每个普通教室、教师办公室均已接入宽带，建起了校园网，更新了学校网站，学校拥有计算机 160 台。图书馆藏书 38 572 册，生均拥有图书 24.38 册。学校各类教育教学设备和图书资料、教学仪器能满足教育教学的需求，被评为“宝应县‘三率工程’先进单位”。

目前，学校已按现代化的要求整体规划设计了校园园林绿化，园林绿化工程已全面启动，全部工程完成后，校区内将有小桥流水、凉亭池塘、假山喷泉、竹林花坛。校园的每一间教室、每一个办公室、每一条走廊、每一片活动场地、每一块绿化带都在努力实践着“让每一面墙壁都说话，让每一个角落都育人”的教育理念，积极营造健康的教学氛围，用优良的环境陶冶学生的情操。

教学楼楼梯墙壁

教室一角

### （三）打造专业化的师资队伍

学校的发展，离不开一支师德高尚、教艺精湛的教师队伍。学校坚持把群众信任的，能干事、肯干事、靠得住的优秀人才提拔到领导岗位上来，按年轻化、知识化、科研型、开拓型的标准，配齐、配强了学校干部。特别是本届领导班子 12 名成员中，共产党员 4 名，平均年龄只有 33 岁，全部大专以上学历。现任校长李寿芹自 2006 年任曹甸镇中心小学副校长起，一直致力于农村学校教育教学工作的研究，结合学校实际与地方特色，努力打造苏中公学（简称“苏公”）特色文化教育和“五关注”课堂教学相结合的教学模式，培养“苏公”小传人。学校的各项工作在全县同类学校中都能位居前列。创品牌学校、培名牌教师、育高品质学生一直是学校办学的追寻方向。

学校领导班子本着“团结、和谐、务实、开拓、奉献”的宗旨，带领全校教师锐意改革，不断创新，取得了显著的成绩。张廷喜校长获县“勤政廉政好校长”称号。学校坚持以人为本，追求师生共同发展，要求全体教职工以“思想素质好、师德水平高、业务能力强、知识结构广”为奋斗目标，组织教师认真学习有关教师职业道德方面的法规文件，召开青年教师“讲师德，尽师职”座谈会，开展“146 爱生行动计划”主题教育，让全体教师树立正确的人生观、价值观和教育观，依法施教，严于律己，自觉做到“以诚信立校、以自信强校、以科研兴校、以创新名校”，塑造曹小教师新形象。教师郝思年获省优秀班主任称号，陈先强获江苏省希望工程园丁奖，郝跃兰获扬州市优秀教育工作者称号，纪美获扬州市“师德标兵”称号。

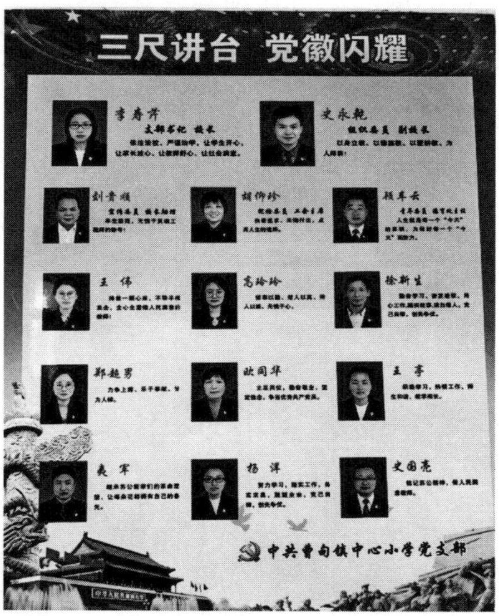


优秀教师介绍

## 三、探曹小特色

“苏公”精神是曹小薪火相传的红色基因。当年的苏中公学师生曾冒着敌人的枪林弹雨，先后组织干部战士 4 000 多人，学军事、学文化，培养了一大批国家栋梁之材，这批人后来大都成长为各行各业的杰出人才，为国家作出了应有的贡献。在寻访过程中我们还了解到，苏中公学的办学历程和办学精神历经岁月的沉淀、内化成我们现在说的“苏公”精神，虽然苏中公学已与我们相隔了 70 多年的时空，但是“苏公”的校歌还在被广大学子传唱，“苏公”的学风仍然激励着一代又一代的曹小学生。为了让曹小的学生能铭记党的历史，传承红色基因，加强革命传统教育，学校通过各种方法和途径将红色资源转化为教育资源，以传承苏中公学文化基因、培育新人作为学校文化建设的主题，把苏中公学精神与曹小既有的文化教育有机整合，努力培养爱祖国、爱劳动、爱学习的优秀学生。

### （一）为学生打造“苏公”精神家园

校园环境对学生成长的影响很大，更是校园文化的一种表现形式。要让孩子们传承“苏公”精神，必须特别重视校园里各个地方相关景观的建设，增强学生身临其境的感受，以达到怡情、励志的目的。在曹小新校区建设初期，老师带领学生到各地走访老校友，寻访他们学习、战斗、生活的足迹，加上研读和搜集珍贵的历史文献、图片史料，最终打造了苏公精神展示室。展示室一共设置了“辉煌苏公”“烽火岁月”“春华秋实”“幸福成长”四个主题展室，现在它已是曹小“苏公”精神宣讲团的一个主要活动场所，在这样的环境下引领孩子们学习“苏公”精神，必能取得事半功倍的效果。

“苏公”精神展示室

除了“苏公”精神展示室，校园的南广场还设计建造了“苏公园”，里面设置了一座以苏中公学校徽为主题的雕塑，象征着“苏公”精神永流传；雕塑两边是“薪火相传”主题长廊，集中介绍了苏中公学的建校历史、历任领导、优秀校友以及曹小学生们如今的传承发展，把苏公文化和校园建筑设计完美地融合在了一起，把那里变成了孩子们接受“苏公”精神熏陶的好地方。

红色展廊

纪念碑

除此之外，为了秉承苏中公学“启蒙育人”的校训，学校将三座主教学楼命名为“启蒙楼”“育人楼”和“希望楼”。在每个班级每个教室都开辟了一个“苏公”精神主题教育角，展示同学们创作的作品；在楼道墙壁上建立了开放式阅读大厅——“薪火轩”，摆放一些经典图书资料，供学生们阅读、学习。少先队大队部还成立了“薪火”工作室，他们编印的《薪火》校报主要宣传苏中公学的办学历史和优良传统。

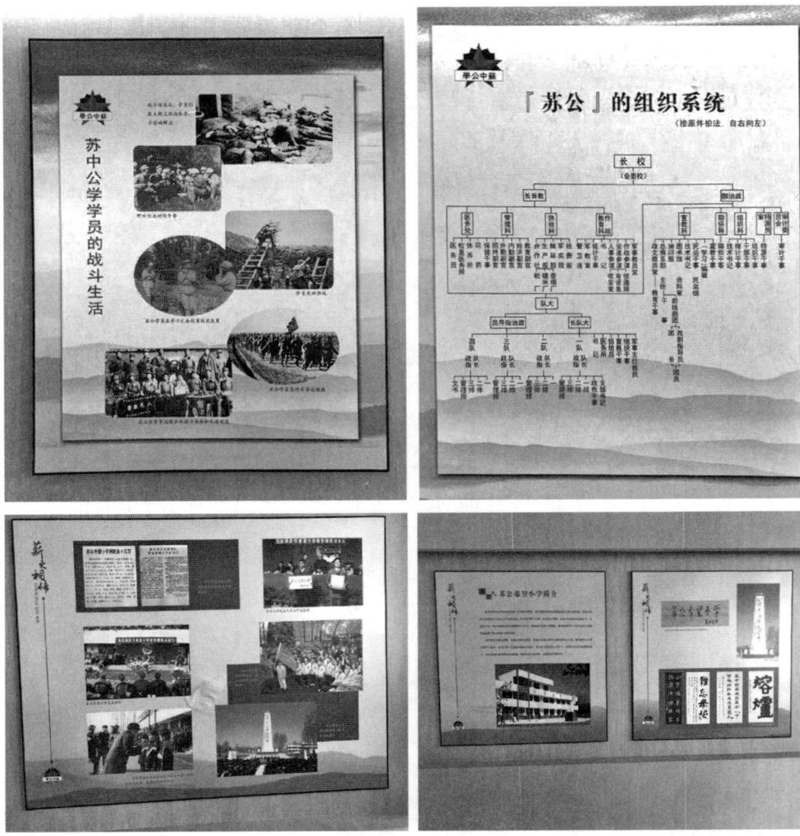


开放式阅读大厅——“薪火轩”

## （二）利用课程资源传承“苏公”教育理念

曹小专门聘请了教育专家来收集整理“苏公”的办学史料，概括提炼出了有益于学校实施素质教育的教育思想和教学理念，指导教师改进教学方法，提升办学水平。比如“苏公”的校歌就明确提出要培养中华民族优秀子孙，“苏公”校规中强调的官兵平等、友爱团结、艰苦奋斗、遵守纪律，“苏公”校纲中提出了一切从学员出发、学用一致、发挥自由思想、相信学员、注重实践等教育原则与方法，对于曹小现在实施素质教育、培育新人仍然具有很强的指导作用。曹小还聘请“苏公”的老校友做学校顾问，借助历史文献，整理老校友们的战斗故事、英雄事迹，编印了一套丛书，有教师读本《薪火相传》和学生读本《星火燎原》。这套丛书现已作为曹小的校本教材，列入学校的校本课程。

“苏公”系列图书

曹小还结合“苏公”精神内涵，编印了符合少先队员需求、具有时代感、彰显年级段主题的《少先队活动方案集》，在各个班级开展中队活动时实施。通过校本教材，全校学生系统地学习了 70 多年前苏中公学的办学历程，通过再现当年的教学场景，重温老校友们的学习、战斗生活经历，感受无数革命先烈抛头颅洒热血，赶走日本侵略者、解放和建设新中国的英雄气概，让孩子们从中深刻体会今天的幸福生活来之不易，从而树立远大理想，勤奋学习，努力成为实现中国梦的有用人才。

### （三）开展“苏公”精神系列活动

学校利用节日，开展系列活动。清明节开展“四零”烈士墓祭扫活动，儿童节开展“苏公”故事宣讲活动，“七一”组织队员到“苏公”纪念碑和纪念馆开展志愿者服务活动，建军节选择部分“苏公”老校友，开展节日探访和慰问活动，国庆节开展“苏公”足迹寻访活动。

通过这一系列节日活动，引导全体队员在活动中了解先辈事迹，讲先辈故事，品先辈精神，励自己心智，继承革命先辈不畏困难、勇往直前的光荣传统，为学生树立正确的人生观和价值观、提高道德实践能力打好坚实的基础。学校以“苏公希望之声”命名校广播台，每周定期播放，向广大师生宣传“苏公”的丰功伟绩，报道师生践行“苏公”精神主题教育的相关内容，营造做四有新人的良好氛围。曹小基于数字化校园平台制作“薪火”网页，开发网上互动式“苏公”精神宣传专栏，将“苏公”精神的学习从校内延伸到校外，进一步扩大了“苏公”精神的影响。

### （四）创新“苏公”精神社团活动

曹小围绕“苏公”红色文化，根据学生的兴趣爱好，成立了“苏公”精神红领巾宣讲团，分设诗歌朗诵小队、宣讲小队、合唱小队、演出小队、校报社、美术书法摄影小队等社团，还聘请有特长的教师担任社团指导老师。孩子们根据自身的特长选择适合自己的社团，让孩子们用自己的具体实践去追寻“苏公”先辈的光辉足迹。

曹甸是宝应县北部的一个古镇。历史上曾繁华富庶，一向有“曹甸小南京，不到不死心”的美誉。同时，它也是一块孕育过红色文化的土地。这块土地上曾打响过陈毅元帅亲自指挥的曹甸战役，诞生过粟裕大将亲任第一任校长的苏中公学、创立过为苏中革命斗争作出过杰出贡献的苏中造币厂……这些都已成为宣讲团的素材。为了讴歌曹甸人民的奋斗历程，追寻革命先辈的光辉足迹，也为了激发同学们的壮志豪情，陶冶他们的爱国情操，曹小依托曹甸地区的红色文化，于2013年9月成立了“公学”精神红领巾宣讲团。曹小的宣讲团以“传承‘苏公’精神，培养红色接班人”为主旨，充分挖掘和利用曹甸的红色资源，大力宣扬爱国主义精神，有效发挥了社团的引领作用和教育功能，广泛开展革命传统教育、红色故事励志教育，积极营造红色育人氛围，把曹小独有的红色资源转化为教育资源。宣讲团有教师讲解员，也有学生讲解员。校园的每一个地点都和“苏公”文化息息相关，校园的每一个地点都配有学生讲解员，最后形成了学生人人都是讲解员，人人都是“苏公”文化的传承人和发扬者。宣讲团自成立以来，带队老师带领同学们不断总结、深化和推进红色文化宣传活动，成为曹小加强革命传统教育和新形势下开展未成年人思想道德建设的重要品牌。2015年“公学”精神红领巾宣讲团还获得了扬州市“百佳社团”荣誉称号。

同时，为了进一步内化学习效果，强化学生的国防意识，锻炼学生的个人能力，提高学生的综合素质，曹小还成立了“苏公”希望少年军校，目的是引领队员树立崇高的理想，学习过硬的本领，磨炼顽强的意志，让他们从亲密的同学情谊中学会融洽人际关系。曹小希望通过这样的军校管理模式，让学生学习更加勤奋刻苦；生活更艰苦朴素；在活动中培养团结协作精神，

苏公精神宣讲团活动室

"苏公"精神育新人

《薪火》校报

像“苏公”前辈一样严守纪律、言行一致。曹小以培养学生核心素养为出发点，营造“苏公”文化氛围，抓实一切德育活动，重视革命传统教育，做好现有的、计划好将来的，为促进学生核心能力的提升不懈努力。

## 四、访谈留声

在探访百年曹小的过程中，我们有幸采访到了李寿芹校长，听听她讲述记忆中的曹小，看看她心目中曹小的历史是怎样的。当问到曹小的发展历史时，她一直面带微笑，如数家珍，像是在炫耀自己的宝贝。

### （一）打造学校特色名片

我们学校致力于“五关注”模式的探索和研究，早年间还聘请了县教研室领导、专家为课堂把脉，校长、主任深入调研，学校领导、骨干带头示范，青年教师大胆尝试，在“五关注”模式的引领下，提出“让学习真正发生”的办学理念。

我们以“红五星，铸师魂”党建品牌工作为龙头，围绕“三品教育”主线，遵循“一个目标、两项工作、三个支点、四支队伍、五张名片”的发展方向，努力做到让每一个学生都获得成长，让每一位教师都得到发展，让学校每一年都有新的跨越。为创建品牌学校，我们以“教育质量一流、地域特色鲜明、教育品位上乘”为目标，主要通过抓实“教学质量和精准管理”两项工作，夯实“课堂教学、师德建设、学生品质”三个支点，锤炼“党员、干部、青年、骨干”四支队伍，最终亮出“‘苏公’文化、少年军校、薪火足球、‘五关注’课堂、优雅环境”五张名片，扩大学校品牌建设的影响力。

【资料链接】

## “五关注”课堂模式

（1）关注复习（3～5分钟）

这一环节主要是对上节课教学内容的复习，检测学生知识的达成度，有效衔接本节课教学，在复习过程中既注重口头复习检查，也注重书面复习检测。语文课前有经典诵读，做到日积月累；数学课前有计算练习，英语课前有单词（词组）背诵、听写。

（2）关注预习（3～5分钟）

要求根据课堂目标、单元目标、年段目标等，提炼核心问题，引领学生课前自学，着力培养学生自主学习能力。课前预习为学生个性解读、与教师、文本对话创造条件。

（3）关注精讲（20分钟）

这是课堂教学的重点环节，要求根据教学目标提炼教学重点，明确教学的核心问题，确定教学的主要内容。教学中围绕重点，着力培养学生的学习能力。教师的引导，注重过程与方法、知识与技能、情感态度与价值观的引领。

（4）关注练习（6～8分钟）

以课前制定的教学目标、课后习题为抓手，以《补充习题》《课堂作业本》等为依托，开展相关的教学实效性检测。

（5）关注拓展（2～3分钟）

师生共同反思自己的教和学过程，梳理知识点，总结得失，以便更好地开展教学活动。在课堂的结束部分，教师要将下一节课的教学内容、预习要求等相关信息以文字的形式告诉学生，便于学生有效开展自主学习。

“五关注”课堂模式的五个方面并不是固化的线性过程，在实际的课堂中，五个方面可以有机地融合在一起。

### （二）形成“平台化构建的管理体制”

我一直认为人的因素是提高教学水平的核心和关键，所以教师品位的培养至关重要，没有有品位的教师怎能培育出有品质的学生，更不要去谈品牌学校的创建了。曹小现有教师 85 名，其中县市级以上骨干教师 21 名。学校非常重视师资队伍建设，力争做到“两个不”。第一个“不”，就是不让一个教师的灵魂打瞌睡，引导所有教师把自己的精力集中到教育教学上，要求每一位教职工在自己的工作岗位上发挥积极的正能量。第二个“不”，就是不让一个青年教师掉队。青年教师是我们农村学校发展的希望，为了加快青年教师的成长步伐，对每一位青年教师严格要求，给他们压担子、指路子，要求他们在自己的工作岗位上比赶超，在提高教学能力、班级管理水平上下大力气。我们还成立了青年教师成长工作室，成立了各学科导师工作小组，每周四晚上下班后工作室的师傅和徒弟们都要活动一个小时，师傅们手把手地教，师徒一起研讨，每次活动没有一个师傅或徒弟提前离开校园的。我们帮助每一位青年教师制定了个人业务成长计划，学校为每个青年教师安排了 3 个师傅，每个月徒弟至少要听师傅 4 节课，要求青年教师入职一年要入门，三年必须成为县市级骨干教师。

我们学校的董安俊、顾宝昌、高玲玲等教师参加工作刚两年就代表宝应县登上了扬州市赛课的大舞台，据统计，近一年来，我校青年教师外出赛课获得的都是一等奖及以上奖项。学校竭尽全力为每一位青年教师搭建平台，为他们创造外出学习、上课、赛课、办讲座的机会。仅这一学期，从开学到现在，仅仅两个月，我校就有 23 名青年教师在县市级教研活动中公开教学、办讲座、赛课。如今我校的青年教师爱岗敬业、争先创优，他们正在以最快的速度成长为教学业务骨干，他们的快速成长，为学校教育教学质量的提升奠定了坚实的基础。

### （三）形成校园特色文化

我们校园的特色文化就是“苏公”文化。为继承和发扬“苏公”精神，学校实施了“苏公”特色文化工程，“五个一百”工程、核心素养工程和体艺“2+1”工程。“苏公”特色文化工程建设注重校园文化的传播，重视对小学德育课程、特色文化校本课程、主题教育的指导，强化学生社会主义核心价值观、“八礼四仪”“两个习惯”的养成教育，发展有鲜活生命力的学生社团、打造有创造力的育人团队、构建有影响力的共育平台，促进学生健康人格塑造、良好习惯养成。目前，我校围绕“苏公”特色文化工程，成立了薪火足球、军体拳、“苏公”精神宣讲团、薪火手抄报、薪火小记者等21个特色社团。

抓“五个一百”工程，丰厚人文底蕴。积极做好“五个一百”工程，依据各年级特点将任务分解并逐级落实，强化过程管理与考核，促进学生丰厚人文底蕴，打好精神底子，为学生终身发展夯实基础。

抓核心素养工程，促全面素质提升。通过学校发展联盟研讨会、核心素养展示会、素质教育现场推进会等途径促进校级练素养、县级展素养、市级赛素养氛围的形成，为学生搭建培养核心素养、展示核心素养的平台，促进核心素养全面提升。

抓体艺“2+1”工程，促生活品质提升。通过评比“十佳百优”学校社团、社团活动展示、举办体育艺术节等途径，引领巩固已有的社团建设成果，积极打造一批适合学校办学实际、适宜学生年龄发展特点、符合学生长远发展目标的社团，使学生在丰富多彩的社团活动中成长，提高素养，提升品质。

## 五、寻访者说

扬州市宝应县曹甸镇中心小学在发展现代化教育的基础上，将“苏公”文化教育作为一个特色项目发展校园文化。在整理文稿的过程中，我们一步步走进曹小，一点点体悟“苏公”精神。我们看到了曹小为了同学们能够更好地理解与内化“苏公”精神所做的一切努力，大到校园规划、小到班级布置；同时也感受到了教育工作者的用心尽力，真正站在学生的角度去考虑课堂如何讲、教育如何办、活动如何做。

三千越甲可吞吴。“苏公”精神是不畏艰险的斗争精神。在那段战火纷飞的岁月里，“苏公”学员们的学习生活条件异常艰苦，没有像样的校舍和课本，也没有稳定的学习环境和充足的供给，但“苏公”学员们始终不畏艰险，坚持学习、战斗在一线，克服一切困难，淬炼出不怕困难、敢于吃苦、无私奉献的“铁军”精神。

要留清白在人间。“苏公”精神是务实朴素的廉政精神。当年，苏中公学校部迁驻沙沟时，受到了社会各界民众的热烈欢迎，学员们时刻践行着团结、紧张、严肃、活泼的“苏公”校风，严格执行三大纪律八项注意，过着军事化的生活。沙沟老百姓总爱用“一碗水、一面镜子、一杆秤、一针一线”来形容“苏公”学员的精神品质，就是说他们清廉如水、公正如镜、买卖公平、不拿群众一针一线，也正是这种清廉的作风、高尚的人格品质，潜移默化地影响着一代代“苏公”学子，影响着一代代“曹小”学子。

沉舟侧畔千帆过。“苏公”精神是勇往直前的开拓精神。苏中公学迁驻沙沟后，在夏征农校长的领导下，“苏公”学员们通过表演节目、张贴标语、散发传单等方式，做了大量的宣传发动工作，沙沟群众的抗日斗志日益高涨，各项工作都有了新的进展。如今，“苏公”精神在曹小依然焕发着勃勃生机。曹小保护利用红色资源，依托苏中公学旧址等革命遗址遗迹，结合党史学习教育，开辟红色文化主题教育学习体验线路。对内设“苏公精神”红领巾宣讲团，重走红色革命路线，激励同学们牢记使命，赓续红色血脉。对外推广红色文化主题教育培训，让来自四面八方的参观者在重温记忆中，凝聚红色之魂，筑牢思想之基，深受“苏公”精神的熏陶。曹小真正让红色资源成为党史学习教育的活教材，让“苏公”精神永远发扬光大！

真正地走进曹小，我才明白只有了解过去，了解历史，才能更珍惜当下，才能更好地创造未来，要实现中国梦，我们首先要爱自己的家乡，爱自己的学校，从当下做起，才能走得更远更好！

——李心瑜

## 六、思考与拓展

### （一）案例思考

1. 结合本节案例，分析农村小学在教育现代化进程中如何在不影响教学成绩的情况下坚持自身特色文化发展？

2. 你认为乡村小学可以怎样利用乡土资源进行人才培养？

3. 作为当代大学生，你认为可以在哪些方面为乡村学校发展作出贡献？

### （二）实践指导

1. 邀请寻访曹甸镇中心小学的团队成员与班级同学现场交流。

2. 组织同学们前往曹甸镇中心小学参观交流。

### （三）延伸链接

百年村小空中档案馆之曹甸镇中心小学

曹甸镇中心小学微信公众号

# 第二章 实践中的红色传承

# 红色光辉照耀智林

## ——苏州市常熟徐市中心小学

### 一、导言

时光流转，有些学校曾经的印记在历史的长河中渐渐被模糊，而有幸留在学校血脉中传承下来的那部分则历久弥新，芳香如故。苏州市常熟市徐市中心小学（简称徐小）现位于原智林书屋旧址，智林书屋创建于1766年（乾隆三十一年），是虞东最早的官办学校。百余年的办学历史中，徐市中心小学为何几经迁址，最终又回到原址？学校是如何把握智林特色命脉、利用红色资源优势促进发展的？学校为引进乡村教师、留住当地学子做了哪些教育探索？针对上述问题，寻访团队通过14天的实地考察与口述探寻，探索并揭示了这所百年乡村小学的气质与内在重塑力，以期展现出徐小人用智慧与汗水耕耘出“红色光辉照耀智林”广阔天地的独特魅力。

徐市中心小学新教学楼

### 二、寻徐小百年风华

寻访团队于2022年1月到访徐市中心小学，学校位于虞山之东，坐落在苏通大桥和常嘉高速常台高速沪武高速的交会点董浜镇。走进徐市中心小学，仿佛置身于美的殿堂，“立体型教育”的校园文化似涓涓甘泉润人心田。新中有旧，旧中见新，漫步校园，蓬勃的海棠、古老的银杏，交相辉映彰显着这所百年老校的勃勃生机，传统与现代在这里完美融合。

在学校校史馆，我们翻阅了《常熟市徐市中心小学校史》，发现徐市中心小学已在阳光和风雨中走过了不寻常的256年（139年府学、117年新学）。1766年（乾隆三十一年）昭文县县令康基田在智林寺东侧创建智林书屋。1905年（光绪三十一年）科举制被废除，书屋停办，时任校长马元培将智林书屋改为智林初等小学堂。因校址偏离市镇，不久迁西大街借同善局房屋为校舍。1912年学校改名为徐市乡第一初等小学校，始兼收女生。1913年县政府选智林书屋旧址建成常熟县立第二高等小学，简称二高，这是常熟东乡唯一的一所高等小学。1915年二高迁校于塘南唐家墩新址，并改名为徐市乡第一初等国民学校。1926年乡初小与二高合并，遂改名常熟县立智林小学，两处分设初级部和高级部。1928年，小学被规定一律以当地乡镇命名，遂改名为常熟县立徐市小学。一个个曾经的名字、一张张图片、一件件实物、一段段文字、生动而全面地向我们展现了徐市中心小学曾经经历过的沧桑风雨。

徐市中心小学校史馆

二高校友会全体合影（1916年）

1937年抗日战争全面爆发，校舍被日机炸毁，学校的高级部被并于初级部上课。1939—1941年在中共常熟县委领导下，常熟人民抗日自卫队控制区域的小学脱离伪政权，办成了抗日小学，徐市小学成为抗日教育的中心直至日伪清乡。抗战胜利后，国民政府接收学校，改名为徐市镇中心国民学校。1949 年由人民政府接管，1950 年改名为常熟县徐市中心小学，设辅导组，管理周围南港、陆市、钱桥等小学。“土改”以后，学生数量激增，高年级迁至镇东“三管堂”上课，称为二部。1959 年二部和本部合并。“文化大革命”期间，中心小学被解散，学生则被分散到大队小学上课。1978 年徐市中心小学在原址恢复，并有戴帽初中及附设幼儿园，操场当时已归属徐市医院，整个校园仅存2 500米$^2$。1981 年校前街拓宽营建塘南西路，校园再度缩小。1983 年起学校分批迁往何家浜新址。自 1985 年起，学校迁至东巷门路，3 年内 4 次征地扩大校园，学校增建新教学楼，连接旧教育楼，营建体育馆。一张张照片按时间顺序在校史馆无声地向我们诉说着虞东徐小曾经的故事。

1955 年学生夏令营

1961 年徐市小学毕业班师生合影

潇潇风雨看今朝，济济宏开作学府。2015 年秋季徐小新校迁建至原徐市中学地块（原智林书屋旧址）。学校占地面积 47 456 米$^2$，建筑面积20 811 米$^2$，拥有 36 个教学装备达到省一类标准的教学班。学校先后获得苏州市德育先进学校、苏州市双语实验学校、苏州市依法治校先进学校、苏州市绿色学校、苏州市语言文字规范学校、苏州市教育科研先进学校、苏州市艺术教育优秀学校、苏州市教育技术装备先进学校、苏州市教育现代化小学、江苏省实验小学、江苏省绿色学校、江苏省和谐教育先进实验学校、全国红旗大队、全国写字教育实验学校、全国少儿美术教育杰出贡献单位、全国中小学写作教育杰出单位、全国艺术教育特色单位等荣誉称号。参观完校史馆，我们深入了解了徐市中心小学的百年悠久历史，不禁感慨风潇雨晦，道阻且长，徐市中心小学于沉沉浮浮中，创造了属于百年村小的一个又一个奇迹。

在实地寻访的过程中，我们发现校园每一个角落都有“智林”的影子。徐市中心小学始终以“智林文化”和“以美至臻”理念为统领，并紧扣“智”与“美”进行设计，努力做到大气、精致、灵动、至臻，让校园文化建设充分体现书屋的精神风貌和智林文化的内涵，形成一幅跨越时空的生动画卷。社会在发展，时代在进步，新校建造不可能复制“智林书屋”的旧式建筑，特别是现代教育功能性需求对教学设施设备有了更高的标准。新校在整体布局上巧妙融入“书屋”的传统元素，精心打造印证了学校发展轨迹的“智林书屋”，旧名重题，成为学校继承和发展传统文化的精神源泉。“智林书屋”创建时的见证物——千年古井、宋清石碑、百年银杏树等，都是历史文化最好的表达载体，是不可多得的教育宝物。而校史馆、艺术馆、收藏馆、灯谜馆、传统教育馆则彰显了本土校本的特色；画苑、琴苑、书苑、墨苑、谜苑这些体现办学特色的院落与整体建筑风格相得益彰，并配以灵动的雕塑、古朴的碑刻、精美的砖雕、别致的名人墙、厚重的校训石等，成为他校无法企及的“唯我”景点。

智林书屋

“智林书屋”创建时的见证物——宋清石碑

千年古井

百年银杏树

【资料链接】

校史馆是学校的“根”，百年徐小，从步履蹒跚到步伐矫健，每一步都留下了坚实的印记，而这些印记则串成了徐小百年的光辉历程。革命传统教育馆，已经成为学校爱国主义教育的重要阵地。简约宽敞的艺术馆让孩子们展开想象的翅膀，缤纷的色彩、遒劲的书法、惟妙惟肖的画作，充分展现了孩子们的才华和智慧。灯谜馆在传承本土文化方面进行了有益的探索，一点点的启迪，一点点的收获，在孩子们幼小的心灵里播下自信的种子。收藏馆中展出的票证、钱币、邮票、书报、火花等藏品集思想性、知识性、趣味性、文学性于一体。

学校爱国主义教育重要阵地——革命传统教育馆

徐小书苑

画苑、琴苑的墙体里镶嵌着明清时期徐市地区两位著名画家周之冕、王石谷的砂岩浮雕。诗苑、书苑的砖墙上刻有一幅从古到今的灯谜流源图和8

组 72 幅展示社会主义核心价值观内容的图文并茂的灯谜，让学生们在趣味灯谜中提升思想品质。智林文化墙似一幅家乡文化渊源图，展现了徐市历代文化名人、读书人的意境。银杏树下的墨苑、碑刻展示的是学校教师书写的徐市地区的历代文人诗词。一口古井，传颂的是一个“井里拔木头”的美丽传说，“智林书屋旧址”“常熟县立第二高等小学旧址”的石碑，静静地竖立在草坪里。学校百年沉淀的历史文脉与现代化的办学理念相互融合碰撞。

传承本土文化的探索天地——灯谜馆

智林氤氲徐小英才。徐市中心小学的学生们激动地为我们介绍他们优秀的学长学姐。校友风采长廊上，那些泛黄的照片仿佛在告诉我们：这里，人才辈出；这里，教学成果丰硕；这里，走出过众多栋梁之材……从徐市中心小学毕业的著名人士有 170 余人，其中有享受国务院政府特殊津贴的医学家、颇有成就的科学家、弘扬传统文化的书画家、还有学术成果丰硕的博士生导师，等等。如，归之春，江苏省非物质文化遗产虞山派篆刻传承人；柯雪帆，博士研究生导师，美国柯尔比中心医学部授予其“国际著名医学专家”称号；仲剑平，长海医院文职特级教授，原总后勤部授予其“科学技术一代名家”称号；金耀青，国家科协授予其“农村优秀科普工作者”称号；皇甫淳，我国寒地果树专家；李英，获全国发明金奖，国家发明二等奖，他带领团队研究的合成青蒿素衍生物新药，被国际公认为最好的抗疟药物；翁震平，某研究所所长，主持参与研制成功“蛟龙”号潜水器。

据徐市中心小学现任校长林希回忆，给他印象最深的人是老校长李家明。林校长给予了李家明老校长极高的评价，他认为学校 20 世纪末在文明校园建设方面所取得的成就应归功于校园文明建设的总设计师李家明老校长。

杰出校友归之春

杰出校友钟剑平

【资料链接】

李家明校长原籍嘉定外岗，入赘徐市东街范氏，遂为徐市人。1955 年毕业于江苏省太仓师范，先后到支塘贺舍小学、董浜中心小学、徐市中心小学任教，1964 年任归市小学校长，1965 年调任王市中心小学校长。“文化大革命”初期他备受折磨。1969 年公办小学下放大队办，教师可以回户籍所在地工作，于是他回到徐市公社六大队小学任校长，后又被选任六大队党支部委员。1975 年任徐市中学副校长、党支部副书记。徐市中学办学成绩显著，李家明受到江苏省政府嘉奖。自 1984 年 2 月调任徐市中心小学校长、党支部书记。

在林希校长的眼中，李家明老校长具有非凡的领导才能和超前意识，他曾提出四项重大举措：一是组建一个有号召力、有凝聚力、有献身精神的领导班子；二是建设花园式的校园；三是培养德才兼备的教师队伍；四是为学生营造身心愉快的学习环境。在李家明老校长建设文明校园理念的引领下，1985 年至 1987 年学校连续四次征地扩大校园，迁出幼儿园和校办厂，将校园环境建成春有花、夏有荫、秋有果、冬有绿的常绿校园。教师学历进修或平时基本功训练，学校都按章奖励，重奖在报刊上发表教育、教学文章的教师。学校在 1987 年实现了班班有电视机、有收录机，教育现代化开始起步。如偶遇雨天，学生可以向学校借用胶鞋和雨伞，家长也不用操心孩子因没带雨具淋雨。徐市中心小学文明校园建设成就显著，1984 年起连续 9 年被评为苏州市文明单位。

常绿校园——徐市中心小学老校区

百年徐小，筑梦未来。现在，耕耘在农村教育的原野上，全体徐小人播下爱与希望的种子，用理念引领学校发展，用智慧提升教学质量，用文化编织教育梦想，用特色铸就学生未来。徐小师生在这片红色热土上，用青春与活力续写百年村小“智行天下”的辉煌故事。

## 三、探徐小特色

徐市中心小学的每一处校园景观都彰显着“智林”特色，寻访团队一踏进校门，宽阔的智林广场即映入眼帘。广场正中“智行天下”的校训石和古朴石纹配以靛蓝字迹的《徐市小学赋》，二者相得益彰；从恢宏大气的智林厅到古典雅致的智林书屋，徐市中心小学的一草一木似乎都在向我们讲述着独属于它们的与“智林”的故事。

【资料链接】

### 徐市小学赋

虞东徐市，世为文人[①]之邦。智林[②]毓秀，氤氲徐小之魂。

---

① 徐市有 1 500 余年人文历史，有虞东重镇之誉。自宋至清末，举进士者 25 人（其中状元 1 人，举人 24 人），明经、贡生、监生、国学生、诸生 200 余人。载入郡志、邑志的有诗人、画家、戏曲家和职官等 100 余人。留下各类著作 257 部，其中，诗词 106 部，戏曲 11 部，在常熟文坛上占有重要地位。

② 智林为地名，现新校校址。该地因古有“智林书屋”“智林寺”而得名。

上溯宋代，里人科举入仕[①]，乡里读书风盛。乾隆中叶，创立智林书屋[②]，开启一方儒学；民国伊始，建成县立二高[③]，成就虞东学府；岁至乙未，徐小荣归故址，续写百年华章。

忆往昔，弦歌不辍，漫漫征程浸沧桑；薪火相传，悠悠岁月溢墨香。

看今朝，朱墙黛瓦，溢红辉映；银杏[④]参天，新枝茁壮；古井[⑤]亭台，满园芬芳；五苑六馆[⑥]，雅趣清韵。特色文化绣校园，灵运呈祥倍憧憬。

少年矢志，捷足前程。开卷有益，攻读勤勉；光阴倍珍，个性飞扬；学海扬帆，壮志豪迈，德才双馨，胸怀天下。

彰往训来，砥砺前行。德高望重，志在青云；青年才俊，英姿勃发；三尺讲台，驰游古今；一方教室，智慧传承。

玉振金声，铭记辉煌。教育现代乡镇[⑦]，展示风采；苏州文明单位[⑧]，连冠九载；省级实验小学[⑨]，实至名归；苏州现代小学[⑩]，率先垂范。

百载一瞬，盛世徐小，智行天下[⑪]，豪情激扬。

此赋共计文字 302 字，标点 66 个。定稿于 2015 年 5 月 22 日（乙未年辛巳月戊戌日）。

寻访团队阅读《徐市小学赋》石刻后发现徐小沿着“智林书屋”的文脉已延续百年，其间几经更名、迁址，直至兴建新校，回到原址，这是光荣，

---

① 北宋末，徐市钱氏家族，开里人科举入仕先河，至南宋初，60 年间，祖孙三代，先后有 6 人进士。自古徐市教育之盛，读书之风可见一斑。

② 1766 年（乾隆三十一年），置智林书屋，徐市最早的官办学校。

③ 1913 年，县政府选智林书屋旧址建成常熟县立第二高等小学，简称“二高”，是当时常熟东乡唯一的一所高等小学。

④ 新校园内有古银杏树三株。

⑤ 新校园内保留原智林寺（古名智林教寺）一古井。相传明朝年间，智林寺重修殿宇，木料不必外出驳运，全可从寺内井内拔得。

⑥ 新校有智林楼、智慧楼、智勇楼、智行楼、智远楼、智学楼共 6 幢教育楼；有智林书屋、灯谜馆、收藏馆、校史馆、艺术馆、传统教育馆和图书馆等教育场所；建有书香苑（书苑）、画意苑（画苑）、琴韵苑、幽墨苑（墨苑）、谜花苑（谜苑）……组成了一幅“智林文化”的美丽画卷。

⑦ 1997 年 11 月学校接受教育现代化乡镇的验收。

⑧ 徐小 1985—1993 年曾连续九年获得苏州市文明单位称号。

⑨ 2003 年 12 月徐小被江苏省教育厅批准为江苏省实验小学。

⑩ 2007 年 9 月徐小被苏州市教育局授予苏州市教育现代化小学称号。

⑪ “智林天下”校训。

也是使命。在带领团队成员参观徐小新校园时，林校长深情回忆起他和学校老师一起探讨“如何真正理解学校的智林文化并将其传承发扬下去，以影响一代又一代的徐小学子”这一问题的场景。林校长和学校老教师们在校史资料中品读百年徐小，最终归纳出“智林”的真正内涵——“智慧之林”，即在智慧之林中，传递智慧火种，感受智慧力量，启迪智慧人生。徐小创办人用《孟子》中的名句“是非之心，智之端也”来解读“智林”二字。而所谓是非之心，也就是今天我们所说的是非观，即一个人明辨善恶美丑的审美能力。有了这样的理念做指导，林校长和徐小的教师们秉承百年智林的哲学理念，潜心挖掘其内涵，努力将学校文化建设与厚重的“智林文化”融为一体。

校训石“智行天下”

《徐市小学赋》石刻

智林文化的更深层次内涵是促进各种资源整合、优化，努力使智林园里的每个成员都能实现自己的梦想，达到学校以美至臻的办学目标。在智林文化的基础上，学校以自身红色文化为依托推进红色党史学习教育，打造特色课堂，以“智”为立足点，学校坚持“以美润心，以智育人”，在艺术教育领域为学生开启一扇德、智、体、美全面发展的大门。同时也为广大教师搭建“寓美于教”平台，丰富人文底蕴和提升专业素养，让教师的学识才华之“美”尽情展现。徐市中心小学追溯文化历史，探寻学校文化根脉，传承智林精神，依托自身优势，谱写智慧新篇。

### （一）延续智林文脉，荣归故址续华章

时间和文化的积淀使徐市中心小学彰显出一种优雅的教育风度。这所百年老校的前身是1766年的智林书屋，至1905年改名为智林初等小学堂。

2015 年新徐小整体回迁至智林书屋原址。古色古香的“智林书屋”是学校的精神源泉，进门就是《智林社学》原始碑刻，旧课桌椅、旧办公桌改修的会议桌，让人久久不愿离去；旧书橱与官帽椅，让人重温过去；古钟与风琴，让人遥想当年……让人顿生怀旧之情以外更别有清雅之趣，“传承”二字，被体现得淋漓尽致，“书屋”的精神在这里延续。

**【资料链接】**

深厚文化积淀，孕育代代英才，从智林书屋走出了很多文人雅士。顾崇善，于嘉庆元年与里中文士创立惜字会，几历春秋，编成里中第一部志书《里睦小志》；徐德奎，精于医道，著有《外科选要》医论；王虞英，著有《常昭忠义孝悌姓名录》等；王伊，清末著名学者，撰写《三峰清凉寺志》二十卷，翁同龢为其作序；王伊著作颇多，有《四书论》《五经论》《白茆水利考》《小墙东文抄》《小墙东诗抄》《补篇遗稿》等。

结合学校的艺术教育特色，学校将智林育人理念概括为“大美涵养人生，智慧行走天下”。同时，学校对智林文化内涵、办学宗旨、办学方略、校训、“三风”、学校特色、学校口号、学校精神等方面都进行了现代化解读。有智慧、有豪气、有涵养，才能行走天下。学校确立的办学宗旨为“智领人生，共赢未来”。“团结一心，同伴互助，充满自信，追求卓越”是百年智林的精神内核。

学校秉承“智林天下”的校训，确定了学校的特色发展之路，即以学生的个性发展为中心，以丰富多彩的主题活动为途径。因此学校每学期都要举办主题活动如丰收学习节、丰收体育节、快乐体操节、田园艺术节等；结合乡村、劳动等特色主题分别开设了乡品种植、乡野采风、田园诗社、儿童绣、陶艺等 20 多个精品社团，增强学生对美好生活和家乡的热爱。此外，学校结合董浜地方特色，创造性地开设了灯谜兴趣课，编印了 4 册灯谜校本教材，2013 年获得苏州市校本课程优秀成果评选一等奖、省校本课程优秀成果三等奖；2013 年《谜海遨游》获江苏省首批优秀乡土课程评审优秀奖；2015 年，学校编辑出版了《智林谜蕾》。

### （二）“三大课堂”孕育“红色希望”

1939 年 3 月，虞东小学教师联合会在徐市小学成立，旨在共产党领导下，推动抗日教育。8 月，在中共常熟县委领导下，常熟县教育委员会在徐市成立。教委会贯彻党的抗日主张，将常熟人民抗日自卫队（简称民抗）控制区域的小学办成抗日小学。9 月，中共常熟县委和民抗总部从森泉迁至徐市，徐市小学成为虞东抗日教育活动的中心。徐市抗日小学，贯彻教育为抗日战争服务的方针，提出“拒用伪教材，脱离伪政权”的口号，师生们积极投入抗日运动，成立少年抗日先锋队。徐市小学校长顾驰寰及朱爱秾、诸开琛、陈飞白、马元培等一批徐市小学的教师，积极投身抗日救亡运动。中华人民共和国成立后，学校进行“五爱”教育，即爱祖国、爱人民、爱劳动、爱科学、爱护公共财物。

一位位爱国师生音容犹在，一段段党史学习教育催人奋进。如今，为引导学生学党史、立大志，学校打造实境、先锋、传承三个特色课堂，让这些鲜活的“身边人”的红色故事走进课堂，成为学校育人、加强党建的生动教材。徐小借助“三大课堂”推动党史学习教育，打通学校党史学习教育“最后一公里”，引导少年儿童铭记红色历史、弘扬红色精神、厚植家国情怀。

#### 1. “实境课堂”铸少年“红色之魂”

徐市中心小学以见证学校革命和发展历程的《智林社学》石碑为中心，建设了徐市革命传统教育馆，开展“重读智林精神、再走智林之路”主题活动，组织学生讲解队，通过革命馆中的一幅幅照片、一段段文字以及小讲解员的精彩介绍，生动还原抗日战争时期那些先辈的英勇事迹。同时，徐市中心小学充分利用当地的红色资源，组织学生前往常熟党史馆、徐市吴宗馨烈士陵墓等开展实境教学。在庆祝少先队建队 72 周年之际，学校举办了“我唱歌儿给党听”班级拉歌赛、“红色场馆讲党史”观摩活动、“争做新时代好少年”参观活动、“党史故事我来讲”活动……学校鼓励少先队员们要始终牢记习近平总书记的教导，学党史、强信念、听党话、跟党走，用实际行动践行“请党放心，强国有我”的铮铮誓言。

#### 2. “先锋课堂”立少年“红色之志”

徐市中心小学拍摄了特色精品视频党课《薪火百年路，红色耀智林》，由校原党支部书记朱伟康和现任书记林希结合校史记载及图片资料，向党员教师及少先队员再现徐市中心小学先辈参加革命斗争情况和当时的少先队员参加抗日夏令营活动的场景，并邀请原徐市中心小学南港小学教师、篆刻名家归之春讲述自己参与地下党外围组织进行革命斗争的经历。徐市中心小学用好董浜当地资源，邀请抗美援朝老兵孙敏、抗美援越老兵顾永林为学生上专题党课，以硝烟中的亲身经历为题材讲授党史。同时，结合集体晨会，组织学生聆听红色故事，唱好国歌，唱响队歌。在午间时段，学校也会播放革命歌曲，营造党史学习教育浓厚氛围。在迎接党的二十大胜利召开之际，常熟市徐市中心小学少先队大队委开展了重温习近平总书记回信精神的活动——“重温回信精神，赓续红色血脉”，结合队员成长实际学党史，教育引导广大队员听党话、跟党走，以英雄模范人物为榜样，继承和发扬革命先辈的优良传统，传承和颂扬英模人物的精神品质，鼓励少先队员确立青春梦想，用实际行动赓续红色血脉。

**3. “传承课堂”展少年“红色之才”**

徐市中心小学百年以来始终扎根乡土，立足“红色”土壤。学校建设乡村少年宫，用好地方民间技艺，成立了剪纸、笃绣等特色社团，以党史学习教育为主题，围绕“童心向党、共学党史”积极开展社团活动，邀请了笃绣老师潘静霞、剪纸老师周燕为学生们上社团课，手把手讲授、演示、传承地方特色民间技艺，组织社团学生自己动手，用笃绣、剪纸的形式绣出对党和祖国的热爱、剪出对美好生活的期盼，让学习党史的体会和对祖国、家乡、学校的热爱从孩子们的心中涌出，从孩子们的指尖流出，真正让党史学习“入心”。

“童心里的诗篇”红色诗歌朗诵会

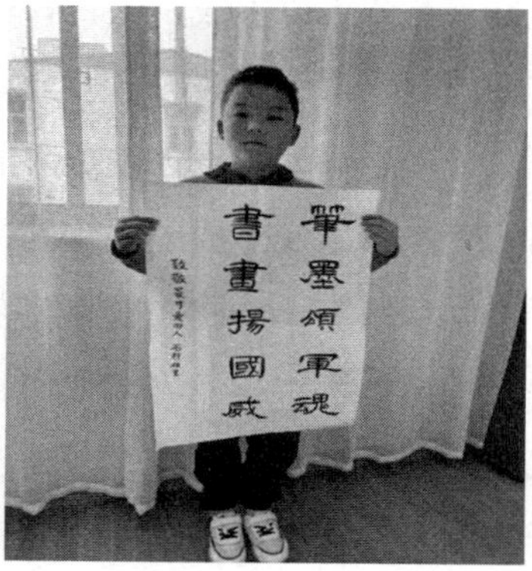


“致敬英雄，笔墨传情”红色系列活动

### （三）以美至臻，绽放徐小艺术花蕾

在艺术教育的课程设置上，徐市中心小学在多年实践的基础上不断思考和调整，将音乐、美术、书法三个项目列入学生课表，学生参与率达100%。学校曾先后被评为苏州艺术教育优秀学校、全国艺术教育特色单位。

音乐教学，百花争艳。徐市中心小学是全市最早实行器乐进课堂教学的学校之一，曾先后成立了民乐队、舞蹈队、合唱队、口风琴乐队、二胡乐队、笛子乐队、琵琶乐队、木管乐队。音乐课，二年级人人持打击乐器，训练节奏感，三四年级普及口琴，五六年级普及竹笛；课外活动：小乐队可以有15种不同的乐器同时演奏，有80人组成的腰鼓队，有数十人组成的舞蹈队和鼓号队。午间、课间，校园处处有音乐。

美术教学，以美至臻。学校20世纪80年代的美术教学以布贴画为研究课题，普及美术字和报头设计等实用美术技艺。学校先后开设儿童画、陶艺、线描、素描、国画等多个兴趣班，学生的艺术修养在日积月累中得到了提升，学校被全国少儿美术教育研究会等单位评为全国首届少儿美术教育杰出贡献单位。

书法教学，独放异彩。学校根据学生的年龄特征和兴趣爱好，成立了书画、书法等提高型书法活动兴趣小组，通过老师的精心指导，提高了学生的艺术修养。学校尝试在一、二、三低年级开设书法课，而新校独具特色的艺术馆，古色古香的书法教室为学校特色发展提供了保障。学校的艺术教师参加各级各类比赛共获奖20多人次，30多人次获苏州市报以上级别奖项，12人次发表苏州市以上级别文章，辅导学生获省级以上奖项300多人次。学校也被中国教育学会书法教育专业委员会授予全国写字教育实验学校称号。

徐市中心小学一直为使更多的徐小艺术花蕾绽放而不断努力。2021年，建阳区美术馆馆长颜成彪一行到徐市中心小学开展“深入宣传贯彻党的十九届五中全会精神——建阳区文化艺术乡村行”送展赠书文化惠民活动，为徐小师生带来了艺术享受，让他们感受到了书画的意境和情趣，领略了中国书画文化的魅力。2022年，建阳区关工委报告团到徐市中心小学作了“传承中华传统文化·生活茶艺”专题讲座，讲座由国家高级茶艺师徐胜文老师主讲，精湛的茶艺表演不但让徐小学子学会了知礼、懂礼、行礼，而且在他们

的心中种下了一颗“茶”种子，这颗种子里包含了恭敬、精简、敬畏自然，以及茶文化在现代社会生根、传承的非凡意义。

**（四）寓美于教，铸就教师独特“美”**

“寓美于教”体现在“课堂展风采，彰显能力美”。学校经常开展说课比赛、优质实践课评比、课堂教学展示等教研活动，并为教师提供外出借班上课、考察学习的机会，博采众长，补己之短，以促进能力提升。同时通过举行演讲比赛、朗诵比赛等提高教师口头表达能力，鼓励教师教学方法百花齐放，形成符合教师个性的独特教风，显示不同教师的教学能力“美”。

“寓美于教”体现在“以校本研修，领专业提升”。学校聚焦美育课堂教学，立足“校本研修”，提出“教学、研究同步发展，教学、美育同时研究”，以“磨练教师审美本领，锤炼教师美育课堂”为主要抓手，进行了“工作学习化，研究课堂化，问题课题化”的探索，让不同学科之间教师的美育观念相互融合，促进教师认识水平和理论水平的提高。同时，加大科研力度，培育智学教师。每学期，教师要填写个人教育科研情况表，学校根据评比机制评选星级科研教师。围绕“课题”开展读书活动，通过读书沙龙、专题讨论、优秀读后感评比，逐步引导教师走上“读书＋反思＋实践”的专业化发展道路。通过系统学习，提升他们的教学理念、教学思想。此外，学校立足全校教师结构现状，深入研究《构建“以美至臻”办学特色的实践研究》主课题，以课题研究带动学校特色发展。学校顺利完成了苏州市规划课题“有效促进学生语文素养发展的研究”，相关课题研究成果获得常熟市优秀课题研究成果评比一等奖，同时常熟市规划课题“小学现代美育的实验与研究”等8项省、市级课题也顺利结题。

“寓美于教”体现在“树立师德风范，塑造完美人格”。学校强调把提升教师美育思想作为师资队伍建设工作的首要任务，努力营造一种能让教师适应并使其不断提高审美能力和完善人格的生态环境。通过开展“树师表形象，创文明校风”系列活动，注重教师的自我教育。同时，将教师职业道德列为年度考核、岗位聘任的首要条件，实行一票否决制。制定《教师职业道德规范考核细则》，确立“文明办公室”“十佳敬业教师”“十佳师德标兵”等系列考核评价机制，师德建设取得了丰硕成果。学校通过每年评选“十佳”班主任，树典型、立标兵，用优秀班主任的奉献、创新精神来激发班主任的使命感，增强教师献身班主任事业的自觉性。举行“十佳”班主任经验交流会，交流好的工作方法，宣扬先进个体的优秀事迹。这既是对优秀班主任工作的肯定和褒扬，也对成绩不太明显的班主任给予一定的工作指导，为他们指明学习的榜样和工作的方向，使他们不断提高工作能力，增强班主任工作的自信心。除此之外，班主任每学期都需要做工作小结，通过专题小结把班主任队伍建设的科学知识与科学地建设班主任队伍的实践有机地结合起来。学校努力让全体老师“争当师德标兵，争当优秀教师”，引导广大教师做追求教育理想、锤炼教学本领、关爱学生成长的好老师。学校坚持业务培训和思想教育相结合，开展爱学生、奉献型教师的评选等活动，提升教师专业精神，以形成教师优良的工作作风，从而达到建设德艺双馨教师队伍的目标。

## 四、访谈留声

岁月留声，记录影像档案。百年村小历史发展的痕迹不仅被记录在文字里，而且以鲜活的、历久弥新的姿态存在于学校见证者的叙述中。现任校长林希为我们，如数家珍般地介绍了学校独特的教学方式和学校建设者们苦心孤诣摸索出的办学理念。当我们再次邀请林希校长通过访谈的方式，口述学校百年历程时，林希校长表示十分愿意让更多的人听见徐市中心小学这所百年老校不朽的声音。

林希校长 1985 年生，热情、亲切，毫无校长的架子，与我们交谈时总会时不时发出爽朗的笑声。林希校长对徐市中心小学青年教师寄予了厚望：他认真地说：“我们曾经的老校长李家明先生就说过，年轻时不奋斗，难道你还想着到中年或老年了再努力吗？年轻啊，就是奋斗的资本，年轻时就不该轻言放弃！对于这几句话我一直牢记在心，无论在怎样的逆境中，我们每一位徐小教师都要保持高度的教学热情，在逆境中突破自我。这是老一辈智林人身上特有的韧劲，也是我们新生代智林人必须传承下去的‘智林精神’。”之后林希校长非常自豪地向我们介绍了近年来徐市中心小学所取得的成绩，在林希校长的描述中，一所历经百年沧桑的学府正焕发出新的生机，下面是我们整理的林希校长的口述内容：

我是林希，1985 年出生，2007 年毕业于徐州师范大学，现在担任徐市中心小学的校长。作为徐小的一员，我骄傲，更在不停地思考——如何传承百年“智林文化”的精神内涵，做一名有气质的乡村教师，如何在这所有气质的乡村学校的历史长卷上留下那或轻或重的一抹。

戴友良先生是我们学校的老校长，我曾经向他请教过，在学校不断变迁的情况下如何坚守办学初心。戴校长从他儿时上学的经历开始讲起，讲到他刚工作时的艰苦条件，再到如今的变化。这一切都是中国共产党带领人民不断艰苦奋斗的成果。戴校长回忆了他上学时破败的教室，工作时难行的泥泞小路，还回忆了当年他刚参加工作时的情景。那时条件艰苦，老师往往需要身兼数职。为了改善办学条件，除了教好书、讲好课，老师还要做泥水匠、搬运工；那时条件艰苦，老师们拿着微薄的工资干了许多除教学工作以外的体力活儿，学校连几元钱的全勤奖也发不出，但老师们却愿意做这样的志愿者。大雨中老师们你追我赶搬运着建造学校用的木头，一群老师挥汗如雨却依旧传出“哈哈哈”的笑声。那笑声是齐心协力，更是无私奉献。我当时听戴校长讲完，就被老一辈徐小人不畏艰苦、潜心办学的精神深深地感染了。我们应该接过接力棒，不怕吃苦、积极向上，在学校为我们搭建的平台上不忘自己育人的初心，坚定为农村教育事业奉献青春的决心。

所以，我对于徐小老一辈的教师有着特殊的情感，很感谢他们在三尺讲台上的辛勤耕耘，希望他们能在退休后常回来看看。比如汪丽亚、陆指红、钱敏 3 位老教师，他们几十年如一日，把最宝贵的青春献给了徐小，不计较个人得失，为学校培养了一批又一批的智林学子，为学校教育事业的发展贡献了自己的力量。我们培育出来的智林学子是全方面成长的，走出徐小的他们在祖国的各行各业中发光发热。2021 年第 16 届残疾人奥林匹克运动会女子乒乓球 TT4 级单打项目中就有我们一位智林校友的身影。她叫谷晓丹。很多年以前，谷晓丹凭借自己坚强的意志，在时任徐市中心小学党支部书记朱伟康的帮助下毅然走上了乒乓球之路。通过乒乓球实现了自己的人生价值，2021 年她被评为第五届常熟市道德模范，可以说是一位相当优秀的智林学子典范了。

## 五、寻访者说

为完成本次由扬州大学中国乡土教育研究中心发起的“百年村小空中档案馆”公益计划项目，我们联系教育局并通过寻访初步确定了当地百年村小的名单。在这份名单中，我曾就读过的小学是其中年代最为久远的，其历史最早可追溯到 1766 年。于是，我们确定了寻访目标，并联系了现任校长，校长很热心地表示愿意为寻访提供帮助。

我们通过查阅网络资料，以及到教育局走访，获知了徐市中心小学的基本情况。由于网络上缺乏学校详细信息，我们又前往徐市中心小学的校史馆进行寻访。学校的校史馆资料丰富，历史沿革、历任校长等资料非常齐全，并存有大量物证及文字资料。同时，我们还在新校区（智林书屋旧址）看到了旧时的石碑以及在我们当地一直流传但无缘亲见的那口古井。

为更加深入细致了解学校历史变迁，我们采访了现任校长，林希校长不但为我们讲述了学校历史，而且热情地介绍了学校的办学特色及历史沿革。我们对采访内容进行了整理，形成了文字和音像资料。在林校长的带领下，我们还拍摄了校园风貌，对照片进行了可视化处理，最终在学校的大力支持下，完成了《徐市中心小学寻访结果调研报告》。

学校精心保存的资料，以及新校史馆的建设，都是为了更好地保存学校的历史资料，为地方教育志编撰工作留存珍贵的文字以及音像资料。我们也感到非常荣幸，能以后来者的身份探寻这所学校百年弦歌不辍的奥秘，同时也希望徐市中心小学继续走向下一个百年辉煌。

我第一次看到徐市中心小学的照片时，就对校园厚重的大门留下了很深的印象。一所小学历经百年风雨，更名、迁址，最后又回到原址，在风雨中摇摆最终又找回到起点。

徐市中心小学有着极其浓厚的历史气息，千年古井、宋清石碑、百年银杏树等，它们是智林书屋创建的见证者，也是岁月洗礼下历久弥新的亲历者。在众多乡村小学中，徐市中心小学历经百年沧桑，薪火相传，弦歌不辍，一直追随时代的脚步，倾听时代的呼唤。无论是创建智林书屋，还是组建徐市抗日小学，徐小在保持自己办学初心的同时，都是以国家利益为先。从“艺术涵养人生”到办一所“有气质的乡村小学”，我们看到的是徐市中心小学虽然是一所乡村小学，却始终坚持着自己独特的办学理念，一路前行。

——祝珺筠

## 六、思考与拓展

### （一）案例思考

1. 结合本节案例，分析具有深厚历史底蕴的村小在发展进程中如何发挥自身文化优势？

2. 你认为乡村小学可以怎样利用学校红色资源进行人才培养？

3. 从乡村小学走出去的杰出人物在某种程度上推动着学校的发展，作为当代大学生，你认为可以怎样利用知名校友的资源助力百年村小繁荣兴盛？

### （二）实践指导

1. 邀请寻访徐市中心小学的团队成员与班级同学现场交流。

2. 组织同学们前往徐市中心小学参观交流。

### （三）延伸链接

百年村小空中档案馆之徐市中心小学

徐市中心小学微信公众号

# “红领巾”代代相传

——南京市陶吴中心小学

## 一、导言

南京市江宁区陶吴集镇的陶吴中心小学（以下简称陶小）是一所具有悠久历史和光荣传统的乡镇中心小学，创办于 1925 年，初名为保国民小学，此后校名屡次变更，最终定名为江宁区陶吴中心小学。在近百年办学历史中，学校经历过数次几近消亡的时刻，陶小是如何在危急存亡之际得以留存？学校历史中有哪些辉煌时刻？学校培养出了怎样的学生和教师？带着这些问题寻访团队通过实地考察与口述探寻，以期从历史的纵向角度展示红色文化在陶小发展历程中、在当下乡村教育中的重要作用。

陶吴中心小学楼群

## 二、寻陶小百年风华

寻访团队于 2022 年 1 月到陶吴中心小学实地探访了新老校区。在周琴老师的带领下，团队成员先参观了新校区。学校占地面积大，绿化覆盖率高，走在校园里，干净整洁的教学环境让我们的心情瞬间变得宁静起来。学校设施齐全，团队成员参观了多媒体教室、儿童化阅览室、校史馆、体育馆、红领巾广播室等，让我们惊叹的不仅有藏书 35 000 册的图书室，还有配备了 280 台电脑的多媒体教室，这让我们看到了 21 世纪紧跟时代步伐的乡村学校为提高硬件水平、为改善办学条件所做出的努力。如果说学校特有的“一汽广场”代表了学校深厚的历史底蕴，四季诗园就是校训“腹有诗书、行有气质”的具体体现，周琴老师告诉我们，学校 2021 年 5 月才迁到新校区，被校园环境吸引的我们又对学校的历史沿革产生了浓厚的兴趣。

校史馆

四季诗园

李白雕像

室内乒乓球场

我们采访了已经退休了的邱老师，她说：学校搬到这个新校区以后，设施条件各方面都要比原校区好太多了，当年比较艰苦的时候，我们的教学设备就只有粉笔，有时候连粉笔擦、课桌都没有，需要学生自己从家里带板凳，后来是每人只有一个很窄的凳子。现在学生都是单人单桌，椅子还有靠背，教师也有电脑用，教室里还有电视。邱老师不禁感叹说：在条件这么好的学校教书，不好好工作，简直对不起党、对不起国家。现在学校教学设施、管理体制各方面都很完善了，包括学校为了保证学生安全，聘请了许多工作认真负责的保安，这让师生们、家长们都觉得很放心，和之前所有人都可以随意进出的校园比起来好很多了。从邱老师的介绍中我们得知学校一路走来，办学规模、办学质量都在不断提升。

学生书画展览长廊

游戏活动区

团队成员在档案馆查询

陶吴中心小学旧址

此后，团队成员根据在南京市档案馆查询到的资料，继续寻访学校旧址。与高度现代化的新校区相比，学校旧址更显得历经风霜，刻着校训的大石块旁已经长出青苔，但学校的教学楼以及走廊依旧干净整洁，被保存得很好。这里的一砖一瓦都是时间流逝的证据。一代又一代的孩童在这一片土地上长大成人，教学楼前枯黄的草地又冒出了新芽，一茬一茬的绿苗在这里茁壮成长。在对学校的历史沿革有了越来越深入的了解后，我们不再满足仅作为旁观者进行记录，泥土的香气唤醒了我们作为乡村师范生的使命感，我们由衷地感受到这所拥有近百年历史的学校承载着一辈又一辈乡村教师们的努力和期望。接力棒传到了我们这一代，我们应当像前辈一样热爱我们未来的职业。

**【资料链接】**

20世纪三四十年代陶吴中心小学受社会环境影响，曾停办过一段时间，直至1949年又重新开办，1950年改称县立陶吴镇小学，次年改称江宁县第三区中心小学。

1954年，学校师生以支援“141项工程”之一的第一汽车制造厂（简称“一汽”）为主题进行社会实践，200多位“红领巾”利用课余时间搜集废铜烂铁等卖了5 1600元（旧币），寄给中国少年报社转交第一汽车制造厂，这也是“一汽”收到的第一笔支持资金。同时，陶吴中心小学的少先队员们还附上了一封表示愿意为建设社会主义大厦添砖加瓦的信。不久之后，学校收到“一汽”工会发来的一封回信、一份收据、一组照片和一份刊登这则新闻的《东北日报》。这段光辉历史成为陶吴中心小学办学史上的重要一页，也是“一汽”发展进程中颇为重要的一节。

“一汽”发展壮大了，他们没有忘记曾收到的第一笔捐款，通过《扬子晚报》寻找到当年的“红领巾”。2003年8月，央视等新闻媒体专程来校采访与“一汽”有关的故事。2003年12月22日，中央电视台一套“见证”栏目播放了《带动生活的车轮》，其中第一节就讲述了这一段往事。2004年7月，在“一汽”建厂五十一周年纪念日，“一汽”回访了陶吴中心小学，特邀学校新老“红领巾”代表到“一汽”参观，并捐款10万元支持学校建设。

即使在办学的艰难岁月，陶吴中心小学的师生们也坚持将教育与社会生产劳动相结合。在这个过程中，学校与“一汽”互帮互助，结下了深厚的情谊。

## 三、探陶小特色

陶吴中心小学一路走来虽历经坎坷，但在不同的历史阶段，仍保有不同

陶吴中心小学校友回忆“一汽”往事

的办学特色。通过查找学校档案，我们得以站在各个历史节点，横向对比陶吴中心小学与周边学校教学策略的不同，由此更感受到陶小人独特的魅力。

**（一）劳动浸润心灵，体育强健体魄**

南京市档案馆收集到的资料显示，从 1953 年开始，陶吴中心小学就非常重视劳动教育，其中高小毕业生郝立发当时被树立为热爱农业生产的先进典型，陶吴中心小学的同学们，尤其是高年级同学们都认为他是光荣的，是大家学习的榜样。当年还在上六年级的张贵虎和陈祖德说：“我们小学毕业后，也要跟郝立发学习，为农村的生产事业奋斗。”报社记者后续的寻访调查发现，当年陶吴中心小学校友中对于农业生产活动相对不那么积极的章才、宋益保、张洪才等人在看到郝立发的光荣事迹后，深受鼓舞，最终也都转变了思想，积极参加农村生产劳动。张洪才后来在回母校拜访老教师时，整个人的精气神和状态都已经改变了很多，他深有感触地说：“是郝立发的经历感染了我，让我振作了起来。”

1954 年至 1956 年，陶吴中心小学有关劳动教育的计划、总结、经验等文章在《教师报》《江苏教育》等刊物上多次发表。

**【资料链接】**

郝立发是江宁县陶吴镇小学 1953 年的毕业生，他一家 3 口都住在陶西乡第九村，当年家庭成分是贫农。在他读书的时候，家里从事农业生产的只有他父亲一人，而且由于年纪大了，在当时只能算得上是个“半劳动力”。

江寧縣陶吳鎮小學一九五四年度
第一學期勞動教育總結

《江苏教育》1954 年 22 期　陶吴中心小学年度劳动教育总结

郝立发未毕业之前，也是一心苦读，希望靠读书读出一条出路，为家里减轻负担，也为国家效力。当年的村副主任杨茂喜因为认识到村里缺少有文化的人，曾一再动员他留在家里从事农业生产活动，帮助农村振兴发展。郝立发一开始还是犹豫的，但是经过村干部的多次劝说，加上没能够考取心仪的学校，就此留在了农村。渐渐地，他的思想和行为都开始发生改变，刚开始只是无可奈何地答应在村里担任一个行政组长，后来在逐步了解农业生产活动、深入农民生活后，他逐渐认识到在农村也会有光明的发展前景，对农业生产逐渐产生了兴趣。他发现并不是只有读书一条路可以改善家庭环境、为国家做贡献，于是他开始全身心投入农业生产活动中，他参加了互助小组，并且积极参与割稻、拾粪、碎土、挖泥等各项农业活动。在诸如此类的劳动中，他总是干活儿最多的那个，他曾在一个冬天里砍了 1 100 多担柴的事迹也被村民们口口相传。

当农村开展卖余粮给国家的宣传活动后，他怀揣着一腔爱国热情，动员了几十户人家一起积极参与该项活动，当时被称为“死脑筋”的孙良茂也是因为他的多次劝说，最终卖出余粮 700 多斤。

此外，他还积极钻研农业生产知识，把理论与实践相结合。他把自己学到的理论知识教给身边的村民们，比如在组里宣传用盐水选种的好处等。他在家里开辟了一小块地专门试种果树，并且尝试着把桃枝和桑树嫁接起来，观察结出来的桃子有何变化。他说："我在学校里学过米秋林的无性杂交种植法，现在实地来试验试验。"他家里的菜园几乎都是他一个人照料，而最后确实收效很好。

邻近的村民们看他有文化，又干得好，都对他很尊敬。有时遇到疑难问题，住得远的村民会写信给他，住得近的就直接去找他。村副主任杨茂喜在采访中称已把他看成自己唯一的助手。村主任陈祖明在接受采访时也说："有了他，村里工作好做得多了。"当年的陶西乡党支部书记余文富、区干部叶衍根同志都认为他是第九村最可靠最积极的青年，是陶西九村的骨干。他得到了大家的广泛认可，所以当年大家都推选他担任民兵分队长、民校教师、陶西乡信贷合作社委员、行政小组长等多个职务，村里大会小会他都参加。他积极关注社会发展动态，随时准备为祖国建设大业贡献力量。

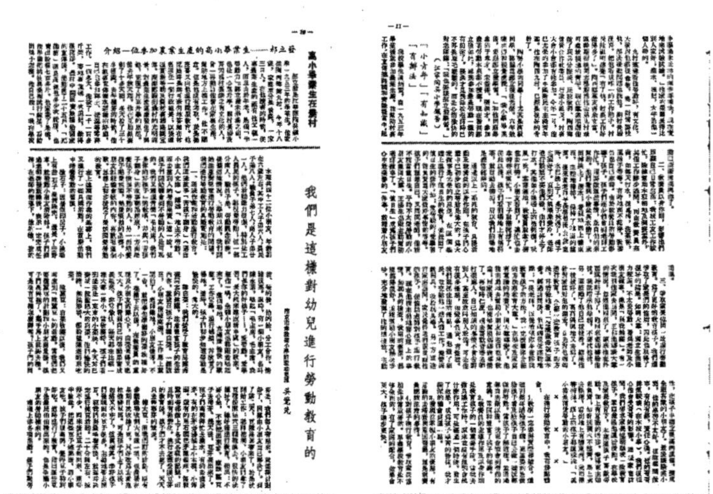
我們是這樣對幼兒進行勞動教育的

《江苏教育》1954 年 8 期报道

在参观校史馆时，我们发现陶吴中心小学除了在劳动教育方面发表了一系列理论成果外，还把劳动教育切实贯彻到学校生活的一点一滴中，真正做到了理论指导实践，实践促进理念创新，理论与实践相结合。从 1986 年开始，陶吴中心小学师生团结协作，利用课余时间在校园内培育农作物，建设校园校舍等，学校的教学条件也因此大为改善。师生通过亲身实践证明了劳动技术教育的必要性，提升了学生们的社会实践能力、动手能力，加深了学生与学校之间的情感联结，也在学校历史中写下浓墨重彩的一笔。1988 年 11 月，陶吴中心小学以劳动教育在南京市闻名，联合国教科文组织亚太地区参观团 100 多人前来参观陶吴中心小学。此后的两年间，陶吴中心小学因特色劳动教育取得的显著成效，连续被评为“县先进学校”。

除此之外，根据周琴老师的介绍，陶吴中心小学还非常重视体育教育，学校组织学生们自制体育器材并开设了特色体育课，鼓励学生们参加各项体育活动，有效促进了学生积极参加劳动技术教育活动、体育训练活动等。此后学校还推出了“快乐体育”特色课程并取得了显著成效，陶吴中心小学的劳动教育以及“快乐体育”课程开始在市内外闻名遐迩。从 1986 年到 1995 年这短短 9 年时间，陶吴中心小学总共接待国际友人 200 余人次，接受国家教委体育司司长、省教委、市教育局领导多次视察，接待来自北京、四川、安徽、浙江、上海、云南等省市领导和同行参观指导多次。

### （二）学诗崇德探寻圣贤之道，诵读经典打造诗韵校园

在浏览学校官网时，我们发现大量与诵读经典诗歌相关的内容。经过寻访，我们了解到从 2006 年开始，南京市陶吴中心小学将中华优秀经典诗文引入课堂，积极打造诗韵校园，经过多年的实验摸索后，逐步演化为现在的特色定位：“亲近经典诗歌，绽放诗意童年”，形成了“诗意陶小、精彩童年”的核心理念；形成了“腹有诗书、行有气质”的校训；形成了“和谐共进、教学相长”的校风；形成了“春风化雨、诲人不倦”的教风；形成了“学而不厌、锲而不舍”的学风。

经过多年来的诗教实践探索，学校诗教特色内涵更加丰富，个性更加鲜明。从两个方面来看：第一，在课程方面，学校提出以“建构乐慧课堂，培育诗意儿童”为目标，即以“激趣、乐知、慧讲、精练”的课堂范式，培养“明德、知礼、乐学”的儿童。第二，在活动方面，学校多次举办“童心向党，筑梦成长”等各类经典诵读大赛，弘扬革命传统，传承红色文化，培养学生爱国、爱党、爱校情操，推进了学校素质教育的开展，丰富了学生的校园生活，提升了学生的朗诵水平及语文素养。由于学校诗教特色取得的显著

成绩，南京市陶吴中心小学先后获得了中华诗教先进单位、江苏省诗教先进单位、南京市校园诗教实验基地、江宁区诗教先进单位等荣誉称号。

### （三）赤子丹心向中华，“一汽”情缘永流传

在翻阅资料、参观校史馆的过程中，我们感受到红色文化教育是陶吴中心小学最突出的特色，贯穿学校发展始终。陶小师生在学校停办期间怀揣着一腔热忱，深入乡村、开展社会实践活动，真正做到了“以生活为教育，把社会当学校”，在这个过程中帮助了“一汽”。而后，这一段特殊情缘不仅作为史料被记录在陶吴中心小学的校史中，还作为“红领巾”精神和爱国主义教育的“活教材”被加入到学校教学体系中。学校建造了“一汽”广场供学生参观学习，编写了专题画册学生读物《带动我们前进的车轮》，还成立了“一汽”英雄中队。中队不断更新迭代，队旗代代相传逐渐成为学校的传统，一直延续到今天。这些活动所蕴含的厚重历史、拳拳爱国情激励了一代又一代师生不断努力，以国家昌盛为己任。

“一汽”英雄中队交接仪式

“一汽”英雄中队交接仪式

## 四、访谈留声

为了更深刻地切身体悟学校的发展沿革，收集更为生动的资料，团队成员邀请了退休老教师进行访谈，由于邱老师行动不便，不方便进行面对面的访谈，我们采用了视频采访的形式。邱老师与我们分享了她的教学经历、陶吴中心小学的故事等，在得知我们是师范生后，她热情地鼓励我们提升教学技能，磨炼心理素质，为将来努力做好人民教师做准备。

邱老师在与我们交谈的过程中经常提到积累教学经验。尽管她身体不

适，但是讲到动情处仍双颊红润，激情满满。她这份激动的心情也影响到了我们。我们从她身上感受到的是一位前辈教师对教学生活的热爱，是一位乡村教师对乡村生活的深情回忆，是一位陶小教师的自豪。她是学校发展的见证者，是后继者的引路人，从她的身上得以窥见上一辈陶小教师的风采。由于邱老师身体欠佳，时间没有持续太长，我们便结束了访谈，以下是我们整理的邱老师的口述稿。

我姓邱，我 1989 年就从江西到陶吴来教书了，后来是在 2005 年退休的。我还记得我刚到的时候陶吴中心小学的样子，现在觉得整个学校的校容校貌，包括老师各方面都太好了，甚至连外国友人都来参观美丽的陶小了。

**【资料链接】**

据邱老师口述，当年从江西来到陶小后，一个班里既有男生又有女生让她感到非常奇怪，因为当时江西农村的贫困地区有重男轻女的现象，女孩都在家里待着，来学校上学的基本上都是男生，没有女生。后来她教书的时候允许女孩子把弟弟妹妹带到上课的地方，那时候还没有真正的教室，就在大地主家的旧房子里，分成两边，一边是学生在上课，另一边有个天井，那些小娃娃就在天井的旁边玩，哪家小毛娃哭了，哪家姐姐就过去带一下，就这样才好不容易有了一个有女孩子的班级。而且在江西贫困地区的大部分农民是交不起孩子的学杂费的，学杂费基本上都是靠老师带学生勤工俭学挣来的，低年级、中年级的老师带领学生收集像野菊花、野玫瑰等药材，卖到中药店。高年级的老师和学生帮窑厂抓柴火，就这样教师和学生一起去凑学费、学杂费。

陶吴这边之前有过勤工俭学，虽然那时候学费就两块钱，但还是有学生家里有困难，所以我们就去帮助农民收麦穗、捡稻穗、采茶叶等。虽然现在肯定是不用勤工俭学了，不过陶吴中心小学后来也一直很注重劳动教育。主要也是让学生体会劳动的艰辛，在这个过程中去感受、去体会生活的不容易、父母的不容易，然后才能学会将心比心，才能更加认真学习、劳动。除了劳动教育，学校为了提高学生的身体素质，也会组织体育活动，当时还没有运动会，体育活动就是组织大家一起踢石子、跳绳、踢毽子，还有跳牛皮筋。现在的各种运动会，像篮球、足球运动那时候都是没有的。

学校旧址

## 【资料链接】

邱老师在听说现在乡村小学有年轻教师留不住的现象后，她表示理解，并向我们讲述了她的经验。据邱老师讲，年轻教师在最开始工作的时候总会遇到一些大大小小的困难，大部分都有被小朋友气哭的经历。她刚从事教师这个职业的时候，也经历了很多挫折，曾多次感觉自己快撑不下去了，但最后还是坚持了过来，现在时间长了，再回过头看，也是人生的一种经历。

邱老师将和学生的相处之道浓缩为一句话："对待学生关键就是多表扬，少批评。"她笑着和我们分享了一个有趣的小例子，如果上课之前教室里面乱哄哄的，作为教师，走到讲台上去拍桌子、声嘶力竭地大喊都很难有效果。但是如果树立榜样，比如说进教室之后先表扬安静的孩子："我看这组小朋友做得最好，其他小朋友要向他们学习，马上就赶上他们了！"教室里马上就一点声音都没有了。邱老师始终认为孩子们都是可爱的，教师要多多关注孩子，找到和学生沟通交流的诀窍。

邱老师将对学生的教导也总结成了一句话，"动之以情，晓之以理"。她认为作为老师，不管用什么方法，都必须得真心实意地把所有道理都给学生讲清楚。她分享了过往的一小段经历，有一次一个学生书包里一本书都没带，就放了一把大砍刀。年轻的邱老师虽然内心也很害怕，但还是绞尽脑汁地去想怎么样去了解他的困难、帮助他解决问题。后来和学生沟通过后，才得知因为有人在他放学路上堵他。过去了很多年，邱老师还是感叹道，如果当时一味地害怕这个带砍刀的学生，那就没办法了解整个事件的全貌，不能了解到他的困境。所以学生的心理、生理状态都是需要教师去关心、去了解的。

我再谈一谈学校和家庭、教师和家长的关系变化吧！以前陶吴小学的孩子都在父母身边长大，教师跟家长之间的关系很好处理。现在乡村小学留守儿童很多，家长基本上都出去打工，由爷爷奶奶把孩子带大，所以经常出现这样的局面："父母顾不过来，爷爷奶奶管不过来"。这样的话，家校配合难度就变大了，像学科作业的辅导、限制智能手机的使用都很困难，所以我始终认为隔代教育是目前我们乡村小学的一个非常严峻的问题。现在年轻的乡村教师要和家长沟通交流也不是很容易，我总结了一下，有两个原因，第一是因为"隔代亲"，爷爷奶奶对孩子溺爱得很厉害；第二是爷爷奶奶没办法接受一些新的教育方法、教学技术。

陶小和教师之间的关系也很紧密。分两个阶段来说吧。第一是在职阶段，我在教书过程中从来没有遇到过特别艰难的事，毕竟学校管理体制很好。印象比较深刻的就是每年过年的时候会有教学大检查，由学校领导或者更高一级的领导在学校通信表里随机抽取老师的姓名，然后对抽到的老师一查到底，包括备课、授课、批改作业、学生座谈等。通过对学校教师的随机抽查，根据这几个教师的备课态度、授课水平、学生评价来纵观整个学校的教学水平、教育质量。当时我感觉很有压力，所以留下了很深的印象。

我了解到现在陶小的教师也不容易，南京陶吴这边的学生现在都是弹性放学，有些家长在放学时没办法来接小孩，最迟的可能下午五点半才能来接孩子，从放学到五点半的这段时间就由教师来帮忙照看孩子们，所以说我作为退休教师看现在的年轻老师走上教育岗位，我感到很欣慰，因为我经历过，所以我知道教师的工作不仅是体力劳动，还有脑力劳动，这都是很辛苦的。

第二就是退休之后的阶段，南京市陶吴中心小学给我们退休老教师的待遇是很好的，这种好不仅仅是物质上的照顾，更是一种精神上的关怀。举个例子，学校在我们退休教师七十九、八十九、九十九岁这样的大生日，都会买蛋糕、送鲜花来给我们过生日，还为退休多年的老教师夫妻在金婚、钻石婚的纪念日里，在学校举办一个婚庆典礼。老教师年龄大了，有时身体不好了住个院，学校也会有慰问活动，这些都让我们感到很暖心。我们学校还有退休教师协会，现在的陈校长是会长，我们退休老教师都是理事。平时学校也会组织老师们到外面去春游秋游，还在节日举办各种活动，平时也会经常开展体育活动，像套圈、打篮球、下象棋这种趣味活动都是有的。

学校组织退休教师活动

## 五、寻访者说

当我们从不同角度去深入了解陶吴中心小学一路走来的经历时，都会被这所百年村小的精神内核所感动。纵观其历史沿革，发展过程可谓一波三折。所谓“千淘万漉虽辛苦，吹尽狂沙始到金”，学校经历了多次停课、整改、搬迁，但是最后还是坚持了下来，始终没有失去活力，甚至在21世纪的今天，重新焕发出新的生命力，为乡村小学的发展提供了典范。

在学校发展沿革中，与“一汽”互帮互助的历史意义重大，影响深远，在校史中留下了浓墨重彩的一笔，也引起了我们的思考。下面从三个方面来看：

第一，对于“一汽”来说，第一笔支持资金或多或少地帮助工厂度过了一段艰难发展的阶段，工厂工人得知这个消息都大受鼓舞，肩负着“红领巾”们的期待，通过不断努力，终于制造出了第一辆由中国自主研发的汽车。

第二，对于这两百多位陶吴中心小学的“红领巾”们来说，他们在参加社会实践后，深刻地体验了和同伴们团结一心为中华民族振兴而奋斗的自豪与感动，受到了爱国主义精神的熏陶。因此，在若干年后新闻媒体受“一汽”的委托，找到当年的“红领巾”们时，发现他们中的绝大多数人在此后的岁月里继续为了祖国的繁荣富强作出了自己的贡献。

第三，对于陶吴中心小学来说，老一辈“红领巾”们在学校历史中写下了浓墨重彩的一笔，为学校的爱国主义教育、校本课程提供了鲜活的例子，为后续陶吴小学的学生们树立了榜样，“为中华民族崛起而读书”成为一代代陶小学子的坚定信念。此外，因为这一段历史曾多次被媒体报道，陶吴中心小学的其他特色也得以彰显，为学校在百年历史变迁中持续发展提供了物质基础和文化基础。

此外，学校在不同阶段与时俱进的办学特色为学校发展注入动力。在时代变迁中，许多乡村小学逐渐被湮没在历史的滚滚红尘中，而陶吴中心小学却能凭借着从“劳动教育”到“快乐体育”再到“诗韵校园”不断创新的教育特色，响应时代号召，脱颖而出；这看似偶然的机遇推动了陶小历经百年成为如今的现代化学校。但是越深入探究越能发现，陶小达到如今的发展程度是一种必然。

第一，陶小坚持贯彻优秀的教育理念。学校一直坚持以爱国主义教育为重点，始终将教育与社会生产劳动相结合。一代代陶小人牢记“红领巾”精神，并贯彻到社会生活实践中去，因此学校师生才会在“141 工程”中为“一汽”捐款，与“一汽”结下情缘，才会有师生共同劳动，改善学校设施条件等。

第二，陶小始终保持着纯粹的乡村教育情怀。陶小即使在发展的辉煌时期，也抱着谦逊的学习态度，继续与周边优秀的学校学习交流。比如陶吴中心小学就向陶吴中心幼儿园学习了特色劳动教育的创新方法，两个学校相互促进，再创发展高峰。而在学校面临停课等诸多挑战时，师生们也不会气馁，继续投身社会实践，为祖国的繁荣昌盛贡献力量。

第三，陶吴中心小学的骨干教师们有着敏锐的教育洞察力，学校在不同的历史阶段制定了不同的发展战略，始终紧跟时代发展步伐。为社会培养最需要的综合型人才。

陶吴中心小学作为一所历史悠久的乡村小学，既保持了传统的教育特色，又在此基础上能够不断推陈出新，焕发了新的生机活力。究其根本，是新老教师在教育理念上的传承与融合。

在整理陶小退休老师邱老师的口述稿时，我们发现她作为上一辈陶小教师代表，对学校在当代的发展、青年乡村教师工作的开展都有深入的思考。她结合自己一路走来的教学经验，思考着乡村教师短缺的社会现状，忧虑着留守儿童家校共育困难的问题，通过理论与实例相结合的方式，毫无保留地传授着师生相处之道的智慧。

陶吴中心小学为新老教师的沟通交流提供了桥梁，使得青年乡村教师不仅能传承老一辈教师们的教育情怀、教学经验、为教育事业奋斗终身的使命感等，还能够结合自己所学的现代教育理念、现代教育技术，在前人的基础上更进一步，坚持继前人之志传承文化，追溯过往；尽众人之力宣扬新貌，交流协作。

我们每次在整理南京市陶吴中心小学近百年的沧桑历史时，在听退休的乡村老教师口述校史时，都会肃然起敬。我面对着学校现代化的大楼，听着琅琅的读书声，总会想起“潮平两岸阔，风正一帆悬”这句古诗。陶吴中心小学承载着一代代的乡村教师们、“红领巾”们的汗水与期望，行路不辍，不断沉淀，终成长为一所既有厚重历史积淀又充满希望的百年乡村小学。

——周然

## 六、思考与拓展

### (一) 案例思考

1. 结合本节案例，你认为乡村小学应如何将学校历史融入教学体系？
2. 分析农村小学家校联系的困境及出路？
3. 作为当代大学生，可以在哪些方面为乡村学校历史记录作些贡献？

## （二）实践指导

1. 邀请寻访陶吴中心小学的团队成员与班级同学现场交流。

2. 组织同学们前往陶吴中心小学参观交流。

## （三）延伸链接

百年村小空中档案馆之陶吴中心小学

# 第三章

# 承继中的文化建构

# 歌唱民俗文化的灼灼芳华

## ——镇江市扬中市西来桥学校

## 一、导言

万里星河之下，四面环江的孤岛之上，始创于1928年的扬中市西来桥学校（以下简称西来桥）连接着悠久的过去，承载了漫长而又斑驳的近百年岁月。作为岛上的唯一一所学校，西来桥学校是如何做到弦歌不辍、薪火相传的？学校又是怎样将民俗文化传承延续下去的？学生感受到了怎样的校园文化？学校建立了哪些机制来打造高质量的教师队伍？寻访团队围绕这些问题，通过14天实地探寻和收集口述史料，以期展现出西来桥民俗文化方兴未艾的力量，弘扬学校素履以往前路荦确的不朽精神。

20世纪70年代的学校大门

早期校舍

现在的学校大门

## 二、寻西来桥百年风华

在实地考察前的半个月，寻访团队通过在各大网站上查阅资料和电话咨询当地教育局等方式，从西来桥学校的建校地址、历史沿革、重大历史事件等方面对学校进行了一系列的初步调查。2022 年 1 月寻访团队抵达西来桥学校，在已有信息的基础上对学校展开更深入的考察工作。一踏进校门，“梦想广场”和“梦想楼”即映入眼帘，虽然当时正值寒假，校园里并没有学生，但我们却能感受到属于西来桥少年特有的朝气。广场边是古色古香的长廊，张贴着西来桥学生在各种活动中意气风发的照片……学校的图书馆、多媒体教室、糊塑馆、计算机房、实验室、舞蹈房等各类设施配备齐全，并融入了当地的传统特色，办公基本实现自动化，传统与现代实现了完美的融合。

梦想广场

梦想楼

在校长办公室，我们看到了扬中市西来桥学校建校八十周年纪念册，其中详细记载了西来桥学校的办学历史。通过现任校长姚九兵的介绍，我们发现，西来桥学校曾经历过多次合并扩建：西来桥学校（原名福星洲初级小学）由包志清、陈景泰于 1928 年在集镇东街南侧正式创建，兴办教育的这一举措得到了小岛人民的大力支持。1939 年，陈克天化名邢先生在校教书并任校长；1949 年，迁址大庙（现港南东路 17 号），改寺院为校舍，施德任校长；“文化大革命”期间，村村办起了小学，但 1982 年至 2002 年期间，11 所村小全部拆并，全镇保留一所完全小学——扬中市西来中心小学（原名扬中县幸福中心小学）。而扬中县幸福初级中学由徐金棣于 1958 年创办，两年后由校长袁东明更名为扬中县幸福中学，1996 年与原南阳初级中学合并，更名西来中学。2006 年，西来中心小学和西来中学合并，更名为扬中市西来桥学校。2007 年 11 月顺利通过了江苏省教育现代化验收，学校发展步入快车道。虽然中途经过多次并校和迁址，但这所生于小岛、长于小岛的乡村小学依然弦歌不辍、芳华灼灼。

如今，作为岛上唯一的学校，西来桥学校共占地 35 亩，中学和小学加起来共 19 个班级，小学有 13 个班级，初中 6 个班级，全校一共有 731 位学生，初中 221 人，小学 510 人，在职在岗的教师共 77 名。学校也曾获得全国读书读报先进学校、江苏省数字化校园、镇江市体育传统项目学校等荣誉称号。此外，西来桥学校以育人为本，全面落实国家教育方针，形成了“三味校园　多彩生活”的发展理念，“三味”即生活味、书香味、梦想味；多彩生活就是根据现在学校要求的德智体美劳五育并举，开展丰富多彩的校园活动来提升学生的素养，促进学生全面、健康、和谐发展。办学理念作为西来桥学校集体意志的体现，看不见，摸不着，但有着巨大的凝聚力、推动力、生命力，时刻引导着领导队伍和教师队伍的教育实践活动。有什么样的办学理念，就会有什么样的学校，就会有什么样的学生。西来桥学校建设“三味校园”的办学理念是学校存在和成长的灵魂，是学校发展的根基，对学校的传承发展至关重要，引导着教师提升教学能力，形成特色化的教学体系，营造出健康快乐的学习氛围，提高学生对学习和生活的热情。

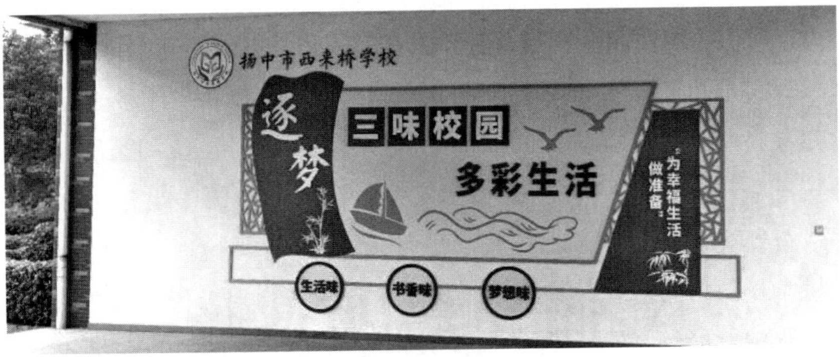


三味校园　多彩生活

同时，西来桥学校为实现依法治校，创新进取，全面提高学生素质和创新能力，凝聚成了“三有四最”的办学目标：“三有”是指力争把学校打造成有温度、有味道、有追求的学校。有温度，是指无论对学生还是对教师都有情感温度；有味道，是指生活味、书香味和梦想味“三味”的结合；有追求，是指要把孩子们未来的幸福生活作为努力的目标。“四最”分别为最西来、最传承、最励志、最健康。其中最西来和最传承与西来本土的特色息息相关，西来桥镇作为全国的龙狮之乡，学校的舞龙队也曾参加过全国舞龙大赛并荣获金奖，而龙在中华民族心中是祥瑞的象征，学校将把这个项目传承下去，让传统文化源远流长。最励志，是指学校哪怕位置很偏，但目标不偏，在教育局组织的各种活动中都全力以赴、全情投入。最健康，是指学校注重学生和教师的健康生活和健康发展。西来桥学校“三有四最”办学目标从学校实际出发，力争让每一个生命自由绽放，让社会因教育而和谐，让世界因教育而精彩；同时争做应试教育的变革者、做素质教育的实践者、做创新教育的探索者、做国际教育的开拓者；培养身心健康、具有民族情怀、国际视野和自主能力的创新型人才。

## 三、探西来桥特色

和大多数村小面临的问题相同，西来桥学校也面临着生源流失的问题，“如何通过提高教学质量来缓解生源流失?”成为西来桥学校不断创新发展道路上迫切需要解决的核心问题之一。校长姚九兵表示：西来桥学校由于其特殊的地理位置，在缓解生源流失方面有利有弊。得益于当地的民风民俗，学校的发展可以借助当地的民俗文化，形成具有时代性和民族性的校园文化。同时，学校的老师大多是西来桥本地人，他们都有一定的乡土情结。同时，西来桥学校由于其偏远的地理位置，导致了教师队伍的不稳定性，需要学校进一步完善教师队伍的制度保障，在教师队伍的组建上采用新方法，取得新突破、新成效。在找准出发点、明确落脚点、抓住切入点后，西来桥学校一代又一代领导者持续探索，逐步将当地民俗文化等要素融入校园文化中，凝练成西来桥学校独具特色的校园文化，结合学校实际情况，打造了专业化、优质化、年轻化的教师队伍。

## （一）探寻西来桥学校独具特色的校园文化

### 1. 赓续非遗文化的秩秩薪火

在与姚校长进行了简短的交流后，团队成员继续参观校园，其中令大家印象最深刻的，莫过于学校的糨塑馆。糨塑，俗称花圆子、囍塑，属于非物质文化遗产，也是民间广泛流传的一种传统手工艺品，用糯米粉制作，主要应用于小孩生日、老人祝寿、新房上梁等喜庆场合。经过揉、搓、捻、刻……一个个普通的米糨团子在匠人手中幻化成千般模样。扬中市西来桥镇的糨塑文化在融合北方面塑的精髓基础上，更加彰显出精致温润的南方气息，以优美精巧的造型、细腻温润的触感、喜庆吉祥的寓意赢得了群众的喜爱。它作为扎根乡土的传统民俗技艺是属于一方水土共同的文化记忆，是值得人们精心呵护、永久珍视的无价之宝。

学校糨塑馆

西来桥学校为让非遗文化的种子在学生的心中生根发芽，在小学和初中都开设了糨塑社团，同时邀请了西来桥第四代糨塑传承人黄敬荣，请他作为校外辅导员，给学生们讲解糨塑。此外，社团还会定期连线海外侨胞，共同学习糨塑技艺，让非遗文化的血脉于海内外同胞的心中同时激起火花。尽管在糨塑课程开设发展的过程中，不乏有人出来阻挠，认为学校只是学习的地方，并不需要搞太多“花里胡哨”的东西，但西来桥学校顶住了这些压力，冲破阻碍发展的旧观念，将糨塑作为一个课外社团开办并延续下来，糨塑也拓宽了学生的眼界，让学生接触到了书本之外的知识。此外，在传承的基础上持续创新工艺，让糨塑这一古老的民俗技艺焕发勃勃生机，在西来桥这座江心小岛上绽放出熠熠光彩。

**2. 守护传统文化的璀璨光华**

西来桥的舞龙文化可以追溯到 20 世纪 50 年代，那时每年正月初五，龙、狮、花船等民俗文化表演“大会师”，甚至有来自泰兴、武汉、安徽的队伍。此外，还成立了“小脚舞龙队”，女子也可以参加舞龙。到了 70 年代末，一些人扎起长龙，以舞龙的形式祈求未来风调雨顺，平安幸福。每到舞龙的日子，家家户户早早把门敞开，迎接龙的到来。龙一进门，鞭炮就热闹地响起来，主人家会拿出一些云片糕送给舞龙队，围观的人就一哄而上扯龙须。

西来桥学校，开设了特色舞龙课程，成立了舞龙队，团队由专业老师进行辅导，在继承传统的基础上积极进行创新，在让传统闪耀光华的同时打上时代的烙印，让学生们接过祖辈的舞龙棒，成为新时代“龙的传人”。寻访中，姚校长指着墙上的照片语气中带着满满的自豪向我们介绍道：“我们学校的舞龙队在第十届全国舞龙舞狮锦标赛暨江苏省舞龙舞狮比赛中获得儿童组传统套路第一名，在‘和润杯’2018 长三角地区龙狮精英赛暨第三届扬中市西来桥舞龙大赛中也取得了优异的成绩。”

**【资料链接】**

2017 年 11 月，由体育教师和外聘教练担任指导的西来桥学校舞龙队，在第十届全国舞龙舞狮锦标赛中荣获第一名。西来桥学校的参赛节目是《多彩龙文化，多彩中国美》，节目中有五节龙、板凳龙、太极龙、单手龙、木偶龙等不同的表现方式，赛场上，孩子们动作连贯、生动，翻、滚、游、戏、缠、绕等传统套路表现到位，同时融入了舞美套路，一招一式都得到评委和观众的赞赏，掌声与喝彩声不断。在晚上的颁奖大会上，孩子们再次登台表演，犹如蛟龙出水神采奕奕。

那高昂的龙头、线条流畅的龙身、五彩斑斓的龙鳞、极富趣味的龙尾，随着鼓点的节奏，追随着最为耀眼的那颗龙珠。双结、十字花，舞龙棒在少年们的手中翩跹飞舞，龙身在一根根舞龙棒中悄无声息地穿过，携带着传统文化的气息穿越历史，随着鼓声在少年们的心中留下阵阵涟漪。让龙舞起来的，并不是那几根舞龙棒，而是根植于西来桥少年们心底的对传统文化的热爱。同时，舞龙课程也成了西来桥学校的名片之一，那源远流长的舞龙传统在西来桥少年们飘扬的衣袂下闪耀出璀璨的光华。

西来桥学校舞龙队

**3. 焕发篮球文化的勃勃生机**

西来桥学校注重对学生身体素质的锻炼，注重篮球知识普及和篮球竞技培训，形成了独具特色的篮球文化。学校的“小篮球”项目起源于 20 世纪 70 年代，至今已经有 40 多年的历史，其间从未中断过。西来桥学校是镇江市体育传统项目学校，学校的篮球队也连续 20 多年获扬中市篮球赛冠军。同时，西来桥学校还开设了篮球大课间，以篮球为主线设计课间操的训练形式，并在大课间评比中荣获扬中市一等奖的第一名，甚至在整个镇江地区都有很强的影响力，为西来桥学校赢得了赞誉。

篮球课间操

篮球器材室

西来桥学校的篮球课程一方面能够让学生们在日常的训练中获得强健的体魄，塑造优秀的品格，继而更好地投入学习中去，推动社会发展；另一方面彰显出体育运动强身健体、恢宏士气的强大能量，让学生们在体育运动中体会到力与美的绝妙结合，感受到生命的张力。

**4. 点燃书香文化的万古明灯**

西来桥学校自 1984 年以来，积极引导学生读书读报。组织学生坚持阅读，重视阅读，并获组织奖、集体奖、特等奖 60 余次，且连续 6 年被评为全国读队报金奖学校，被授予全国读队报长知识优秀学校、面向未来阅读工程示范学校等荣誉称号。此外，学校还设有专门的图书馆和教师阅览室，开展课间阅读活动、西来桥学校星级家庭书房授牌仪式、西来桥中心小学“献一读百，大家行动”生日捐书活动、教师诗歌朗诵会等活动，贯彻落实打造充满“书香味”校园的办学理念。在校园的楼梯、过道等处也随处可见鼓励孩子们阅读图书的宣传标语和图画。

学校阅览室

学校过道处的标语

西来桥学校星级家庭书房授牌仪式

西来桥学校课间阅读活动

西来桥学校的学生在浓浓的书香中阅读着一个个有温度的文字，品味文字的力量，在阅读中沉潜往复、在心中修篱种菊。同时，书香笼罩着这所乡村小学，使其有底气面对变革前进途中的困难和挫折，在纷纭万状中激浊扬清、明辨是非，不致被匆匆向前的时代风潮裹挟着前行。

### （二）重视教师队伍建设，打造村小核心竞争力

#### 1. 具体规范的管理体系

“不以规矩，不成方圆”，只有严格规范的管理体系才能够打造出高质量的团队。西来桥学校依托扬中市校长目标责任状的考核，出台了一些细则，一个是关于教师职称晋升的细则，还有一个是关于教师岗位晋升的细则，如：高级教师的七级岗、六级岗、五级岗的标准和七级岗向六级岗晋升要具备的条件。此外学校还出台了严格的教师考核机制，包括学校教师的上班纪律、上班制度以及考勤制度，最终对教师们进行考核评定。

在百年未有之大变局时期，学校在培养一批能塑造学生品格、品行、品位的好老师过程中，实行严格的管理。不同的学校文化和价值引领会形成不同的教师成长样态，所以“也需规矩从墨绳，还待春风试剪刀”，再漂亮的衣服也是从规规矩矩的墨绳下裁剪出来的，西来桥学校对于教师管理机制的严格把控是这所百年村小能够在历史的长河中屹立不倒的重要原因之一。

1984 年学校教师合影

#### 2. 人性化的教师保障体制

教育是“一朵云推动一朵云，一个灵魂唤醒一个灵魂”，其中教师的重

要性不言而喻，西来桥学校人性化的教师保障体制的健全和完善较好地保证了教学质量。目前学校的教师收入分为基础工资和绩效考核两部分。教师工资归财政统筹，每个月的10号老师们的工资会分发到位，包括保险和住房公积金等；教师的绩效考核包括教师们的年终奖金和政府目标责任状的考核奖金，所有绩效考核奖金都在年终进行发放。所有教师的工资待遇，都是市财政进行统筹，一年每个教职工的福利待遇大概在2 500元左右。

此外，对于扬中市西来桥学校的老师们来说，上班下班离城区比较远，学校用自己的公用经费租赁了一辆校车，专门接送老师上下班。国家推行了双减政策，西来桥学校也相应推行了延时服务，放学以后老师们还要再加班两个小时，轮到老师们加班的这一天，学校会提前准备好晚餐以解决老师们的后顾之忧，让老师在学校工作中有安全感、归属感、幸福感、价值感；让老师做有温度的人、做有温度的教育、成为有温度的好老师，同时吸引和稳定更多优秀人才在校从教。

**3. 多种多样的教师专业发展机制**

新时期教育改革要求教师向专业化的方向发展，在此背景下教师的专业发展对于像西来桥学校这样的乡村学校来说显得尤为关键。教师专业发展主要包括专业知识、专业能力、专业理想、专业思想、专业品格、专业智慧这六个方面的内容。针对近几年年轻教师的不断加入，西来桥学校逐步健全完善了教师专业发展机制。市教师发展中心对学校的老师们定期进行系统培训；此外，学校对年轻老师，每个学科老师，包括班主任，都找了相应的师傅，形成了师徒结对的形式，通过中老年教师一对一带年轻教师，来促进他们的成长发展。同时加强城区学校跟农村学校联盟，给学校的年轻教师创造成长的机会，促使他们多参加专业方面的活动，如赛课、说课、试卷命题比赛等。

西来桥学校对教师发展机制的重视和完善使教师们的专业素养、专业结构呈现不断动态发展的态势，深刻认识和理解教育中的问题以及促进学生发展的重要性，促使教师不断认识自我、完善自我、超越自我，进而实现教师的职业价值。

#### 4. 家—校—社互动机制

因为时代的迅速发展以及社会的全面进步，人才之间的竞争越来越激烈，优胜劣汰越发明显，导致人们对于少年儿童综合素质的提升更加重视。对学生的教育并不能单方面依靠学校完成，需要和家庭、社会结合起来开展，只有这样才能够全面促进学生成长，所以，家—校—社互动机制受到社会各界的重视。家—校—社互动机制是指在教育和培养学生的过程中学校、社会、家庭三者之间相互配合，相互协调共同促进各项工作的良好开展，从而保证学生各方面能力得以提升，使教育成果最大化。

一个完善的家—校—社互动机制可以促进学生健康发展，对于学生自身能力、情感、态度和价值观等各方面发展都具有重要的价值，家庭、学校和社会的有效合作能够形成教育合力，为学生发展创造更多的生存和学习环境，进而可以促进学生更好地发展；同时，一个好的家—校—社互动机制会提升家长和教育工作人员的基本素质，家—校—社合作的过程，也是教师、家长和教育人员学习的过程，能够有效提升相关工作人员的素养。西来桥学校提倡家校合育，要求每个学期都要召开一次家长会，每个家长都有一本读本，且每一个学期开展 5 至 6 次线上线下的互动，并且要求老师入户家访，家访人数至少要达班级人数的 2/3。家长是孩子的第一任老师，发挥着重要的作用，而社会环境又会对学生产生潜移默化的影响，因此家—校—社合作形成家校社互动机制将大大助力学生的成长。

## 四、访谈留声

一个学校的管理层，是这个学校实现发展和创新的核心要素，决定着这个学校的发展方向。要想了解一个学校的发展史，就需要走近这个学校的管理者，寻访团队在参观校园之后回到校长室，对校长姚九兵进行了访谈。通过对学校的实地考察，我们对西来桥学校的教师发展机制产生了浓厚的兴趣。针对我们提出的问题，姚校长向我们讲述了他在西来桥学校的工作经历，以下是我们整理的口述稿。

1995 年暑假，我以优秀的成绩从丹阳师范毕业，被分配到了我的家乡西来桥镇中心小学，成了一名小学语文老师，完成了人生中的一次重大角色转变。至今已工作 24 个春秋。这 24 年间，大概每 8 年是我的一个成长阶段。工作后先是做了 8 年的班主任，之后竞聘为学校教务主任，又做了 8 年教务主任，后被提拔为副校长，在副校长的岗位上又工作了 8 年时间，今年暑假被提拔为正校级，任学校党总支书记，分管党务。

回想工作以来的这一段时间，我觉得我是幸运的，因为在我工作的初期，遇到了时任教研室主任的匡爱红老师，是她指导、提携了我，让我得以实现自己的目标。

那是一次随堂调研，匡主任听了我的随堂课《天鹅的故事》，发现了我课堂教学的潜力，并推荐给了学校领导，在学校领导的培养指导下，我的业务能力不断提升，多次代表学校参加镇江市、扬中市级赛课教学比武并获得一、二等奖等奖项。随后匡主任带着我多次到兄弟学校进行课堂教学的交流，每一次的交流、每一次的磨炼对我而言都是一次提升自己业务能力的机会。几年下来，我对小学语文教学有了自己的理解，形成了自己的教学风格，成为扬中市小学语文学科中心组成员。28 岁那年，在同事们的鼓励下，我参加了学校中层干部竞聘，幸运地被聘为教务处主任。在学校行政管理的岗位上，我不断学习，不断提升自己的管理能力，与此同时我始终没有放弃对自己教学业务能力的提升，2014 年我被评为扬中市骨干教师，2017 年被评为镇江市骨干教师，个人两次被市政府记三等功，多次获得嘉奖，获得过镇江市优秀班主任、扬中市十佳服务标兵等荣誉称号。当然我很清楚，个人的成长离不开同事的支持与帮助，离不开领导的培养和指导，成绩的取得不会成为我停滞不前的资本，反而会成为我继续前行的动力。

**【资料链接】**

据姚九兵校长口述，他在 2018 年 5 月 23 日，和学校的鄂启俊主任分别代表西来桥学校参加“新行知课改联盟校课堂教学大赛”语文、数学学科教学大赛。报名参加那次赛课的教师均是联盟学校浙江与江苏两地的语文、数学骨干教师。次日上午 9 点，在课改中心的刘阳主任和陈育霞主任的主持下，中心专家组组长李中伟主任与中心专家组核心成员王卓明主任分别对语文、数学课堂进行了深度的分析与点评。在五十分钟的交流过程中，李主任主要就自己的赛课主题《彩色的非洲》一课，从导学案的编写及课堂流程方面进行了深度解读，给学校的老师带来很多启发，使老师们对教学方式又有了更进一步的理解与思考。

2010年暑期，走上了领导岗位，成为分管教学的副校长，对我来说意味着更大的责任、更大的挑战。好在有上级领导的指导、同事们的支持，各项工作都能够有条不紊地推进。虽然近几年分管的工作范围在不断调整，但都能够带领大家获得优异的成绩为学校争光。尤其是近几年的学校体育工作，取得了前所未有的成绩，无论是体育竞赛还是学生体质测试，都位列扬中市前列，有些项目更是取得扬中市第一名的好成绩。少年舞龙队获得全国冠军，啦啦操代表队获得全国啦啦操比赛镇江站的第一名。学生成绩的取得得益于教练的辛勤付出，得益于学校领导的指导帮助和学生家长的支持与配合。

校长姚九兵

几年下来，由于工作的需要，几次调整分管领域，学校各个方面的工作我都涉及过，这对于我来说既是一种学习，更是一种锻炼，促进了我个人的发展。

## 五、寻访者说

扬中市西来桥学校是一所重视传统并且注重创新的学校。西来桥学校能够传承百年并且发展到如今的规模一定缺少不了各方面的努力。一所百年老校犹如一棵参天大树，经历了无数风霜雨雪。百年老校的传统，是具有独特凝聚力的学校精神、价值理念和师生员工认同的道德规范与行为准则，并以一种独特的形式表现出来。

首先就是冲破阻碍发展的旧观念，传承地方特色文化。在学校发展过程中，不时有人出来阻挠，认为学校只是学习的地方不需要搞太多“花里胡哨”的东西，而西来桥学校的决策者顶住了这些压力，将糊塑、舞龙、篮球等活动保留了下来，将课本之外的知识传授给学生们。

其次，西来桥学校有打破闭关自守、吸纳先进文化的创新基因。学校创办之初，不囿于传统的课程，而是积极开发新课，讲授社会科学和自然科学，拓宽学生的知识范围。正是这种创新基因，才使学校地位稳居所在地区的前列。创新，永远是学校发展壮大的根本原因。

此外，西来桥学校师生攻坚克难、艰苦奋斗的担当精神也是学校传承百年的重要因素。学校从一百年前蹒跚走来，前人付出了许多艰辛，正是这种坚定意志、攻坚克难、艰苦奋斗的担当精神，才使学校有了今日的规模。教育的发展往往是波浪式前进、螺旋式上升的。要想老树发出新枝，旧校焕发生机，就必须呼吸新鲜空气，吸收新的养分，做出新的改变。在继承传统的基础上进行改革创新，在传统与现实、过去与未来的交接中寻找结合点、发展点以及创新点。

最后，西来桥学校拥有独特的办学理念与办学特色。学校虽几经易名，换过几任领导，但是最重要的一点永远都没有变，那就是将培养学生全面发展当作第一要务，从来不是单一的知识灌输，而是全方位立体式培养。如果说百年前的西来桥学校是迎着近代文明的一缕阳光破土而出，那么今天它就是随着冉冉升起的太阳，经风雨，去阴霾，缓慢坚定地向上生长。

感谢寻访扬中市西来桥学校的祝于茸、杜峰、赵梦轩、刘如钰同学，感谢西来桥学校校长对寻访工作的支持，也祝愿扬中市西来桥学校继续发展壮大，薪火相传，弦歌不辍！

——王艺珩

## 六、思考与拓展

### （一）案例思考

1. 结合本节案例，分析乡村小学可以怎样利用当地民俗文化进行人才培养？

2. 你认为乡村小学应该怎样构建教师队伍，提高教学质量？

3. 作为当代大学生，你认为可以在哪些方面为乡村学校发展作出贡献？

### （二）实践指导

1. 邀请寻访西来桥学校的团队成员与班级同学进行现场交流。

2. 组织同学们前往西来桥学校参观交流。

### （三）延伸链接

百年村小空中档案馆之西来桥学校

西来桥学校微信公众号

# 当民族之花盛开时

——高邮市菱塘回族乡回民实验小学

## 一、导言

高邮市菱塘回族乡回民实验小学（简称菱小）初创于 1913 年。建校以来，三易校址，七更校名，这里曾诞生过菱塘地区乃至河西地区的第一个党支部，同时也是现今江苏省唯一的回族乡实验小学。一百年的办学历程中，菱小栉风沐雨，薪火传承，积蓄了深厚的文化底蕴，形成了艰苦自立的办学风格。在党的民族政策的指引和全体老师的共同努力下，菱小是如何传承自身红色基因，将民族性与现代性融合发展的？又是怎样利用乡土资源与民族特色进行学校文化建设、开展民族特色活动的？学生在这里有怎样的独特感受，学校又为当地发展带来了哪些变化？带着这些问题与思考，寻访团队来到菱塘回族乡回民实验小学，开展实地考察与口述探寻。希望能用纸笔见证菱小百年发展中蕴含的蓬勃生命力，探寻对中国乡村小学发展具有普世意义的智慧和经验。

菱塘回族乡回民实验小学教学楼

## 二、寻菱小百年风华

菱小南临古老的神居山，北凭美丽的高邮湖。依山傍水，宛若璀璨的明珠。初进菱小，就能看到学校草木葱茏，楼廊错落，处处洋溢着浓郁的人文气息。走入菱小，印象最深的是校园内随处可见的标语标牌。和谦路的公告牌上书写了菱小的校训、校风、教风和学风，彰显着菱小严谨治学的办学理念；和合苑中“立德树人为党育人，民族复兴为国育才”的标语彰显着菱小百年来的办学目标。类似这样的标语和公告牌在菱小是很常见的，有的介绍了维护和加强民族团结的重大意义，有的摘录了习近平总书记关于民族教育大业的指导方针。这些标语体现了菱小始终坚持贯彻“各民族像石榴籽一样紧密相连”的民族教育理念。

和谦路公告牌

和合苑

习近平总书记寄语

民族团结　同心筑梦

在学校档案室里，我们找到了菱小 20 世纪 20～30 年代红色岁月的印记。菱小建立在国家多灾多难的年代。1913 年回民秀才杨士廉初创菱塘桥小学（初级），校舍由菱塘街上的贞节祠改建，时称高邮县第五学区西山市第二国民初等学校。尽管当时只有一个包括一至四年级学生就读的混合班，但为菱塘的教育奠定了发展的基础。在此后的几十年里，菱小三易校址，七更校名，菱小的教师更是怀着坚定的救国信念，一边教书育人，一边致力于党的工作，在菱小的校园里建立了菱塘地区乃至河西地区的第一个党支部，使菱塘这块土地后来涌现出一大批走上了革命道路的菱塘小学毕业生。这些学生有的后来成长为中国人民解放军的师团级干部，有的成了地方的各级领导干部，都在为祖国的发展、党的建设贡献着自己的力量。菱小也在继承发扬红色文化，延续着菱塘特有的红色情怀。

菱小档案室

办学沿革档案

20 世纪初，面对风雨飘摇中的祖国，菱塘小学的老师们心系国家，常教导学生们要热爱祖国，洗雪国耻。每逢“五三”济南惨案、五卅运动等纪念日，菱塘小学师生都会在校内集会，讲述国耻史实和经过，师生们有时还上街发表演说，激发群众的爱国热情。

20 世纪 20 年代末到 30 年代初，国民大革命时期时任菱塘小学校长的夏建鸿老先生积极组织领导学生上街游行示威，高呼“打倒列强、打倒军阀”等口号，大大激发了广大师生的爱国热情。同时，菱塘小学师生举行游行集会，张贴大幅标语，庆祝北伐胜利。师生齐声高唱北伐革命的歌曲：

打倒列强，打倒列强！
锄军阀，锄军阀，
国民革命成功，国民革命成功，
齐欢唱，齐欢唱。

20世纪30年代初，在高邮县中共党员徐平羽（原名王维雄）的领导下，1932年春，菱塘小学建立了党支部，这是菱塘地区的第一个党支部。钱薇阁老师为第一任党支部书记，继任者是华士林老师。当时以菱塘小学为党的斗争活动中心，积极发展党员，开辟了从神居山到菱塘北乡一线根据地。最早一批加入党组织的钱薇阁老师，对学生有着深刻影响。

**【资料链接】**

菱塘小学的老校友刘宏仁先生在庆祝菱塘小学80周年校庆时写道：“难忘钱老师，给我革命的启蒙教育，使我逐渐觉悟，最后走上革命的道路。我感谢母校的培养，感谢教师的辛勤培育。钱老师十九岁来菱小任教。他爱同学，同学们也尊敬他。他把自己买的《彷徨》《呐喊》《木偶奇遇记》等书，推荐给同学们看，课余时间给同学讲故事、说道理。讲旧社会穷人为什么穷，富人为什么富，讲什么是剥削，什么是压迫，世界上为什么存在着不平等。他还教同学们唱民谣，‘红旗飘飘，锄头镰刀，穷人起来，富人畏刀！’他还说顺口溜：‘四五六，打倒警察局’‘七八九，打到衙门口’。在钱老师的启发诱导下，我们懂得了革命救国的道理，提高了思想觉悟。”

由于档案室部分资料缺失，我们未能完整地串联出抗日战争时期菱小全部的历史痕迹。但在后续整理菱小办学历史的过程中，我们注意到了菱小的一位校长——李贯之先生。他热爱教育事业，忠于本职工作，团结同事，爱护学生，联系群众，深受全校师生和学生家长的爱戴，也是菱小抗日战争时期红色基因的重要奠基人。李贯之校长1932年加入中国共产党，一直在菱塘以教师的身份从事党的地下工作。1948年菱塘解放，李校长响应党的号召自编教材，撰写出例如“麦儿青，菜花黄，男女老少生产忙”等45篇教

菱小学党史　悟思想大墙报

材初稿，内容浅显易懂，小朋友好学好记。李校长敢想敢干，敢于破旧立新。带领学生锯倒下庙的旗杆，接着又捣毁了文昌宫的神像，搬走了神龛供桌，为学校增添了多套桌凳，同时制作了多块黑板，为兴办教育事业奠定了一个很好的基础。“土改”时，他更是密切配合菱青剧团，在高年级组织儿童剧团，亲自编写并指导演出大型现代剧《白毛女》，演遍湖西各乡，影响很大，对推动“土改”运动起到了一定的积极作用。抗日战争时期，李校长配合抗日部队，自编活报剧，激励同学们“为中华之崛起而读书”。除李贯之校长、钱薇阁老师外，高邮县志和乡志中也记录了许许多多为党的建设和乡村教育事业付出无数心血的菱小老师们，他们推动着菱塘地区乡村建设的深入、乡村教育的振兴。高邮市政府于 1991 年 5 月，在菱塘回族乡政府大院内，立“土地革命时期，菱塘桥支部纪念地”碑，作为永久纪念。菱塘回族乡回民实验小学作为当地第一个党支部诞生地，所承载的红色基因成为菱小百年发展绵延不绝的精神爝火。

如今，行走在教学楼，随处可见墙壁上图文并茂的标语标牌，在高大的钟楼下，象征学校标志的雕塑在阳光下闪闪发光，绿色草坪上文化石点缀其间……菱小的红色血脉显现在菱小校园的每个角落，凝结在菱小师生日常生活的点点滴滴中。菱小一手抓环境建设，一手抓内涵发展，先后开发了许多具有特色的文化课程。

现在，菱小已有 18 个班级，近 700 名学生，教职员工 50 余名。学校以

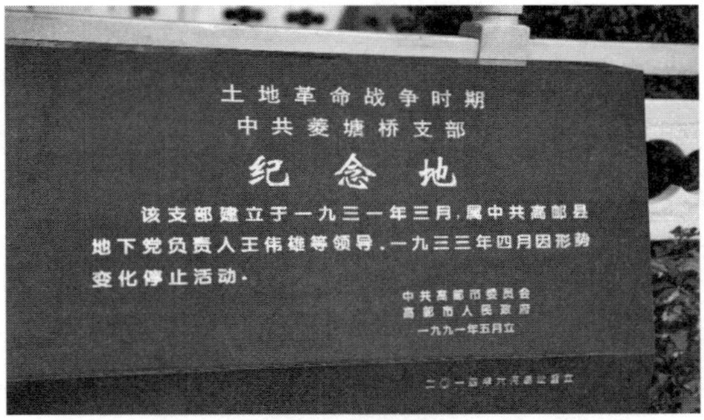


中共菱塘桥支部纪念碑

教学楼内标语

菱小钟楼

教书育人　文化长廊

文化石

“坚苦自立”作为校训，以“和韵”文化打造办学特色，开展特色社团活动，践行“环境育人、文化育人、活动育人”的教育理念。紧紧围绕“充分挖掘全体学生的潜能，不断提高学生的全面素质”的办学目标，确立科研兴校的办学思想，菱小先后获得高邮市优秀学校、高邮市文明单位、扬州市素质教育先进学校、扬州市现代教育技术实验学校、扬州市优秀家长学校等称号。菱小是扬州市育才小学联合教学和科研的实验基地，也是名副其实的江苏省实验小学。今后，菱小的师生也将继续聚力同行，共同谱写更美好的乡村教育新篇章。

菱小教学楼

## 三、探菱小特色

菱小重视民族文化，打造特色社团。在对李伟校长的访谈中，我们了解到菱塘回民实验小学是江苏省唯一的回族乡实验小学，有着丰富的民族特色。菱小一直以发挥民族特色为主线，成立了“民族之花”鼓号队、“民族之魂”体训队、“民族之韵”文艺队以及“民族之苗”书画社，通过这些社团活动积极弘扬民族精神，其中包括团结的精神、节俭的精神、向上的精神、友爱的精神等。在学校百年发展进程中，菱小不断汲取自身精神爝火。张家庆校长将学校特色文化提炼为“和”文化，把“和韵”“和雅”“和谐”的民族主题与这些民族精神相互融通，共同汇聚成菱小的精神风貌。

菱小的社团活动历史悠久，取得的优异成绩非常多。校长李伟向团队成员介绍道：“我们‘民族之花’鼓号队，甚至比很多城市学校都搞得早，我们（20 世纪）80 年代就开始搞了，90 年代就正常举办活动了，代表学校参加我们菱塘镇里的大小活动，参加高邮市的鼓号队比赛还获得了第一名的好

菱小老师带领寻访团队参观校园

成绩。还有‘民族之魂’体训队在市里也拿到了很好的成绩。‘民族之韵’文艺队在我们扬州运河情表演中也表现优秀。”这些社团活动的举办成为发展菱塘回民实验小学民族特色文化，推进菱小建设发展的一个重要环节。在后续整理口述访谈的过程中，我们借助菱小的官方微信，了解到了学校更加丰富全面的办学特色，如学校原创歌曲《石榴籽》，利用学校“民族之声”手鼓社团的乐器伴奏增加欢快的节奏，使这首歌充满了浓郁的民族风情，深受学生的喜爱。

**【资料链接】**

歌词也充分体现了菱塘回民实验小学的办学精神：“红红的石榴籽啊，紧紧地抱在一起。五十六个民族啊，是一个共同体。”“爱国爱党爱人民”是56个民族共同的信仰和追求。作为学生，要“努力学习长本领”，齐心协力让祖国更繁荣更美丽。

官方微信中类似的活动还有许多，庆祝中华人民共和国成立70周年时，菱小师生集体深情唱响《歌唱祖国》，汉族、壮族、仡佬族、彝族以及维吾尔族等多民族的师生以嘹亮的歌声，饱满的热情，祝福祖国，祝愿祖国繁荣昌盛。

除此之外，菱小还依据当地特色的民俗风情开展活动，让“和文化”的民族主题贯穿到学生的日常生活中去。在菱小80周年校庆献词中，张多和

菱小学生演奏原创歌曲《石榴花》

刘宏仁老先生回忆了他们在母校时的春游活动：“菱小的生活是丰富多彩的，每年三月初三，老师带领学生春游，爬神居山，站在山顶上可以隐隐约约看到高邮城两座宝塔，宽阔的高邮湖面上无数的船只来来往往，好一幅美丽的山水图。当靠近主峰时，同学们开始奋力比赛爬山。之后，老师带着同学们攀登其他山峰，参观其他景观。”春游活动让菱塘回民实验小学的学生们体悟人与自然和谐相处，更了解菱塘，更加热爱家乡。

在教育现代化的浪潮中，菱小积极传承校内民族特色文化的同时也极其重视民族教育现代化的发展。早在2000年，菱塘回民实验小学就和扬州市育才小学开展校长领导互任、老师互调以及学生互动。通过交换领导与教师，学习新的教学经验，感受不同学校的教学氛围，让菱小增添新的活力，也让学校民族文化特色更适应现代化教育发展。如今，菱小坚持走内涵发展之路，努力追求“建设有品位的和美校园、滋养有品格的和雅教师、实践有品质的和悦课堂、打造有品牌的和蕴学校、培育有品行的和乐少年”的办学目标。获得全国国防教育特色学校、江苏省红旗少先大队、江苏省绿色学校等荣誉的同时也将学校特有的民族文化资源传播出去，“民族之魂”体训队、“民族之韵”文艺队多次前往扬州各地区进行汇报表演，“民族之花”鼓号队在高邮市第四届少先队鼓乐大赛中喜获一等奖。“民族之苗”书画社也在扬州市运河情中小学师生才艺大赛中取得优异的成绩。

菱小关于民族团结的标牌

## 四、访谈留声

由于年代久远且建校初期的具体历史已经无从考证，在本次寻访过程中，我们通过阅读菱小80周年校庆册的文本资料和实地采访见证菱小发展历程的老教师的方式，运用书面表达与口头表达相结合的方法，重新追溯菱小的发展历史，以期能真实客观地展现不同时期菱小人的真实感受。以下摘录来自两个方面，一是1950年曾到菱小任职的叶靓老师在“爱我菱小”80周年校庆中的文字记录，一是我们拜访菱小的前任校长李伟先生口述访谈后记录下来的文字资料。

### （一）叶靓老师的教学记忆——“我辛苦且幸福的教学生涯”

43个年头过去了。往事如烟，唯有在菱小的经历，仍记忆犹新。

**1. 到菱小报到**

1950年秋，我从扬州师范毕业，被任命为菱塘中心小学校长。那时到菱塘桥的交通很不方便，没有轮船，更没有汽车，木帆船是唯一的交通工具。

记得去菱小报到的那天，天刚亮，我身背大背包，手提生活用具，在高邮北门外御码头登上了去菱塘桥的船。船刚出港，展现在我眼前的是苍茫一片的大湖，天连着水，水连着天。面对此景我不由得想起了蒲松龄“苍茫云水三千里”的诗句。

初到高邮的我既兴奋，又胆怯。兴奋的是我从此便步入社会，成为人民教师了；胆怯的是以后要常乘木帆船飘荡在这宽阔的水面上，我真有点害怕。

下午一点钟左右，在船上吃了一顿午饭，五时许船才抵三里港。从三里港到菱塘桥，大约有三里路。步行三里，对我们年轻人来说本该是不成问题的，可是那时候因洪水泛滥，情况就不一样了。我在同路人的带领下，在那被水淹没的、时隐时现的田埂上，高一脚低一脚地整整走了一个多小时，才抵达目的地菱塘小学。

真想不到，一湖相隔，竟如此艰难，我不禁感叹何时天堑才能变通途。

**2. 坚持灾区教学**

菱塘小学，是一所有五个班级的复式完小。当时在校工作的有九位老师，一位工友，除了副校长李贯之、教导主任扬琪琤两位同志年龄较长外，其余的都是刚从师范毕业的年轻小伙子。

1950 年正遇上高邮湖洪水泛滥，灾情严重，群众生活异常窘迫，学生家长无暇顾及子女学习，学校开学就遇到了很大的困难，学生到校率大约只有 30%。面对这一情况，大家团结一致，克服困难全身心地投入到工作中去。

白天，我们除留少数同志在校教学外，其余分成小组深入群众中去，对学龄儿童和家长思想状况进行排查摸底，动员学生入学。晚上回校后，大家再一起分析情况，落实相应的措施。对因经济困难缴不起学杂费的儿童采取部分免费或全部免费的措施。对不重视子女学习、重男轻女的家长则进行耐心的说服教育，对因故不能来校学习的学生则坚持上门教学，风雨无阻。结果当年不仅应该入校学习的学龄儿童全部入了学，还增添了不少超龄生，其中主要是女生。

由于同志们的艰苦努力，辛勤劳动，因为在灾区坚持教学，当年我们还获得了高邮县政府和菱塘区政府的表彰，我当时非常高兴。

**3. 为新建校舍忙运输**

洪水退了，学生人数增多了。原有校舍不能满足要求了。在缺乏资金和建筑材料的情况下如何解决这一难题，我们为此曾多次开会研究讨论，动脑筋、想办法。最后经区、乡两级政府同意，在校董会的支持下，决定利用年久失修的下庙的木料、砖瓦为建筑材料，新建两个教室。

为了及时动工，我们延期放寒假，师生集体动手拆下庙，运输建筑材料到工地。下庙在菱塘镇的西头，距离工地大约有一里多路。在动工的那天，遇上了雨夹雪的天气，师生们冒着雨雪，顶着寒风、拆的拆、搬的搬、抬的抬，往返在菱塘镇的街道上，笑声、歌声，连成一片。我们的外衣被雨水淋湿了，内衣被汗水浸透了，可是心情很愉快。因为为学校新建校舍贡献了一份自己的力量，再苦再累也值得。

**4. 进行业务辅导**

菱小是菱塘区的中心小学，我们在做好本校工作的同时，还要对全区12所公办、民办小学老师的业务进行辅导。

1950年当时各校老师多数没有经过师范学校的正规训练，文化业务水平参差不齐。有些老同志虽从事教育工作多年，但他们的教育思想和教学方法比较陈旧，难以适应新的形势。因此，根据县文教科的布置，我们积极组织全区老师学习教育理论，开展教学研究，改进教学方法，进行形式多样的业务辅导。

“爱我菱小”80周年校庆册

每学期的期初、期末，全区老师都要集中到中心小学来学习教育理论，制订教学计划，总结交流教学经验。开学后，各校教师都要到辅导组参加业务活动，活动每周一次，内容有：备课、互阅学生作业、观摩教学、师生座谈等。其中，集中辅导组长和有教学经验的老师，还要有计划、有重点、有目的地深入各校进行指导。指导工作结束后，再召开教师会议，进行指导小结。1951年秋，我被调到城中小学工作。回城的那天，我仍坐着木帆船，在那宽阔的湖面上飘荡，眼前的这船、这湖，竟使我产生了依恋之情，不舍得离去了……

从此我便离开了菱小，一别数十载，但在菱小工作生活的那一年，今生难忘。

### （二）李伟校长的菱小回忆录——“做艰苦办学的好教师”

我 1980 年来到我们菱塘回民实验小学当了一名人民教师，后来担任校长，直至退休我一直工作在菱小。我就是菱塘本地人，从小在菱塘长大，心里对菱小有很深厚的感情。

最早的菱塘还是土地贫瘠、交通闭塞、文化落后的一个穷乡村。清末民初，菱塘北乡回民秀才杨士廉先生提倡办学。1913 年，菱塘小学的前身菱塘桥小学初创。因为 1913 年是 100 多年前了，我也不过60 多岁，很多学校的历史沿革也是我在筹备 100 周年校庆活动时通过访谈、整理资料知道的。但就我所知道的来说，菱塘小学办学之路是非常艰辛的。

**【资料链接】**

李伟老师向团队成员介绍菱小的历史

在李伟老师的口述中，菱小的第一个党支部是钱微阁老师组织成立的。钱薇阁老师积极宣传党的思想，组织相关活动，带领一些老师参加革命，建立了第一个党支部。他是党支部书记，对菱塘的红色文化产生了深远影响。学校西边有个纪念碑，也是菱塘的红色教育基地。这个纪念碑原本建在乡政府旧址，后来乡政府迁址到新的地方，2013 年上级领导部门决定：因为菱塘地区的第一个地下党支部是在我们菱塘小学建立的，所以纪念碑就重建到学校里来了。

如果要问什么在我心里留下了最深刻的印象，我第一个想到的就是学校艰苦办学的理念。这里我想特别提三位老师。他们无私奉献的精神到现在仍鼓舞着我。第一位老师是陆贵宝老师，当时的政策允许学校开办校办工厂。他极有远见，率先开办了粉笔厂，就是老师们在黑板上写字用的那个粉笔。建了一个小土窑，租用外地船运石膏，然后自己动手，带领老师们一路肩挑人扛，弄回来，自己实验研究做粉笔，并把这个粉笔销往我们西边的安徽等地，搞一点微薄的经济收入补贴学校办学经费，耗费了很多心血，也为本校老师教学提供了便利。这个粉笔厂办了好多年，后来又办了医疗器械厂，负责生产输液用的软管。这些都是我们菱塘小学校办厂的前身，为我们后续创办窗帘夹子厂呀、做铜拉丝呀积累了一定的经验。第二个给我留下深刻印象的人是我们当时的孙校长。孙校长不光是无私奉献的好老师，在选用人才、管理学校方面也有很多好的想法。像我们的陆老师，最早不是菱塘人，是其他学校的老师，是孙校长发现陆贵宝老师有办厂赚钱、管理企业的才能，就把他带到菱塘小学来继续生产医疗器械，对菱塘小学校办厂贡献很大。学校用钱的地方，像活动经费、水费、电费等开支也很大，而且当时上级部门拨付的教育经费是有限的，所以学校需要自力更生、办厂赚钱。在孙校长的带领下，校办厂后来发展到也能负担一些学校的开支，除此之外，校办厂并不会雇用学生而耽误学生的学业，一切工作都是学校聘用校外的人完成的，只有老师参与管理。孙校长吃苦耐劳，带头参加劳动，联系方方面面为学校发展争取资金创造条件。我们孙校长虽然不在了，但是他这个艰苦办学的精神值得我们永远学习。我要提到的最后一个人是菱塘小学的现任校长张加庆，我们这个学校是江苏省唯一的回族实验小学，以前是中心小学，后来叫作实验小学，在党的民族政策的指引、各级领导的关心和全体老师的共同努力下，在民族文化建设、民族活动开展这些方面的特色是非常明显的。张校长2014年开始任校长，他大胆创新，凝练出新的办学理念和特色，在我们以前的基础上，把学校的办学品位大大提升了。就校园文化特色而言，我们这所学校的特色是以打造民族特色文化为主题，但原来仅仅是以民族特色文化为主线，是张校长把它提炼升华成“和”文化，首次提出“和乐少年”“和韵校园”“和雅教师”的概念，与社会主义核心价值观中的“和谐”是高度一致的。张校长善于学习，也一直坚持学习，从经验型发展到研究型。菱塘小学变成如今的百年老校，感谢我们党和国家的政策支持，也感谢所有菱塘小学老师的辛勤付出。

我对菱塘小学的感情还不同于一般的老师，我父亲已经过世了，如果在世的话今年90岁了，我父亲小时候就在菱塘小学读书，我家离菱塘小学有4公里。我父亲小时候上学走的都是泥泞的道路，早上的时候带一个馒头放在书包里，中午用温水温一下当中午饭，晚上再跑步回家吃晚饭。我们家我爷爷那时就开始重视教育，让我父亲在小时候就开始读书。我们家与菱塘小学的感情从我父亲开始，我父亲后来考上了高邮师范，是高邮师范学校的第一届学生，毕业后毅然决然地回到菱塘小学做了老师，后来我父亲身体不太好，就退休了。退休时我父亲 49 岁。当时我 20 岁就去工作了，才高中毕业就接过父亲手中的粉笔，希望能为这所学校作出我的贡献。

李伟老师

**【资料链接】**

从李伟老师的口述中我们了解到，李老师任职期间菱小曾与日本东京少年儿童棒球队联合开展棒球赛。每年定期派遣师生前往日本参加棒球联谊，也欢迎日本东京的师生来我们这里比赛。菱小的棒球队是江苏省当时唯一的农村儿童棒球队。除此之外，菱小曾先后五次接待中国人民解放军空军指挥学院官兵的来访，并展开联谊活动。朱和平将军曾为菱小题字“百年育人”。

我们菱塘回民实验小学是江苏省实验小学。菱塘回民实验小学以前没有“实验”两个字，江苏省实验小学的创办是不容易的。在学校建设、执行规章制度、育人理念、活动开展、办学规模、办学特色、教学成果等方面我们都经过了艰难的探索。工作做出一定的成绩之后，要把它梳理出来、整理提高，形成我们成套的档案资料，慢慢地形成一个独属于菱塘小学的办学体系，这也是当时我们全体员工共同努力创建省实验小学的目的。

【资料链接】

李伟老师在口述中指出，要想做好学校管理和教育工作，第一，必须严格遵守党的政策，依法依规管理，只有这样工作才能不出现偏差，才能有发展和生存的空间。第二，要遵循规律。比如教育的规律、学生成长的规律。第三，要团结和谐，尊重他人。在工作期间与当地领导、与学生家长、与老师和学生共同创建一个和谐氛围。心平气和谈事，规规矩矩做人。第四，教师要有吃苦精神，能自己带头，能言传身教。

我始终认为菱塘小学的生存密码是很简单的，就是要植根于民族文化，服务家乡。民族特色是我们发展的根脉，我们对教育应捧出一颗心来，服务我们的乡村，培养我们这个国家需要的真正的人才。

## 五、寻访者说

在整理菱小的历史沿革和办学特色时，我常常很庆幸自己能参与探索一所百年村小的文化脉络，去见证一个乡村小学从 1913 年的初办到如今成为江苏省有名的民族乡实验小学。希望能以我的笔触给大家介绍这所小学百年变迁的“传承基因”以及沉淀的精神爝火。

菱小最早创办于 1913 年，是江苏省唯一的民族乡实验小学。在菱小的“百年基因”中，有两个很关键的办学特色，分别是丰富的红色资源以及菱小特有的民族特色。菱小是当地乃至河西地区第一个党支部诞生地，菱小建立在祖国风雨飘摇时期，菱小的老师们也因此秉承着“救国振兴”的教育理念。像钱薇阁、李贯之等老师都是菱小红色基因的奠基人。他们在长期的教育工作中，热爱教育事业，保持坚定信念，团结教师，爱护学生，联系群众，为菱塘教育的发展起到重要的作用。也正因为有这些信念坚定的教师，在菱塘这块土地上，才涌现出一大批走上了革命道路的菱塘小学毕业生。直到今天，在菱塘回民实验小学的教育理念中始终有一条是教育学生“做对祖国有用的人”。在搜集资料的过程中，我在学习强国发现了菱塘回民实验小学献给祖国的赞歌《歌唱祖国》，不同民族的师生一同歌唱，带来的效果是令人震撼的。民族特色是菱小最显著的特色。菱小以民族特色为主线，成立了“民族之花”鼓号队、“民族之魂”体训队、“民族之韵”文艺队等，通过这些社团开展活动传承和弘扬民族精神，包括团结、节俭、向上、友爱的“和”文化。无论是让学生们参与社团活动，还是编写《石榴籽》这样的民族风原创歌曲，菱小都希望通过这些活动传达给学生“五十六个民族啊，是一个共同体，要齐心协力，让祖国更美丽”的美好寓意。

乡村振兴、优先发展乡村教育事业已成为我国的重大发展战略，当学校鲜明的办学特色与当地具体情况结合起来，融合乡村小学乡土性与现代性的两重特性，找到其一脉相传的文化根基时，就会更好地激发乡村小学的发展动力。希望通过探索整理菱小一脉相承的办学脉络，助力其在新时代背景下乡村教育、乡村振兴、人才培养等方面的价值提升，也为其他乡村小学的发展提供具有借鉴价值的经验。我们相信在各方力量的共同努力下，乡村教育一定会沿着更科学合理的轨道前进。

“在担当中历练，在尽责中成长”。在整理菱小访谈实录的过程中，我们一方面感慨老师们对学生的无私付出，另一方面也在时刻鞭策警醒自己作为小学教育师范生日后也要如菱小的教师们一样，承担起教学使命，厚植教师情怀。本次对菱小探访资料的整理，也是初次了解乡村教育的一次尝试。尽管学术水平有限，思想研究较为粗浅，但我会始终保持对乡村教育高质量发展的探索之心，不断进步！

——牟婧

## 六、思考与拓展

### （一）案例思考

1. 结合本节案例，分析乡村小学怎样找准自身办学特色，更好地适应教育现代化发展进程？

2. 你认为乡村小学可以怎样利用乡土教育资源，助推当地乡村发展？

3. 作为当代大学生，你认为可以从哪些方面为乡村学校发展作出贡献？

### （二）实践指导

1. 邀请寻访菱小的团队成员向班级同学介绍寻访中发生的故事。

2. 组织同学们前往菱小参观寻访。

### （三）延伸链接

百年村小空中档案馆之菱小

菱小微信公众号

第四章

# 发展中的以文化人

# 无声的灵魂工程

——苏州市吴江区八坼小学

## 一、导言

悠悠千古情，百年匠人心。苏州市吴江区八坼小学位于风景如画的大运河河畔，创办于 1903 年，是一所集江南水乡古典风格与现代气息于一身的园林式百年老校。相较其他村小，八坼小学得以延续百年的特点、优势是什么？老师、学生在这里能够得到怎样的发展和培育？对于这些问题，寻访团队深入八坼小学，探寻其绵延百年不绝的生存之道，从中汲取历史的经验和智慧，并通过史料展现乡村小学的百年变迁图景。

八坼小学正门

## 二、寻八坼百年风华

寻访团队于 2022 年 1 月 24 日初次到访八坼小学。虽然地处乡村，但学校在上级党委、政府的关心支持下，硬件设施不断完善，各专用教室教学设施配备齐全，建立了闭路电视系统及校园网，教学设备达江苏省一类标准，2007 年成功创建苏州市教育现代化学校。走进校园，首先映入我们眼帘的是尚美广场——不规则的弧形花坛内，一块醒目的泰山石稳坐其中，旁边是两个可爱的尚美娃娃“尚尚”和“美美”。朴树与电子屏幕构成了一幅和谐、灵动的画面，象征和谐的教育、朴素的学风。广场上，不规则的大理石铺就的地面，透着活泼与生机。除此之外，八坼小学还新建了200米环形塑胶跑道，操场铺设了人造草坪，增添了育才园、尚美廊、尚美种植园等校园景点和学生劳动实践基地。八坼小学秉持校训“尚美”，积极构建“尚美文化”，将“尚美”基因融入日常生活的点点滴滴中。

尚美广场

操场

在八坼小学校史馆和档案馆，我们翻阅了学校的获奖纪录，看到八坼小学的历史沿革，浏览了许多八坼小学“前世今生”的照片等。“源浚者流长，根深者叶茂。”在寻访过程中，我们发现八坼小学非常注意对于自身历史、文化的悉心保护。结合之前在吴江档案馆查询到的资料，我们发现八坼小学的前身是八坼初等小学堂（即八坼男校），1903年由赵省身、顾墨畦创办，校址在八坼南港（现中心街）。

寻访团队对校史资料进行拍照记录和整理

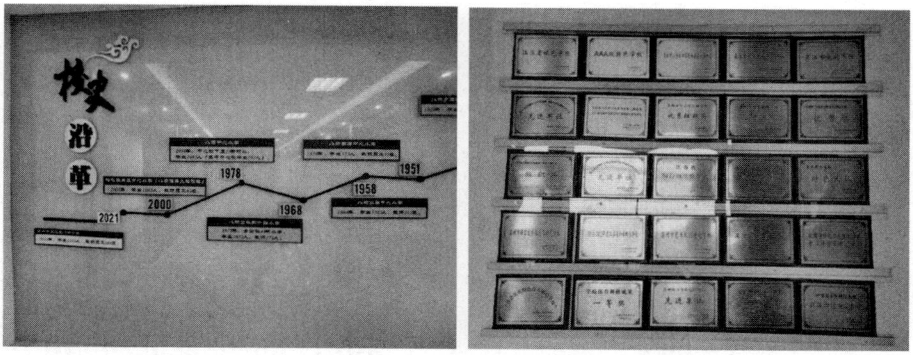


校史馆资料

1912 年，学校更名为八坼乡立第一初等小学校，设一至四年级，有教员 3 人，班级 2 个，6 至 14 周岁学生 47 人，全年经费 660 块银元，特别费 20 块银元。1916 年，更名为区立八坼第一国民学校，有班级 5 个，学生 92 人。是年 8 月，八坼女子小学（即八坼女校）创办。1928 年，八坼女校并入八坼第一国民学校，合并后仍是初级小学。1929 年，增设高级班。1934 年，学校有校舍 11 间，教师 11 人，班级 8 个，学生 331 人。1938 年，又改为初级小学。1939 年，恢复为完全小学。1946 年，学校由县立八坼小学更名为八坼镇中心国民学校。是年，学校儿童部有班级 8 个，小学生 333 人，教职员工 12 名；民众教育部有成人班 1 个，学生 40 人。

八坼第一女学新教室（摄于 1913 年）

1949 年中华人民共和国成立后，校名沿用八坼镇中心国民学校。学校

八坼乡立第一初小全校全体合影（1913 年）

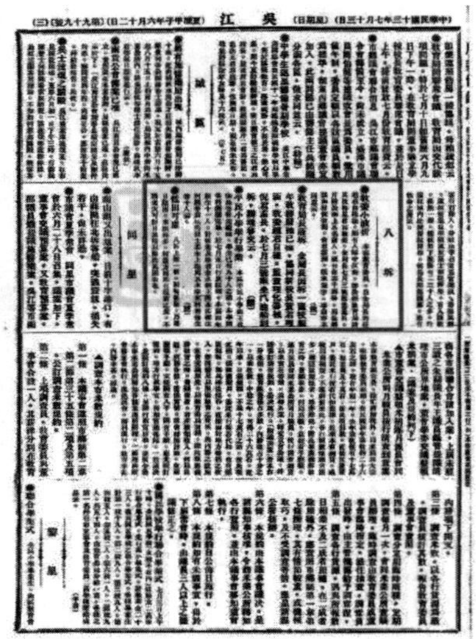

平民小学举办毕业典礼（1914 年）

成立土改教育委员会、生产节约委员会、教师在职学习委员会，建立校务会议、教导会议和各科研究会，设立总务、教导、辅导三部，学校辅导部管理西港、黄家港、三图圩、青苗港四所农村国民学校。1950 年秋，学校有办公室 3 间，教室 8 间，教师宿舍 2 间，教师 13 人，工友 2 人，一至六年级有班级 8 个，学生 353 人，有儿童活动室 1 间，游戏场地 2 块，运动场地 1 块，生产土地 1 块，是年学校更名为八坼南港中心小学。1958 年，学校改名为八坼公社中心小学，管辖全公社农村小学。1964 年，八坼公社有公办小学 24 所，教师 51 人，班级 47 个；民办小学 49 所，教师 60 人，全公社共有学生 3 503 人。1966 年下半年，“文化大革命”开始，学校停课闹革命。1967 年 2 月下旬复课。1968 年，学校改名为东方红小学，由公社教育革命领导小组管理全公社小学。

“文化大革命”结束后，1978 年，学校复名为八坼公社中心小学，下辖农村小学 50 所，班级 146 个，学生 5 794 人。1983 年，改名为八坼乡中心小学，有学生 5 952 人，教师 174 人。1988 年又改名为八坼镇中心小学。1990 年有学生 2 495 人，下属 25 所村小，学校更名为八坼中心小学。1992 年，八坼镇政府投资 420 万元，在八坼社区学校路 12 号易地新建，占地 17 000 平方米，建筑面积 5 833 平方米。1996—1997 年，八坼镇政府投资104 万元增建教学楼。1998—1999 年，又投资 177 万元完善教学与生活配套设施。1999 年，学校通过了江苏省教育现代化学校达标验收。

八坼公社中心小学 1981 年五（2）班毕业生留影

2000 年，松陵与八坼两镇合并为松陵镇，由此学校改名为松陵镇第三中心小学。是年，学校本部有班级 28 个，学生 1 356 人。2005 年，学校本部有班级 21 个，学生 955 人。2007 年 9 月，政府投入 400 万元，成功创建苏州市教育现代化学校。是年，学校有班级 23 个，学生 870 人。

松陵第三中心小学

2012 年年底，吴江撤市设区后，学校又更名为苏州市吴江区八坼小学，教师 75 人，学生 952 人，班级 23 个。松陵镇政府投资 5 000 万元，在原址重新扩建。

校园旧貌

学校旧址

教学楼跑道旧貌

教学楼跑道新貌

如今，八拆小学有教师 91 人，学生 1 266 人，班级 31 个，学校占地面积 16 138 平方米，建筑面积 11 228 平方米，学校秉持校训“尚美”，积极构建“尚美文化”，努力实践“尚美教育”，教育教学质量不断提高。在“尚美”校训的统领下，学校坚持贯彻“以美辅德、以美益智、以美健体、以美怡情”的办学理念；秉承“崇真、尚美、创新”的办学精神；坚决保持“三风”，即校风——团结、守纪、友爱、活泼；教风——敬业、爱生、务实、创新；学风——文明、好学、勤奋、进取；确立了“文化育人、美化人生”的办学思想；明确了“校有特色、班有特点、师有专长、生有特长”的办学思路；规划了新的办学愿景：“各美其美，让学校成为师生共同成长的乐园”。通过寻访交谈，我们发现八拆小学已形成了以“尚美”为核心的文化建设体系——理念文化、制度文化、教师文化、学生文化、课程文化、特色文化。八拆小学的美育体现在校园生活的每一处，最具代表性的是以“欣赏美，创造美”为主题的尚美园和以“发现美，追求美”为主题的崇真园。尚美园由六艺广场、进取之格、尚美之杯、“尚美”校训石组成，从形式到内容都体现出了文化与艺术之美、自然与艺术之美。一草一木参与“尚美”，一景一物引导“尚美”。“六艺”广场取自儒家“礼、乐、射、御、书、数”六项基本才能，现在寓意培养全面发展的学生。“尚美”之杯由两张对视的人脸组成，它既是德智体美的“尚美”之星奖杯，又是“对话之杯”——与历史巨人对话、与文化艺术对话。崇真园由智慧之门、行知之角、书山学海构成，旨在引导师生追求真理，崇真向善，发现身边的美，让学生潜移默化中接受美的熏陶。行知之角的陶行知先生的塑像也是为了提醒师生时刻铭记“千教万教教人求真，千学万学学做真人”的教学思想。书山学海则勉励学生们勤奋刻苦学习，追求真知。智慧之门是由代表江南园林特色的园门所组成的“十”字形迷宫，让学生乐在其中、快乐成长。

尚美园

崇真园

六艺广场

行知之角

如今，学校先后获得吴江市文明单位、吴江市“3A”级特色学校、吴江市体育传统学校、苏州市常规管理示范学校、苏州市美术特色文化学校、苏州市绿色学校、苏州市信息化实验学校、江苏省健康促进学校铜牌、江苏省陶行知实验学校、全国绘画书法作品比赛先进单位、全国艺术教育实验学校、全国“特色育人成功学校”、全国21世纪体育教学实验学校等荣誉称号。目前，学校有21名教师被评为市级骨干教师，有近百篇教师论文或科研成果获省、市级奖励，十几篇论文发表于市级以上报纸杂志。这所百年老校正焕发出蓬勃发展的青春活力，学校正以崭新的面貌展示在世人面前。

## 三、探八坼特色

八坼小学地处古运河畔，薪火相传119年，在运河水的滋养浸润下，一代代八坼教师弦耕不辍，接过前辈手中的接力棒不断努力，才成就了如今的百年村小。它有很多乡村小学的共同之处，比如勤奋朴实的老师和单纯向善的学生。探寻八坼小学传承百年的奥秘，美育教育为八坼小学抹上了鲜亮的色彩。学校充分挖掘尚美文化的内涵与价值取向，立足学校层面，整合学校、社区、社会等多种资源，开发美术、音乐、体育等多种品牌项目，促进教师的专业发展，张扬学生的个性，进一步推动校园文化建设，打造学校教育品牌。

### （一）以“尚美”为中心的校园文化

作为一所百年老校，八坼小学在百年征程中形成了以“尚美”为核心的校园文化。在《构建“尚美文化”回归教育本真》等文件精神指导下，学校在教学理念、校园环境、规章制度和视听识别设备等多方面，围绕“尚美”建设师生们共同拥有和热爱的精神家园，让学生在融洽的艺术环境中感受到生活之真、自然之美，在潜移默化中怡情养性、陶冶情操。

学校始终坚持四美办学理念，规划了“各美其美”，师生共同成长的办学愿景，以“尚美”为核心要求倡导树立和谐健康的师生形象，通过评选“尚美教师”和“尚美学生”，贯彻以“凝心、聚力、人文”为主要表现形式的“尚美”特色教学理念。

以尚美园、崇真园为代表的校园建筑，将“尚美”校训具体化形象化。

进取阁、六艺广场，尚美之杯等，时刻激励着学生努力成为全面发展的“尚美之星”。而遍布学校的特色楼道转角和“一班一品”特色画廊、艺术长廊等更深刻体现着雅致、生机、灵动的“尚美”特色。学校通过环境的创设提升学生对美的鉴赏能力。

课堂教学中，学校以“尚美”文化为引领，通过入学、成长和毕业典礼三大仪式（即一年级新生的入学仪式、三年级学生的生日成长仪式和六年级学生的毕业感恩仪式）及“春之芽”尚美读书节、“夏之葩”尚美艺术节、“秋之果”尚美科技节和“冬之韵”尚美体育节四大文化节，为学生搭建可充分彰显自己尚美创新成果的舞台，潜移默化地促进学生成长。

“夏之葩”尚美艺术节

“冬之韵”尚美体育节

同时，学校以“尚美”为核心设计心形树样的校徽，校徽、校旗及办公用品上随处可见的“尚美”校标，再加上中心广场上竖立的两个可爱的尚美娃娃吉祥物，无不在给人以赏心悦目的视觉享受的同时，亦将尚美文化创新融入细微之处。在尚美文化的浸润中，八坼小学正焕发出蓬勃发展的青春活力。

### （二）“尚美”课程

早在“双减”政策推出之前，八坼小学的课程设置就不局限于基础知识和技能的传授，而是贯彻落实素质教育，用丰富多彩的课程来充实学校教育，将尚美、以美育人的教育理念融于日常的教育体系中。八坼小学的素质教育课程强调的不仅仅是德智体美劳全面发展，还关乎学生的品行、心理等，推出了一系列活动课程，致力于打造立体型教育。

“尚美”课程，意蕴校训“尚美”，包括“尚美”管理学堂、“尚美”综合实践活动、“一班一品”特色活动等，旨在提高学生自我管理能力和综合实践能力，培养艺术特长。生命课程，包括校园三大仪式（即一年级新生的入学仪式、三年级学生的生日成长仪式和六年级学生的毕业感恩仪式）、安全教育、心理健康教育、远离毒品网吧、校运动会等活动，培养孩子们健康的生命观念，珍惜生命，珍爱自己，让孩子们茁壮成长。素养课程，包括文明礼仪教育、良好习惯的养成教育、“六个一”活动（即唱一首歌、看一部短片、诵一段经典、讲一个故事、送一份吉祥、行一个善举）等，渗透于孩子们学校生活的方方面面，致力于把他们培养成文明高雅的新时代小主人，在孩子们心中播下爱的种子，引导他们不断向善向好。艺术课程，包括锡剧、农民画、油画、合唱、舞蹈等社团活动，并不局限于美术教育。

在如今“双减”政策背景下，八坼小学更加重视美育与体育，定期举办艺术节活动和体育活动，以活泼有趣的形式进一步提高学生的综合素质，让学生在充满生命活力的环境中张扬个性、崇尚美德。

### （三）以美育为主的人才培育

八坼小学在多年的发展过程中，始终坚持以艺术为龙头，以美育为中心，以美育人、以美化人、以美培元，培养学生发现美、追求美、欣赏美和创造美的能力，将美育纳入学校人才培养全过程，贯穿学校教育各阶段，全面深化对学生的素质教育，培育德智体美劳全面发展的社会主义建设者和接班人。

2002 年 11 月，松陵镇第三中心小学（现八坼小学）在“金球杯”全国青少年美术、书法竞赛中获得优秀奖。2003 年 8 月，松陵镇第三中心小学在第八届全国中小学生绘画书法作品比赛组织工作中获评先进单位。2004 年 10 月，松陵镇第三中心小学在“中国青少年读写大赛”中获江苏省优秀组织奖。与其他乡村小学开展积极合作，八坼小学曾成功申报以“苏南农村艺术教育实践”研究为主题的国家级艺术课题。八坼小学在发展学校艺术教育的同时，率先提出“班班有特色、人人都参与、个个能创造”的口号，力求打造特色校本课程，开设剪纸、油画、儿童画、书法等多种类型的美术活动课程及美术特色活动，每周每班都要定期上课。这不仅加强了美育在学校教育中的重要作用，更能激发孩子们的奇思妙想，为学生发展艺术方面的潜力提供了进一步提高的可能与平台。2006 年 10 月，松陵镇第三中心小学获评吴江市艺术教育工作先进学校。2008 年，松陵镇第三中心小学艺术特色教育接受江苏省领导的现场调研，被评为江苏省美术文化特色学校。2010 年 9 月，松陵镇第三中心小学获评吴江市戏曲普及示范学校。2012 年，松陵镇第三中心小学获评市级苏州市艺术教育特色学校。

美术特色京剧脸谱作品展板

剪纸围墙

多年来，八坼小学也努力提高学校美术教育师资水平，巩固学生艺术教育基础，并不断创新思想，取得更多进步。面对近年来学校的艺术教育到达高原期的情况，八坼小学不囿于过去，决定将“班班有特色”转换为精品课程的打造。2014 年 6 月，在原苏州大学艺术学院徐海鸥教授的引荐下，八坼小学与苏州青少年科技馆合作，共同探索基于馆校合作下的学校艺术教育模式。由苏州青少年科技馆提供专业师资力量，在八坼小学成立油画、丙烯画、绘本插画三个学生社团。2019 年 10 月，吴江区关工委、苏州青少年科技馆和八坼小学三方合作，联合组建“馆站校艺术教育联盟”，以苏南艺术作为根基，在学校内部原有艺术社团的基础之上新增古琴和书法两个社团，并邀请区相关领域专家指导，使学生接受具有高度专业性的更高层次的艺术教育。2022 年初，三方就后续合作展开磋商，共同制定了“乡村娃艺术、科学素养提升三年行动计划活动方案”。2022 年 6 月 8 日，三方正式签署第二轮合作协议。“馆站校教育联盟”在多元化的育人道路上迈出了新的步伐。在多方共同帮助与学校自身的有力支持下，八坼小学的学生也取得了一些丰硕成果：学校 95％以上的学生能掌握三种以上画种，上千名学生在各级各类艺术竞赛中获奖，使学校在教育竞争中获得独特的优势。多年的坚持使八坼小学的艺术特色在省内外颇具影响。如今，打造特色项目品牌，走精品社团发展路线，已经成为八坼小学“十三五”规划的重点。

油画社团

丙烯画社团

绘本插画社团

古琴社团

书法社团

八拆小学不局限于基础知识的传授，注重学生艺术思维和创新思维的启蒙、发展与提高，而其赓续绵延的原因，也在于能够找到独属自己的教育特色。以特色为中心展开教学，更有利于学生、教师和学校等多方面的发展和进步。

### （四）高雅尚美、内外兼修的教师形象

学高为师，身正为范。八拆小学一向重视师资队伍的建设，致力于打造以青年骨干教师为主的优良队伍，通过骨干教师示范课、青年教师汇报课、有效课堂研究节等活动形式在优化课程的过程中促进教师间的相互交流、相互学习，实现教师终身学习，不断发展，从而达到增强教师教学水平和创新能力的目的，提高师资队伍的整体水平和学校的教学质量。同时，八拆小学深入贯彻《中共中央　国务院关于进一步加强和改进未成年人思想道德建设的若干意见》精神，全面构建“全面育人、全程育人、全方位育人”的德育体系，进一步提高德育工作针对性、主动性和实效性，落实德育导师管理措施。八拆小学的教师们在实践中逐渐养成了兢兢业业、认真踏实、力求创新的工作作风，赢得了广大学生和家长的尊重。

教学示范研讨活动

在访谈过程中，无论校长还是退休教师，他们都提到了八拆小学作为一所乡村小学，学校老师都很朴实善良，勤奋且不畏艰苦。教师的优秀品质也是学校得以延续至今的重要原因，认真踏实、朴实勤奋以及有乡土情怀支撑是大多数村小教师的共同特征。教师自己热爱那片土地，才能够教育学生饮水思源，为乡村的未来发展留住人才，达到良性循环的效果，带动乡村区域

发展。基于“尚美”校训，“文化育人、美化人生”的办学理念，以及“各美其美，让学校成为师生共同成长的乐园”的办学愿景，学校还建立了青年骨干教师成长论坛，助推青年教师快速成长；定期开展“教师社团”和“教师书吧”活动；定期进行“三杯”评比，即“尚美杯”优质课评比、“春华杯”教学设计评比和“秋实杯”优秀论文评比。近几年，在尚美文化的系统引领和影响下，教师在充满快乐、勇于创新的教学过程中开发学生智力，塑造学生人格，成为学生的良师益友并自我成长。

## 四、访谈留声

通过口述访谈的方式，我们可以直接倾听一些个人的真实心声。为了能够更好地了解八坼小学的发展过程和学校特色，我们先后采访了八坼小学的钱福江书记和刘新平校长。

寻访团队采访钱福江书记（左）、刘新平校长（右）

### （一）钱福江书记

钱福江书记 1968 年出生，小学高级教师。1986 年 8 月参加工作，2002 年 8 月从松陵镇中心小学调入八坼小学，分管学校党务、教学、体育等工作。钱福江书记在八坼小学工作了将近 20 年，我们的访谈更多侧重于学校过去的人、事，以下是我们整理的钱福江书记的口述稿。

八坼小学是一所历史悠久的学校，它成立于 1903 年，送走了一批又一批的学生，其中也培养出了许多的名人——“两弹一星”元勋杨承宗、“中国太阳能之父”殷志强、八坼本土企业家宋七棣、作家吕锦华等。2018 年，八坼小学就结合“德善”品格课程开展过“英雄人物、乡贤名士”传统文化主题教育，希望可以通过让学生聆听杨承宗先进事迹的方式，激发学生崇德尚善的价值追求，争当“尚美娃”。在参观实践聆听中增强感悟，知行合一，让社会主义核心价值观入心、入脑、见行动。三年前，殷志强曾重返母校，回顾了自己在八坼小学的求学经历。他现在已经是清华大学电子工程系的教授，被称为“中国太阳能之父”，为中国利用太阳能发展绿色能源作出了许多贡献。“少小离家老大回，乡音无改鬓毛衰”，他离开家乡几十年，没改的不仅仅是浓浓的乡音，还有对家乡基础教育事业的牵挂。殷志强教授也为我们八坼小学留下了“勤奋、求实、创新”的题词。八坼小学还有许许多多这样的老校友，从江南运河河畔的小学校，走向全国乃至世界，他们在不同的专业领域用自己的知识为繁荣祖国作贡献，这样的精神深深影响着八坼小学的每一位学子，激励同学们不畏前路，不惧艰险；也同样鼓舞着八坼小学勇敢突破，不断创新自我教育发展特色，培育更多创新人才。

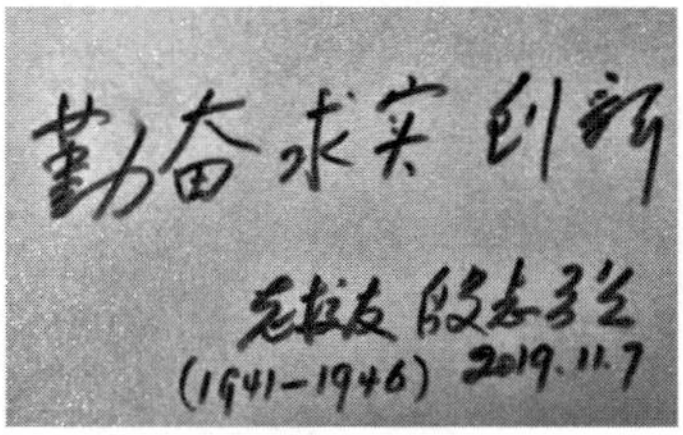


殷志强教授题词（2019 年）

【资料链接】

据钱福江书记介绍，八坼小学杰出校友杨承宗是放弃了法国科学院的高薪工作，选择回到中国科学院的。他是我国放射化学的奠基人，为“两弹一星”作出过杰出贡献，1932 年，他从上海大同大学毕业，1934—1936 年，在北平研究院镭学研究所从事放射化学研究工作，任助理研究员、副研究员。1947 年到法国居里化学实验室进修，师从居里夫人，从事放射化学研究，获博士学位。1951 年，杨承宗响应周恩来总理号召回国，历尽艰辛从国外购回 12 箱珍贵的仪器和科研材料，并向居里夫人要了 10 克居里实验室独有的极其珍贵的碳酸钡镭标准源，献给祖国。1951 年秋，杨承宗任中国科学院近代物理研究所（原子能研究所）放射化学研究室主任。1958 年 9 月，创办中国科学技术大学放射化学与辐射化学系，并兼任首任系主任。1961—1969 年，任二机部铀矿选冶研究所（简称五所）业务副所长期间，带领五所科研人员成功制备出新中国第一颗原子弹试爆用的核铀原料。1980年，积极倡办新中国第一所自费走读大学——合肥联合大学。回国后的杨承宗一直从事核能研究和教育工作，担任过多个研究所、大学的领导，是我国的“两弹一星”元勋，中国第一颗原子弹所用的铀就是他亲自带领科技工作者用当时世界上最简陋的设备，从近千吨的铀矿里提炼出来的。

党和国家领导人叶剑英接见杨承宗同志

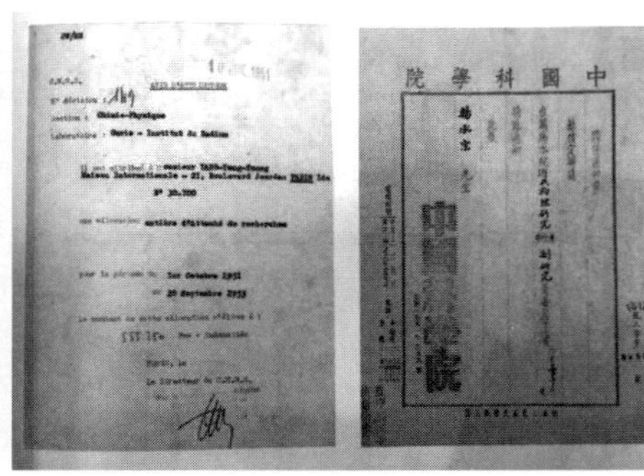

聂荣臻元帅给杨承宗同志亲笔签发的聘书

八坼小学最大的特色在艺术方面，其次才是科学方面。八坼小学几十年来一直坚持艺术教育，特别是美术教育，他们主张“班班有特色，人人能创造”这样一种教育理念，并且已经坚持了二十几年。教育部基础教育司原司长，还有江苏省副省长、江苏省教育厅厅长也都到八坼小学进行过参观和指导。

教育部原艺体卫司
副司长到八坼小学考察

全国基础教育协作体交流会领导
专家前来八坼小学指导（2010 年）

八坼小学作为一所农村小学能够延续到今天是非常不容易的。八坼作为吴江较为古老的七大镇之一，原来的农村区域是比较大的，孩子数量也比较多，所以除了中心小学之外，每一个大队都会有一所学校。20 世纪 90 年代和 21 世纪之后，随着城镇化加快，家长对于孩子教育要求的提高，村小逐渐都被拆并掉了。先是一些规模较小的村小被并入辅导校，如大南小学，之后辅导校也被并入到了中心小学。所以现在八坼只剩下我们八坼小学，已经没有其他的村小了。作为百年老校，八坼小学能够有今天这个样子——办学规模越来越大，教学质量也一年比一年有所提高，这个原因可以从历史、现在、将来三个方向来说。从历史上来讲，八坼历来就是一个重教育的地方，作为运河边上的一个小镇，文化氛围一直比较浓厚，因此历史上也涌现了好多名人，我们学校也培养了许多的名人。从现在这个维度来讲，一方面是政府对我们学校的投资力度很大，几年前八坼小学原址重建，两幢教学楼，还有前面的综合楼、行政楼、食堂拔地而起，连跑道都进行了重建。目前学校占地大概 37 亩，人均大概是 20 平方米。另一方面，八坼小学教师团队也比较优秀。从未来的长远发展角度来讲，我们八坼小学肯定会更加繁荣。为什么呢，因为现在苏州大学未来校区，就在八坼镇运河对面，就要开始招生了。随着苏州大学未来校区在我们八坼社区落户，对于八坼小学将来无论是师资培训，还是举办一些学术活动，都是一个很好的资源，相信八坼小学将来肯定会越办越好！

### （二）刘新平校长

刘新平校长 1973 年出生，中共党员。1991 年 8 月参加工作，2021 年 9 月从吴江区菀坪学校调入八坼小学，担任校长兼党支部副书记。对于刚来到八坼小学工作的刘新平校长，我们更多地针对八坼小学发展现状展开访谈，以下是我们整理的口述稿。

2021 年 8 月底，组织上安排我调到八坼小学工作，我原先在菀坪镇的学校，在那里也工作了近 30 年。来到八坼小学之后，其实不难发现农村学校有很多相似之处，老师们都很朴实、敬业，学生则大部分都是新吴江人，就是父母亲都是从外省来这边打工的。目前我们学校一共有 91 名教师，其中在编的和备案制的老师是 74 名，还有 17 名老师是教辅人员。目前我们学校有学生 1 266 名，共分为 31 个班级，大概 60%的学生都是外地户籍，他们有的是家里在八坼街道买房的，有的是凭借积分入学的。外地户籍学生在人数上占比较多，其实提高了我们的管理难度，尤其是培养他们的行为习惯比较难，所以每年我们都会将养成习惯教育作为我们学校工作的一项重要内容。八坼小学在这几年的发展过程中，主要以艺术教育为龙头，以此来全面深化我们的素质教育。早在20世纪90年代，我们八坼小学、平望中心小学和菀坪中心小学就被称为三驾马车，并且共同申报了一个国家级的艺术课题——苏南农村艺术教育实践的研究。之后我们也率先提出了“班班有特色”的教育理念，每周四下午第一节课都是我们的美术活动课，我们开设有剪纸、油画、儿童画、书法等。10年前，当时分管教育的江苏省副省长就曾经来过八坼小学，对于我们作为一所农村学校却能够把美术教育做得这么精致大加赞赏。这对于我们来说其实也是一种激励，所以这么多年来我们始终把美术教育放在我们学校教育的主要位置，努力打造我们学校的特色。目前我们学校美术老师的师资实力是最强的，我们一共有6位美术老师，其中有3位都是吴江区级以上骨干。2017年，我们又开始思考，经过20多年的发展，我们的美术教育、我们的特色发展好像已经进入了高原期，我们应该怎样去突破？因为现在好像给人的感觉就是发展了这么多年，再怎么发展也比较平淡，大家好像都进入了一种麻痹的状态，没有兴奋点。所以我们就跟吴江区科技馆、吴江区关工委联合组建了一个艺术联盟——关工委提供资金，科技馆提供师资，我们八坼小学就此成立了丙烯画、油画、国画等社团。因为这些都是比较专业的，所以我们邀请了吴江区的一些专家来指导，我们学校的潘阳老师作为助教辅助指导。我们就这样再次进行了大胆的尝试，经过3年多的努力，我们已取得了丰硕的成果——在苏州市教育局举行的特色展示中，八坼小学的作品进入了苏州市教育局的特色展厅进行展示，得到了领导和社会的认可。

作为乡村小学虽然我们的师资还不是非常充分，但是我们的老师始终兢兢业业，这种敬业精神是值得称赞的。在这里我感触最深的就是，每天早晨，我们学校的老师总是能够提前上班，下班之后还留在办公室里对学生进行辅导。同样地，我们这里的农村家庭的家长、学生也都很淳朴，对老师都很尊重，也非常积极配合学校的各种教育要求。

目前我们国家提出了双减政策，这个双减政策其实就是要增效提质。怎样进行课堂教学的改革，提高我们课堂教学的质量，怎么样优化我们的作业设计，提高我们同学对知识的掌握程度，这都是非常重要的。因此我们学校也进行了课堂教学的研讨探索，举行骨干教师示范课、青年教师汇报课，并且每个月都对老师的备课作业进行检查，就是为了提高我们的教学质量。从期末考试来看，我们总体还是有进步的，这是一方面。

另一方面就是双减，反过来其实是要双增，要增什么是重点？增我们的艺术教育和体育教育比重。因为八坼小学本身就是以美育为特色，在这方面我们将继续加大我们的教育力度。同时，我们要打造几类特色课程，一是环境隐性课程，要让校园处处能够体现艺术特点，让学生在这种环境中得到浸染，受到潜移默化的影响。二是要加强课堂教学显性课程，我们应该提高课堂教学效率，让学生能够在美术课上完成课程标准所要求学习的内容。三是我们要加强我们的活动课程。我们的活动课程主要是打造一些精品社团，定时间定人员，加强针对性训练。四是加强校本课程的研究，我们准备在开展大量社团活动的基础上，去挖掘、研究一些具有我们学校特色的校本课程内容，以上是关于艺术方面的。再看体育方面，学校一直以来都很重视学生的体质训练，我们也积极响应国家的号召，每天的阳光锻炼不少于一个小时。大课间活动，我们也做了精心的设计，安排了一些小学生喜闻乐见的小游戏。在“冬之韵”体育节，我们精心准备了跳绳、踢毽子、短跑等一系列活动。除此之外，我们还进行了冬季三专项比赛——跳绳、踢毽、长跑。

## 五、寻访者说

通过翻阅地方志书、口述访谈，八坼小学的历史沿革浮现在我们的脑海里。在此次寻访过程中，我们在触摸历史、开阔眼界的同时，也感受到了乡村小学的勃勃生机。在与八坼小学刘新平校长和其他退休老师的交谈中，我们感受到了乡村小学教师特有的朴实、善良和热忱，也对未来乡村教育事业的发展前景充满期待。

八坼小学秉持“尚美”校训，充分挖掘百年校史，用校史激励人，用文化熏陶人，用环境影响人，积极践行“以美辅德、以美益智、以美健体、以美怡情”，依托吴江区名区建设，努力打造个性凸显的“尚美教育”品牌、力争把学校办成校园环境优美、文化氛围浓厚、教师素质优秀、教学质量优良、学生习惯良好、学生品德高尚的教育现代化学校，成为一所社会认可、家长满意、领导信任的特色学校。

“长风破浪会有时，直挂云帆济沧海”，有悠久的历史做根基，以杰出的校友为榜样，更有尚美文化的滋养浸润，这所百年老校，正焕发出蓬勃发展的青春活力。

——毛怡婷

## 六、思考与拓展

### （一）案例思考

1. 结合本节案例，分析乡村小学如何在发展历程中逐步形成自己的特色？

2. 你认为乡村小学在双减政策下应如何进行课程设置与人才培养？

3. 作为当代大学生，你认为可以在哪些方面助力乡村小学的发展？

### （二）实践指导

1. 邀请寻访八坼小学的团队成员与班级同学现场交流。

2. 组织同学们前往八坼小学参观交流。

### （三）延伸链接

百年村小空中档案馆之八坼小学

八坼小学微信公众号

# 在文学的田野上拔节孕穗

——扬州市高邮市城北实验小学

## 一、导言

在大运河畔，北门城墙下，屹立着一所富有生命力的学校——高邮市城北实验小学（简称北小），北小始建于1905年，前身是朱明校长创立的私立公益小学堂，现在坐落于古城高邮民生路34号。建校100多年以来，北小三易校址，屡更校名。在经济高速发展的当下，人口逐渐集中于城市，北小何以吸引留住学生？北小跟其他的一些学校相比，有哪些突出的优势呢？在发展过程中遇到过哪些问题和挑战呢？它为什么能绵延至今弦歌不辍呢？带着这些问题，寻访团队进行了三天的实地寻访与口述访谈，以期能够探寻其发展历程以及能够百年延续勃勃生机的原因。

城北实验小学全貌

## 二、寻北小百年风华

寻访团队于2022年1月到访北小，一踏入校门就能感受到校园的清幽静雅、古色古香。在校史馆，我们看到了2005年北小被江苏省教育厅评定为江苏省实验小学，而后，又有多所小学并入，形成了现在的北小。学校自创办以来，校名虽数次更迭，校址屡次迁徙，但教书育人的宗旨一脉传承，学校的发展规模一年比一年壮大，学校声誉蒸蒸日上。近年来，学校紧紧围绕校训“崇德尚雅”，以杰出校友夏书章、汪曾祺的少年形象为“德”“雅”少年代表，以他们少年时期的优秀表现，作为全体学生的学习榜样。学校坚持以“崇德尚雅”为核心的德育教育理念，走出了一条持续发展的以德育人之路。

雅少年雕像

德少年雕像

灵动池

灵动山

北小1905年始建，初名私立公益小学堂，本县贾先里、王守廉、孙钰、张钊、邱祖庚、张开益、董增传、孙维贤捐资，修葺承天寺西院为校舍。1909年，开办高等小学。1910年，开设高、初两等小学，孙钰、张钊先后为堂长。1912年，学校更名为县立第一小学分校。1918年，学校更名为县立第五高等小学，学校迁址于珠湖书院。1932年，学校更名为育才小学。

1940 年，学校更名为景家桥小学。1942 年，学校迁址于北门城内（市文化馆旧址），更名为城北小学。1947 年，学校更名为中山镇第三中心国民学校。1949 年，学校再次更名为城北小学。1953 年，学校更名为高邮师范附属小学。1955 年，学校迁址于北门城外现址。1956 年，学校更名为高邮县实验小学，滨湖小学并入。1958 年，学校更名为高邮县沿运（9 个公社）学区中心小学。“文化大革命”期间，学校更名为红旗小学。1973 年，学校再次更名为城北小学。1984 年，学校更名为高邮镇中心小学。1991 年，学校更名为高邮镇城北中心小学。2005 年，学校更名为江苏省高邮城北实验小学。2012 年，学校更名为高邮城北实验小学，此次更名后，校名沿用至今。同年，原高邮镇城南小学并入。2016 年，原高邮镇新巷口小学并入。2020 年，原高邮镇北海小学并入。

1957 年毕业生合影

2005 年植树节活动

旧校园学生早操

学校现占地面积 18 418 平方米，建筑面积 5 512 平方米。现有 36 个小学班，在校学生 2 152 名，另设 5 个幼儿班。学校师资力量雄厚，现有专任教师 97 名，具有本科学历的教师 29 人，大专以上学历人数占专任老师的 92%，全体教师学历达标率为 100%。学校现有扬州市、高邮市学科带头人 7 人，骨干教师、教坛新秀 15 人。

## 三、探北小特色

汪曾祺老先生是北小的知名校友，他所写的《我的小学》，追忆了当年五小的校园、老师校工、同窗学友和学生生活。

**【资料链接】**

### 我的小学

**01**

我读的小学是县立第五小学，简称五小，在城北承天寺的旁边，对面是天地坛。五小有一支校歌：

“西挹神山爽气，东来邻寺疏钟，看吾校巍巍峻宇，连云栉比列其中。半城半郭尘嚣远，无女无男教育同。桃红李白，芬芳馥郁，一堂济济坐春风。愿少年，乘风破浪，他日毋忘化雨功。”

“巍巍峻宇”“连云栉比”，实在过于夸张了。但记忆中学校门外的地势确比校内高，进大门，要下一个慢坡，慢坡是“站砖”铺的。不是笔直的，而是有点弯。不知道为什么，我们对这道弯弯的慢坡很有感情。如果它是笔直的，就没有意思了。

**02**

慢坡的东端是门房，同时也是校工詹大胖子的宿舍。

詹大胖子的主要职务是摇上课铃、下课铃。这间小屋原来盖了是为了当门房即传达室用的，但五小没有什么事可传达，来了人，大摇大摆就进来了，詹大胖子连问也不问。这间小屋就成了詹大胖子宿舍。他在屋里坐着，看看钟。他屋里有一架挂钟。这学校有两架挂钟，一架在教务处。詹大胖子一早起来第一件事便是上这两架钟。嚓啦嚓啦，上得很足，然后才去开大门。他看看钟，到时候了，就提了一只铃铛，走出来，一边走，一边摇：叮当，叮当，叮当……从南头摇到北头。上课了，学生奔到教室里，规规矩矩坐下来。

每逢国文课都是要背诵的。一年级开头是“大狗跳，小狗叫”，后面有《咏雪》这样的诗：“一片一片又一片，两片三片四五片，七片八片九十片，飞入芦花都不见。”我学这一课时才虚岁七岁，可是已经能够感受到“飞入芦花都不见”的美。我现在写散文、小说所用的方法，也许是从“飞入芦花都不见”悟出的。我觉得那时的语文课本有些篇目是选得很好的。

后来，有一班毕业生凑钱买了一口小铜钟，送给母校留纪念，詹大胖子就从摇铃改为打钟。一口很好看的钟，黄铜的，亮晶晶的。铜钟用一条小铁链吊在小操场边的梧桐树上。铜钟有一个锤子，悬在当中，锤子下端垂下一条麻绳。詹大胖子扯动麻绳，钟就响了。钟不打的时候，绳绕在梧桐树干上，打一个活结。

梧桐树一年一年长高了。钟也随着高了。五小的孩子也高了。

**03**

詹大胖子还有一件常做的事，是剪冬青树。詹大胖子很胖，但是剪起冬青树来很卖力，他好像跟冬青树有仇，又好像很爱这些树。

詹大胖子还给校园里的花浇水。

秋天，詹大胖子扫梧桐叶。学校有几棵梧桐。刮了大风，刮得一地的梧桐叶。梧桐叶子干了，踩在上面沙沙地响。

詹大胖子还做什么事呢？他给老师烧水。烧开水，烧洗脸水。教务处有一口煤球炉子，詹大胖子每天生炉子，用一把芭蕉扇忽哒忽哒地扇。煤球炉子上坐一把白铁壶。

他还帮先生印考试卷子。詹大胖子推油印机滚子，先生翻页儿。考试卷子印好了，就把蜡纸点火烧掉。烧油墨味儿飘出来，坐在教室里都闻得见。

每年寒假、暑假，詹大胖子要做一件事，到学生家去送成绩单。全校学生有二百人，詹大胖子一家一家去送。成绩单装在一个信封里，信封左边写着学生的住址、姓名，当中朱红的长方框里印了三个字“贵家长”。右侧下方盖了一个长方图章“县立第五小学”，学生的家长是很重视成绩单的，他们拆开信封看：国语 98，算术 86……看完了就给詹大胖子酒钱。

**04**

詹大胖子和学生生活最最直接有关的，除了摇上课铃、下课铃，打上课钟、下课钟之外，是他卖花生糖、芝麻糖。詹大胖子很坏，他的糖比外面摊子上的卖得贵。但是五小的学生只好跟他去买，因为学校有规定，不许“私出校门”。

校长张蕴之不许詹大胖子卖糖，把他叫到校长室训了一顿。校长对学生说：学生在校不许吃零食；詹大胖子的糖不卫生；他赚学生的钱，不道德。

但是詹大胖子还是卖，偷偷地卖。他摇下课铃或打上课钟的时候，左手捏着花生糖、芝麻糖，藏到袖筒里。有学生要买糖，走近来，他就做一个眼色，叫学生随他到校长、教员看不到的地方，接钱，给糖。

五小的学生差不多全跟詹大胖子买过糖。他们长大了，想起五小，一定会想起詹大胖子，想起詹大胖子卖花生糖、芝麻糖。

**05**

詹大胖子就是这样，一年又一年，过得很平静。

詹大胖子的铃摇着摇着，钟打着打着，我们便长大了，便到了小学高年级了。

教五年级国文的是高北溟先生。他很喜欢我，我的作文几乎每次都是“甲上”。在他所授的古文中，我受影响最深的是明朝大散文家归有光的几篇代表作。归有光以轻淡的文笔写平常的人物，亲切而凄婉。这和我的气质很相近，我现在的小说里还时时回响着归有光的余韵。教六年级国文的是张敬斋，张先生据说很有学问，他教我们《老残游记》，讲得有声有色。给我留下印象最深的是大明湖上的对联“四面荷花三面柳，一城山色半城湖”，这使我对济南非常向往。

**06**

我对五小很有感情。每天上学，暑假、寒假还会想起到五小看看。夏天，到处长了很高的草。有一年寒假，大雪之后，我到学校去，大门没有锁，轻轻一推，开了。没有一个人，连詹大胖子也不在。一片白雪，万籁俱静。我一个人踏雪走了一会儿，心里很感伤。

我十九岁离乡，六十六岁回故乡住了几天。我去看看我的母校：什么也没有了。承天寺、天地坛，都没有了。五小当然没有了。

这是我的小学，我亲爱的，亲爱的小学！“愿少年，乘风破浪，他日毋忘化雨功！”

在书香校园建设过程中，北小植根于百年办学的沃土，延续汪曾祺先生母校的文脉，挖掘、凝练并形成了校本化阅读工程模式。自2018年起，该校着力引导全体师生阅读系列《汪曾祺读本》，走进汪氏故居和古街巷陌，寻汪曾祺笔下的人和事，书写汪曾祺心中的情和暖，给北小学子的童年播下一颗文学的种子，打造了具有北小特色的书香阅读品牌组织：汪曾祺少儿文学院。2019年5月。汪曾祺先生长子汪朗及高邮市著名文化学者朱延庆先生等一起，为汪曾祺少儿文学院揭幕，高邮市汪曾祺纪念馆也成为汪曾祺少儿文学院永久活动基地。

汪曾祺少儿文学院成立

北小是汪曾祺先生的母校，伴随着汪曾祺少儿文学院的成立，吸引了众多“汪迷”经常来学校开展寻访、讲学和研讨活动。学校将汪曾祺少儿文学院活动基地和扬州市“五个一百工程”项目建设深度融合，在文学院分别开设了“文学班”和“国学班”，定期开展丰富多彩的创作交流活动。学校邀请资深汪迷作家姚维儒先生讲述“五小（城北小学旧称）溯源”；邀请王干、徐克明、祁智、王树兴等知名作家来校为学生开设文学讲堂；邀请南京大学哲学系金昕博士为学生做儿童视角下的哲学思维讲座，提高儿童的辩证思维能力，把深奥的哲学课程带入儿童的日常生活；每年暑假，学校都会组织学员开展夏令营活动，邀请汪曾祺长子汪朗先生走进师生之间，结合自身经历分享“父亲与我的文学成长”故事，为学员在阅读与写作方面答疑解惑。辅导员带领学员们开展“追寻汪曾祺足迹，一路繁花似锦”寻访活动，他们置身于北门大街，品味汪曾祺笔下的故乡风物。流连于汪曾祺纪念馆，或看看他的手写草稿，或听听讲解员讲述他的人生经历，仿佛跨越了时间，走进了他的文学世界。学校还利用春秋季研学之旅带领学生走进大自然采风，学生行走在大自然的课堂中，开阔视野，启迪智慧……丰富多彩的活动不仅为学生积累了生动的写作素材，提升了学生的文学素养，更激发了学生阅读汪曾祺的书、走进汪曾祺、亲近文学经典的兴趣。

为了更好地诵读经典，北小开设了汪曾祺少儿文学院“国学班”。学校把“国学班”的活动和学校的社团活动结合起来，聘请国学功底深厚的老师担任指导老师，除了开展常态化的“诗词点背”“古诗新唱”等诵读活动外，老师们还在长期的活动过程中坚持读中诵、诵中悟、悟中演，不断积累，不断创新。文学院的孩子们坚持晨读、午诵、暮省，校园内、家里、城市书吧到处留下了孩子们潜心阅读的身影。在扬州市“五个一百工程”百部名篇教学竞赛活动中，文学院指导老师王晓君执教的《家乡的美食》、钱春霞老师执教的《家乡的四季》双双获得扬州市课堂教学竞赛一等奖，他们在课堂上引领学生品“汪味”、闻“汪香”、悟“汪情”……在诵读经典过程中体悟汪曾祺的家国情怀。

目前汪曾祺少儿文学院已经开发了两套有层次、有内涵、有特色的经典国学校本教材。一套是《亲近经典，赏析名篇》，以古诗词赏析为主，让学员都能静下心来品味、揣摩韵味隽永的经典名著。让名家名篇真正叩开学员心灵的窗扉，带领学员走进广阔深邃的文学境界；一套是中高年级分别以《千字文》《三字经》《论语》《诗经》等国学经典为主体的解读和赏析，让国学经典陶冶学生的品德和情操，在诵读中培养爱国情怀。让学生在诵读中积累知识，感受传统文化的博大精深，体味传统文化丰富的人文内涵，使之成为学生终生受用的宝贵财富。

城北实验小学汪曾祺少儿文学院夏令营活动

汪曾祺少儿文学院文学班自开班以来，长年聘请学校语文骨干教师为文学班的孩子授课，他们以扬州市“十三五”课题《基于“里下河文学”提升小学生写作素养的策略研究》为依托，以《小学生汪曾祺读本》和校本教材《“河”承文脉，“水”润童年》为抓手，引导学生进行“汪味”文学创作，写家乡高邮的大街小巷和建筑遗址，写家乡四季的风土人情和奇闻轶事，写普通高邮人的生存方式和生活情趣，在浑朴自然、清淡委婉中表现和谐的意趣。学校把学生的优秀作品定期结集出版，在校刊《爬山虎》定期刊登，并编印了《汪曾祺少儿文学院优秀作品集》。《珠湖》杂志多次刊登文学班学生的习作，《泰州文学》也多次向文学班的孩子们约稿。学校的“汪曾祺少儿文学院公众号”也成为孩子们优秀习作展示的窗口。2021 年 12 月，高邮市教育体育局、高邮市文学艺术界联合主办、汪曾祺少儿文学院承办的高邮市“首届汪曾祺少儿作文大赛”拉开帷幕，其中汪曾祺少儿文学院学员张百臣的《蝶蜕》、宋秉峰的《相遇》荣获特等奖，另有 23 位学员的作文分获一、二、三等奖。

作家走进汪曾祺少儿文学院

北小汪曾祺少儿文学院自成立以来，孩子们通过阅读汪曾祺先生的作品培养了爱读书、爱写作的良好习惯，增进了爱校爱国的情感。一批批孩子在文学的田野上拔节孕穗，目前文学院已经有 100 多篇学员习作在各类报纸杂志上发表。乘风破浪正当时，相信文学院的孩子们将来一定会在这块芳菲的园地里茁壮成长。

除了汪曾祺少儿文学院这一围绕汪曾祺老先生发展的学校特色，我们还了解到以下能够支撑学校百年绵延的原因。

### （一）办学理念紧绕学生

“让每一位学生都能接受优质教育，让每一位教师都能发挥聪明才智”。北小围绕以“优美环境、优良秩序、优化教育、优等质量，打造区域特色学校和品牌学校”的办学目标，确定了“立志、勤学、文明、健美”的校风。激发和引导学生从小要立志、立大志、立远志，并通过自己勤奋、踏实的学习，使自己成为一个健康、美好、和谐、全面发展的人。明确了“严谨、务实、改革、创新”的教风，倡导每位教师为人师表，爱岗敬业，把对学生的爱心、对事业的热心、对社会的责任心、实实在在地落实到行动中去，勤勤恳恳工作，踏踏实实做人。老师也需要不断学习，不断钻研，在干实事、实干事的基础上，大胆探索，勤于思考，合作研究，谋求新突破，力求新发展，以顺应现代社会、现代教育不断发展的需要，是教育好学生的前提条件。

### （二）学校在百年办学经验下形成了绿色发展的管理体制

多年来，北小一直走“生态文化教育”特色发展之路。在各学科渗透生态文化教育的基础上，通过专题教育、特色活动的形式，引导学生关注大自然，关注家庭、社区、国家和全球的环境问题，正确认识个人、社会与大自然的关系，帮助学生获得人与环境和谐相处所需要的知识、方法与能力，有利于培养学生对生态环境友好的情感态度和价值观，从而形成正确的生态道德观念。

### （三）选择优质教师，从而形成师资保障

北小师资力量雄厚，学校现有中学高级教师 4 人，小学高级教师 45 人，中级以上技术职务占在编教师总数的 55%，有扬州市、高邮市学科带头人 7 人、骨干教师 11 人，先后有 8 名教师参加了国家级、省级骨干教师培训。教育的重要任务就是培养人才，而人才的培养离不开高素质的教师队伍，北小注重教师队伍的建设，也切身考虑教师的利益，致力于打造以青年骨干教师为主的优良队伍，实现教师终身学习，不断发展，从而达到提高教师的教学水平和创新能力的目的，提高师资队伍的整体水平和学校的教学质量。

### （四）教师专业发展机制契合实际

教师是学校发展的宝贵资源和力量源泉。助力教师专业发展，需要与时俱进，要在全面解读教师专业发展的最新动态和研究成果的基础上，进一步提高对教育基本规律和教师成长规律的把握，紧紧围绕制约教师专业发展的重点、热点、难点问题深入探讨，形成契合实际的教师专业发展机制。大方文雅的衣着，友善敬业的品德以及完备充实的专业知识与技能都是成为一名教师所要具备的基础条件。“青蓝工程”是江苏省教育厅为实施科教兴省、人才强省战略，进一步加强师资队伍建设，培养骨干教师和学科带头人，突出抓好高校优秀拔尖人才、学术带头人选拔培养工作而实施的重要人才培养工程。

**【资料链接】**

北小推行“青蓝工程”，是传帮带精神的体现。这项工程的名字来源于《荀子·劝学》中的名句“青出于蓝而胜于蓝”，在这里，蓝代表老教师，青

代表青年教师，老教师有着更为丰富的阅历与教学经验，以及比较成熟的教育理念与想法，而年轻一代的老师对教育充满热情。“青蓝工程”是“蓝”帮扶“青”的一个过程，不仅仅加强了新老教师的沟通与交流，也是一种教育理念与教学方法的传承。学校在科学发展观的指导下，落实以人为本的教育观，大力开展“青蓝工程”活动，践行“质量立校，彰显特色”的办学理念，通过精细化管理加快学校对青年教师的培养，增强质量意识，提高教学质量的重要举措，对促进青年教师尽快成长，成为一支重要的教学骨干力量有着十分重要的意义。

### （五）校园文化健康向上、生动活泼

这样的校园文化，像春风化雨一样滋润着广大师生的心田，陶冶着广大师生的心灵，形成了一种积极进取的氛围。北小为了营造健康向上的校园文化主要从以下几个方面着手：培养优良的校风；高唱校歌，铭记校训；抓好校园环境建设。

### （六）课程体系一体化

学校有固定的会议时间。校长、副校长、课程科研处主任以及各科老师都会定时参加交流。教导处和课程科研处是学校的课程管理和研究机构；办公室和总务处是学校的课程服务保障机构；各项课程的实施由年级组和教研组双重管理。在课程规划的统一指导下，责任明确，协调配合，有序推进学校各项课程的实施工作。

### （七）人才培育以人为本

学校着力培养了“爱学、勤学、会学、活学”的学风，致力于让学生从传统的教学观念中解放出来。以人为本，以生为本充分发挥学生的主观能动性，激发每位学生的学习兴趣，让他们都能品尝成功的喜悦，从而使每位学生把学习当成一件乐事，把学校当成他们的乐园，自觉爱学，主动勤学，在学习文化知识、基本技能的同时掌握规律、掌握学习方法，勇于怀疑，敢于实践。在实践中探究真知，在实践中培养能力，在实践中健康成长，在实践中和谐发展。北小秉承“崇德尚雅”的校训，引导学生树理想，修品德，养良性、铸雅品，争做德雅少年，并定期举行推选“美德少年”的活动。“美德少年”推选的基本标准：热爱祖国，热爱人民，热爱社会主义，具有立志

成才、报效祖国的远大理想，自觉践行社会主义荣辱观，遵纪守法，遵守《中小学生守则》，热心公益、遵守公德、诚实守信、自尊自强、勤俭节约，积极参加学校、社会组织的各类活动，在家中做文明尊老尽孝心的好孩子，在学校做文明勤学送关心的好学生，在社会做文明诚信献爱心的好公民。

而且“美德少年”根据其事迹分为尊师孝亲、自强自立、诚信守礼、勤学创新、热心公益五个类型。这些都有利于学生健康全面发展。

### （八）构建了协同育人家—校—社互动机制

学校通过开放课堂邀请家长来校听课，走进课堂，感受教师的教学风格让家长体会班级的学习氛围，了解孩子在学校的表现；并积极开展相关讲座，渗透德育和心理健康教育的理念，并就家庭教育、学习技巧、作业辅导、班主任工作等方面与家长充分沟通，提供科学合理的建议，希望家长为孩子营造一个良好的家庭学习环境以及积极向上的成长环境。加强教师和家长的密切联系，共同努力，形成家校合力，为孩子的未来发展提供一个良好的平台。

## 四、访谈留声

要了解一段历史，需要借历史经历者之口，从他们的生命历程中找到我们想要的答案。经过前期沟通，我们采访了在北小从教 25 年之久的邓宝莹老师，从她的讲述中我们可以感受到她对北小的深厚感情。以下就是我们整理的邓宝莹老师的口述。

### （一）校园就是我的家

我是九七年（1997 年）进这个学校的，进来之后感觉很自豪，因为我们学校当时在高邮市非常有名气。而且我在老教师身边学到了很多的东西，他们非常有耐心，愿意教我们这样的年轻人。我们年轻人也非常愿意学习，就像是一个大家庭一样，大家看到事情，主动就去做。比如说我今天有事来得迟一点，旁边老教师一定会把你班上的事情安排得好好的，他不会只管他自己的，就感觉他是把这个学校当成了自己的家一样。我们那个时候也没有严格的上班制度什么的，但是我印象中以前好像都是天黑了才回家，非常地爱学生。我到这个学校来的第一天，上班的第一天就是带学生的第一天，那天下了大雨，特别大特别大的雨，学校的下水道也不太好，门口好像是淹掉了，而且积水有膝盖那么深，校园里也有小腿这么深。下大雨的时候，我们正在办公室里面开会，大家不放心教室里的孩子们，就冒着大雨到每个班去查看，没有一个人有等一下再去或者算了吧的想法，那种感觉现在的年轻人可能不太能理解：反正学生在教室里，能有什么事呢，对不对？但是老师们就是觉得不放心，像担心自己家的孩子一样，把学校当成自己的家，把学生当成自己的孩子。

### （二）生动活泼的校园氛围

我们学校在环境方面的变化很大，我们学校是一所百年老校，以前学校的面积不是太大，但很优美，“小桥流水人家”，一条穿心河就是从我们校园中间穿过去的，然后把我们的校园和城北中学隔开来了，以前是这样的。现在我们的校园就更具有现代风格了。总的来说，就是面积大了许多，高楼也多了许多，而且形成了一个整体的规模，一进门的那条路是清正道，往前走是一条长长的走廊叫清淳廊，中间还有清风亭，道路的名称也在潜移默化地影响学生。而且，我们的学校是汪曾祺的母校，当时叫“五小”，所以在学校最西边的角落有一个校史馆，成立了汪曾祺少儿文学院，校园以前更生态化、更自然化，现在是文化氛围更浓厚一点。

### （三）协同育人

在教学方面，北小已经正规化、体系化了。举一个简单的例子，像我们以前也有团队合作，现在叫名师工作室。再比如说，原来也有老教师和青年教师的结队子，现在形成了一个系统工程，叫青蓝工程。

老师们的敬业精神也是一脉相承，一代人影响一代人，一批老师影响下一批老师。这就是精神传承。我们的家校合作也做得蛮好的，我们是优秀家长学校。我们曾经的老校长，都在关工委工作，他们组成了一个团队，对那些有困难的学生，还有需要被辅导的学生，都免费提供帮助。星期六、星期天咱们学校里面还有学习辅导老师、心理辅导老师辅导。我们这个学校是一个很有文化底蕴的学校，设施配备还是可以的，整体的硬件也不错。虽然地理位置偏了一点，但是各方面还是不错的，我们每个在这里工作的老师，都有一种自豪感，都有一种幸福感，带着这样积极的情绪，走进教室时的心情也是不错的，所以能赢得家长的信任、学生的爱戴。

## 五、寻访者说

北小是一座拥有百余年历史的小学。我们在学校老师的带领下参观了校史馆，并拍摄了很多校园照片，采访了杨校长及资深老师，了解了学校的基本信息，并获取了所需资料。

一般来说，乡村小学往往会面临着师资水平不高、在校生少、办学条件差、资金不足等问题，这些问题也是不少乡村小学渐渐消失的重要原因。北小也是一所乡村小学，那么它是如何在百余年的发展历程中做到弦歌不辍，薪火相传的呢？

通过寻访，我们发现北小的青蓝工程在提高师资水平方面发挥了重要作用。通过青蓝工程老教师传授的经验可以帮助年轻教师更好更快地适应教学环境，而在交流的过程中，老教师也可以从年轻教师那里汲取新的教学思想与教学理念，不断完善教学方法，进而提升教学质量，提高师资水平。

另外北小注重开发学校的历史文化资源，例如大家比较熟悉的著名作家汪曾祺，以及中国 MPA 之父夏书章都毕业于北小，学校以他们的少年形象为“德”“雅”少年代表，以他们少年时期的优秀表现，作为全体学生的学习榜样，扩大了学校的影响力。

最后，高邮市政府一直非常重视乡村小学的建设，支持乡村小学的振兴。作为高邮的一所公办小学，高邮市政府也为北小提供了不少资金方面、技术方面的支持，使其能够在原有的基础上不断发展与进步。但是一所小学若想长盛不衰归根究底，还是对人才的培养，只有不断改善教学环境，不断创新，才能培养出一流的人才，才能让乡村小学弦歌不辍，薪火相传。

——薛志卉

## 六、思考与拓展

### （一）案例思考

1. 结合本节案例，分析乡村小学应如何在城市化的今天避免败落？

2. 你认为乡村小学应如何利用自身资源进行师资培养？

3. 你认为乡村小学应如何整合校友资源？

### （二）实践指导

1. 邀请寻访城北实验小学的团队成员与班级同学现场交流。

2. 组织学生前往城北实验小学参观交流。

### （三）延伸链接

百年村小空中档案馆之城北实验小学

# 第五章

# 探索中的乡土育人

# 行走在乡间的田野上

## ——扬州市江都区郭村镇塘头小学

## 一、导言

岁月更迭，古韵悠悠，塘头小学（简称塘小）坐落于苏中革命老区——扬州市江都区郭村镇，创办于 1927 年，已有近百年的历史。在城市化进程不断加快的今天，塘头小学的生源没减反增，塘小何以吸引、留住学生？学校立足乡土资源做出了怎样的教育探索？学生在这里有什么样的独特体验？学校给当地带来了哪些变化？带着这些问题，寻访团队通过 14 天的实地考察与口述探寻，以期能展现这幅绘制于乡村大地的教育新画卷。

塘头小学校园全貌

## 二、寻塘小百年风华

寻访团队于 2021 年 11 月到访塘头小学，从扬州市区到塘小，有 2 个多小时的车程。塘头小学三面环田、一面临水，被周围的村落环绕着。踏进校园的那一刻，我们就能感受到这所农村小学深厚的文化底蕴和浓浓的乡土气息。教学楼前镌刻的红色大字“活力校园 幸福师生”代表着师生永恒的价值追求，学校礼堂前斑驳的“华蕾堂”三个字诉说着学校悠久的历史，操场旁郁郁葱葱的高大水杉树在麦浪湖风中制造出一片荫凉，为操场上肆意奔跑的孩子们提供休憩乘凉之地……塘小虽小虽旧，但干净整洁、和谐有序，还经常能听到孩子们的欢歌笑语，我们在这些快乐的天使身上感受到了生命蓬勃的活力，也在乡村教育工作者的坚守奋进中憧憬着乡村教育的希望与未来。

活力校园 幸福师生

学校礼堂：华蕾堂

在学校档案室，我们找到了 20 世纪 70 年代由塘小老教师、校友及周边村民所写的学校历史沿革手稿，我们发现实行新学制以后的江都初等教育，当时被划分为五个区——城区、东区、西区、南区、北区。北区指通扬运河以北、京杭大运河以东，该区教育发达，与东区不相伯仲。塘头小学属于北区，创办于 1927 年前后，创始人高立秋（字廷荣）、莫铸鼎，校址在三元庵，初建时为 4 个班的完小，学生近 100 人。后发展为 5 个班的完小，学生 150 人，教职工 7～8 人，原有土地面积 2 409 平方米，校舍 17 间。可惜的是，由于年代久远，塘小建校初期的印迹已无从考证。

寻访团队对校史资料进行记录和整理

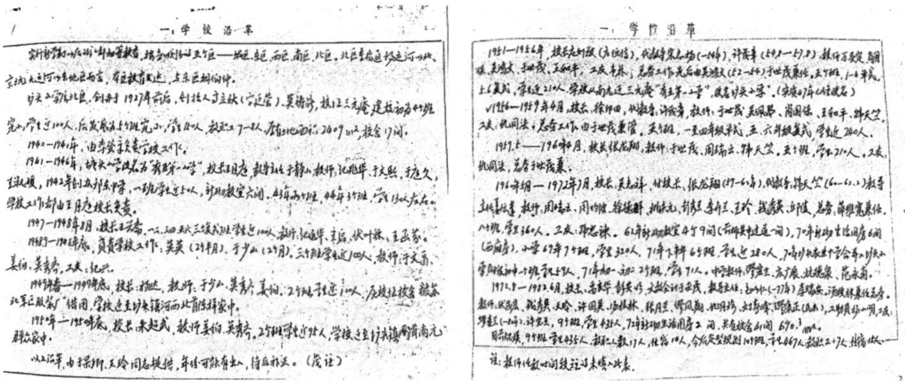

学校历史发展沿革（20 世纪 70 年代教师手稿）

1941—1946 年，塘头小学改名为“秀五第一小学”，校长王月庭。1942 年邗东中学创立，学生近 50 人，新砌教室 6 间，两所学校工作都由塘小校长王月庭负责。1949 年学校迁至塘头镇河西北首陈祥家中，原校址被苏北军区服装厂借用。1950 年，学校又迁至塘头镇河南首南元家中。1951 年学校再次迁址，从南元家迁至三元庵，并改名为“塘头小学”。1960 年起，学生数量迅速增加，1962 年新砌教室 9 间。1970 年塘头农业中学并入塘头小学，学校改为七年制，当时社会上也称之为“戴帽初中”，小学五年制，初中二年制，这种学制普及了乡村教育，但是也对当时正常的教学秩序造成了不小的冲击，例如生源渐多而教师、教室急缺，同年塘头小学新砌生活用房 6 间（西厢房）。1972 年学校又新砌生活用房 2 间，此时共有校舍 41 间，690.3 平方米。学校一共 9 个班，学生总数近 500 人。据禹良华校长讲，当时的办学条件极其艰苦，禹校长记忆深刻的是当时下课后老师们都不得闲，男老师修房子屋顶，女老师修桌椅板凳，说是桌椅板凳，其实就是老师带领学生们去树上锯一段木头，这还是有条件的，没条件的就用砖头垒一个，糊上泥巴和草，再抹平，铺上秸秆和稻草，这样桌子凳子就算弄好了，老师们往往是下课后比上课还累。老师们还会用几根圆柱状的木条子或者废钢筋支撑在砌墙的土砖上，象征性地做成窗子。冬天天气冷，老师就用塑料薄膜蒙在上面，能简单地抵御寒风酷雪。往往没过几天，塑料膜就“香消玉殒”了。留在窗户四周的纸盒片或者小木条，就成了墙体的补丁，与同学们一起抵御着寒冷的侵袭。

20 世纪 70 年代学校旧址（三元庵的教室）

寻访团队走访塘小 20 世纪 70 年代校园旧址（图为当时的教师宿舍）

寻访团队听禹良华校长讲述老校址的故事

1983 年，原来的校园破败不堪，时任塘小校长的禹良华带领教师、学生家长、村民们重新选址、修建校园。禹良华校长讲，当时想要获得建校用地的难度很大，校长带领教师们到处跑：生产大队、村部、政府、教育局，还有资助学校办学的企业工厂，最后才把建校用地给批下来。批下来的建校用地位置也很偏，在田里，而且四面环水，修建学校的难度很大。想建学校必先造桥，老师们就一边上课，一边去工地干活，家长们也拖家带口加入建设学校的队伍里，有钱的出钱，有力的出力，学生们则会用小推车搬运碎砖，就这样从茅草屋到土坯房再到砖瓦房，塘头小学在“人民教育人民办”集体努力下，新校园终于建成了。之后，塘小再未迁址，学校里的参天水杉也一直见证着这 40 年来塘头小学的变化和发展。

如今，塘头小学有教师 36 名，12 个教学班，学生 518 人，校园面积

禹校长带领师生 20 世纪 80 年代修建的桥

1985 年的塘小校门

20 世纪 80 年代家长和学生们共同修建校园

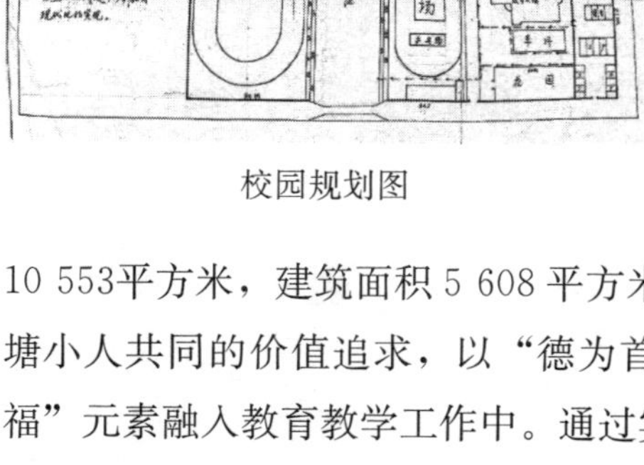



校园规划图

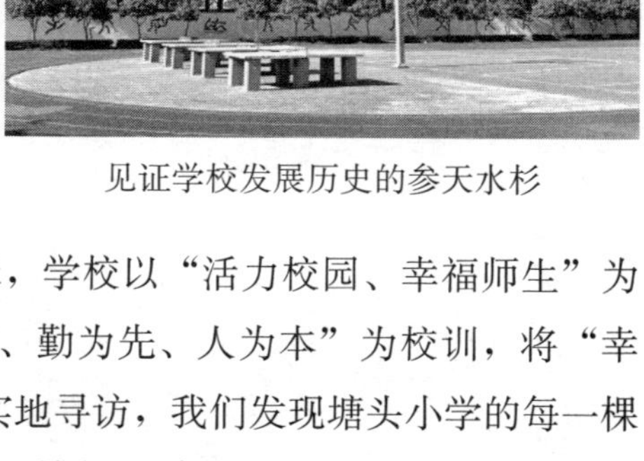

见证学校发展历史的参天水杉

10 553平方米，建筑面积 5 608 平方米，学校以“活力校园、幸福师生”为塘小人共同的价值追求，以“德为首、勤为先、人为本”为校训，将“幸福”元素融入教育教学工作中。通过实地寻访，我们发现塘头小学的每一棵树上都配有名片，每一块花圃都配有提示语，让每一寸土地都会说话，成为无声的老师。教学楼按照校训“德为首、勤为先、人为本”开展校园文化建设。一楼围绕“德为首”，用剪纸的方式呈现社会主义核心价值观的相关内容，楼梯上张贴了近年来学校德育活动中学生健康成长的照片，楼梯平台用来表彰学校的“美德少年”，这是学生成长的“根”，图片的底纹是“兰”，寓意学生们要有“兰”的高雅品德；二楼围绕“勤为先”，剪纸的内容则围绕学生学习的各个方面，教导学生勤练各种本领，楼梯上的图片将学生各项竞赛的精彩瞬间呈现出来，告诉学生我们身边有“勤学少年”，这是学校发展充满生机的“叶”，展示栏的背景是“梅”，“梅花香自苦寒来”寓意学生要刻苦练习；三楼围绕“人为本”，剪纸内容主要为了展示学生的综合素质，楼梯上展示的都是孩子们健康成长、感恩生活、关注社会的相关照片，宣传栏以“花”的形式表彰“幸福少年”，孩子们灿烂笑脸的背景是“竹”，教导学生要谦虚，要坚强。对校训的释义均从中国古代文化的说文解字谈起，再到现代社会对于“德”“勤”“人”的理解，最后落实到学校提出的具体要求、目标，条理清晰。另外楼梯拐角处的墙壁上，还贴满了温馨的提示语。

学校以剪纸形式开展校园文化建设

校园特色文化——篆刻和剪纸

阳光体育场和操场的围墙也被融入了剪纸与运动元素，亮丽醒目。操场边有“凉亭晚溪”，古色古香，琉璃飞檐，是学生学习憩息的好去处。四季园内假山林立，翠竹摇曳，集厚重的历史感及扬州园林特色于一体。在寻访中，我们发现无论是教室、剪纸室、操场、食堂，甚至是走廊、楼梯的任何一个角落，整个学校的空间装饰都是以学生为题材，以孩子们的校园生活为主题。学生自己的剪纸作品充满活力，再配以标题和文字说明，就成了育人的教材。照片中到处可以看见学生的身影、笑脸，孩子们不但爱看而且能够不断从中受到潜移默化的影响。所有这些都是“以人为本”的具体体现，孩子是这所学校的主人。

学校先后被评为江苏省实验小学、扬州市素质教育先进校、扬州市数字化校园、扬州市依法治校示范校、扬州市平安校园、扬州市绿色学校等。2021年，塘头小学通过“三色篱”劳动课程建设，成功申报扬州市课程基地。今后，塘小师生也将勇毅前行，携手奔向未来，书写乡村大地上的教育新篇章。

凉亭晚溪

“活力”景观石

“三色篱”劳动教育课程基地获批扬州市课程基地

## 三、探塘小特色

塘头小学是一所典型的农村小规模学校，面临着和众多村小同样的教育困境。吴圣良校长告诉我们，他在 2007 年接任后，开始思考和研究一个最为基本的问题，即“我们应该给农村孩子什么样的教育”。这个简单的问题蕴含着对塘头小学发展道路的深刻思考，内隐着怎么去办好人民满意教育的长远考虑。在现实条件下如何寻找符合学校自身条件的发展方式，校长开始想是否可以依托塘小周边的乡土资源进行课程建设。这样，既可以克服学校现实条件和资源不足的客观难题，又可以减少办学消耗和节省支出以获取更多办学资源，还能以这种方式来改善学校的校园环境。如此一来，学校的发展动力得以提升，校园环境能够改善，学生能够更好地对脚下的这片土地产生归属感和认同感，学校教育也能为周边的人们带来更多的社会效益。经过讨论，塘头小学最终确立了以地方乡土文化为依托的课程建设理念。说干就干，以学校为根据地，买来篱笆、砖瓦、油漆，教师们分工学习木工、瓦工、油工，“幸福农场”基地便建设好了，老师们会按照季节特点，安排好农事活动，开设“我的瓜架我来搭”“校长喊我来收菜”等一系列实践课程。这还不够，“幸福农场”家庭实践基地也发展了起来，早餐店、面包店、葡萄园成为孩子们的劳动实践基地，新四军苏北指挥部纪念馆、郭村保卫战纪念馆、东进主题教育基地成为孩子们学习红色文化、厚植红色基因的重要场所，教学资源不断拓展、课程建设不断深化。就这样，从教室到乡野，从数年前课程建设理念的萌芽到课程发展的系统化、结构化、体系化，其中饱含着塘小人孜孜不倦的创新尝试和求真务实的实践探索，成了凝结着塘小一代代师生智慧的“塘小策略”和“塘小举措”。

从 2018 年开始，塘头小学在乡村振兴的时代背景下，结合老区“红色底蕴、绿色发展、金色生活”的乡村建设追求及学校“幸福少年”的育人目标，让红色成为立德树人的鲜亮底色，积极探索构建新时代劳动教育新体系，建立劳动教育长效机制，发挥劳动教育在全面育人中的作用。通过打造“三色篱”劳动教育课程空间，建设劳动教育课程，以坚定信念传承红色文化基因，用艰苦奋斗创造“绿水青山”之境，凭无私奉献描画“金色生活”

塘头小学“幸福农场”

蓝图，在提高学生劳动技能、改变劳动行为习惯的同时，锻造出新时代青少年坚毅的生命底色。经过几年的探索实践，学校劳动教育课程建设呈现出良好的发展态势，“幸福农场”被评为区优秀校本特色课程，并在全区推广经验介绍，“校长喊我来收菜”“我的瓜架我来搭”等劳动实践登上省市媒体及“学习强国”平台，“节气厨房”、生态蔬果深受学生及家长喜欢。2021 年学校成功申报扬州市课程基地，劳动教育为学校注入活力。

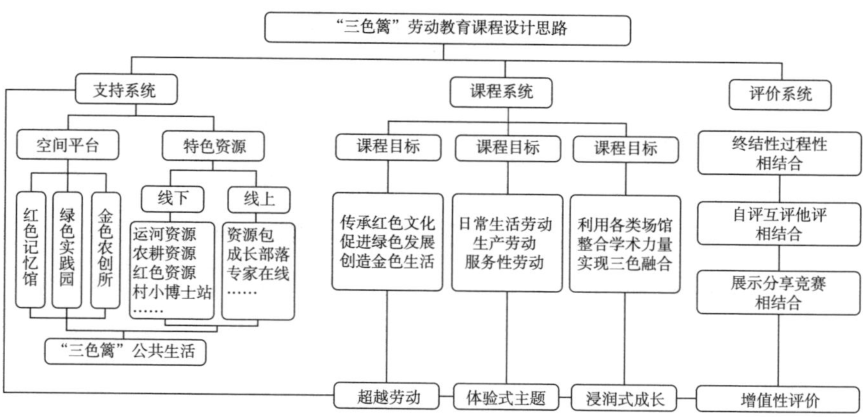


“三色篱”劳动教育课程设计思路

## （一）课程建设内容

### 1. 空间建设

（1）红色记忆厅。学校建设了 120 米$^2$ 的“红色记忆厅”，搜集并展示革命战争时期郭村老百姓从事生产劳动以及为新四军运送粮草物资的农具

（播种工具、除草工具、耕地整地工具、灌溉工具、运输工具、加工工具等），帮助学生直观了解这些生产工具的结构及在传统农业耕种中的用途，掌握其使用方法，感受劳动的艰辛，学习劳动人民的智慧。

（2）绿色实践园。塘头小学建设校园“幸福农场”基地，打造“校长喊我来收菜”“我的瓜架我来搭”等系列劳动品牌，成为集学习、交流、实践、互动等功能于一体的绿色空间。

孩子们在幸福农场跟食堂奶奶学种菜

（3）金色农创所。一共设立了 4 个功能空间：一是“幸福银行”空间：学生在劳动实践过程中所获得的一切积分均可以折算成“幸福币”，并通过“幸福银行”体验存储、兑换、消费与投资等。二是“秀音”空间：利用学校播音功能室，介绍革命时期与劳动相关的名人故事、感人事件，传承红色文化。三是“秀演”空间：通过有关劳动主题的剧本创作、戏剧编排、戏曲表演等，给学生提供创新表演空间。四是“秀型”空间，在学校的教室、走道、连廊等学生活动空间，开辟特色园地，定期展示学生相关劳动作品，分享劳动感悟。

**2. 课程建设**

（1）课程目标：学校紧紧围绕“立德树人”教育根本任务，以“五育”融合为理念，以劳动教育学习方式转变为核心，以学校为基点，建立融劳动实践、探索创新、成果分享于一体，以传承红色文化、促进绿色发展、创造金色生活为目标的劳动实践活动课程体系。

（2）体验性主题：围绕乡村日常生活劳动、生产劳动、服务性劳动三大主题，致力于国家课程校本化、校本课程生活化、地方课程特色化，设定低、中、高三个学段的体验性劳动课程内容，开发综合实践课、劳动技术课、发现探索课、科学实验课等不同类型的课程。学生在获得劳动体验的同时，了解家乡农业生产智慧，进而体悟农民对土地的深厚情感，激发其热爱乡村、振兴乡村的责任感和使命感。

| 年级 | 家庭劳动 | 学校劳动 | 社会实践 |
| --- | --- | --- | --- |
| 一年级 | 叠衣物、洗袜子、洗红领巾、洗水果、整理书桌、收拾餐桌 | 剪纸（窗花、团花）、制作课程表、打扫班级地面、制作学习用具、看劳动主题动画片 | 农场实践：认识果蔬、浇水 |
| 二年级 | 穿针打结、保养雨具、盛饭摆筷、垃圾分类、清洗餐具、叠被子 | 废料制作、班级植物照料、工具作用、整理班级环境、听劳动主题故事 | 农场实践：认识农具、播种、除草 |
| 三年级 | 削水果、冲泡食品、洗小件衣物、整理书柜、使用厨房小电器、择菜、清洗灶具 | 剪纸（人物、环境）、布置教室环境、制作笔架书夹、清洁班级门窗、劳动主题阅读 | 农场实践：了解 24 节气、施肥、除虫<br>公益服务：校门口育才路公益劳动<br>新四军苏北指挥部纪念馆 |
| 四年级 | 用洗衣机、拖地擦窗、整理换季衣物、家庭安全用电、清洗厨房、缝纽扣、煮饭煲粥 | 制作沙包、泥塑人物植物、打扫校园包干区、主题表演创作、线上劳动事件搜索整理 | 农场实践：使用农具、施肥<br>企业实践：张倪现代农业产业园<br>公益服务：东进主题广场 |
| 五年级 | 换洗床单、养护花草、学用天然气、缝补衣裤、帮做农活、整理衣柜、招待客人 | 剪纸（主题作品）、植树、修补图书、校园银行工作、撰写劳动心得 | 农场实践：犁地、移栽、田间管理<br>企业实践：爱德福乳胶制品公司<br>区级实践：曹王校外实践基地（一周）<br>公益服务：郭村革命烈士陵园公益劳动 |
| 六年级 | 晒衣被、清洁卫生间、炒制食物、帮忙洗车、制定购物清单、拟定出行攻略 | 电脑绘画、组织跳蚤市场、劳动主题作品展、劳动体会交流汇报 | 农场实践：收割、加工制作<br>企业实践：郭村明星猪鬃有限公司<br>公益服务：塘头街公益劳动 |

“三色篱”劳动教育课程实践安排

（3）浸润式成长：充分利用各类场馆开展劳动教育，涉及果蔬种植、手工制作、家政劳动、职业体验、公益劳动等基于体力劳动与物质生产劳动、探索性创新劳动、艺术审美性劳动、公益服务性劳动的实践活动。整合校外支持力量，引导长期关心学校发展的科研院校、社会组织、公益组织等关注“三色篱”劳动教育课程，最终实现“三色融合”的育人目标。

（4）增值性评价：劳动教育课程评价重视欣赏和展示：一是总结性评价与过程性评价相结合；二是学生自我评价与学生互评、家长评价、教师评价相结合；三是展示评价、分享评价、竞赛评价相结合。对劳动教育评价的目标、内容、指标、方式、工具、平台进行系统开发与建构，引导学生动手实践、出力流汗、接受锻炼、磨炼意志，促进学生主动发展、全面发展。

## 【资料链接】

“三色篱”下采摘忙，田地采摘趣味多。为了积极落实“双减”政策，进一步减轻学生的课业负担，突破书面考试评价过分强调甄别与选拔功能，全面推进素质教育，塘头小学会在期末与周楼小学一同举办一二年级期末游园会。游园会以“三色篱”劳动教育为主题，采用“游园采摘蔬菜”的形式，让学生在快乐轻松的氛围中完成本学期的期末测评。没有考试，没有分数，一张张“丰收卡”就是孩子们一学期的成绩。孩子们只需要努力认真地参与闯关游戏，就能获得光荣的小星星。语文学科共有“背诵小诗”“欢乐故事会”“能说会道”这三个果园，形式多样、内容丰富，不仅考查了孩子古诗、字词的学习成效，还考查了孩子的语言表达能力。数学学科以实际情境考查学生的数一数、算一算、说一说，不同的形式不仅考查了孩子们对知识的掌握情况，还增加了孩子们的学习兴趣，让孩子们体会到数学应用于生活的乐趣。英语园地会在农场里让孩子们根据实物读出每一个单词、每一个句子，培养孩子们积极大胆用英文表达自我的信心和能力。艺术与劳动园地则基于日常生活情境训练和考查学生简单的日常劳动生活能力，晾袜子、叠衣服、穿鞋带等，在生活中学习，在劳动中进步。游园活动结束后，孩子们的丰收卡上“硕果累累”，从孩子们幸福的笑容里能感受到活动带给他们的快乐体验。让教育回归本质，将传统的纸笔答题考核转化成富有童趣的多元化过程性评价，让学生参与其中、乐在其中，体验学习的乐趣和收获的喜悦，让孩子们收获一份勇气、一份自信、一份快乐。

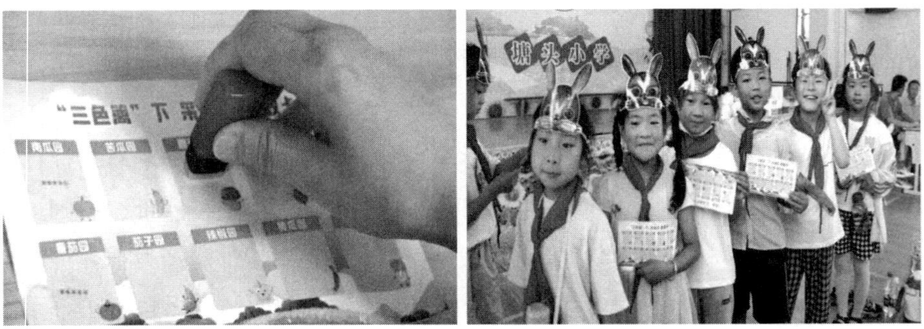


“三色篱”丰收卡是孩子们一学期成长的印记

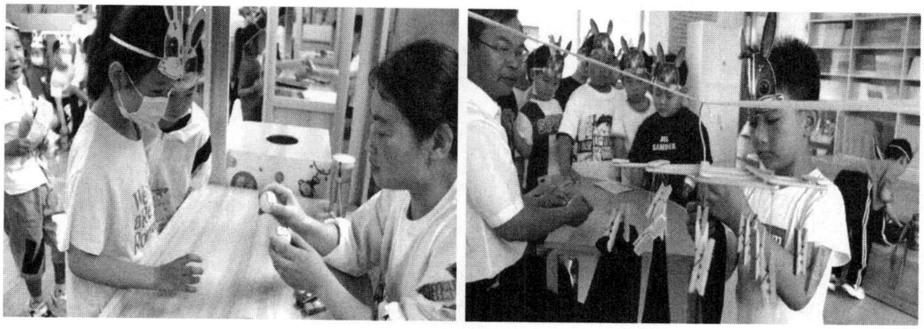

孩子们通过趣味游园完成期末测评

**3. 资源建设**

（1）拓展线下劳动教学资源。塘头小学利用各种文化资源，与郭村保卫战纪念馆、新四军苏北指挥部纪念馆等校外红色场馆长期合作，组织中年级学生参加公益劳动；与周边现代绿色农业产业园合作，组织高年级学生定期到基地体验实践；在扬州大学支持下成立“村小博士站”，提升劳动教育的品质。通过劳动教育，开展学生喜闻乐见的劳动实践，激发学生的劳动积极性，通过对现有资源的重构对学生产生积极正向的影响。

（2）梳理线上劳动教学资源。塘小通过建立网络平台，开发劳动教育的资源包。通过公益协作，与高校、教育研究机构、社会组织、专家学者在线合作，促进区域内学校之间劳动教学协同、劳动教学资源与教学实践协同、教师成长与学生劳动素养发展协同、劳动课内教学与课外学习协同、学校劳动教育与家庭教育协同、学校活动与社会劳动实践协同。

塘头小学数字课程资源包的协同建设

### （二）课程建设效能

**1. 课程扶志，红色文化与劳动教育视域融合**

课程建设自觉地把红色文化和乡土情感作为隐性内容贯穿劳动教育的始终，与劳动技能和能力培养有机融合，相互促进。学生在获得劳动体验的同时提升红色教育的参与感、荣誉感，增强其热爱乡村、振兴乡村的责任感和使命感。

**2. 课程扎根，绿色资源为劳动教育厚植土壤**

“三色篱”劳动教育课程重视红色文化，突出课程跨学科融合力，将革命老区的生产劳动历史、劳动空间变迁和劳动技术进步以及劳动文化传承等纳入课程内容，引导学生进行城乡地域文化比较与共赏，引导学生理解劳动的意义，确立正确的劳动观和价值观。

**3. 课程铸魂，金色生活为劳动教育立柱架梁**

“三色篱”劳动教育课程建设指向儿童未来金色生活，从课程建设的流程来看，包括拟定课程目标、编制课程内容、组织课程实施以及进行课程评价。对学生而言，“三色篱”劳动教育课程的建设效能有以下三点：一是理解家乡，二是立足家乡，三是振兴家乡，走乡村学校劳动教育的独特之路。

## 四、访谈留声

“解铃还需系铃人”，要了解一段历史，需要去寻找经历那段历史的人，从他们身上寻找印记。因为前期寻访中我们发现由于年代久远，塘小建校初期的办学情况已无从考证，为此寻访团队在校长及村民的帮助下于 2021 年 11 月 25 日前往扬州市江都区拜访了已搬去市区养老的于杲卿老先生。于杲卿先生 1923 年生，1928 年进入塘头小学一年级学习，初中毕业后担任塘小教师，塘头小学的创办人莫铸鼎也是于杲卿先生的恩师，可以说于杲卿先生是塘头小学的亲历者与见证者。据悉于杲卿先生还曾发表过《郭村保卫战的前前后后》等文章，现在这些资料也是塘头小学校本课程建设的重要资料。所以对这次寻访之旅，我们格外期待。

初见于杲卿老先生，朴素的语言和熟悉的环境一下子让我们打开了话匣子，说明来意之后，老先生甚是高兴，短暂闲聊后便进入了主题，老先生给

于杲卿向寻访团队展示“庆祝中华人民共和国成立 70 周年”纪念章

我们讲起了学校的历史、发展，尤其是塘头小学前期的办学状况。访谈之中，老先生不时露出欣慰的微笑，我们在老先生的笑容里看到了老先生对乡村教育的热爱。对于塘小的未来发展，老先生也表达了更多的期待，他说：“现在的小孩都愿意到城里读书，但是我们塘小作为农村小学，生源不减反增，这也反映了我们塘小越办越好，我们的老师也越来越厉害，越来越能干，这是好事啊！我们学校的未来前景一定是很不错的啊！”之后于杲卿老先生还很骄傲地向我们展示了“庆祝中华人民共和国成立 70 周年”纪念章。他还赠送给我们他自己写的《杲卿诗文集》，我们都非常感激于老先生。由于老先生年岁已高，我们的访谈也没有持续太长时间，实在不敢太过叨扰老先生，在简单告别之后，我们便返校整理口述稿，以下便是我们整理的于杲卿先生的口述稿。

我是于杲卿，1923 年出生，现在正好 100 岁了。我在塘头小学上过学，也教过书。1927 年塘头小学刚建立的时候我 4 周岁，还没有上学。我只记得塘头小学的创办人是我的恩师，叫作莫铸鼎，他毕业于扬州五师（又称省立五师，全称是江苏省立第五师范学校，今江苏省扬州中学的前身）。我是 1928 年，满 5 周岁时进了启蒙私塾，下半年进入塘头小学一年级，当时的校长高立秋，是泰兴人。对学校的最初印象，我记得私塾的启蒙老师会用戒尺打学生，但莫铸鼎老师来到学校后，老师们不再打学生，而且莫老师既能教语文也能教数学。那个时候学校刚刚成立，教育观念还比较陈旧，有时候老师们

采用的教学方法也不太符合教育原理，不太恰当，但他们也都是出于好意，那个时候能上学读书已经是很好的事了。从泰州初中毕业回到家乡后，我担任塘头小学的教师和学科主任以及三四年级的兼任导师（相当于现在的班主任）。学生和我有深厚的感情，我会和他们一起玩耍、学习，我也培养出了几个优秀的学生，新中国成立后塘头公社的党委书记就曾是我的学生，江都实小的全国优秀教师于前灯也曾是我的学生。能培养出这么多优秀的学生，我觉得我们教师在其中也发挥了一定的作用。

于杲卿与寻访团队分享塘小往事

在学校工作时，我也很注重教育教学和处理学校问题的方式和方法，比如当时经济困难，收取学费很困难，我们就创立了家长委员会，我将家长中的干部集合起来，成立家长委员会，先收干部家长的学费，最终经过努力，我们的收费工作名列前茅；后来我还干了很多工作，比如1953年，按照党的教育方针，我们培养农村小学毕业生回乡参加田地劳动；1978年响应党的号召，我又回到了扬州，在那之前我的儿女曾经埋怨我“不要家”，后来我又回到了塘头担任老师。我在塘头教书时，班里学生的成绩在当时还算是不错的，我觉得主要是我的教学方法得当，我教学生预习时，会让学生提前一天晚上预习教学大纲，让他们印象深刻；另外，如果有难的问题，也会让他们先自己发言讨论、一般的问题就让他们自己核对学习。我还会采用师生互答的教学方式。当时，大多数课堂教学都是以“老师讲”为主，像我这样采用师生互答的方式很少见，我也受到了表扬。在任教不同学科时，我注意采用不同的教学方法。我主要是受陶行知教育思想“教学做合一”的指导和影响，我组织几个成绩好的学生成立课外小组，让好学生带动其他学生，赶上教学进度。老师教、学生学、手脑并用，普通班逐渐就变成了优秀班。

**【资料链接】**

据于杲卿先生口述，他1946年就读于南京的简易师范。后来通过努力又考入了南京私立师范，在周围同学都是高中毕业生的情况下，于杲卿先生虽然只是初中毕业却在班级内取得了优异的成绩。1950 年，于杲卿先生前往南京晓庄师范附小教书，一年后，成为晓庄师范附小的第四任校长，并且一干就干了 11 年。这 11 年间，他深受陶行知先生教育思想的熏陶和影响。之后于杲卿先生返回扬州教书，并将陶先生的教育思想付诸教育实践。

我写过一本书，叫《郭村保卫战的前前后后》，塘小学生和新一代学生也都通过了解郭村保卫战了解那段历史，郭村那边有郭村保卫战纪念馆，还是塘头小学的学习基地，我觉得这个很有意义，希望我的书可以对他们的学习、对老师们的教学能有点帮助，老师们带领新一代人了解那段历史，去看一看那一段异常艰难、刻骨铭心的日子，学习老一辈不屈不挠、无私奉献的英雄精神，现在学校的校长们也很厉害，比我们那个时候聪明太多了，听说现在他们还在搞参观红色景区、读红色书、讲红色故事、唱红歌等，确实很好，红色文化的确是需要我们去深入学习的，尤其是我们塘头小学周边都是红色景点，有新四军纪念馆、郭村保卫战纪念馆还有东进主题广场，都是我们可以利用起来给孩子们做教材的。

**【资料链接】**

据于杲卿先生口述，他 1940 年亲身经历了郭村保卫战，仗打了 7 天 7 夜，当时他才 17 岁。新四军在塘头关心、保护老百姓，从未抢掠过老百姓的东西，受到了老百姓的欢迎和爱戴，这一切在他的心里留下了深刻的印象。后来郭村保卫战以少胜多，以弱胜强，取得胜利。退休之后，于杲卿先生开始写郭村保卫战的历史。他根据自己在那次战役中的亲身经历，并访问了其他参加过郭村保卫战的人，描写了新四军攻破塘头，在郭村老百姓的帮助下用不到 2 000 人打退国民党军队上万人的进攻，取得郭村保卫战胜利的过程；并写了胜利后，新四军根据毛主席的指示，向苏北发展，与八路军联合了起来。于杲卿先生将他写的郭村保卫战的那段历史命名为《郭村保卫战的前前后后》，并最终出版。现在这本书也成了塘头小学校本课程建设的重要资料。

对塘头小学的校长、老师们，我想说：大家应该脚踏实地自己带头干，好成绩都是实干出来的。对于塘头小学的学生们，我来提一个我自己初步的意见：第一，对于小朋友们，我希望你们未来成为德智体美劳全面发展的栋梁之材；第二，克服过去分数第一、智育为先的观念，这不是短期能改变的，这个观念根深蒂固，需要长期的努力和渗透，贯彻执行陶行知提倡的“手脑并用”；第三，加强对少先队员的培养，开展活动需要以人为本、关注学生需要，有益学生的身心健康，培养高尚的志向，培养未来的共青团员和共产党员。

## 五、寻访者说

我曾经就读的小学与塘小相距不远，但我的小学在教育现代化的浪潮中被撤并到镇中心小学去了，所以我也在三年级的时候“被转学”了。当我在这次百年村小寻访活动中踏进塘头小学，看到学校四周翻腾的麦浪、向远方延伸的蜿蜒小路、掩映在村庄深处的菜园时，那种感觉好像我又回到了记忆里的母校。

校园被乡村包裹着，三面环田，一面临水。村庄里的鞭炮声、树上布谷鸟“布谷布谷”的鸟鸣声、农忙时机器的轰鸣声以及耕牛经过学校时“哞哞”的叫声都会隔着学校围墙飘入孩子们的耳朵里，也将“种子”埋进孩子生命的土壤里。学校围墙之内孩子们的琅琅读书声、嬉笑打闹声、食堂里轰隆隆的油烟机的声音也会随着炊烟沁入寻常百姓家，向人们诉说着学校一天来所发生的故事……塘头小学就这样静静地守望着农田、村落、一天又一天的晚霞以及慢慢长大的孩童。

塘头小学是普通的，说其普通，是因为在中国有千千万万这样的小学，塘小简直不值一提。塘头小学又是特殊的，百年来这里涌现了无数的教育工作者，他们前赴后继、勇往直前，朝着教育的光亮前进，正是这种“韧的精神”，塘小百年的脚步，才会如此坚定而有力。一代又一代塘小人接力前行，面对过去和未来，不断接续和创新，在塘小深厚的历史底色上激发出生命内生力，让我们看到每一所形如小树的乡村小学，都有绿荫参天的可能，而这其中起决定性作用的，是人。建校初期的于杲卿老先生将先进的陶行知教育思想带回塘头，在那个饥寒交迫的年代培养出一个又一个优秀的、为国奋进的优秀学子，退休后步履不停、笔耕不辍，《塘头小学历史沿革》《郭村保卫战的前前后后》《杲卿诗文集》等著作成为塘小发展建设的重要见证。塘小首位女校长禹良华从 1972 年干到 1996 年，做了 24 年塘小校长，公共视域里的女校长形象比较单一，她们是一个沉默失语的群体，但在禹良华校长身上，我看到了她在面对困境和挑战时表现出的女性特有的韧劲，她热爱自己的工作，通过一丝不苟的教学给塘小的发展带来生机和动力，她身先士卒、冲锋在前，率领老师、同学和学生家长，凝聚社会各方力量，完成了塘小历史上最大规模的校园迁址，从拓荒牛慢慢成为塘小二十多年的中流砥柱，退休后的禹良华校长在校门口开了家小卖部，继续守护这所小学。现任的校长是吴圣良校长，敢想敢做、敢拼敢闯，从“幸福教育”的实践探索到“三色篱”劳动教育的落地生根，吴校长始终默默耕耘在乡间教育的这片沃土之上。上到整个校园大刀阔斧的规划和改建，下到学校的篱笆围栏、农场里涂抹的油漆、田地里种下的庄稼，包括随处可见的地砖都是校长带领老师们亲自参与完成的。起于躬耕，是领导者，又是助跑者。数十载春夏秋冬，吴校长一路坚定地走来，塘小也成为农村小学中生源未减反增的“办学奇迹”。一代代塘小人发扬艰苦奋斗和砥砺创新的精神，共同创造促进学生成长的幸福家园，不断朝着乡村现代化优质学校发展目标奋力前进。

——姚程富

## 六、思考与拓展

### （一）案例思考

1. 结合本节案例，分析农村小规模学校在教育现代化进程中如何避免生源流失？

2. 你认为乡村小学可以怎样利用乡土资源进行人才培养？

3. 作为当代大学生，你认为可以在哪些方面为乡村学校发展作出贡献？

### （二）实践指导

1. 邀请寻访塘头小学的团队成员与班级同学现场交流。

2. 组织同学们前往塘头小学参观交流。

## （三）延伸链接

百年村小空中档案馆之塘头小学

塘头小学微信公众号

塘头小学抖音账号

# 乡风农本代代传

## ——南京市江宁区允公小学

### 一、导言

生于乡土，农本相传。行走在江宁区横溪乡的老街区，随处可见红底白字的健康横幅，社区里亦展示着一张张健康家庭的评比表彰照片。站立在民巷顶层，眺望远方，遥遥可见黛瓦白墙，校舍林立，这便是此行的目的地——南京市江宁区允公小学。为何“健康”二字频频出现在街头巷尾？又是什么促使这所小学弦歌不断，历经百岁沧桑？淳朴农风民俗又因何重获新生？百年村小寻访团队利用寒假，实地走进学校，跟随现任校长汪呈林先生，真正近距离了解这所百年村小的光荣历史。

允公小学校门

### 二、寻允公百年风华

2022 年 1 月，寻访团队乘坐地铁，抵达江宁区，此后又乘坐了 1 小时左右的汽车才到达允公小学附近。因为事先已经通过电话联系，汪呈林校长热情地接待了我们。

汪校长先向我们简要介绍了现在的允公小学，江宁允公小学位于江苏省南京市江宁区横溪集镇横云东路58号，原名横溪中心小学，始建于1931年。允公小学占地面积大，共有26 680平方米，绿化覆盖面积达11 500平方米，拥有4个标准化篮球场，设施齐备。值得一提的是，它是南京市唯一一家“江苏省卫健委健康教育基地”。在校师生1 400多名，其中教师团队有硕士研究生2人，专本科学历88人，区学科带头人4人，区教学骨干20人，市学科带头人1人。进入21世纪以来，允公小学荣获南京市百家优美校园、南京市实验小学、绿色学校、七彩科技活动全国科技教育示范学校、江苏省平安校园、金陵书香校园等称号。此外，村小还建设了校史馆，为保护和传承非物质文化遗产，组织了横溪小马驹的市级演出。

据汪校长说，允公小学的校史馆是新建馆，是他上任之后才着手整理史料、追寻根脉。许多旧时的珍贵史料，由于保存不当，已遗失且难以追回，实属可惜。翻阅着抢修后的史料，我们感受到了学校浓浓的历史气息，这所拥有近百年历史的乡村小学，历经时代变迁，一路风风雨雨，走到今天。1931年2月，横溪集镇的著名知识分子姜言述在街北一所民居创办学校，叫江宁县横溪镇国民学校，首任校长为司治伯。两年后，学校迁至桃花圹村蚕姑庙内，同时改名为江宁自治实验县横溪镇小学校，调原屯村小学教师鲁先潮任校长。1937年12月，日寇占领南京，学校解散，原校长鲁先潮去陕北任职。全面抗战期间由于学校在停办与复学之间挣扎，部分资料已消散在历史长河之中。1949年4月，江宁县第三区文教助理伏卓然接管横溪小学，于5月中旬开学。1953年，“中国少年儿童队”改名为“中国少年先锋队”，学校设大队，班级设中队，各中队下设2～3个小队。随后江宁自治实验县横溪镇小学校1959年改名为江宁县横溪人民公社中心小学，同时规模也扩大到11个班级。1961年，学校为贯彻“调整、巩固、充实、提高”的八字方针，下放一批超龄学生，规模减为9个班级。1965年下半年，社会主义教育工作队进驻学校，教师白天上课，晚上参加社会主义教育运动。到“文化大革命”中期，因学校下放到大队办，江宁县横溪人民公社中心小学更名为西塘小学，此时共有6个班级。“文化大革命”期间学校规模缩减，部分资料散佚、损毁严重。直至1976年，学校又复称横溪人民公社中心小学。

流金岁月

校舍旧貌

改革开放以后，横溪人民公社中心小学于 1983 年改名为江宁县横溪乡中心小学，单独成立了党支部。1985 年教育体制改革后，横溪中心小学由县、乡两级共管，各村完小和单班小学由村办村管，加强了学校与乡及行政村联系，为办好学校创造了有利条件。随着改革开放后对教育的重视，横溪小学拥有教职工校舍 48 间。另外 3 间幼儿园用，校舍达到 56 间。20 世纪 90 年代初，爱国华侨陶欣伯先生捐资迁址南京市江宁区横云东路52 号重建校舍，1992 年，学校落成，因陶先生父亲叫“陶允公”，陶先生以父亲的名字为学校冠名“允公小学”，对学校的发展寄予厚望。学校在陶欣伯先生和各级政府的关心支持下投资近 400 多万元改善校园硬件设施，提升校园环境品位，真正实现了学校生于乡村、长于乡村、荣于乡村。

## 三、探允公发展特色

### （一）健康民俗培育“健美少年”

#### 1. 小马驹再闹江宁春

汪校长带领团队成员来到一个社团活动教室，由于正值寒假时间，教室便用来摆放社团的活动器材。一进教室，四排用绒布覆盖的置物架引起了我们的注意。在获得汪校长的同意后，我们解下了绒布，出现在我们眼前的是高约半米的马形花灯，中间有一个马鞍形的圆洞，马灯以竹为骨，铆钉连接，锦缎为面，每一个马灯都制作得十分精美。据汪校长介绍，这些花灯的名字是“小马灯”，是主要道具之一，每一盏马灯都是纯手工制作，颇具匠心。置物架上一共放有 50 盏小马灯，共有 4 种颜色，4 种颜色代表着马的四个品种。

“小马灯”社团表演

“小马灯”表演

【资料链接】

“小马灯”传承于胥河沿岸梅渚镇的小马灯，其习俗、表演形式，甚至伴奏的锣鼓、曲牌，都明显带有吴越文化浓郁的特色。演出中伴奏的锣鼓为胥河沿岸极为著名的“十二番锣鼓”及“小锣鼓”，更为小马灯的表演增光添彩。明代，定埠有位朝廷副使吕盛在云南为官，骑一匹千里马，日行千里，夜走八百，来往在云南和皖南宣城郎溪县定埠之间，家乡人民为怀念他做官勤政，做小马灯纪念他。灯会一般从正月初一开始出场、正月十八罢灯。由年龄十二三岁的小孩表演。人物主要有前、后马夫各一名，有关公、张飞、刘备、赵云、岳飞、岳云、杨再兴、王贵、金兀术、金太子、哈密刺（军师）12 员骑马战将，每将后面有搭伴（夫人）一名，二名金鞑子随后，共 28 人。战将的马是篾扎纸糊，由马头马尾组成，分别绑在人物的腹前腹后。约在清同治年间（1862—1874 年），该地今郎溪县梅渚镇定埠街道居委会所辖的二十九个村民组成的吕姓大族已开始有小马灯的演出。这一习俗，一直传承至今。此习俗在“文化大革命”期间中断，20 世纪 80 年代后恢复，2008 年被列入国家非物质文化遗产。它的最大特点是人小、马小、道具小，讨人喜爱。跳小马灯分广场舞蹈和进家朝拜两种形式。“摆阵”“摆字”是跳小马灯的主要特色。表演小马灯，从出场到收场分为九阵，即“长蛇阵”“乌鸦翻飞阵”“太字阵”“琵琶阵”“梅花阵”“六角阵”“金锁阵”“双龙出水阵”“虎尾阵”。“太字阵”主要是演员跳摆出“天下太平”四字。定埠小马灯因纪念当地名人吕盛而兴起，对研究当地的传统民俗文化有一定的参考价值。对马的制作采用夸张的手法，马头比真马小，马颈较短，戏剧人物小巧玲珑，配打击乐产生强烈的音响效果，这些都充分体现了民间文化艺术的特点。近几年来，当地人民政府重视对定埠小马灯的保护工作，对现有艺人进行排查，收集、整理了小马灯“九阵图”、16 个脸谱等相关资料，组建了小马灯表演队伍。

为了传承非物质文化遗产，保护传统民俗艺术，南京市江宁区允公小学创建了一支“小马灯”民俗社团，将其作为学校的特色发展社团，通过在外聘请民俗艺人，到学校教授孩子，培养学生的表演能力，保护我国的传统民俗艺术。

2008 年，横溪街道举办江宁之春开幕式，横溪领导观看了允公小学的小马灯表演，非常满意并邀请其团队前往横溪街道参与开幕表演，表演受到横溪镇人民的欢迎，“横溪小马驹”闻名南京市江宁区。此后“横溪小马驹”积极参与省市乡的各级比赛与表演，2010 年 11 月 27 日，“横溪小马驹”社团参加第十届“东山秋月”华东六省一市戏剧小品大赛开幕式表演，2012 年 6 月“横溪小马驹”社团参加 2012 南京乡村旅游节暨第十一届横溪西瓜节开幕式表演，2014 年 5 月 24 日，允公小学民间马灯艺术节目“快乐小马驹 追寻中国梦”参加了南京电视台少儿频道承办的“2014‘我的中国梦’南京市少年儿童庆六一晚会”演出。

**2. 南京市唯一一家江苏省卫健委健康教育基地**

作为南京市唯一一家江苏省卫健委批准的健康教育基地，南京市江宁区允公小学拥有一所健康教育体验馆。第一讲求健康，把健康发展作为评价学生发展的第一项准则，没有健康什么都没有，提出“健康是根，强己身而济天下”。欲济天下，需先健康，拥有健康的体魄是一切发展的根基。第二讲求“快乐为本，善其心而厚载德”，注重把所有的付出当成快乐，有忍耐之心，慈善之心，并以此去影响别人，从而拥有高尚的情怀、高尚的品德，以此“厚德载物”。否则学生就像一个小纸船，在上面扔一个小石头，便容易沉下去。

学校的评价机制，也就是七色健康卡学生评价机制，一年级合格了叫小学童，二年级叫小能人，三年级叫小达人，四年级叫小标兵，五年级叫小使者，六年级叫小楷模，然后六个证书合起来叫小博士，到六年级的时候，需要将学生培养为“健康小博士了”。只有获得了“健康小博士”证书，学生才能够顺利毕业。学校每两个星期有一次健康课，每两个星期有一次班会或者观摩课，会对孩子们进行健康教育，每个星期五还有一个健康小广播，用大喇叭或者是校园广播电台宣讲健康知识和健康事迹，传播给学生。而健康体验馆在多年的建设与使用中，已经发展成熟，形成了一套“活的课程体系”，是真真实实的体验馆。体验馆建成森林样式，所有的健康知识都被编排成了一个个开放性的小故事。

允公小学的健康教育体验馆（局部）

**【资料链接】**

健康体验馆内编排的允公小村的健康故事：很久很久以前有一个美丽的小村庄叫允公小村，村庄里生活着一群淳朴的村民。村里拥有一个神秘的健康秘籍，据说学习了这本秘籍，就可以破解健康的密码，允公小村的村民们也凭借着这本秘籍，健康快乐地隐居在森林深处。但是好景不长，一个邪恶的巫师得知了健康秘籍的秘密，他想要将健康据为己有，将疾病与危难散布在村庄里。于是，一天夜里，巫师趁着夜色，潜入了村庄，将健康秘籍偷偷带走了。第二天一早，小镇的孩子们便发现健康秘籍不见了，康康、乐乐、皮皮、壮壮赶忙进行了搜查，终于，在雨后的泥潭边发现了巫师杂乱的脚印。孩子们赶忙将此事报告给了村主任，村主任赶忙带着孩子们去追，一路循着巫师的踪迹，发现了巫师居住的蘑菇屋。巫师落荒而逃，逃进了森林中，健康秘籍在慌忙逃窜中被散落在森林各处。康康、乐乐一行人便一边追赶巫师，一边去寻找残页，把秘籍一块一块地拼凑起来，跟随村主任的脚步，寻找健康的秘密……

### （二）乡土中孕育的办学理念

我们来到了一条美丽的室外长廊，长廊上缠绕着紫藤萝，我们来的时间不凑巧，没能遇见紫藤花盛开的美景。长廊墙边贴满了有关健康教育的内容，个别廊壁还设有展物台，用来放置植物种子、膳食宝塔等物品，从中可以看出汪校长的良苦用心。

紫藤萝长廊

一边行走在长廊中，汪校长一边感叹允公小学的古今变化之大，并向我们介绍了允公小学的现代办学理念。寻访结束后，我们对谈话进行了梳理，将允公小学的办学理念细分成如下几个模块。

#### 1. 汪呈林校长的“走教观”

“走动管理”一直以来是被倡导并在村小付诸实施的一种管理模式。所谓“走动管理”就是一种加强学校领导、教职员工和学生三方面沟通的管理制度。即：要求学校领导走出办公室，深入到教研组、年级组、学校各部门及各场所，与教职员工和学生广泛接触、交谈，加强感情沟通，建立融洽关系，同时及时了解学校工作运行的状态，及时发现存在的问题和发现管理体制方面不完善的地方，并思考解决问题的办法，给出相应的对策，从而使管理工作更扎实、更完善。“走动管理”实际上就是一种对管理工作精益求精的态度，是一种对事业高度负责的精神。

校长如果对学校的教育状况不调查、不研究、不清楚，就没有办法做出正确的决策。因此，校长不应该镇守校长室，只等待下属的汇报，而应该做一名“坐不住”的校长，也就是实施走动管理，唯有如此，才能熟悉教育教学的实际情况，做到在一线解决问题，才能以德服人，以能服人，以绩服人，促进教学质量的不断提升。

“眼睛向下看，脚步往下走”是领导与师生员工沟通的重要途径。深入基层、深入生活、深入到师生员工中去，才能知晓我们已经出台的那些措施，师生员工拥护不拥护、赞成不赞成；才能知道我们管理工作中还有什么漏洞，哪些地方还需要不断改进完善；才能听到师生员工的真实心声，找到帮助他们解决问题的办法。作为管理者，不仅身子要走下去，还要沉下心去，多看、多听、多问、多思，了解真实情况和想法，为“构建和谐、安康、高素质、高品位的家园”打下坚实基础。只有这样，校长才是真正和教师学生同呼吸、共命运的校长，才能真正把握住村小的脉搏，做到“耳聪目明”。

**2. “和谐共进、爱生爱校、品行引领、以身立教”的师德风范**

榜样的力量是无穷的，树立典型，弘扬正气，让全体教师有学习的楷模、追赶的目标、努力的方向。

张元元老师是2008年分配到允公小学的青年教师，她好学向上、肯吃苦、乐钻研，是学生和家长眼中的优秀教师。2009年走上班主任岗位的她，用满腔的工作热情、对学生真挚的关爱、不断创新的班级管理方法，从班主任队伍中脱颖而出。她在陶吴片德育主任工作现场会上做了精彩的汇报，她的六字心得“赏识、民主、习惯”赢得了领导们的赞赏。

伍安康老师是2021年9月份才分配到允公的新教师，工作不满2个月的他，主动找到学校领导，与领导沟通，表达了自己想要发挥特长成立“跆拳道学生社团”的意愿，并将社团活动怎样开展详细地写成了一份书面材料交到领导手中，希望学校提供这样一个平台。这个阳光大男孩把自己购买的训练护具衣物等带到学校给学生做了展示，在校园里刮起了一股跆拳道风潮。现在每天早晨都能在学校的操场上看到他带领社团成员认真训练的画面，而他所做的这一切都是无偿的，没让学校花费一分钱。

区级语文学科带头人钟骏峰副校长，英语骨干教师柏斯震主任、邢大华名师班成员曹胜利主任、区优秀班主任洪坤老师、市级科学“做中学”课题组成员于庆老师等一批青年才俊都是学校课改的有力推动者、参与者，才华横溢的他们，让课堂教学充满灵动的气息，并多次开设示范课、观摩课，在各级各类比赛中频获佳绩，成了学校的中流砥柱！

默默耕耘、无私奉献，一大批中年教师用温暖又无私的爱，感动了孩子，感动了家长，也感动了社会！

学校音乐组全体女教师们是允公小学教研组的一个品牌，她们这个团队，有着一个共同的愿望，就是“把人生谱写成一曲动人的乐章，让每一个音符都跳动着激情和希望，引领自己的学生从这里走向艺术殿堂！”在教研组长李聚萍老师的带领下，她们齐心协力、互帮互助，进行音乐教育教学改革与探索，取得了较好的成绩。由于表现突出，被区教育工会评为“巾帼标兵岗”。

朴实无华的周万香老师，一直在数学教学岗位上执着地追求着，默默地奉献着，即使身患疾病、动过大手术之后仍能以顽强的信念，超人的毅力坚守在一线。不管她担任哪个班级的数学老师，成绩都是可圈可点，获得“教学标兵”“师德标兵”“优秀教育工作者”等荣誉称号。长期治疗与使用药物让她显得有些虚弱，但她仍然对自己的选择无怨无悔。

德育带头人周冠军家住铜山，路途较远，但没有发生一次迟到、早退现象，他的数学教学生动、有趣，学生都非常爱上他的数学课。

深耕教育，无怨无悔，老师们用自己的坚守撑起了乡村小学的教育基础。

自学校成立“窦宁宜名师工作室”以来，市学科带头人窦老师就坚持每天深入课堂听课，听完后他还要及时和老师们议课，提出修改的意见，不断渗透新课改的精神，使部分中老年教师的教学观念发生了很大的改变。特别值得一提的是窦老师还利用休息时间编撰了三到五年级的语文教材分析，其中既有大量的理论总结又有窦老师的个人实践，是一笔不可多得的财富，窦老师无偿地将其提供给学校的全体语文老师使用。

陈晓华老师的教龄已经超过30年了，一直工作在一线，并担任班主任，工作中她没有豪言壮语，没有攀比待遇，没有拈轻怕重，她懂得用一颗童心走进学生的内心，她对待学生就像对待自己的孩子一样。本学期因为颈椎病动了大手术正在恢复期间，当学校领导和同事去看望她时，她还念念不忘打听班上44名学生的近况，通过电话与新任班主任做好交接，为班集体工作的顺利开展打下了基础。

从教近30年的李翠琴老师是允公小学关爱"留守儿童"志愿者群体中的优秀一员。在李翠琴老师的工作笔记上，密密麻麻地记满了30余个留守儿童的个人情况和亲人联系方式。她用温暖的双手，撑起了留守儿童晴朗的天。

留守儿童心理辅导室（局部）

使用过的沙盘

因年龄原因从完小校长岗位上退下来的卜士生老师调整心态，担负起门卫的职责，同时还负责后门及两个男厕所的保洁工作，每天他都是来得最早、走得最迟；同样是完小校长的王宜友老师后来到后勤部门成为食堂管理员，为700多名师生能吃上安全、放心、营养的伙食，任劳任怨，严把质量关。

## 四、访谈留声

深耕乡土教育近50年，汪呈林先生见证了允公小学的兴起，如今允公小学的繁荣离不开汪校长的坚守，校园里的一花一木、一楼一舍都由他亲自设计布置，一砖一瓦将泥坯房建成了白墙黛瓦的漂亮校舍。允公小学近半个世纪的发展，也是汪呈林校长个人奋斗半生的价值体现，他曾玩笑似地对寻访团队说，现在整个横溪乡找不出比他还要了解允公小学的人，我们赶得巧，现在正值他任期的最后一年。

通过汪呈林校长的介绍，我们对允公小学有了深入的了解与认识，以下是团队成员整理的口述稿，主要分为五个部分。

汪呈林校长（年轻旧照）

### （一）“一要健康，二要快乐”

学校的校训很简单：一要健康，二要快乐，为什么选这两个呢？习近平总书记提出，没有全民健康，就没有全面小康。教育家陶行知先生说：健康是生活的出发点，也是教育的出发点。那么我们就提出：一要健康，二要快乐。有的家长也问我：“校长，学习是快乐的吗?”我总是说：“学习是很苦的，因为孩子他不吃苦是不行的。但说它快乐也并不是在说假话，当孩子们用心学习，克服一个又一个困难，解决一个又一个难题的时候，他就会感到无比的快乐。让他懂得学习，懂得生活，拥有更多知识的时候。他就会感到快乐，所以我们要把吃苦当作一种快乐，他才会努力地去学习，他才会努力地去践行，否则，他怎么能够成长呢。”因此，我们一要健康，二要快乐。

师生健康，中国健康。我也想了很长很长时间，师生健康就是中国健康吗？如果我们所有的老师和孩子都有健康的理念、健康的知识、健康的习惯，就会不断影响到更多的孩子，而孩子回家以后就会影响到爸爸妈妈、爷爷奶奶、外公外婆。比如吃饭使用公勺、公筷，比如不给别人用自己筷子夹

允公小学校训

菜，比如说要少放盐、少放油、少放糖，“三节”“三减”等。所以我们如果能做到这些，那绝对是引领师生健康、中国健康。我们不能把这个口号只挂在嘴上，而要脚踏实地去践行，让所有老师和学生都这样，然后让所有的孩子在一块儿传播这些知识，然后一个影响另一个，就会影响整个社区的健康水平。一个个社区都健康了，你说中国能不健康吗？

### （二）庙里建出的小学

你们看到校史室后可能会产生这样的疑问：这个学校什么时候建的啊？我们学校始建于1931年，是一个叫姜言述的有钱老板在他家里面办的，他聘请的第一任校长叫司治伯，后来学校迁址到了蚕姑庙，之后正式的学校才逐渐创办起来。

我们这个学校到1992年的时候易地新建了两栋楼，就是现在这个健美大楼，然后1996年又扩建，2003年新建了我们现在的这栋楼。

有一些事情我想到了就要抓紧时间去做，不做机会就流逝了，就像我们建这个校史馆一样，当时很多领导跟我说，“不要急慌急忙地去做。”我跟他们说，“永远不要等有一个完美的规划才做，你想到了就要先把它做起来，因为我们不做，下一任校长就不知道这些东西。他们就搞不起来了。”

“大家看哦，这个能看出来是谁吗？”汪校长指着一张照片说。这个人就是1986年时的我。我1981年毕业，参加工作，一直就待在这个学校，所以到今年是整整40周年。到2022年的话是整整41周年，到2023年我就退休了，所以一辈子就在一所学校，但是也是用一辈子在建设、打造一所学校，我可以说自己无愧于心。我觉得我们这个校园是美丽的，学校的特色相当鲜明，而且非常符合时代潮流，我觉得我们这个学校的教学水平并不比别人落后，虽然我们跟安徽一条田埂之隔，但是我们打造了苏皖交界的一个教育平台，所以我们很努力，包括城区里的一些学校以及教育局也组织老师到我们这里来参观学习，比如玄武区、栖霞区、雨花区、白下区，我们附近的蚌埠区，教育局局长就曾带着校长、老师到我们学校来参观。所以说我们打造了一个苏皖交界的教育平台。

### （三）先天下之忧而忧，后天下之乐而乐

允公即以天下为己任，因此我们在这个地方引用了范仲淹的名句“先天下之忧而忧，后天下之乐而乐”。那么以天下为己任，要做到哪几点呢？要有道德，高尚的道德，要有治国的能力，要有健康的身体，要有以奉献为乐的精神。所以我们这几栋楼分别叫永德楼、永能楼、永健楼、永乐楼，就是以奉献为快乐。最后我们要培养什么？健美少年。这个“健”指身体健康、心理健康，美是各种各样的美，心理美、行为美、语言美。

孩子们可能不懂，但是他们只要经常性地从这个地方走，总能看到这两句话——“先天下之忧而忧，后天下之乐而乐。”以后这两句话对他们而言就是不一样的，会潜移默化地印在孩子们心里。我们校园的文化一定是要向上的，要有大格局大胸怀，用这种文化引领我们的孩子，慢慢地他们就会懂，一旦等到读到这本书的时候，等到他们理解这句话的时候，孩子们就知道为什么要这么做。

### （四）心理健康助力师生发展

我们学校把心理健康摆在很高的高度，因为一个人如果心理不健康，他很容易产生很多问题，威胁家人或者是危害自己甚至危害社会。那么怎么让他心理健康呢？我们这儿长期聘有一个优秀教师，他是南京师大心理教育研究生，毕业后他在允公小学打造了一个既有图书又有谈心室的空间，在这个地方他会给你按摩、让你放松。

支援教室如何使用呢？这个是为身体上或者是心理上存在些问题的学生准备的，我们把这些孩子带到这儿来，就是对他学习上降低一个要求，他如果在智力上有问题的话，或者是生病了，那就不能用对待尖子生的标准去对待他，因为那样你不是对他好，你是在摧残他。也就是说尽可能地让他快乐

地去学习他原本能学好的东西，尽量提升他。

### （五）健康课堂，快乐学习

说完了生活，我们再说学生的学习。我们很讨厌一种教课方式——“满堂灌”。什么是满堂灌？就是对学生的教学，不互动，不启发，教师从头讲到尾。有时课上没有讲完，还拖堂。教师拖堂是不利于学生身体健康的。因为学生每个课间只有十分钟休息，你剥夺他的这个时间，他不能出去跑、出去玩，是很可怜的。然后上课的时候，有的老师还会凶学生，语文老师凶、数学老师凶、英语老师再来凶，你说孩子能快乐吗？要让他感到快乐，就要把不快乐的都丢掉，我们将所有给学生带来不快乐的都叫不健康。

校园中的名言警句

为此我们不歧视学生，不排名。我们只分优秀、良好、合格三级，不给孩子们太大的压力，我想要的就是孩子们能快快乐乐上学，不管他们以后做什么职业，不管是老师、军人，还是种地的，只要能健康地回报祖国，那我们的教学就是有效果的，我就已经很满足了，健康这个理念是贯穿在我们整个教学过程中的。

我们对音乐、体育、美术教师也是有要求的，每个学生至少要有两项特长，所有的语文、数学、外语教师不得占用音乐、体育、美术的课时，也不得占用科学课、劳动课、品德课课时。

## 五、寻访者说

南京市江宁区允公小学是我们利用寒假寻访的一所百年村小，学校的位置离市区非常远，寻访者在下了地铁后，又坐了1个多小时的汽车，几经周转才来到允公小学附近。虽然是一所乡村小学，但是它的校园设施却不输任何一所城市里的小学，不但拥有优美的绿化环境，明亮宽敞的教学楼，还有城里小学难以达到的广阔校园面积，这点足以体现出当地政府对于乡村教育的重视。

学校的发展历史也令我们感慨，允公小学始建于 1931 年，经历了近百年的风雨。最开始，学校是由乡里的知名文人出资建立，几经易址、更名，还一度因受到战争影响而停办，历经坎坷，才有了如今的宏伟规模。学校的成就，离不开一代代校长们的精心谋划，离不开平凡教师们的坚守，离不开陶欣伯先生的资助，更离不开当地人民对于教育事业的支持。

接待我们的是汪呈林校长，他已经深耕乡村教育 40 多年了，可以说见证了学校的沧桑巨变，他是一位与允公小学一同成长的教师，能够如此坚守，实在是令人敬佩。独特的成长环境以及纯朴的民俗氛围给了汪校长很大的影响，与其他学校的校长不同，他对于孩子的要求就是两个词——“健康”“快乐”，他认为，这是每一个孩子最宝贵的东西。他平等地关爱每一位学生，不歧视任何人。在采访时，我们曾随意指过一个座位，没想到，汪校长干脆利落地报出曾先后坐在这里的几届学生的信息，还能说出孩子们当年的小动作，这种熟悉程度着实让我们震惊，在他看来这只是每一位校长应该了解的，不足为奇。而我们却从中深深地体会到了汪校长对学生、对学校的挚爱与负责，我们的崇敬之情油然而生。我们想允公小学能有这样的校长是幸运的，允公小学的孩子们能有这样的校长是幸福的。

感谢寻访团队的成员徐梦妍、邱晨曲、倪丹卉、马璐瑶、李晔婷、陈克俊。感谢邵主任的介绍，让我们了解了乡村学校现在的教学情况。感谢采访中汪呈林校长如数家珍的介绍，让我们了解欣欣向荣的允公小学的沧桑巨变，更感谢这么多年以来他对乡村教育事业的默默奉献，培养出一届又一届莘莘学子，为允公小学的发展作出了突出贡献。

——徐梦妍

## 六、思考与拓展

### （一）案例思考

1. 结合本节案例，你认为允公小学将健康教育纳入期末考评是否有利于学生的发展？

2. 请用自己的语言总结健康教育的内涵，并思考如何推广健康教育？

3. 以小马灯社团为例，说说你对学校组织学生传承乡村民俗的看法。

寻访团队与校长合影

4. 作为大学生，你认为如何通过村小建设带动校外个人、集体乃至社会的思想转变？

## （二）实践指导

1. 邀请寻访允公小学的团队成员与班级同学现场交流。

2. 组织同学们前往允公小学参观交流。

## （三）延伸链接

百年村小空中档案馆之允公小学

允公小学微信公众号

江苏省第六期“333 工程”重点行业领域人才项目

2023 年江苏省高等教育教改研究立项课题

扬州大学“青蓝工程”优秀教学团队项目

扬州大学精品本科教材建设工程项目（B 层次）

高校“一懂两爱”乡村人才培养案例选集

# 文学篇：乡土书写与“三农”守望


主　　编：刘　佳　刘斯文

本册主编：戴　健　苏鹏飞

中国农业出版社

北京

**图书在版编目（CIP）数据**

高校“一懂两爱”乡村人才培养案例选集．文学篇：乡土书写与“三农”守望 / 戴健，苏鹏飞主编．—北京：中国农业出版社，2024.5
ISBN 978-7-109-31872-4

Ⅰ.①高… Ⅱ.①戴… ②苏… Ⅲ.①高等学校－农学－人才培养－研究－中国 Ⅳ.①S3

中国国家版本馆 CIP 数据核字（2024）第 069819 号

---

中国农业出版社出版
地址：北京市朝阳区麦子店街 18 号楼
邮编：100125
责任编辑：王秀田
版式设计：小荷博睿　　责任校对：吴丽婷
印刷：北京中兴印刷有限公司
版次：2024 年 5 月第 1 版
印次：2024 年 5 月北京第 1 次印刷
发行：新华书店北京发行所
开本：700mm×1000mm　1/16
总印张：43
总字数：660 千字
总定价：258.00 元（共四册）

---

# 编 委 会

**主　　编：** 刘　佳　刘斯文

**副 主 编：** 高功步　戴　健　王聪颖

**编写人员：** 戴　健　苏鹏飞　王聪颖　姚程富
张　运　刘　娟　高功步　刘映朕

**本册主编：** 戴　健　苏鹏飞

# 序

农为邦本，本固邦宁！中国自古便是一个农业大国，数千年的农耕文明史深刻地塑造了中华民族的精神内核。“耕读传家久，诗书继世长。”这是一幅从上古时期传承至今的生活图景，也寄托了中国人灵魂深处的对理想生活的追求和向往。

一直以来，农业都是中华民族得以延续发展的命脉和基础。党的二十大报告指出，全面建设社会主义现代化国家，最艰巨最繁重的任务仍然在农村。加快建设农业强国，是党中央立足全面建设社会主义现代化国家、着眼统筹“两个大局”作出的重大决策部署。

千秋基业，决胜于人。人才是第一资源，是推进乡村全面振兴、加快建设农业强国的基础性支撑。当前，乡村振兴事业往纵深推进，最关键的是人才，最紧缺的也是人才。“三农”工作人才范围广泛，包括乡村教师、乡村医生、乡镇管理干部、农业技术推广人员、高素质农民、乡村精英等。改革开放以来，随着我国城市化和工业化步伐的加快，城乡二元经济结构差异较大、城乡收入差距扩大、地区差异明显等现象加剧，农村富余劳动力不断流向城市。乡村中青年、优质人才持续外流，农林类院校毕业生不愿回到农村或无法胜任农业生产的现象普遍存在。人才总量不足、结构失衡、素质偏低、老龄化严重等问题是困扰当前农业发展的关键问题。

为此，党的十九大报告明确指出“培养造就一支懂农业、爱农村、

爱农民的‘三农’工作队伍”。2021 年 2 月，中共中央办公厅、国务院办公厅印发了《关于加快推进乡村人才振兴的意见》，进一步强调了“一懂两爱”在乡村人才培养中的重要地位。

“懂农业、爱农村、爱农民”是党中央在实施乡村振兴战略形势下对“三农”工作队伍提出的新目标新要求，成为新时代“三农”人才队伍建设的标尺和准绳。地方高校尤其是涉农高校具有学科专业和人才等方面的资源优势，理应结合区域、行业、专业特点，积极发挥人才培养、科学研究、服务社会等主体功能，对接乡村人才振兴战略，肩负起培养“一懂两爱”高素质人才的重任，提高“三农”人才培养质量，为推进乡村振兴培育更多的专门人才。

当前，高校农业人才的培养主要集中在农业知识和技能传授两个维度。“一懂两爱”教育整体存在人文素养与理论学习分离，课程逻辑难以适应多样化的“三农”事业发展需求，涉农专业教学过程大部分时间和场景局限于课堂、校园之中，触摸不到真实的乡村，感受不到乡土文化的深层滋养，无法置身于乡土的“气氛”和“风气”中，师生对“三农”问题一知半解等现状。此外，教育模式过于“整齐划一”，学校现有的课程也很少能充分融合地域经济文化特色，缺乏从地方文化、资源特点和发展需求出发培养“留根”意识，“一懂两爱”课程未能充分承载地方性知识的传承与发展重任。

扬州大学是我国最早创立农科院系的大学之一，其源头最早可追溯到 1902 年由我国近代著名爱国实业家、教育家张謇创办的私立通海农学堂。120 余年来，从通州兴学，到迁扬办学，再到六校合并，学校在长期的办学实践中形成了文科底蕴深厚、农科优势突出、科学人文交融、分类协调发展的办学特色。尤其是在农业相关领域，学校累计获国家科学技术奖二等奖 17 项，实现了从“农田到餐桌”的全覆盖，培养了一批批胸怀国家、情系“三农”，扎根基层的各类涉农人才，为我国

经济社会发展，特别是农业现代化做出了突出贡献。

学校在农村发展、农业生产和农学教育的具体实践中积累了丰富的经验，并取得了一定的成效。扬州大学“一懂两爱”乡土实践育人教学团队是国内较早将“一懂两爱”的培养目标纳入涉农专业人才培养的特色教学团队。团队针对高校“一懂两爱”教育课程体系、教材体系供给严重不足等问题，开发了“高校‘一懂两爱’乡村人才培养案例选集”（以下简称“案例选集”）。这是一套学科视野跨度大、人文素质培养和实践养成相融合、课前课内课后三线衔接、课堂校园社会网络“四位一体”的综合性乡土人才教材体系。

“案例选集”第一辑包括以下四个分册：《文学篇：乡土书写与“三农”守望》《教育篇：百年村小与文化传承》《实践篇：青年公益与乡土实践》《发展篇：数字时代与乡村振兴》。分别基于乡村文化、乡村教育、乡土实践、乡村电商典型的高校服务乡村振兴典型案例群，系统开展情景体验式、实践探索式、理性反思式的高校涉农专业学生人才培养教材建构。

“案例选集”内容特色鲜明，择取了所在学校师生团队真实参与乡村振兴实践的全国不同地域200余个乡村真实的生活环境、历史地理、自然风貌、人文历史等作为主体内容，融乡土文化、乡土社会、乡村治理等生活生产要素于其中，实现了跨地域、跨学科、跨行业的课程共融，全域性、系统性、针对性厚植“亲农、重农、爱农、务农”的理想信念，陶冶学生认同乡土、热爱乡土的情感，激发其服务农村经济社会发展、助力乡村振兴的意愿。

“案例选集”的教育价值和社会价值在于将“一懂两爱”乡土情怀教育融入涉农专业课程思政实施之中，力图唤醒学生对农业、农村、农民的情感回归，培养出能够“回得到乡土的人才”。“案例选集”围绕乡村振兴对人才的现实需求，力图借助教材推动培养出来的大学生“能进

城、能下乡”，厚植乡村文化自信的根基。

深耕“一懂两爱”，培育乡村“土秀才”。这是全面推进乡村振兴、加快建设农业强国的关键环节。“高校‘一懂两爱’乡村人才培养案例选集”的编撰与出版是对新时代农业人才培养的一次创新探索，也是奋力扛起立德树人、强农兴农教育担当的生动注脚。

“高校‘一懂两爱’乡村人才培养案例选集”编写组

2023年6月

# 前　言

党的十九大报告提出实施乡村振兴战略，要求“培养造就一支懂农业、爱农村、爱农民的‘三农’工作队伍”。党的二十大进一步提出“加快建设农业强国，扎实推动乡村产业、人才、文化、生态、组织振兴”。乡村振兴离不开强有力的人才支撑。尤其是在科技革命和产业变革加速演进的新时代，乡村精英、“土专家”“田秀才”“乡创客”等新一批“三农”人才的规模、结构和质量，关系着全面推进乡村振兴战略的实施成效。“三农”工作人才范围广泛，但只有具备了懂农业的本领，有了爱农村、爱农民的情怀，切实做到了懂理论、讲情怀、善工作，才能扎扎实实把乡村振兴战略稳步向前推进。

在乡村振兴战略背景下，地方高校作为服务区域经济社会发展的重要力量，其发展战略、学科布局、人才培养、资源禀赋和人文联结等与乡村“一懂两爱”人才需求高度契合，理应结合区域、行业、专业特点，赋能地方“三农”人才培养。涉农专业大学生是未来乡村振兴的主力军，高校要将“一懂两爱”人才培养与农科大学生思想政治教育研究结合起来，将“一懂两爱”作为当前涉农专业大学生思想政治教育内容的发展目标，围绕国家重大战略需求，从问题和需求角度出发，改革创新发展“一懂两爱”教育，服务乡村人才振兴。

## 一、教材的形成背景

2020年，扬州大学在全国率先成立了“一懂两爱”乡土实践育人教学团队。团队聚焦地方高校涉农专业学生人才培养，分析在校学生与新时代地方“三农”工作队伍需求差距，致力于通过人文素质培养、场景体验、实践养成等方式，陶冶学生认同乡土、热爱乡土的情感，激发其服务和改善农村经济社会发展的意愿。

团队学科结构多元、年龄层次合理、教学经验丰富。团队成员中既有获得“卓越教学奖”的专业教师，也有实践经验丰富的一线辅导员。此外，还聘请了多名基层一线的工作人员作为兼职教师，指导实践教学。两年多来，团队围绕“一懂两爱”人才培养，取得了一系列成果和经验。先后指导国家级省级本科生创新创业训练计划项目 25 项，获得“挑战杯”“互联网+”“创青春”等省级以上创新创业奖励近 20 项，获评省优秀本科生毕业论文 2 篇。其中，团队负责人于 2017 年指导本科生获“挑战杯”国赛特等奖，2021 年指导本科生获江苏省优秀本科论文二等奖。团队成员在核心期刊发表教改论文 15 篇，先后获得河南省、江苏省、北京市教学成果奖特等、一等、二等奖。

基于多年教学实践，团队针对高校“一懂两爱”教育课程体系、教材体系等供给严重不足等问题，开发了“高校‘一懂两爱’乡村人才培养案例选集”（以下简称“案例选集”），探索并形成了一套整体性、系统性、融合性的“一懂两爱”“大思政课”实践育人教学体系。

## 二、教学的目标定位

“高校‘一懂两爱’乡村人才培养案例选集”不同于传统农业教育注重农业知识和技能传授。教材提出的“一懂两爱”培养目标，基于“以学生为中心”的课程理念，从培养高阶能力及情感价值入手，力图实现“课程扶志”和“实践扶智”相结合，尤其在专业理论课程体系中，加大对“一懂两爱”重大主题教育内容的课程设计和实施。教材坚持以文化人、以文培元，致力于培养具有“归农”情怀和时代精神的“和美乡村”建设者。

乡土情怀就是基于对农业、农村、农民的深入了解而产生的服务“三农”的强烈意识和动力。教材将“一懂两爱”乡土情怀教育融入涉农专业课

程思政实施中，将地方性和传统性的知识文化作为学校课程和教学的基本内容，让学生了解和认识其生长和居住之地的人、事、物、生活环境、历史地理、自然风貌、传统文化艺术等，陶冶学生认同乡土、热爱乡土的情感，激发其服务和改善农村经济社会发展的意愿。

教材在以学生为主体的实践活动中充分激活“一懂两爱”思政育人元素，引导学生对未来从事的“三农”工作加深情景理解、过程体验、理性反思，培养学生的问题意识、行动意志、价值观念和情感态度。以未来服务“三农”工作的能力建设问题为中心的教、学、做的过程性统一，将理论运用于解决实际问题导向的育人活动之中，在时间维度上要求贯彻到“课前—课内—课后”三课一线全过程，在空间维度上要覆盖“课堂—校园—社会—网络”四位一体全方位，在主体维度上扩展到“教、管、研、辅、社”专兼职全员，由此开拓“一懂两爱”实践育人“大视野”。通过引导学生主体性参与，厚植“亲农、重农、爱农、务农”的理想信念，通过跨学科、跨学院、跨专业的课程共融、平台共建、资源共享、考评共赢，实现理论与实践的协同联动。

## 三、教材的创新特色

本“案例选集”定位为综合实践类课程，面向高校本科生开设公共基础必修课或者通修课，是大学人文素质教育系统工程的实践性核心课程之一，是基于扬州大学“一懂两爱”乡土实践育人教学团队多年探索、开发的一套学科视野跨度大，人文素质培养和实践养成相融合，课前课内课后三线衔接，课堂校园社会网络“四位一体”的综合性乡土人才教材体系。

### （一）教材内容上的突破

1. 知识性、人文性与实践性相衔接。作为面向涉农专业大学生群体的通识类教材，本“案例选集”的主体内容基于所在高校师生团队真实参与的全国不同地域200余个乡村的具体实践。内容将地方性、传统性和实践性的知识文化融为一体，培养学生的问题意识、行动意志、价值观念和情感态度。“案例选集”超越传统教材课本的束缚，借助数字技术，深度开发与传统课程相配套的视听素材、实践素材等立体化的内容体系，实现了知识性、人文性与实践性相融通，能够进一步强化学生对“一懂两爱”的情景理解、过程体验、理性反思。

2. 跨学科、跨专业、跨领域相融通。本“案例选集”针对“三农”工作人才范围广泛的特点，既聚焦了学校人才培养的主责主业，又突出了乡村教师、乡村医生、农业技术推广人员、高素质农民、乡村精英等多元化的乡村人才成长需求。教学案例范围覆盖全国不同地域200余个乡村，研讨样本以文化、实践、创新和发展为主线，广涉乡村文化传承、产业发展、乡村治理、环境保护、医疗卫生等诸多方面。跨地域、跨学科、跨领域的教学内容，实现了乡村人、事、物的精准性优化组合，满足了“一懂两爱”乡土教育的多元化、差异化、特色化需求。

3. 科学化、全系统、多层次相统一。作为面向本科生乃至研究生等高知群体设计的专业性教材。本“案例选集”特别注重知识体系的科学系统建构。“案例选集”编写团队由涉农专业教龄5年以上的教师团队构成。编写团队具有学科视野跨度大、队伍整体实力强、教学成果基础好等优势，“案例选集”分类构建校内与校外、网上与网下、传承与创新等多层次的教学目标体系、内容体系和方法体系。此外，“案例选集”以“共同体”理念为引领，围绕专业教师、学工、团委、教辅以及校园社团指导教师等不同教学主体的需求，针对性设立差异化的教学环节，打造高校“一懂两爱”立体教学场景，形成了全局统摄、各方协调的教材内容体系。

### （二）教材形式上的突破

为更好地让学习者利用碎片化时间，突破学习时间、学习地点的局限，提升学习者自主学习的学习氛围、营造学习者构建知识体系的环境，本教材将数字化学习资源与学习内容深度融合，借助互联网、多媒体技术形成以纸质教材与移动终端互动的多维立体可视化的现代教学生态模式；通过教学环境、教学手段、教学评价的多样性实现教育信息化的教学应用。

教材探索信息技术与课程教学融合新路径，建设数字化学习情境案例库，以数字化情境再现的形式为学生提供丰富的学习资源，同学之间还可以

互相学习，共同探究，建立合作型的学习模式，培养合作交流能力和提升解决现实问题的策略，极大提高了教材的应用效果。

### （三）课程教学的特色

1. 乡土情怀教育融入通识课程与思想政治教育理论课中，是实现“一懂两爱”教学目标的最有效途径。教师可以根据教学内容、授课学生等多个方面的不同，将乡土情怀教育与专业知识相结合，引导学生在学习专业课基础的同时，潜移默化地接受“三农”教育，增强积极投身农业农村现代化建设的使命感和责任感，成为“一懂两爱”人才。

2. 加强“一懂两爱”通识教育课程体系建设，将“一懂两爱”目标内容与课堂教学改革相结合，把握乡土耕读教育基本内涵、构建乡土耕读教育课程教材体系、多渠道拓展实践教学场所、建设专兼结合的乡土耕读教育教师队伍、加强乡土耕读传家校园文化建设。打造第一和第二课堂、理论和实践、课堂与网络相结合的教学新模式。

3. 在教学方式上，创新能力培养以实践训练为主，课堂讲授为辅。通过组建实践训练团队，安排学生进行不同形式竞赛作品的具体实践训练，从而形成多种形式的竞赛作品。通过创新创业类课程的学习，指导学生完成国家级、省级和校级大学生创新创业训练计划项目申报与执行，并组织指导学生以个人或团队形式参加专业创新竞赛项目以及学科竞赛等实践训练。

4. 校内外实践基地建设、网络教学以各级各类实践教学基地、平台为抓手，形成以思政理论课为核心圈，专业实训实验课、思政实践课等协同发挥圈层效应的“同心圆”式“大思政”实践育人理念。

“一懂两爱”教育需创建一个跨学科、跨院校、跨地域的大载体，统筹多学科思政育人资源，跨越学科壁垒。教材起步于全校各涉农专业的实践育人模式的统整，内容体系涵盖通识课程、思政课程、实践课程及专业竞赛、创新创业竞赛。在前期的教学实践中，在培育农村实用人才、传统工艺型人才、经营管理型人才和创新创业人才等新时代“三农”人才方面，取得了较好的应用效果。

尚需说明的是，本“案例选集”选用的内容或案例基于所在学校师生团

队真实参与的全国不同地域200余个乡村真实的生活环境、历史地理、自然风貌、人文历史、现代治理等要素，教材选用内容获得了团队师生授权，但因所涉团队和人员众多，如有疏漏之处，请联系教材编写组，予以协商并感谢！在今后的建设中，团队将坚持立德树人的根本任务，进一步聚焦“一懂两爱”乡土人才培养，按照“准确定位、注重内涵、突出优势、强化特色”的原则，对教学团队建设的目标、任务、理念、机制与组织等问题开展系统深入研究，推进研究型、实践型、情景式的乡土人才培养模式创新，形成科研与教学相互促进的有效机制，加强教学内容、课程体系和教材建设。

“高校‘一懂两爱’乡村人才培养案例选集”编写组<br>2023年6月

# 目录

# 第一章 乡村教育

【范文举例】

## 我对乡村教育满腔热忱

亲爱的舅爷爷：

您好！近来您和舅奶奶身体好吗？家中一切都好吗？

每每忆起儿时和您一起生活的日子，我便不由得思绪万千，既有快乐又有愧疚。您曾对我悉心照料，在我记忆的起点给了我一段无比美好的回忆，而我却因忙于学业，未能在您膝前稍尽孝心。很久没有见到您了，所以我写了这封信，希望能和您好好聊聊天。看到这封信，您或许可以稍稍原谅我久不通音讯的疏忽吧！

回想我刚拿到大学录取通知书时，您满心欢喜，并向我问这问那。但那时我没能好好回答您的问题，因为那时大学对我来说还是一个模糊的概念。现在，经历了一年的大学生活，我对大学以及所学习的专业有了一个全新的认识。舅爷爷，希望您读完这封信后，能感到孙女没有辜负您的厚望。

现在我学习的专业是生物科学（师范）。从这个名字您就能看出来，我们这个专业的学生将来有两种就业选择：或从事生物学方面的研究，或去中学做生物老师。当然，您知道的，我更倾向后者——成为一名生物老师。

当时为什么要选择这个专业？未来又为什么要选择去做一名生物老师？一年前，我的回答是我对动植物有一种发自内心的热爱。至于这种热爱的来处，我当时也没有想清楚。我唯一的想法是希望通过学习这个专业了解更多动植物的知识。然而当我真正开始学习专业时，我发现现实与我的想象有出入。我们专业的学生并不是像观看《人与自然》纪录片那样，把各种动植物的形态、环境、生活习性匆匆浏览一遍，而是要去研究：专攻一种生物，乃至一种基因，在针尖大小的地方开辟一片领域。我们在实验室里主要是研究农作物和畜禽。说得具体一点，我们是在寻找更高产的水稻，培育更优良的小麦，研究更高效的生态养殖模式，探索更有效的医禽、医畜方法……对我来说，这片领域有着大地一般的亲切感。虽然在很多人眼里，“生技学院”的名字不如“人工智能学院”“物理学院”响亮，但是它关系到国家的根本、人类生存的基础。您也许觉着我在夸大其词，但是我觉着这样说并不为过。其实，我还要感谢您十几年前在我心中播下的热爱土地的种子，让我对乡村生活充满热爱。

舅爷爷，我的专业偏向师范性质，将来一定是要回乡村做老师的。老师肩负着巨大的责任，也备受社会关注。毕竟，我们教什么、怎么教，都会给人才培养带来直接影响。尤其现在全国正在实施乡村振兴战略，生物老师的教学方式、情感导向、教学引导等对战略的顺利实施有着重要影响。如果青年一代的生物教师能给予孩子们真实接触和了解农作物与畜禽的机会，也许将来就不再会有“五谷不分”的新“农盲”，人们也不会再对农民有偏见，那时候乡亲们将得到真正的尊重和赞美。

舅爷爷，您大概记不得十四年前的春天您插下的那一片水稻了吧？您大概也记不得十四年前您接生的那只小羊羔了吧？那是您曾经操劳过无数件事情中的其中一件，但它们却都是我生命中的第一次。第一次看到满地的绿苗一点一点地向上生长，第一次看到一个新生命降临到这个世界，那时的我第一次感受到了现实世界的鲜活与奇妙，从此我的眼里与心里不再仅仅是城市里那些来来往往忙碌的人群与伫立不动的白色墙壁。十四年了，我几乎忘却了当时村子的样貌，但那些鲜活的生命给予我的启示却从未随时光而去。我深深地爱上了这些：在花盆里种花花草草、给猫猫狗狗安家、与飞禽走兽做心灵密友。我真的感谢您，也感谢那片土地。因为是你们教会了我去热爱自然、热爱生活。

舅爷爷，我想做一名新时代的生物教师。我想带孩子们去识五谷、认六畜，还要将种子带进教室让孩子们去种植，给他们体验耕作、感触生命的机会。我还想带他们认识真正的农村，一个不同于书本中描述的鲜活的农村。我希望可以通过我的努力，教出真正热爱农村的学生。如果我可以做到这些，未来的农村也许就会增添一份活力了。等我放假的时候，我还要去您那里。我想请您再当我的“教练”，指导我将所学的知识转化为具体实践。我还想和您一起研究现代化的机械，研究如何更好地养殖与种田。我想将这些知识传承下去，教给村里村外年轻的朋友们。我也很期待我的生物学知识能够帮到乡亲们，希望尽自己的力量让更多的新型机械得到普及，让更多的先进的农业技术被新时代农民掌握，让农作物的产量进一步提高。当然，理想总是美好且宏伟的，实践起来可能会有难度。舅爷爷，假如我将来忘了初心，您可千万要及时提醒我呀！

很久没有见到您了，有太多话想说。希望今年暑假可以有机会去看望您。祝您寿比南山，万事如意！

此致

敬礼！

您的外甥孙女：秦冰

7月19日

生物科学与技术学院强基2101班

**评语：**

此篇书信表达了作者对乡村教育浓浓的热爱。作者先简单描述了自己对专业的认识，然后述说自己未来的职业规划，内容虽多但条理清晰。作者在信中说，未来将回到乡村做一名生物老师，带孩子们去识五谷、认六畜，以此体验耕作、感悟生命，凸显出新时代青年的责任与担当。文章有详有略，言之有物，如回忆舅爷爷插秧种稻时，如话家常，娓娓道来，无丝毫矫揉造作。可见作者有清晰的思路与谋篇布局的技巧。如果把舅爷爷的形象描写得更加立体丰满些，此文会更精彩。

# 少年心事当拿云

亲爱的状状：

山黛远，车马遥，谨以笔墨寄长思。

阡陌纵横，林木葱葱。轻轻倚靠在窗沿，低洼的绿原安静地映入眼帘，柔软的时光似乎定格在这一瞬间。这是我第一次坐高铁看到沿途风景时的感受。第一次亲眼望见金黄的麦田、阳光下亮闪闪的鱼塘……像是儿时的童谣幻化成了现实。

在南京独游三天后，欣喜渐渐消散。浸泡在川流不息的人海中，行走在熙熙攘攘的地铁里，原是想见识一下大城市的繁华，却被一种异样的悸动碾碎了情思。

就是带着这样的思绪，我应邀参加了你的升学宴，初次走进农村，踏入一方田野。如今寻索记忆，发现脑海里印象最深的并不是绿意盎然的农田和高高耸立的风车，而是孤零零坐落在田边、用砖块粗略堆砌而成的厕所。小时候我经常去姨妈家玩，她住在 20 世纪 90 年代建造的和平新村，那里有且仅有一间公共厕所，只有气派的“大户人家”才能在家里单独设立厕所。二十多年过去了，在城市“老旧小区改造”的政策背景下，和平新村也开始规划拆迁了。将视角转回农村，说一些可能会让你愤愤不平的话吧。你清楚我家的经济状况，也知晓我绝非不能吃苦的人，但当我看到你家门外的公共厕所时，我最直观的感受就是那里实在是太脏了。在未见面的这段日子里我学习了动物学，见识了许多奇形怪状的动物，也清楚了被微小生物感染会有怎样严重的后果。绝大多数的感染病例都在农村被发现，这与农村基础设施的简陋密切相关。我也曾多次设想过，如果在寒冬的雨夜你突然肠胃不适，不得不去家门之外的厕所，那该是多么艰难的一件事。

当我真正踩在乡村的泥土上，感受着周围的人与事，我才真真切切地明白自己对这片土地是多么得陌生。这里居住着 5 亿多农民，但我对他们的过去和现在茫然无知，更无法预测他们的未来。

“三农”问题是我国社会经济转型时期的重要问题，也是历史赋予我们这个时代的命题。新中国成立以来，我国城乡人口经历了一次又一次的迁徙与转移。直到 20 世纪末，人口流动趋势才开始转变为农村常住人口持续流向城市，而且这一趋势一直延续至今。鱼雁不再往返，枝叶别处生根。在你的升学宴上我几乎没有看到与我们年龄相仿的人，他们都身在何处呢？乡村的未来又该寄希望于何人呢？

考研、考编、回淮安做一名老师，这是绝大多数从农村走出来的大学生对未来之路的规划与设想。可这难道不是另一种一眼望得到头的人生之路吗？与乡土中谋生的大部分人又有多大的本质区别？我相信你也肯定在情绪泛滥的夜里思考过今后出路的问题，烦恼于家庭的矛盾和现实的困难，是否最后都以叹气不再去想为终结？这些问题像是一个死结，我们弱小到无力去解开。很多时候生活就是这样，虽然我不希望你过早地承受这一切。

我一直认为自己是驻足在门扉之间的人，眼前是霓虹闪烁的新时代，身后是渐渐灰暗的旧时代，这道门槛我虽不愿迈进但也不愿退出。虽然我也一直对未来心有惴惴，害怕哪一天悬在肩上的重担突然狠狠地砸到身上。但我一路走到现在，心中仍感激社会给予我的馈赠：是它让我成了此刻的自己。虽然我依旧不时有迷茫和忐忑，不知道自己应该怎样回馈社会：我想过支教，毕业后将自己安置在大山的一间学堂里；想回到小镇，为家乡的发展做出我的贡献；或者以我的动物医学专业为基础，成为一名兽医或是投身畜牧业生产。可是这些似乎又都不是我这块愚木能燃烧自己发光发热的最好的方式。但不管怎样，我想通过自己微小的努力将更多的人带向更有盼头的新时代的热切之心，是一直未变的。

乡村不该沉寂在阳光照耀不到的角落，它应该是一片充满希望的热土，只是需要我们在其中注入新鲜的血液罢了。缺乏活力的枝叶一旦等到根底的充沛给养，就会繁茂生长，就能拥抱生机盎然的未来。通过这一年的大学学习，我渐渐找到了自己的路，一条科研之路，一条用生命科技改变旧时代、给乡村带去更多光亮的路，我一定会走好这条路，也衷心希望你在步入大学之后能尽快找到属于自己的那条路。

临颖不尽，草草收文。甚安勿念，祷祝康平。

此致

敬礼！

你的好友：辛雪强

7月15日

生物科学与技术学院强基2101班

**评语：**

“少年当有凌云志，万里长空竞风流”，此封书信用诗意的语言展现了作者对“三农”问题的思考。文中直面农村的现状，指出一系列问题，但作者认为这是历史赋予他们这代人的命题，并在结尾谈到解决“三农”问题的方法，即“一条科研之路，一条用生命科技改变旧时代、给乡村带去更多光亮的路”。少年强则国强，作者身上表现出的是新时代青年人积极向上的昂扬力量。文章行文流畅，感情真挚，尤其是作者在和朋友探讨未来乡村之路时流露出来的感情，令人动容。

# 当为无数个周奥婷的未来而努力

亲爱的姜豆人：

你好吗？因为疫情，我们策划已久的“串门”活动不得不一再延期。身在南京的你与留在扬州的我，可谓是隔江相望呀！

犹记得一年前我们填志愿时的纠结，当时你劝我不要学生物，我劝你不要学医，可最后我们还是坚持了自己的初心。上学期结束时，我有些后悔。原因是我学的专业大体分生物教育与生物科研两个方向。我喜欢从事科研工作，却被录取为生物教育方向，将来大概率会是去初中、高中做生物老师。尽管我们曾在沭阳的华冲镇上体验过28天的班主任生活，当时为了更适应学生的学习习惯，我也曾满怀热情地不断调整教学方式，倘若我今后的职业方向真的落脚于教育，实际上还是与自己初衷有所不合，毕竟我希望的是直接从事为“农”的科研工作。但这个学期，我的思想却有了转变，我对“农”有了不同的认识。“农”并不是一个简单的行业概念，它的背后还隐含了这样一些群体：那些辛劳耕种的农民，那些渴求获得知识的儿童，那些希望走出去的或者不得不背井离乡的务工者等。

一谈到“农”这个字，就让我想起我们暑期在补习班当老师时遇到的学生周奥婷。我们劝她去城镇中学上学，当时她迟疑了很久才怯怯地问：“去城里上学是不是需要很多钱？他们收不收我啊？”我听了很是心疼。沭城镇的教育水平与华冲镇还是有一定差距的。这是我们劝周奥婷去城里读高中的原因，因为我们明白学生获得的教育资源不同，也就意味着同等的付出会产生不同的结果。由此我想到我们整个国家的农民教育问题。假如农民的教育需求不能被很好地满足，“三农”问题又如何能圆满解决呢？

还记得我们高中地理课刷题正确率最高的题目吗？就是那个“规模化生产”。做多了地理题目，我们会想当然地觉得“规划等于现实”，而事实绝非如此。某些地方的“商业化经营”，只不过是利用资本开采农村资源罢了。农村多样化的资源蕴含商机，但须提防别有用心者。比如养殖以及各种特色农产品，若被资本垄断，那么农民就会从靠天吃饭，变成靠天和靠人吃饭。

即便传统的水灾、旱灾、虫灾等自然灾害造成颗粒无收的现象变少了，农民却依旧不是最终的获利者。我有时想，解决“三农”问题单靠资本投入是不可取的，更多时候还是需要依靠国家制定更为科学的政策，尤其是惠及普通农民、可持续发展的智慧决策。其中教育是不可缺少的一环，因为教育可以改变人的命运。

所以在第一学年即将结束时，我对“生科”（生物师范）有了新的认识。如果让我从师范专业的角度谈一下“三农”问题的解决方法，我想针对农村与城市之间教育资源的对接问题，设计一个专门为农村孩子开设的公益教学平台，从而推进农村与城市之间教育资源的合理共享，比如说为农村小学设立一个“初中预科班”，巩固深化农村生源学生的基础知识，从而为农村小学生顺利进入城镇中学学习铺平道路。其实面对周奥婷的迟疑，我们当时并没能很好地理解她的处境。因为我们从未想过她的家庭是否有足够的经济能力，也从未想过她能否顺利地考入城镇学校。毕竟城镇学校给农村学生提供的录取名额很少。但假如将来我们真的实现了创建公益教学平台的梦想，我想应该能够帮助许多像周奥婷这样的农村学生吧。助“农”服务的方式有很多，可以是科研，也可以是教育。原来我希望助“农”服务的理想，差点被我之前对“农”的片面认识遮蔽了！

今年暑假，我们还去做暑期工吧。周奥婷马上就要升初三了，到时候我们再带着以前的笔记，推荐些网课给她吧。我衷心希望周奥婷能考上一个好的高中、好的大学；我衷心希望偏远地区的教育水平能够得到提高，这样就可以真正助力推进乡村振兴；我衷心希望“三农”问题早日得以圆满解决，中国农民可以成为世界上最幸福的人。

这封信就此搁笔吧，期待你的回复。

此致

敬礼！

徐彤

4月18日

生物科学与技术学院强基2101班

**评语：**

作者在这封信中首先简述了自己对专业的困惑，继而以自己曾经在补习班教过的学生周奥婷为实例，和好友探讨乡村教育的问题。乡村教师有力量，乡村教育才会有质量。作者在文中指出农村与城市之间教育资源的不平衡问题，并从师范专业的角度开出自己的一剂“良方”：未来将开设公益教学平台从而推进农村与城市之间教育资源的共享。此篇书信虽然语言平实，但情感真挚，读来甚有收获。

# 许我深情向乡间

亲爱的爸爸妈妈：

你们好，见字如晤！

昨天我在同学们的簇拥下吹灭了20岁的生日蜡烛，在感受成长的同时也思考自己的未来。目前我在扬州大学主修生物科学专业，与其说这个专业是我的选择，倒不如说是水到渠成。从我在农村出生的那一刻起，来自乡土的牵绊就已经根植于血液中了。如今，我更希望自己以后能步步有声，做到有始有终。

我是天性热爱自由又个性散漫的人，每年在乡间度过的暑假都是我的神仙时光。信步走在田间地头，任凭雨点滴滴答答落在脸上，脑海里响起的却是“任凭时间染白你的发，岁月划伤我脸颊”——某部电视剧的主题曲。从前的我年少不知愁滋味，不知妈妈珍爱的秀发何时泛起了霜花，不知我何时竟与一米八的爸爸身高齐平；更不明白为什么纵然汗水模糊了双眼，扁担压弯了腰，镰刀割伤了手，你们却能始终微笑面对生活难题，从不怨天尤人。现在的我、20岁的我，终于尝试着去寻找答案。我猜是大鹅早上五点半准时尽责地去唤醒你们，是院子里每年都能满树挂果的梨树，是邻里分享醉虾的热闹场景，是逢年过节亲戚们把酒言欢的欢快氛围，是四季的轮转，是乡间最真实感人的烟火之气……

我想，这一切大抵也是我选择生科专业的原因吧。进入大学之后，我发现先前被认为“必然”的背后，竟然藏着很多知识点。像我们家今年玉米产量的增加、水稻虫害的减少、家禽产蛋量的提高等，都能与我课堂上所学的生物科学知识关联起来。这太让我惊喜了！所以选择学习这个专业后，未来无论我从事生物学研究，还是从事师范教育，我都会乐在其中。同时更希望自己能尽一份绵薄之力，让更多的人了解生物科学知识，接受和学习高效技术，更加科学有效地参与农事操作并享受乡间生活的快乐。

身为农民的你们，是某些人眼中土头土脑的乡下人，这是久已有之的刻板观念，费孝通先生说：我们说乡下人土气，虽则似乎带着几分藐视的意味，但这个土字却用得很好。土字的基本意义是指泥土。乡下人离不了泥土，因为在乡下住，种地是最普通的谋生办法。在我眼里，这个“土”字也是好的，是赞许、肯定、脚踏实地、勤劳本分的代名词。这样的“土”，何陋之有？何鄙之有？

在乡间生活时，我看得最多的就是人们额头上的那一簇簇汗水。他们从不惜力，也很少叫苦，反而安慰我：此时“汗滴禾下土”，之后才能“秋收万粒粟”啊！我仿佛已经听到了你们在秋收季节爽朗欢快的笑声。亲爱的爸爸妈妈，在我的记忆里，你们总是利用在田埂上坐着休息或者在打理秧田的间隙，听我叽里呱啦说个不停；你们总是对我有无限的耐心，即便是我做事拖沓，你们也极少呵斥教训。儿时的我不太能明白为什么这样，难道是因为每天面对的事情让你们的内心更为柔软？似乎是，又似乎不全是。所以，我今天很想问问你们，我猜得对不对：因为你们听懂了土地无声的语言，因此心甘情愿地辛勤劳作并且乐在其中。从小到大，你们几乎没有跟我讲过人生大道理，分析过世界大局势。仿佛根本就没这个必要，只要按时春种秋收、只管勤勤恳恳去做就万事大吉了。现在的我对此感受很深。你们用自己的言传身教告诉我：带着自己的那份真诚、那份淳朴、那份宽容去做事就好了，只要踏踏实实地做结果自然就会好。我对于农民，对于你们，最真切的情感就是敬佩：敬佩你们吃苦耐劳的精神，敬佩你们热情淳朴的笑容，敬佩你们对土地的坚守……有这些打底，20 岁的我对未来也有了一份轻松与笃定。

最后，祝愿爸爸妈妈诸事顺遂，身体安康！

此致

敬礼！

你们的女儿：雷蕾<br>7 月 21 日<br>生物科学与技术学院生科 2101 班

**评语：**

“梅子金黄杏子肥，麦花雪白菜花稀”，田园之美曾醉倒无数文人。

作者用饱含深情的笔触描写了真实感人的乡间烟火之气。作者在文中多次回忆自己与家人一起在乡间生活的美好场景，还阐述了自己未来愿用所学让农民科学有效地耕作，服务乡村的志向。身为新时代青年，愿意用乡土情怀谱写青春之歌，可见作者对乡土的眷恋已根植于血液之中。结尾之处，作者又表达了对农民的敬佩之情。本文文笔细腻，尤其是对童年生活的描写妙趣横生。

# 要做服务乡村教育的好老师

敬爱的爸爸妈妈：

你们好！

一晃，我到省外求学已有近一年了，终于如愿学了自己选择的专业，可有时我也会自问："当时为什么要选生物科学师范类专业呢？"当然，这并不代表我后悔了，而是希望通过反复质疑加深理性认知。我始终知道，我是农民的孩子，我了解父母劳作的不易、敬佩你们对生活的那份坚韧，所以想通过自己的专业，让你们以及身边的农民可以过上更加美好幸福的生活，为我国的"三农"工作和乡村振兴战略贡献自己的一份力量！记得我刚拿到录取通知书的时候，邻里都来问我："妮儿，学的什么专业？将来出来干啥呢？"我笑着说："生物科学师范类专业，出来应该做生物老师吧！"大家虽然不清楚我学的到底是什么，也仍然为我高兴！亲爱的爸爸妈妈，为了今后乡邻们再问时你们能回答得更清楚明白，今天就让我跟你们介绍一下我的专业吧！

生物科学就是观察和揭示生命现象，探讨生命本质和发现生命内在规律的科学，可以理解为"研究一切活的事物"。可见这个专业涵盖的范围之广，包括植物生物学、动物生物学、生物化学、分子生物学、微生物学、细胞生物学、遗传学等。毕业后，生物科学师范类专业的大多数学生会成为生物老师，但也可以从事一些农作物研究工作。

或许你们会问：生物老师不就教教书，能给农民带来些什么实际收益呢？敬爱的爸爸妈妈，生物科学这个专业其实和"三农"有很大的关系，未来的我们除了可以教授学生生物学知识外，还可以将我们所学到的知识运用到农业生产上。比如在我们所学的植物学中，就有对玉米、小麦和水稻等粮食作物的生物结构全面的介绍，如果能将这些知识传授给农民，就可以帮助他们实现"从实践到理论"的衔接，甚至是飞跃，能让他们更好地理解自己所做的事。"知其然"之后，更"知其所以然"，农民种地不仅有实践经验了还有理论知识储备了，那粮食的增产增收还是问题吗？比如我可以通过设计一系列问题的方式与你们沟通：作物什么时候开花？开的花为什么是这样的？什么时候结果？结的果又是什么样子的？这种谈话方式你们是不是感兴趣？此外，通过学习植物生理学，可以更好地了解作物的生长状态。如果能把这些知识教给你们，你们就可以掌握更多的规律，比如根据作物生长状况合理选择植物生长剂，可以更高效环保；再比如你们常用的除草剂“缩节胺”，其实也是一种植物生长延缓剂；再比如我们亲戚家的大棚，就与我所学的“棚田效应研究”有关，相关知识可以帮助他们更好地经营大棚，提高效益……你们看，我学的专业是不是和“三农”密切相关呢？

作为农民，你们常常感慨：“现在的年轻人都不太愿意到地里去了。”确实，农村劳动力流失是农业发展滞缓的重要原因之一，当然还与农民收入增长缓慢、农村公共设施差、农业技术有待提高等原因相关。这些问题归根结底与我国农民的科学文化水平偏低有一定关系，所以更需要通过教育来加强对农民相关知识的培训，这样可以有效提高他们的科学文化素养！所以，这就更需要生物老师啦！如今党中央、国务院对农业、农村和农民高度重视，我们遇上了好时代。作为农民的孩子，我跟着你们参加过不少农事活动，深知农民的辛苦。每到收获季节，看你们弓着腰在田间地头劳作，我既心疼又敬佩。未来我希望这种辛苦，可以随着机械化的推进、农业生产技术的提高而得到减轻。有专业知识培训作保障，农民紧跟时代发展的步伐，从事农业生产也会更轻松。肩上的担子轻了，钱包鼓了，农民生活的幸福感怎会不提升呢？

我个人的力量固然微小，但我仍然想通过专业知识的学习，为推进乡村振兴添砖加瓦，为“三农”事业贡献一份自己的力量！我是你们辛辛苦苦培养出来的大学生，回报家乡最好的方式就是为农业谋发展，为农村谋振兴，为农民谋幸福！希望你们能够理解我，并坚定支持我以服务“三农”事业为人生追求！

祝爸爸妈妈身体健康，工作顺心，万事如意！

此致

敬礼！

你们的女儿：丁怡梦<br>5月3日<br>生物科学与技术学院生科2101班

**评语：**

此文逻辑清晰，先向父母解释了自己专业的概况，继而表达出未来以自己所学专业服务乡村振兴战略之愿望。作者虽求学在外，但一直心系家乡，文中描写了许多关于农民种地的场景。乡村振兴，关键在于人才振兴。作者在文中表达出主动肩负重任的自觉，为推进乡村振兴添砖加瓦，体现出新时代大学生勇于担当、奋发有为的精神面貌。文章语言平实质朴，细节真实，有浓厚的生活气息。

# 播种理想之苗，期待成材之木

亲爱的哥哥：

最近可好？很久未见，很是想念。

春意阑珊，绿意盎然。每每乌云散尽、艳阳高照之时，我都习惯踱步在房前屋后的花园中，与浓浓的暖意相拥，体悟生命的诗意与律动。花园里的那棵大树已经褪去了稚嫩，从水里的倒影都能看出它挺拔的身姿。哥哥，这就是我们之前在此栽种并一直呵护的那棵树。记得那是一个寂静的夜晚，你带我来到这里挖土、植树，并许下铮铮誓言：“一定要让家乡的荒野换新颜，立志让家乡的农业之花结下硕果，并以此造福乡村、惠泽百姓。”此后，你一路奔跑，奔赴山海，追寻心中的理想之光。大学毕业后，你没有选择唾手可得的安逸生活，而是遵从内心的选择做了一名大学生村官，在播种耕耘中实现理想，希望闯出一片自己的天地。

如今我也在渐渐接近理想，奔走在共赴兄弟之约的路上。大学里我选择了攻读小学教育（乡村定向）专业，接下来的大学生活是为鸿鹄之志积攒力量的重要阶段，我定会潜心苦读，用心钻研，学好自己的专业。未来我将申请分配到我们的家乡工作，为振兴乡村教育而努力，发挥自己的光与热。

我认为，这是一个值得我终生奋斗的理想。曾经，远古的风吹干了海洋，出现了大片的荒漠，大地如伤口结痂般，沟壑纵横、满目疮痍。在一个沉闷的夜里，天空中散落下无数的雨滴，唤醒了荒漠下沉睡的种子。种子发芽，嫩苗破土，沟壑里出现了星星点点的绿。它们绵延生长，长成了一片又一片绿意盎然的小树林。白天，阳光毫不吝惜地释放自己的光和热，给予它们养分；夜晚，风雨侵袭，该有的磨炼一样都不曾缺席。终于有一天，它们以树的姿态站立在荒原中，展现出自己的风采。

哥哥，让每一棵树都能展现自己的风采，是我选择小学教育专业的理由。在孩子们的成长过程中，在他们对大千世界充满好奇想象时予以正确引导，是最为适宜的。因为这是激发他们学习热情与塑造健全人格的最佳时期。如果，一个人过早地经历黑暗并且沉沦过久，他的人生之路大概率会布满荆棘。我希望自己可以为学生们种下远大理想的种子，让他们热爱大地，成为大自然的孩子。其实学习不仅仅是一个知识积累的过程，更是一个获得解决问题的方法与自我认知不断清晰的过程。我相信自己需要在追逐理想的漫漫征途中，寻找到自己的路。作为一名未来的小学老师，我希望自己能尽绵薄之力，助力乡村教育事业的发展；作为未来的乡村小学教师，我更希望自己为乡村教育贡献一份力。哥哥，我们都曾躺在草坪上听长辈们讲述过去的农村生活。还记得奶奶的话吗？她说，自己最大的遗憾就是迫于生活的压力，没有读书识字的机会，当了一辈子的睁眼瞎。因此，我立志毕业返乡去帮助乡村的孩子们，让他们以后不再有这样的遗憾，让他们心明眼亮，让他们长大成材，让他们成为乡村独有的风景。

农村养育了我们，不该得到我们的回报吗？曾经的我们，在它宽广的胸膛里撒欢撒野，稚嫩的我们无忧无虑；现在的我们，羁旅怀乡就会油然而生归属感，因为乡村承载的我们过去的美好时光，已镌刻在我们的记忆深处。

怀念，草丛里挥舞着蒲扇驱赶萤火虫的童年时光。

怀念，围坐篝火旁倾听爷爷奶奶讲述过往故事时的欣喜与感动。

怀念，阳光下追逐嬉戏时轻松愉悦的脚步。

……

所以，哥哥啊，我深知对家乡的热爱应该内化成一种素质，不必在意自己的光芒是否耀眼，而应该把家乡打造成可供栖息的美好港湾。

“欲做精金美玉的人品，定从烈火中锻来；思立掀天揭地的事功，须向薄冰上履过。”哥哥，我们处在百年未有之大变局的关键时刻，虽然机遇与挑战并存，但是使命感应是我们心中永远屹立不倒的丰碑。我相信，通过我们这一代人的不懈努力，未来的农村、农业必然欣欣向荣。

哥哥，终有一天我会像你一样回到乡村，一起守护家乡的幸福。

说到这里，哥哥，我还想再告诉你一次：我们共同种下的那棵树，早已枝繁叶茂了。在我的心中，它是浩渺宇宙中最坚毅的存在。

此致

敬礼！

你的弟弟：赵永键<br>5月17日<br>教育科学学院小学教育（乡村教师）2103班

**评语：**

此篇书信文采斐然，辞藻华美，读来如见一股清泉，汩汩流淌，毫无晦涩之感。文中以兄弟俩幼时植树为线索，叙说曾经的铮铮誓言：“一定要让家乡的荒野换新颜，立志让家乡的农业之花结下硕果，并以此造福乡村、惠泽百姓。”兄弟两个以此为目标，不断奔跑，追寻心中的理想之光。作者的悠悠故乡情，淡淡思乡愁，皆倾注于笔端。文中多用诗意化的语言描写记忆深处的乡村时光，充满想象与韵律之美，令人愿读、爱读、不忍释手。

# 乡村教师，我的情之所系

亲爱的爷爷奶奶：

你们的身体还好吗？我很想你们呀！

时间转瞬即逝，大学的第一学年在不知不觉间即将结束了！犹记当时高考分数出来之后，你们知晓消息时的喜悦；在我选择走定向乡村教师这条道路时，你们更是表达出了欣慰之情。之前爷爷也有问过我，是突然想当老师的吗？我当时只是浅浅地一带而过，现在想给你们细说一下我的想法。

选择走乡村教师这条道路，我觉得既在意料之外也在情理之中。可以说，成为乡村的一名老师，担负起教书育人的职责，这条道路之前从未在我的职业考虑范围之内，可乡村带给我的影响又无处不在。幼时爸妈忙于工作，只能把我交给你们抚养，我也因此有了与农村、与大自然亲密接触的机会，所以我是在农村长大的孩子呀。每次去田野里劳作，奶奶总会带上我。我抚摸过春天菜畦里长出来的嫩芽，聆听过夏天夜晚不绝的知了声，细嗅过秋天成熟柑橘的芳香，也欣赏过冬天白雪覆盖的茫茫田野。我喜欢在田野里自由奔跑，与清风共舞，和你们一起感受收获的快乐。春雾风，夏雾晴，秋雾阴，冬雾雪。我总是坦然承认我的小农民身份，因为我在农村长大，热爱农业，钟情土地，尊重农民。我想我是从心底热爱这个蕴藏我童年快乐的地方。这也是我一旦有机会就选择定向乡村教师专业的根本原因。

来扬州上大学，进一步接触和了解了我的专业之后，更加坚定了我的选择。我所学的专业全名叫小学教育专业，主要是定向乡村教师这个方向的。按大家的话来说，就是毕业以后去小学教书，服务乡村教育。

现在国家非常重视“三农”问题，爷爷天天看新闻肯定知道。“三农”问题是关系国计民生的大问题，是推进乡村振兴的关键。而推进乡村振兴的基础性工作就是要在教育领域把“三农”问题解决好，这就要靠现有的乡村老师和我们这些未来的乡村老师。现在通过专业学习，我们必须尽可能地提高自身的知识水平和职业素养，为以后培养好农村的孩子打下基础，正如你们常说的“打铁还需自身硬”。正所谓，敬教劝学，建国之大本；兴贤育才，为政之先务。教育是推进乡村振兴的基础，办好乡村教育对于产业振兴，统筹城乡发展，加快城市化进程具有重大作用。

爷爷一再说：“现在当老师很好哦。”我也这么觉得。乡村小学老师的工作是很有前景的。你们应该也发现现在好多人都想当老师了吧，现在老师的待遇越来越好了，特别是乡村老师。因为发展农村教育要靠乡村老师。老师的工资提高了，生活更稳定了，才会有更多的人愿意来乡村教书，况且乡村教师也是有编制的，也就是你们所说的“铁饭碗”。

对我来说，“铁饭碗”并不是我追求的最终目标。人一定要有最朴素的生活和最远大的梦想，即使明日天寒地冻，路远马疲，今日的我也要煨火读诗，心怀远方。如今进城务工已不是主流，越来越多的年轻人逆行返乡，为振兴家乡而不懈努力。大学生村官、返乡创业青年……推进乡村振兴的道路因有了青年人的热血与激情会更广阔！今后的我，就是其中一员。隐于芸芸众生，拥有再平凡不过的生活，却也可以发出自己的荧荧微光，实现自己的价值。我想，定向乡村教师给了我这个展现自我的机会。

我知道，目前咱们老家的小学教育质量并不是很高，且存在一定的生源危机、师资危机，许多孩子跑到遥远的城镇去求学。我迫切地想要贡献出自己的绵薄之力来改变现状，为乡村助力的同时也实现自己的人生价值。在农村教书育人，带给孩子们可期的未来，带给家长欣慰与安心，是我毕生之所愿。路漫漫其修远兮，吾将上下而求索。也许在能力方面，我还没那么突出，但我拥有一颗热爱农村的炽热之心。诗人云：“热爱可平山海。”我想我可以凭借这份热爱走得更远，终能抵达我想要攀登的顶峰。

亲爱的爷爷奶奶，现在的我有了明确的人生目标，那就是在自己热爱的定向乡村教师这个专业上建功立业，我知道你们肯定也很支持我。想说的话太多啦，等我回去了，一定会再和你们细细讲！

此致

敬礼！

您的孙女：赵苏萌<br>5月5日<br>教育科学学院小学教育（乡村教师）2102班

**评语：**

“敬教劝学，建国之大本；兴贤育才，为政之先务。”作为小学教育定向师范生的作者清楚地认识到教育是推进乡村振兴的基础，办好乡村教育对于产业振兴、统筹城乡发展、加快城市化进程具有重大作用。作者先向自己爷爷奶奶解释选择走乡村教师这条道路的原因，然后再论述自己专业与乡村教育的关系，情感真挚，语言流畅。文中也描写了乡村四季的景色，无论是春日之微云、夏日之凉风，或是秋天之芳香、冬天之冰雪，都妙手成文，趣味横生。

# 让乡村教育开出理想之花

亲爱的爸妈：

见字如面！

时至初夏，家乡的槐花正含苞待放还是已花香四溢？我在学校一切都好，对于未来我并没有太多焦虑。我在学校继续我的小学教育专业学习，每次畅想三年后我将成为一名小学老师，心中就难掩激动。今天想跟你们汇报的是，毕业之后我想回到农村，踏踏实实从乡村教师做起。

进入大学后，我和高中时所学的理科知识有了一个小小的告别。教育系的学生每天捧的都是《教育心理学》《教育学原理》之类的专业书，所以从知识结构上，我有了不小的转变。身为教育专业的学生，听老师经常在课堂上说“你们今后……”的话，同学之间也会相互打趣：“以后你可不要误人子弟呀。”所以，想到几年后我竟可以拥有“老师”的身份，心中就自然而然地生发出责任感：这几年，我要朝着“好老师”的方向去努力，才能更自信地站在讲台上面对那些孩子。

当然有时也难免忐忑：几年之后的我，究竟能给那些孩子带来什么？尤其面对来自乡村的孩子。这些都促使我进一步思考“乡村教师”这四个字的意义。最近有不少感想，接下来想跟你们分享一二。

“乡村教师”这份职业，我想，它不应该只是换了工作场所的“教师”，更重要的应该是它的定语“乡村”二字。如今不少像我这样来自城市的“预备役”乡村教师，之前与乡村社会原本并无广泛联系与互动，没有接受过乡土社会的切实熏陶，可以说是乡村生活的“局外人”，距离感无法避免地存在。那么在这样的成长背景之下，我能给乡村孩子们带去什么？教会他们什么？是尽可能向他们展示外面精彩的世界就可以了吗？还是重在教会他们探索知识的方法，让他们在保持与乡土联系的同时，生发出更多发展可能性、拓展更大的生存空间？曾在一则新闻里看到被采访者这样说：“我学习知识不是为了让我有摆脱家乡的资本与跳板，而是为拥有建设家乡的才华与能力。”我常常想起这一幕，因为我相信，作为城里来的乡村教师，必须从

“外塑”和“内砺”两个方面加强自己对“乡村教师”身份的认同，从地域、身份、价值取向等方面接受认同乡土价值，从而找到真正的精神归属。唯有如此，毕业后我才能更加自信、坚定地站在讲台上，面对乡村孩子们的清澈目光。

这几年，农村已经和我们的刻板记忆不一样了，它已经慢慢跳出了我们原有的认知局限。高三那年，我常和同学一起欣赏李子柒的乡村生活视频，在我们眼里，乡村生活渐渐成了背离枯燥烦恼、千篇一律城市生活的代名词。不堪重负的城里人从逼仄中逃离，追随“梅子金黄杏子肥，麦花雪白菜花稀”的闲逸。这虽不乏滤镜效应，但毕竟美好的总是感人的，就好比我们家附近的农庄，节假日总是很火爆。每次去农庄，我都能从心底感到舒适和放松：鱼儿嬉戏的鱼塘、向远方延展的田埂、成片的果林、肥美的瓜果……家乡的土地带给我未曾改变过的归属感。

我热切地期望在不久的将来，乡村能和城市一样大步前进。那些来自乡村的孩子们啊，也如雨后新生的禾苗一般，可以茁壮成长。想起刘慈欣在《乡村教师》里的一段话：“娃们沿着小路向村里走去，那一群小小的身影很快消失在山谷淡蓝色的晨雾中。他们将活下去，在这块古老贫瘠的土地上，收获虽然微薄、但确实存在的希望。”这段话似乎悲观了些，但我更愿意将之视为一个对比的标杆，时时对照，不忘砥砺前行的初心。

进入大学一年，我已经找到了教育学专业学生该有的自信，看到了这个学科深厚的价值与意义，特别是乡村教师在当下的现实需求与社会责任。因此，在专业精进这条路上，我将走得更加坚定且充满力量。

亲爱的爸爸妈妈，言不尽意，希望你们能给我回信，评价评价我的这些想法，再点拨点拨女儿。

此致

敬礼！

你们的女儿：马凌越

5 月 8 日

教育科学学院小学教育（乡村教师）2103 班

**评语：**

此篇书信不枝不蔓，层次清晰，语句流畅，字里行间皆能体会到作者对乡村教育的热爱之情。作者认为必须从“外塑”和“内砺”两个方面加强自己对“乡村教师”身份的认同，从地域、身份、价值取向等方面认同乡土价值，从而获得真正的精神归属。文中阐释了自己对乡村教师的理解，尤其是文中引用的那句话：“我学习知识不是为了让我有摆脱家乡的资本与跳板，而是拥有建设家乡的才华与能力。”令人精神振奋，为之感动。

# 情系乡村教育，点燃心中梦想

亲爱的表哥：

你好！

许久未见了，你怎么样？看了你的来信，我激动不已。我在脑海中一边构想着家乡崭新的面貌，一边浮现出你开心与幸福的笑容。你说，现在的家乡从高空望去，是大片大片繁茂的果树林，是机器在田野里穿梭，是无人机在低空打药施肥，是一栋栋钢筋混凝土的房子；从宽阔的水泥路走进村庄，迎面走过来的每个人都满脸笑容。你说，现在人们的收入一年比一年高了。而且随着 2017 年乡村振兴战略开始实施，城乡居民基本养老保险和城乡居民医疗保险政策也更加完善，人们的生活更加有保障了。你还说，政府拨款翻新了学校，安装了许多辅助教学的现代化设备，还招收了许多有才华的年轻老师，整体教学水平显著提升……

一幅幅美妙的画面，让我迫切地想踏上回家的路途，看看近十年未见的家乡，那个小小村庄，在我离开时，只有大片大片荒凉的田地，几幢零散的、歪歪斜斜的小屋，小屋里面住着年迈的爷爷奶奶和年幼的孩子，几张残缺不全的桌椅，一个有破旧操场的学校，唯一一条通往村外的小路却泥泞不堪……

说了这么多，差点忘了回答你在信里问我的问题："学了什么专业，以后能不能回来助力家乡的发展，为国家'三农'事业贡献一份力？"

我所学的专业是生物师范。未来，我将成为一名乡村老师。这看上去似乎与我们家乡发展，也就是农业发展、农民增收、农村繁荣毫无关系。然而，扶贫先扶智，教育是阻断贫困代际传递的关键，因此，我认为师范专业对于解决"三农"问题有着不可或缺的作用，并且，随着科技的不断发展，生物领域将与农业发展有更多的交集。曾记得你说过，以前大量使用农药，刚开始效果确实很好，可最后发现不仅害虫没有减少，还使得土壤板结，粮食减产。现在，我们有了更加绿色环保的方式来减少害虫对农作物的影响，例如，我们可以利用引入害虫的天敌来减少害虫的数量或者可以在农作物的基因中添加抗虫基因，使得害虫无法侵蚀农作物等。还有，现在家乡畅销的橘子，不仅产量特别大还个个又大又甜。我想这里面肯定有生物领域中基因工程的功劳。

表哥，这么看，生物科研应是极大地促进了农业的发展。那么，对于农民来说，了解一定的生物知识，比如某些农作物的习性、种植方式、消灭虫害的方法等，都有助于农民种植更高产、更安全的庄稼；对于村庄里的孩子们来说，田野里生长的作物曾是他们最熟悉的伙伴，用这些熟悉的事物来引发孩子们对于生物学的兴趣，有助于他们未来致力于从事生物学方面的职业，为生物学领域的繁荣昌盛贡献一份力，这样，岂不是能够更好地促进农业的发展？而上述的这一切都需要老师对学生进行正确引导，需要老师对学生普及相关的知识。

因此，乡村教师这份看似与“三农”事业无关的职业，实则会在无形中促进“三农”事业的发展。将来毕业后，我希望能够回到家乡，在家乡的学校里讲述生物学知识，致力于让更多的人了解生物学、爱上生物学，为家乡教育奉献自己的一份力。这其实也和你一样，在大学毕业后放弃在城市工作的机会，回到家乡，为家乡的机械化生产贡献一份力量。

表哥，你是我的榜样。

此致

敬礼！

表妹：李隽文

5月15日

生物科学与技术学院强基2201班

**评语：**

“扶贫先扶智，教育是阻断贫困代际传递的根本之策。”作者情系乡村教育，并因此点燃心中梦想。推进乡村振兴任重而道远，需要诸多方面的帮助和扶持，而乡村教育能为建设和美乡村提供精神动力和科技支持。作者在文中也表达了以“技”助农，助力家乡增收致富，以此建设和美乡村的愿望。全文气韵流畅，文笔简洁，感情真挚深厚，如果再撷取些生活小细节来论述对家乡的热爱，此文会更加充实丰满。

# 将专业知识融入服务乡村振兴之中

亲爱的朋友：

展信佳！好久未联系，近来可好？

我在扬州大学选择的专业是生物科学（师范）。生物学，既包含植物学，又包含动物学和微生物学。这三门重点学科都涉及“三农”问题。

“民以食为天”“农为国之本”。党的十八大以来，党中央坚持把解决好“三农”问题作为全党工作的重中之重，城乡发展一体化是解决“三农”问题的根本途径。可见农业对国家的重要性，而对于承担着培养新时代人才重任的生物科学师范生而言，具备“三农”服务意识的重要性则不言而喻。我国自 2004 年春季以来就开始实施大学涉农专业教育免费的政策，充分表明党和国家对学校涉农专业发展的关注和重视。

无农不稳，无工不富。农业是国家经济发展的基础。农业问题关乎国家的长治久安。“天下兴亡，匹夫有责”，作为大学涉农专业的生物师范生，服务“三农”事业，责无旁贷。马成荣先生曾指出：“应从社会取向、教育取向和人的取向三方面思考职业学校的人才培养方案。”因此，我们生物师范生应该思考如何选取日后教学工作与服务“三农”的最佳契合点。

“为者常成，行者常至。”大学的涉农课程离不开农村这片广阔的天地。我认为生物师范生主动思考教学如何服务“三农”事业不仅是分内之事，而且也是课程理论实践一体化的需要。因此，我们应以服务“三农”事业为日后教育教学工作的出发点和立足点，以技术导向为手段，唯有如此，才能最终实现将服务“三农”事业意识融入自己的专业之中。

时代在迅速发展，现代社会是个数字化、信息化的社会。每个人都能真真切切地感受到知识的更新速度。白驹过隙，当初“黑板上学插秧，口头上学嫁接”的教学模式早已跟不上时代的步伐。生物师范生在以后的工作中应将课堂教学与实践训练相结合，从而达到教学效果与服务意识双赢的预期目的。

我认为，生物师范生还应充分利用身边的资源、思考在未来的教学中如何让学生实现当下学生与未来农业工作者之间身份的自如转换，从而使教学与实践完美结合。在以后的教学活动中，我们应思考如何利用课外活动将课堂所学与农业生产实际相结合、模拟真实情景，从而寓教于乐，让学生们在做中学、在学中做，尽快掌握所学的基本要领，同时也对服务“三农”事业有更深层次的认识。“两耳不闻窗外事”不是好学生的做法，生物教师应充分利用学生去农村、山区等地实习的机会，做好学生吃苦耐劳的思想教育培养，为增强学生服务“三农”的意识做好铺垫。

最后，学校以及课堂教学与学生决定服务“三农”事业的决心有着千丝万缕的联系，两者不可分割、互为补充。作为生物教师的我们应利用技能考试选好参加技能大赛的“好苗”，在平时的辅导训练中让服务“三农”事业的意识“润物细无声”地融入学生的思想之中。总之，我们在日后的教育教学工作中应加强对学生服务“三农”事业的思想意识教育。与现实生活密切联系才不会使平时的教学成为“空中楼阁”，教学效果才不会成为“镜中花、水中月”。

此致

敬礼！

庄金阳

4 月 29 日

生物科学与技术学院强基 2201 班

**评语：**

此篇书信开门见山引出文章论点，主要探讨如何用自己的专业更好地推进乡村振兴。作者认为生物师范生主动思考教学如何服务“三农”事业不仅是分内之事，而且也是课程理论实践一体化的需要。有信念、有梦想、有奋斗、有奉献的人生，才是有意义的人生。作者善于思考，比如面对农村的现状，作者提出了自己的解决办法。本文语言简练，立论深刻，恰当地引用经典名句使主旨更加突出。

## 【思考与拓展】

### 1. 专业学习思考

相比中国高等教育中的一般师范专业，乡村教师专业的独特性是什么？对学习者、从业者都有哪些针对性的要求？你对此又有怎样的思想准备？

### 2. 表达能力提升

你有怎样的阅读习惯？请以“世界读书日”为主题，策划一次读书分享活动，制作完整的计划书，并做活动的新闻报道。

### 3. 相关知识链接

（1）了解国务院颁发的《乡村教师支持计划（2015—2020 年）》的内容。

（2）阅读刘慈欣的小说《乡村教师》，说一说你对李宝库这个乡村教师形象的认识。

# 第二章 农业科技

【范文举例】

## 年华似朝锦，男儿当远行

亲爱的外婆：

您好！自我开学后，已有好几个月没有见到您了，我十分想念您。今天给您写信，是想跟您聊聊我的专业。

外婆，您虽常年在田间劳作，却是家中最反对我学农的长辈。您是个注重现实的人，“百业无高低”的说法，您从来没有认同过。我没有资格同您争论这个问题，因为在您所经受的辛苦面前，我只能算是个“站着说话不腰疼”的孩子，我无法否认在田埂上讨生活的那种艰辛。您担心我吃苦受累的心情，我完全可以理解。

外婆，您不要那么为我担心。我可以自信地告诉您，“农学”专业的内涵已经随着时代的进步发生了天翻地覆的变化。作为大学生，我们要研究的“农学”与您所想的完全不一样。我们可以穿着白色实验服坐在实验室，通过生物科技改进农业技术，也可以用信息技术来武装农业，更可以用经济思想来赋能农业……总之，因为中国大力发展农业科学，我们再也不必像您以前那样吃苦受累！一言以蔽之：我学习农学的目标是“不种一人粮，志种天下粮”。

您喜欢看新闻，我记得您还跟我讨论过“三农”问题。每次聊到这个话题，您眼里都会闪烁着兴奋和期望的光："国家这么重视我们，今后有补贴了，我给你存着，以后给你娶媳妇用。"我表面害羞脸红、不作回应，心里却是热乎乎的。

当然，我知道国家反复强调要解决好"三农"问题，其实也意味着这个问题不可能轻而易举地得到解决，所以并不会幼稚地盲目乐观。我在城里长大，您与外公包括爷爷都在农村生活，农村有太多东西牵绊着我、也让我牵挂着那里的至爱亲人。我记得年幼的我在农村的泥巴地里打滚，在鸡圈里被鸡凶巴巴地追撵，在金黄的稻田中肆意地奔跑……城市固然是我生长的地方，但农村却是我灵魂深处的故乡。我太爱我的故乡了，就像我爱您一样。所以，就很想为"三农"事业贡献自己的一份力量。现在的我既然有能力去做，就应该拿出"舍我其谁"的勇气与魄力。外婆，我可以郑重地告诉您，我不后悔选择农学。我知道您期望我成为像外公一样受人尊敬的医生。这两者之间其实并不矛盾，我也是医生，但我医治的是天下"粮脉"。

袁隆平先生去世时，外公跟我们通电话，说您一整天都在暗暗抹泪，这让我和母亲都很惊讶。作为一位被袁老精神深深折服的当代农科大学生，我自愧不如。惭愧之余，我也萌生了这样的想法：前人开辟的道路总是需要后人跟上的，大树都从小树苗而来。我可以做那个后面跟上的人。每年成千上万的农科学生进入大学深造，他们开始时都是和我差不多的普通人。经过不断的淬炼，坚定、坚韧的杰出人才一定会涌现出来，成为农科人才梯队的中坚力量。我想，我们每个人都有可能成为像袁老那样伟大的人。我也相信，通过大规模使用现代技术，通过科学、经济、政治等多个领域的通力合作，终有一天我们能够彻底解决好"三农"问题。这只是个时间问题罢了。

外婆，我所选择的农学专业真的是一个充满前景与希望的专业，您不必担心我的未来。其实正因为您的外孙选择了农学，而且有无数个像您外孙一样的年轻人投身农学，所以农学的未来前景才会更加广阔。再说，像袁老那样杰出的科学家们已经在农学领域创造了辉煌的成就，我们这群后生晚辈怎么能有放弃接棒前行的念头呢？

您还担心吗？我认为您根本不必担心。在职业选择上，您的外孙已在正确的路上纵马高歌了。

敬祝：身体安康，笑颜常在。

此致

敬礼！

您的外孙：田益康

5月1日

农学院农学2102班

**评语：**

文章开头以外婆强烈反对自己学农为引子，进而阐释了自己对农学专业的认知。作者学习农学的目标是“不种一人粮，志种天下粮”，要用奋斗的青春勇接时代的接力棒，踔厉奋发，勇毅前行。本篇文章语言质朴，情感细腻丰富，字里行间皆可看出作者对农学专业的热爱，也可看出其心怀凌云之志。另外，文中也十分注重细节的描写，尤其是叙写外婆听闻袁老去世落泪，使外婆的形象更加饱满。

# 未来我想种家里的那几亩地

亲爱的妈妈：

家中一切可好？

前天晚上您打电话时问我为什么最近显得不太上进？我沉默了，因为一时不知从何说起，更不想和您起争执。谁知您突然又提出了一个问题：未来你想做什么样的工作？我开玩笑地说："以后毕业了可能会去卖化肥、卖鸡饲料吧！"您笑了笑说，等我以后回家去继承我们家的几亩地也是一种选择。其中的言不由衷，我是能体会到的，所以我也只得笑了笑，便挂了电话。

我好像从来没有和您详细谈过我的专业，这让您多操了很多心。每次您上网查询跟我所学相关专业的就业前景，又在打电话的时候很小心地问我学哪些课程，其实都是在试探，我也知道您想问什么。但是，我总担心一时半会儿说不清，也就有意回避，所以这个话题每次都不了了之。正好这次给您写信，我想这应该是一个很好的机会。

先说一下我的专业吧，这应该是您非常关心的问题！我学的是农学，跟您从网上看到的那个"大农学"不一样，是它的一个重要分支，您可以称它"小农学"。第一年我在学校学习的主要是作物生长的基础知识，还有相关的基础化学，以后还会学更具体的栽培技巧和品种培育等。其实我经常在学习过程中思考我的专业和"三农"之间的关系，以及将来如何在助农方面发挥作用。我思考的结果大致是这样的：从小的方面说，我的专业可以帮助农民种上更好的作物品种，即从育种改良上着手，确保作物有更好的长势与产量；从大的方面说，可以改变农民的生活环境，让农村更富裕一点，让农业更繁荣一点。

近两年受新冠疫情影响，世界各地的粮食安全问题较为严重。当全世界都意识到了粮食的重要性时，我们农学专业的重要性自然更为凸显，自然更会被重视。此外，我们国家正在实施的一系列惠农政策也是为了确保农产品的供给。"粮稳国安"，咱们家乡种田的、卖菜的、搞养殖的，也都会越来越好的。

其实我有时候也非常忧虑，生怕自己能力不足，回到咱们乡村养活不了自己，更别提给您和爸爸养老了。土里刨食，勤劳第一。以前村里人天还没亮就出去捕鱼、摆摊，下田的人更是起早贪黑。我有自知之明：自己不是勤劳的人，特别担心咱们家的那几亩地，最后会砸在我的手里。哈哈，知耻而后勇，老爸老妈也不用过分担心啦。我会克服懒惰的坏习惯，努力学好专业知识，争取做一个合格的新时代小农人。

严肃认真地说，未来的我还是很想回到自己的家乡，回到我童年生活过的地方去工作。在考虑未来时，我时常想起小时候您去田里帮邻居插秧，而我躺在田埂上欣赏周边野花时的那种惬意；还记得和小伙伴们一起去捉鱼、摘果子，追着蝴蝶跑的那份自由。我喜欢闻村边石榴花的清香，一朵朵花像一团团火焰，美丽得让人痴迷。虽然求学在外，但乡村的田园风光却时常浮现在我的脑海中。

妈妈，我是喜欢种田的。以前我曾跟您开玩笑地说要承包一座山，在上面种各种各样的果树，还要搞多种经营，比如养猪、养鸭、养兔子等。或者在某一处地方经营自己的农场，现在的农场大部分都实现了机械化生产，只需要少数人力就可以应对。另外，我还准备留出一片田地来种板蓝根。因为我曾在书上看到，成片的板蓝根花很美很美，从远处看像铺上了一层鹅黄色的纱。

我有时候也会想，农学究竟可以为人类做些什么？究竟该怎样去发挥这个专业的社会价值？如果仅仅是种好家里的那几亩田，算不算专业成果？这么多的疑问，需要我慢慢地去寻找答案、一个一个去解答。您总说我莽撞，甚至担心我在实验室会打碎药剂瓶、搞出事故来。放心吧，这些都没有发生过，将来也不会发生。我会认真学好自己的专业，为“三农”事业贡献自己的一份力量。

到目前为止，我仍然觉得：若我以后不但能种好我们自己家的几亩田，也帮助乡亲们种好田，是不是可以算作为“三农”事业做出了贡献？老妈您同意我的观点了吗？

此致

敬礼！

您的儿子：陈李达

5 月 4 日

农学院农学 2104 班

**评语：**

此篇书信逻辑清晰，具有较强的生活气息，如回忆童年在池塘边捉鱼、摘果子、追着蝴蝶奔跑等场景，令人倍感亲切。作者也思考了将来如何在助农方面发挥作用。他认为一方面可以从育种改良上着手，让农民种上更好的作物品种，确保农作物有更好的长势与产量；另一方面，可以改变农民的生活环境，让农村更富裕一点，让农业更繁荣一点。本文语言质朴又不失风趣，尤其是开头回答母亲关于自己未来职业选择的片段，可谓亦庄亦谐，趣味横生。

# 我要做新时代的“小农人”

敬爱的爸爸：

许久未见，很是想念。

转眼间我的大一生活已接近尾声，在这一年里我学到了许多新知识，也逐渐理解了当初您和家里人劝我报考农学专业的良苦用心。在学习的过程中，我更明白了自己的专业与“三农”事业之间的密切联系。所以，这封信便是向您汇报我对这些问题的认识，算是给您交一份作业吧。

每次过年回家，家里人总会谈及国家“三农”计划的宏图伟业以及对粮食安全和粮食品质的重视。长期的耳濡目染，“重农”思想便如一粒种子在我的心田里生了根、发了芽。我很早就确立了大学学习的专业方向——农学。在确立了明确目标之后，我有意识地去了解我国的农业现状，积累自己的农业知识，培养自己的“三农”情怀。高考结束后，我便根据综合实力、人文氛围和生活习惯等几方面因素，最终选择了办学历史悠久、科研及师资力量都很雄厚的扬州大学农学院。进入大学之后，特别是经过近一年的了解和学习，我进一步验证了当初选择的正确性，所以对自己的专业也有了更为清晰、更为理性的认识。

在许多人的传统观念中，学农就是种地，和农民、黄土地打交道。对此，我想说，这是一种片面的看法：虽有几分道理，但并不完全正确。我们农学专业培养的不仅是与农作物、农民、黄土地打交道的实践型人才，而且还是懂作物生产、作物遗传育种等专业技术的理论型人才，未来能在农业及其他相关的部门从事与农学有关的教学、科研及推广销售等工作的复合型人才，更是保卫国家粮食安全的爱国人才。为此，农学专业学生不仅要掌握书本上的文化理论知识，还要到农田中进行大量实践。“纸上得来终觉浅，绝知此事要躬行”，因此我入学不久就积极加入了导师课题组，并在田间参与实践，不仅加深了对课堂知识的理解，也让我懂得了实践的重要性。

农学专业和“三农”事业是紧密相连的。我们农学专业培养的学生不仅要在技术上指导农民，将来还是新时代的“小农人”：引领农村的未来走向。

关注农业发展，保证农业安全和农业质量，促进农产品多样化等，都是我们的责任。未来的我们还将依靠自己所学，发展地区特色农业、智慧农业和观光农业，并以此为依托带动农村经济发展，提供更多农村就业机会，推进乡村振兴。

爸爸，如今乡村的现状确有不容乐观之处。农村人口持续减少，许多乡村只剩下空巢老人和留守儿童，青壮年劳动力纷纷涌入城市，土地产出效益低，农村没有吸引力，这些都加剧了农业的危机。另外，极端天气造成粮食产量下降，人类在自然界面前仍未完全改变“靠天吃饭”的局面，科技含量在农业方面仍旧偏低等，这些现实问题都是乡村振兴道路上的“拦路虎”。

对于乡村的这些现状，我有担心，更想去改变。农村，是我心目中一块干净、安宁、富有生命力的净土；农民，是为全国人民守住手中粮食的人；农业，是真正决定我们温饱的物质基础。因此，对于“三农”事业，我有一颗炽热的心，愿意献出自己的青春、自己的汗水，为“三农”事业的发展添砖加瓦。

爸爸，我会在接下来的大学生活中努力学习专业知识，积极投身实践。我也会积极走进农村，进行实地考察。除此之外，我也会努力学习现代化知识，研究和了解大数据和农业发展的关系，为“三农”事业的发展贡献自己的一份力。

“胸怀千秋伟业，恰是百年风华”，我一定不会辜负您对我的期望，积极投身推进乡村振兴大业，定会为国家粮食安全贡献自己的力量，奋力谱写新时代的美好篇章。

此致

敬礼！

您的儿子：符垲

5月1日

农学院农学2105班

**评语：**

家庭教育是一个人一生的起始教育和奠基教育。作者幼时常听家中长辈谈及“三农”，所以“重农”思想便如一粒种子在他的心田里生了根、发了芽，并且很早就确立了未来学习的专业方向——农学。作者认为农学专业学生不仅需要了解书本上的理论知识，还要到农田进行大量实践，所以入学不久就积极加入了导师的课题组，并在田间参与实践活动，不仅加深了对书本知识的理解，也懂得实践的重要性。“胸怀千秋伟业，恰是百年风华”，此篇书信也展现出了作者作为新时代大学生奋发向上的精神风貌。全文结构清晰，详略得当，语言流畅，具有一定的可读性。

# 吾心如磬，农科报国

亲爱的爷爷：

您好！

听闻您得知我被扬州大学农学院录取时，并没有那么开心。从小您就鼓励我要好好学习，并常常念叨我将来一定要考一个好大学。我知道您心中的顾虑，也完全理解。其实，我的大学与我所学的专业都挺好的。您在看完这封信后就会对此有更多的了解，我相信您的顾虑也一定会减轻许多。

爷爷，尽管我们熟知农业是国家的产业之基，更是兴国之本，但实际上，目前我们国家的某些农作物种子、部分农作物还需要进口，这让我很是忧心。我们深知中国人只有牢牢端住了自己的饭碗，各行各业才能稳步发展，国泰民安的盛世才能得以延续，我们屹立于世界民族之林才能有真正的底气。爷爷，您比我更能深切体会粮食的重要性。而我所学的专业就是为了守护千家万户的粮仓！我们脚下的土地孕育了中华数千年的文明，稻谷飘香需要一代又一代农人的接力坚守。从像您一样的先辈手里接过土地接力棒，保障国家粮食安全，这是我不能推卸的责任。所以当接力棒传递给我时，我感到光荣和骄傲。

爷爷，您可能会问："学农意味着以后必定要待在农村种地，那只能是面朝黄土背朝天！将来怎么会有发展前途呢?"其实这是"老皇历"了，当今农科学生可以乘着时代的春风扶摇直上，我们的未来不可限量。在实现乡村振兴、建设和美乡村这项伟大的工程中，农科学生是当之无愧的主力军。整个工程围绕建设农村、发展农业、服务农民而展开，人才需求量极大：需要掌握耕作知识、利用生物和信息技术种植农作物的一线技术人员；需要心系农村、助力农业发展的基层人员；需要带领农民、集合群众力量的大学生村官……而新时代的农科学生正是具有这种综合能力的人才，他们会生产、懂销售、有"农情"。通过自己的努力让千千万万的普通农民受益，是他们的朴素心愿。所以，历史上没有任何一个时代的农业能像今天这样，拥有如此光明的前途！

爷爷，录取我的扬州大学农学院，它的前身可是大名鼎鼎的江苏农学院，是江苏省数一数二的农业类强校。我们农学院更是名师荟萃、大咖云集。我所学的农学专业是农学院里发展最为全面的学科。农学院对本科生实施四年一贯制的培养方案，这使我在一年级就有幸分配到作物与耕作学专家杨建昌教授的课题组。我特别珍惜这样的机会，坚持到组里学习、实习。我在耳濡目染中萌生了自己的科研梦，找到了自己前进的方向。相比其他学校的同学，我可以非常自豪地说：我的科研视野更为广阔。我深信自己今后的科研报国之路会更加顺畅。

爷爷，我知道每个人的前途都不可能一马平川，但我信念如磐，“虽千万人吾往矣”。您的担心虽不无道理，您心疼孙儿的心情虽可理解，但我觉得年轻人就应该多吃一点苦，这样磨炼一下心性没什么不好。何况我们工作的本身就是为了让千千万万的农民在种地时少流汗、多收获，这不就有很大的现实意义了吗？您曾经问我到底啥时候能参加工作，这确实是个难以回答的问题。农学博大精深，想要成为高质量的农业人才，只读到本科学历很难达到相应的要求。农学人才培养周期虽长，但我愿意积极面对，爸爸也支持我继续深造。我愿意多花几年时间认真学习，努力钻研，力求成为对国家有用之人，实现我的科研报国之梦。到那时，就业问题一定可以迎刃而解。

爷爷作为一个普通的农民，您感受到党中央对“三农”问题的高度重视了吗？中央1号文件连续多年持续强调了“三农”工作的重要性。习近平总书记在《求是》杂志上发表了《坚持把解决好“三农”问题作为全党工作的重中之重，举全党全社会之力推动乡村振兴》的文章，仔细研读后更让人热血沸腾，更加坚定了我为“三农”事业奉献的信心。习近平总书记强调要把中国人的饭碗牢牢端在自己手中，这也是我们为之奋斗的目标。作为一名入党积极分子，未来的共产党员，哪里需要我，我就去往哪里。随着乡村振兴的深入推进，越来越多的新鲜血液注入农村，农业也会不断焕发出新的生机与活力，乡村振兴的目标将在我们这一辈“新农人”手中实现，我对乡村的发展充满信心，我们的未来必是一片光明！

所以，亲爱的爷爷，农学专业如果仍被视作是“修理地球”的专业，那也应该是尖端精修、充满科技含量的高级专业。请您相信我的选择吧！

此致

敬礼！

您的孙子：许荣越

4 月 30 日

农学院农学 2101 班

**评语：**

此篇书信主要向爷爷解释自己选择农学专业的理由，情真意切，具有较强的感染力。作者认为在推进乡村振兴、建设和美农村这项伟大而复杂的工程中，农科学生是当之无愧的主力军。一代人有一代人的使命，青年一代有理想、有追求、有担当，实现中华民族伟大复兴就有源源不断的青春力量。作者在文中也表示乡村振兴的目标将在他们这代“新农人”手中实现，且对乡村的发展充满信心，未来必是一片光明！本文语言铿锵有力，掷地有声，读来令人热血沸腾。

# 学农保本色，我之所愿

亲爱的奶奶：

您好！

疫情当前，我无法经常去看望您，很是思念。我在扬州挺好的，生活得舒适自在，您不用担心我。一转眼，我来扬州大学已经将近一年了，犹记得去年暑假刚收到录取通知书的时候，我向您报喜，您非常高兴，那我今天就跟您来讲讲我的农学专业吧。

农学其实并非一般人所想象的那样，只是闷头学种地，它的专业领域非常广泛。比如我们需要去田间观察和研究作物，将所学的种植知识和种植技术运用起来。学校有标准化的温室和各式各样的试验田，我们的教授都很厉害，研究的都是如何种出高品质、高产量粮食的大课题。在学习过程中，我真切感受到将现代化技术融入农业生产、促进农业高质量发展，绝不是空话、套话。

作为资深农民，您最清楚种地的辛劳，也最能感受今昔变化之大。以前您种地时常会受到技术条件的限制，粮食产量不高、品质不好，种子播撒到田里之后，还需要不断地照料，施肥、消灭虫害和病害，繁杂的工作让您经常累得直不起腰来。作物成熟之后还要人工收割，效率低而且花费大。现在，家乡的农田已实现机械化种植。地里很少再见弯腰劳作的农民，只见轰鸣的机械和喷灌的管道。这些机械和管道都可以由电脑技术控制，也就是说人们足不出户，就可以了解田间作物的生长状态，适时采取措施管理它们就可以了。不仅如此，随着农业科学技术的发展，作物的种子质量也在不断提升。好的种子更能抗病抗虫害，这样就省去了化肥和农药的过多消耗，生产成本自然减少了许多。

所以，您经常跟我谈起现在的生活有多么幸福，食物质量有多好。您说我父亲小时候吃的米饭很粗糙，一点儿都不香，而我现在吃的米饭又白又香。其实这就是育种选种的结果：只要不断改进农业科学技术，粮食就会变得更安全更美味。所以，如果没有袁隆平那样的科学家持续的研究奉献，或许我们现在还在为粮食犯愁呢！技术进步对农业生产而言，是多么的重要啊！

中国是农业大国，农业是根本，只有农业发展壮大了，才有可能更好地发展其他产业。习近平总书记在看望大学生村官时，曾鼓励他们去农村建功立业，让青春无悔，这也深深触动了我。在去年寒假的房屋普查工作中，我初次体验了以工作人员身份与农民打交道的那份辛苦，也感受到了“村官”们的淳朴与耐心。农学专业就是为农村基层培养人才，比如农业技术指导员就需要深入农村，直接与农民交流，教授农民新的种植技术，指导农民新的种植方法，带给农民最新研发的高品质作物种子，所以我正在学习从专业角度与他们打交道呢。

作为土生土长的农村人，我从农村走出来，见识了外面的新世界，更迫切地希望能通过自己的努力，为改变农村现状尽一份力。我经常想象自己有一天能研发出具有实用价值的科研成果，让农民的农事劳作不再如此艰辛；又或者有幸返回家乡做了一名“村官”，尽一己之力为“三农”服务，致力于农村农业的发展……这些都让我振奋与欣喜。

奶奶，农业是国之根本，农业发展是国家发展的必然要求。学习农学，回归本色，成为促进农村发展的有用之才，是我之所愿。

此致

敬礼！

您的孙女：陆熠

4 月 28 日

农学院农学 2105 班

**评语：**

农业现代化的关键在于科技进步。此篇书信用大量的今昔对比事实证明科学技术对农业生产的重要性。作者是从农村走出来的大学生，对故土怀有天然情怀，怀有推进乡村振兴的志向。因此，文中表示学习农学，回归本色，成为促进农村发展的有用之才，是自己的理想。作者也简述了自己寒假在基层实践的经历，感受到农民的亲切与淳朴。本文语言虽朴实无华，但说理透彻，有理有据有力，情感丰富而真实，读来津津有味。

# 愿建梦中桃源

母亲大人膝下：

见字如晤。前日母亲华诞，儿未能膝前祝寿，深感不安。然去乡千里，恰逢“五一”休沐，国人多喜远行，此间机票，如荒漠之甘霖，贵且难得。儿身虽不能承欢膝下，然思念之心，祝颂之情，愿随长风，遥寄母亲。

追忆往昔，母亲常问吾与弟、妹，曰：“计之将来，何如?”幺妹童言无忌，率性而答：“不求大富大贵，但守奶茶一杯，安稳一生。”二弟接答曰：“但求饭饱，恣意逍遥一世。”吾沉思片刻，曰：“愿为一方乡贤，造梦中桃源。”言毕，大人蹙眉，诲曰：“汝区区女儿之身，当以安稳为先。为一方之贤，福泽一隅百姓，必当学农、懂农、爱农。劳作当午，烈日灼肤；奔走田亩，汗流恣肆，其中艰辛，在所难免，汝可知否?”一日之内，母亲三复此言，予略有迟疑，然少年意气，绝信绳锯木断、水滴石穿之理，心之所向，可破浪乘风，可平山填海，岂能因难而退！是以放榜之日，选报志愿之时，择以“农学”专业。时至今日，习此专业，已一年矣。论及“三农”，亦可谓略有所得。

“三农”者，农业，农村，农民也。此三者，谓之国本。“农业”者，系之于粮，谚曰：“民以食为天。”古之诸朝，粮丰仓满，即为盛年，黎庶所求，不过果腹耳。吾等生逢盛世，衣食无虞，饥寒之事，鲜有所闻。先贤有训：“生于忧患，死于安乐！”是以掌握要技，改良作物，开发新品，助农丰产，民族之振兴，任重而道远，此儿与同袍之责也！

儿尝读五柳先生《桃花源记》：“中无杂树，芳草鲜美，落英缤纷……土地平旷，屋舍俨然，有良田、美池、桑竹之属。阡陌交通，鸡犬相闻……黄发垂髫，并怡然自乐……”陶氏文章，妙绝天下，其中所绘农村之景，千载以来，仍令人神往。儿春梅，三尺微命，一介书生，既无健儿之躯，腾跳奔潜，难承奥运之担；又无将帅之才，大漠嘶风，难堪戍边守土之责。唯有一念——泽生吾养吾之家，富生吾养吾之乡，使一方乡里，民乐其农，人安其业，花明柳暗，水润山青。如使古人所向桃源之幻境，化为今人眼前之实景，亦可谓不负此生。倘幸得大道，推而广之，岂不伟哉！

今适逢乡村振兴惠政东风，儿欲效仿魏氏女巧，返乡创业，以知兴农，以行利民。路漫漫其修远兮，儿深知以今之力，尚不能及，然路途虽远，行则必至；事业虽难，做则将成！儿信之，亦将行之！

儿昔有见于胸，未尝作文，今逢先生之命，共论“三农”，念及前事，亦欲与大人剖心，遂作此篇！

谨记母亲“衾冷添炭寒增衣，夜深疲惫早歇息”之嘱，望母宽心。

敬颂

金安！

儿梅手书

5 月 16 日

农学院农学 2203 班

**评语：**

作者从为母祝寿的话题切入，聚焦家庭日常生活，进而论及自己的理想，娓娓道来，极富生活气息。又从造福一方的理想谈起，缓缓切入到服务“三农”的主题，并逐步扩大到造福天下的宏愿。作者从“农村”的视角审视陶渊明之《桃花源记》，观点犀利，见解独到，其中根据自己的理想使“桃花源”化虚为实的想法，令人拍案叫绝。全文以文言的形式呈现，已有一定难度，再加以书信格式的限制，难度更大，而作者却能如老船工操舟入水，纵横跳脱，足见作者的实力。

# 我的农学专业

亲爱的敏：

近来安好？

距离上次见面已有三月有余。你我虽身处异校，但是通信却颇为频繁，忘不了你与我分享生活的点点滴滴。因为所学专业不同，我们其实很少谈论学习。此次执笔，就想与你分享我学的专业——农学。

作为一个从小在农村长大的孩子，我对农村的情感非常深厚，对土地也有着深深的眷恋之情。这就是为什么我在填报高考志愿时，选择了农学专业的原因。然而很多人对农学这个专业有一定的排斥情绪，大家会把农学和务农下地干活简单地等同起来，认为学农学的人毕了业只能回农村干活。其实不然，经过了大半年的专业学习，我对农学有了全新的认识。

中国作为世界上人口最多的国家之一，也是农业大国，农业发展是我国发展的必然要求。因此，农学专业不可或缺。我国农村经济的持续发展需要越来越多的农业科技人才投身其中，而农学也得到了越来越多的重视。目前，中国总人口已有 14 亿多人，面对如此庞大的人口数量和不断减少的耕地，唯有农业科学才是调和二者矛盾的关键因素，致力于农业科学研究的农学人才，则是农业发展的中坚力量。所以，农学专业的前景是非常光明的，我当初选择的这条路也无疑是正确的。

相比你学的数据科学与大数据技术，我觉得我学的农学更有意思。我们更加注重理论与实践的结合，而不仅仅局限于课堂上的理论学习。就比如我们这学期正在学习的一门专业课《专业实践》，每节大课由两小节课组成，第一节课任课老师会在教室里给我们介绍各种农作物的理论知识，第二节课老师就会带领我们去试验田或者实验室进行农作物的观察或者实际操作。总之，我们的专业课内容和形式都很注重实际学习效果，非常有趣。期待在下次的来信中，也能看到你对自己所学专业及专业课的介绍。

既然谈到了农业，就不得不说说“三农”问题（说来也是有趣，我们学院就有一个叫“‘三农’协会”的社团，而且是全校社团中的佼佼者）。“三农”指的是我们熟知的“农业、农村和农民”，而所谓的“三农”问题指的便是涉及这三者的问题。“三农”问题是关系国计民生的根本性问题。党的十八大以来，习近平总书记坚持用大历史观来看待农业、农村、农民问题，并发表了一系列重要讲话，科学地回答了“三农”工作的一系列重大理论和实践问题。这是我们做好新时代“三农”工作的行动纲领和根本遵循。“国家发展需要什么人才，学校就该培养什么样的学生”，国家和学校重点培养农学专业的学生，引进农业人才，鼓励我们积极投身推进乡村振兴战略的实践中去。

所有专业的学习，都是为了学生毕业以后的就业。农学专业的就业面已有所拓展，就业率也不断提高，这主要源于国家政策的调整。近年来，国家不断进行宏观政策调整，加大对“三农”问题的关注和重视程度，大力推进新农村建设，越来越多优秀的“新农人”涌现出来。产业结构的战略性调整和人们对生存环境的重视，让农学专业学生大有用武之地。

以上所谈即为我自己对农学专业和“三农”问题的一些浅见。

向海风许愿，在山海相见。敏，“五一”将至，我们见面再细叙趣事。顺祝学习进步、天天开心。

此致

敬礼！

你的好友：吴静娴

4 月 27 日

农学院农学 2203 班

**评语：**

作者从专业角度对农学专业进行了解释，纠正了旧有思维对农学的偏见，一方面从国家层面说明农学专业的重要性，另一方面又结合自己所学课程概括其特征。她将宏观的国家“三农”政策同农学具体就业前景相结合，展现了自己对农学与“三农”关系的理解。作者因生于农村而选择农学，因学习农学而激发了兴趣，因兴趣而联系到“三农”事业，宏大与细节相融，温情与辩证共存。行文逻辑清晰，一气呵成。

# 展望未来乡村田园风景

尊敬的外公：

您好！

不知您最近身体如何？自从上了大学，我回家的次数越来越少。听闻家乡的小麦快要成熟了，估计您又要像以往那样头戴草帽、肩扛镰刀下田劳作了。等“五一”放假，我一定抽空回老家看望您，和您一起到屋后饱览田间风光。

每当回忆起在乡村度过的童年时光，我内心便会产生一种独特的眷恋之情。作为农学专业的一名学生，在经历了大半年的学习之后，我对自己所学的专业以及“三农”问题有了更加深刻的认识。在我看来，农学是一门以研究作物的生长发育、遗传育种、生产销售等为基础，同时紧密联系国家农业政策，致力解决好“三农”问题以进一步促进我国农业发展的自然科学。农学专业十分重视培养学生的“三农”情怀，让学生了解国家与世界农业发展现状，心系“三农”，扎根农村，为保障我国粮食安全而踔厉奋发。

农学专业与“三农”事业发展相辅相成、密不可分。每当一个地区有全新或改良的作物被成功培育并推广之时，往往能促进当地农业产业的发展，从而带动该地区农业、工业、服务业的发展。在资金与技术的支持下，农村的基础设施得到改善，农民的物质生活水平也将得到提升。以近年来新型无籽八月瓜为例，这种瓜的成功培育就推动了湖南怀化地区农业的发展，使得当地农村居民收入水平、农村环境都得到了显著提升。我国农业文明源远流长，数千年的历史沉淀下了先人们的经验与智慧。一座座新乡村蓬勃发展，一位位农民辛勤劳作。这些都为农学的进步奠定了坚实的基础。

现如今，我国农业技术水平位居世界前列，全面小康的实现也反映了农村基础设施的改善与农民生活水平的提高，农业的整体发展态势良好。然而，尽管我国耕地众多，但由于人口基数庞大，我国人均耕地面积仅为世界人均水平的三分之一。同时工业的发展也对农业农村环境造成了污染，一定程度上制约了农业的进步。这就意味着提高耕地质量、培育优质高产作物已成为当务之急。作为农学专业的学生，我不愿让农学仅仅成为一个帮助自己工作挣钱、谋生的工具。一直以来，我都希望能够在依靠专业知识找到对口工作的基础上，在农学这片沃土之中潜心躬耕，不断学习专业知识、培养专业技能，将自身的绵薄之力汇入由无数农业研究者凝聚而成的磅礴伟力之中。倘若有朝一日能够对故乡的农业发展有所帮助，我必将深感荣幸。

“仓廪实而知礼节，衣食足而知荣辱。”农业为人类提供了生产生活的物质基础，进而促进了人类社会的繁荣稳定。自幼在农村长大的我，很高兴能够在大学期间继续与农为伴，融入农业发展的大环境，不断学习进步。期待此次回乡，能够在探亲访友、信步田野之余，能将专业知识与实际情况相结合，看到乡村以往未曾领略过的风景。

祝外公身体健康、诸事顺遂！

此致

敬礼！

您的外孙：张添翼

5 月 6 日

农学院农学 2203 班

**评语：**

作者从对乡下外公的思念切入主题，进而从学习专业之后的角度展现自己对农学更为深刻的认知。他在分析农学专业与“三农”关系的过程中，以“新型无籽八月瓜”为例进行说明，言之有物，一扫浮阔之弊。作为新时代的“小农人”，作者将自己的专业前途同国家农业发展前景紧密联系在一起，其中既有对我国农业发展中存在问题的忧虑之情，又有不甘于个人生活的衣食无虞而主动肩负建设祖国的奉献之心，令人动容。

# 科技兴农，打造新农业

亲爱的爸爸妈妈：

展信悦！

进入大学快一年了，我还未曾向你们详细聊过我的专业。回忆起一年前自己翻阅报考志愿册的场景，那种彷徨又兴奋的感觉清晰得就像发生在昨天。医学、文学、法学、计算机科学、教育学……随着指尖缓缓滑过一个个专业，我脑海中构想着这些专业背后蕴藏的无限可能和美好未来，然而最终却又都被我一一否决，志不在此，便兴趣索然。我喜欢生物这门课，也希望能继续深造。机缘巧合下，我来到了农学院，渐渐地，我对农学产生了极大的兴趣。生于农村的我对这片土地有着深沉的情感，希望自己可以在这方面有所建树。虽然你们对我的决定好像有些不赞同，但我想也许一切皆为冥冥中所注定。

小时候我对农学的认识仅限于老家后院的那块小小天地，我像小尾巴一样跟在辛勤劳作的奶奶后面。我看过黄瓜碧绿的藤蔓攀缘而上，看过春笋淘气的笋尖破土而出，看过番茄累累的硕果枝头闪耀，见过水稻金黄的稻穗随风而动……当时觉得种田的意义好像就是为了解决一家人的温饱问题。长大后，才发现原来麦田那么广阔，碧绿的麦苗一眼望不到尽头；才知道袁隆平爷爷研发的杂交水稻，为中国粮食安全、农业科学发展和世界粮食供给作出了巨大的贡献；才知道低收入山区可以借助天时地利，发展自己的特色农业，发家致富……我恍然大悟，原来农学可以济万家之温饱。

可是你们知道吗，随着城市化、现代化的飞速发展，耕地越来越少，取而代之的是高楼林立；随着污染的加剧，耕地盐碱化的问题也十分严重；越来越多的年轻人逃离农村，涌进蕴藏着更多机遇的大城市，农学也渐渐成了所谓的“冷门专业”。自古以来，粮食便是固国之本。粮食的供给大多来自农村，因此农业的发展至关重要，不仅是为了增收致富，亦是我国粮食安全的重要保障。

随着国家对“三农”问题的日益重视，农村经济发展、农业现代化和农村建设已成为国家发展工作的重中之重。农业已从传统的种植业发展到以种植业、畜牧业、水产业等为主的多领域综合经营，随着农村经济结构和产业结构的调整，农业已不再是简单地提供粮食等农产品，而是通过生产、加工、流通、销售等多个环节为社会提供服务。而农学专业作为涉农专业中最具有代表性的学科，能为“三农”事业提供农业技术、管理和销售等保障。可施展的天地非常广阔，我相信可以在这条路上越走越远。

其实，经过将近一年的探索学习后，我也有了更多的感触。保障国家粮食安全，必须高度重视种子问题。受高中所学生物基因知识的启发，我想如果能将其应用到种子研发中，通过基因改造来改良作物的性状，使其实现抗病性强、产出率高、低投入等目标，并且满足当今年轻人对低糖低脂化的要求，打造健康粮食产业链将会是一个多么美好的愿景。为此，我需要学习的知识还有很多很多。

天将降大任于斯人也，必先苦其心志，劳其筋骨。你们不必为我担心，学农虽苦，但一定值得。最后，借屈原一言表我之志——“路漫漫其修远兮，吾将上下而求索。”

此致

敬礼！

你们的女儿：陈玉

5月2日

农学院农学2204班

**评语：**

文章开头，作者回忆了自己填报高考志愿的场景，并点明选择农学的原因乃是兴趣使然。紧接着以专业学习为切入点，展现自己对农学从感性认识到理性认识的变化过程，自然而然地阐发了农学的意义。沿此思路，文章的后半部分论述了我国现存的农业问题，剖析了农学专业的重要性，并在结尾处以种子研发为例，表达了自己的科研理想。整篇文章逻辑清晰，文辞优美，其中第二段对于农村生活的观察细致入微，所描绘的田园景象颇具诗情画意。

# 将热爱洒遍农村

敬爱的爷爷：

您好！

自从上大学后，与您相处的时间越来越少了，不知不觉间，我到扬州大学已有大半年的时间了。作为您最疼爱的孙女，我却很少给您写信，也从未向您仔细介绍过我所学的专业——农学。

小时候，我看到最多的就是您弓腰在田地里辛苦劳作的身影。每每读到诗人陶渊明的诗句“晨兴理荒秽，戴月荷锄归”，我的脑海里总是会浮现出您朴实的笑容。您总会在不经意间流露出自己的满足和喜悦，我常常想陶渊明的诗是最贴近您的生活的。尽管您现在已经上了年纪，可是您还总是惦记着那块田地，哪怕刮风下雨，也总想着要下地劳作。您总是自豪地告诉我：“咱们自家种的粮食吃着最安心！”您同时也深爱着那片土地，享受着自己亲手种的粮食给子孙们带来的欢乐。所以当我看到这次写作的主题是“三农”时，我第一时间想到了您。

如今，我在扬州大学农学院学习农作物的特点、习性，研究农作物遗传育种和高产、优质、高效的农作物生产规律。在这不到一年的时间里，我看到了农学不一样的一面：如今的农学与时代科技发展紧密联系，农业生产更加智慧化、自动化。我想如果您看到的话，一定会大吃一惊的。

常常关注时事新闻的您，一定知道“三农”这个词吧。“三农”指农业、农村、农民，我所学习的专业与这三点息息相关。“农村是一片广阔天地，在那里可以大有作为！”我们的学习有助于更好地用实际行动推动实施乡村振兴战略、解决好“三农”问题。

中华民族要复兴，乡村必须振兴。我国作为农业大国，自古以来深受农耕文明的影响，农业对于我国的重要性不言而喻。党的十八大以来，解决好“三农”问题已经成为全党工作的重中之重。中国共产党正在举全党全社会之力推动乡村振兴，促进农业发展高质高效、乡村宜居、农民富裕。目前虽然已经取得了显著的成绩，但是我国农业基础还不算稳固，城乡区域发展和居民收入水平仍存在差距。城乡发展不平衡、农村发展不充分仍是社会主要矛盾的集中体现。

从小和您生活在农村，我喜欢绿油油的麦田，喜欢闻雨后泥土的芳香，喜欢欣赏蔬菜一点一点地长大。我对农业、农村、农民的情感源于生活，更是源于一辈子生活在农村的您和奶奶。虽然现在生活在车水马龙、人声鼎沸的城市，可我仍旧怀念庭院的蝉鸣、清晨公鸡的打鸣、午时烟囱里的炊烟袅袅，向往“黛瓦白墙话桑麻”的场景。农村的生活气息，是城市生活无法替代的。离家越远，我越能感受到自己对您、对家乡的思念，也更懂得了“青山绿水寄乡愁”所要表达的情感。

人生不该只有城市的霓虹，也应该有乡村的月光。我希望我们的农村发展得越来越好。待我学成之时，我想再回到从小生长的地方，再回到从小生长的村子里。我有着属于我自己的“三农”梦，坚持“心在最高处，根在最深处”，我将带着所学的知识投身乡村振兴大业，把知识化为热爱，把热爱播洒在农村广袤的大地上，去完成我为它勾勒的美好蓝图！

此致

敬礼！

您的孙女：杜俪宸

5 月 13 日

生物科学与技术学院强基 2201 班

**评语：**

作者先以对爷爷的想念入题，回忆爷爷的乡村生活，接着介绍了自己所学的专业，继而论述了自己对“三农”问题的了解，最后以奉献农村的理想作结。整篇文章脉络清晰，言之有物。特别值得一提的是，这篇文章的开头和结尾遥相呼应，前文点明作者对于农村的情感来自爷爷对土地深厚情感的熏陶，后者则点明来源于农村成长生活的细腻体验，颇具匠心。末段点明主题“人生不该只有城市的霓虹，也应该有乡村的月光”，文辞优美，令人精神振奋。

# 不忘初心，投身农学

亲爱的小姨：

见字如晤，展信舒颜。

步入大学以来的日子真是过得比我想象中要快得多。不知不觉间已许久未与你联系。最近老师要求我们给亲友写一封信，我尚未提笔，便想到了你。

小姨，按照我们的约定，我选择了和你一样的专业——农学。我至今清楚地记得你当初给我说的那句话：“一粒粮食可以救一个国家，也能绊倒一个国家。”是啊，农学是农村之基，是农业之本，农民之根。换言之，要想做好“三农”工作，就一定离不开农学的发展。我想农学就是那“一粒粮食”吧。

禾之青青，民生所安。“君子务本，本立而道生。”农业是国家发展的根基，没有先进的农业就没有先进的工业、服务业。工业、服务业的发展都需要依托农业而立。2021 年中央财政对实际种粮农民发放一次性补贴 200 亿元，确定了 160 个县作为“国家乡村振兴重点帮扶县”。但不得不承认的是，随着我国农业从业人数的锐减、土地红线的逼近，“三农”问题越来越多地涌现出来，解决这些问题任重道远。只有解决好这些短板，人民才能更加安居乐业。即所谓“根本立，大道显；农业兴，民生安”。

研究“三农”问题，其根本目的是要促进农民增收、农业发展、农村稳定。我认为农学专业对“三农”事业发展有着极为重要的作用，是“三农”事业发展过程中不可或缺的力量。我们可以通过引入新的农学理念，发展新型农业，促进农业的智能化、现代化建设。例如我们提倡的智慧农业，可以借助人工智能、物联网、互联网、大数据等新的技术手段，提高农业的生产效率，降低农业的生产成本，加速乡村经济发展，同时解决劳动力富余的问题。这样一来，减轻了劳动负担的农民就可以从土地中被解放出来，实现多元化的就业。如果我们能将农学与其他科技创新性的专业知识结合起来，并运用到实践中，那就可以逐步推动传统要素驱动型生产方式向创新型驱动型生产方式转变，这样不仅有利于促进生态农业的发展，而且可以打造乡村旅游、农家乐等第三产业和农产品深加工等多元化的产业链。

人才建设是乡村振兴战略顺利推进的关键。北师大毕业生苏傥君选择扎根云南乡村，为彝族村民服务，带领村民走向致富之路。致富带头人兰念瑛大力发展江西畲族村生态旅游业，带领村民共同打造“全国绿色小康村”……诸如此类的先进事迹还有许许多多。随着越来越多的年轻血液流淌进田野，他们逐渐成为“三农”发展的中坚力量，极大地促进了和美乡村的建设。

小姨，我们选择学习农学的初心，也是希望自己通过学习成为专业性的人才，将来投身“三农”事业，成为懂农村、爱农村、爱农民的年轻的“三农”工作队伍中的一员。我以你为榜样，现在一定会夯实基础，期待未来和你一起并肩作战。

书未尽情，余后面叙。

敬颂时祺。

外甥女：滕紫宁

5月4日

生物科学与技术学院强基2201班

**评语：**

作者以“一粒粮食可以救一个国家，也能绊倒一个国家”这句话为逻辑起点，在论述农业重要性的同时，也指出其中隐藏的问题。接着，作者点明农学与“三农”之间的密切联系，并从专业角度提出了一些建设性的想法。最后，她以大量先进人物事迹为例，表明了自己未来的奋斗目标。整篇文章逻辑清晰，层次分明。作者以受到小姨影响选择农学专业为文章开端，又以期待和小姨并肩作战为结尾，可谓首尾呼应。

# 给天堂里外婆的一封信

亲爱的外婆：

您还好吗？

您在那边生活得还好吗？过年回家的时候，我特别想念您。当我看见老家弯弯曲曲的小路旁的电线杆的时候，当我看见通往您家的那条柏油路的时候，我都很想很想您。

我现在已经上大学啦！您一定猜不到我现在在哪里上学。没有像您担心的那样：“小乖乖长大了，就跑远了。”我就在扬州上大学，离家可近喽。我学的是扬州大学新开设的一个专业——设施农业科学与工程。别看它名字这么长，其实并不高深莫测。它是农学门类下的一个新专业，您可以喊它的“小名”——设施农业。估计您听到这儿，又要像往常一样摆手了：“我的乖乖，我累了一辈子，就是不想让你们再做农民吃太多苦，你怎么都考上大学了还选了个什么农业专业，又要回田里来了?”别急，您听我慢慢给您说。

设施农业不同于“足蒸暑土气，背灼炎天光”的传统农业，而是要在配备农业设施的范围内进行科学高效的作物种植和动物养殖。您在农业示范园区曾经见过的那些玻璃温室、塑料大棚等，都是常见的农业设施。用专业的话说就是，我们会利用工程技术手段和工业化生产方式，为动植物生长提供适宜的环境，使其在最经济的生长空间内，获得最高的产量、品质和经济效益。记得您养虾的时候起早贪黑、间歇性睡觉只为定时投放饲料、驱赶水鸟。您吃睡住都在鱼塘旁那个阴暗潮湿的小棚子里，只为了时刻了解池塘水温等状况。然而多数时候辛勤的劳作并没有给您带来鱼虾满塘的好收成，反而将您的双腿泡得发青、发紫、发黑。我心疼地看着您卷起裤腿露出皱巴巴的小腿，才明白并非所有的汗水都能浇灌出丰硕的果实，相反那些劳作却给您带来了一身的病痛。现在我所学的设施农业就可以解决这些问题了。等到相关技术发展成熟后，即便您坐在家里也能通过仪器观测到田地、池塘里的情况，再不会经受风吹雨淋。假如有哪项指标不在应有的区间范围内，您也能远程调控参数，保障我们的作物和鱼虾生长在最适宜的环境。

很遗憾地告诉您，很多人家因为某种原因离开了咱们那个村子，老的老，走的走，我每一年回去都会发现少了一些人。我好害怕再回家的时候，只剩下一排空空荡荡的屋子和两三个孤独的老人。您的那块池塘和田地也都外包给别人了，估计现在那里又是另一番景象了。城市化和工业化的发展导致农业生产面临很大压力，加上大量田地荒芜，大部分农业劳动者年龄都偏大，从而提高了劳动力成本，农产品的价格也随之攀升，这些“三农”问题与我学的专业密切相关。加快农业转型、加强新农村建设、培育高素质农民都是我们解决好“三农”问题的重要抓手。

外婆，很遗憾，您没能看到这一天。我们是新一代的青年，是把论文写在大地上的“新农人”。我们会厚植爱农情怀，练就兴农本领，我将为解决好“三农”问题奉献我的青春与生命，让辛勤劳作的农民能得到应有的回报。

我愿做扎根乡土的新农人，将青春和智慧献给“三农”事业。

您的小乖乖：金伯彦

5月1日

园艺园林学院设施2201班

**评语：**

这是一封比较特殊的信，收信人是作者已经去世的外婆。作者不论是介绍自己所学的专业，还是解释所学专业的功能，或是论述所学专业同“三农”问题之间的关系，皆围绕外婆的乡村生活展开。整篇文章流露出作者对外婆深切的思念。文章以亲情为主线，将专业与“三农”问题巧妙地串联在一起，语言简洁生动，如同面对面和外婆讲话一样，感情诚挚动人。

# 设施农业科学与技术下的丰收

亲爱的奶奶：

展信佳！

门口的小菜园，最近打理得可好？犹记得今年刚开学那会儿，您同我说过，油菜种子已经播下去了，边边角角也间插了一些小葱苗。谈起这些，您的眼睛里是有光的，我知道作为一位种了一辈子菜的“资深老农”，您的心里时刻牵挂着园中的菜，不论风雨，每天都是要去看看您那些“宝贝”的。还记得过年那会儿回家，您问我在大学里都学了些啥。当时我跟您半开玩笑地说就是学好技术，种更好的菜。经过近一个半学期的学习，我想现在能以一个更清楚的方式向您介绍我的专业了。

我的专业全名是设施农业科学与工程，它主要利用先进的设备和技术手段，将农业生产的单元从田野搬到室内，通过更好地控制环境，提高农作物的生长效率和产量，并允许在任何地点种植蔬菜和水果。我们设施农业的主要目标就是通过控制调整通风、灌溉、光线和土壤等因素，为作物创造一个最佳的生长环境。这个理想状态下的环境，可以使作物在完全不受自然环境影响的情况下茁壮生长，任何时间都能生产出高品质的农产品。从温室大棚到使用LED灯照明的垂直农场，现代的设施农业科学与工程技术正在不断革新作物生长的方式。这样说也许您会有些听不明白，通俗地讲就是学好这个专业，种菜就不用再担心受天气的影响了，农民不但可以自己控制产量，而且也不用整日在露天环境下辛苦劳作了。以您几十年的种植经验来看，这肯定不可思议。设施农业的优点不仅在于可以大幅度提高生产效率和产量，同时也减少了对化学农药和化肥的依赖。通过使用优化的环境控制手段，可以减少对化学物质的使用，保证蔬菜水果的质量安全。此外，使用设施农业科学与工程技术还有助于保护自然环境，节约水资源，同时也能满足生产某些特定农作物的需求。

我还记得您每天吃过晚饭都会看会新闻，时常跟我提起国家在农业方面的政策。您总说自己没读过多少书，说不出来那些话，但您知道这些政策对改善农民的生活和促进农村发展都是有实际好处的。这些年，您也曾看着在您深爱的那片土地上，一座座工厂拔地而起，我知道一个劳碌一生的农民对土地的感情。作为被您带大的孩子，我知道这些事情，所以我想用所学来帮助解决目前“三农”方面存在的问题。我也相信随着科技进步，设施农业在农村的发展中将扮演越来越重要的角色。它的进步一定会给农民创造更多的增收机会，这对于早年的农村而言是难以想象的。通过设施农业，农民可以运用现代化的种植和养殖方式，获得更高的收益并改善生活品质。相信这不仅仅是我所想，也是每一个想让农业农村发展起来的学子们心中坚定的信念。

期待我回家时，再与您交流种菜的技术。

此致

敬礼！

您的孙女：宋成洋

5月3日

园艺园林学院设施2202班

**评语：**

这是一篇孙女写给奶奶的信，更是一篇“新农人”写给“老农人”的信。文章开头写奶奶以传统方式种植的小菜园，紧接着解释设施农业科学与工程专业及其指导下现代农业的生产方式，使得一老一少，一旧一新形成对比，颇具趣味。文章后半部分则以祖孙二人共同关注的“三农”问题为主要内容展开论述，作者发表了自己的见解，也表达了自己内心的忧虑之情，为最后抒发人生理想奠定了基础。整篇文章逻辑清晰，构思也颇具匠心。

# 学以致用，携手圆梦

亲爱的陈见夏：

暌违日久，未悉近况，拳念殊殷。

时光飞逝，上次见面好像已是两年前了。那时的我们倚坐在老家的梨树下，头顶雪白的梨花正开得烂漫，我们闭着眼，悄悄地在这棵梨树下一同许下我们十七岁的愿望。见夏，你还记得你许了什么愿望吗？可还记得我的心愿是什么？对于十七岁的我们来说那个愿望显得如此遥不可及——让我们儿时生活的小村子重新焕发生机。

见夏，我在上次的信中同你说过，我现在学的是扬州大学的生物技术专业。你因为这个消息与我置气了好一段时间，你认为我的专业与我们的心愿背离太多，认为我早就将我们共同的心愿抛在了脑后。其实不是的，儿时村庄美丽的模样与现在阿嬷们的黯然神伤，我都记在了心里，我不敢也绝不会忘却我们的心愿。亲爱的见夏，今日给你写这封信，不过是想要再和你深入地谈谈我学的专业，说明它与我们的心愿有着怎样的联系。我想，或许在你读完这封信后，就能理解我选择这个专业的原因了。

生物技术是20世纪的新兴专业，属于生物类专业下的一个小分支，主要是对生物进行改造和利用的一项技术，表面上看，它与“三农”似乎并没有什么相关的地方，实则不然。生物技术在农业生产中有着非常广泛的应用，且对农业发展有着非常积极的促进作用。2022年的中央1号文件也曾提出：稳住农业基本盘、持续全面推进乡村振兴，确保农业稳产增产、农民稳步增收、农村稳定安宁。而要实现这一系列工作目标——无论是确保国家粮食安全，还是促进农民增产增收，抑或是推进乡村建设，都与生物技术的推广和应用有着千丝万缕的联系。

以粮食安全的问题举例来说，随着现代科技的不断发展，在农业科技和生命科学领域，生物技术的应用范围已经从发酵、污水处理等较为狭窄的范畴扩展到更多更复杂的方方面面，能够参与到现代农作物种植涉及的很多生产环节，具备了足够的可行性和实践价值。例如生物性的农药和肥料，不仅能代替化学农药和化肥保证农作物的正常生长，减少农作物农药残留，还能切实减少农作物种植对环境的污染和破坏。由此可见，逐步实现生物技术在现代农作物种植方面的应用，一方面能为我国粮食产量找到新的增长点，缓解我国粮食安全可能的危机；另一方面也能更好地保护农业环境和农业资源。

亲爱的见夏，世界日新月异，目前的“三农”问题与前些年比起来也有了些许不同，如今的“三农”问题以“农村空心化、农业边缘化、农民老龄化”为突出特征。倘若我们想要实现推进乡村振兴的心愿，便应以这三个点作为我们的根本着力点。进入大学后，我也曾在网上搜寻过许多资料，想要知道作为大学生的我们应该如何为解决这些问题做出贡献。但说实在的，我仍是有些迷茫，目前我们的力量还是过于弱小，我想，这也是你近日焦虑的原因吧。我曾向我的专业课老师吐露了我目前的迷茫，老师送给了我一段话，现在我想把这段话也送给你：“想要解决社会问题，最重要的第一步是要有服务社会的决心，第二步便是脚踏实地地学习专业知识，多看多了解，再抓住每一个可能的机遇。剩下的，便交给时间吧！”

亲爱的见夏，我们已拥有了这份难能可贵的决心，从十七岁便拥有了，这已是向前迈出了很大的一步。所以，别再焦虑，步伐放慢才能够行稳致远，同时，还有无数志同道合的人与我们一起前行。

见夏，请相信吧，那个破败的小村庄在你我的共同努力下，终将重新焕发生机，灿烂的笑容会重新出现在阿嬷们的脸上。请相信吧，我与你有着同样的心愿，也有着同样坚定的决心。请相信吧，时代正与我们同行，曙光正在眼前。

祝万事胜意。

此致

敬礼！

江逢春①

5月4日

生物科学与技术学院强基2201班

① 此系作者笔名，本名为张在芳。

**评语：**

本文以极富诗意的描写开头，烂漫的梨花象征着作者同好友见夏二人美好的青春与理想。作者以二人之间的误会为引线，层层分析了自己所学的专业内容，以及所学专业同“三农”工作尤其是推进乡村振兴之间的关系，最终说明自己并未背弃让自幼生活的“小村子重新焕发生机”的承诺。整篇文章将女孩子内心的细腻、青春的迷茫与朝气，都融入了追求理想实现的过程中，极富创造性。

# 乡村的未来之景

亲爱的奶奶：

展信佳！

“田家少闲月，五月人倍忙。”记忆里的夏天，一半是日光，一半是果香。六月将至，田里油菜成熟，植物的清香弥漫四野，撩拨着过往行人的心弦。晌午未至，您大抵还在田间，戴着早已磨毛了边的草帽，脖子里搭着毛巾，脚下踩着套鞋，把滴滴汗水滴洒进了大地。

您是传统的老式农民，我作为生物科学与技术专业的学生，真希望奶奶您对我的专业有所了解。同时，作为一名大学生，我也想和您分享一下我对相关的国家政策的一点看法。我所学的专业名为生物科学与技术，具体侧重植物学专业方向。这个专业一方面注重植物学基础知识的学习，另一方面重视植物学科学研究的创新，旨在满足农民对于高产植物种子、高效植物药品以及专业农学技术人员的需求。以我所加入的实验室为例，导师研究的方向为高产抗逆性水稻，就是为了您能够在同样大小的田地里中种出更安全、更高产的水稻，让您能够更为轻松地收获粮食大丰收。

我所学的专业同“三农”有着密切的联系。“三农”指农业、农村、农民，而解决“三农”问题在实现农业现代化、推动城乡一体化、促进农民增收和社会和谐稳定等方面具有重要意义，是中国社会经济发展中的重要问题。目前，在“三农”政策的推动下，政府出台了一系列扶持政策，加大了对农业、农村和农民的支持力度，尤其是乡村振兴战略的实施，使得我国“三农”工作取得了一系列的成就。但是不得不承认，其中也面临着许多问题和挑战，例如科技创新能力不足，农业生产效率低下，农村基础设施建设滞后，农民缺乏有效的增收途径，缺乏稳定的社会保障体系等。

您可能不明白农村为什么那么重要，为什么有那么多人向往美好的农村生活。每逢周末或者小长假，您望着度假村门口排起的长龙，表示实在不能理解里面那些花花草草和小动物到底有什么看头。您可能不知道，您日常生活中的那些小桥流水、花田菜畦……是生活在水泥森林的城市“栖息者”

“可望不可即”的。他们被困在高楼大厦中，虽然呼吸的是被净化过的空气，脚踩的是青青的草皮，但那终究不是自然田园。他们内心深处所向往的，就是能在周末亲近乡村，贴近大自然。

在我看来，我国作为农业大国，随着科学技术的进步，解决好“三农”问题还有更宽广更遥远的路要走。作为扬州大学生科院的一员，我们的研究方向更是与“三农”问题息息相关，做好我们当下的研究工作：培育更高质量的种子，研究更高效的农药，让一株一株的绿芽迎风招展，昂扬向上，让风吹麦浪沙沙作响，让农民更省心，让农村更有生机，让农业更有活力！

每每仲夏，总是有乡间晚风，有蒲扇、西瓜的记忆在脑海里翻涌。种下一粒一粒种子，盼一树一树的花开，见一轮一轮的朝阳，看一茬一茬的麦浪，建设一座座人人心生向往的农村。奶奶，我深知“田家少闲月”，但我还是真诚希望您保重身体，见识更多的“三农”成果，感受和美乡村的魅力。

顺颂夏安！

您的孙女：黄心如

5月14

生物科学与技术学院强基2201班

**评语：**

作者开端勾勒出记忆中的乡村五月风物，进而联想到奶奶在田间辛苦劳作的场景，逐步切入主题。她对所学专业的介绍以及关于“三农”问题的论述，逻辑清晰，层次分明。特别值得注意的是，作者在论述“三农”问题的过程中，抓取大量乡村中的典型事物，成功描绘出一个生机勃勃的农村。这样一个农村，既融合了作者的理想，也包含了作者对“三农”工作的希望，诗意盎然，令人神往。

# 生态学是把助农利剑

亲爱的铠：

展信佳！

去年盛夏，你我都收到了录取通知书，只是专业不同。记得当时你问我为何选择学习农学专业，那时的我对于“三农”问题了解得不多，一时竟无法回答。如今，经过近一年的学习，终于可以给你一个确切的答案了。

我学的专业是生态学，这一概念最早由德国生物学家恩斯特·海克尔于1866年提出：生态学是研究有机体与其周围环境（包括非生物环境和生物环境）相互关系的科学。经过一百多年的发展，生态学已有了自己的研究对象、任务和方法，是一个比较完整和独立的学科。

所谓“三农”问题，是指农业、农村、农民这三个问题。研究“三农”问题的目的是解决农民增收、农业发展、农村稳定的问题。而生态问题是“三农”问题的根本问题，故研究生态学是解决“三农”问题的关键环节。例如，在农业方面，我们提出了“生态农业”的概念以应对大环境的恶化，践行可持续发展的理念；在农村方面，我们以推进乡村振兴为宗旨，催生出“农业生态学”和“城市生态学”，以便更好地建设新时代的和美乡村；在农民方面，我们教授农民专业的生态学知识以及相关技术，用智慧农业、生态农业的新理念培养新农人。然而，在我看来，当前中国的“三农”问题仍有三大难题：

一是粮食安全与主要农产品供给。民以食为天，粮食安全是国家安全的根本，试问如果连人民的温饱问题都无法解决，何谈后续发展？目前，我们国家虽然已全面建成小康社会，但如何将十四亿中国人的饭碗牢牢端在自己手中，仍是值得我们深入思考的问题。

二是农村土地面积。耕地是农民的生命，一定程度上，耕地就是粮食，粮食就是耕地。我国的土地征收补偿普遍较低，这极大地挫伤了农民的积极性。如果一个农民没有了土地，就失去了赖以生存的基础，就更不必说以后的发展了。因此，如何守住耕地红线，这也是个难题。

三是城镇化进程中农民变市民。在城镇化和工业化的进程中，不可避免地有部分农民转变成了市民，而且不在少数。2021 年中国城市居住人口首次超过农村居住人口。需要注意的是，从农村到城市并不是简单的空间转移，这个过程极为复杂，需要妥善处理好一系列的问题，这些问题都需要国家出台相关政策去引导和规范。否则，从农民到市民，如果仅仅是简单的“位移”，则无太多实质性意义。

当然，挑战也代表着机遇。作为新时代的农科学子，党和国家殷切希望我们能矢志不渝、不遗余力地将汗水挥洒在田地里。我真诚地希望我们这一代年轻的新农人，在能力许可的范围内进一步把我国农业做优、做大、做强，使中国这个传统的农业大国，不再受农业、农村、农民问题的困扰，从而解决我国经济发展的后顾之忧。这是我个人的愿景，也是千千万万农科学子的美好愿望！

最后，我想用一句话再次回答你的问题：“农，天下之本，务莫大焉。”“务农重本，国之大纲。”历史和现实都告诉我们，农为邦本，本固邦宁。我们要坚持用大历史观来看待农业、农村、农民问题，只有深刻理解了“三农”的含义，才能更好地为我们这个国家、这个民族而奋斗。

祝一切安好，顺问夏安！

此致

敬礼！

你的好友：贺萧宇

5 月 10 日

植物保护学院生态 2201 班

**评语：**

文章开门见山，直奔主题，首先介绍自己所学的专业，其次论述“生态学”与“三农”之间的密切联系，接着分条论述解决好我国“三农”问题所面临的难题，最后表达自己作为新农人为祖国奋斗的理想。整篇文章不仅各段之间衔接紧密，每段之内亦层次分明，展现出作者较强的逻辑思维能力。文中流露出的忧患意识，描绘的个人理想，集中体现了新时代的大学生关心国家前途命运的精神风貌。

# 物理农业，未来可期

敬爱的村主任：

您好！

我是一名学习物理专业的学生。我听说村子里的许多农田因为产量太低，村民选择外出打工而被抛荒，部分田地因为受过污染难以产出安全的粮食而沦为荒地。您因为这些问题担心苦恼。我希望从所学物理专业的角度，为村主任您提供一些解决问题的新思路，为您分担一点儿烦恼。

首先，请允许我向您介绍一下我的专业。物理学是一门研究物质一般运动规律和物质基本结构的学科，通俗点说就是一门研究万物发生规律的学科。表面上来看，这个学科似乎与困扰您的问题没有什么直接联系，其实不然，我们都知道农作物的生长以及土壤的变化，都是大自然变化的一种形式，所以物理学也可以研究这些规律，并利用相关研究成果改善农业的生产方式，提高我们的生活水平。至于农村基础设施建设，以及农业机械效率的提高等自然也在物理学的研究范畴。

据我所知，除了农田本身的原因，大量农田荒废的直接原因是种田的收入确实有限，再加上天气等不确定因素导致种田的风险较高，高强度的户外劳作等因素使得种田的幸福指数较低，反而不如外出打工，进而导致咱们村的青年劳动力的流失比较严重。

不知道您是否了解六七年前学界提出的“物理农业”的概念？这是相对“化学农业”的一种新的农业生产技术体系。其实质就是将我们物理学所揭示的事物发展规律，应用到农业生产中去。具体来说，物理农业就是通过使用具有生物效应的电、磁、声、光、热、核等物理因素操控植物的生长发育环境，最终获取高产、优质、无毒农产品的环境调控型农业。它有助于促进传统农业摆脱对化学农药、化学肥料等化学品的过度依赖和自然环境的束缚，不仅能够提高农田的利用率，还能提高农作物的产量。因为减少了土地所受的化学污染，所以有助于改善田地因污染而荒废的情况。又由于所生产的产品绿色无公害，因此在一定程度上可以提高种田的经济效益，提高咱们村民的收入水平。

我们物理专业其实不仅仅能够为农业本身服务，而且，在农业的后勤保障方面也大有用武之地。从“农村”“农民”的角度来看，物理不仅有助于提高各种生活设施的工作效率，还能提高村民的生活幸福指数。只有大家愿意留在村里生活，我们才有缩小乡村与城市之间发展差距的可能。

村主任，我们都知道农业是国家的根本，国家高度重视“三农”问题。对于农业、农村、农民，我也有很深的感情，不仅仅喜欢明亮的油菜花海和清新的空气，更喜欢土地里迸发出来的生命力。农业是一个国家活力的象征。大家能够吃得饱吃得好，才能有精气神。俗话说“家里有粮，心中不慌”，粮食充足了我们也就有了十足的安全感。

我坚信，物理学不仅能够为村主任您解除那些烦恼发挥作用，更有助于咱们的乡村发展得更好！过去我们国家的农业是靠着农民的勤劳和经验发展起来的，如今我们可以借助科技的力量，充分发挥我们的智慧。这样我们的国家才会更加欣欣向荣。

祝您身体健康，生活幸福！

此致

敬礼！

罗语柔

5月7日

物理科学与技术学院物理师范专业2203班

**评语：**

正如作者所说，“物理”与“农业”看起来关联不大，但是作为大一新生的作者却能通过“物理农业”这一概念指出两者之间的关系，表现出了关注学科前沿的敏锐意识。尤为难能可贵的是作者还能够运用这一生产理论为村主任出谋划策，这又是担当意识的体现。整篇文章中心明确，逻辑清晰，层次分明，其论述虽不脱理想主义色彩，却显现出作者这一年龄段的年轻人特有的蓬勃朝气。

# 物理学也可助农

亲爱的舅舅：

您好！

许久未曾见面，真是有点想念您呢，您也一定很想我吧。如今我已经上了大学，可您大概还不太了解我所学的专业，现在我就结合“三农”问题，向您介绍一下。

我非常荣幸地成为扬州大学物理科学与技术学院的一名学生。我很感激初中时的物理老师，她对物理的热情深深地感染了我。在课堂上，她往往能够通过生活中普通的现象，向我们揭示其背后的物理原理，用科学拨开我们心中的迷雾，比如为什么避雷针可以保护建筑物？为什么不可能存在永动机？除此之外，在她的课堂上，我们还学习了相关的人文历史知识，比如泊松亮斑实验本来是用来打击波动派的，结果竟成了支持波动学说的最有力武器。因为她的熏陶，我深深地迷恋上了物理，并最终选择了这个专业。

就解决好“三农”问题而言，我的专业可以做什么呢？相对来说农村通信等基础设施较为落后，而咱们甘肃早已实现了农村动力电全覆盖，加强了农村节能建筑改造。物理专业在农业方面更是大有作为，可以将现代物理与农业工程技术相结合，改善农业生产方式与技术。在专项上，更可以优化种子筛选，利用温室控制环境、物理方式驱鸟等。同时，农业机械化作为转变农业生产的重要方式，利用物理知识提高机械效能，有助于实现农民从“会”种田到“慧”种田的转变。

我了解到，目前国家正大力实施农村农产品“三品一标”四大行动，发展绿色、有机、地理标志和达标合格农产品，让农产品既要产得出、产得优，也要卖得出、卖得好。除了农产品之外，我国的农业现代化也在不断推进。比如，近年来上海已在种质资源保护、种业科技创新、种业基地建设等方面取得了实效。技术的进步可以带动农村经济的快速增长，北京通州区永乐店镇大务村依托家务种业科技园区的辐射作用，从蔬菜生产大村转型为育苗大村。近年来收入可观，帮助了村民增收致富。

舅舅，您也知道现在越来越多的大学生愿意回到乡村，这些跳出“农门”又重回“农门”的大学生群体正日渐扩大，他们带着技术、资本、理念回到农村创业，建设家乡，他们带着创新和生态理念，为传统农业注入新鲜能量与活力。我也希望成为其中的一员，希望通过自己的努力使农业更加发达，农民生活更加富裕，农村的环境更加宜居。

这并不是夸夸其谈，我一定会在思想上深刻领悟“知之深，爱之切”的“三农”情怀，自觉站稳人民立场，始终从农民角度出发。首先，注重以新理念经营管理农村，争取打造出一套科学先进的农业生产管理模式。只有增强组织、统筹的管理能力，才能够保证执行效果，才能发挥出 1＋1＞2 的功效。其次，用技术创新，提高生产效率，在源头上把控好农产品的质量，利用互联网等平台开拓销售渠道。同时，保障好农民的收入，让大家真切感受到创新带来的实利，这样才能使大家有劲头去做。

舅舅，现在您对我的专业有所了解了吧。您也出生在农村，肯定希望我们农村能发展得更好。我想您一定会支持我的选择。

期待回老家看望您。

祝您身体健康，工作顺利。

外甥女：李昀容<br>5 月 2 日<br>物理科学与技术学院物教 2203 班

**评语：**

作者首先交代自己选择就读物理专业的原因是因为深受中学物理老师的影响；其次从实际功能的角度，论述了物理专业与“三农”之间的联系，并以“三品一标”和“农业现代化”为中心，论述了物理在其中的作用；最后结合大学生重回“农门”这一社会现象，述说了自己的理想。整篇文章逻辑清晰，层次井然。作者在论述的过程中，十分注意结合社会现实，并使用大量的案例论说自己的观点，具有较强的说服力。

# 智慧农业 智慧翅膀

亲爱的外婆：

好久不见，您近来身体好吗？

许久没有去老房子探望您了，去年的稻子收成怎么样呢？今年的油菜花是不是还和以前一样金灿灿的呢？

我上大学已有一个多学期了，虽然离家较远，但您不用挂念我。学校里的老师们都很照顾我们，同学之间相处得也很融洽，爸爸妈妈会定时给我转生活费。总的来说，我过得很开心、很幸福！

对了，外婆，我还没跟您介绍我学的专业呢！我学的专业是智慧农业，这个专业是近几年新发展起来的专业，我还是我们学院第一批学生呢！现在国家相关部门大力支持、重点培养这方面的人才。再过几年，我就能成为一名真正的“新农民”啦！

说起智慧农业，您肯定要拿我打趣，说您听不明白。其实道理很简单，就是用一些智能的技术让我们的农业生产变得更高效、更环保、更便捷！您以前经常在田间劳作，有时埋头在田里捉虫除草，有时顶着热辣辣的太阳撒种子、割稻子，每次忙完您都要在床上休息大半天，还让我帮您揉腰捶背，别提我有多心疼了！等将来咱们的智慧农业发展起来了，您在屋子里操作一下手机，就能看到田里草害虫害的具体情况；按按键盘，就能往田间施用除草剂、杀虫剂。您想想，是不是很方便呢？所以我觉得，我们智慧农业专业有很广阔的前景，不仅能帮咱们老百姓省时省力，获得更大的收益，还能减轻对土壤和水资源的污染，让农业生产变得更清洁更环保！

还记得我小时候住在老房子时的情景。微风轻轻地吹，我们一起走在田埂上，您教我如何识别杂草，我学着您的样子拔了一株又一株，结果一大半都是小麦。那时，进村的那条小路还是很破、很窄的，爸爸妈妈的车子每次都要小心翼翼地开过去。后来，国家提出乡村振兴战略，好消息一眨眼就传到了村子里。政府拨款为我们修了路，村口的小桥变得又新又亮。村民们看到崭新的柏油马路都很高兴呢！不仅如此，政府还送来了一些新的机器。我还记得您第一次见到它们时还很害怕呢，怕它们对农作物造成伤害，不愿意使用那些机器。但是当您看到隔壁王奶奶用了机器脱壳，舂米变得既干净又便利时，您也忍不住试了试，发现还怪好用的哩！在那之后，您便喜欢上了那些机器，每当发现有新的机器，还会主动向别人请教如何使用。可以说，国家的政策、政府的举措给农民的生活带来的巨大的变化，让您和像您一样的农民增加了收入，接受了新知识、新技术，成了更有素质的农民。

虽然如今“三农”方面还有诸多不尽如人意的地方，但国家每年都强调要重视这个问题，习近平总书记向全党强调：务必充分认识新发展阶段做好“三农”工作的重要性和紧迫性，坚持把解决好“三农”问题作为全党工作重中之重，举全党全社会之力推动乡村振兴，促进农业高质高效、乡村宜居宜业、农民富裕富足。我相信，在全党上下、社会各方的大力支持下，咱们国家的农业一定会发展得越来越好。

我在学校里已经学了不少有关农业的知识。等今年夏天，我一定去探望您，和您一起在田间看麦苗茁壮成长，学着您的样子收割水稻，在村子里和大家共同生活，一起分享丰收的喜悦！

愿您在“稻花香里说丰年，听取蛙声一片”。

祝您身体健康，幸福平安！

此致

敬礼！

您的外孙女：胡华烨

5月5日

农学院智慧农业2201班

**评语：**

作者从向外婆问好开始，之后便迅速切入主题。考虑到外婆的理解能力，在向外婆介绍自己专业的过程中，作者并未使用过多的学术语言，而是结合外婆种田的切身经历展开说明。对国家乡村振兴战略给农村带来变化的论述，也采用同样的方式，尽量避免使用文件性的语言。最后，作者进行了总结。整篇文章语言的口语化特征明显，语气词的大量使用，长短句式的交替，使得一个活泼的小姑娘形象跃然纸上。

## 【思考与拓展】

### 1. 专业学习思考

农学是传统学科，同时农学也是受新技术推动、快速革新的专业。请了解中国当代农业的发展状况及世界农业发展水平，并思考与专业发展的关系。

### 2. 表达能力提升

就以上的观察，选择一个合适的切入点，做一次有深度的演讲分享。

### 3. 相关知识链接

（1）阅读《诗经·豳风·七月》，了解中国农业生产与农民生活的早期情景。

（2）阅读一部袁隆平先生的传记，并推介给你的同学。

# 第三章 动科动医

【范文举例】

## 女承母业，我要当“动检人”

亲爱的妈妈：

您好！您最近工作怎么样？一切都顺利吧？

今天想借着这封信，向您说说我的专业选择与人生理想。记得去年亲朋好友得知我的大学录取专业是动植物检疫时，他们大都认为是您想让我“女承母业”。并经常开玩笑地问：“这个专业是你妈妈替你报的吧？”其实，我们母女俩都非常清楚，您对我的人生志向虽有着重要的影响，但动植物检疫专业确实是我自己的选择。

您曾经在与我谈论职业理想的时候，坦然说自己是一个从事养殖行业的普通农民，而我就是农民的女儿。我是您职业生涯的见证者：见证了您将家里的养殖场从传统混合养殖改进为现代科学专业化养殖的全过程，见证了您在一次次养殖疫情中奋力抗争的身影。

和所有农科类的专业一样，动植物检疫被认为是一个冷门的专业。但是冷门并不意味着不重要，相反，农科类的所有专业和基层民众的生活息息相关，都非常重要。农业是一个国家的基础，粮食安全是国之大事。在保障肉类供应上，畜牧养殖和兽医同样重要。从动植物检疫角度来说，在注重“减抗”和“无抗”养殖的今天，除了通过疫苗预防疾病之外，及时进行监测管理和定期进行抗原检测，既是推进“无抗”养殖的有效手段，也是有效提高农产品质量的重要途径。这种方式既能为养殖户提供更多的保障，也能有效地预防大型公共卫生事故的发生。

目前，养殖业是许多农人走向富裕的重要职业选择。无论是满怀斗志回乡创业的有志年轻人，还是努力奋斗挑起生活重担的辛劳中年人，养殖业都是他们较为倾心的选择。但是，养殖也有风险，一旦发生疫病，可能导致动物死亡、产品滞销和生产成本增加，甚至会使养殖户遭受重创。动物疫病的发生率并不会因为养殖规模化程度的提高而降低，相反，规模化养殖在某种程度上为疫病的传播和扩大提供了“便利”。大规模感染的背后是多种病原的继发或并发，从而使得病情判断与诊治更加复杂。无论是采用新技术、新方法的新农人，还是依赖过去养殖经验的传统养殖户都难以完全避免这种灾难的发生。一般传染病、寄生虫病、营养代谢病等，仍然是导致养殖减产的重要原因。加之我国畜牧业信息监测预警体系的建设相对滞后，有时难以有效地为养殖户提供预警服务。这些都会导致个体养殖户进入市场的风险加大，并影响到市场供应的稳定性。

亲爱的妈妈，我深知动植物检疫技术的合理运用是有效降低灾难的发生率、减少关联性损失的关键所在。我希望自己未来能在养殖行业发挥作用，比如及时有效地采样检测，提高信息检测准确度，利用“互联网＋”做到及时预警预防，从而提升畜产品的质量，降低养殖户生产成本，减少养殖户的损失与负担等。因此，在校期间我将努力学习，未来，致力于将自己所学知识运用在动物疫病和养殖风险的预判与评估方面。

亲爱的妈妈，我从来未曾忘记自己是农民的女儿，“农民”是我永远引以为豪的底色。我对“三农”的关心与热情也将支撑和陪伴我未来的学习、生活与工作。作为一名动植物检疫人，我愿意把未来的工作目标设定在农村一线。因为只有深入乡村、走近基层，才能获取真正有价值的信息，才能找到检疫工作的真正方向，才能帮助我实现为新时代“三农”事业发展添砖加瓦的心愿，才能助力描绘与实现和美乡村新画卷。

亲爱的妈妈，您看出来了吧，您就是我人生道路的引路人！榜样就在身边，传承变得水到渠成。我为有您这样的母亲深感幸运。

此致

敬礼！

您的女儿：王如嘉

7月10日

兽医学院动检2101班

**评语：**

作者介绍了“动植物检疫”专业概况，尤其对我国农村养殖业的现状和所面临的问题，进行了鞭辟入里的分析。严谨的逻辑，翔实的论述，无一不显示出作者良好的家学传统与专业素养。作者深受母亲志向的影响，不仅体现在具体的行业选择，更体现在内在精神的传承。受母亲思想引导，作者“从来未曾忘记自己是农民的女儿”，她之所以能够将这种天然的情感同“三农”事业融为一体，正源于此。而这种感情的淳朴与诚挚，尤为感人。

# 如果春天要来，大地就使它一点点地完成

亲爱的表姐：

岁月不居，时节如流。当我提笔写下这一封信的时候，我已经是动物科学专业的一名学生了。而你，早已是一位认真负责的大学生村官！和你一样，我也选择了大农学专业，现阶段主要学习生物生理等基础课程。

两年前你走马上任时，曾与我探讨过乡村振兴的话题，那时的你意气风发，我至今记忆犹新。我们校区有一块小的实验农田，透过白色的塑料薄膜，可以看见里面一垅一垅的植物。据学长们说，这块地的出产很丰富，玉米、甘薯、蚕豆、油菜、豌豆等，都会应季而出。我常想，在这块小小的田地里，应该汇聚了不少关注的目光和尝试创新的汗水吧，像我这样的“萌新”，像学长和教授那样的研发者，都曾在此流连、耕耘过吧。

姐姐，我曾一度以为“三农”问题与身居城市的我们没有太大关系。然而，当我有机会真正了解了自己的专业，并且重新审视“三农”问题时，才感觉到自己认知的肤浅。“三农”问题其实与我们每个人都息息相关。中国是一个农业大国，民以食为天，中国人的饭碗必须牢牢握在中国人自己手里，手中有粮，心中才能不慌。

在迈入第二个百年奋斗目标伟大征程的历史关口，我们应该巩固和拓展脱贫攻坚成果，重视解决“三农”问题，同时必须在农业体系化发展和三大产业协调发展的基础上解决“三农”问题。务农重本，中华民族几千年来都很重视农业农村发展。农业文明渊远流长，所以我们必须借鉴历史经验。作为新时代的大学生，必须锻炼自己的勇气与增长智慧，为筑牢国家根基而奋斗。

但作为在校大学生的我，目前尚不能直接参与到农业、农村、农民问题的解决过程中，但我想，持续关注、认真思考、理性分析，集思广益、做各种实践演练，何尝不是一种参与？比如我们可以论证最新农产品创新成果的区域性适用问题；同时，我们还可以去农村调研，了解乡情、民情的同时，思考哪里可以是让我们大展身手的领域。有志青年必须积极回到农村的广阔

天地，唯有这样才能成长为建设社会主义新农村的中坚力量。

里尔克在给青年诗人的信中写道：

好好忍耐，不要沮丧，

如果春天要来，大地就使它一点点地完成。

是啊，与土地打交道的人，是不是首先应该学一学大地的坚韧、博大与悲悯？中国农业经历了漫长的发展过程，积累了足以让我们这些后来者引以为傲的灿烂辉煌的成果，涌现出了众多优秀的农业科研人员，比如像研究杂交水稻的科学家们，除了袁隆平先生之外，还有许许多多曾经或者正在与他做同样工作的普通科研人员，虽然不像袁隆平先生那么著名，但他们的贡献同样是不可磨灭的。让老百姓获得实实在在的收益，应该是他们最大的心愿吧。如同大地从不张扬，只用百花盛开来提醒人们，每一个春天都会应约而来。

姐姐，记得两年前我曾问过你："未来的世界会变成什么样子？"你说："变成什么样子全看我们的努力呀。"你的回答一直激励着我，像袁隆平先生以及我们的前辈科学家们那样，将实践的论文写在祖国广袤的大地上。谢谢你，亲爱的姐姐，有你的一路鼓励与陪伴，我觉得自己在专业学习的路上可以走得更加从容、坚定！

祝万事顺遂！

妹妹：陈美如

5月1日

动物科学与技术学院动科2103班

**评语：**

此篇书信展现了作者对"三农"问题的思考。作者分别从自己所学专业与"三农"问题的关系、"三农"问题对推进乡村振兴的重要性以及用自己的专业知识助力解决"三农"问题这三个层面，阐述了自己对"三农"问题的看法。文章语言朴实，感情真挚，如果能结合自己生活中的一些真实事例来讲述自己对"三农"问题的认识，会让文章更具感染力。

# 我要用所学来回报农村

亲爱的外公外婆：

你们好！

你们近来一切都好吧！我现在在扬州大学攻读动物科学专业呢！这个专业是生命科学的一个分支，也是一个与农业生产研究相关的学科，更是一个与外公外婆一样的农民们休戚与共的专业。我从小跟着你们长大，因此在我的内心深处，对农民、农村有着特殊的情感。借这封信，我想和你们聊聊我的专业，再谈谈我的未来规划。

我所攻读的动物科学专业以前被称为畜牧学，主要研究动物的遗传变异、生长发育、后代繁殖、消化代谢、营养与饲养等方面的知识和技能。通俗点说，就是可以帮助农民更好地养殖家畜并且提供家畜繁殖、育种、饲养等方面“一条龙”服务。所以，我所学的专业是偏向大农科方向的。学成之后，我可以帮助农民通过养殖猪、牛、羊，或者鸡、鸭、鹅等家畜家禽，来达到增产、增收的目的；同时，还可以帮助农民解决养殖过程中遇到的各种技术问题，优化传统的养殖模式，促进农民科学化养殖。翻译成大白话就是我可以帮助像外公外婆一样的农民通过科学养殖猪、牛、羊、鸡、鸭、鹅等来增收致富。从某种意义上来说，我所学的专业就是为了广大的农民群体服务。

在我的记忆中，以前的农村对年轻人的吸引力并不大。比如，我听到过“生我的地方养不了家”的抱怨，不少青壮年农民为了养家糊口外出打工。两个舅舅都是早早就去了广东打工，姨妈们相继出嫁后，外公外婆你们俩在农村劳作，是不是有年纪越来越大，越来越感觉起不了垄、翻不动地？您二老可以算是村里留守农民的缩影吧。农村无技术、缺资金，难以吸引青壮年回乡创业，单靠留守村里的农民，又很难发展规模化的养殖。

现在，“民族要复兴，乡村必振兴”已经是社会共识。未来的乡村，必是大批年轻人，尤其是像我这样学农科专业的年轻人大有作为的广阔天地。中央1号文件连续十几年聚焦农业，关注“三农”事业发展。毕竟，农业是国民经济的基础，新一代农科人理应扎根农村挥洒汗水，拼搏出一方天地。

从我个人经历来讲，我是外公外婆你们带大的，在农村度过的那些童年时光，是我最美好的回忆。我对这片土地也有着特殊的情感，用我所学的专业知识，推进农业现代化、机械化建设，一直是我的愿望。二老不妨想象一下这样的场景：翻土、锄地、播种、插秧、收割这些繁重的体力活都交给机器来做，你们只需要坐着控制机器就行了；盖个自动化养殖棚，不管养什么，喂食、除粪等都由机器来“一键式”完成，你们通过仪表盘，就能实时监控棚内动物的各种情况；遇到问题就打电话给专业人士，让他们用专业的方法来解决。不仅如此，政府、合作社、企业专门派人上门收购，农产品的销路不成问题……倘若未来能把农村建设成这样，农民怎能不是人人羡慕的？

总之，我期待自己学成之后能为基层养殖户提供技术支持，帮助他们扩大养殖规模，更新养殖知识。同时，还能为养殖户拓展销路、拟定发展规划等。我渴望自己将来能为推进乡村振兴贡献自己的力量，在实现自我价值的同时有能力让二老优哉游哉地颐养天年，是我最大的愿望，是一件想想都让我开心的事！

外公外婆保重好身体，农忙时注意多休息，很期待你们的回信！

此致

敬礼！

你们的外孙：甘和攀

4 月 30 日

动物科学与技术学院动科 2103 班

**评语：**

此篇书信表达了作者对乡村深厚的情感。作者回忆了往日在农村生活的场景，接着向外公外婆介绍了自己的专业，最后表示希望用自己所学的知识为推进乡村振兴做贡献。文章结构合理，文笔流畅，情真意切。最特别的地方是写作过程中的对比意识，作者将过去外公外婆辈的乡村生活与自己进入大学后对乡村的认识进行了对比，在对比中展现了时代的进步，表达了自己对推进乡村振兴独到的见解。

# 在顺势而为中完成使命

亲爱的爸爸妈妈：

你们好！

首先感谢你们的养育和教诲，让我走进了大学的殿堂，见识了更高更远的世界。高考填志愿时，受爸爸工作的影响，我原本想读工程类的学科，没想到却被录取到了动物科学专业。那时候我们全家都很焦虑，不知道我的出路在哪里。一年前我怀着忐忑的心情走进了动物科学与技术学院大门，心中确实很迷茫。但通过近一年的学习，迷雾渐渐散去，我竟开始庆幸自己来到了这里，甚至觉得命运有时候就是会把你推向该去的地方，只不过你需要花时间去理解和接受。

跟你们简单说说这个专业吧。动物科学属于农学类专业，由畜牧专业演变发展而来。主要研究动物遗传变异、生长发育、后代繁殖、消化代谢、营养与饲养方面的知识和技能，也会进行动物的生产与管理、饲料的研发和生产、基因工程等方面的研究。我们的专业基础课主要有动物学、组织胚胎学、动物遗传学、动物解剖学，在培养我们掌握养殖技术的同时，也要求我们了解牧场的经营与管理等。也许你们会觉得，这些不都是农场主做的事情吗？其实，我们现在系统学习的相关理论知识和实践技术，与传统的经验技术有很大差别，我们更追求高效和科学。比如我们已经开始进无菌实验室做实验了，观察细胞的分裂过程和组织结构，接下来还会被安排到半自动化的智慧养殖场实习。生命科学的魅力，我已经渐渐有所了解。

你们最关心的可能是动科人的职业前景，这其实也与我们国家的农业政策密切相关。大力发展现代农业，是国家“三农”发展策略中的重要一环，其中畜牧业占据的比重较大。而以畜牧业为主干学科的动物科学对经济动物品种的改良、动物的繁殖育种技术和标准化规模养殖都有系统研究，在推进“三农”问题有效解决方面前景广阔。

我从小跟着爷爷奶奶、外公外婆在农村长大，在家门口的田野里就能看到四季的更迭，叶子绿了之后转黄，黄了之后又会变绿。大自然变化是有规律的。但我不明白的是为什么农民即使掌握了那些规律、有了很多经验，却依然不能保证年年丰收。记忆中，老人们省出自己的口粮喂饱的鸡鸭牛羊，有时候还是会或多或少被各种疫病夺去生命。我想，万千动科人的梦想便是改变祖祖辈辈“靠天吃饭”的无奈，使农民能够科学养殖，安心生活。我也深知，每份职业都有自己的辛苦，国家这个庞大的社会机器的正常运转，需要我们齐心协力、每个人都尽忠职守。芸芸众生中，我是不起眼的那一个。可面对养育我的土地和亲人，我却希望自己是能发光发热的那一个：多学一些知识去回报家乡。能在基层工作中找到归属感，我是心满意足的。更何况，我已经被所学的专业深深吸引。我选择的农业科学，是在祖国的大地上做研究、出成果，能够投身其中，我是自豪的，这是能触摸到大地的事业呀！你们常说，做人不能忘本，那么回归土地和基层，在大地上做事情，可算是一种“不忘本”吧？

从未想过有一天我会以这样的方式与你们说心里话，如果要找原因，应该是走出专业学习迷茫后的欣喜，让我的倾诉欲大增吧！我已经完全想通了，就顺着命运的指引，去完成自己的使命。在自己想通之后，我更希望能得到你们的理解和支持，因为你们是我最在乎的人，是我生命中最坚强的后盾。而且，对于未来，我还有更长远的打算：希望将来能够从事动物遗传和繁殖这方面的研究；希望可以和更多动科人一起，用最新的知识和技术推动基层农业的发展，让中国的畜牧业更上一层楼。

为了理想，我不怕苦累，所以也跟你们承诺：我会比高中时更加刻苦努力。假如有一天，我真的能够运用所学，在畜牧方面做出点成绩，那会是一件多么光荣的事情！

祝爸爸妈妈身体健康！

此致

敬礼！

彭小栩

4 月 30 日

动物科学与技术学院动科 2102 班

**评语：**

此篇书信主要向父母介绍了自己的专业。作者首先讲述了自己为什么选择动物科学专业，接着向父母介绍了自己专业的具体内容，最后抒发了自己的职业理想。文章的结构紧凑，逻辑清楚，语言质朴平和。从这篇文章看到了梦想之花的萌芽绽放，作者在经过专业学习训练后更加坚定了自己的选择，并希望利用所学报效祖国。建议增加一些自己专业学习过程中的真实事例来增强文章的丰富性与说服力，由此展现自己的专业对推动祖国“三农”事业的重要作用。

# 掌握科技，胸怀热爱，书写未来

亲爱的表弟：

你好！

好久不见，甚是想念。去年紧张而激烈的高考仿佛还在眼前，一转眼我就要结束大学第一学年的学习了。这一年的学习让我受益良多。我回顾自己选择专业的经过给你写下这封信，算是回报家人们的关心与鼓励，也希望对你能有所帮助。

我学的专业是动物医学，也就是兽医学。记得去年填志愿时，大伯——也就是你的父亲第一个反对："兽医？学这干吗？当兽医，以后回村阉猪哩？能有啥出息！"其实，兽医一点也不简单，因为小到猫狗猪羊，大到狮子老虎兽医都要能医治。当然，动物医学也不仅仅给动物看病这么简单，动物检疫、动物实验等，都与之有关。

动物医学是一门主要研究家禽、畜牧动物、野生动物等疾病的诊断与防治以及发展规律的学科。具体可细分为基础兽医学、预防兽医学和临床兽医学三个方向。因为如今大量的疾病都是人畜共患病，所以兽医学在世界疾病研究中的地位越发重要，相关人才也变得很受欢迎。随着都市中饲养宠物的"铲屎官"群体的壮大，宠物医生们也变得紧俏起来。当然，畜牧养殖业对人才的需求量同样十分庞大，学动物医学的学生更可以回归农村。保证畜牧动物的健康，提高畜牧业的质量和产量，是我们的本职工作和主要努力方向。从某些方面来看，农村才是我们的主战场。动物医学归属农科而不是医学类就可以很好地说明这一点。扎根乡村，奔波在田埂间，我们自己何尝不是农民？又怎么能发现不到美，寻找不到快乐？乡野中风吹麦浪的景象多么令人神往，"牧童骑黄牛"的景致更是专属农村的浪漫。

我也知道，理想不能代替现实。与一些发达国家相比，我国的农业技术仍有落后之处。农业作为第一产业，是人民和国家的生命线，可目前促进农民增收仍是难题。比起城市劳动者，农民的收入总体偏低。农业生产在人为因素之外还受到天灾的影响，病虫害、极端自然灾害等都是制约农业发展的不可控因素。无数渴望走出农村进入城市的老百姓，不就是希望能多几分“功不唐捐”的确定性吗？要破解这样的难题，主要应该依靠两点：一个是发展科技，另一个便是保持热爱。

解决“三农”问题，首重科技。农业生产工作虽然辛劳，但绝不是仅靠一身蛮力就能够胜任的，更应该依靠智慧。古有唐人发明曲辕犁，今有袁隆平研发高产水稻，科技是农业发展史上最浓墨重彩的一笔。我们农科大学生必须坚持这一根本发展思路。如今农业与物理、化学等学科结合，智慧农业迅猛发展的势头之下，很多的高新技术应运而生。尤其令人瞩目的是随着农业机械化和自动化的不断推进，农民的双手被解放了出来。像牧羊机器人、挤奶机器人等，在现实生产劳动中发挥着不同程度的作用，既减轻了劳动强度，又节省了大量的人力成本。可见，用机器替代繁重的人工劳作是大势所趋。因此今日之农民，必须紧跟时代潮流、不断学习新的技术。也只有这样，他们才能成为农业生产的弄潮儿。而作为农科大学生的我们，则更应该储备专业知识，了解行业发展的最新动向，为将来投身农业技术革新事业打下坚实的基础。

技术的革新和发展是当下的第一生产力，而内心的热爱则能引领我们从现在稳步地走向未来。如今的社会的确存在浮躁之气，比如我们的不少同龄人在选择职业时更倾向于去大城市找一份工作。究其原因，就是内心缺少了一份热爱：近来云南农业大学学生在田间地头拍摄的短视频爆红网络，他们在炎炎烈日之下、在机器轰鸣声中，满头汗水欢迎学弟学妹们报考该校，强烈的反差所产生的喜剧效果，引起了人们的广泛关注。虽有人戏称其为“招生减章”，但它的确反映了农科学生真实的学习状态。这份“自黑”里不仅饱含了农科人的自信与率真，还包含了他们对土地最真挚的热爱！这份热爱同样适用于我们动物医学学科。你知道吗？正是因为有对生命的敬畏、对专业知识的渴求，我们才有希望能创造更好的未来。

亲爱的表弟，说了这么多，你没有觉得我啰嗦吧？明年的你，也将要奔赴高考的战场，你胸中是否已有排兵布阵的策略？面对浩如繁星的专业与院校，我真诚地希望你能少些盲目与浮躁，多些理性与踏实。当然，更欢迎你投入农科的怀抱，这样的话，在未来的人生路上，我们就可以携手同行了。

此致

敬礼！

诸怡杰

5 月 1 日

兽医学院动医 2101 班

**评语：**

此篇书信从自身经历出发向表弟讲述了自己的专业学习心得体会。作者首先介绍了自己的专业，接着由专业学习转向对社会民生的关注，讲述了自己对技术革新的认识。文章内容丰富，语言平实，结构层次较为合理。稍有不足的是文章仅停留在对弟弟的理论说教层面，使得文章显得较为局促，建议可以更多地结合现实生活的真实事例进行写作，让内容变得更加立体饱满。

# 守得本心，自有云开月明

亲爱的弟弟：

提笔给你写信时，我仿佛能看到微黄的灯光洒在你瘦小的肩头，你踽踽独行在长街的样子。还记得收到你的大学录取通知书后，最初母亲像吃了蜜饯般快乐，从此说的家长里短句句都离不开你；父亲也总是笑得一脸纵横的褶子，预想你光辉的未来，好不得意。不久之后，七大姑八大姨的七嘴八舌，让父母亲患得患失。于是我收到了你的一封家书，信中既有对这姑那姨“锲而不舍”聒噪的痛斥，也表达了你对兽医专业的热爱与向往，以及突出重围后的快意与担心。

我们都是从偏远乡村走出来的年轻人。怎么形容我们的家乡呢？一块巴掌大的地方被同姓人围了个水泄不通，逼仄的住房就像蛛网一样把我们牢牢锁在了一起。男人们起早贪黑下地劳作，挂在脖子上的毛巾会随着挥舞的锄头有规律地前后摆动着。累了，他们便蹲坐在干草堆上，娴熟地吞吐着孤寂的白烟，空洞的眼神里似乎有某种思考，但更多充斥着的是无奈与不甘。女人们呢，自然是不会闲着的，每天烦杂的事务使得她们即使聚在一起时也一定要做点什么，哪怕剥个毛豆也行。此外，她们最大的乐趣便是在张家李家的房前屋后集合，一起对别人家的事情说长道短。

我也曾“有幸”参与她们的活动，并成了全场的焦点。她们声情并茂地谈论着她们认为的“黄金专业”“铁饭碗”，对一些冷门专业嗤之以鼻。我原想用微薄的力量为自己的兽医专业发声，无奈这样的“大场面”早已注定了我的失败。亲爱的弟弟，既然你也喜欢兽医专业，那便以我自己的所知所思，给你提供些信息，权当让你提前预习预习吧。

我承认，在思想封建、信息闭塞的乡村，兽医“灰头土脸”的窘迫形象让人印象深刻，至今都改观甚少。作为地球上数量庞大的“公民”，动物为什么不配被好好照顾？它们对人类的贡献可是不小：帮助农耕，提供坐骑，拉运货物，提供牛奶、肉类、兽皮等，是生活中不可或缺的一部分。如今，畜牧业作为农业经济中的重要组成部分，其发展推动了食品加工、饲料生产、皮革制作等诸多相关产业的壮大，为农民提供了更多的就业机会，提高了农民的经济收入，是解决“三农”问题的有效途径。此外，畜牧业对农业有着重要的促进作用。在追求品质、倡导绿色健康的大环境下，生态农业成为发展趋势。农民借助“畜—肥—粮”实现农业的生态循环，变废为宝，实现再循环、再利用，降低成本的同时又实现了效益最大化，有效串起了富民产业链。在此过程中，兽医工作始终是一项不可忽视的重要工作，在动物疫病预防控制、养殖生产安全、畜产品质量安全和生态环境保护等诸多方面，都可发挥重要作用。

人类社会的发展总体是螺旋式上升的，兽医行业可能发展稍慢些，但终究会迎来属于自己的高光时刻。中国工程院院士张改平曾说：“从某种意义上来讲，兽医的重要性要高于人医。”诚哉斯言！在推动经济高速发展与践行“绿水青山就是金山银山”理念过程中，我们兽医从业者必须顶住压力，砥砺前行：既要落实好动物检疫工作，为畜牧业发展提供良好环境，起到保驾护航的作用；又要做好公共卫生安全工作，促进各行业持续健康发展，为新时代的进步发展贡献自己的力量。

我庆幸自己没有在他人的议论中迷失自己，坚持选择了自己热爱的专业。我承认，其中既有赌气也有稚气，幸运的是当我怀着对兽医专业的向往，一头扎进了扬大的怀抱，我是越来越热爱自己的专业了。现在的我已逐渐成长为一名初具科学素养的准兽医。这条路上，有许多有志之士与我一同前行，所以我从不孤单；这条路虽道阻且长，然行必将至，所以我从不迷惘；这条路上，无数前辈披荆斩棘，所以我从不畏缩。亲爱的弟弟，通过我们不懈的努力，我相信，在我们的家乡，我们终将迎来艳羡的目光。

生逢其时，重任在肩，新时代的发展需要我们年轻人奋发有为。既然选择了兽医专业，弟弟啊，请你务必保持昂扬的斗志，为实现中国梦贡献自己的力量。

哥哥：杨鹤黔<br>7月8日<br>兽医学院动医2103班

**评语：**

此篇书信是作者对弟弟深情的嘱托。文章从对家乡的回忆、对时代发展的思考以及对弟弟的期待三方面落笔，其中既有对未来社会的憧憬，也有对亲情的深情描述。文章文笔流畅，结构缜密，举例也较为充分。略有不足的是文章多数内容是对生活的主观感受，缺乏深入生活的实际体验，如果可以将情感贴着生活实际走，那么将迸发更多思维的火花，使文章更具可读性。

# 我学的是充满希望的专业

亲爱的爸爸妈妈：

你们好！家里一切都好吧？哈哈，你们肯定想不到，我会用书信的方式来和你们联系吧。

不知不觉中我已经是一名大学生了，仿佛昨天还在家里撒娇呢，今天就在离家几百公里的地方独当一面了。虽然这是我第一次离家独自生活，但是不用为我担心。今年已经十八岁的我，早已步入了人生的全新阶段。我有信心能适应新的生活，特别是过好我的大学生活。

相比日常的生活起居，你们应该更关心我的学业吧？虽然在志愿填报时，开明的你们并没有过多干涉我的选择，但录取通知书寄来后，你们的眉头就没舒展过。你们总用试探的语气问我是否喜欢这个专业，上学期甚至还暗示我考虑下转专业的问题。我能理解你们的担忧，因为动物医学对你们来说是个完全陌生的专业。它既不像计算机、电子信息等专业有很高的社会知晓度，也不如师范和医学那样被家长们看好。我拿到录取通知书后，不少亲戚朋友的反应就是这样的："动物医学？你学了毕业后能干什么？""动物医学？那以后我家的小狗就拜托你了！"唉，诸如此类的话语也曾让我怀疑自己的选择是否正确，甚至让我动摇了继续学习的信心。但经过近一年的学习，现在的我再也不会猜这疑那。关于我的专业选择，我现在会自信地说："没错，我是学动物医学的，我学的是一门充满希望的专业。"

在来大学之前，我也觉得自己毕业后或许只能在宠物医院、宠物美容院里度过自己的职业生涯。但当我初步学习了动物医学专业后，发现我的未来职业选择远不止于此。动物医学不仅仅与救治小动物有关，还关联许多行业。比如，自己将来可以选择去做临床医生，可以在畜牧养殖场检测检疫，更可以在动物医药科研方面做出成绩……所以动物医学是个极具包容性的学科，人们只不过是因为对它过于陌生，才在想象中把它变得狭窄。实际上动物医学与我们的生活息息相关。拿与之关联最紧的畜牧业来说，养牛养羊都离不开动物医学的保驾护航；往大了说，动物医学关乎国计民生。“民以食为天”，今天的中国人已摆脱了温饱问题的困扰，肉、蛋、奶早已成为人们餐桌上的“常客”。这些当然是依靠畜牧业。想要获得稳定的肉蛋奶供给，就必须保证畜牧业的正常运行，而这必然要借助动物医学的力量。

相关文献记载，清代末年畜禽疫病、传染病和寄生虫病曾肆虐横行，即便是现代社会，动物疫病也不能完全避免：2005 年山东、江苏两省的众多奶牛养殖场曾发生口蹄疫；2008 年新疆也暴发了口蹄疫；2018 年沈阳则发生了较大规模的猪瘟……每一次的动物疫情往往伴随巨大的经济损失，爸、妈，你们从小就在农村生活，记忆里可曾有过这样的经历：家里辛辛苦苦饲养的鸡或者猪，一场疫病就能让它们接连死掉。这样的事情，你们应该还历历在目吧？那时的你们是种什么样的心情？有没有叫天天不应的绝望与无助？是不是特别希望有能人来化解危机？你们的女儿——我，就是要立志成为这样的能人哦！

除了疫病防治，动物医学专业在养殖方面也大有用武之地。曾经我们国内的奶牛产奶量不如国外品种，后来经过动物医学专家们的一系列实验攻关，国产奶牛的产奶量才得以大大提升。动物医学在规模化养殖方面功能更为显著，它能为养殖户带来实实在在的收益，直接推动畜牧业的发展。

如今，解决好“三农”问题成为全党工作重中之重，我可谓赶上了好时候。要不了多久，你们的女儿就可能会专注地坐在实验室里研究胚胎组织，直至繁星满天；也可能会在办公室里为研究疫病应对方案而废寝忘食。想想那时的我，你们会不会十分自豪？或许你们会认为解决好“三农”问题是大事情，我的力量充其量也就是大海里的一滴水，微乎其微。我也曾这么认为过，但我总忘不了小时候家里一只小猪仔死掉后，外公落寞无奈的眼神。或许，一个人的力量真的很小，小到微不足道；但一个人的力量也可以很大，因为缺了“每一个”就没有办法组成整体了。我想，未来的我一定能让像爷爷、奶奶、外公、外婆一样的人拥有十足的安全感。只要能让他们的脸上常有笑容，我就实现了自己的价值。

亲爱的爸爸妈妈，希望你们能真心支持我的专业选择！请相信我吧！最近天气忽冷忽热，你们还要多保重身体啊！

此致

敬礼！

你们的宝贝女儿：李钰

5月2日

兽医学院动医2102班

**评语：**

此篇书信不但向父母详细介绍了自己的专业，同时还畅想了将来用自己所学的知识为国家为社会所做的贡献。这篇文章展现了作者成长路上的蜕变，这种蜕变不仅是心理上的成熟，同时还有对自己未来的职业规划。青年学子对祖国深厚的感情为文章增添了不少亮色。文章情感真挚，内容丰富，行文流畅。不过书信内容多停留在对自己专业介绍的层面，关于“三农”问题的认识也较为局限。如果可以举一些真实事例，将会让文章更精彩。

# 学农人的快乐，你可懂

亲爱的爸爸：

您好！

时光荏苒，转眼大一生活已经临近尾声，还记得当初高考填报志愿时，您想让我填报师范专业，而我一心想学动物医学专业，为此我们还大吵了一架。一年之后，不知您有没有转变当初的想法？借着这次写信的机会，我想给您介绍一下我所学的专业。

爸爸您知道吗？随着人们生活水平的提高，大家对安全优质的肉、蛋、奶等畜牧产品的需求也在不断提高，对伴侣动物也越来越看重，所以动物医学在社会上的认可度也在逐渐提高。动物医学的涉及面很广，涵盖动物生理学、动物病理学、动物药理学、动物临床医学、动物检疫技术等方面的知识和技术，动医人要求具备动物疾病的预防与诊治、传染病的检验等方面的技能。所以当今社会中，动物医学与我们的生活紧密相关，研究范围早已不再局限于畜牧业，而是扩展到了公共卫生事业、社会预防医学、伴侣动物及观赏动物医疗保健及食品卫生、环境保护、医药工业等诸多领域。

刚入校时，我以为动医人会像医学院的同学们一样，在毕业时获得医学学士学位，这其实是望文生义：它虽然也带“医”字，其实是农学专业。动物医学既然属于农学，那么它的发展前景必然与“三农”有关。

众所周知，中国是一个农业大国，可在很长一段时间里，农业发展并不尽如人意。相比发达国家，我国的农业仍有很大的上升空间。好在我们国家一直致力于解决好“三农”问题，且一直将其放在重要位置，尤其是近几年来，国家大力支持农村发展，帮助农民增收致富，成效显著。生活在农村的我们能明显感受到农业发展在提速，雷波黑猪、仁寿“鹌鹑＋梨”产业链、通江山地梅花鸡等，都是非常有特色的产业。从养殖所用饲料，到治病所用药品，都需考虑其安全性，尤其要预防人畜共患病的风险，才能保证产品安全。这里的每一个环节，其实都少不了动物医学专业技术的参与和支持。也就是说，小到个人的温饱问题，如家畜的饲养，大到保障人类的安全健康，如研究全球肆虐的新冠疫情与猴痘疫情等，动物医学都在它应有的位置上发光、发热。

我们在农村长大，尤其是爸爸您，从小生活在农村，更明白农民的艰辛，也更懂得农业的重要。虽然现在我们家已搬到远离农田的城市之中，但没有谁比我们更希望农村、农民、农业的发展蒸蒸日上。如果说当初选择这门专业有好奇和一腔热血的成分，那么经过近一年的系统学习，此刻的我更多的是理性观察后对这个专业的热爱，这也坚定了我做好这一行、投身“三农”事业的决心。您曾经对我说，路是自己选择的，走得如何只有自己知道。是的，既然我选择了动物医学，就不会忘记最初的热忱；既然我学了农学相关专业，就会情系“三农”，把支农事业进行到底。现在的我能做的或许不多，只能通过努力学习专业知识来夯实基础，但放眼未来，倾尽所学助力“三农”的那一天，指日可待。对于“三农”事业的发展，理论固然重要，但投身实践、在实践中积累经验是更为关键的。也许在父母眼里，我是不能吃苦、怕脏怕累的娇娇女；但在专业学习中，我有接班人的自觉，有传承人的使命感。甚至为了宝贵的实践经验，再脏、再累都没关系，因为在汗水中成长是农学人独有的快乐哦！

爸爸，我想对您说，未来我会秉持“情系‘三农’，坚守支农初心”的理念，继续努力，成为一名优秀的动医人。请您相信我、支持我！

此致

敬礼！

您的女儿：黄乐雯

4 月 29 日

兽医学院动医 2103 班

**评语：**

此篇书信以对自己专业的介绍为主线，穿插着对亲情、“三农”问题的认识。书信的文笔质朴却又饱含深情，最具特色的是在开头设置悬念，以父亲与自己选专业发生冲突为线索，一点一点铺展开自己对

“三农”问题的认识。纸上得来终觉浅，绝知此事要躬行。如果可以就自己某一次的专业实践经验来谈具体的“三农”问题，将使书信既有情感层面的充实，同时更具生活层面的鲜活。

# 我所理解的动科精神

亲爱的爷爷：

您好！

您近来身体怎么样？如今我在大学，生活得还算不错。我所学的专业是动物科学。动物科学作为21世纪生命科学中最富有挑战性和最具发展潜力的学科之一，是一门培养让人掌握动物营养与饲料科学、动物遗传育种与繁殖，现代畜牧业的生产、经营与管理的专业。它主要研究动物的遗传变异、生长发育、后代繁殖、消化代谢、营养与饲养等方面的基本知识和技能，进行动物的生产与管理、饲料的研发与生产以及基因工程的研究。如动物的饲养与后代繁殖，动物饲料的配方设计，克隆动物和转基因动物的研究与育成，牛奶、肉类等各种动物产品的加工生产等，在农业领域有自己独特的意义。

动物科学既然属于农学，自然也和“三农”有着密不可分的关系。首先，我国的农业生产力并不充足：受农村劳动力不断流失，以及耕地面积减少等因素的影响，农业生产力难以满足市场需求。其次，不少农村的基础设施不足，交通、通信、水利、电力等设施配备不完善，给农民的生产和生活带来了不便，同时也制约了农业和农村经济的发展。而农村社会保障问题与农村土地流转问题，更是导致了农村土地利用效率低下、农业生产力有限。最后，农产品流通渠道不畅、信息不对称、质量管理不规范等问题也会使农民的收益难以得到保障。

而动物科学便是通过增强农业生产力来解决“三农”问题。首先，通过动物科学，我们可以进行品种改良技术分析。它能够改变畜禽的个体性能，在促进畜牧业良性发展的基础上，达到提升农民生活水平的目的。其次，通过动物科学，我们也可以进行动物疾病诊疗及防治技术分析，提升动物疫病的防治效率，也为动物疫病的诊治和治疗提供必要的支持。活载体疫苗、基因重组亚单位疫苗、植物转基因工程疫苗、T细胞疫苗、核酸疫苗以及树突状细胞疫苗的研制，更新了人们对于疫苗功能和组成的固有认识。另外，现代科学技术使得动物免疫流程愈发标准、规范，有效避免了因盲目使用疫苗导致的病原微生物基因重组变异及免疫逃逸等问题。不仅如此，动物科学还可以有效节约生产成本，在一定程度上提高畜牧养殖业的经济效益，提升我国畜牧业的养殖水平。

同时，随着科技的进步，动物科学的研究领域在范围上已从传统的畜牧业扩展到了水产动物、珍禽异兽、伴侣动物、观赏动物的饲养、育种繁殖、产品加工等多个领域；在研究深度上已从动物整体水平、细胞水平和亚细胞水平深入到分子水平，使得人们可以在基因水平上认识动物遗传、发育、繁殖、代谢的规律。我相信，随着科技的进步，农村将迎来更多新业态，让涉农产业链增值收益更多。

从山东蔬菜大棚里的菜农到海南天然橡胶林中的胶农，从天山脚下棉田的棉农到内蒙古草原上的牧民，让农民的物质生活和精神面貌得到改善，人们有地种、有事干、有钱赚。让“旱涝保收、生活无忧、山清水秀、尊老爱幼”的美好乡村图景早日变成现实。这些期许都使得动物科学对于提高农业生产效益和保障人类食品安全具有重要意义。未来，随着新农科的不断发展和完善，动物科学专业的发展也将前景广阔。我相信，在新农科的引领下，动物科学专业将会为农业生产和人类健康做出更大的贡献。

此致

敬礼！

于晓沭

5 月 10 日

动物科学与技术学院强基 2201 班

**评语：**

此篇书信从对自己的专业介绍切入，畅想动物科学专业可以为农业生产和人类健康做出的具体贡献。文章主要包括对动物科学专业的介绍、畅想动物科学专业可以为解决好“三农”问题做出的贡献以及对祖国未来的憧憬三个方面内容，展现了青年学子对未来的期望。书信的语言平实，结构紧凑，在思想层面立意也较高远，表现了青年学子强烈的爱国之情和社会责任感。但对于专业过多的介绍，使得文章在内容丰富性上稍显欠缺。

# 掌握动医知识，助力社会进步

亲爱的奶奶：

您在那边过得还好吗？

您在世时，常常对我说："乖孙女啊，长大了考个好大学，当个吃香喝辣的人，一辈子不愁吃不愁穿！"

您一生未能有机会进入学堂，也未曾接触到智能手机，对职业的了解并不是很深。所以呀，我的专业，在您心中，是不是只是一个给小乳猪拔牙、打预防针，给老母猪接生的专业呢？要是您还在，听闻我的专业，一定会拍着双腿叹息："哎哟喂！小乖呀，怎么不听奶奶的话，当个兽医又脏又累，要受苦的！"

对不起，奶奶，您别着急，请听我说。

六岁，父母将我从农村接到城市。

若干年后，我愿回到那个哺育我的可爱村落。曾给了我六年童稚时光的地方，依山傍水的桃园村落，亦是多少人魂牵梦萦的故乡啊。纪伯伦在诗中感叹："雨露飘落大地，汇成小溪和河流，最终回到大海，它的故乡。"

您无须担心，选择这个专业，是因为我热爱它。我的专业叫动物医学，一个可以给任何动物看病的专业。

在过去那个物资匮乏的年代，动物医学确实只是用最基本的方法治疗一些常见疾病，提高动物的饲养效率。然而，在未来，我的专业可以结合所学的理化知识，用科技辅助畜牧业的发展。从我记事起，您和爷爷以及村里的邻居，家家有猪鸡，户户养牛羊，让我从小就对动物有着不一样的感情。

我曾无数次看见，耕作了一天的爷爷午夜还要守在猪圈中为老母猪接生；村上的土兽医给小猪们去势时用的只是几条生锈的刀片；打架受伤的狗狗们因未能得到及时治疗痛苦死去；咯咯哒咯咯哒叫了好几天的母鸡因瘟疫而亡。那时候，乡村养殖效率较低，家畜家禽生病了也只能听天由命。

在外界人看来，农业只是耕种农田，可我知道，奶奶您身为一个农民所要做的远不止如此。农业除了种植业，还包括林业、畜牧业、渔业、副业五种产业形式，是国民经济中一个重要的产业部门。

我的专业和畜牧业有很大关系。说到畜牧业，它本该是衡量一个国家和地区农业总体水平的一个重要标志，亦是人们生活富裕程度的反映。只是近些年因养殖集成化、工厂化，个体养殖利润降低使很多村民放弃了相守半辈子的乡村，背井离乡，前往城市寻找新的工作机会。

我辈作为新时代的动物医生，应该用自己的专业知识，使你们每个人皆可从畜牧业中获利，减少人、财、物的浪费，帮助农民走向畜牧业的高效化。未来，我可以运用先进的专业技术，通过基因检测等方法筛选出健康的猪苗，用卫生合格的医疗器械为生病的动物们手术，用高效的疫苗预防家禽疾病……为你们减少损失，致力于高效养殖。

日后我会认真学习专业知识。请您放心，也请您相信，身处何方并非那么重要，重要的是是否在做自己喜欢的事情，我正在为自己理想的事业努力前行。

亲爱的奶奶，我永远敬佩您，尊敬你们老一辈人融于血液中的勤劳。您做了一辈子的农民，生于斯长于斯，你们是土地最亲密的接触者，你们是禽畜最直接的养育者，你们亦是麦田最坚定的守望者，你们用辛勤的汗水浇灌出了美好的生活。

先民依山而耕牧，傍水而渔猎，农业从神秘的远古走来，又将向现代化的未来走去。

我坚信：在“三农”政策的助力下，农业一定可以加快现代化的步伐，爷爷以及村中的其他百姓，不久的将来一定可以过上更加殷实幸福的生活！

愿您在天堂安息！

您的孙女：鲍思璇

4 月 28 日

兽医学院强基 2201 班

**评语：**

此篇书信向过世的奶奶讲述了自己的大学生活。书信具有很强烈的对比意识，在层层对比中勾勒出中国飞速的时代蜕变。书信展现的是时代发展中几代人不同的生活体验。文章最为动人的是“情”，既有对过世奶奶的思念之情，也有对自己专业的热爱之情，同时更饱含了对祖国的深情。文章的文笔优美，行文流畅，但是多数笔墨集中于抒情层面，使得文章在结构上显得较为松散。

# 播撒知识的种子，收获美好的未来

亲爱的奶奶：

见字如面。您是土生土长的庄稼人，和爷爷一起白手起家，靠种田养活了两个孩子。即使在您没有办法再下田的时候，您仍在离家不远的空地上开辟了一小块地。您就在那片地里为我们种下了充满爱意的蔬菜。春天的青菜、夏天的丝瓜，入秋了，总有鲜嫩的莴苣端上餐桌，即使到了冬天，家里也常有萝卜排骨的香气。您是我们家里和农业、农民、农村这三个问题联系最紧密的人。

其实在我选专业的时候，您更希望我将来做一个老师，并不理解我为什么要选择动物医学这个专业。是的，老一辈人都觉得这个专业将来肯定要吃苦，您心疼我，怕我吃不消。但我想说，我的专业与您关心的“三农”其实有着相当大的关系。而我对“三农”的执念，更是由于您在小小的我的心中种下的那第一颗种子。我爱那些温顺的牛羊，一直任劳任怨，爱那些温厚的苞谷，养活了世代中华儿女。

听爸爸说，他小时候，您和爷爷不仅养猪，也养牛和羊。您一定对猪流感等家畜常见病很熟悉吧。动物们一旦感染上了疾病，不仅会威胁食品安全，而且还会对养殖户的经济收入造成很大的影响。针对这些情况，加强对动物疾病的诊断、预防、控制、治疗，对促进我国畜牧业可持续发展具有重大意义。因此，在畜牧兽医领域，加强对动物疾病的诊断与预防就显得十分重要，为此，我们才更需要不断地完善与改进动物疾病的诊断与预防技术。以往对动物疾病的诊断基本上都是通过肉眼观察、症状判断、表型分析、病理切片等方法，但是这些方法不但非常费时间，而且很有可能会错过治疗疾病的最佳时机。随着科学技术的不断进步，关于动物疾病的诊断方法也有了更好的发展与创新，免疫学诊断技术和分子生物学技术这两种技术在动物疾病的诊断上有一定的优越性，突出特征为快速、准确。许多新型的疫苗陆续被推出，这对于有效预防动物疾病发挥了非常大的作用。当然，我的专业研究并不局限于这些方面，品种的改良技术、规模化养殖、生态养殖技术等都是可涉及的相关领域。

近几年来，家乡的田地已经变得越来越少，您也变回了那个整日坐在藤椅上的老太太，午后休息的时候，您会梦到曾经的那片可爱的田地吗？城市化的当今社会，似乎少了些“农”味。但我们的生活已经实现了小康，这一切都离不开农学专业和动物医学专业前辈们的努力。

奶奶，您知道吗？党的十九大报告强调要“全面推进乡村振兴”“坚持农业农村优先发展”。在如今这个大环境下，解决好“三农”问题已经成了全党工作重中之重。我今后所从事的，就与农村养殖业息息相关。您用自己勤劳的双手为一家人端上美味健康的新鲜蔬菜，我将用我的知识与赤诚为我们国家的农业发展献上我的一份力量。

敬颂时祺。

您的孙女：钱佳彤

5 月 10 日

生命科学与技术学院强基 2201 班

**评语：**

此篇书信向奶奶讲述了自己的专业，作者希望借助自己的知识助力解决好“三农”问题。文章分别从对家乡农村的回忆、大学的专业学习以及专业知识助力祖国未来建设几个层面出发，具体展现了青年学子对祖国浓厚的情感。文章的内容有浓郁的乡土气息，也有对未来社会丰富的畅想，在新旧交替中展现了社会的发展与进步。文章将过多的笔墨放在对过去农村的回忆上，对当下农村的发展缺乏一定的书写，建议将二者的内容均匀分布，使得文章在结构上更加平衡。

## 【思考与拓展】

**1. 专业学习思考**

了解你所在学校、学院、专业的办学历史，收集校友资料，学习他们的成功经验。

**2. 表达能力提升**

如何将自己的所思所想有条理、符合认知逻辑地表达？请与你的同学组队讨论，并将讨论结果以书面形式整理成文。

**3. 相关知识链接**

（1）了解扬州第一只克隆羊森森的故事，由此了解动物医学的专业知识、研究领域与学术前沿。

（2）扬州鹅是动物育种研究的成功案例，了解一下它从实验室到市场的历程，看看这会对你的专业学习有怎样的触动与启示。

# 第四章 园艺植保

【范文举例】

## 我要让家乡焕发无限生机

亲爱的妈妈：

您好！

好久未给您写信，今天写信是想给您说说您一直关心的问题：我的专业。我的专业是园林学，属于林学类，就是设计者通过对花草树石的堆叠摆放，将自然景物与人文审美结合起来，以此来创建优美的、生态平衡的生活境域的学科。从大一上学期到现在，我已经学了植物学和园林设计。其中，园林设计尤为重要。因为园林设计重在培养设计理念，而设计理念直接决定园林能否做到实用性和观赏性的和谐统一。

自古以来，园林的观赏性总是大于其实用性。从春秋战国到秦汉时期，园林中的人造景物逐渐增多，观赏性有所提高。从两宋到明清，古人将诗文绘画融于景物之中，观赏性提升更多。如今，古人留下的众多园林中不乏巧夺天工之作，但我们专业的发展趋向是要建造更多实用性和观赏性和谐统一的园林。也许您会感到疑惑，园林能有什么实用价值呢？事实上园林的价值远不止赏玩，如可通过园林来发展旅游业，以此带动地域经济的发展，等等。另外，园林对区域环境的改善、局部生态系统的修复等也能发挥不小的作用。

目前，正值建设社会主义现代化强国、全面推进乡村振兴、大力发展乡村旅游的重要时期，所以我的专业在与农业、农村、农民的关系上，可以结合得更为紧密。这一点，我去年寒假参加社会实践后体会得尤为深刻。记得从寒假返乡的第一天起，我就参加了我们村的家庭卫生情况调查活动。经过几天的走访，我发现大多数村民都有不同程度的乱堆乱放、乱扔垃圾的问题，整个村子不但看起来整洁度不够，而且有一些房屋年久失修，更加重了村子的破败感，因此想要发展乡村旅游业真的有点难。组织这次调查的村主任忧心忡忡："现在能让乡村致富的路径虽然多，可落实到我们村，可选余地并不大，无非是发展特色养殖与旅游业。可村里的青壮年大都去了城市打工，留下的都是老人和小孩，发展特色养殖没有充足的劳动力为基础，根本无法发展，只剩搞乡村旅游这条路了。可看看我们村现在的样子，有城里人愿意来吗？"这一幕让我久久难忘。是呀，家乡的未来究竟该怎么发展？

"土地是财富之母，劳动力是财富之父，而它们俩的结合就是资本。"将这句话与现实的农村相联系，我们或许可以找到解决问题的思路。比如农村的环境问题不容乐观，村民们习惯在房前屋后堆放杂物，只是图了方便，没有考虑对村容村貌的影响；收获季焚烧秸秆，也是为了省事，没有考虑对空气的污染；施用化肥过量，不仅不能增加土壤的肥力，反而造成了土壤板结，降低了产出率。农村劳动力的匮乏，已经造成了土地的抛荒。未来如果既没有优质的土地，又缺乏劳动力，资本自然不会来到农村。没有资本的投入作为基础，农业与农村就更难发展起来。这个互为因果的怪圈，该如何破解呢？

我是生在农村、长在农村的大学生，不能眼睁睁地看着乡村走向衰微，也不愿看着它作为城市的附庸被拆迁、征用。我个人认为，走"园林农庄"的发展之路或许是一个选择，因为这在不少苏南地区，已有成功经验。首先建造园林在增加自然资源的同时，还可以改善土壤状况。其次，园林是促进村内生态修复、生态建设、环境治理、可持续发展的有效途径，可以带动生态产业、乡村旅游业的发展。农村的景色美了，村民变富了，农村基础设施和公共服务也会相应被改善，劳动力自然就会被吸引回来。有了土地、劳动力和资本，农业农村的旧貌定会换新颜。由此可见，园林与"三农"是密不可分的，园林绿化可以推动乡村环境治理，推进乡村振兴。由于建设园林的最佳理念就是人与自然和谐共生，因此以园林绿化作为推进乡村振兴的手段是再合适不过的。

待毕业之后，我将用所学专业知识服务乡村振兴。如果能回到家乡，我愿将它打造成一个人杰地灵、风光旖旎的好地方。到那时，妈妈您不用远行，就能天天生活在花园之中，再也不必羡慕城里人了。这是否也可算作是女儿对您的一份孝心呢？

此致

敬礼！

您的女儿：盛曦

5月1日

园艺园林学院园林2101班

**评语：**

此篇书信向母亲介绍了自己所学的园林专业。信中首先介绍了园林从古至今的一些观念演变，接着联系社会实际提出了自己的专业可以为国家建设做出的具体贡献。文章的结构清晰，所举事例丰富，最为特别的是作者在这篇书信中大胆提出了乡村走“园林农庄”的发展路径。从中不仅可以看出作者对自己专业的浓厚兴趣，更可见作者对“三农”问题的独特思考。不过所提的一些意见，还较显理想化，以后考虑问题应多与实践结合。

# 绿色园林，焕然一新的乡村

亲爱的奶奶：

您最近身体还好吗？

自上大学以来，像往常一样陪伴您的日子就少了很多，我十分想念您。借此家信，希望能够让您更加了解我的大学生活。

我现在是扬州大学园艺与植物保护学院园林专业的一名学生。说到园林，您一定会打着呵呵问：“孙女你咋学习学到地里去了啊？”其实，园林专业的学生并不用真的去种地，这个专业培养的是从事园林植物繁育、养护、城乡各类园林绿地规划与设计等方面的复合型人才。我们在大二下学期还有分流的机会：喜欢科学研究、立志为中国农学作贡献的学生，可以选择植物方向；热衷景观设计的，则可以选择设计方向。二者只有兴趣之别，并无高下之分。

我对我现在的专业充满自豪感。作为一名园林人，我们可以通过设计观光园将园林与农业相结合，从而重新整合农业资源。扬州城郊的星河农业景观园就是一个很好的案例，园中种植芍药千余亩，不仅是著名的芍药产地，同时还依托芍药资源修建了整齐的农舍、安排了娱乐休闲设施。充分利用了芍药资源的同时，还改善了周边的农村环境。当然，随着现代都市的生活压力增大，人们很乐意到农村感受自然的气息，因此观光园还可以吸引城市消费者，促进农村经济发展。农业的发展离不开对农业结构的调整，而我们所学的园林知识恰恰可以为此另觅新途。实现农业的可持续发展，打造和美乡村，怎么离得开我们？

我们家是地地道道的农民家庭，作为您的孙女，我对农业方面的知识还是有一些了解的。中国作为一个农业大国，解决好“三农”问题一直是国家大事。我最关注其中三个方面的内容：劳动力配置、粮食安全与农产品供给。三者之中，我认为劳动力配置需要最先解决。拿我们老家的村子来说，青壮年外流较多，村里的土地大多被外来公司承包，作为立国之本的第一产业，从业者中老年人与青壮年的比例明显不合理。劳动力配置整体上有从第一产业转移到第二和第三产业的趋势，后果就是农民老龄化程度不断加深，这并不利于农业的健康发展。而我所学的专业正是在发展农村的基础上，充分利用农业资源带来新的经济效益，我想这样是可以有效推动解决农村劳动力外流、留守老人及儿童等社会问题的。

现在的我虽然只是一名大一的学生，但我渴望能为中国农业的发展尽一份力，发一份光。马克思曾说："劳动创造世界。"正是中国人民的勤劳推动了历史前进的车轮。您还记得高三暑假我和您去播种大蒜的事吗？一望无际的田野，和煦的阳光，勤劳的蒜农，闪亮的汗水，我从中感受到了劳动的快乐。今年寒假咱们一家人去给小黄杨树苗浇水，让我看到了新型的抽水机，它们像致富路上疾驰的列车，将滋养生命的甘泉洒向希望的田野。我走在田间地头，河流林地，感受到新农村处处焕发勃勃生机。

作为来自农村的年轻人，我对土地有种天然的亲近感。爱农村，对我来讲不是一句简单的口号，也不仅是爱其秀美的田园风光，更多是从心里涌出的对这片土地的深厚情感，有扑身扎进农村的动力，有扎根乡土的坚定信念。这种沉浸其中的态度，让我感觉到了乐趣，有时甚至感觉灵魂也得到了升华。

作为新时代青年，作为新农业的接班人，我知道，必须将"三农"情怀融进生活的方方面面。切实关注新时代背景下"三农"事业的推进与发展，切实履行当今时代赋予我们的责任。有情怀，靠本领，做新时代"三农"事业接班人。习近平总书记关于"三农"工作的重要论述，为我们做好新时代"三农"工作提供了根本遵循和行动指南。我希望用自己所学的园林知识，让农村焕发新的活力。

亲爱的奶奶，短短的家信不能尽诉我对您的思念之情。请您宽心，孙女我一定会在学农的路上一步一脚印，力争做新时代的农业弄潮儿。

祝您身体健康，笑口常开！

此致

敬礼！

爱您的孙女：夏诗雨

7月8日

园艺园林学院园林2101班

**评语：**

此篇书信向奶奶介绍了自己的专业以及所学专业能为国家所作的具体贡献。文章从专业介绍、专业实践、职业理想三方面具体展开，向奶奶详细讲述了自己的大学生活。文章的结构清晰，行文流畅，在情感立意上也较为昂扬向上。值得一提的是作者在信中提到了扬州城郊的星河农业景观园，很好地将自己所学的专业知识与社会实践相联系。不过关于“三农”问题的认识应更多联系现实生活，不能仅停留在喊口号的层面，建议增加具体事例来谈自己对“三农”问题的看法与认识。

# 我的科技兴农理想

亲爱的母亲：

您好！

因为疫情防控，我已经很久没有回家了。我在学校里一切安好，请您放心。与您通电话时，得知您因为加班昼夜颠倒，甚至影响到了正常生活，心里很是担忧。您一定要保重身体呀！回想高考填报志愿时，我不顾您的反对毅然决然地选择了园艺专业，让您对我的未来很担心，至今我都非常愧疚。好在经过近一年的学习，我对自己的专业了解得更多了，可以跟您介绍得更为详尽，所以您且听我说说吧。

除了大学的一些必修课，我学习的专业课有植物学、植物生物技术导论、花卉育种学等，因此我的专业知识有了很大长进，了解了植物的内部结构，能正确识别植物的名称等。还记得我和爷爷一起散步时，经常会问他一些关于植物名称的问题。爷爷虽然没有系统地学习过植物的相关知识，但是他都能准确地回答出来，这让我既惊讶佩服，又自愧不如，暗暗萌生了补课、追赶的想法。园艺主要研究花卉、果树、蔬菜和观赏树木的品种、生长习性、育种改良等内容，并在植物育种、栽培、管理等方面要求有实践操作能力。所以呀，要不了多久，我就能运用所学将家里的文竹和茉莉花养得更好哦。说不定，以后在种植蔬菜这方面，我也能成为一把好手呢……虽然在经验上，我可能比不上奶奶和外婆，但现在当个帮手是完全不成问题的。

如今社会上有一种论调，认为农民的收入普遍提高了，而现实的情况既"是"又"不是"。现在不少人家的土地都已是连片经营，便于机械化耕作，又是年年增收，怎么可能收入不增加呢？现在的粮食价格虽有政策保护，仍是偏低的，除去各种投入，一亩地实际上赚不了多少钱。我曾看过外婆的存折，每年的实际收入也只有一万元左右，这里面不仅包括自己种地的收入，还有帮别人家撒化肥挣的钱以及卖编织品的加工费，甚至还包括国家的各种政策性补贴。或许这就是年轻人宁愿去打工也不愿意种地的原因吧？

农民离开土地，农村劳动力不足，已使目前的农业形势较为严峻。比如江南地区，由于其他产业发达，农业成了收益最低的行业，一些年轻人宁愿打工也不愿从事农业生产。中国粮食自给率虽然很高，但民以食为天，农业是国之根本，是国民经济的命脉，这是在任何时候都不能忘记的原则。

好在现在“爱农”“兴农”蔚然成风，也让农业的未来充满希望。近年来因为疫情防控，网络直播带货，尤其是农产品的直播带货成了农产品销售的新方向，更是农业增收的突破口。我们园艺专业的科研人员也在研发新品种，像水果黄瓜、彩色番茄等，经济附加值都很高。而直播带货又会将新品种在第一时间带给消费者，这是时代赋予农业发展的新机遇。未来园艺科技可以研制和生产出更多果蔬的新品种来增加农民的收入，那些带有地域特色的水果，如新疆哈密瓜、安徽砀山梨、吉林延边苹果梨等，现在都已经作为地域特产走入平常百姓家，园艺的发展真的是日新月异呀！

妈妈，最近我考虑最多的是如何把“汗水农业”变为“科技农业”。就种地经验来说，我远远比不过那些有经验的农民，但在科学技术方面，我有信心发挥优势。我曾经在家帮您撒过化肥，所以我知道农活有多累有多辛苦。当时我们冒着高温在地里撒化肥，手上的化肥颗粒慢慢融化、变得黏糊糊的，再加上地里蚊虫的叮咬，那种感觉真是极不舒服的。您之前也讲过，自己上学时一到农忙学校便会放假，不管是老师还是学生都要回家帮忙，所以您也反复告诉我学习是快乐的，不脱离实践的学习更是非常有必要的。

妈妈，请您放心！科技在不断进步，未来的农业劳动不需要那么多人弯腰、驼背地去插秧、割麦，随着机械化的不断推广，农业劳动的内涵也会不断丰富。我所学的园艺专业，未来定会大有作为。让我们一起期待那一天快点到来吧。

此致

敬礼！

您的女儿：周宇卿

5月2日

园艺园林学院园艺2103班

**评语：**

此篇书信主要向母亲讲述了自己的校园生活与学习体验。书信从自己的校园生活切入，既有对所学专业的介绍，同时还有对祖国农业发展前景的展望。书信的层次清晰，内容丰富，行文也较为流畅。此篇书信最为出彩的是作者能够结合当下实际，对农业发展提出自己的见解，比如谈到了网络直播带货等新形式对农业发展的影响等，展现了新时代青年的职业发展观。但是对农业发展的看法还应该结合具体的事例来谈，比如自己的专业具体在哪些方面可以助力农业等。

# 园艺之光照亮乡村未来

亲爱的叔叔：

近来可好？

您一直很关心我的学习，还担心我毕业之后找工作的事情，因此今天特意写封信向您汇报一下。

叔叔，我最终选择了园艺专业。您可能会问，园艺是做什么的？园艺属于农科。园艺中的“艺”更偏向技艺，有别于园林的设计，园艺学是一门主要探索花卉、果树、蔬菜和观赏树木生长规律的学科，实践层面上侧重于研发它们的育种、栽培、繁殖等技术。例如，我们不仅会对果树和蔬菜进行栽培与培育，还会更进一步对其味道、生活习性等进行研究，通过杂交等方式培育出更多符合大众喜好的品种。再如君子兰、风信子等观赏类花卉，我们会尝试培育出颜色更丰富、形态更多姿的新型品种，也会提取花卉和树木中其他有价值的物质，将其加入护肤品等产品之中，进行加工销售。

园艺属于农学范畴。相较其他一些专业，我国作为农业大国，园艺领域有很大的发展空间。我认为，园艺专业可以助力乡村振兴。我国大多数农村目前还是以小农生产为主，农业的基础设施相对落后，还有我国耕地资源有限也制约了农业的发展。另外，近几年我国城乡收入差距还很大，所以，必须为农业插上科技创新的“金翅膀”。

叔叔，未来的农业发展肯定要走科技创新之路。从园艺专业的角度来说，我们可以利用专业知识带动当地旅游业的发展。园艺产业与乡村旅游结合，不仅可以促进农业产业结构调整，还可满足当前市场的需要，借此提高地方经济的发展水平，从而改善农村的基础设施建设，并逐步缩小城乡差别。

在土地规划方面，我们可以发展果蔬园、花卉园，研究花卉、果蔬的装饰性、实用性等问题。我们还可以对农田进行园林化建设，用多种形式促进乡村经济发展，比如将动物养殖与种植相结合，用自然、原生态的形式来吸引外来游客，并由此探索出一套完整的培育、饲养、种植和生产销售体系。

另外，在吸引游客前来参观游玩的同时，还可以引导游客采摘新鲜的果蔬、花卉、捕获鲜活的鱼虾等，这样可以提升游客的体验感。以上的开发模式一方面可以提高农民的组织能力；另一方面还可提高农民在销售方面的自我保护能力，根据市场需求合理布局种植养殖结构。

在产品生产方面，我们可以培育出高品质果蔬并由此带来更大收益。比如在花卉产业上，我们可以研发出更具有观赏价值的品种，延长花卉、果蔬的寿命以及改善花卉对生存环境的耐受程度，以满足市场对花卉、果蔬的需求，丰富国内市场、提升在国际花卉市场上的竞争力。我们未来还可研发花卉等植物的萃取术，用于制作护肤品、营养品等，形成多条产业链，提高农村的就业率，改善当地的生产模式。所以，现代农业必须依靠科技优化传统产业，用科技力量提升自己的核心竞争力。

我相信，随着我国园艺产业合理而迅猛的发展，定能推进乡村振兴，助力“三农”问题的解决，为和美乡村建设提供更多方案与选择。

此致

敬礼！

您的侄女：沈慧

5月3日

园艺园林学院园艺2103班

**评语：**

此篇书信向叔叔介绍了自己所学的园艺专业。文章从对专业的介绍、园艺专业助力“三农”以及园艺专业的核心竞争力三个层面具体展开叙述。文章的内容丰富，语言简练，作者所提出的诸多观点也较为新颖，展现了新时代背景下青年学子对自己所学专业的具体思考。不过关于专业的思考不应该只停留在“思”的层面，而应该更好地结合现实生活，真正做到理论与实践相统一，让书信内容更丰富，更具有说服力。

# 做驻留春天的园艺人

亲爱的爸妈：

你们好！很长时间没有回家了，有点想念爸爸的歌声和妈妈做的饭菜了。不知道你们有没有想我？

你们都知道我在大学所学的专业是园艺学，但因为普通人对这个专业的知晓度不高，有时还存在一些认知上的偏见，所以，我还是想通过写信的方式，跟你们详细聊聊园艺专业以及它的应用。

什么是园艺学？它是农学生产类中的一个专业。作为一种园丁艺术，它在我们生活中的存在感还是很强的：居室中美化环境的绿植，街道上整齐的树木，广场上色彩缤纷的花卉，佳节时人们相互赠送的蔬菜、水果、盆栽等，都在园艺的研究范畴之内。园艺师们就像会使用魔法一样，以“实用加审美”双重方式美化生活、装点世界。即便是普通人，学一点简单的园艺知识，也可以在果树、蔬菜、花卉种植及观赏树木养护上提高审美能力和动手能力。此外，园艺学还同心理学密切相关。有研究者尝试使用“园艺疗法”去治疗心理疾病，他们发现“园艺疗法”在缓解焦虑情绪、治疗心理应激、抚慰心理创伤上，有良好的效果。说了这么多，爸妈应该对园艺人施展拳脚的空间有所了解了吧？是的，园艺学的实用性确实很强，从丰富与美化现实世界到安抚与疗愈心灵世界，我们都大有可为呀！所以，在我的心目中，园艺学是能将春天常驻人间的神奇学科。

当然我也知道，我国的园艺培植技术与研究同先进国家相比，中间还有很大的差异。但换一个思路来看，这难道不意味着它拥有巨大的发展空间吗？所谓阳光正明媚，追梦进行时，应该可以用在此处吧！我是一个从小对大自然有天然的亲近感、对各种生命充满好奇的人，尤其在植物认知与学习方面，我觉得自己是有些天分的。这种亲近与好奇，我自己觉得得益于从小在农村生活环境中的耳濡目染。等到上学读书，看到《史记》中说“农，天下之本，务莫大焉”，我内心的认同感油然而生。自古以来，中国作为一个农业大国，一直把农业发展放在首要位置，国家的稳定和发展建立在农业的基础之上。这些朴实的道理，我想爸爸妈妈也是赞成的。作为农村长大的孩子，能在大学期间读一个与农业关系紧密的专业，我的内心是自豪且充满使命感的。

提及农业发展，就不得不谈到“三农”问题。现阶段我国已全面建成了小康社会，但是农民的收入水平与生活状况仍有待进一步提高。“务农重本，国之大纲”，园艺学作为农学的分支之一，随着我国农业结构的不断优化，我相信园艺产业也会得到快速的发展。从近几年的数据来看，我国的园艺种植面积与人均占有量已经在逐年提升。园艺产业特别是观赏园艺，已经出现从小打小闹向产业化经营方向推进的趋势。在许多地方，园艺已经成为农村致富的支柱性产业。在“一村一品、特色发展”理念指导下，园艺的经济价值以及联动效应正在不断显现。比如江苏有些村子主打蝴蝶兰种植，占据年宵花卉市场的同时，也带动了运输业、旅游业、科技研发等相关产业的发展。大步向前的中国，园艺产业的市场潜力是巨大的，产业之间形成链条式连接，更蕴藏着无限商机。

从小我就特别喜欢春天，尤其喜欢春风，它轻柔、温暖，能让万物充满生机，也总能让我陶醉其中。这样性情的我投身园艺事业，不正是如鱼得水吗？一想到将来，我能够用所学的知识让春天常驻人间，我的心就不由得随之荡漾！

此致

敬礼！

你们的孩子：丁俊杰

5月1日

园艺园林学院园艺2103班

**评语：**

此篇书信向父母讲述了自己的专业。文章首先谈及什么是园艺专业，接着将自己的专业与先进国家的园艺专业进行比较，最后谈到自己对“三农”问题的看法。文章的结构清晰，内容层次合理，文笔也较为流畅，暗含作者高远的职业理想。但是书信较多停留在对专业的介绍层面，建议举一些具体的事例来增强本文的丰富性，让园艺专业“活”起来，同时也让园艺专业与“三农”问题的关联“动”起来。

# 有风自南，翼彼新苗

亲爱的苗苗：

见字如晤。

好长时间没有见面了，真的非常想念。之前你一直问我所学的专业怎么样，将来毕业后能干什么。前段时间我学习忙，没来得及给你解释，现在略有空闲，可以静心作答。今日给你写信，就是想谈谈这个问题。

我所学的植物保护是较为冷门的专业，社会知晓度不太高。简单点儿说，这个专业的终极目标是保护植物，我们就是躬身农田的植物医生。扬州大学的植物保护学是江苏省重点建设学科，涵盖了农业昆虫与害虫防治、农药学、入侵生物与生物安全、植物病理学、园艺植物抗性及资源利用等众多专业。科研条件很棒，仪器设备方面特别齐全，很多我们以前听都没听说过的“高大上”的仪器，现在不仅能看、能摸，还要学着操作。比如原子吸收光谱仪、高效液相色谱仪、PCR 仪、全自动生化分析仪、EPG、凝胶成像系统、显微操作仪、紫外扫描分光光度计等，我必须在这封信里向你展示下它们的名字。在本科生农业实践培养方面，学院有大型人工智能温室，以及配套建设的室外试验作物种植和昆虫繁殖设施。

植物在我们的生活中看似不起眼，但作用却很大，甚至可以说它与全国 14 亿人的饭碗息息相关。如何帮助中国人端牢手中的饭碗，我们植保人深感责任艰巨重大。过去我们靠天吃饭，现在我们可以通过学习相关专业知识，对植物的生理状态进行科学监测，使粮食稳产得到更多的保障。

其实我们古人很早就对自然界有很高的认知能力。《诗经》中就有这样生动的描绘：“五月斯螽动股，六月莎鸡振羽，七月在野，八月在宇，九月在户，十月蟋蟀入我床下。”那现代农村的意义又如何呢？是对《汉书》所言“或久无害，稍筑室宅，遂成聚落”的自然顺承？还是如林耀华先生在《金翼》中所说“别忘了把种子埋进土里”的信仰延续？好像都是，又好像都不是。它联系着农村、农业、农民，为此，我们不仅要拒绝仅凭“拯救乡村”的热情去粗暴“重构”乡村，而且要在读懂“乡土美学”、真正把握原生态文化的机理之上施行修复性建设，希望能用“润物细无声”的方式将“新农村”的图景徐徐展开。

植保人也是新时代的“小农人”，理应成为“绘图人”之一。其实，我更想让自己成为乡村的一双眼睛，去洞察、记录、传播，用农村的“土”气诠释农民的生气，用自己的勇气催生农业的朝气，在农村的“老”气中融入现代的“新”气。品味乡土美学，去细嗅宏大叙事之下动人故事的温柔气息，抚摸一株株麦穗，争做身有泥土味的新农人。

或许有一天，我走在乡间的羊肠小道上，看夕阳落山，观繁星满天，那时阵阵麦浪就是我的诗和远方。与广袤的农田比肩而立，在无尽麦浪的尽头看云卷云舒。因为站在这块农田上，我就拥有了无穷的力量，也就拥有了一切。

微风拂面时，吾愿化作自南之风，护佑人间的万千新绿。等待春天草木萌发，春山可望。

遥祝：健康快乐，学业进步。

练昔杭

7月12日

植物保护学院植保2103班

**评语：**

本文主要介绍了植物保护专业，以及这个专业如何作用于“三农”。作者以谈天的方式切入，前半部分介绍了这个专业学些什么，后半部分则具体述说这个专业能如何应用，并在末尾抒发了期待自己能够厚植基础，成长为新时代“小农人”的愿望。全文语言流畅，行文比较自然，叙述详略得当。在阐述专业应用于解决“三农”问题时，如有具体事例支撑，文章会更显丰满。

# 播下生态和谐的种子

亲爱的爷爷：

您好！

有些日子没联系了，受疫情影响，未能返乡看望您和奶奶，我很想你们。今日写信，一是道声平安，让您少些担心与牵挂；二是想与您聊聊我在扬州大学近一年的专业学习情况。

我知道，您从小就生活在家乡的那片土地上，经历农忙，目睹丰收，这样的日子，您重复了一年又一年。小时候，我特别喜欢骑在您的肩头，从田埂一路走到江边，在落日余晖下望向长江，畅想未来。每每想到当时的情景，我都忍不住会嘴角上扬。当年在您肩头做的梦，现在也成了真，我已成功踏进了大学。我们学校环境特别优美，我最喜欢的是体育馆旁那一簇簇的二月兰，它们总在春天热情地露出笑颜，将大自然的生机勃勃展现在我们眼前。

我现在就读于扬州大学园植学院，主要研究生物与其周围环境的相互关系。与本院的其他专业不同，我选择的生态学偏理科，任务是为相关专业实践提供理论依据与建设方案，主要应用于农业及环保类企业。

“农，天下之本，务莫大焉。”农业问题，关乎社会发展，中国作为农业大国，粮食安全问题更为重要。作为时代接班人的我们，更应该将自己的专业和国家建设紧密结合起来。

生态学的第一课，我就深刻体会到“和谐”一词的内涵：从某种角度讲，和谐是一种能量守恒，生态环境保持和谐的状态，是各种关系的共生共赢。也许您有疑问，这与“三农”问题有何关系？目前我国仍然存在城乡区域发展不平衡和时空资源分配不均衡的现象，而我所学的生态学，刚好就是追求因地制宜的融合学科。从生态平衡角度来说，解决好“三农”问题虽为了振兴乡村，但也不能忽视其他因素，如城镇、城市的影响力，“没有人是一座孤岛”，解决问题的每一节点都很关键！我相信，合理地将生态学的理念灵活运用于解决“三农”问题，将会提高成效。这将是条可行之路，也是我今后努力的方向！

唐代诗人白居易在《观刈麦》中说：“足蒸暑土气，背灼炎天光。”描写了农民劳作的艰辛。炎热的夏季即将来临，你们却还要辛苦地在田地里耕作，不愿休息，您吃苦耐劳的精神，令我敬佩，但想到您与奶奶毕竟年纪大了，我也很担心你们的身体。我想，如果我能为“三农”事业贡献一份力量，让每位农民都迎来属于自己的“大丰收”，让每一滴汗水都化为劳动的果实，也可以算是对你们二老的一种回报吧。

前些日子，我在《大学》中读到这样一句话：“物有本末，事有终始，知所先后，则近道矣。”我国是历史悠久的农业大国，始于农业，也应善于农业，这样才能促进社会的和谐发展，也是生态学原理的某种体现吧。我由衷期望农业快速高质量发展的那一天，可以因为我的参与而早点儿到来！请您相信我！终有一天，粒粒饱满的麦穗连成一片，麦浪千里，清风微拂，您和奶奶可以笑着看我指挥机械收割。

想对您说的还有很多，今天就此搁笔吧。暑期将至，还望爷爷与奶奶保重好自己的身体。愿二老身体健康、万事顺遂。

此致

敬礼！

您的孙子：李子寒<br>6月5日<br>植物保护学院生态2101班

**评语：**

这篇文章从一个生态学学子的角度，思考了该专业与“三农”问题的关系。作者抓住了一个关键词：和谐。生态学追求各方关系和谐共生，“三农”问题的解决，亦应以生态平衡为目标，应在和谐、平衡的前提下努力推进。文章思路清晰，行文流畅，语言质朴，感情真挚。尤其是开头写道自己儿时与爷爷相处的温情往事，自然又真诚。关于“和谐”在解决“三农”问题中的重要意义，如果能够稍微再展开论述一些，将更有意义。

# 借园林彩笔，画乡村之景

亲爱的外公：

您好！

好久没有去看望您了，您身体还好吧？院子里那棵来自扬州的五针松是否依旧苍翠？李子树今年结的果子是否还像去年那样可口？您是否还像往常那样在院子里莳花弄草，或是在屋后山前等待咱家的羊群下山？好想您啊，好想童年那些时光啊，一转眼我都已经上大学了，刚好有这个机会，我想跟您聊聊我的专业。

我们扬州大学的园林专业大致分了两个方向——植物和设计，主要研究园林植物的培养与养护、园林的规划与建设、绘图技术、插花艺术等方面的基础知识和操作技术。比如，我们可以参与旅游景区园林的设计与建设，城市公园和小区绿地系统的规划，以及城市道路两侧景观的设计等。

外公，您可能不知道吧，我们这个专业，可是与“三农”问题有密切关系呢。外公，虽然我出生在城市，但我父母都在农村长大，虽然农村的物质条件确实比不上城市，但我从小就对家乡的人、物以及风土人情有着特殊而深沉的依恋。如今我是一名园林学子，我更想通过学到的知识和技能，为解决“三农”问题贡献一份力量，让我儿时最熟悉的那个地方越变越好。

园林专业在农村发展中扮演着重要的角色。通过结合规划和设计农村景观，我们可以改善农村环境，提升农民居住的舒适度和生活质量。例如，通过规划农村公园和绿地，我们可以为农民提供休闲娱乐的场所，增加他们的生活乐趣。同时，合理的景观规划还可促进农村旅游业的发展，为农民增加收入和就业机会呢。

而且，园林专业在农业发展中也起着重要的作用。我们学习园林植物的培养与养护技术，可以帮助农民提高农作物的产量和质量。同时，我们也可以通过园林规划和设计，将农田、果园等农业景观进行美化和改造，提升其观赏价值，开拓农产品的市场空间。这不仅可以增加农民的收入，还有助于推动农业的现代化发展。外公，您还记得您年轻时，在田间地头劳作的辛苦吗？有了专业知识的科学辅助，在减少农民劳动量的同时，还不影响作物的生产率，以后农民从事农业生产再也不用像以前那么辛苦了。

除了这些，园林专业还可以帮助农民实现非农业化和职业化。通过培训和指导农民学习园林技术，我们可以帮助他们转变观念，从传统的农业生产延伸到园林设计、养护等领域，寻找更广阔的就业机会和发展空间。这不仅可以提高农民的收入，也可以促进农村经济的多元发展。

这些是我对未来的期望，我真心希望有一天能够将我所学的专业知识，运用到我们脚下的土地上，也为国家的发展贡献一份自己的力量。当然，要实现这些，我必须勤奋刻苦地学习专业知识，积极参与农村景观规划和农田改造项目，为农村地区打造宜居、美丽的生活环境，积极参与农民培训和技术指导工作，利用园林技术帮助他们提高农产品的产量和质量，探索农业与观赏植物的结合，开拓农产品的市场空间，提高他们的能力和创业意识。我相信通过与农民的互动和合作，我们可以共同探索农村经济的多元发展路径，为农民提供更广泛的就业机会，实现他们的非农业化和职业多元化目标。

外公，感谢您一直以来对我的鼓励和支持，我将时刻铭记您的教导，不断努力实现自己的理想。寥寥数语，不足表达我对您的思念之情，期待未来一个凉爽的秋日午后，我们在院子里一边品茶，一边畅想解决好“三农”问题的美好愿景。

此致

敬礼！

您的外孙：刘子逸

5 月 13 日

园艺园林学院园林 2201 班

**评语：**

本篇书信以一位园林学子的口吻，娓娓道来园林专业究竟能为“三农”事业贡献怎样的力量。综合规划乡村景观、帮助提高产能、协助寻求农村产业转型等，都是题中之义。文章思路清晰，层次明了，行文流畅，语言质朴，感情真挚。尤其是开头四连问，既抒发了对外公的真情，也蕴藏着对乡村的眷恋。如果行文中再多些与外公的互动，则会显得更加流畅自然。

# 举园林之旗，圆振兴之愿

亲爱的朋友们：

见字如晤！

自我离家返校已有一段时日了，不知家里的小菜园是否依旧绿意盎然，家里的田地是否已麦浪滚滚？身为乡间长大的孩子，求学在外，每每思及故乡田间的那一抹绿，都觉得魂牵梦萦，甚是想念！

你们常常问我：你学的专业到底是干什么的？以后学有所用当用在何处？与咱们“三农”有什么关系？今天，借此机会，让我们开怀畅谈。

我学的是园林专业。很多人都认为园林仅仅是作为景区景点的那个园林。其实园林不仅仅指已成形的园林，还包含城乡规划、城市绿化、观光园设计等诸多方面。“农”字其实与我们专业密切相关。

植物之于园林，犹如宝石之于王冠，是点睛之笔。而植物又从何处来？自然来自农民之手、农田之中。由此可见，园林的建设是依赖农民的汗水的，是依赖农业发展的。与此同时，园林也服务农业，正如风景秀美的观光农业，它的区域建设与发展需要园林设计师的帮助，令人惊叹的老村变新村的杰作也需要园林设计师规划。其实，园林与农业是紧密结合的，园林与农村是相辅相成的，园林人与农民需携手并进！

我的朋友们，你们现在明白园林学与“农”千丝万缕的联系了吧？接下来，我们就来谈谈学之所用的问题。

目前，农民收入不算高，劳作辛苦，生活不易。农村设施基础差，条件一般，难与城市生活相比。倘若不加以改变，如何让年轻人停下进城打工的脚步呢？如何坚定新农人迈向田间的信念呢？虽然在国家的大力部署之下，“三农”问题的改善初见成效，但“革命尚未成功，同志仍需努力”！

“最亲切处今相付，熟读周公七月诗。”陆游对儿子的劝勉犹在耳旁，身为新一代园林人的我又如何能够袖手旁观？虽千万人吾往矣。纵前路艰险，纵万般苦难，又如何？相信只要我们每人献上一份力，微光终将汇聚成星海！

不积跬步，无以至千里；不积小流，无以成江海。万事起于微末之间，只有脚踏实地，才能行稳致远。助农，当从学好专业课程，探寻农业知识做起。站在知识巨人的肩膀上，才可能望向更远方。身为学生的我现阶段当专心致志，将地基打牢固，未来才可能筑起万丈高楼。助农，当从迈步田野，躬身田亩做起。只有迈步田间，与芬芳泥土近距离接触，才能够沾上“乡土气”，实践出真知，只有多多抚摸泥土，参加下乡活动，才能更好地助力“三农”。助农，当从运用园林所学，投身农业发展做起。学以致用无疑是世界上最令人向往的事情了。将园林设计应用于观光农业，为农业发展添砖加瓦、增光添彩。助农，当从立志助力农业发展，将梦想与“三农”相结合开始。有了目标，才有方向；有了方向，才能迈步向前。助农，将个人之小梦与“三农”之大梦相结合，将目标汇入“三农”之时代潮流，共赴美好未来。

寥寥数语，纸短情长。唯愿山风轻拂耕者脸庞，万亩良田碧波翻浪！

此致

顺颂时祺！

杨灿

5 月 10 日

园艺园林学院园林 2202 班

**评语：**

文章层次比较明晰，从园林专业与“农”有着千丝万缕的关联写到如何学有所用，再到树立职业理想，层层递进。既写出了作者对于专业的思考，也表达了作者对乡村浓厚的情谊。值得一提的是，文末对理想的展望，并非夸夸其谈，而是融入了自我激励。在写作技巧上，这篇书信文笔流畅，语言质朴平实，情感真挚恳切。文中如果能描写一些具体的乡村生活的实例，会更有感染力。

# 用园艺之火，照亮乡村未来

亲爱的朋友们：

你们好！

时光如白驹过隙，转眼步入大学校园已近一年，我也从入学时的懵懂无知到现在的逐渐成熟。在这一年的学习生活中，我接触到了许多新奇的事物，也学到了许多东西。对于我的专业——园艺学，也有了一定的了解和认知。

曾经我也和你们一样，对园艺学抱有一种刻板印象，认为就是修修花草、做做绿化等。等到自己真正走进了这个专业，才明白园艺学的内涵其实非常广阔。园艺二字，取自“园而艺之”。园，指种植蔬菜、花木的地方；艺，则指技能、技术。简言之，园艺专业主要是对植物果蔬的培育和种植方法的研究，它要求学生不仅要有丰富的专业知识储备，还要有良好的实验操作能力。

作为新时代的大学生，我们要学以致用，自觉肩负起社会责任。党的十九大报告指出，全面建设社会主义现代化国家，最艰巨最繁重的任务仍然在农村。我们园艺学子，应该加强专业知识学习和实验操作训练，用自身所学为国家解决好“三农”问题贡献一份力量。

餐桌，是保障居民幸福感的要素之一，而育种学、园艺学、畜牧学等学科，共同保障与丰富着这张餐桌。园艺学在其中的突出作用，便是保障蔬果等经济作物的供应。园艺学研究果蔬的品种、生长习性、育种、栽培、繁殖、加工等，通过大量的实验操作研究，培育高产又营养丰富的品种，待产品质量过关时便向农户推广种植。比如扬州大学自己培育的新品种桃子、柑橘等，在学校的小市场获得了不错的评价。这是对新产品的信任，也是对园艺专业的信赖与肯定。这些经过园艺技术不断试验培育出来的果蔬新品种，产量高营养又丰富，投放市场也更容易获得消费者喜爱。居民的餐桌丰盛了，农民的收入也能得到一定程度的提高，而新作物、新品种的研发也将会推动农业的发展。

有了园艺的技术支持，农民可以凭借种植与销售蔬果等经济作物获得更多的收入，农民富裕是促进解决好“三农”问题的重要步骤。然而园艺对“三农”的作用还远不止于此。园艺的植物栽培技术，还可以帮助富裕起来的农民美化乡村环境，丰富人们的精神文化生活。同时，也可利用园艺技术规划种植花木，规划生态庄园，打造出优美宜居的环境，吸引城市消费者前去体验生活，农民走向致富之路更容易，农村的发展也会加快速度。

当然，实现这种美好愿景的前提是，园艺工作者自觉担当，科研创新的脚步不能停歇，不断研发高产高效新品种。我只是刚刚入门的一个“新农人”，需要不断汲取专业知识，进行反复的专业试验与实践，才有可能成为一名合格的园艺工作者。但这并不妨碍我为自己所学的专业能够为国家排忧解难、为解决“三农”问题发光发热而感到骄傲与自豪，同时也勉励自己更加勤奋刻苦，系统深入地学习专业知识。“仰天大笑出门去，我辈岂是蓬蒿人。”祖国的繁荣昌盛，离不开我们每一个人的努力。期待学有所成的那一天，我也能够和无数的前辈一样，作为一名专业的园艺工作者，为国家的繁荣昌盛贡献一份属于自己的力量！

此致

敬礼！

朱守权

5月2日

园艺园林学院园艺2203班

**评语：**

本篇书信从大众对园艺专业的刻板印象切入，再写到自己对这个专业的理解，以及园艺专业对于解决“三农”问题的应用途径，贴合了书信开头所说的这一年的专业学习，由懵懂无知到逐渐成熟的转变。文章详略得当，对专业与“三农”问题的叙述，有一些较为具体的铺陈，增加了可信度。如果这些展开再丰富深入一些，文章会更为饱满。文笔流畅，语言质朴，情感真挚。

# 植保倾力护航农业

亲爱的爸爸妈妈：

你们好！今天我想向你们介绍一下我所学的专业植物保护。

植物保护是一个集知识性和趣味性于一体的新兴学科，它的主要研究对象是植物病虫害。起源可追溯到19世纪中叶，但真正成为一门独立的学科则是在20世纪30年代，随着生物科学的发展，特别是生物技术在农业生产中的广泛应用，植物保护在发达国家迅速发展起来，成为一门独立学科。我国的植物保护研究则起步较晚，直到20世纪60年代，才得以迅速发展。

进入21世纪以后，随着经济全球化进程的加快以及我国加入世界贸易组织后经济高速发展，人民生活水平不断提高，对农产品质量安全及生态环境保护的更加重视，植物保护专业得以在农产品质量安全及生态环境保护方面大展拳脚。

从专业应用的角度来说，植物保护与当下国家的热点话题“三农”问题，有着紧密关联。“三农”问题是一个根本性问题，也是一个社会的基石问题。农业、农村、农民问题不仅关系到国计民生，也关系到中华民族的前途和命运。而我所学的植物保护专业，可以为农业生产提供植物病虫害防治技术，促进农业现代化进程；为农村经济发展提供技术支持，提高农民收入水平；为农民生活改善提供有效途径，提高农民生活质量；为农村社会稳定创造条件，促进农村精神文明建设。在农业生产中，植物保护专业为“三农”发展提供技术支持，并帮助农民提高防治意识，减少农药使用量；在农村经济发展中，植物保护专业为“三农”发展提供技术支持，并帮助农民提高种植技术和经营管理水平。进入21世纪以来，我国在农业有害生物监测与防治、植物检疫、农药管理和农药残留标准等方面取得了一系列新进展，有效减少了农作物的病害，促进了农业增产增收，改善了农民的生活状况，维护了农产品的质量安全。毫无疑问，这里面有植物保护工作者的一份功劳。

不过，解决“三农”问题是一个复杂而长期的过程，植物保护专业能解决的主要是农作物病虫害防治与农产品的质量安全方面，其他如农民收入增长缓慢、农业生产不稳定，农村生态环境破坏和城乡差距存在等问题则需全面治理。农村的问题是关系国计民生的根本问题，农民生活水平的提高和农村经济发展都依赖农村经济的发展和农民收入的增长。党的十八大以来，习近平总书记一直高度重视“三农”这个关系国计民生的根本性问题，解决“三农”问题是全党工作的重中之重。作为一名植物保护专业的学生，我希望把自己有限的智慧和精力投入我国农业现代化和新农村建设中去，为推进社会发展尽自己的微薄之力。

爸爸妈妈，我很庆幸选择了植物保护这个专业，也希望你们能支持我的想法和做法。

最后祝愿你们身体健康，生活愉快！谢谢你们为我付出的一切。

此致

敬礼！

你们的女儿：王梦娇

5月7日

植物保护学院植保2202班

**评语：**

这篇书信展现了作者对“三农”问题的思考，重点落在作者所学习的植物保护专业能如何为农业增产、农民增收提供帮助方面，尤其在农作物病虫害防治、农药管理与减少农药残留等方面，有着不可替代的作用。如果能够展开叙述，文章内容会更加丰富立体。语言艺术上，文笔流畅，语言质朴。

## 【思考与拓展】

### 1. 专业学习思考

园艺植保是近年来发展迅猛的学科，以所在学院和所学专业为观察点，了解其变化过程。

### 2. 表达能力提升

如何面向大众普及专业知识？请与同学讨论，给出答案，撰写成文。

### 3. 相关知识链接

（1）扬州园林历史悠久、风格独特，请以一座园林为例，总结扬州传统造园艺术的理念与特色。

（2）园艺在智慧农业浪潮中会有怎样的发展趋势？请考察家乡的园艺发展，并以此为例，谈谈你的思考。

（3）花草与昆虫识别方面的 App 很多，哪一款是最优选？请做一下这方面的专业分享与推荐。

# 第五章 农业水利

## 【范文举例】

### 用好水资源，建设和美乡村

亲爱的爸爸妈妈：

你们好！

我来扬州大学学习水利专业已近一年，犹记得去年盛夏，我被成功录取时你们开心的笑容。随着学习的深入，我对所学专业有了更多的了解，现在分享给你们，希望能让你们更加安心与快乐。

水利科学属于工学学科，涉及自然科学和社会科学等许多门类的知识。水利有三大作用：灌溉、防洪、发电。水利科学经过了千百年的发展，已经从单纯的农业水利和防治水患，发展出蓄水储能、水力发电等更多方向。扬州大学将农业水利工程、水文与水资源工程、水利水电工程、港口航道与海岸工程四大专业合称为水利类专业。目前我主要学习专业基础知识，到大二下学期时会有进一步的分流选择，也就是说，每位同学都可以选择上述四个专业中的一个，开始更进一步的学习。水利专业的学生在毕业后必须具备跟踪对应工程及相关领域技术前沿的能力，以及相应的工程规划、设计、施工、管理和科研等方面的工作技能。

水是生命之源，更是农业发展的命脉。农业的稳定关系到人民的安居乐业，也关系到国家的昌盛繁荣。而水利工程的主要职能就是对自然界的地下水和地表水进行控制和调配，从而达到兴利除害的目的，因此它与农业发展有着极为紧密的联系。水利工程能够很好地预防洪水、旱涝灾害，为农业生产提供保障，最直接的就是改良农田灌溉条件的同时，能更高效地利用水资源，减少水资源浪费。发挥水利的蓄水功能，可以人为地“储丰调欠”，减轻对大自然的依赖。

作为一名水利学子，所学专业能够为“三农”服务，让我倍感骄傲。而我也是一名从农村走出来的大学生，深知水利工程在解决“三农”问题上的重要性。以我的切身体验来说，乡村面貌的改善就与水利关系甚大。近几年，乘着国家助农政策的东风，我们的村容村貌有了很大改观：马路平坦宽敞，垃圾桶设置和秸秆禁烧工作到位，超市门口设立了自来水站等。当然，也还存在一些问题，并与农村水利建设关系密切。

首先，农村公共基础设施差。城市一般拥有较为完善的污水处理系统、公用消防设施和市政设施抢险维修系统等，具有行洪、排污、降尘功能的设施也很齐备，而这些在农村都很少见。去年7月，河南突发大水，安阳城里内涝严重，政府紧急排水泄洪。大量洪水被排入农田，部分村落的庄稼、房舍等被淹，村民只得转移至中小学宿舍暂时安顿下来。面对天灾，农村的抗灾能力还有待进一步增强。因此，科学恰当地建设水利工程，帮助农民防洪防旱，不仅是保障农业生产的大事，也是帮助农民守护家园的大事。

其次，农村生活用水安全需要被关注。就拿我们村来说，村民的生活用水一般是用水泵抽取地下水，水质不稳定，不利于身体健康。我觉得，农村用水安全问题亟待被重视，农村的净水工程应该尽快上马。这是一项意义重大的工程，我们专业的水文观测、水质监测等功能可以在一定程度上起到指导的作用。

我和你们一样，迫切希望这些问题能够得到很好的解决。我也深知，农村建设绝非一朝一夕之事。但有思考有呼吁，希望才会更大。而且，在国家乡村振兴战略的指引下，我们村村容村貌的进一步改善，指日可待！

步入大学让我看见了更宽广的世界，也让我明白了自己的社会责任。所以我会牢记“坚苦自立”的校训和“坚实弘德，兴水利民”的专业要求，努力学习专业知识，打好基础，锻炼能力，全面提升自己的综合素质，朝着学校水利人才培养的目标不断前进，练好本领，为新农村建设添砖加瓦！

祝你们身体健康，万事如意！

一名朝气蓬勃的水利学子：王永恒

5月7日

水利科学与工程学院水工2106班

**评语：**

这篇书信聚焦了两个内容：自己对专业的认识，以及思考水利与“三农”的关系。值得注意的是，除了展望未来，作者也指出当前存在的农村水源安全等亟待关注的问题，贴合现实，体现出作者对生活的观察与思考。文章详略得当，言之有物，语言质朴，感情真挚。不过，关于如何合理规划利用水资源的举措，如有相关的事例支撑，内容会更充实。

# 浇灌润三田，我为农帮手

亲爱的妈妈：

展信佳！

许久未见，甚是想念。今天，我想跟您讲一讲我的专业。从前您也问过我这个问题，只是我也是第一次接触水利这个专业，不知从何说起。说实话，很长一段时间内，我的内心都是忐忑的，不知道这个专业前景如何，是否适合我，将来我又能否在所属领域找到立足之地。好在经过了近一年的学习和了解，现在我的专业知识更丰富了，也更自信了。

水利专业一般指水利水电工程专业，此外还包括港口航道与海岸工程专业、水文与水资源工程专业、农业水利工程专业、水利科学与工程专业和智慧水利专业等，我们扬州大学的水利类专业主要涉及前四个。其中的农业水利工程专业，主要研究灌溉工程学、水文学、水力学和工程学等方面的基本知识和技能，以农业灌溉为主，也涉及城市和工业用水方面。因为教授学生水利工程的勘测、规划、设计等方面的知识，所以这个专业与“三农”的关系较为密切。解决“三农”问题是关系国计民生的头等大事。近年来国家对“三农”的政策支持力度明显加大，农业和农村经济发展呈现良好的发展势头。农民的收入实现较快增长，但“三农”问题的解决是一个长期的过程。

我从小在农村长大，对农村有许多深刻的记忆。外公是一个热爱土地的人。记得外公总是早起晚归，在他最爱的地里一待就是一整天。每到收获的季节，我们津津有味地品尝着真正的绿色食品，却不曾问过外公为此付出了多少辛劳。一句“自己家种的”就像是一张特殊标签，会让蔬菜更美味，让西瓜更甜美多汁，让花生更饱满，让米饭更香甜！外公总说灌溉对粮食丰收至关重要。每当土地需要灌水的时候，外公会提前挖好放水的口子，以便水流可以顺利进入自家田地。接下来便是等待，等待靠近河流的人家愿意放水，没有办法，要想引水入田只得从别人家的地里经过。外公为此总是磨破嘴皮子。“人能等，可是庄稼不能等啊！”外公常常这样说。实在等不及前面一家家排队放水时，外公就会自己挑水浇地。虽然很辛苦，但他不知道的是，用这种灌溉方式，浇地的水并没有全部发挥作用，很大一部分的水都白白浪费掉了。漫灌是传统的灌溉方式之一，我国大部分地区仍旧采用大水漫灌的方式，但实际上，这种方式一直都有粗放与浪费的弊端。

其实了解得多了，则不难发现那些先进的灌溉理念与设备的价值。一些发达国家的灌溉设备价格昂贵，虽然效率高，但对中国农民来说还是有些不太适合。滴灌、喷灌的技术既然已经非常成熟，社会推广价值也非常高，那么就应该好好借鉴成功的经验。将来我也想致力于新型灌溉技术的研究，当然，我的努力不仅是为了外公，更是为了千千万万像外公一样热爱土地的人们。我想，这也是我们水利专业学生的使命所在吧。

妈妈，我想您了，也特别想念外公，请帮我代致问候吧：祝老人家身体安康，万事顺遂！

此致

敬礼！

永远爱您的女儿：胡列

5月7日

水利科学与工程学院水利2106班

**评语：**

本篇书信从自己对于专业认知的变化切入，向妈妈介绍了自己的专业，并思考了其作用于解决“三农”问题的路径。文章紧扣农田灌溉的问题，结合外公种地的经验，既引出想设计新型灌溉机器的愿望，又抒发了作者对外公诚挚的爱。全文思路清晰，详略得当，行文流畅，语言质朴，情感真挚。

# 传水韵，兴水利

许久未见的朋友：

展信佳！

“水是生存之本，文明之源。”“要坚决落实以水定城、以水定地、以水定人、以水定产，走好水安全有效保障、水资源高效利用、水生态明显改善的节约发展之路。”防洪、排水、灌溉、给水……一代代水利人走进人迹罕至的高山峻岭，踏入田间地头，奔向防汛一线，实地探查，精准施工，逐渐建立并完善了我国的水利基础建设。

任何时候都不能忽视农业、忘记农民、淡漠农村。水利是农业的命脉，农与水密不可分。助力“三农”，振兴乡村，水利大有可为，水利大有作为。让农民安心，我们可以通过水源建设、供水一体化，确保农民用水安全；让农村和美发展，我们可通过调整统筹来实现对水资源的再分配，加强河湖生态治理，实现生态水利；让农业变强，我们要兴建农田水利工程，实现灌溉防涝，合理调控水资源对农业生产的影响，提高粮食综合生产能力。水利作为提升农业农村发展的一大环节，起到了基础性作用。

我们高校青年更应把心沉下去，把事做起来，我们服务“三农”的前景无比广阔。首先，高校农学专业青年作为新生代的代表，参与到农村改革、发展及农民文化教育中，可以给农民提供更多专业化的知识与实用技能，帮助农民更好地利用资源，增加农民收入，提升农民生活水平。其次，我们水利人可以通过农村用水规划、水资源管理和通带式灌溉系统建设等，提高农村的用水效率，促进农村经济的发展。此外，高校青年志愿者去田间地头，宣传最新节水节能技术，带去最新农业资讯，一定程度上可以促进城乡之间的交流与合作，帮助农民更好地抓住市场机会，提高农村发展的内生动力，加快农业转型升级，推动中国农业现代化的进程。

我们信心满满。当下，我们埋头苦干，攻坚克难、开拓进取，随着国家对“三农”问题的重视和对农村工作支持力度的加强，随着高校青年服务“三农”意识的增强和专业技能的不断提升，农村地区的发展和农业生产必将逐渐走向绿色、智能、高效、可持续的现代化方向。

和美乡村，智慧农业，当喜悦在农民脸庞上蔓延，一幅农业更强、农村更美、农民更富的大好图景，在希望的田野上徐徐展开。

“青年要保持初生牛犊不怕虎、越是艰险越向前的刚毅勇敢，勇立时代潮头，争做时代先锋。”新时代，新征程，推进乡村全面振兴任重而道远，我们高校青年，要大胆做，勇敢为，接过时代的接力棒，做时代的弄潮儿！

此致

敬礼！

罗梓豪

5月10日

水利科学与工程学院水利2201班

**评语：**

这篇书信，展现了作者强烈的专业自信，以及对“三农”问题的初步思考。前半部分作者介绍了自己的专业，后半部分则将自己的未来与“三农”问题紧密联系，并对专业服务“三农”的前景进行了展望。文章行文流畅，语言质朴平和，尤其善用排比句来增加文章的气势和抒发情感的强度。如果在论及专业如何服务“三农”时，能有更为详细的论述，并有事例支撑，文章内容会更充实。

# 与水利携手，建设新农村

亲爱的朋友：

见字如面，展信舒颜。

岁月不居，时节如流，转眼间我的大一生活即将结束了。我在扬州一切安好，对周围的一切也都熟悉得差不多了，不必过于挂念。这一年来，要说最大的变化，那就是我对所学专业从懵懵懂懂一知半解到有了更深的了解，不妨听我介绍介绍。

我所学专业叫水利，水利一词，最早见于《吕氏春秋》，直到《史记·河渠书》才被赋予了防洪、灌溉、航运等兴利除害的含义。可见，这个专业与当前国家重视的“三农”问题密切相关。水利与农业的关系，源远流长，早在春秋时期就有楚相孙叔敖主持修建芍陂，经过历代整治，一直发挥着巨大的作用。李冰父子在鳖灵开凿的基础上设计修建的都江堰更是水利工程的典范，使得成都平原变成了现今的天府之国，还有郑国渠、灵渠、大运河等，都是著名的水利工程，对农业生产建设产生了深远的影响。再看如今，大多数村庄田地附近都修建有各式各样的水利工程，说水利是支撑农业生产的重要支柱实不为过。

《史记》有言：“农，天下之本，务莫大焉。”农业的重要性与基础性不言而喻，民为邦本，本固邦宁，农业是国民经济和社会发展的基础，农村稳定是社会稳定的基础，因此解决“三农”问题意义极为重大。“三农”指农村、农业、农民，改革开放以后，随着人们的温饱问题被解决，“三农”问题则转变为以收入、产业为重点，覆盖城乡，涉及全局的经济、社会、政治问题，其实质就是城市与农村发展不同步，结构不协调的问题。但是农业生产周期长，成本大，利润小，这也就导致了很多人不愿从事农业生产工作，同时高新技术人才大多不愿在农村就业，对于改良种子与农业机械设备积极性不高，很多农民更愿意选择背井离乡前往城市打工，这也就使得城市与农村的发展进程难以均衡。国家出台一系列政策举措推进“三农”事业，取得了可观的成效，农民收入、农村面貌都有极大改善，但仍然有很多问题亟待解决。

也许因为爷爷奶奶都是农民，所以我对“三农”问题格外关注，尤其能够体会农业生产的辛苦和不易，自然也就希望问题越早解决越好。同时对于我本人而言，我所能做的或许就是努力学好专业知识，将来做一名称职的水利工作者，在水利方面做出一点儿成绩，为这一艰巨而伟大的事业贡献出自己的一份力量。这也是我以后所要努力与奋斗的方向。

楮墨有限，不尽欲言。

徐易璐

5月8日

水利科学与工程学院水利2202班

**评语：**

本篇书信主要介绍了作者所学的水利专业在古代解决农业生产问题的实例，并讨论了当下“三农”问题的现状。全文语言流畅，行文自然，语言质朴，情感真挚。关于所学专业与“三农”现状，文中分别论述，如果能够从专业角度出发，思考所学专业能够如何应用于解决“三农”问题，文章逻辑会更顺畅。

# 农为邦本，水为农脉

嘉雯吾友：

见字如晤！

自高考结束分别已近一年，往事历历在目。记得高三时我们常在星光月影下漫步——繁忙中难得的间隙，思绪总容易飘荡——而“将来”一词是我们提及最多的主题。漫无边际的言谈背后，难掩迷茫和兴奋。时隔许久，我打算把分别之后的经历简述给你，一并告知我目前虽藏于心却忍不住想向人急切述说的小小愿望。

填志愿时我选择了水利工程专业。说来惭愧，起初只是为求一个稳定的职业，至于将要踏入的新知识领域，对于它的历史底蕴与现实意义、它的艰难玄妙与趣味实用，一开始我是茫然的。因此入学之后遇到的种种挑战，曾使我一度怀疑自己的选择。直到第一学期结束时，我方才对这个专业有了较为清晰的认知。从水文现象的检测，到水利工程的规划、建造，再到水资源的管理保护，我们的专业需要我们脚踏实地在大地上耕耘描画。像大禹三过家门、李冰建造都江堰，真正从事水利工作反而是少一份雄奇玄妙，多一份艰苦辛劳。我们的将来可能更需要“布袍缓带，冒雨冲风，往来于荒村野水之间”，将变幻莫测、奔涌不息的河流导向人们最需要的地方。

至于我下定决心将其视作毕生追求，则是在上个月学院举办的“博雅大讲堂”研本交流活动上。研究生学长学姐们面对实际问题，调动丰富的知识储备和实践经验，运用抽象建模一系列研究方法探索解决问题的最优路径。和千百年前的古代先贤一样，疏浚河道、因势利导、开源节流、利民利国。不同的是自然气候的剧变和资源需求的扩大令问题更加复杂，对科技的要求也越来越高。

农为邦本，水为农脉。当下“三农”问题受到广泛关注，水作为农业命脉至关重要。农村基础设施建设，其中重要一环便是农业设施建设，尤其是灌溉排水系统。优良的水利系统不仅能为农业现代化、高质量的发展提供保障，更是维系农村繁荣稳定和生态平衡的纽带。曾经与你闲聊时说起，我年幼时在农村度过的那些快乐无虞的时光。生命最初的记忆与稻浪荷香紧密相连，怎能不对开阔的土地、淳朴的笑脸格外眷恋呢。作为水利专业的学生，路漫漫其修远兮，吾将上下而求索。未来虽遍布荆棘坎坷，也因有兴水利民这一光明灯塔照耀而不足为惧。

你我尚年轻，未来自当有无限机遇与挑战。关于将来，我们仍有漫长的时间去追寻奔赴、奋勇向前。但确定好目标，坚定地守望着那团远方的灯火，步履不停，才不辜负自己。

草草写下今日所思，分享之余与君共勉。书未尽情，余候面叙。

此致

敬礼！

曹萌

5月20日

水利科学与工程学院水利2203班

**评语：**

文章虽只有千余字，却充满活力、情感真挚。前半部分向朋友述说自己对于所学的水利专业的认知变化过程，后半部分顺势而下，和盘托出作者服务“三农”的理想，并结合专业背景，提出了自己的目标。文章详略得当，行文流畅，语言质朴，富有感染力，犹如朋友话家常，娓娓道来。

# 做服务家乡的忠实践行者

亲爱的二舅：

您好！

近来您身体可还好？上次放假回去，您说田里忙得紧，可惜我没待多久就要回学校，没能帮上多少忙。现在还忙吗？我妈那里我也写了信回去，还快递了一箱扬大牛奶，不知收到了没有？

你来信问我在学校里的详细情况，我确实好像还未跟你们仔细说过。我在大学读的是水利专业，三峡大坝你知道的吧，那就是咱水利人的杰作。且不说那千里之外的大型水利工程，比如咱村田里的沟渠，还有小时候您常带我去的水库，甚至进村总要路过的那座小土坝，都和我现在所学的专业息息相关。二舅您想想，要是田间没有沟渠，那灌田的水从哪儿来？如果没有水浇灌的话，那好几顷田土不都得干裂咯？要是没有水库，要是碰上发大水，咱家的田不得都给全淹咯？要是没有那小土坝挡住小河，我们出行不知道有多麻烦呢。一句话，水利就是要建土坝、修沟渠，把江河湖海收拾得好好的，让它不闹腾还得给咱提供方便，帮咱灌溉、发电，这就叫“兴利除害”。

厉害不？这就是我现在正学的。舅，等我学好了，我就回村里去。你们总说让我在上大学的地方成家立业，回村里待着只能种田，一辈子没出息。我和你们说，不是这样的，将来农村发展不一定会比城市差。

舅，您知道不，国家一直都很重视农业、农村、农民。近二十多年来，国家出台了很多相关政策，就是为了促进农业发展、农村稳定、农民增收。因为“三农”问题关系到经济发展，关系到社会稳定、国家富强、民族复兴。舅，也许您没有刻意关注过那些政策，但咱是不是不但税交得少了还时不时能拿到补贴；是不是能买到以前见不到的优质种子，田里还能有大机械；村里黄土路是不是变成了柏油路，去城里看病还能享受医保……您看啊，现在政策是不是很好了？而且一定会越变越好的。

目前，农业、农村、农民的情况都发生了显著的改变，但仍然有非常多的工作需要去做。等我毕业了，我就回村去做大学生村官，立志把咱村建设得更好。舅，您会支持我吧！

也许你们会有所顾虑，担心我困在农村里难以出人头地。我明白你们的顾虑，可是怎么样才叫有出息呢？一定要富甲一方？还是声名显赫？您看我学的专业，好像很普通，但其实在农业生产中非常重要，大家的生活也会因此变得更好。舅，您明白了吗？我的人生理想正是想成为不受关注而能做实事、让生活、让环境变得更好的人啊！

我想让我的汗水滴在生我养我的土地上，我想让江湖碧波荡漾；我想让良田麦浪滚滚；我想让枝头挂满硕果；我想让老人悠然自得，儿童天真烂漫；舅，我想让他们也紧握着我的手，眼里有光芒，脸上有笑容。舅，我会努力学习，请你们放心。

此致

敬礼！

您的外甥：曾繁添

5 月 15 日

水利科学与工程学院水利 2203 班

**评语：**

文章先介绍了自己所学的专业，然后通过具体事例展示出国家相关“三农”政策对农民生活的影响，进而指出解决“三农”问题，任重道远，并表明自己希望毕业后报考大学生村官，投身农村建设的决心。条理清晰，层层递进。值得一提的是，文章感情充沛，既有对所学专业的自豪，也有对农村最深沉的热爱。

# 投身时代事业，奉献青春力量

敬爱的爸爸：

您好！

青春因磨砺而出彩，人生因奋斗而升华。爱国志士文天祥曾言：“青春岂不惜，行乐非所欲。”劝诫人们珍惜青春可贵，不应该随心行乐。青春华章需在奋斗中书写，人生理想需在拼搏中实现，心随朗月高，志与秋霜洁，我选择了水利类专业，希望将来能够为我国的水利事业贡献自己的绵薄之力！

未来有无限可能，而我正值青春年华。党的十八大以来，以习近平同志为核心的党中央高度重视水利工作，习近平总书记提出“节水优先、空间均衡、系统治理、两手发力”的治水思路，擘画国家水网等重大水利工程，我国水利事业取得显著成就、发生历史性变革。大河奔涌，九曲连环；万里黄河，气象万千。水利水电工程专业培养具有水资源、水工结构、水力学及流体动力学、水利工程技术等方面的基本知识和技能，可以进行水利水电工程的勘测、规划、设计、施工、管理等的工程技术人才和管理人才。具体来讲，就比如南水北调工程的规划，水电站、大坝、闸门等水工建筑物的建造，河道治理工程的设计等。山水一程，梧桐三更，四季轮转，荣枯一岁，您一定还记得我们去年一起去钓鱼的那条路吧，苏北灌溉总渠、淮河入海水道……如今的路两旁淮河入海水道二期工程也已开工建设，而这些其实只是水利事业中的一部分。

党的十九大报告提出实施乡村振兴战略，坚持把实施乡村振兴战略作为新时代“三农”工作总抓手，始终把解决好“三农”问题作为全党工作重中之重。“农水稳社稷”，农田水利是解决好“三农”问题至关重要的一环。以地方水系为脉络，以村庄为节点，坚持问题导向，融合人文、产业、文旅等优势资源，增强水安全、水环境问题系统治理。推进因水兴业、因水富民、因水美村，打通绿水青山与金山银山的转化路径。可统筹实施堤岸加固，清淤疏浚，窄面拓宽等。优化水系格局，平衡自然生态空间，保障“一河一湖皆成景”。

您总是问我，对未来的规划是什么？以后有什么打算？人生价值的实现，并非只有一种方式；青春理想的追求，并非只有一条道路。如今，青年返乡的热潮正反映出新时代青年人的多元化人生选择。黄文秀、苏傥君扎根基层，带动农民致富，书写别样青春；李子柒、张同学捕捉生活之趣，传播乡村崭新风貌；还有无数年轻的毕业生，满腔热血创新创业……大城市并不是年轻人实现理想的唯一选择，奋斗在乡野田间的青年同样能开创美好的未来。“此心安处是吾乡”，正如苏轼所写的那样，只要心在此处，一山一水皆可安放浮躁迷惘的心灵；只要心中有梦，一草一木皆可书写精彩人生。而我的理想是投身水利事业，用我的专业知识，从水污染防治、灌溉、蓄水等方面更好地为农业生产提供服务，抵抗洪涝灾害，充分发挥先进的水利配套设施的作用，以青春为笔墨，书写解决“三农”问题征程中璀璨无悔的励志人生。

坐而论道，不如起而行之。这一次的选择过后，终点的风景会是怎样？我无法得知。未知的旅途固然让人犹豫，但也因为未知，生活才充满种种可能。既然选择了，我便不会放弃，你们的鼓励与支持，是我奔赴心爱事业的最大的底气！

此致

敬礼！

您的女儿：谷宇欣

5 月 11 日

水利科学与工程学院水利 2204 班

**评语：**

文章通过对所学专业的思考，表达了作者愿意献身解决好“三农”问题的志向和决心。文中回应父亲关于职业规划的部分，有理有据，展现了作者的逻辑思维能力。全文语言流畅，行文自然，情感质朴。文中关于水利专业对于解决“三农”问题具体路径的叙述，如果能够有相对翔实的事例支撑，会显得更加丰满。

# 水润沃野保粮丰

亲爱的姑姑：

您好！

听说您最近生活得很充实，在忙着带领村子里的乡亲们搞种植业，我这里也是忙得不亦乐乎呢！哈哈，这不，刚有点空了，就给您写信，跟您唠唠我的大学生活和所学专业。这次，我可要好好炫耀一下我们专业的“绝活”，那可是跟农村生活息息相关的哟！

我的专业学名叫做“水利工程”，一听这名字，您可能觉得陌生，其实简单点说，就是怎么让水“服服帖帖”的学问。您猜猜我们平时都干些什么？我们可不是整天待在实验室里的“书呆子”，而是要去河边、去田里，亲自实践的实干家。

首先，水利专业真是个神奇的专业！水资源真的是地球上最宝贵的财富之一，而科学地规划和管理水资源对我们的生活有着非常重要的影响。通过学习水文学、水资源管理、水环境科学等基础课程，我不仅掌握了基本的水利知识，还明白了保护水资源的重要性。实际上，我已经参加过好几次实地考察和项目实践了呢！那些激动人心的经历让我深入了解了水利工程的原理和技术，也让我明白了理论知识与实际应用的紧密联系。我不禁感叹：水利专业真是个实用又有趣的学科呀！

其次，水利专业在解决“三农”问题的过程中有着非常重要的地位。水是农业生产不可或缺的重要资源。水利专业的任务就是将水资源进行整合、规划和管理，确保水资源得到充分利用，为农民提供优质的灌溉用水并保证其生活用水安全。而通过调节灌溉水和排水，水利专业也有助于促进农业的可持续发展，提高农村的生活水平和经济效益，从而助力“三农”相关工作。

我们专业有很多实践性很强的课程，就比如每个学期都有机会去附近的小河边考察。您知道吗？这可不是观光游览，而是要把课本上学的知识应用到解决实际问题中去。我们这可是要让水流得更顺畅，河水更清澈，让农民伯伯们更满意的专业。小时候经常听到爷爷抱怨庄稼缺水，长势不好。而我现在学习到了很多关于优化灌溉系统的知识，明白了应该怎么样合理地利用水资源，如果我能穿越回去，一定能帮助爷爷解决好地里缺水的问题，为他排忧解难。如今，很多地方都建起了完善的灌溉系统，让农民能够更好地管理和利用水资源，提高农业生产效率。这对农村的发展有很大的帮助。

此外，水利工程在防御自然灾害方面也发挥着重要作用。还记得小时候，我们那里遭遇过一场特别大的洪灾，地里的庄稼都被淹了，家里也遭受了很大的损失。好在，现在地方政府在建设水利工程方面的工作做得越来越好，防洪能力也越来越强。我们也不用像以前那样担心随时受灾了。

当然，学习水利工程也不是一件容易的事情。专业课程和实验都很有挑战性。不过，我很享受这种挑战。通过学习这些课程和做实验，我可以更好地理解和应用水利知识，为将来走上工作岗位打下坚实的基础。当然，这也意味着我得在图书馆、实验室和课堂花费更多时间，但是不管怎样，我都会全力以赴。

姑姑，我跟您说，您带我小时候去过的那条小河，现在可不是当年那副乖乖的模样了。所以啊，保护水资源对咱们农村来说，可是非常重要的。我们专业的同学们，都立志要为改善农村水资源贡献我们自己的一份力。

姑姑，虽然我现在还没毕业，不过我已经在为您和村里的乡亲们将来美好的生活而努力了。我们专业的同学们，都在想着将来有一天，要把我们学到的技术带回村里，让庄稼长得更壮实，让水资源利用效率变得更高。到那时，我可是要在您面前好好炫耀一番，让您也见识一下我们的本事！

此致

敬礼！

你的侄子：李鑫源

5月11日

水利科学与工程学院水利2204班

**评语：**

作者通过这篇书信，向自己的姑姑生动介绍了自己所学的水利专业，以及这个专业在解决“三农”问题方面的“大有可为”。从中可以看出作者强烈的专业自信心和自豪感，以及在专业应用方面相对深入的思考。作者在叙述中，注意用具体事例来补充论证，丰富了文章内容。全文逻辑清晰，行文流畅，语言活泼俏皮，生动可爱。

# 水流田间，润泽万物

敬爱的爷爷：

您好！

最近身体可好？我上了大学之后就很少回家了，十分想念您，也想念您做的家常菜。小时候在乡下，我曾跟着您去田里收麦子，我望着翻滚的麦浪瞠目结舌，您咧开嘴笑着说："穗丰粒满待收仓啊！"我在麦田里忙活得气喘吁吁，您问我："累吗？""累……"我有气无力地回答，您哈哈大笑："农民是很辛苦的，以后可不能浪费粮食哦！"我坚定地点了点头。这个场景我至今记忆犹新，所以，进入大学我选择了水利专业，我想感谢儿时您对我的教导，更因为这个专业对现代农业、农村城镇化、农民增收有至关重要的作用。

我所填报的水利类主要包含：水利水电工程、水文与水资源工程、港口航道与海岸工程三个专业。那么它对国民经济有何作用呢？水利是国民经济的基础产业和基础设施，是国民经济和社会发展的基础和命脉，具有"兴利"和"除害"的功能；我以后会选择水利水电工程专业，因为水利工程是国民经济基础设施的重要组成部分，是我国国民经济和社会发展的重要物质基础。长期以来，水利工程在防洪、排涝、防灾、减灾等方面对国民经济的发展做出了重大的贡献，同时在工业生产、农业灌溉、居民生活、生态环境等生产经营改善过程中发挥了巨大的作用。

不仅如此，水利还是解决好"三农"问题的关键所在：水利是民生之本，是农业的命脉，是现代农业建设不可或缺的首要条件，也是促进农民增收、改善农村生态环境不可分割的重要组成部分。

水利是现代农业发展的需要：水利兴，则五谷丰。面对经济社会快速发展的新形势，面对不断增长的粮食需求，发展现代农业成为建设小康社会的首要任务。欲发展现代农业，必须先发展现代水利，以水资源的可持续利用支撑现代农业的可持续发展，从而保障国家粮食安全。

您每天阅读报刊，相信您也了解到一些中国"三农"的现状，第一产业从业人口不断减少以及农村人口老龄化加剧，土地产能下降，自留地变荒地日趋增多，农药残留及排放污染日渐严重。这些问题已经开始影响到我国农业生产效率以及抗风险能力，很有可能对国家粮食及食品安全形成新的挑战。

展望未来，我愿为“三农”事业竭尽全力，我相信您也会非常支持我。作为当代大学生，我将努力学习科学文化知识，求真务实，崇尚实践，力求创新，积极投身科研。在水利科研方面，我们科创组的“低能耗高精度一体化智能灌溉系统”项目已取得了初步成效，我们学院设计的泵站已经广泛应用于江苏各大农村，助力农户增产 45 万斤粮食，增收 70 多万元，帮扶百姓 5 万余户，累计节能 4.5 万千瓦·时……未来三年，我们将以“推进江苏境内村镇农业绿色发展”“构建全国高效节水灌溉战略联盟”“打造具有全国影响力的智慧农业战略计划”为目标，努力做到增加服务村镇、扩大灌溉面积、带动乡村产业实现营利……争取为我国农业发展、新农村建设、农民增收作出力所能及的贡献！

明年大二实习，我会努力体验农村生活、了解农村民情，将自己所学的水利科学技术和时代新信息，及时向农民传授，耐心讲解，努力加速我们成果的转化和科技的推广速度，“纸上得来终觉浅，绝知此事要躬行。”我主动参与了科普宣传和推广工作，为使科学技术真正转化为生产力而努力。希望不久的将来，随着信息技术、生物科学的快速发展，以及全球化带来国际分工的变革，农业生产的难点堵点能逐步得到解决，发展思路与产业升级方向出现新的契机。我们的治水初心未改，奋斗初心弥坚！

希望您在家乡身体健康！

爱您的孙女：李再冉<br>5 月 11 日<br>水利科学与工程学院水利 2204 班

**评语：**

文章主要讨论了自己所学的水利专业，与当下热门的“三农”问题的密切联系，并在结尾表达了自己愿意利用所学专业知识，献身“三农”建设事业的志向，勉励自己为了理想不懈奋斗。全文语言流畅，行文比较自然，情感真挚。尤其是开头部分回忆自己童年时与爷爷收麦子时的对话，凸显了老一辈人的智慧，质朴纯真，温馨动人。

## 【思考与拓展】

### 1. 专业学习思考

农业水利工程专业强调为农服务，在灌溉技术推进方面，古今中外有哪些革新是让你印象深刻的？它们又有怎样的深远影响？

### 2. 表达能力提升

古希腊哲学家苏格拉底说："对人类最有裨益的事情是天天辩论。"你同意这个观点吗？辩论与自我反省之间有关联吗？你认为辩论在哪些方面有助于提升表达能力？

### 3. 相关知识链接

南水北调工程与农业有着怎样的关系？请以中华人民共和国水利部官网公布的资料为例，给出你的答案。